T0335608

Vom Zählstein zum Computer

Herausgegeben von
H.-W. Alten, K.-J. Förster, K.-H. Schlote, H. Wesemüller-Kock
Institut für Mathematik und Angewandte Informatik
Universität Hildesheim

In der Reihe „Vom Zählstein zum Computer"
sind bisher erschienen:

3000 Jahre Analysis
Sonar
ISBN 978-3-642-17203-8

6000 Jahre Mathematik
Band 1: Von den Anfängen bis Leibniz und Newton
Wußing
ISBN 978-3-642-31348-6

6000 Jahre Mathematik
Band 2: Von Euler bis zur Gegenwart
Wußing
ISBN 978-3-642-31998-3

4000 Jahre Algebra
Alten, Djafari Naini, Folkerts, Schlosser, Schlote, Wußing
ISBN 978-3-642-38238-3

5000 Jahre Geometrie
Scriba, Schreiber
ISBN 978-3-642-02361-3

Überblick und Biographien,
Hans Wußing et al. ISBN 978-3-88120-275-6
Vom Zählstein zum Computer – Altertum (Videofilm),
H. Wesemüller-Kock und A. Gottwald
Vom Zählstein zum Computer – Mittelalter (Videofilm),
H. Wesemüller-Kock und A. Gottwald

Thomas Sonar

Die Geschichte des Prioritäts∫treits zwischen Leibniz und Newton

Geschichte – Kulturen – Menschen
Mit einem Nachwort von Eberhard Knobloch

 Springer Spektrum

Thomas Sonar
Braunschweig, Deutschland

Vom Zählstein zum Computer
ISBN 978-3-662-48861-4   ISBN 978-3-662-48862-1 (eBook)
DOI 10.1007/978-3-662-48862-1

Die Deutsche Nationalbibliothek verzeichnet diese Publikation in der Deutschen Nationalbibliografie;
detaillierte bibliografische Daten sind im Internet über http://dnb.d-nb.de abrufbar.

Springer Spektrum
© Springer-Verlag Berlin Heidelberg 2016

Planung: Dr. Annika Denkert
Einbandabbildung: H. Wesemüller-Kock, Hildesheim
Coverdesigner: deblik, Berlin

Gedruckt auf säurefreiem und chlorfrei gebleichtem Papier.

Springer-Verlag GmbH Berlin Heidelberg ist Teil der Fachverlagsgruppe Springer Science+Business
Media (www.springer.com)

Die beiden Krieger verewigt im University Museum Oxford [Fotos Sonar]

Dedicated to
Keith William (Bill) Morton,
mentor, teacher, and friend in Oxford.

*„The world, surely, has not another place like Oxford:
it is a despair to see such a place and ever have to leave it."*

Nathaniel Hawthorne, 1856.
[Morris 1978, S. x]

Über den Autor

Thomas Sonar wurde 1958 in Sehnde bei Hannover geboren. Nach dem Maschinenbaustudium an der Fachhochschule Hannover wurde er kurzzeitig Laboringenieur im Labor für Regelungstechnik der FH Hannover und gründete ein eigenes Ingenieurbüro. Dem Mathematikstudium an der Universität Hannover folgte von 1987 bis 1989 eine Tätigkeit als wissenschaftlicher Mitarbeiter der DLR (damals DFVLR) in Braunschweig im Raumgleiterprojekt HERMES, dann als wissenschaftlicher Mitarbeiter am Lehrstuhl von Prof. Dr. Wolfgang Wendland in Stuttgart. Nach Studien in Oxford am Computing Laboratory unter Prof. Keith William Morton, PhD, promovierte Thomas Sonar 1991 im Fach Mathematik und arbeitete danach bis 1996 als Hausmathematiker am Institut für Theoretische Strömungsmechanik der DLR in Göttingen, gab dort den Anstoß zur Entwicklung des heute vielfach eingesetzten TAU-Codes zur numerischen Berechnung kompressibler Strömungen und programmierte dessen erste Versionen. 1995 erfolgte die Habilitation für das Fach Mathematik an der TU (damals TH) Darmstadt. Von 1996 bis 1999 wirkte er an der Universität Hamburg im Institut für Angewandte Mathematik und seit 1999 an der TU Braunschweig als Abteilungsleiter der Arbeitsgruppe für partielle Differentialgleichungen. Einen Ruf an die Universität Kaiserslautern und die damit verbundene Übernahme einer Führungsposition im dortigen Fraunhofer-Institut für Techno- und Wirtschaftsmathematik lehnte er 2003 ab. Im selben Jahr gründete er an der TU Braunschweig das bis heute sehr aktive Mathematiklehrerfortbildungszentrum „Mathe-Lok", in dem auch regelmäßig Veranstaltungen für Schülerinnen und Schüler stattfinden.

Thomas Sonar entwickelte früh sein Interesse an der Geschichte der Mathematik, arbeitete insbesondere zur Geschichte der Navigation und der Logarithmen in England und begleitete die viel beachteten Braunschweiger Ausstellungen zum Gauß-Jahr 2005 und zum Euler-Jahr 2007 wissenschaftlich. Weitere mathematikhistorische Arbeiten sind Eulers Analysis, seiner Mechanik und Strömungsmechanik, der Geschichte mathematischer Tafeln, William Gilberts' Magnettheorie, der Geschichte der Ballistik, dem Mathematiker Richard Dedekind, sowie den Vorgängen um den Tod Gottfried Wilhelm Leibniz' gewidmet. Im Jahr 2001 erschien nach intensiven Studien im Merton College in Oxford sein Buch über die frühen mathematischen Arbeiten von Henry Briggs. Im Jahr 2011 wurde in dieser Reihe sein Band *3000 Jahre Analysis* veröffentlicht und im Dezember 2014 wurde von ihm der Briefwechsel zwischen Richard Dedekind und Heinrich Weber herausgegeben. Insgesamt hat Thomas Sonar etwa 150 Fachbeiträge und 14 Bücher – zum Teil mit Kollegen – publiziert, eine Vorlesung zur Mathematikgeschichte an der TU Braunschweig etabliert und viele Jahre lang dieses Fach im Rahmen eines Lehrauftrages an der Universität Hamburg vertreten. Zahlreiche Veröffentlichungen beschäftigen sich auch mit der Vermittlung von Mathematik und Mathematikgeschichte an ein breiteres Publikum und der Verbesserung des Mathematikunterrichtes an Gymnasien.

Thomas Sonar ist Mitglied in der Gesellschaft für Bildung und Wissen e.V., in der Braunschweigischen Wissenschaftlichen Gesellschaft und korrespondierendes Mitglied in der Hamburger Akademie der Wissenschaften.

Vorwort des Autors

Priorität - im Bereich wissenschaftlicher Publikationen wird die erste Offenbarung einer wissenschaftlichen Methode oder Theorie als prioritär bezeichnet. Zahlreiche Streitigkeiten zwischen Wissenschaftlern wurden nicht aus sachlichen Gründen, sondern wegen der Priorität ihrer Publikationen geführt.

WIKIPEDIA
de.wikipedia.org/wiki/Priorität
(zuletzt abgerufen am 19. Juni 2015)

Streit um die Priorität wissenschaftlicher Methoden, Theorien oder Erfindungen gab und gibt es in der Geschichte häufig; kaum einer wurde so verbissen geführt wie der berühmte Prioritätsstreit zwischen Isaac Newton (4. Januar 1643 – 31. März 1727)[1] und Gottfried Wilhelm Leibniz (1. Juli 1646 – 14. November 1716) um die Erfindung der Differenzial- und Integralrechnung, und keiner hat vermutlich eine so große Wirkung gehabt. Hal Hellman hat diesen Streit in sein Buch über die größten Fehden in der Mathematik [Hellman 2006] aufgenommen, und er beschreibt insgesamt nur zehn Fehden. Wir können also sicher sein, es mit einem wirklichen Skandal zu tun zu haben.

Der Streit wuchs schnell zu einem internationalen Ereignis heran: England gegen den Kontinent! Auf Seiten Leibnizens standen die streitbaren Brüder Jakob und Johann Bernoulli und alle Kontinentalmathematiker, die den neuen Kalkül verstanden (und das waren nicht viele). Hinter Newton standen seine englischen Unterstützer und Mathematiker aus der Royal Society. Beide Gruppen waren wirklich nicht groß, kein Vergleich zur Wirkung des Streits! Die gewaltige Wirkung des Prioritätsstreites war die Trennung der englischen Mathematik von der Mathematik auf dem Kontinent bis ins 20. Jahrhundert! Die Engländer standen zu ihrem Newton und verwendeten weiterhin Newtons

---

[1]Das protestantische England hatte zu Zeiten Newtons den gregorianischen Kalender noch nicht eingeführt, da er als papistische Erfindung galt. Die Engländer waren also bis zum Jahr 1700 10 Tage zurück, ab 28. Februar 1700 11 Tage. Im julianischen Kalender wurde Newton am 25. Dezember 1642 geboren - war also ein Weihnachtskind - und starb am 20. März 1726. Das neue Jahr begann nämlich in England bis zum Jahr 1752 am 25. März. Viele Autoren schreiben daher Daten vom 1. Januar 1727 bis 24. März 1727 in der Form 1726/27. Um die geneigte Leserschaft nicht zu verwirren, habe ich alle Daten auf den gregorianischen Kalender bezogen. Nur an wenigen Stellen gebe ich klar erkennbar das julianische Datum mit an.

schwerfällige Punktnotation $\dot{x}, \ddot{x}$, usw. für die Ableitungen einer Funktion $x(t)$, während die Kontinentalmathematiker die Überlegenheit des Leibniz'schen Kalküls erkannten und an Stelle von $\dot{y}/\dot{x}$ den Differenzialquotienten dy/dx schrieben, der zu ganz intuitiven Berechnungsschemata führte. Dadurch entwickelte sich die Mathematik auf dem Kontinent mit Riesenschritten, während die Engländer anscheinend nicht viel dazu beitrugen. Im Jahr 1755, eine Generation nach den beiden Kontrahenten, erschien der erste Band des zweibändigen Werkes *Institutiones Calculi Differentialis* des großen Leonhard Euler (1707–1783), der ein Schüler des Johann Bernoulli war. Im vierten Kapitel stellt Euler in Abschnitt 116 fest [Blanton 2000, S.64f.]:

> *„... aber es gibt keinen Zweifel, dass wir in der Frage der Notation über die Engländer gesiegt haben. Für Differenziale, die sie Fluxionen nennen, verwenden sie Punkte über den Buchstaben. Also ist $\dot{y}$ die erste Fluxion von y, $\ddot{y}$ ist die zweite Fluxion, die dritte Fluxion hat drei Punkte, und so weiter. Diese Notation kann man nicht kritisieren, wenn die Anzahl der Punkte klein ist, so dass man sie auf Anhieb sieht. Im Fall dass viele Punkte erfordert werden, resultiert das andererseits in großer Verwirrung und noch größerer Unbequemlichkeit. So ist zum Beispiel das zehnte Differenzial, oder Fluxion, sehr unbequem durch zehn Punkte darzustellen, während unsere Notation, $d^{10}y$, leicht zu verstehen ist. Es gibt Fälle, in denen man Differenziale von noch höherer Ordnung oder selbst von beliebiger Ordnung darstellen muss, und für diese Fälle ist die englische Art und Weise ganz und gar ungeeignet."*

Allerdings beeilt sich Euler gleich im folgenden Abschnitt 117 zu versichern, dass auch die Engländer durchaus zur mathematischen Literatur der Leibnizianer auf dem Kontinent griffen und die Kontinentalmathematiker ihrerseits auch englische Bücher zur Fluxionenrechnung läsen.

In der Tat wäre es zu kurz gesprungen, der englischen Mathematik einen plötzlichen Rückstand gegenüber der kontinentaleuropäischen Mathematik nach Newtons Tod zu bescheinigen. In einer sehr detaillierten Untersuchung hat Niccolò Guicciardini [Guicciardini 1989] die Entwicklung der Newton'schen Fluxionenrechnung von 1700 bis 1800 verfolgt. In der Tat konnten die englischen Mathematiker bis zur Mitte des 18. Jahrhunderts gut mithalten, dann aber begann auf dem Kontinent die stürmische Entwicklung der mehrdimensionalen Differenzial- und Integralrechnung und diese Entwicklung wurde in England kaum rezipiert – England fiel zurück.

Die Differenz zwischen der modernen kontinentaleuropäischen Mathematik und der englischen Mathematik à la Newton war zu Beginn des 19. Jahrhunderts so groß geworden, dass etwas geschehen *musste*. Im Jahr 1803 hatte der Mathematikprofessor Robert Woodhouse (1773–1827) in Cambridge sein Buch *Principles of Analytical Calculation* publiziert, in dem die Leibniz'sche

Differenzial- und Integralrechnung verwendet wurde, allerdings legte Woodhouse wohl keinen Wert darauf, deren Schreibweisen und Techniken auch im Lehrplan der Universität durchzusetzen [Hyman 1987, S. 40]. Im Jahr 1810 kam der junge Charles Babbage (1791–1871) zum Studium nach Cambridge. Er war der Sohn eines reichen Vaters und wurde später zum Erfinder des programmgesteuerten Rechners. Dem jungen Mann war zum Studium der Mathematik ein französisches Lehrbuch von Sylvestre François Lacroix (1765–1843) zur Differenzialrechnung nach Leibniz empfohlen worden, das Babbage für einen enormen Preis in England erstehen konnte. Er kannte also den Leibniz'schen Kalkül, war seinen Tutoren weit überlegen und damit unzufrieden mit den Studieninhalten in Cambridge. Er fand unter seinen Kommilitonen schnell Gleichgesinnte: mit George Peacock (1791–1858) und John Herschel (1792–1871) gründete er die „Analytical Society" mit dem Ziel, die Häresie des „pure d-ism against the Dot-age of the University" zu propagieren [Guicciardini 1989, S. 135]. Man wollte die Leibniz'sche d-Schreibweise statt Newton'scher Punkte! Pikanterweise heißt „dot-age" im Englischen zwar „Zeitalter des (Newton'schen) Punktes", aber das gleich klingende Wort „dotage" bedeutet so viel wie Senilität oder Altersschwachsinn. Ein Schelm, wer den jungen Männern einen feinen Scherz unterstellt?

Wir wollen in diesem Buch der Geschichte dieses faszinierenden Prioritätsstreites folgen, die Vorgeschichte, den eigentlichen Kampf und die Folgen beleuchten und diskutieren. Das geschieht nicht zum ersten Mal und verschiedene Autoren haben versucht, die Verkaufszahlen ihrer Bücher durch drastische Titel, in denen das Wort „Krieg" eine wichtige Rolle spielt, zu erhöhen. So der Wissenschaftshistoriker Alfred Rupert Hall (1920–2009), der 1980 das empfehlenswerte Werk *Philosophers at war* [Hall 1980] vorlegte[2], und aus neuerer Zeit das etwas weniger empfehlenswerte, weil reißerische, *The Calculus Wars* [Bardi 2006] des US-amerikanischen Biophysikers und Wissenschaftsjournalisten Jason Socrates Bardi. Beide Bücher sind vollständig frei von Mathematik. Zweifelsohne: Es war ein Krieg, und auf Seiten der Engländer sogar ein Vernichtungskrieg mit dem Ziel, Leibniz von der Bühne der Geschichte zu fegen. Ich habe mich dennoch für einen weniger spektakuläreren Titel entschieden[3] und folge damit dem kleinen Heftchen [Fleckenstein 1956] des Mathematik- und Astronomiehistorikers Joachim Otto Fleckenstein (1914–1980), das noch 1977 in zweiter Auflage erschien, aber wesentliche neuere Erkenntnisse nicht berücksichtigte.

Wir starten mit der Frage, worum es eigentlich geht. Die mathematisch gut vorgebildete Leserschaft bitte ich um Verzeihung, dass ich die Grundlagen der Differenzial- und Integralrechnung erläutere, aber für die rein historisch

---

[2]Empfehlenswert aus Gründen der Übersicht ist auch der kürzere Beitrag [Hall 2002].

[3]Das geschwungene S und das kursiv gedruckte d im Titel sind nicht etwa Druckfehler, sondern weisen auf die beiden wichtigen Operatoren – Integral und Differenzial – der Infinitesimalmathematik Leibnizens hin.

Interessierten sollte es doch möglich sein, die eigentliche Bedeutung dieser Erfindung zu erfassen, bevor sie sich über die Schärfe des Prioritätsstreits wundern. Außerdem soll das erste Kapitel darauf einstimmen, dass dieses Buch *nicht* mathematikfrei ist! Wie ich bereits im Vorwort von [Sonar 2011] dargelegt habe, ist es unmöglich, etwas von der Geschichte der Analysis erfassen zu wollen, ohne auch die zugehörige Mathematik betrachtet zu haben. Aber keine Angst; das mathematische Niveau hier übersteigt Abiturwissen keinesfalls und ich habe mir große Mühe gegeben, die Erläuterungen so klar und einfach wie möglich zu halten, so dass auch Nichtmathematiker folgen können. Notfalls kann man die Mathematik auch einfach überlesen, aber dann fehlt etwas.

Im zweiten Kapitel stellen wir die politischen und kulturellen Entwicklungen Frankreichs, Englands und der Niederlande um die Zeit des Prioritätsstreits vor. Dann wenden wir uns den „Riesen" zu, von denen Newton behauptet hatte, er stünde auf ihren Schultern. Für Newton sind das John Wallis (1616–1703) und Isaac Barrow (1630–1677), für Leibniz sind es Christiaan Huygens (1629–1695) und Blaise Pascal (1623–1662). Fragt sich der Leser, warum wir keine politischen und kulturellen Entwicklungen Deutschlands zu dieser Zeit diskutieren, so sei angemerkt, dass es ein „Deutschland" gar nicht gab, sondern nur „deutsche Lande", in denen Lokalfürsten herrschten. Außerdem wurde Leibniz zwei Jahre vor Abschluß des Westfälischen Friedens geboren und die deutschen Lande waren durch den Dreißigjährigen Krieg verheert worden. Es gibt aus unserer Sicht also nicht viel zu berichten.

Im dritten Kapitel schauen wir auf die frühen Entwicklungen unserer beiden Kombattanten. Wie jeder Konflikt beginnt auch dieser langsam zu reifen, lebt von Missverständnissen und Eifersüchteleien, und schaukelt sich auf. Im Zentrum stehen die beiden Kontrahenten Isaac Newton und Gottfried Wilhelm Leibniz bis zum Jahr 1672. Dies ist das Jahr, in dem Leibniz nach Paris kommt und seine erstaunliche mathematische Entwicklung beginnt. Bis 1672 ist Leibniz ein mathematischer Nobody, aber er fühlt seine Kräfte reifen. Newton hat bereits seine wichtigen mathematischen Entdeckungen gemacht; noch sind sie sämtlich unpubliziert. Erste Streitigkeiten über die Theorie der Farben mit Robert Hooke (1635–1703) machen Newton zu schaffen und ihn noch vorsichtiger und verletzlicher, als er ohnehin schon ist.

Im vierten Kapitel beginnen die Konflikte in einem vorerst noch kalten Krieg. Das „annus mirabilis" für Leibniz ist das Jahr 1673, in dem er in Paris die neue Differenzial- und Integralrechnung aus der Taufe hebt. Noch ist es kein Kalkül, noch fehlen das d und das Integralzeichen $\int$, aber bis 1676, dem Jahr, in dem Leibniz Paris verläßt, ist die neue Analysis ein echter „Calculus". Der Höhepunkt des *kalten* Krieges, der bald heiß werden wird, ist in den beiden Jahren 1675 und 1676 erreicht.

Im Jahr 1676 schreiben sich Leibniz und Newton Briefe, die über den Sekretär der Royal Society, Henry Oldenburg (um 1618–1677), laufen. Die als *Epistola prior* und *Epistola posterior* bekannten zwei Briefe (*Epistolae*) Newtons analysieren wir im fünften Kapitel. Das Kapitel ist „Keine Spur vom kalten Krieg" überschrieben, denn ich konnte mich den Meinungen einiger älterer Autoren, hier schon beginne das Misstrauen Newtons, nicht anschließen, aber man lese selbst.

Im sechsten Kapitel steht Newtons wohl wichtigstes Werk, die *Principia*, Beginn der modernen Physik, im Mittelpunkt. Unsere beiden Krieger haben vollständig verschiedene Lebensläufe: Leibniz erhält eine Anstellung in der Provinz, entfaltet aber eine Betriebssamkeit in ungeheurer Breite auf unübersehbar vielen Themenbereichen, Newton lebt in Cambridge (und das ist aus Sicht Oxfords natürlich auch Provinz) das Leben eines Einsiedlers, der nicht gerne gestört werden will. Wir gehen der Entstehungsgeschichte der *Principia* detailliert nach, aber auch den Geschehnissen nach ihrer Publikation. Leibniz legt hier eine erste Zündschnur für kommende Konflikte, indem er auf die Veröffentlichung mit drei eigenen Arbeiten reagiert und behauptet, er habe die *Principia* vorher nicht gelesen.

Mit dem siebenten Kapitel wird der Krieg heiß. Newton hat Krisen zu durchleiden; insbesondere eine Beziehungskrise zu dem jungen schweizer Gelehrten Fatio de Duilier, den wir nach Manuel [Manuel 1968] despektierlich als „Affen Newtons" bezeichnen. Dieser Affe macht den ersten Vorwurf des Plagiats in Richtung Leibniz, allerdings vorerst in der privaten Korrespondenz mit Christiaan Huygens, und Huygens ist klug genug, seinen Schüler Leibniz darüber nicht zu informieren. John Wallis drängt Newton zur Publikation seiner lange zurückliegenden mathematischen Arbeiten, es gibt einen Streit mit dem Astronomen John Flamsteed und schließlich verlässt Newton Cambridge, um eine Stelle an der königlichen Münze in London anzunehmen. Wir sehen nun einen ganz anderen Newton als den introvertierten Einsiedler in Cambridge. Newton ist jetzt selbstbewusst und sich über seine führende Stellung nach der Publikation der *Principia* im Klaren. Leibniz hat inzwischen intellektuelle Mitstreiter für seinen Kalkül gewonnen, die Bernoullis und den Marquis de l'Hospital, der im Jahr 1696 mit großer Unterstützung Johann Bernoullis das erste Lehrbuch zur Leibniz'schen Differenzialrechnung vorlegt. Der hochbetagte John Wallis publiziert seine mathematischen Werke in drei Bänden und er nimmt dort für Newton Partei. Im dritten Band werden erstmal die *Epistolae* Newtons an Leibniz aus dem Jahr 1672 abgedruckt und auch einige Briefe von Leibniz aus dieser Zeit, die zeigen sollen, dass Newton bei der Infinitesimalrechnung die Priorität gehört. Dann erfolgt ein öffentlicher Angriff Fatios auf Leibniz, den Leibniz auch mit Hilfe Johann Bernoullis pariert. Fatio muss sich geschlagen geben, aber der Krieg ist 1699 klar eröffnet. Hier ist auch der Platz, Leibnizens Verhalten in der Gelehrtenrepublik seiner Zeit kritisch zu beleuchten.

Im achten Kapitel bricht der Krieg mit voller Kraft los, wieder eröffnet von einem weiteren Newton'schen Affen, John Keill. Wie im Fall von Fatio sucht Leibniz Hilfe bei der Royal Society, aber dieses Mal liegen veränderte Verhältnisse vor: Newton ist Präsident dieser Gesellschaft. Offiziell wird ein Komitee gebildet, das den Fall entscheiden soll, aber hinter dem Komitee steckt Newton. Ergebnis ist das *Commercium epistolicum*, in dem Leibniz als Plagiator Newton'scher Mathematik beschuldigt wird. Leibniz und Johann Bernoulli wehren sich, ein Flugblatt – die *Charta volans* – taucht auf und die Krieger auf beiden Seiten des Ärmelkanals graben sich in ihren intellektuellen Schützengräben ein. Leibnizens Tod hätte Anlass genug gegeben, den Krieg zu beenden, aber der ging weiter.

Das neunte Kapitel behandelt den Krieg über den Tod Leibnizens hinaus. Johann Bernoulli kämpft verbissen weiter gegen die Engländer, versucht aber mit Newton auf gutem Fuß zu bleiben. Der Krieg endet erst mit dem Tod Newtons im Jahr 1727.

Wir können nicht die gesamte Geschichte des Prioritätsstreits erzählen, ohne auch auf die Nachwirkungen einzugehen. Das zehnte Kapitel ist den frühen Anfechtungen des Kalküls gewidmet, die bereits zu Lebzeiten von Newton und Leibniz auftauchen. In Leibnizens Fall ist es insbesondere Bernard Nieuwentijt, der den Kalkül auf Grund der Verwendung von Differenzialen höherer Ordnung scharf angreift, aber abgewehrt werden kann. Für Newtons Fluxionenrechnung ist es der Bischof George Berkeley, der mit seinen kritischen Schriften in England eine Kette von Reaktionen auslöst und tatsächlich eine Wirkung entfaltet.

Was hat der Krieg für die englische Analysis bedeutet? Dieser Frage gehen wir im elften Kapitel nach. Im 19. Jahrhundert war die Newton'sche Fluxionen- und Fluentenrechnung in eine Sackgasse geraten, dennoch erscheinen vom Nationalstolz der Engländer geprägte Newton-Biographien, die an Heldenverehrung grenzen. Erst der Mathematiker Augustus de Morgan bricht diese Verehrung auf und weist nach, dass Newton nicht der strahlende Sieger ist, als den man ihn wahrnimmt. Nach und nach beginnt Englands langer Weg hin zur Akzeptanz der Leibniz'schen Analysis, wobei wieder eine Sackgasse durch die algebraische Analysis Lagranges befahren wird. Erst mit den Veröffentlichungen solcher Bücher wie *Calculus made easy* von Silvanus P. Thompson, mit dem wir dieses Buch begonnen haben, ist England in der Mathematik von Leibniz, den Bernoullis und Euler angekommen.

Ich schließe unsere Reise durch die Geschichte des Prioritätsstreits mit ein paar persönlichen Nachbemerkungen, die meines Erachtens notwendig sind. Das intensive Studium des Krieges um die Priorität der Entdeckung der Differenzial- und Integralrechnung hat einige Vorurteile und Bewertungen, denen ich lange angehangen habe, verändert!

In allen Bereichen der Geschichte der Mathematik kommt dem Quellenstudium eine zentrale Rolle zu. Da wir im Fall von Leibniz und Newton über eine sehr große Zahl von Dokumenten verfügen, insbesondere über Briefe, war es eines meiner Anliegen, die beteiligten Personen so oft wie möglich selbst „sprechen" zu lassen. Nur wer sich die Inhalte und den Ton von Briefwechseln selbst erlesen hat, kann schließlich Stimmungsumschwünge und -schwankungen finden oder gar zu ganz anderen Beurteilungen kommen als die in der Literatur tradierten. Einschübe in den Zitaten in eckigen Klammern enthalten Bemerkungen des Übersetzers. In einigen Fällen habe ich bei Zitaten angemerkt, dass das Original in lateinischer Sprache verfasst ist und ich aus einer englischen Übersetzung übersetzt habe. Ich wünsche der geneigten Leserschaft neue und tiefe Einsichten in einen der berühmtesten und bedeutendsten Wissenschaftskonflikte der Weltgeschichte.

Thomas Sonar, im Juni 2015

Danksagung des Autors

Es war Herr Clemens Heine vom Springer Verlag, der dieses Buch in einer E-Mail an mich zu Beginn des Jahres 2014 anregte. Da er von mir einen kompetenten Autor für dieses Thema wissen wollte, habe ich ohne zu Zögern Herrn Prof. Dr. Eberhard Knobloch als *den* internationalen Leibniz-Experten vorgeschlagen. Zu meiner großen Freude schlug Herr Knobloch hingegen mich als Autor vor und bot sich an, Korrektur zu lesen, was er bereits bei meiner Geschichte der Analysis [Sonar 2011] kritisch und kompetent getan hatte.

Mein außerordentlicher Dank geht also zum einen an Herrn Heine, zum anderen aber an Eberhard Knobloch, der dieses Projekt mit seinem großen Sachverstand begleitet hat. Er hat für mich – sozusagen „online"(!) – lateinische, französische und italienische Buchtitel ins Deutsche übersetzt, mich auf neuere Literatur hingewiesen, meine allzu „englischen" deutschen Übersetzungen aus dem Englischen geglättet, meine Deutschfehler richtiggestellt und das gesamte Manuskript akribisch gelesen, kritisiert und korrigiert. Schließlich hat er sogar noch ein Nachwort beigesteuert. Dafür kann ich ihm nicht genug danken. Verbleibende Fehler sind nicht ihm, sondern zur Gänze mir anzukreiden. Lieber Eberhard, ich habe sehr, sehr viel von Dir gelernt und verdanke Dir viel!

Einem weiteren Korrekturleser bin ich ebenfalls sehr dankbar. Karl-Heinz Schlote von der Hildesheimer Projektgruppe „Geschichte der Mathematik", der den Text zweimal mit spitzem Bleistift und großer Sachkenntnis von vorn bis hinten las, hat wichtige Hinweise zum Stil gegeben. Bin ich seinen Vorschlägen in seltenen Fällen nicht gefolgt, dann ist das nur meinem Dickkopf zuzuschreiben. Auch Franz Lemmermeyer hat Teile des Manuskripts gelesen und korrigiert, wofür ich ihm ebenfalls dankbar bin. Die Bibliothekarin Frau Dr. Kühn aus Leipzig hat mit Adleraugen und großer Kompetenz mein Literaturverzeichnis „auf Vordermann" gebracht, wofür ich ihr herzlich danken möchte. Auch mein Freund Klaus-Jürgen Förster von der Hildesheimer Projektgruppe hat das Manuskript in seinem Sommerurlaub am Strand gelesen und wichtige Anmerkungen gemacht; dafür herzlichen Dank – auch für die moralische Unterstützung, die mir in der Endphase der Arbeit geholfen hat.

Clemens Heine stellte mir seinerzeit frei, das Buch als eigenständige Publikation bei Springer anzufertigen, oder es aber in der Reihe „Vom Zählstein zum Computer" zu publizieren, in der auch schon mein Buch *3000 Jahre Analysis* erschienen ist. Da die Zusammenarbeit mit den Kollegen aus der Projektgruppe „Geschichte der Mathematik" der Universität Hildesheim, die die Buchreihe trägt, bei meinem letzten Buch hervorragend war, habe ich mich sofort entschlossen, mich wieder an die Projektgruppe zu wenden, und ich habe es nicht bereut! Ermöglicht hat dieses Buch daher die Hildesheimer Projektgruppe um meinen Freund Klaus-Jürgen Förster und unseren Doyen Heinz-Wilhelm Alten, denen ich ebenso herzlich danke wie Heiko Wesemüller-Kock, der in gewohnter Weise für die hohe Qualität der Abbildungen gesorgt hat. Dank gebührt auch Frau Anne Gottwald, die die Druckrechte der Abbildungen besorgt hat.

Auch wenn man seit vielen Jahren mit einem hervorragenden Satzsystem wie LATEXumgeht, benötigt man bei einem Projekt wie diesem von Zeit zu Zeit einen „TEX-Wizard". Für dieses Buch stand mir der hervorragende Hildesheimer Student Jakob Schönborn zur Seite, der auch an Wochenenden, Feiertagen und über Weihnachten(!) stets kompetent für mich da war.

Meiner Sekretärin Frau Jessica Tietz gebührt mein Dank für ihre unermüdlichen Bestellungen, Abholungen und Retouren von Büchern, die ich nur über die Fernleihe beziehen konnte, weil sie nicht zu kaufen oder prohibitiv teuer waren.

Frau Dr. Charlotte Wahl von der Leibniz-Forschungsstelle Hannover der Göttinger Akademie der Wisenschaften danke ich herzlich für die Überlassung eines ihrer Manuskripte zum Prioritätsstreit. Ich danke Herrn apl. Prof. Dr. Herbert Breger, dem langjährigen Leiter des Leibniz-Archives in Hannover, und Herrn Prof. Dr. Wenchao Li, dem Inhaber der Leibniz-Stiftungsprofessur in Hannover, für ihre freundliche Einladung, im Frühjar 2015 einen Vortrag zum Prioritätsstreit im Leibniz-Haus in Hannover halten zu dürfen. Frau Anja Fleck von der Gottfried Wilhelm Leibniz Bibliothek in Hannover hat mir an einem Nachmittag Leibniz-Handschriften zugänglich gemacht und mich sehr kompetent bei der Auswahl für dieses Buch beraten, wofür ich ihr danken möchte.

Dieses Buch ist entstanden in meinen beiden jeweils zweijährigen Amtszeiten als Dekan der Carl-Friedrich-Gauß-Fakultät an der TU Braunschweig und jeder, der einmal ein solches Amt in der heutigen Zeit ausgeübt hat, weiß, was das bedeutet. Wenn ich das Dekansamt vernünftig und verantwortungsvoll ausgeübt habe, und das hoffe ich, dann verdanke ich das in erster Linie meiner Geschäftsführerin Frau Imma Braun, die unentwegt meine Stütze und meine „Chefin" in allen Dingen der Verwaltung war und ist. Da wir derselben Arbeitsethik folgen, darf ich uns beide an dieser Stelle als „Kampfschweine" bezeichnen – sie wird es schon richtig als großes Kompliment verstehen!

Meinen hervorragenden Ärzten habe ich zu danken, dass sie mich trotz aller Widrigkeiten „am Laufen" gehalten haben; insbesondere danke ich herzlich den Herren Prof. Dr. med. Max Reinshagen vom Braunschweiger Klinikum, Dr. med. Jörn Schröder-Richter vom Braunschweiger St. Vincent-Stift, Dr. med. Torsten Prüfer als meinem Hausarzt und Ahmad Rahimi als meinem Angiologen und Internisten. Ihre Mahnungen an mich, nun endlich einmal ruhiger zu treten und mich grundlegend zu erholen nehme ich mir jedesmal wirklich zu Herzen, aber irgendwie klappt es nie.

Meiner Frau Anke danke ich von Herzen, dass sie es mit stoischer Gelassenheit erträgt, mich von einem Buchprojekt in das nächste abtauchen zu sehen. Die halbmeterhohen Bücherstapel auf dem Fußboden in Wohn- und Esszimmer, für die ich mich bereits in *3000 Jahre Analysis* bei ihr entschuldigt habe, haben sich noch einmal vermehrt und sind etwas höher geworden. Von den Kosten für die benötigte Literatur will ich gar nicht sprechen. Auch wenn mein erhöhtes Arbeitspensum unsere gemeinsamen Stunden weiter reduziert hat, hat meine Liebe zu ihr in den vergangenen 32 Jahren unserer Ehe immer zugenommen. Unseren Kindern Konstantin, Alexander, Philipp und Sophie-Charlotte (in der Reihenfolge ihrer Geburt) möchte ich an dieser Stelle sagen, dass ich sehr stolz auf sie bin. Sophie-Charlotte kann zudem in diesem Buch auch ihre Namenspatronin finden.

This book is dedicated to my thesis advisor and paternal friend in Oxford: Keith William „Bill" Morton.

Thomas Sonar

Vorwort des Herausgebers

Wer kennt nicht die Freude, etwas Neues für sich entdeckt zu haben. In vielen Fällen ist es dabei unerheblich, ob schon andere vor uns oder zur gleichen Zeit diese Entdeckung gemacht haben. Doch in unserer kommerzialisierten Welt, in der sich nicht selten an die glückliche Entdeckung sogleich der Gedanke an deren möglichst ertragreiche Vermarktung anschließt, spielt es in Wissenschaft und Wirtschaft eine wichtige Rolle, sich den Fakt, die jeweilige neue Idee als Erster formuliert und ausgesprochen zu haben, also die Priorität hinsichtlich dieser Idee, Entdeckung bzw. Entwicklung, durch eine unabhängige Institution bestätigen zu lassen. Trotz der globalen Vernetzung und eines ständigen Informationsaustauschs gibt es auch heute noch gleichzeitige oder nahezu gleichzeitige Entdeckungen, die voneinander unabhängig sind und zu Auseinandersetzungen bezüglich der Priorität führen können bzw. führen. In früheren Jahrhunderten mit deutlich eingeschränkten und langsameren Kommunikationswegen und von den heutigen Gewohnheiten stark abweichenden Kommunikationsformen artete die unter diesen Umständen schwierige Klärung der Priorität wiederholt in heftige Streitigkeiten aus. Einer der bekanntesten Fälle ist der Prioritätsstreit zwischen Gottfried Wilhelm Leibniz und Isaac Newton um die Entwicklung der Infinitesimalrechnung. Die Berühmtheit dieses Streites ist nicht zuletzt der Tatsache geschuldet, dass neben den beiden anerkannten Gelehrten, die sich noch wenige Jahre zuvor der gegenseitigen Hochachtung versichert hatten, auch viele weitere bedeutende Gelehrte in den Konflikt verwickelt wurden und sich zeitweise als verfeindete Lager gegenüberstanden. Gleichzeitig hat die Herausbildung der Infinitesimalrechnung als ein wichtiger Bestandteil der wissenschaftlichen Revolution des 17. Jahrhunderts zunächst die weitere Entwicklung der Mathematik, der Naturwissenschaften und der Technik, später auch zahlreicher weiterer Wissenschaften nachhaltig beeinflusst.

Angesichts der großen Bedeutung dieser wissenschaftlichen Entdeckung und dem Involviertsein von zahlreichen Gelehrten verwundert es kaum, dass dieser Prioritätsstreit bereits mehrfach Gegenstand wissenschaftshistorischer Betrachtungen war. Die einzelnen Darstellungen weisen dabei beträchtliche Unterschiede auf, die neben der Prägung durch nationalistische Gefühle und Ansichten bzw. der einseitigen Konzentration auf einzelne Aspekte oder Akteure des Streites eine stark differierende Quellenbasis als Ursache haben. Inzwischen sind viele Primär- und Sekundärquellen gut zugänglich und ausgewertet. Die wissenschaftlichen Leistungen der beiden Heroen und ihrer Mitstreiter können klar beschrieben werden. Das erste Auftreten der grundlegenden neuen Ideen lässt sich in den meisten Fällen recht genau datieren, insbesondere wann diese erstmals schriftlich fixiert wurden. Auch der breite historische Kontext ist einer eingehenden Analyse unterzogen worden: Seien es die persönlichen Lebensumstände von Leibniz, Newton sowie anderer beteiligter Gelehrter, die Geisteshaltungen und philosophischen Strömungen jener Zeit, die Kommunikationsgewohnheiten oder die gesellschaftlichen Auseinandersetzungen.

Thomas Sonar hat sich nun der Aufgabe gestellt, getreu dem Anliegen der Reihe „Vom Zählstein zum Computer" aus dieser Fülle von Informationen eine ausgewogene, für Wissenschaftshistoriker, Mathematiker und andere Fachwissenschaftler, für Lehrer sowie eine an der Wissenschaftsgeschichte und der Geschichte interessierte breite Leserschar gut lesbare Darstellung zu komponieren. In dem ihm eigenen lebendigen Stil führt er den Leser sowohl in das vom Dreißigjährigen Krieg gezeichnete und weiteren Machtkämpfen geprägte Kontinentaleuropa als auch das durch zahlreiche Auseinandersetzungen zwischen Parlament und Monarchie erschütterte England ein. Er lässt die Hauptpersonen Newton und Leibniz sowie Gelehrte wie Christiaan Huygens, Johann Bernoulli, John Wallis und Issac Barrow mit ihren Stärken und Schwächen, ihren Eigenheiten und Gewohnheiten in ihren Lebenswelten lebendig werden. Ausführlich wird aufgezeigt, wie durch das Zusammentreffen bewusster sowie unbedachter Handlungen und Äußerungen das Klima von einem wissenschaftlichen Gedankenaustausch, der sehr wohl den Geist der Konkurrenz und des Strebens um Anerkennung atmet, aber von gegenseitiger Wertschätzung geprägt ist, in eine unerbittliche Konfrontation und Feindschaft umschlagen konnte. Deutlich arbeitet Thomas Sonar heraus, dass zunächst vieles ohne Einfluss bzw. Kenntnis der beiden Konkurrenten geschah, dann aber später beide nicht frei von unfairen Aktionen waren und zur Eskalation der Situation beitrugen. Bei all dem bleibt die Wissenschaft nicht auf der Strecke, sondern souverän vermittelt der Autor die notwendigen Kenntnisse sei es zum Leibniz'schen Kalkül, zur Fluxionenrechnung Newtons oder zur Physik und Astronomie, speziell zur Gravitationstheorie und zur Theorie des Lichtes. Dies öffnet die Tür für einen breiteren Blick auf die Geschehnisse und für ein Einbeziehen von scheinbar separaten Ereignissen, um also zu verstehen, wie die Ablehnung von Newtons Gravitationstheorie durch Leibniz den Streit verschärfte oder wie die Auseinandersetzung von Newton mit Robert Hooke um die Grundideen dieser Theorie Newtons späteren Umgang mit kritischen Äußerungen nachhaltig beeinflusste.

Dieser Band stellt eine Zäsur in der Gestaltung der Reihe „Vom Zählstein zum Computer" dar, die von der Projektgruppe „Geschichte der Mathematik" der Universität Hildesheim seit mehr als 20 Jahren unter Leitung von Prof. Dr. H.-W. Alten vorbereitet und herausgegeben wird. Während die beiden Bände „6000 Jahre Mathematik" einen grundlegenden Überblick geben, behandeln die (sogenannten Säulen-) Bände „5000 Jahre Geometrie" und „4000 Jahre Algebra" sowie „3000 Jahre Analysis" jeweils die historische Entwicklung einer mathematischen Grunddisziplin. Das hier vorgelegte Buch widmet sich nun erstmals in dieser Reihe der detaillierten Analyse einer „Episode" aus der Geschichte der Analysis. Spätestens nach den konkreten Planungen für eine Geschichte der Zahlentheorie stand die Projektgruppe vor der Frage, wie die Reihe künftig gestaltet und fortgeführt werden sollte. Eine Beschränkung auf weitere „Säulenbände" zu mathematischen Teildisziplinen würde, wenn gleichzeitig die für die Reihe charakteristische Einbettung in die allgemeine und die kulturelle Geschichte beibehalten werden soll, keine umfassende Perspektive eröffnen. Auch künftig wird sich die Projektgruppe bemühen, Autoren zu gewinnen, um für einen breiten Leserkreis die Herausbildung und Entwicklung attraktiver Teilgebiete der Mathematik in einem kulturhistorischen Kontext zu präsentieren. Außerdem werden in die Reihe jedoch nun Bände zu spezielleren Aspekten der Mathematikgeschichte integriert werden, die eine Behandlung des jeweiligen Themas in Sinne der Reihe erlauben. „Der Prioritätsstreit zwischen Leibniz und Newton" ist der erste Schritt in diese Richtung.

Die Projektgruppe dankt Thomas Sonar sehr herzlich, dass er in einem wahren Kraftakt das vorliegende Buch in dieser Intention in so hervorragender, tiefgehender Qualität verfasst hat. Es wird damit rechtzeitig zum 300. Todestag von Gottfried Wilhelm Leibniz am 14. 11. 2016 der interessierten Öffentlichkeit zur Verfügung stehen. Herr Prof. Dr. E. Knobloch hat als wissenschaftlicher Berater und kritischer Lektor des Manuskripts Thomas Sonar in vielfältiger Weise unterstützt, ihm gebührt ebenfalls unser herzlicher Dank.

Wie frühere Bände so ist auch der „Prioritätsstreit" reich mit Abbildungen ausgestattet. Ein besonderer Dank gilt hier wieder dem Medienwissenschaftler und Mitherausgeber H. Wesemüller-Kock, der im Wesentlichen die graphische Gestaltung des Buches vorgenommen und umfangreiche Recherchen für die Auswahl der Abbildungen durchgeführt hat. Eine besondere Hervorhebung verdienen die Schmuckseiten, die am Beginn der Kapitel von ihm gestaltet wurden. Wir danken Frau Gottwald für die mühsame und aufwändige Einholung von Lizenzen für die Abbildungen. In gleicher Weise gilt unser Dank Herrn J. Schönborn, der den Text und die Abbildungen in das Verlagsmanuskript umsetzte und die Verzeichnisse anfügte.

Dem Springer Verlag, insbesondere Herrn C. Heine und seiner Nachfolgerin Frau Dr. A. Denkert, danken wir für die wie gewohnt sehr gute Zusammenarbeit und die vorzügliche Ausstattung des Buches.

Es ist den gegenwärtigen und ehemaligen Mitgliedern der Projektgruppe ein besonderes Anliegen, an dieser Stelle Heinz-Wilhelm Alten als Gründer, Leiter und Mentor unserer Projektgruppe und unserer Reihe „Vom Zählstein zum Computer" unseren tief empfundenen Dank für seine mehr als zwanzigjährige äußerst aufwendige und hingebungsvolle Tätigkeit für unser mathematikhistorisches Projekt auszusprechen.

Wir hoffen, dass auch dieser Band einen breiten Leserkreis erreicht und nicht nur Fachhistorikern und Fachwissenschaftlern, sondern auch Schülern, Studenten, Lehrern sowie vielen anderen Interessenten einen lebendigen Eindruck vom Werden der Mathematik vermittelt, das nicht nur mit abstrakten Theorien verknüpft ist, sondern gleichsam mit den Menschen, die diese hervorbringen, und somit auch von ganz alltäglichen menschlichen Eigenschaften beeinflusst wird. Nicht zuletzt würde dies auch die Orientierung der Reihe auf eine breite Leserschaft rechtfertigen.

Hildesheim, September 2015, im Namen des Herausgebers

Karl-Heinz Schlote   *Klaus-Jürgen Förster*

Projektgruppe Geschichte der Mathematik
der Universität Hildesheim

Hinweise für den Leser

Runde Klammern enthalten ergänzende Einschübe, Lebensdaten oder Hinweise auf Abbildungen.

Eckige Klammern enthalten

- Auslassungen und Einschübe in Zitaten
- im laufenden Text Hinweise auf Literatur
- unter Abbildungen Quellenangaben

In den Bildunterschriften kennzeichnen eckige Klammern den/die Urheber des jeweiligen Werkes, weitere Angaben stehen in runden Klammern.

Abbildungen sind nach Teilkapiteln nummeriert, z. B. bedeutet Abb. 10.1.4 die vierte Abbildung in Abschnitt 10.1 von Kapitel 10.

Die Originaltitel von Büchern und Zeitschriften sind kursiv wiedergegeben, ebenso wörtliche Zitate in deutscher Sprache/Übersetzung. Auf weiterführende Literatur bzw. auf Erläuterungen eines nur verknappt dargestellten Sachverhaltes wird durch Hinweise wie (vgl. ausführlich in...) verwiesen.

Im Literaturverzeichnis ist wortwörtlich oder inhaltlich zitierte sowie weiterführende Literatur aufgeführt.

Inhaltsverzeichnis

1 Zur Einstimmung

1.1 Worum geht es eigentlich?

Bereits im Altertum gelang es Archimedes (um 287–212 v. Chr.), zum einen
Tangenten an gegebene Kurven, und zum anderen den Flächeninhalt unter
einer gegebenen Kurve zu berechnen. Er konnte zu seiner Zeit nicht erkennen, dass diese beiden Operationen – Tangentenberechnung und Flächenbe-
rechnung – zueinander inverse Operationen sind, was sich im Hauptsatz der
Differenzial- und Integralrechnung ausdrückt, der erst von Newton und Leibniz erkannt und von Leibniz aus der Geometrie eines Isaac Barrow (1630–1677)
heraus in die neue Sprache der symbolischen Algebra gebracht wurde, in der
er seine Kraft voll entfalten konnte.

Aber *warum*, um Gottes Willen, will man Tangenten und Flächen ausrechnen?
So haben sich sicherlich Generationen von Schülerinnen und Schülern gefragt
und vielleicht fragen Sie es sich in diesem Moment auch. Ich will eine Erklärung geben und zuvor versuchen klarzumachen, wie man solche Rechnungen
durchführt. Dabei greife ich auf ein großes Vorbild zurück: Das Buch *Calculus
made easy* des englischen Physikers Silvanus Phillips Thompson (1851–1916).

Calculus made easy erschien 1910 und ist bis heute (!) im Druck. Im Jahr
1998 gab der bekannte Autor und Wissenschaftsjournalist Martin Gardner
(1914–2010) das Buch [Thompson 1998a] mit einer neuen Einführung und
leicht modernisiert heraus, und im selben Jahr erschien bereits der Nachdruck
der 12. Auflage der deutschen Übersetzung *Analysis leicht gemacht* [Thomp-
son 1998b]. Die von Thompson verwendeten Erläuterungen halten moderner
Strenge nicht immer stand, aber genügen für unsere Zwecke! Wenn Sie eine gute Ausbildung in Differenzial- und Integralrechnung genossen haben, können
Sie die folgenden Abschnitte natürlich überspringen.

Abb. 1.1.1. Silvanus P. Thompson [Foto: Fotograf unbekannt, vor 1900 aus: Thompson and Thompson, 1920] und beim Vortrag vor einem jugendlichen Auditorium
[Foto: Fotograf der „Daily Mirror", 1910, Thompson and Thompson, 1920]

1.2 Steigung, Ableitung und Differenzialquotient

Wenn auf einem Verkehrsschild vor einer Steigung von 10 % gewarnt wird, was ist damit dann eigentlich gemeint? Muss ich bei 100 % Steigung etwa senkrecht die Wand hoch?

Abb. 1.2.1. Achtung: 10 % Steigung

Die Steigung macht eine Aussage über das Verhältnis der zu überwindenden Höhe zur gefahrenen Strecke. Müssen also auf den nächsten 5 km 250 Höhenmeter überwunden werden, dann ist die Steigung

$$s = \frac{250\,\mathrm{m}}{5000\,\mathrm{m}} = 0.05$$

oder 5 %. Muss man auf den nächsten 5 km 500 Höhenmeter überwinden, wäre das eine Steigung von 10%, und wenn auf eine horizontale Strecke von 5 km auch eine Höhendifferenz von 5 km käme, dann wäre die Steigung 100 %. Abbildung 1.2.2 zeigt die Situation, wobei Δx die zu fahrende horizontale Strecke, und Δy die Höhendifferenz bezeichnet.

Mit der Steigung können wir wie in Abbildung 1.2.2 über die Tangensfunktion einen Winkel α assoziieren,

$$\tan \alpha = \frac{\Delta y}{\Delta x},$$

denn das **Steigungsdreieck** ist offenbar ein rechtwinkliges Dreieck. Der Winkel α bei unserem Beispiel von 5 % Steigung wäre

$$\alpha = \arctan 0.05 \approx 2.86°,$$

10 % Steigung korrespondiert zu einem Winkel von 5.7° und 100 % Steigung führt auf $\alpha = \arctan 1 = 45°$.

Nun ist eine Straße ganz sicher keine aus ebenen Stücken zusammengesetzte Fahrbahn, sondern in ihrem Profil eher eine Funktion

$$y - f(x)$$

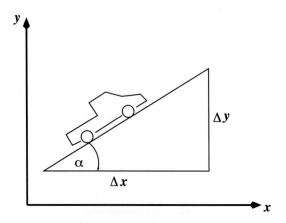

Abb. 1.2.2. Steigung und Winkel

wie in Abbildung 1.2.3 gezeigt. Wie man sieht, entspricht die ausgerechnete Steigung $\Delta y/\Delta x$ nun nicht mehr genau der wahren Steigung am Punkt x_0 und je größer wir Δx machen, umso weniger hat unsere Steigung mit der wahren Steigung zu tun. Hier setzt man nun den neuen Kalkül von Leibniz und Newton ein!

Wir nehmen an, wir machen in x-Richtung nur einen winzigen Schritt. Wirklich sehr, sehr winzig. Also eigentlich ein unendlich kleiner Schritt (oder, in der Übersetzung von Thompsons Buch, „unbegrenzt klein" [Thompson 1998b, S. 100]), und um diesen Schritt von Δx zu unterscheiden, nennen wir ihn in Leibniz'scher Notation dx. Das „d" kann dabei gelesen werden als „ein winziges Stück von".

Damit ist dx „ein winziges Stückchen von x".

Gehen wir von x_0 aus den winzigen Schritt dx nach rechts, dann gibt die unbegrenzt kleine Größe dy die Höhendifferenz an. Wenn wir von x_0 in den Punkt $x_0 + dx$ gehen, ist aus dem Funktionswert $y_0 = f(x_0)$ gerade der Funktionswert $y_0 + dy$ geworden. Da wir nur einen unbegrenzt kleinen Schritt weg von x_0 gemacht haben, muss der **Differenzialquotient**

$$s(x_0) := \frac{dy}{dx} \tag{1.1}$$

die wahre Steigung der Fahrbahn am Punkt x_0 angeben. Diese wahre Steigung beschreibt die **Änderung** der Fahrbahn am Punkt x_0. Aber wie berechnet man nun diesen Quotienten aus zwei unbegrenzt kleinen Größen?

Ein gutes Beispiel liefert die Parabel $y = f(x) = x^2$. Wollen wir die Steigung am Punkt $x_0 = 2$ berechnen, dann müssen wir die Änderung von $y_0 = f(x_0) = x_0^2$ zu $y_0 + dy = f(x_0 + dx)$ betrachten:

$$y_0 + dy = f(x_0 + dx) = (x_0 + dx)^2 = x_0^2 + 2x_0\,dx + (dx)^2.$$

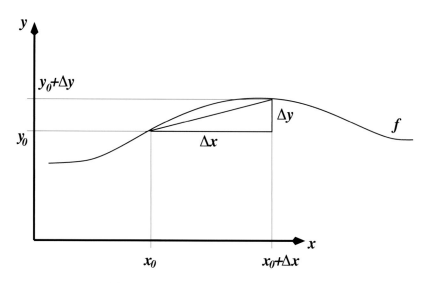

Abb. 1.2.3. Realistischer Straßenverlauf

Nun ist $y_0 = x_0^2$, so dass wir

$$dy = 2x_0\, dx + (dx)^2 \qquad (1.2)$$

erhalten. Die Größe dx haben wir als unbegrenzt klein angenommen. Wie groß ist dann wohl das Quadrat einer solchen Größe? Wir ahnen schon, dass wir ohne Probleme $(dx)^2 = 0$ setzen dürfen, aber warum dürfen wir *nicht* $dx = 0$ setzen? Hilfreich ist die Vorstellung der Fläche eines Quadrats mit Kantenlänge $x + dx$ wie in Abbildung 1.2.4. Der Flächeninhalt ist offenbar $(x + dx)^2 = x^2 + 2x\, dx + (dx)^2$ und wir machen folgende Beobachtung: Die beiden Streifen mit Flächeninhalt $x \cdot dx$ tragen offenbar noch merklich zur Fläche bei, aber das kleine Quadrat mit Flächeninhalt $(dx)^2$ ist sicher zu vernachlässigen.

Man spricht auch von **Kleinheit höherer Ordnung**, bezeichnet Größen wie $x \cdot dx$ als **Größen erster Ordnung**, Größen wie $dx \cdot dx$ als **Größen zweiter Ordnung**, usw., und sagt, dass Größen höherer Ordnung im Vergleich zu Größen erster Ordnung vernachlässigbar sind.

Damit wird nun aus unserer Gleichung (1.2) die Gleichung

$$dy = 2x_0\, dx,$$

und die Division durch dx liefert die Steigung am Punkt x_0,

$$\frac{dy}{dx} = 2x_0.$$

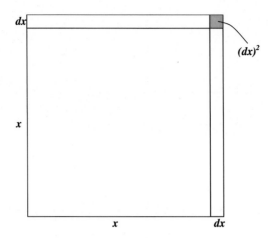

Abb. 1.2.4. Flächenbetrachtung am Quadrat

Am Punkt $x_0 = 2$ ist die Steigung der Funktion $y = x^2$ also $dy/dx(2) = 4$.

Auf diese Weise – und mit dem **Binomialtheorem** – können wir auch zeigen, dass die Steigung der Funktionen $y = x^n$, n irgendeine natürliche Zahl, immer $dy/dx = nx^{n-1}$ ist. Denn wir setzen an

$$y + dy = (x + dx)^n$$

und können nun auf den Klammerterm die Binomialentwicklung anwenden:

$$(x + dx)^n = x^n + \frac{n}{1}x^{n-1}\,dx + \frac{n(n-1)}{1 \cdot 2}x^{n-2}\,(dx)^2 + \dots$$
$$+ \dots \frac{n(n-1)(n-2)\cdots 2}{1 \cdot 2 \cdots (n-1)}x(dx)^{n-1} + \frac{n(n-1)(n-2)\cdots 2 \cdot 1}{1 \cdot 2 \cdots (n-1) \cdot n}(dx)^n.$$

Diese Entwicklung kennen Sie sicher für $n = 2$, denn dann ist es der Binomische Lehrsatz $(a + b)^2 = a^2 + 2ab + b^2$. Da wir schon $(dx)^2 = 0$ gesetzt haben, können wir alle Terme mit höherer Potenz von dx wegstreichen, erhalten also

$$y + dy = x^n + nx^{n-1}\,dx$$

und wegen $y = x^n$ folgt der Differenzialquotient

$$\frac{dy}{dx} = nx^{n-1}.$$

Das Binomialtheorem ist nicht nur für natürliche Zahlen n als Exponenten gültig, das ist eine der wesentlichen Entdeckungen Newtons. Dann bricht die Summe zwar nicht mehr ab, sondern hat unendlich viele Summanden, aber das braucht uns nicht zu kümmern, da wir die hohen Potenzen von dx in jedem

Fall zu Null setzen. Wir können also auch Steigungen von Wurzelfunktionen $y = \sqrt[k]{x}$ berechnen, denn $\sqrt[k]{x} = x^{1/k}$:

$$y + dy = \sqrt[k]{x + dx} = (x + dx)^{1/k} = x^{\frac{1}{k}} + \frac{1}{k}x^{\frac{1}{k}-1}dx + ...,$$

(in den Pünktchen sind die höheren Potenzen von dx versteckt), und damit folgt

$$y = x^{\frac{1}{k}} \quad \Rightarrow \quad \frac{dy}{dx} = \frac{1}{k}x^{\frac{1}{k}-1}.$$

Mit etwas mehr Einsatz gewinnt man die Differenzialquotienten weiterer Funktionen, die wir hier in einer Tabelle zusammenfassen:

$y = f(x)$	$\dfrac{dy}{dx}$
x^k	kx^{k-1}
e^x	e^x
$\sin x$	$\cos x$
$\cos x$	$-\sin x$
$\ln x$	$\frac{1}{x}$

(1.3)

Mit den hier beschriebenen Methoden können wir leicht Regeln für Differenzialquotienten, wie die Produkt- und die Kettenregel, ableiten, und wir bedienen uns dazu wieder der heuristisch motivierten Methode in [Thompson 1998a] bzw. [Thompson 1998b].

1.2.1 Die Produktregel

Ist ein Produkt in der Form $y = f(x) \cdot g(x)$ gegeben, dann gilt

$$y + dy = (f + df) \cdot (g + dg) = fg + f\, dg + g\, df + df\, dg. \qquad (1.4)$$

Nanu, warum schreiben wir denn jetzt nicht

$$y + dy = f(x + dx) \cdot g(x + dx)$$

wie wir es oben gemacht haben? Na ja, weil wir so einfach nicht weiterkommen[1]! Wir haben hier ja keine konkreten Beispielfunktionen, sondern allgemeine Platzhalter $f(x)$ und $g(x)$. Aber $f(x + dx)$ schreiben wir einfach $f + df$, in der Vorstellung, dass der Funktionswert von f an der Stelle $x + dx$ derjenige von f an der Stelle x mit einer kleinen Korrektur df ist. Insofern ist es tatsächlich ganz gleich, ob wir $f(x + dx)$ oder $f + df$ schreiben, denn $f(x + dx) = f + df$.

---

[1]Wenn Sie die Taylor'sche Formel kennen, dann wissen Sie: $f(x + dx) = f(x) + dx \cdot df(x)/dx + ...$, wobei in den Pünktchen wieder die höheren Potenzen von dx stecken. Setzen wir die wieder zu Null, dann steht da tatsächlich $f(x + dx) = f(x) + df(x)$.

Blicken wir nun zurück auf (1.4). Offenbar ist $df \cdot dg$ eine Größe zweiter Ordnung und ist damit Null. Subtrahieren wir noch $y = fg$, dann folgt

$$dy = f\,dg + g\,df,$$

und wenn wir noch durch dx dividieren ergibt sich die **Produktregel**

$$y = f(x)g(x) \quad \Rightarrow \quad \frac{dy}{dx} = f\frac{dg}{dx} + g\frac{df}{dx}. \qquad (1.5)$$

Wir können damit ein Produkt wie $y = \underbrace{e^x}_{=f(x)} \cdot \underbrace{(1 + x^4)}_{=g(x)}$ einfach mit $df/dx = e^x$

und $dg/dx = 4x^3$ zu

$$\frac{dy}{dx} = f\frac{dg}{dx} + g\frac{df}{dx} = e^x \cdot 4x^3 + (1 + x^4) \cdot e^x$$

berechnen.

1.2.2 Die Quotientenregel

Ist an Stelle eines Produktes ein Quotient

$$y = \frac{f(x)}{g(x)}$$

zweier Funktionen gegeben, dann führt

$$y + dy = \frac{f + df}{g + dg}$$

auf die folgende **Polynomdivision**[2]:

$$f + df : g + dg = \frac{f}{g} + \frac{df}{g} - \frac{f}{g^2}dg$$

$$-(f + \frac{f}{g}dg)$$

$$\overline{\qquad df - \frac{f}{g}dg \qquad}$$

$$- (df + \frac{df\,dg}{g})$$

$$\overline{\qquad -\frac{f}{g}dg - \frac{df\,dg}{g} \qquad}$$

$$- \left(-\frac{f}{g}dg - \frac{f}{g^2}(dg)^2\right)$$

$$\overline{\qquad -\frac{df\,dg}{g} + \frac{f}{g^2}(dg)^2.}$$

---

[2]Es macht nichts, wenn sie diese Rechnung noch nie gesehen haben. Merken Sie sich einfach, dass man Polynome ganz genau so dividieren kann wie zwei Zahlen.

Der jetzt entstandene Rest $-df\,dg/g + f(dg)^2/g^2$ ist aber Null, da es sich nur noch um Größen zweiter Ordnung handelt. Unsere Polynomdivision liefert also

$$y + dy = \frac{f}{g} + \frac{g\,df - f\,dg}{g^2}$$

und wenn wir jetzt $y = f/g$ subtrahieren und durch dx dividieren, dann haben wir die **Quotientenregel** hergeleitet:

$$y = \frac{f(x)}{g(x)} \quad \Rightarrow \quad \frac{dy}{dx} = \frac{g\,\frac{df}{dx} - f\,\frac{dg}{dx}}{g^2}. \tag{1.6}$$

Statt „Differenzialquotient" verwendet man heute lieber die Bezeichnung **Ableitung** und schreibt

$$f'(x_0) = \frac{dy}{dx}(x_0)$$

für die Steigung der Funktion f am Punkt x_0. Offenbar ist die Steigung von Funktionen an Maxima und Minima Null, so dass man durch Lösung der Gleichung

$$\frac{dy}{dx} = 0$$

die Punkte x finden kann, an denen Extremwerte zu vermuten sind.

Auch **höhere Ableitungen** spielen eine wichtige Rolle. In der Leibniz'schen Bezeichnungsweise ist

$$\frac{d^2y}{dx^2} := \frac{d}{dx}\left(\frac{dy}{dx}\right)$$

die Ableitung der Ableitung, usw. Zweite Ableitungen sind unter anderem nützlich, um an Extremstellen feststellen zu können, ob es sich um ein Maximum oder ein Minimum handelt. So lautet die erste Ableitung von $y = f(x) = x^2$:

$$f'(x) = 2x,$$

und die ist genau bei $x = 0$ Null. Also vermuten wir bei $x = 0$ eine Extremstelle. Die zweite Ableitung

$$f''(x) = 2$$

ist positiv, und das bedeutet, dass bei $x = 0$ ein Minimum vorliegt.

1.2.3 Die Kettenregel

Die wahre Überlegenheit der Leibniz'schen Bezeichnungsweise zeigt sich in der Kettenregel. Diese Ableitungsregel wird immer dann benötigt, wenn man verkettete Funktion wie

$$y = f(g(x))$$

zu differenzieren hat. Nennen wir den inneren Teil $u(x) := g(x)$ und den äußeren Teil $v(u) := f(u)$ und differenzieren wir beide Teile,

$$\frac{du}{dx} = g'(x), \quad \frac{dv}{du} = f'(u) = f'(g(x)),$$

dann folgt die gesamte Ableitung doch aus dem Produkt

$$\frac{dy}{dx} = \frac{dv}{dx} = \frac{du}{dx} \cdot \frac{dv}{du},$$

denn das du lässt sich formal kürzen:

$$\frac{\cancel{du}}{dx} \cdot \frac{dv}{\cancel{du}} = \frac{dv}{dx},$$

also gilt

$$y = f(g(x))) \quad \Rightarrow \quad \frac{dy}{dx} = g'(x) \cdot f'(g(x)). \tag{1.7}$$

Diese Regel ist nicht auf zwei verkettete Formeln beschränkt, denn verwenden wir in der vierfachen Verkettung

$$y = f(g(h(k(x))))$$

die Abkürzungen

$$u(x) := k(x), \quad v(u) := h(u), \quad w(v) = g(v), \quad z(w) = f(w),$$

dann ist $y = z(x)$ und aus den einzelnen Differenzialquotienten

$$\frac{du}{dx} = k'(x), \frac{dv}{du} = h'(u), \frac{dw}{dv} = g'(v), \frac{dz}{dw} = f'(w)$$

folgt durch Multiplikation und Kürzen

$$\frac{\cancel{du}}{dx} \cdot \frac{\cancel{dv}}{\cancel{du}} \cdot \frac{\cancel{dw}}{\cancel{dv}} \cdot \frac{dz}{\cancel{dw}} = \frac{dz}{dx},$$

also

$$\frac{dy}{dx} = \frac{dz}{dx} = k'(x) \cdot h'(k(x)) \cdot g'(h(k(x))) \cdot f'(g(h(k(x)))).$$

Betrachten wir als Beispiel die Funktion $y = \sin(e^{4x^2+x})$. Wir führen die Abkürzungen

$$u(x) = 4x^2 + x, \quad v(u) = e^u, \quad w(v) = \sin v$$

ein und differenzieren einzeln:

$$\frac{du}{dx} = 8x + 1, \quad \frac{dv}{du} = e^u, \quad \frac{dw}{dv} = \cos v.$$

Damit folgt

$$\frac{dy}{dx} = \frac{dw}{dx} = \frac{du}{dx} \cdot \frac{dv}{du} \cdot \frac{dw}{dv} = (8x+1) \cdot e^u \cdot \cos v$$
$$= (8x+1) \cdot e^{4x^2+x} \cdot \cos\left(e^{4x^2+x}\right).$$

1.2.4 Die Umkehrregel

Ist $y = f(x)$ und existiert die Umkehrfunktion $x = f^{-1}(y)$, dann lautet die **Regel zur Ableitung der Umkehrfunktion**

$$\frac{dy}{dx} = \frac{1}{\dfrac{dx}{dy}}. \tag{1.8}$$

Zur Illustration betrachten wir die Logarithmusfunktion

$$y = \ln x,$$

von der wir wissen, dass sie die Umkehrfunktion von $y = e^x$ ist. Durch Anwendung der e-Funktion finden wir aus $y = \ln x$ die Gleichung

$$x = e^y,$$

und daher

$$\frac{dx}{dy} = e^y = e^{\ln x} = x.$$

Aus der Regel zur Ableitung der Umkehrfunktion folgt dann

$$\frac{dy}{dx} = \frac{d\ln x}{dx} = \frac{1}{\dfrac{dx}{dy}} = \frac{1}{x}.$$

Wir haben damit gezeigt, dass $(\ln x)' = 1/x$ gilt.

1.3 Flächeninhalt, Integral und Antidifferenziation

Wir stellen uns nun vor, dass eine Strecke $[a, b]$ der Länge $x = b - a$ in unbegrenzt kleine Größen der Länge dx zerlegt wird. Wenn wir alle diese kleinen Stückchen summieren, muss natürlich die Länge x herauskommen. Wegen der unbegrenzten Kleinheit der dx ist deren Anzahl natürlich riesengroß, so dass es sinnvoll ist, für die Summe ein besonderes Symbol einzuführen. Mit Leibniz schreiben wir für diese Summe das **Integral**

$$x = \int_a^b dx = b - a,$$

wobei man bei diesem Zeichen an ein langgezogenes „S" (für Summe) denken sollte. Die Grenzen a und b am Integral machen daraus ein **bestimmtes Integral**. Nehmen wir nun von der Länge x ein winziges kleines Stückchen, dann ergibt sich bei Anwendung von „d"

$$dx = d \int dx = dx,$$

mit anderen Worten: **Ableitung und Integral sind zueinander inverse Operationen – Das Integral macht aus dx wieder x (d. h. neutralisiert das d) und das d bringt das Integral zum Verschwinden.**

Damit können wir Integrale als Umkehrung der Differenziation berechnen. Ist für $y = x^n$ die Ableitung nx^{n-1}, dann ist das Integral von $y = nx^{n-1}$ gerade

$$x^n = \int nx^{n-1} \, dx.$$

Nun ja, das ist nicht *ganz* richtig, denn nicht nur x^n ist das **unbestimmte Integral** (man sagt auch: **Stammfunktion**), sondern x^n+const. Ist $f(x) = c$ eine beliebige Konstante (also f gar nicht abhängig von x), dann ist offenbar

$$y_0 + dy = f(x_0 + dx) = c$$

und wegen $y_0 = f(x_0) = c$ muss dc verschwinden. Damit gilt

$$d(x^n + c) = dx^n = d \int nx^{n-1} \, dx = nx^{n-1}.$$

Eine Stammfunktion ist also nicht eindeutig bestimmt sondern nur bis auf irgendwelche Konstanten, die man addieren kann.

Dieser simple Gesichtspunkt, dass wir Integrale als Umkehrung der Differenziation verstehen, die Integration also als **Antidifferenziation** bezeichnen, reicht uns schon! Eine eigenständige Bedeutung der Integration wird erst nach der Zeit von Leibniz und Newton Einzug in die Mathematik halten.

Nun aber zur geometrischen Interpretation. Was bedeutet $\int f(x) \, dx$ geometrisch?

In Abbildung 1.3.1 haben wir das Intervall $[a, b]$ auf der Abszisse in Stücke der Länge dx unterteilt. Im Bild sind nur vier Stücke zu sehen, aber wir stellen uns vor, es seien unendlich viele, weil dx unbegrenzt klein ist. Nehmen wir nun das Produkt $f(x) \cdot dx$, wobei auf jedem der Teilstücke x am linken Rand genommen wird (das spielt aber keine Rolle), so ist dieses Produkt gerade der grün dargestellte Flächeninhalt eines der Rechtecke. Summieren wir alle diese Rechteckflächen, dann erhalten wir den Flächeninhalt unter der Funktion f auf dem gesamten Intervall,

$$\int_a^b f(x) \, dx.$$

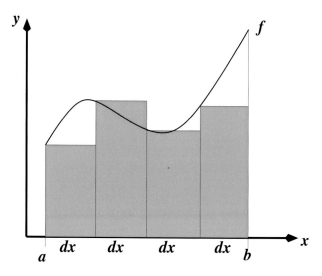

Abb. 1.3.1. Berechnung der Fläche unter einer Kurve

Ein Integral einer Funktion f über einem Intervall ist also nichts anderes als der Flächeninhalt unter dem Graphen dieser Funktion.

Wir haben schon auf den inversen Charakter von Integration und Differenziation hingewiesen. Diese wichtige Erkenntnis ist der Inhalt des **Hauptsatzes der Differenzial- und Integralrechnung**: Ist $f : [a, b] \to \mathbb{R}$ eine stetige Funktion, dann ist für alle $x_0 \in [a, b]$ die Integralfunktion

$$F(x) := \int_{x_0}^{x} f(t)\, dt \tag{1.9}$$

differenzierbar und es gilt $F'(x) = f(x)$ an jeder Stelle $x \in [a, b]$. Für den Wert des Integrals gilt

$$\int_{a}^{b} f(x)\, dx = F(b) - F(a). \tag{1.10}$$

1.4 Indivisible und Infinitesimale

Die Integration, also die Bestimmung des Flächeninhalts unter Kurven, ist ein guter Ausgangspunkt zur Klärung zweier Begriffe, die in der Geschichte der Mathematik eine bedeutende Rolle gespielt haben: Indivisible und Infinitesimale.

Die Streifen der Breite dx in Abbildung 1.3.1 nennt man **Infinitesimale**, hier ist es eine infinitesimale Fläche. Die Breite des Flächenstreifens ist dx, also eine unbegrenzt kleine, aber von Null verschiedene Größe. Zerlegt man das Intervall von Null bis Eins in sehr viele Teilintervalle der Länge dx, dann erhält man infinitesimale Strecken. Zerlegt man das Intervall in 10 Millionen Teile, dann ist $dx = 0.000\,000\,1$, wählt man 100 Millionen Teile, dann folgt $dx = 0.000\,000\,01$, und so weiter. Und hier sehen wir den entscheidenden Punkt: Je mehr Teilintervalle wir fordern, desto kleiner wird dx und schließlich – wenn wir immer mehr Teilintervalle betrachten – wird dx unbegrenzt klein, aber nie Null!

Die Infinitesimalen entsprechen der Auffassung des antiken Philosophen Aristoteles (384–322 v. Chr.), der in seinem Buch *Physik* [Aristoteles 1995] darlegte, dass eine Strecke nicht aus Punkten, sondern aus Infinitesimalen aufgebaut ist. Aristoteles bezeichnet die Strecke als **Kontinuum**, und propagiert die unbegrenzte Teilbarkeit. Ganz gleich, wie oft man ein Kontinuum teilt, immer werden die auch noch so klein werdenden Teile Kontinua bleiben.

Aber warum kann eine Strecke nicht aus Punkten aufgebaut sein? Das ist auch möglich und wurde von dem griechischen Philosophen Demokrit (460 oder 456 v. Chr. – um 380 v. Chr.) vertreten, der sich die Strecke aus unendlich vielen Atomen (atomos = unteilbar) zusammengesetzt dachte. Ein Punkt hat aber nach den Axiomen des Euklid (3. Jh. v. Chr.) keine Ausdehnung und ist damit eine **Indivisible** („Unteilbare“). Wollten wir die Fläche unter der Kurve in Abbildung 1.3.1 durch Indivisible beschreiben, müssten wir uns unendlich viele parallele Linien der Breite Null vorstellen, die die Fläche irgendwie „überdecken“, aber das ist ja unmöglich, da noch so viele breitenlose Linien nichts überdecken können. Die „Summe“ aller dieser unendlich vielen Indivisiblen ist dann die Fläche. Das ist schwer zu verdauen, aber Indivisiblenmathematiker wie Bonaventura Francesco Cavalieri (1598–1647) und Evangelista

Abb. 1.4.1. Demokrit (von griechischer Banknote), Marmor-Skulptur von Aristoteles (Kopie aus dem 1./2. Jh. n. Chr. von einer verlorenen Bronze-Skulptur, Musée de Louvre), Archimedes (von Briefmarke)

Torricelli (1608–1647) hatten mit dieser Idee schon Volumina von komplizierten Körpern berechnet und damit die Brauchbarkeit der Indivisiblenrechnung bewiesen, vergl. [Sonar 2011]. Das Wort „Summe" ist ganz bewusst in Anführungszeichen gesetzt und seine Verwendung ist gefährlich! Cavalieri sprach nie von Summen, sondern von „omnes lineae", also der Gesamtheit aller Linien, vergl. [Folkerts/Knobloch/Reich 2001, S. 299].

Am Beginn aller Analysis stand historisch die Indivisiblenmathematik und auch Leibniz ist als Indivisiblenmathematiker gestartet. Mit der Idee der Einführung eines dx, das so klein gedacht werden konnte wie nötig, ist er aber einer der Begründer der Infinitesimalmathematik geworden.

1.5 ... und wozu braucht man das?

Wir haben (hoffentlich!) klarmachen können, *wie* man Steigungen und Flächen von Funktionen berechnet, aber *warum* ist es so wichtig, so etwas zu können?

In den Zeiten von Leibniz und Newton war die Mechanik eine noch junge Wissenschaft. Eine Generation vorher hatte Galileo Galilei (1564–1642) die Fallgesetze hergeleitet. Unter Einwirkung der Erdbeschleunigung $g \approx 9.81\mathrm{N/m}^2$ fällt ein Körper in der Zeit t die Strecke

$$y(t) = \frac{1}{2}gt^2.$$

Er erreicht dabei eine Geschwindigkeit (die Reibung in der Luft ist vernachlässigt) von

$$v(t) = gt$$

und die Beschleunigung im Schwerefeld der Erde ist natürlich $a(t) = g$, hängt also gar nicht von der Fallzeit ab. Mit der neuen Differenzial- und Integralrechnung konnte nun die Mechanik vollständig durchdrungen werden, ein Programm, das von Leonhard Euler (1707–1783) durchgeführt wurde [Szabó 1996]. Die Geschwindigkeit ist die Änderung der durchlaufenen Strecke, also

$$v(t) = y'(t) = \frac{dy}{dt}(t) = gt,$$

und die Beschleunigung ist die Änderung der Geschwindigkeit,

$$a(t) = v'(t) = \frac{dv}{dt}(t) = \frac{d^2y}{dt^2}(t) = g.$$

Abb. 1.5.1. Galileo Galilei ([Gemälde von Justus Sustermans, 1636] National Maritime Museum, Greenwich, London)

Anders ausgedrückt wissen wir damit, dass die Fläche unterhalb der Kurve v im Geschwindigkeits-Zeit-Diagramm gerade das Integral von v darstellt:

$$\int_0^t v(s)\,ds,$$

und diese Größe muss der zurückgelegte Weg sein, denn schließlich ist die Integration die Umkehrung der Differenziation! Es gilt also

$$y(t) = \int_0^t v(s)\,ds.$$

In seinem Buch *Discorsi e dimonstrazioni matematiche, intorno à due nuoue scienze attinenti alla meccanica e ai moti locali* (deutsch: „Unterredungen und mathematische Demonstrationen über zwei neue Wissenszweige, die Mechanik und die Fallgesetze betreffend"), veröffentlicht 1638 in Leiden, als Galileo schon in Italien im Griff der Inquisition war, finden wir folgendes Theorem [Galilei 1973, S. 158]:

> *„Die Zeit, in welcher irgend eine Strecke von einem Körper von der Ruhelage aus mittels einer gleichförmig beschleunigten Bewegung zurückgelegt wird, ist gleich der Zeit, in welcher dieselbe Strecke von demselben Körper zurückgelegt würde mittels einer gleichförmigen Bewegung, deren Geschwindigkeit gleich wäre dem halben Betrage des höchsten und letzten Geschwindigkeitswerthes bei jener ersten gleichförmig beschleunigten Bewegung."*

Abb. 1.5.2. Titelblatt der *Discorsi* 1638

Dieses Theorem, das Galileo durch geometrische Argumentationen beweist, ist nichts anderes als die Gleichheit der Integrale

$$y(t_E) = \int_0^{t_E} gt\, dt = \frac{v(t_E)}{2} \int_0^{t_E} dt,$$

wobei t_E eine Endzeit bezeichnet. Die Gleichheit der beiden Integrale drückt gerade die Flächengleichheit im Geschwindigkeits-Zeit-Diagramm aus, wie in Abbildung 1.5.3 gezeigt. Die gelbe und schraffierte Rechtecksfläche ist genau die gleiche Fläche wie die unter der Geraden $v(t) = gt$ von $t = 0$ bis $t = t_E$.

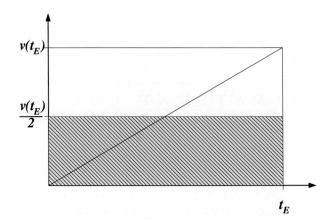

Abb. 1.5.3. Flächengleichheit im Geschwindigkeits-Zeit-Diagramm

Schon dieses einfache Beispiel lässt uns ahnen, dass man mit Hilfe der Differenzial- und Integralrechnung eine Wissenschaft wie die Mechanik vollständig beschreiben kann. Wichtige Prozesse in der Natur, in den Ingenieurwissenschaften und in der Finanz- und Wirtschaftsmathematik führen auf Differenzialgleichungen, d. h. Gleichungen, in denen die Ableitung einer Funktion auftaucht. Solche Gleichungen sind nur mit Hilfe der Differenzial- und Integralrechnung zu bearbeiten. So wundert es vielleicht auch nicht, dass Newtons und Leibnizens Differenzial- und Integralrechnung die Grundlage der technischen Revolution bildete, die im 17. Jahrhundert begann. Brücken, Schiffe, Motoren, Flugzeuge und selbst Smartphones und MP3-Player sind ohne diese Mathematik nicht denkbar. Die neue Mathematik von Newton und Leibniz führte innerhalb kürzester Zeit zu einer Revolution in nahezu allen Wissenschaften.

Mit anderen Worten: Es ging also wirklich um etwas! Hätte einer der Streithähne im Kampf um die Priorität der Entdeckung dieser Mathematik klein beigegeben, dann wäre sein Name bis heute befleckt vom Verdacht des Plagiats.

1556–1598	Philipp II. König von Spanien
1558	Elisabeth I. Königin von England
1560	Karl IX. französischer König. Die Bezeichnung „Hugenotten" für die calvinistisch orientierten Protestanten kommt auf
1562	Edikt von Saint-Germain: Französische Protestanten erhalten rechtliche Anerkennung. Massaker von Vassy an Protestanten
1562/63	Erster Religionskrieg in Frankreich
1568–1648	Achtzigjähriger Krieg zwischen den Niederlanden und Spanien endet zeitgleich mit dem Dreißigjährigen Krieg und markiert die Geburt der „Republik der Vereinigten Niederlande"
1572	Bartholomäusnacht, ca. 13 000 Hugenotten werden in Frankreich ermordet
1577–1580	Der Engländer Francis Drake umsegelt als zweiter Mensch die Erde
1587	Hinrichtung Maria Stuarts, bis 1567 Königin von Schottland
1588	Die Spanische Armada wird von den Engländern vernichtend geschlagen
1589	Beginn der Aufführungen von William Shakespeares Werken in London
1598	Das Edikt von Nantes beendet die Religionskriege und sichert die Position der Hugenotten
1603	Elisabeth I. stirbt. Der schottische König Jakob VI. wird als Jakob I. König von England
1604	Frieden zwischen Spanien und England
1605	Attentat „Gunpowder Plot" in England am 5. November
1610–1643	Ludwig XIII. französischer König
1622	England erneut im Krieg gegen Spanien
1624–1642	Kardinal Richelieu wird leitender Minister in Frankreich
1625	Jakob I. stirbt in England. Sein Sohn wird als Karl I. König
1629	Karl I. löst das englische Parlament auf und regiert 11 Jahre allein. Frieden mit Spanien und Frankreich. Sein Gegenspieler und Führer der Revolutionsarmee ist Oliver Cromwell
1629	Edikt von Alès: Hugenotten wird jede politische Eigenständigkeit verboten
1635	Frankreich greift auf schwedischer Seite für die Protestanten offen in den 30-jährigen Krieg ein
1642	Karl I. muss London verlassen. Der Bürgerkrieg beginnt. Karl I. nimmt sein Winterquartier in Oxford
1648	Zweiter englischer Bürgerkrieg durch Einfall der Schotten. Cromwell siegt
1649	Karl I. wird hingerichtet. Die Monarchie in England wird abgeschafft
1653	Oliver Cromwell wird *Lord Protector* Englands
1660	Die englische Restauration beginnt mit der Krönung Karls II.
1661–1715	Ludwig XIV. französischer König
1665–1683	Colbert Generalkontrolleur der französischen Finanzen
1665	Pest in London
1672–1679	Krieg Frankreichs gegen Holland
1685	Edikt von Nantes wird aufgehoben. 300 000 Hugenotten verlassen Frankreich
1713	Päpstliche Bulle „Unigenitus" gegen die Jansenisten.

2.1 Wer waren die Riesen?

In einem Brief an Robert Hooke vom 15. Februar 1676 [Turnbull 1959–77, Vol. I, S. 416], schreibt Newton:

> *„Wenn ich weiter sehen konnte, so deshalb, weil ich auf den Schultern von Riesen stand"*

(If I have seen further it is by standing on ye sholders of Giants)

Seit dem Mittelalter verwendeten gebildete Männer das Gleichnis von den Zwergen, die auf den Schultern von Riesen stehen, um „die Alten" zu ehren und (in der Hauptsache) die eigene Rolle in aller (falschen) Bescheidenheit herunterzuspielen. Dieses gezielte *understatement* war sicher auch Newtons Intention. Wir sollten dennoch fragen: Auf wessen Schultern standen Leibniz und Newton eigentlich? Welche Vorarbeiten waren vorhanden, auf denen die beiden Männer aufbauen konnten?

Abb. 2.1.1. Darstellung von Menschen auf den Schultern von Riesen. Vorläufer von Newtons Zitat gibt es seit dem 12. Jh. (Bernhard von Chartres) [enzyklopädische Handschrift mit allegorischen und medizinischen Zeichnungen, Süd-Deutschland ca. 1410. Handschrift aus der Sammlung Lessing J. Rosenwald. Library of Congress, Washington, Rosenwald 4, Blatt 5r]

Um diese Frage halbwegs beantworten zu können, bräuchten wir ein eigenes Buch, aber das ist bereits geschrieben und ich verweise die Leser gerne auf [Sonar 2011]. Die Ideen der Infinitesimalmathematik waren schon zu Newtons und Leibnizens Zeiten alt; bis zu Archimedes und noch weiter reicht die Historie zurück. In der Generation direkt vor Newton und Leibniz werden diese Ideen allerdings auf eine besondere Weise virulent. Die Situation hat Josef Ehrenfried Hofmann treffend beschrieben [Hofmann 1949b, S. 44]:

> *„Die infinitesimalen Probleme wurden gleichzeitig in Frankreich, Italien und England heiß umworben, die verbesserte Indivisibeln-Vorstellung wird als Führungsmethode sowohl von Fermat, Pascal und Huygens wie auch von Torricelli, Ricci, Angeli und Sluse verwendet. Gregory hat sie in Italien kennengelernt, Barrow vielleicht auch, Newton hat sie von Barrow. Das charakteristische Dreieck – um etwa eine besondere Einzelheit herauszugreifen – war bereits Fermat, Torricelli, Huygens, Hudde, Heuraet, Wren, Neile, Wallis und Gregory bekannt, ehe es durch Barrow an die Öffentlichkeit gebracht wurde; jeder der Vorgänger hatte es benutzt, aber keiner wollte das ängstlich gehütete Geheimnis preisgeben, mittels dessen er seine Ergebnisse gefunden hatte. Leibniz hat das charakteristische Dreieck nicht aus Barrow gelernt, sondern aus Pascals Lettres herausgelesen, ...“*

Wir wollen uns von den zahlreichen Namen und Bezeichnungen nicht verwirren lassen, aber vier der Riesen sollten und müssen wir näher betrachten. Für Newton: Isaac Barrow (1630–1677), dessen Nachfolger Newton auf dem Lucasischen Lehrstuhl in Cambridge wurde, und John Wallis (1616–1703), dessen *Arithmetica Infinitorum* bahnbrechend gewirkt hat. Für Leibniz: Blaise Pascal (1623–1662), dessen charakteristisches Dreieck für Leibniz eine Initialzündung bedeutete, und Christiaan Huygens (1629–1695), der als Mathematiklehrer für Leibniz fungierte.

2.2 England im 17. Jahrhundert

Am 24. März 1603 stirbt die englische Königin Elizabeth I. im Alter von 69 Jahren und damit geht das „Goldene Zeitalter" Englands zu Ende. Elizabeth hatte das rückständige, landwirtschaftlich geprägte England in eine glorreiche Zeit der Seeherrschaft geführt. Die protestantische Religion ihres Vaters Heinrich VIII. konnte sie im Land verankern und nachdem 1588 die Spanische Armada bei dem Versuch England zu besetzen vernichtet worden war, blühten Wissenschaften und Künste auf. Nicht umsonst ist es das Zeitalter Shakespeares und des Theaters! Elizabeth, als „Virgin Queen" oder „Gloriana" oder „Good Queen Bess" im Gedächtnis des Volkes verankert, hatte nie geheiratet und hinterließ keine Erben. Mit ihr trat die Tudor-Dynastie ab, die das Land seit 1485 regiert hatte. Die Rolle der Herrscher fiel nun den Stuarts zu und sie brachten große Unruhe und Umbrüche.

Abb. 2.2.1. Karl I. von England ([Gemälde von Daniel Mytens, um 1623], Private Collection Photo © Philip Mould Ltd., London/Bridgeman Images) und Königin Elisabeth I. von England [Gemälde von Nicholas Hilliard, nach 1575, Ausschnitt]

Im Jahr 1587 hatte Elisabeth I. die katholische Königin von Schottland, Maria Stuart, hinrichten lassen. Ihr Sohn war jedoch protestantisch erzogen und 1586 wurde mit dem Vertrag von Berwick eine strategische Allianz zwischen England und Schottland geschmiedet, die letztlich diesen Sohn der Maria Stuart als James I. (Jakob I.) auf den englischen Thron brachte [Haan/Niedhart 2002, S. 149f.]. Jakob war ein schwacher König nach innen und außen. Im Parlament nahm der Einfluss des niederen Adels stark zu, zeitgleich erlebte England mit den Puritanern eine Art religiöse Erweckungsbewegung, die auf die vollständige „Reinigung" der christlichen Lehre und des Gottesdienstes von römisch-katholischen Elementen beharrte. Damit entstand eine starke Opposition gegen die gerade etablierte anglikanische Kirche, die naturgemäß stark von katholischen Riten geprägt war. Viele Puritaner sahen keine Zukunft mehr in England; sie wanderten in die englischen Provinzen in Nordamerika ab.

Im Jahr 1640 zählte man in Neuengland schon etwa 25000 Siedler, die mit Schiffen wie der berühmten *Mayflower* den Atlantik als „pilgrims" überquerten.

Erneut steht England also unter religiösen Spannungen. Als Jakob I. 1625 stirbt, kommt mit seinem Sohn Charles (Karl) I. auch noch ein Monarch mit starker Neigung zum Katholizismus auf den englischen Thron. Nicht nur das: Karl ist auch der Meinung, als absoluter Monarch nach dem Vorbild des Gottesgnadentums herrschen zu müssen. Um alles noch schlimmer zu machen, heiratet er noch vor seiner Krönung am 13. Juni 1625 eine Katholikin, Henriette Marie de Bourbon, Tochter des französischen Königs.

Abb. 2.2.2. Die *Mayflower* 1620 im Hafen von Plymouth ([Gemälde von William Halsall 1882] Pilgrim Hall Museum, Plymouth, Massachusetts, USA)

Als er Geld für einen Krieg mit Spanien benötigt, gewährt ihm das Parlament, in dem nun zahlreiche Puritaner sitzen, die Einnahme der Hafenzölle nur für ein Jahr, anstatt, wie üblich, für die gesamte Regierungszeit. Karl schäumt; er löst das Parlament kurzerhand auf! Erst 1628 braucht er es wieder, um neue Gelder zu bekommen. Das Parlament präsentiert ihm die „Petition of Rights", mit denen sich das Parlament gegen die Willkür des Königs absichern will. Karl unterzeichnet, denkt aber gar nicht daran, sich an die Regeln zu halten. Ganze elf Jahre lang wird er das Parlament nicht mehr zusammenrufen.

Die Schotten hatten die anglikanische Kirchenverfassung nicht eingeführt; stattdessen war die dortige Kirche presbyteranisch verfasst, folgte also der Calvinistischen Reform. Das wollten Karl und sein Erzbischof von Canterbury, William Laud, ändern. Die Schotten reagierten mit einem Aufstand und marschierten nach England ein; Karl benötigte wieder eine Kriegskasse und das Parlament trat am 13. April 1640 zusammen. Aber schon am 5. Mai 1640 löste Karl das Parlament wieder auf, was diesem die Bezeichnung „Short Parliament" einbrachte. Nun hatte Karl eine fiktive Grenze überschritten; im Volk begann es zu gären. Das Parlament trat am 3. November 1640 wieder zusammen und blieb bis 1660 aktiv, was den Namen „Long Parliament" erklärt.

Unter dem Puritaner John Pym kam es zu einem Amtsenthebungsverfahren gegen Karls engsten Vertrauten, Thomas Wentworth, der sich durch seine harte Hand in Irland sehr unbeliebt gemacht hatte, dem König sogar eine irische Armee zur Verfügung stellte, die dieser im eigenen Land gegen seine ungehorsamen Untertanen einsetzen sollte. Zurückgerufen nach England um den König zu beraten wurde er 1640 der erste Earl of Stafford. Das Unterhaus des „Long Parliament" wollte keinen Krieg mit den Schotten und beschuldig-

Abb. 2.2.3. Dreifaches Porträt von Karl I. ([Anthonis van Dyck, 1635/36] Gallery Royal Collection, Windsor Castle, London)

te Wentworth des Hochverrats, da er dem König geraten hatte, die irische Armee gegen die eigene Bevölkerung in England einzusetzen. Obwohl die Anklage in sich zusammenfiel, wurde Wentworth zum Tode verurteilt. Der König versuchte die Hinrichtung zu verhindern, aber selbst im Oberhaus fanden sich nun Stimmen, die der Verurteilung Wentworths zustimmten. Nun bekam Karl Angst um sein eigenes Leben und das seiner Familie und stimmte der Hinrichtung schließlich zu. So wurde Wentworth, der erste Earl of Stafford, am 12. Mai 1641 geköpft.

Im Oktober 1641 brach eine Rebellion in Irland los. Die zum größten Teil katholische Bevölkerung Irlands befürchtete eine Invasion von protestantischen englischen Kräften und erhob sich gegen England, was gewalttätige Reaktionen der Engländer hervorrief, bei der Tausende von Iren starben. Das Unterhaus im Londoner Parlament weigerte sich, dem König zusätzliche Truppen zur Verfügung zu stellen und veröffentlichte im November 1641 die „Große Remonstranz", eine Beschwerdeschrift gegen den König und seine Regierung. In London flammten Aufstände gegen den König auf, der nun mit seiner Familie fliehen musste. In der Mitte des Jahres 1642 begannen beide Parteien, die royalistische und die parlamentarische, aufzurüsten. Der Englische Bürgerkrieg begann.

Heerführer auf Seiten der Parlamentarier wurde Oliver Cromwell (1599–1658), ein Puritaner, der im Unterhaus saß. Er baute in kurzer Zeit die „New Model Army" auf, die den royalen Truppen schwere Verluste zufügen konnte. Der König zog sich nach Oxford zurück, aber nach der Schlacht bei Naseby am 14. Juni 1645 belagerten die Truppen Cromwells Oxford und Karl konnte nur in der Verkleidung eines Dieners entkommen. Er begab sich in die Hände der Schotten, wurde nach zähen Verhandlungen und der Zahlung einer beträchtlichen Geldsumme an das Parlament ausgeliefert.

Auch aus der Gefangenschaft der Engländer konnte Karl noch einmal fliehen, wurde aber schließlich festgesetzt und 1648 begann ein Gerichtsverfahren gegen ihn. Am 30. Januar 1649 köpfte man den ehemaligen König von England, Karl I.

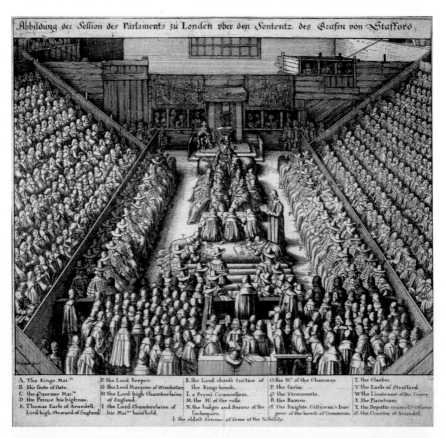

Abb. 2.2.4. Das Verfahren gegen den Earl of Stafford im Unterhaus [Wenzel Hollar, Historical Print, 17. Jh. Thomas Fischer Rare Book Library Wenzel Hollar, Digital Collection Plate No. P551]

Abb. 2.2.5. Oliver Cromwell ([Gemälde: Kreis d. Adriaen Hanneman, 17. Jh.] hampel-auctions, München) und Karl II. von England ([Gemälde von Peter Lely (auch: Pieter van der Faes), um 1675] Euston Hall, Suffolk; Belton House, Lincolnshire)

Cromwell, der inzwischen eine Invasion nach Irland angeführt hatte und dort durch außerordentliche Brutalität hervorgetreten war, wandte sich im Mai 1650 gegen Schottland, das den Sohn Karls I. als Karl II. zum König ausgerufen hatte. In der Schlacht von Dunbar erzielte Cromwells Armee am 3. September 1650 einen blutigen Sieg über die Schotten. Ein Versuch Karls II., mit den verbliebenen schottischen Kräften London einzunehmen, wurde durch Cromwell in der Schlacht von Worcester am 3. September 1651 vereitelt; Karl II. musste ins Exil auf den Kontinent fliehen und blieb dort bis 1660.

In England regierte von 1651 bis 1653 ein Rumpfparlament, aber ohne einen König bildeten sich dort Gruppen, die sich gegenseitig bekämpften. Dem machte Cromwell am 20. April 1653 ein Ende, als er das Parlament besetzte und gewaltsam auflöste. Es schloss sich eine kurze Periode eines Parlamentes aus „Heiligen" an, bestehend aus Männern, die wegen ihrer religiösen Überzeugungen ausgewählt worden waren. Diese Männern sollten eigentlich die Wahl eines neuen Parlaments vorbereiten, aber religiöse Radikale machten der Mehrheit im Parlament der Heiligen große Angst, so dass am 12. Dezember 1653 dieses Übergangsparlament aufgelöst wurde, dem Cromwell übrigens nie angehörte. Cromwell wurde am 16. Dezember 1653 zum „Lord Protector" bestimmt und konnte bis zu seinem Tod 1658 wie ein Monarch regieren.

Durch Cromwells militanten Puritanismus brach für London und seine Bewohner eine harte Zeit an. Öffentliche Musik war verboten, Theater- und Tanzveranstaltungen, und auch die Gaststätten („alehouses") litten unter der puritanischen Beobachtung [Haan/Niedhart 2002, S. 186]. Im Jahr 1657 bot man Cromwell die Königskrone an, was er nach langer Bedenkzeit ablehnte. Nach seinem Tod wurde er feierlich in Westminster Abbey begraben und sein

Abb. 2.2.6. Thomas Hobbes ([Stich: W. Humphrys, 1839] Wellcome Images/ Wellcome Trust, London]) und Richard Cromwell, der Nachfolger als Lord protector von Oliver Cromwell [Stich von William Bond, 1820]

Sohn Richard folgte ihm als Lord Protector nach. Richard konnte keine Mehrheiten im Parlament auf seine Seite bringen und wurde schon im Mai 1659 zur Abdankung gezwungen. Der Anführer der New Model Army, der Englische Gouverneur Schottlands, marschierte daraufhin nach London und setzte das Long Parliament wieder ein, das 1660 Karl II. zum König machte. Die Monarchie war restauriert.

Der Philosoph Thomas Hobbes (1588–1679) schrieb über die Jahre zwischen 1640 und 1660, sie seien „der Höhepunkt der Zeit" gewesen, denn die Kämpfe um die Macht lieferten ihm „einen Überblick über alle Arten von Ungerechtigkeiten und Torheiten, die die Welt sich je leisten konnte" [Haan/Niedhart 2002, S. 167]. Vor dem Hintergrund des Bürgerkrieges ist auch der berühmte Ausspruch von Hobbes: „Der Mensch ist des Menschen Wolf" zu verstehen. Das Hobbes'sche Hauptwerk ist der *Leviathan*, der 1651 in englischer Sprache erschien. In diesem Buch ist jeder Mensch nur ein armseliger Krieger, denn im „Naturzustand" geht es nur um das nackte Überleben und den eigenen Vorteil. Daher muss der Staat für die notwendige Sicherheit und Organisation sorgen. Die Menschen geben alle Macht diesem Staat, dem Leviathan, und zahlen dafür den Preis der Aufgabe des freien Willens. Hobbes trat auch durch mathematische Arbeiten hervor und war der Überzeugung, das Problem der Quadratur des Kreises [Sonar 2011, S. 39ff.] gelöst zu haben. Mit John Wallis, der Hobbes zu Recht für nicht mehr als einen Hobbymathematiker mit mediokren Fähigkeiten hielt, lieferte sich Hobbes daraufhin ein literarisches Gefecht, vergl. dazu [Jesseph 1999].

Für das Jahrzehnt ab 1660 gibt es wohl keine bessere Quelle als die „geheimen Tagebücher" des Samuel Pepys (1633–1703). Pepys kam als Kind eines Schneiders zu Ruhm und Ehre. Im Jahr 1658 wurde er durch Protektion seines Vetters Edward Montagu, als dessen Privatsekretär er fungierte, Angestellter im Schatzamt, das von George Downing geleitet wurde. Da Montagu und Downing maßgeblich an der Wende von der Republik zur Monarchie beteiligt waren, ging Pepys' Karriere ohne Einbruch weiter. Nachdem er Schreiber

Abb. 2.2.7. Samuel Pepys [Gemälde von John Hayls, 1666,
Foto: Thomas Glyn, 2003]

im Marineamt wurde, begann sein Aufstieg dort. Schon 1665 wurde Pepys
Mitglied der Royal Society und war besonders an Mathematik interessiert.
Von 1684 bis 1686 fungierte er als Präsident der Royal Society und Newtons
großes Werk *Philosophiae Naturalis Principia Mathematica*, erschienen 1687,
trägt sein Imprimatur. Seit 1660 waren die Beziehungen zu den Niederlanden
schlechter geworden und es kam zu unschönen Zwischenfällen auf See. Als
bedeutende See- und Handelsmächte hatten beide Parteien Grund, misstrauisch auf den jeweils anderen zu blicken. Am 4. März 1665 wurde von Seiten
Karls II. der Krieg erklärt. Pepys schreibt in seinem Tagebucheintrag vom 8.
Juni [Pepys 1997, S. 255]:

> *„Erfuhr beim Lord Schatzmeister die große Neuigkeit, daß wir die Hol-*
> *länder vernichtend geschlagen haben. Der Herzog, der Prinz, Lord*
> *Sandwich und Mr. Coventry sind alle wohlauf. Freute mich so, daß*
> *ich alles andere darüber vergaß. Der Herzog von Albermarle gab mir*
> *einen Brief von Mr. Coventry an ihn zu öffnen. Daraus ging folgendes*
> *hervor:*
>
> > *Sieg über die Holländer. 3. Juni 1665."*

Es handelte sich jedoch nur um einen ersten Sieg in einer Schlacht; „vernich-
tend schlagen" konnten die Engländer die Niederländer letztlich nicht.

Historisch besonders bedeutsam sind seine Schilderungen zweier Ereignisse:
Die Pest, die 1665 in London ausbrach, und der große Brand Londons 1666.
Am 10. Juni (jul.) notiert Pepys lapidar [Pepys 1997, S. 256]:

> *„Beim Abendbrot erzählt man mir, daß in der City die Pest ausgebro-*
> *chen ist."*

Wir können anhand des Tagebuches den Verlauf der Ausbreitung der Seuche gut verfolgen. Am 20. Juli schreibt Pepys:

> *„In Redriffe sind in dieser Woche 1089 an der Pest gestorben."*,

am 31. Juli heißt es:

> *„Die Pest greift immer mehr um sich, letzte Woche starben 1700 oder 1800 Menschen. Gott schütze uns und unsere Freunde und gebe uns Gesundheit"*,

und am 12. August

> *„Die Menschen sterben jetzt in solchen Mengen, daß Beerdigungen von Pesttoten auch tagsüber stattfinden, die Nächte reichen nicht mehr aus."*,

Auch für Isaac Newton in Cambridge wird sich diese Pestepidemie, die nicht auf London beschränkt bleibt, als schicksalhaft erweisen.

Nach einem heißen und trockenen Sommer 1666 entwickelt sich aus einem glimmenden Feuer eines königlichen Bäckers in der Pudding Lane am frühen Sonntagmorgen des 2. Septembers ein großer Brand, der vier Fünftel von London vernichtet.

Samuel Pepys notiert in seinem Tagebuch [Pepys 1997, S. 329]:

> *„Ungefähr um 3 Uhr morgens weckte uns Jane und sagte, daß man in der Stadt ein großes Feuer sehen könne"*.

Pepys gelang es, im Palast von Whitehall Karl II. über den Brand zu informieren [Pepys 1997, S. 330]. Er schlug vor, Häuserzeilen abzureißen, um der Ausbreitung des Feuers Herr zuwerden. Der König bat Pepys um die Umsetzung dieser Idee, aber die Hausbesitzer weigerten sich einfach, ihre Häuser aufzugeben. So tobte der Brand bis zum 5. September und zerstörte etwa 400 Straßen. Der mittelalterliche Stadtkern Londons war verschwunden.

In der Frage der Religion begann in den 1660er Jahren eine Beruhigung. Das explosive Gemisch aus Independenten, *Levellers*, Baptisten, Presbyterianern, Quäkern und was noch mehr an neuen religiösen Strömungen aufgetaucht war [Hill 1991], musste unter Kontrolle kommen. Dazu kamen die Katholiken, die immer noch auf die Stunde der Rekatholisierung Englands warteten. Im *Act of Uniformity* aus dem Jahr 1662 mussten sich alle Geistlichen zum anglikanischen *Common Prayer Book* bekennen. In den Jahren 1673 und 1678 folgten Gesetze, die alle zivilen und militärischen Ämter für Nicht-Anglikaner unmöglich machten [Haan/Niedhart 2002, S. 192]. Das Misstrauen gegen die Krone war nach wie vor vorhanden, denn auch Karl II. liebäugelte mit dem Katholizismus.

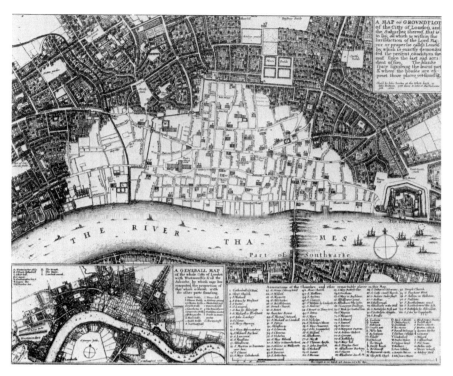

Abb. 2.2.8. Stadtplan von London nach dem großen Brand 1666, die zerstörten
Gebiete sind weiß gekennzeichnet [Wenzel Hollar]

Im Jahr 1673 erzwang das Parlament von Karl II. die Testakte („test act").
Jeder staatliche Beamte musste den Eid ablegen und schriftlich unterzeichnen,
dass er die Transsubstantiation – die katholische Lehre von der Wandlung von
Brot und Wein – ablehnte.

Inzwischen war Frankreich mit den Niederlanden verbündet und wieder fehlte
Geld zur weiteren Kriegsführung auf englischer Seite. Dänemark nutzte die
Situation und erklärte England den Krieg. Da die Holländer sich (mit Recht!)
Sorge um das Bündnis mit Frankreich machten, einigte man sich im Frieden von Breda 1667, der England mit einer großen finanziellen Kriegsschuld
zurückließ, aber den zweiten Englisch-Niederländischen Krieg letztlich beendete. Karl II. schloss 1670 einen Geheimvertrag mit dem französischen König
Ludwig XIV., dem Sonnenkönig. Ludwig versprach umfangreiche Zahlungen,
dafür verpflichtete Karl sich zum Übertritt zum Katholizismus. Ganz nebenbei vereinbarte man auch einen Angriffskrieg gegen die Niederlande. Obwohl
die Übermacht der englisch-französischen Truppen groß war, konnten sich die
Holländer behaupten, was nicht zuletzt an ihrem Heerführer Wilhelm III. von
Oranien-Nassau lag, der 1672 Statthalter der Niederlande wurde. Schließlich
unterlag die englisch-französische Flotte und England zog sich mit dem Frieden von Westminster aus den Auseinandersetzungen im Februar 1674 zurück.

Abb. 2.2.9. Wilhelm III. von Oranien-Nassau ([Gemälde von Willem Wissing gegen Ende 17. Jh.] Rijksmuseum Amsterdam online catalogue) und Jakob II. von England [Gemälde von John Riley, ab 1660]

Ein Gesetzentwurf des Parlaments zur Verhinderung des katholischen Bruders des Königs, Jakob, scheiterte. Folge war eine Spaltung des politischen Englands in *Whigs* und *Tories*. Die Tories standen fest auf der Erbmonarchie und hinter dem König, während die Whigs für die Suprematie des Parlaments eintraten und den katholischen Thronfolger verhindern wollten. Um dem Druck der Straße in London zu entgehen, verlegte Karl II. das Parlament nach Oxford. Außerhalb Londons fanden die Whigs wenig Zuspruch und so konnte sich Karl durchsetzen. Als noch dazu eine Verschwörung gegen den König aufgedeckt werden konnte (der Rye House Plot) hatte Karl Gründe, gegen die Whigs aktiv vorzugehen.

Dann starb Karl II. im Februar 1685 und sein katholischer Bruder folgte ihm als James II. (Jakob II.) auf den Thron. In Neuwahlen ergab sich ein von Tories dominiertes Parlament, aber auch dieses Parlament war nicht beliebig manipulierbar. Es verlangte vom König das Monopol der Anglikanischen Kirche und die strikte Befolgung der Testakte. Der König hatte jedoch andere Pläne: Ab 1685 baute er ein stehendes Heer von etwa 20000 Soldaten auf [Haan/Niedhart 2002, S. 197], dessen Offiziersstellen er bevorzugt mit Katholiken besetzte. Dazu waren Ausnahmen von der Testakte nötig und als sich das Parlament schließlich gegen diese Entwicklung stemmte, löste Jakob II. das Parlament kurzerhand auf. Er versuchte, zwei Drittel der Friedensrichterstellen mit Katholiken zu besetzen, und wollte einen Generaldispens von der Testakte durchsetzen. Das war zu viel. Whigs und Tories trennten zwar unüberwindlich erscheinende Gegensätze, aber in der Ablehnung des königlichen Vorgehens war man sich einig.

Am 30. Juni 1688 ging ein Schreiben der politischen Eliten an Wilhelm von Oranien-Nassau, den man zur sofortigen Intervention in England aufforderte. Wilhelm hatte die Tochter Jakobs II. geheiratet und war Protestant. Fast die gesamte Bevölkerung sei unzufrieden mit der Regierung Jakobs II., so der Inhalt des Schreibens; bei einem militärischen Eingriff erhoffe man sich die Hilfe großer Teile der Armee, die der papistischen Religion argwöhnisch gegenüberstünden. „There must be no more time lost", schrieben die Absender, vier Whigs und drei Tories [Haan/Niedhart 2002, S. 198].

Anfang November ging Wilhelm mit seinen Truppen in Cornwall an Land und es zeigte sich, dass er alle entscheidenden Kräfte Englands auf seiner Seite hatte. Es begann das, was die Engländer bis heute die *Glorious Revolution* nennen, weil kein Tropfen Blut floss. Jakob II. wurde von einem neu gewählten Parlament für abgesetzt erklärt. Dieses Parlament erließ nun auch eine *Declaration of Rights*, in dem jedem Absolutismus der Garaus gemacht wurde. Wilhelm von Oranien-Nassau und seine Frau Maria stimmten der Deklaration zu und am 13. Februar 1689 wurden sie König Wilhelm III. und Königin Maria. Damit war in England das Thema der Revolutionen vom Tisch und das Land ging in eine politisch stabile Periode.

Als Wilhelm III. am Beginn des Jahres 1702 stirbt, wird die Schwester seiner Frau, Anne, Königin von England. Unter Queen Anne engagiert sich England in den Spanischen Erbfolgekriegen. Ab 1707 ist Anne auch Königin von Großbritannien, denn England und Schottland haben sich zum Königreich Großbritannien zusammengeschlossen. Im Volk wird Anne als „Good Queen Anne" bezeichnet. Sie stirbt im August 1714 und beendet die Herrschaft des Hauses Stuart. Ihr Nachfolger als König wird ein Hannoveraner, der Leibnizsche Dienstherr Georg Ludwig von Hannover, der 1714 als Georg I. inthronisiert wird. Die letzte Herrscherin aus dem Haus Hannover wird Queen Victoria sein, die 1901 stirbt und dem Haus Sachsen-Coburg und Gotha (heute: Haus Windsor) Platz macht.

Abb. 2.2.10. Königin Anne von England, kolorierter Stich 1707 (Royal Atlas Amsterdam)

2.3 John Wallis

Es gibt im 17. Jahrhundert kaum eine so faszinierende Persönlichkeit wie
John Wallis. Er war im Bürgerkrieg auf der Seite der Parlamentarier aktiv,
wurde Mathematikprofessor durch Protektion Cromwells, entwickelte sich zu
einem hervorragenden und kreativen Mathematiker und wurde zu einem der
Gründungsmitglieder der Royal Society. Im Alter von 80 Jahren blickte er
auf sein Leben zurück und schrieb eine Autobiographie, die „Memorials of my
Life" [Scriba 1970], auf Wunsch seines alten Freundes Dr. Thomas Smith.

John Wallis wurde am 23. November 1616 in Ashfort, East Kent, geboren.
Sein Vater war ein Geistlicher in diesem Marktflecken, der aber bereits 1622
starb. John war der älteste Sohn und ging zur Schule in Ashford, wurde wegen
einer Pestepidemie drei Jahre später aber an eine Schule nach Ley Green im
Kirchspiel Tenderden gegeben [Scott 1981, S. 2ff.]. Bei einem Mr. Finch kam
John unter und besuchte den Unterricht eines schottischen Hauslehrers, Mr.
James Movat. In seiner Autobiography schwärmt Wallis von ihm. Er schreibt
weiter [Scriba 1970, S. 24]:

> *„Schon als Kind hatte ich die Neigung, in allen Dingen des Lernens
> oder der Bildung nicht auswendig zu lernen, was schnell vergessen ist,
> sondern die Begründungen oder die Argumente dessen, was ich lernte,
> zu erfassen; mein Urteilsvermögen sowie mein Gedächtnis zu stärken
> und dadurch beide zu vertiefen."*

> (For it was always my affectation even from a child, in all pieces of
> Learning or Knowledge, not merely learn by rote, which is soon for-
> gotten, but to know the grounds or reasons of what I learn; to inform
> my Judgement, as well as furnish my Memory; and therebye, make a
> better Impression on both.)

Im Jahr 1630 schließt Movat seine Schule, um als Privatlehrer im Ausland zu
arbeiten. Der junge Wallis muss ihm jedoch sehr am Herzen gelegen haben,
denn er wollte ihn mitnehmen, aber das scheiterte an Wallis' Mutter. So kam
Wallis nach Felsted an die Schule von Martin Holbeach. Die Schule veränderte
unter Holbeach ihr Curriculum hin zum Programm der großen Schulen von
St. Paul's und Westminster.

Eine gute Ausbildung in Latein und Griechisch – Syntax, Grammatik und Gebrauch der Sprachen – wurde angeboten, in höheren Klassen kam Hebräisch
hinzu, um das Theologiestudium an einer der beiden Universitäten vorzubereiten, aber es gab auch eine elementare Einführung in das Französische. Außer
diesem Sprachunterricht wurde auch Logik angeboten; eine für die damaligen
Universitäten unverzichtbare Vorbereitung [Scriba 1970, S. 25ff.]. Mathematik
war für Wallis fremd und er lernte Grundkenntnisse erst in der Weihnachtszeit

Abb. 2.3.1. John Wallis [Pastell von HWK nach Gemälde von Godfrey Kneller, 1701] und das alte Schulgebäude der Felsted School [© Colin Smith, 2003]

des Jahres 1631[1]. Zu dieser Zeit lernte ein jüngerer Bruder elementares Rechnen, weil er Kaufmann werden wollte, und Wallis fängt Feuer und lernt mit. Er ist dabei außerordentlich erfolgreich, denn er lernt die *Common Arithmeticke* in weniger als zwei Wochen und die Liebe zur Mathematik wird ihn nicht mehr loslassen. In Felsted wird diese Liebe nicht befriedigt, auch nicht, als Wallis 1632 zum Studium an das Emmanuel College nach Cambridge kommt. Mathematik als Fach kann man zu dieser Zeit nicht studieren, man geht nach Oxford und Cambridge um Philosophie, Geographie oder Astronomie zu studieren, und in jedem Fall um Theologe zu werden. Wallis machte sich offenbar in seinem Studium sehr gut, vermisst aber die Mathematik sehr. Er schreibt frustriert [Scriba 1970, S. 27], dass von den mehr als zweihundert Studenten an seinem College keine zwei (wenn überhaupt jemand) mehr von der Mathematik verstünden als er selbst. In Oxford und Cambridge hatte man die modernen Entwicklungen bis etwa 1610 schlichtweg verschlafen und studierte noch die Schriften Galens und die des Aristoteles, während man in London bereits die Mathematik zur Navigation auf See studierte. Im Jahr 1619 stiftete Sir Henry Savile zwei neue Professuren für Geometrie bzw. Astronomie in Oxford und läutete so ein neues Zeitalter der Moderne ein. Etwa 50 Jahre später, genauer: im Jahr 1663, stiftete dann Henry Lucas den Lucasischen Lehrstuhl für Mathematik an der Universität Cambridge.

Wallis' Kritik an der nicht vorhandenen Mathematikausbildung in Cambridge müssen wir allerdings mit ein wenig Vorsicht behandeln. Es kann nämlich

---

[1]Scott gibt in [Scott 1981, S. 3] das Jahr 1630 an, aber in [Scriba 1970, S. 26] wird 1631 zwei Mal erwähnt. Auch wenn wir bedenken, dass das neue Jahr in England bis 1752 am 25. März begann (Mariä Verkündigung), kann ein Weihnachtstermin im englischen wie auch im jetzt gewöhnlichen Jahr nur entweder in 1630 oder 1631 gelegen haben.

Abb. 2.3.2. Drei große französische Mathematiker: René Descartes ([Gemälde nach Frans Hals, 2. Hälfte 17. Jh.] Louvre Museum Paris), Blaise Pascal [Kopie von Gemälde des François II Quesnel, 1691] und Pierre de Fermat [unbek. Künstler, 17. Jh.]

nur in seiner Zeit in Cambridge gewesen sein, dass er seine Kenntnisse der Mathematik so weit voranbrachte, dass er die Schriften des René Descartes (1596–1650), des Blaise Pascal (1623–1662) und des Pierre de Fermat (1607–1665) nicht nur lesen, sondern auch verstehen konnte.

Im *Hilary term*[2] 1636/37 schließt Wallis sein Studium mit dem *Bachelor of Arts* ab, vier Jahre später ist er *Master*. Sein Genie muss zu dieser Zeit schon aufgefallen sein, denn es gab wohl einen Versuch, Wallis zu einem *Fellowship* am Emmanuel College zu verhelfen, aber nach den Statuten durfte es aus jeder Grafschaft nur einen Fellow geben, und die Grafschaft Kent war bereits vertreten [Scott 1981, S. 5].

Der Master von Emmanuel College, ein Dr. Oldsworth, versuchte gar eine neue Stelle für ein Fellowship speziell für Wallis zu schaffen, aber dann wurde Wallis ein Fellow des Queens College, blieb aber dort nicht lange. Schon als Kind sah sich Wallis als Geistlichen und neben der Liebe zur Mathematik war es sein eigentliches Lebensziel, Geistlicher in der Church of England zu werden. Im Jahr 1640 wurde er von Dr. Walter Curll zum Geistlichen geweiht und wurde kurz danach Privatkaplan für Sir Richard Darley in Yorkshire, ein Jahr später verließ er Yorkshire und wurde Privatkaplan für Lady Vere, der Witwe von Lord Horatio Vere, erster Baron Vere von Tilbury in Essex.

Nachdem am 29. Dezember 1642 im Bürgerkrieg die Stadt Chichester im Süden Englands nach einer Belagerung von Truppen unter William Waller an die parlamentarische Partei Cromwells fiel, kam über Wallers Kaplan ein verschlüsselter Brief der royalistischen Partei in die Hände Wallis' [Scriba 1970, S. 37f.]. Innerhalb kürzester Zeit gelang Wallis die Entschlüsselung der Nachricht

---

[2]In Oxford und Cambridge bestand (und besteht) ein Studienjahr aus drei Trimestern, den *terms*. Heute heißen die *terms* in Cambridge *Michaelmas term*, *Lent term* und *Easter term*, während heute in Oxford noch von *Michaelmas term*, *Hilary term* und *Trinity term* gesprochen wird.

Abb. 2.3.3. John Wallis, 1931 [John Wallis by Giovanni Battista Cipriani]
(© National Portrait Gallery London)

und er empfahl sich damit der parlamentarischen Partei als Kryptologe. Noch vor seinem dreißigsten Geburtstag wurde er für seine Dienste mit den Einkünften der Kirchengemeinde St. Gabriel's Fenchurch in der Londoner Fenchurch Street bedacht, 1644 wurde er sogar Sekretär der Westminster-Synode.

Finanziell abgesichert konnte er im selben Jahr heiraten. Seine Wahl fiel auf Susanna Glyde, Tochter von John und Rachel Glyde aus Northiam in Sussex[3], mit der er mehrere Kinder hatte, von denen nur ein Sohn und zwei Töchter die Kindheit überlebten.

Wallis war nun sehr in seine geistliche Tätigkeit eingebunden und hatte dadurch auch Kontakt zu Wissenschaftsenthusiasten in London. England war im Vergleich zum Kontinent spät gestartet; schon etwa 1560 war in Neapel mit der *Academia Secretorum Naturæ* eine wissenschaftliche Gesellschaft gegründet worden, 1603 folgte die *Academia dei Lincei*. Überall in Europa waren die Universitäten rückständig, weshalb den außeruniversitären Einrichtungen in dieser Zeit so große Bedeutung zukommt. Auch in England befanden sich die Universitäten Oxford und Cambridge in keinem guten Zustand. Als der Schöpfer der Londoner Börse, Sir Thomas Gresham, im Jahr 1579 stirbt, wird seinem Testament folgend in London das *Gresham College* gegründet, in dem sieben Professoren angestellt waren, die an aufeinanderfolgenden Tagen der Woche über Theologie, Astronomie, Geometrie, Physik, Recht, Rhetorik und Musik vorzutragen hatten, und zwar wenn möglich in englischer Sprache! Dadurch zog ein neuer Geist nach London ein; auch die Schriften des Philosophen Francis Bacon (1561–1626), insbesondere sein *Novum Organum* von 1620, sorgten für eine Aufbruchstimmung in Richtung der Wissenschaften. „Das Baconische Ideal der Vermehrung des Wissens aus Beobachtung griff Raum" [Maurer 2002, S. 208].

Mit Bacon beginnt die Ära des *New Learning* in England, der Aufbruch in den neuen Wissenschaften, die frei vom alten Aristotelismus waren. „Wissen ist Macht" ist einer der markigen Merksätze Bacons.

Francis Bacon wird seit dem 19. Jahrhundert „Ziehvater des Empirismus" genannt [Krohn 2006, S. 11] und es ist erstaunlich, welche enorme Wirkung er auf die Entwicklung der Wissenschaften und der Philosophie in England gehabt hat. Die moderne Wissenschaft, wie sie sich letztlich bei Newton findet, entspringt auf philosophischer Seite den Ideen Bacons [Klein 1987, S. 1]. Mit ihm kommt neben dem Empirismus die induktive Methode zum Erkenntnisgewinn in das neuzeitliche England, und damit erlebt dieses Land einen Modernisierungsschub ersten Ranges auf allen gesellschaftlichen Ebenen, auch was Ideen zum Verständnis der Natur betrifft.

Männer, die von diesen neuen Ideen fasziniert waren, trafen sich regelmäßig in London und unter ihnen war Wallis eine treibende Kraft. Man diskutierte physikalische Theorien, führte Experimente durch und bildete Hypothesen. Mal traf man sich bei einem Dr. Goddard, dessen Gehilfe Linsen für Teleskope schleifen konnte, mal im Gresham College. Wir wissen um diese Anfangszeit dieser Gruppe, aus der später die heute so berühmte *Royal Society* werden sollte, durch eine 1678 von Wallis publizierte Schrift [Scott 1981, S. 9f.]:

---

[3]Scott [Scott 1981, S. 7] gibt Northiam in Northamptonshire an. In Northamptonshire gibt es aber keinen Ort dieses Namens und Wallis selbst schreibt von „Northjam in Sussex" [Scriba 1970, S. 39].

Abb. 2.3.4. Francis Bacon ([Gemälde von Frans Pourbus, 1617] Royal Bath Museum, Palace on the Water); John Wilkins [Gemälde von Mary Beale, um 1670]

„Ich setze die Gründung in London um das Jahr 1645 an (wenn nicht sogar früher), als derselbe Dr. Wilkins (damals Kaplan des Kurprinzen in London[4]) sich mit mir und einigen anderen wöchentlich traf."

(I take its first ground and foundation to have been in London about the year 1645, (if not sooner) when the same Doctor Wilkins (then Chaplain to the Prince Elector Palatine in London) ... with myself and some others met weekly.)

John Wilkins (1614–1672) wurde später Bischof von Chester und der erste Sekretär der Royal Society, aber ging zunächst 1648 nach Oxford und wurde Warden (d. h. Vorsteher) des Wadham College. Dort setzte er die Londoner Tradition fort und scharte um sich einen Kreis von Männern, deren Interesse die Wissenschaften waren. Ein Jahr später, 1649, wurde Wallis auf den Savilianischen Lehrstuhl für Geometrie nach Oxford berufen. Diese Berufung geschah nicht wegen Wallis' großen mathematischem Wissen (das er zu dieser Zeit nicht hatte), sondern war eine Belohnung der parlamentarischen Bürgerkriegspartei für seine Dienste als Kryptograph. Der Vorgänger auf dem Savilianischen Stuhl war Peter Turner (1586–1652), der für die royalistische Seite gekämpft hatte und daher 1648 seines Amtes enthoben wurde [Scott 1981, S. 14]. Im Jahr 1651 wurde aus der Oxforder Gruppe die *Philosophical Society of Oxford*, während sich die Londoner weiter im Gresham College trafen. Auf Betreiben von Wilkins, Wallis und anderen, entstand aus den beiden Gruppen 1662 schließlich die Royal Society, die mit Unterstützung und unter der Schirmherrschaft des Königs gegründet wurde.

---

[4]Es handelt sich hier um Ruprecht von der Pfalz (1619–1682), den Duke of Cumberland, der ein starkes Interesse an den Naturwissenschaften hatte.

Abb. 2.3.5. Drei Gründungsmitglieder der Royal Society: Robert Boyle (Chemical Heritage Foundation [Foto: William Brown]), Christopher Wren [John Closterman, um 1690] und William Brouncker [Gemälde von Peter Lely, ca. 1674]

Die Anfangszeit der Royal Society war schwierig; zahlreiche „Enthusiasten", die aber über keinerlei wissenschaftliche Bildung verfügten, schädigten den Ruf der jungen Königlichen Gesellschaft so sehr, dass John Evelyn (1620–1706), ein Schriftsteller, Gärtner und Autor von Tagebüchern sich zwei Mal weigerte, die Präsidentschaft zu übernehmen. Schließlich lachte sogar der König über die Royal Society, wie uns Samuel Pepys noch 1664 berichtet [Scott 1981, S. 11]: Der König

> *„lachte mächtig über Gresham College, da die Zeit mit dem Wiegen von Luft verbracht wurde und mit nichts anderem, seit die Gesellschaft zusammengetreten war."*

(mightily laughed at Gresham College, for spending time only in weighing of ayre, and doing nothing else since they sat.)

Unter den zwölf Gründungsmitgliedern (zu denen Wallis nicht zählt) befinden sich so illustre Gestalten wie Robert Boyle (1627–1692), der gemeinsam mit Robert Hooke (1635–1703) die Luftpumpe verbesserte und nach dem ein Gasgesetz (Boyle-Mariotte) benannt ist, Christopher Wren (1632–1723), der als großartiger Architekt die Stadt London nach dem großen Brand 1666 wieder aufbaute, der irische Edelmann William Brouncker (1620–1684), der die Kettenbruchentwicklung von $\pi/4$ fand, und Robert Moray (1608 oder 09–1673), ein schottischer Universalgelehrter und Freimaurer.

Schon im Jahr 1647 fällt Wallis das elementare Algebra-Buch *Arithmeticae in numeris et speciebus institutio: quae tum logisticae, tum analyticae, atque totius mathematicae quasi clavis est* (Einführung in die Arithmetik des Rechnens mit Zahlen und Buchstaben: die gleichsam der Schlüssel sowohl zur Arithmetik ist, wie zur Analysis und zur gesamten Mathematik) von William Oughtred (1573–1660) in die Hände, dessen Titel man mit *Clavis mathematicae* abkürzt. Durch die *Clavis mathematicae* wird Wallis' Interesse an Mathematik neu angefacht und er wird dieses Buch bis in sein Alter hinein sehr schätzen und

(a) Blick auf das University College in High Street, Oxford, mit der Plakette für Boyle und Hooke [Foto P. Öffner]

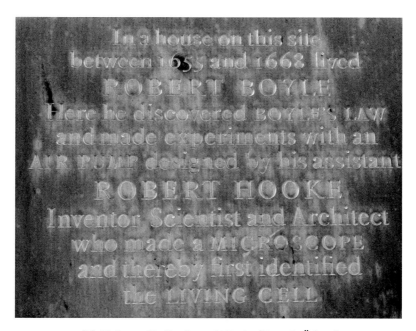

(b) Plakette für Boyle und Hooke [Foto P. Öffner]

Abb. 2.3.6. Erinnerung an Robert Boyle und Robert Hooke in Oxford

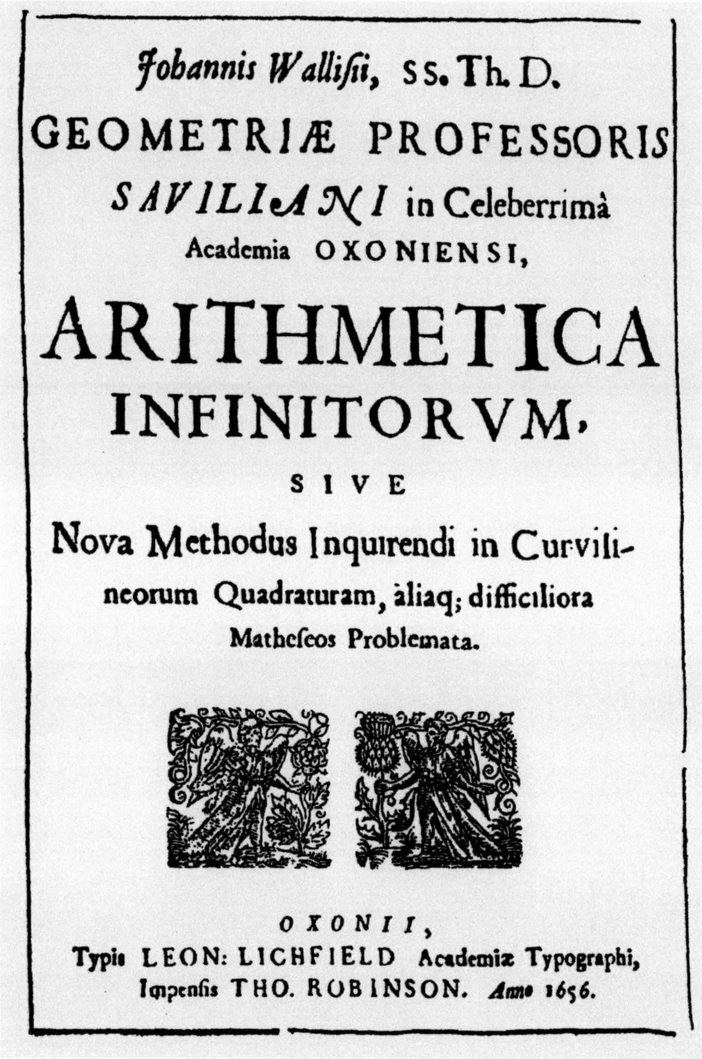

Johannis Wallifii, ss. Th. D.

GEOMETRIÆ PROFESSORIS

SAVILIA N I in Celeberrimà

Academia OXONIENSI,

ARITHMETICA

INFINITORVM,

S I V E

Nova Methodus Inquirendi in Curvili-

neorum Quadraturam, àliaq; difficiliora

Matheſeos Problemata.

O X O N I I ,

Typis LEON: LICHFIELD Academiæ Typographi,

Impenſis THO. ROBINSON. *Anno* 1656.

Abb. 2.3.7. Titelblatt der *Arithmetica Infinitorum* von John Wallis 1656

immer wieder für Neuauflagen sorgen, auch wenn die Inhalte durch die Arbeiten von Thomas Harriot (ca. 1560–1621) bereits 1647 stark veraltet waren[5]. Seit 1649 Professor für Geometrie (d. h. Mathematik) auf dem Savilianischen Stuhl begann Wallis nun, sich zu einem Mathematiker ersten Ranges zu entwickeln.

---

[5] Jacqueline Stedall hat die Geschichte der englischen Algebra und Wallis' Begeisterung für Oughtred wunderbar beschrieben in [Stedall 2002].

In seinem Buch *Arithmetica Infinitorum* [Stedall 2004], gewidmet William Oughtred und erschienen erstmals 1655, gelang Wallis der Übergang von den rein geometrisch motivierten Indivisiblenmethoden des Cavalieri [Andersen 1985] zu einem gewissen algebraischen Kalkül, so dass Flächenberechnungen unter Kurven durch reine Rechnung möglich wurden. Diese einzigartige Leistung war möglich, weil Wallis zwei Entwicklungen miteinander verband, die Analytische Geometrie und die Indivisiblenrechnung. René Descartes' *La Géométrie*, in der die Analytische Geometrie geboren wurde, kam durch Frans van Schootens lateinische Übersetzung *Geometria* ab 1649 in Umlauf in Europa. Das Buch *Exercitationes geometricae sex* von Bonaventura Cavalieri aus dem Jahr 1647, die „Bibel" der Indivisiblenrechnung, war in England nicht zu bekommen, und das war ein großes Glück. Cavalieri schrieb unverständlich und dunkel, aber Wallis konnte auf die *Opera geometrica* des Evangelista Torricelli zurückgreifen, die Cavalieris Methoden viel klarer, intuitiver und durchsichtiger erläuterten als Cavalieri selbst dazu in der Lage war und die schon 1644 erschienen waren. Wallis verband nun die Ideen in diesen beiden Werken zu etwas ganz Neuem!

In Proposition 19 [Stedall 2004, S. 26] zeigt Wallis, dass der Quotient

$$\frac{0^2 + 1^2 + 2^2 + \ldots + n^2}{n^2 + n^2 + n^2 + \ldots + n^2}$$

für immer größere Werte von n sich dem Wert $1/3$ annähert. Mit anderen Worten: Wird n über alle Grenzen wachsen, dann ist der Wert des Quotienten $1/3$.

Wallis „beweist" diese Proposition mit Hilfe von Induktion, wobei dabei *nicht* die moderne vollständige Induktion gemeint ist. Vielmehr wird der Begriff „Induktion" im Sinne Francis Bacons verwendet: Wenn für einige Werte von n klar ist, dass der Quotient sich immer weiter dem Wert $1/3$ nähert, dann gilt das für alle n. Dementsprechend rechnet Wallis für $n = 1, 2, 3, 4, 5, 6$:

$$\frac{0+1}{1+1} = \frac{3}{6} = \frac{1}{3} + \frac{1}{6}, \quad \frac{0+1+4}{4+4+4} = \frac{5}{12} = \frac{1}{3} + \frac{1}{12},$$

$$\frac{0+1+4+9}{9+9+9+9} = \frac{7}{18} = \frac{1}{3} + \frac{1}{18},$$

$$\frac{0+1+4+9+16}{16+16+16+16+16} = \frac{3}{8} = \frac{9}{24} = \frac{1}{3} + \frac{1}{24},$$

$$\frac{0+1+4+9+16+25}{25+25+25+25+25+25} = \frac{11}{30} = \frac{1}{3} + \frac{1}{30},$$

$$\frac{0+1+4+9+16+25+36}{36+36+36+36+36+36+36} = \frac{13}{36} = \frac{1}{3} + \frac{1}{36},$$

und sieht, dass die Abweichung von $1/3$ immer kleiner wird. Also ist für ihn klar, dass der Grenzwert $1/3$ sein wird.

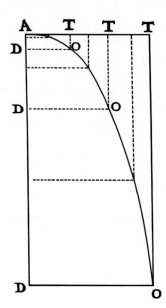

Abb. 2.3.8. Die Quadratur der Parabel nach Wallis

Nun schaut er sich die Parabel $y = x^2$ an, vergl. Abbildung 2.3.8, und möchte den Flächeninhalt unter der Kurve zwischen $x = 0$ und $x = 1$ berechnen. Achtung: Die Parabel steht „auf dem Kopf"; die Abszisse (x-Achse) geht horizontal nach rechts, die Ordinate (y-Achse) nach unten. Wir wissen aus unserem Anfangskapitel, dass diese Fläche durch das bestimmte Integral

$$A = \int_0^1 x^2\,dx$$

gegeben ist, und nach dem Hauptsatz der Differenzial- und Integralrechnung (all das kannte Wallis nicht!) folgt $A = (1/3)x^3|_{x=0}^1 = 1/3$. Wallis geht hingegen so vor: Er kennt die Fläche des Rechtecks $ATOD$ und möchte gerne das Verhältnis der unbekannten Fläche ATO zu $ATOD$ berechnen. Nach der Cavalierischen Indivisiblenmethode hätte er dazu die Indivisiblen TO „summieren" müssen. Jedes TO hat aber die Länge $(OD)^2$, denn es handelt sich um Funktionswerte der Parabel $y = x^2$. Nun zeigt sich, dass Wallis sich nicht um den Unterschied zwischen Indivisiblen und Infinitesimalen kümmert, denn er nimmt an, dass zwischen den mit TO bezeichneten Linien ein kleiner Abstand der Größe $a > 0$ vorliegt. Um nun das gesuchte Verhältnis der Flächen auszurechnen, muss Wallis

$$\frac{0^2 + a^2 + (2a)^2 + (3a)^2 + \ldots + (na)^2}{(na)^2 + (na)^2 + (na)^2 + \ldots + (na)^2}$$

kennen, wobei für wachsendes n der Abstand a immer kleiner wird. Nun ist aber

$$\frac{0^2 + a^2 + (2a)^2 + (3a)^2 + \ldots + (na)^2}{(na)^2 + (na)^2 + (na)^2 + \ldots + (na)^2} = \frac{a^2(0^2 + 1^2 + 2^2 + 3^2 + \ldots + n^2)}{a^2(n^2 + n^2 + n^2 + \ldots + n^2)}$$
$$= \frac{0^2 + 1^2 + 2^2 + 3^2 + \ldots + n^2}{n^2 + n^2 + n^2 + \ldots + n^2},$$

was nach Proposition 19 für beliebig groß werdendes n tatsächlich 1/3 ergibt. Damit ist

$$\frac{\text{Fläche } (ATO)}{\text{Fläche } (ATOD)} = \frac{1}{3}$$

gezeigt, und da die Fläche des Rechtecks $ATOD$ gerade 1 ist, ist die Fläche unter der Parabel 1/3.

Dieses Resultat war nicht neu! Andere Mathematiker hatten diesen Flächeninhalt lange vor Wallis berechnet, aber der eigentliche Durchbruch hier ist die *Technik*: Wallis hat sich von den komplizierten geometrischen Argumentationen gelöst; lediglich eine algebraische Beziehung (Proposition 19) ist nötig, um den Flächeninhalt zu berechnen.

Blicken wir noch einmal auf Abbildung 2.3.8. Wenn die Fläche des Zwickels ATO 1/3 ist, dann bleibt für die Komplementärfläche AOD nur der Wert 2/3 übrig. Diese Fläche, beschrieben durch die Indivisiblen DO, ist aber die Fläche unter der Umkehrfunktion von $y = x^2$, und das ist $y = \sqrt{x}$. Nun rechnet Wallis mit diesem Flächenanteil AOD genau so wie zuvor mit ATO und gewinnt die Beziehung

$$\frac{\sqrt{0} + \sqrt{1} + \sqrt{2} + \ldots + \sqrt{n}}{\sqrt{n} + \sqrt{n} + \sqrt{n} + \ldots + \sqrt{n}} \overset{n \text{ „sehr groß"}}{=} \frac{\text{Fläche } ATOD - \text{Fläche } ATO}{\text{Fläche } ATOD} = \frac{2}{3}.$$

Wallis hatte bereits gezeigt, dass für beliebiges k

$$\frac{0^k + 1^k + 2^k + \ldots + n^k}{n^k + n^k + n^k + \ldots + n^k} \overset{n \text{ „sehr groß"}}{=} \frac{1}{1 + k}$$

gilt. Für $k = 2$ erhalten wir Proposition 19 zurück. Unter dem Eindruck des Terms

$$\frac{\sqrt{0} + \sqrt{1} + \sqrt{2} + \ldots + \sqrt{n}}{\sqrt{n} + \sqrt{n} + \sqrt{n} + \ldots + \sqrt{n}} \overset{n \text{ „sehr groß"}}{=} \frac{2}{3} = \frac{1}{\frac{3}{2}} = \frac{1}{1 + \frac{1}{2}}$$

schließt er, dass $\sqrt{x}$ dasselbe sein muss wie $x^{\frac{1}{2}}$! Ganz analog zeigt er dann, dass $\sqrt[3]{x} = x^{\frac{1}{3}}$ sein muss, und $x^0 = 1$.

Damit hat Wallis die Beziehung

$$\int_0^1 x^{\frac{p}{q}} \, dx = \frac{q}{p + q}$$

bewiesen, ein Resultat, das ebenfalls nicht neu war, wohl aber seine Herleitung.

Eine weitere echte Perle in Wallis' *Arithmetica Infinitorum* ist die heute berühmte Produktdarstellung

$$\frac{\pi}{4} = \frac{1 \cdot 3 \cdot 3 \cdot 5 \cdot 5 \cdot 7 \cdot 7 \cdot 9 \cdot 9 \cdots}{2 \cdot 4 \cdot 4 \cdot 6 \cdot 6 \cdot 8 \cdot 8 \cdot 10 \cdot 10 \cdots}.$$

Mit Verweis auf den Autor findet man auch die Kettenbruchentwicklung von William Brouncker,

$$\frac{4}{\pi} = 1 + \cfrac{1^2}{2 + \cfrac{3^2}{2 + \cfrac{5^2}{2 + \cfrac{7^2}{2 + \cfrac{9^2}{\ddots}}}}},$$

der vom Wallis'schen Produkt so angetan war, dass er 1655 diese schöne Entwicklung fand.

John Wallis war stets auf Prioritätsfragen bedacht. Er verdächtigte die Franzosen, insbesondere Descartes, Resultate Thomas Harriots als seine eigenen ausgegeben zu haben. Ebenso stellte er sich im Fall des Prioritätsstreits zwischen Newton und Leibniz ganz klar auf die Newton'sche Seite und wurde zu einem echten Bundesgenossen Newtons.

2.4 Isaac Barrow

Isaac Barrow wurde 1630 in die Familie des wohlhabenden Tuchhändlers Thomas Barrow in London geboren. Isaacs Urgroßvater war Philip Barrough, ein an der Universität Cambridge ausgebildeter Mediziner, der 1583 durch das Buch *Methode of physicke* bekannt wurde; Philips Bruder – ein weiterer Isaac – war Fellow des Trinity College in Cambridge und Lehrer von Robert Cecil, dem zukünftigen Schatzkanzler. Zwei Söhne Philips, Samuel und noch ein Isaac, waren am Trinity College immatrikuliert und Isaac wurde Friedensrichter. Dessen Söhne waren Thomas, Isaac Barrows Vater, und (noch ein) Isaac, der Bischof von St. Asaph in Nord-Wales wurde [Feingold 1990a, S. 1]. Unser Isaac Barrow kam also aus einer Familie mit starkem akademischen Cambridge-Hintergrund aus Cambridgeshire, allerdings bildete Vater Thomas eine Ausnahme. Die Härte seines Vaters trieb Thomas aus dem Haus und bewog ihn, eine Handelslehre in London aufzunehmen und keine wissenschaftliche Ausbildung. Im Jahr 1624 hatte er sich zum Leinenhändler für König Karl I. emporgearbeitet und heiratete; aus der Verbindung ging wohl nur der eine Sohn Isaac hervor. Die Mutter starb bereits um 1634 und der verwitwete Vater gab den vierjährigen Sohn in die Obhut seines Großvaters Isaac, dem Friedensrichter. Innerhalb der nächsten zwei Jahre heiratete Thomas erneut und holte seinen Sohn zurück.

Abb. 2.4.1. Isaac Barrow, Statue von Matthew Noble, Kapelle des Trinity College, Cambridge [Foto: Andrew Dunn, 2004] und als Stich von William Hall dem Jüngeren (nach einem Porträt von Whood)

Durch den eigenen Vater aus dem Haus getrieben versuchte Thomas mit ganzer Kraft, seinem Sohn einen wissenschaftlichen Werdegang zu ermöglichen, der ihm selbst verwehrt war. So zahlte Thomas die doppelte Gebühr an Robert Brooke, den Schulleiter von Charterhouse, eine für ihre ausgezeichnete und solide Ausbildung bekannte Schule, damit auf Isaac besonderes Augenmerk gelegt werden konnte. Leider kam Brooke dieser Aufgabe nicht nach und Isaac entwickelte sich zu einem Raufbold und Schläger.

Vater Thomas war verzweifelt und soll sogar gesagt haben, dass wenn es Gott gefallen sollte, eines seiner Kinder zu sich zu rufen, es bitte Isaac sein möge [Feingold 1990a, S. 2][6]. So wurde Isaac nach zwei oder vielleicht drei Jahren von der Schule Charterhouse genommen und etwa 1640 in die Obhut von Schulmeister Martin Holbeach an der Felsted Schule in Essex gegeben. Holbeach sympathisierte mit den Puritanern und war in seiner Schule an der Erziehung der vier Söhne von Oliver Cromwell beteiligt. Er legte keinen großen Wert auf eine rein religiöse Erziehung, dafür war Felsted School aber bekannt für seine Disziplin und die solide klassische Bildung, die vermittelt wurde. Zehn Jahre vor Barrow war John Wallis bereits Schüler von Holbeach und er schreibt in seiner Autobiographie [Scriba 1970], dass zahlreiche Schüler von Felsted School es an die Universität schafften.

---

[6]Feingold gibt als Referenz die *Brief Lives* von John Aubrey an, allerdings kann ich diese Stelle in [Aubrey 1982] nicht finden. Das Zitat scheint mir eher aus [Rouse Ball 1960, S. 309] zu stammen.

Abb. 2.4.2. Peterhouse im Jahr 1815 [Gemälde von Rudolph Ackermann, 1815]

Isaac muss ungefähr vier Jahre in Felsted geblieben sein. Etwa in der Mitte dieser Zeit, 1642, wird Vater Thomas durch die irische Rebellion 1641 finanziell ruiniert. Holbeach reagierte und nahm Isaac in seinem Haus auf, da er sich die Kosten der Unterbringung nicht mehr leisten konnte. Später sorgte Holbeach dafür, dass Isaac der „kleine Tutor" von Thomas Fairfax, dem späteren vierten Viscount Fairfax of Emely in Irland wurde, was wenigstens ein Taschengeld einbrachte. Dann wurde Isaac ein Stipendium für Peterhouse in Cambridge angeboten, vermutlich weil sein namensgleicher Onkel Fellow von Peterhouse war und hinter diesem Stipendium stand.

Zu dieser Zeit wurde Isaacs Onkel jedoch durch das Parlament geschasst und ging nach Oxford zu Isaacs Vater. Unser Isaac blieb also mit Fairfax in Felsted; das Stipendium wurde anderweitig vergeben. Um die Probleme noch zu verstärken, verliebte sich Fairfax in ein Mädchen mit einer Mitgift von „nur" 1000 Pfund und heiratete sie ohne Erlaubnis, woraufhin er alle finanziellen Zuwendungen verlor und Isaac damit sein Taschengeld. Mit Fairfax und seiner Frau zog Isaac nach London und war dort bald ohne Einkommen. Holbeach forschte Isaac nach, fand ihn, und bot ihm an, sein einziger Erbe zu werden, aber Isaac lehnte ab. Mit einem alten Schulfreund, der ihn unterstützen wollte, ging er stattdessen an das Trinity College nach Cambridge. So wurde Isaac Barrow am 10. März 1646 „subsizar" in Cambridge, d. h. ein armer Student, der reichere Studenten bedienen musste.

Abb. 2.4.3. Trinity College im Jahr 1690
[David Loggan, Cantabrigia, Cambridge 1690]

Der Sieg der Republikaner hatte große Veränderungen am Trinity College
zur Folge. So wurde 1645 der puritanische Geistliche Thomas Hill (gestorben
1653) als neuer Master bestellt, der in Barrows Karriere eine besondere Rolle
spielen sollte.

Gestartet war Hill als scharfer und dogmatischer Presbyterianer der republika-
nischen Seite, aber mit den Jahren sah er sich eher in der Rolle des Beschützers
für religiös oder politisch nicht ganz einwandfreie (in seinem Sinne) Scholaren an seinem College und sein Sendungsbewusstsein nahm deutlich ab. Als
die Angriffe der Independenten auf die Universitäten in den Jahren 1648 und
1649 besonders heftig wurden, hielt Hill den Lehr- und Forschungsbetrieb
aufrecht und überredete den Bürgermeister Londons, John Wollaston, eine
mathematische Professur am Trinity College einzurichten. War Hill für Isaac
Barrows Karriere wichtig, dann auch sein Tutor James Duport (1601–1679),
ein klasssicher Altertumswissenschaftler und vermutlich der einzige Tutor in
Cambridge, der offen Sympathien für Royalisten und Anglikaner zeigte. Duport hielt seine schützende Hand über die Söhne der Royalisten, die im Trinity
College studierten, und Isaac Barrow war ein solcher Sohn.

Barrow begann mit ernsthaften Mathematikstudien 1648 oder 1649, denn
im November 1648 kam John Smith auf die von John Wollaston gestiftete
Professur für Mathematik. Wir wissen nicht mit Sicherheit, ob Barrow die
Vorlesungen Smiths gehört hat, aber Smith las mit hoher Wahrscheinlichkeit
über Descartes'sche Geometrie. Wir wissen das, weil Smith mit Wallis korrespondierte, von dem er sich einige Resultate in Descartes' *Geometria* erklären lassen musste [Feingold 1990a, S. 19]. Schon 1642 hatte Ralph Cudworth
(1617–1688), einer der Cambridger Platoniker, ein Philosoph und Theologe,
die neue Mathematik des Descartes in Cambridge gelehrt. Auch über sei-

ne Vorlesungen wissen wir nichts, aber das Verzeichnis seiner Bibliothek listet *La Géométrie* von René Descartes wie auch die lateinische Übersetzung van Schootens, Werke von Henry Briggs, Henry Gellibrand, Thomas Harriot, François Viéte, Bonaventura Cavalieri, Evangelista Torricelli, John Wallis und Galileo Galilei und es gibt klare Hinweise, dass er ein eminenter Mathematiker gewesen muss [Feingold 1990a, S. 20]. Sicher haben die Vorlesungen von Cudworth einige seiner Schüler zu weiteren Studien angeregt.

Mit zwei Problemen hatte dieser neue Unterricht immer zu kämpfen: Es gab nur wenige interessierte und genug begabte Studenten, und es war schwierig, Geldgeber für mathematische Studien zu finden. Barrow lies sich nicht abhalten; er studierte Mathematik aus eigener Kraft und mit aller Kraft. Es war sicher nicht übertrieben, als Gilbert Clerk im Jahr 1687 Isaac Newton berichtete, dass er und Barrow nahezu 40 Jahre lang mit vielleicht zwei anderen versucht haben, Mathematik an der Universität Cambridge an den ihr gebührenden Platz zu stellen[7] [Feingold 1990a, S. 21]. Tatsächlich war die cartesianische Philosophie und Mathematik um 1660 vollständig angekommen. Isaac Barrow wurde auf Grund seiner Leistungen im Jahr 1649 zum Fellow von Trinity College gewählt, ein Anführer der jungen Royalisten im College. Es ist kein Wunder, dass es trotz des Schutzes von Thomas Hill Schwierigkeiten gab. Am 5. November 1651 nutzte Barrow den Gedenktag des Gunpowder Plots, um seine Verbundenheit mit dem Haus Stuart zum Ausdruck zu bringen, und nur der erneute Eingriff von Thomas Hill ersparte Barrow die Vertreibung aus dem College. Diese royalistische Einstellung brachte Barrow in Kontakt mit dem Geistlichen Henry Hammond (1605–1660), der auch in den Zeiten des Bürgerkriegs die Rolle der anglikanischen Kirche verteidigte und hochhielt. Über Hammond kam Barrow dazu, Kinder von Royalisten zu unterrichten. Außerdem war er ab 1651/52 in einer Art „Untergrundarbeit" damit beschäftigt, Briefe, Neuigkeiten und Bücher zwischen einigen Royalisten zu transportieren.

Im Jahr 1656[8] erscheint Isaac Barrows erste große mathematische Arbeit, eine Bearbeitung von Euklids Buch *Die Elemente*, entstanden ca. 300 v. Chr. und nach der ersten lateinischen Übersetzung aus dem Arabischen durch Adelard von Bath im 12. Jahrhundert *die* Inspirationsquelle des Westens für die klassische Geometrie. Das Buch war ein Resultat aus den Erfahrungen von Barrows mathematischem Unterricht und wurde sofort ein Bestseller.

Etwa ab 1654 hatte Barrow versucht, eine Stelle als Universitätslehrer zu erlangen. Freunde halfen, aber Barrows bekannte royalistische Einstellung verbaute ihm wohl alle Chancen, so dass er sich in der Zeit der intensivsten

---

[7]„contributed neare 40 yeares since, as much or more than any to others, (to speake modestly) in *diebus illis*, to bring these things into place in ye university."

[8]Die Titelseite trägt das (englische, julianische) Datum 1655, vergleiche [Folkerts/Knobloch/Reich 2001, S. 63], aber das Buch erschien zu Ende des englischen (julianischen) Jahres 1655, also zu Beginn des gregorianischen Jahres 1656, vergl. [Feingold 1990a, S. 40].

Abb. 2.4.4. Vicenzo Viviani, Gemälde von Domenico Tempesti, um 1690 und Christiaan Huygens ([Gemälde von Bernand Vaillant] Museum Hofwijck, Voorborg, es ähnelt sehr dem Gemälde von Caspar Netscher von 1671, Abb. 2.7.6)

Angriffe der religiösen Extremisten dazu entschied, eine Reise auf den Kontinent zu unternehmen. Er bewarb sich um eines der drei Reisestipendien des Trinity College und bekam ein Dreijahresstipendium unter der Auflage, in regelmäßigen Abständen von der Reise zu berichten. Am 4. Mai 1655 – noch bevor seine *Die Elemente* erschienen – erhielt er seinen Pass und im Juni verließ er England mit seinem Freund Thomas Allen vom Gonville and Caius College.

Ihre erste Station war Paris, wo Isaac Barrow seinen Vater wiedertraf und ihm finanziell unter die Arme griff. Isaac blieb etwa 10 Monate in Paris und meldete nach Hause, dass Trinity College und Cambridge nichts zu fürchten hätten im Vergleich mit den Pariser Schulen. Zur gleichen Zeit wie Isaac Barrow war auch der große Holländer Christiaan Huygens, später der Lehrer Leibnizens, in Paris, dessen Schriften Barrow kannte und bewunderte. Ob sich die beiden Männer trafen ist nicht bekannt, aber Christiaans Vater Constantijn hatte als Diplomat sehr gute Beziehungen nach England und Christiaan wurde 1663 in die Royal Society gewählt. Barrow erwähnt in einem Brief auch den Mathematiker Gilles de Roberval (1602–1675), vergl. [Sonar 2011, S. 273ff.], aber auch in diesem Fall wissen wir nicht, ob die beiden Männer sich getroffen haben. Huygens hat Roberval in dieser Zeit jedenfalls getroffen.

Irgendwann im Februar 1656 zieht Barrow nach Florenz weiter, wo er mehr als acht Monate bleiben sollte, wohl in der Hauptsache wegen der grassierenden Pest in Italien. In Florenz saß Barrow in der Bibliothek Medicea Laurenziana der Medici und studierte alte Münzen. Er besserte seine klamme finanzielle Situation nämlich dadurch auf, dass er für zwei Kaufleute, darunter den

spendablen James Stock, Münzen für deren Sammlungen kaufte. Zur selben
Zeit befreundete er sich mit dem Florentiner Mathematiker Carlo Renaldini
(1615–1698). In dieser Zeit ist Florenz ein Sammelbecken von mathematischen
Größen erster Ordnung. Der letzte Schüler Galileo Galileis, Vincenzo Viviani (1622–1703), war wie Barrow ein eifriger Student der antiken griechischen
Geometrie und arbeitete in der zweiten Hälfte der 1650er Jahre an der Rekonstruktion des fünften Buches von Apollonios von Perges *Konika*, ein antikes
Buch über Kegelschnitte, an dem auch Barrow großes Interesse zeigte. Weitere
berühmte Wissenschaftler befanden sich in Florenz. Was hat Barrow aus seinem Aufenthalt mitgenommen? Wir wissen es nicht genau, aber Barrow hatte
später hervorragende Kenntnis von der Indivisiblenmathematik des Torricelli
und des Cavalieri, so dass wir vermuten dürfen, dass Barrow diese Techniken
in Florenz gelernt hat.

Im November 1656 besteigt Barrow ein Schiff in Richtung Türkei nach Konstantinopel. Der Weg nach Rom war durch die Pest versperrt, auch über Venedig konnte er nicht reisen, und so scheint der Weg nach Osten gewählt worden
zu sein, weil es die einzige Möglichkeit für Barrow war, weiter zu kommen. Auf
der Seereise wird das Schiff von algerischen Piraten angegriffen. Es ist typisch
für Barrow, dass er mit der Besatzung gegen die Piraten kämpft. Als er später gefragt wird, warum er das Kämpfen denn nicht der Besatzung überlassen
hat, antwortet er: „Heilige Freiheit ist mir näher als mein lebendiger Atem"
und fügt hinzu, dass die Aussicht der Versklavung durch Ungläubige schlimmer war als der Tod [Feingold 1990a, S. 50]. Das beschädigte Schiff wurde
auf der Insel Milos in der Ägäis repariert und die Verwundeten gepflegt, dann
ging es weiter nach Smyrna, heute Izmir, in der Türkei. Barrow blieb sieben
Monate in der Gastfreundschaft des englischen Konsuls Spencer Bretton und
befreundete sich mit dem Kaplan der englischen Kolonie, Robert Winchester.

Im Sommer 1657 kommt Barrow endlich in Konstantinopel an, wo ihn der
englische Botschafter Sir Thomas Bendish aufnimmt und der Händler Jonathan Dawes großzügig finanziell unterstützt. Barrow bleibt eineinhalb Jahre
in Konstantinopel. Im Mai 1658 lief die erlaubte Zeit für die Reise ab, aber auf
Bitten Barrows wurde die Frist verlängert. Im Dezember 1658 erfährt Barrow
vom Tod seines Gönners James Stock; er muss zurück nach England. Sicher
hat er auch in Konstantinopel Münzen für Stock gekauft, auch seine griechischen Sprachkenntnisse hat er sicher verbessert und sein Interesse an der
Ostkirche und ihren Riten befriedigt. Nicht umsonst wird der Heilige Chrysostomos später zu seinem bevorzugten Kirchenvater. Auch die Rückreise war
nicht einfach. Kaum ankert sein Schiff in Venedig, da gerät es in Brand und
Barrows Habseligkeiten werden vernichtet. Er reist auf dem Landweg weiter
durch deutsche Lande und die Niederlande und kommt im September 1659 in
Cambridge an.

John Arrowsmith, der Master von Trinity College war inzwischen verstorben;
am 3. September wird John Wilkins der neue Master, mit dem Barrow eine
enge Freundschaft verbinden wird. Jetzt wird Barrow zum Priester geweiht,

nicht nur, weil die Statuten des Trinity College es so fordern, sondern weil Barrow sich wirklich als Theologe sieht. Im Jahr 1661 erhält er einen weiteren Bachelortitel in Theologie.

Dann kommt die Restauration, Karl II. wird zum englischen König gekrönt und Barrow ist als Royalist vorerst überglücklich. John Wilkins unterstützt 1661 seine Wahl zum Regius Professor für Griechisch, 1662 nimmt er zusätzlich die Professur für Geometrie am Gresham College in London an und eine Vertretungsprofessur für Astronomie, da sich nur außerordentlich wenige Studenten für das Griechische interessierten. In Gresham College belegt Barrow genau die Räume, in denen das Gründungstreffen der Royal Society am 28. November 1660 stattfand; am 17. September 1662 wird Barrow selbst ein Mitglied dieser Gesellschaft, vermutlich durch Empfehlung von John Wilkins. Sehr aktiv ist er in der Royal Society nicht gewesen.

Einen Monat vor seinem Tod im Juli 1663 legt der Geistliche und Politiker Henry Lucas in seinem Testament fest, dass aus seinem Vermögen eine Mathematikprofessur in Cambridge eingerichtet werden soll. Als erster Professor auf dem Lucasischen Stuhl wurde Isaac Barrow ausgewählt. Wir wissen, dass Barrow ein hingebungsvoller Lehrer war, der sich sehr um seine Studenten bemühte [Feingold 1990a, S. 65f.]. Sein berümtester Schüler wird Isaac Newton, einer unserer beiden Kampfhähne. Im Jahr 1683 werden Barrows mathematische Vorlesungen aus den 1660er Jahren unter dem Titel *Lectiones Mathematicae* [Barrow 1973] veröffentlicht. Bereits 1669 erscheinen seine optischen Untersuchungen *Lectiones Opticae et Geometricae*. Im Vorwort „Letter to the Reader" stellt Barrow die Mitarbeit seines Schülers Isaac Newtons heraus, der nicht nur das Korrekturlesen übernommen hat, sondern auch eigene Ideen beisteuerte [Shapiro 1990, S. 111f.]. Es ist nahezu sicher, dass Newton 1667 Barrows Vorlesungen über Optik gehört haben muss. Zu diesem Zeitpunkt war Newton bereits in seinen eigenen Forschungen so fortgeschritten, dass er den mathematischen Ansatz Barrows begrüßen konnte.

Der Mann hinter den Publikationen Barrows war John Collins (1625–1683), ebenfalls ein Mitglied der Royal Society seit 1667. In Paris arbeitete der Priester Marine Mersenne (1588–1648) als Mathematiker, aber sein Hauptverdienst war seine Kommunikationstätigkeit mit zahlreichen anderen französischen Mathematikern. Mersenne saß in Paris wie eine Spinne im Netz und empfing und verteilte mathematische Resultate aus und in ganz Frankreich. Collins war in gewisser Weise das Mersenne'sche Pendant in London, weshalb er auch als der „englische Mersenne" bezeichnet wird. Nach der Pest und insbesondere nach dem großen Brand in London 1666 war es nicht einfach, wissenschaftliche Werke zur Publikation zu bringen, aber Collins war ein geschickter und einfallsreicher Herausgeber.

Aber Barrow blieb nicht in Cambridge. Im Jahr 1669 gab er den Lucasischen Lehrstuhl an seinen Schüler Isaac Newton weiter. Zahlreiche moderne Historiker haben das dem Wunsch Barrows nach weiteren Karriereerfolgen zugeschrieben, aber Feingolds detaillierte Analyse in [Feingold 1990a, S. 79ff.] deckt ein anderes Motiv auf. Barrow war in erster Linie Theologe und er bekam im Lauf der Zeit immer mehr das Gefühl, sich zu wenig um seine eigentliche Berufung zu kümmern. Barrow war es sehr ernst mit seinem Glauben, und so trennte er sich von seinen säkularen Aufgaben und nahm auch große Einbußen in seinem Gehalt in Kauf. Freunde versuchten vergeblich, ihm zu einem gut dotierten Posten innerhalb der Kirche zu verhelfen und suchten daraufhin eine Universitätsprofessur oder eine Stelle als Master eines Colleges. Es spricht für Barrow, dass sich selbst große Männer wie der Erzbischof von Canterbury für ihn einsetzten und so wurde er Master von Trinity College am 15. Februar 1673. Am 4. Mai 1677 starb Barrow in London an einem Fieber, 46 Jahre alt und unverheiratet, und wurde drei Tage später in Westminster Abbey beigesetzt.

Frühere Autoren haben in Barrow den eigentlichen Erfinder der Differenzial- und Integralrechnung gesehen und insbesondere J.M. Child [Child 1916] hat gemeint, bereits den Hauptsatz in seinen Arbeiten zu sehen. Child schreibt im Vorwort zu [Child 1916]:

> *„Isaac Barrow war der erste Erfinder der Differenzial- und Integralrechnung; Newton bekam seine Hauptideen von Barrow auf dem Weg des persönlichen Gesprächs, und Leibniz ist ebenfalls in gewisser Weise Barrows Werk verpflichtet, weil er die Bestätigung seiner eigenen originellen Ideen und Anregungen für ihre weitere Entwicklung aus Barrows Buch entnommen hat, das er 1673 kaufte.“*

> (Isaac Barrow was the first inventor of the Infinitesimal Calculus; Newton got the main idea of it from Barrow by personal communication; and Leibniz also was in some measure indebted to Barrow's work, obtaining confirmation of his own original ideas, and suggestions for their further development, from the copy of Barrow's book that he purchased in 1673.)

Diese Aussagen kann man so nicht stehen lassen, denn sie sind mit dem Blick eines Mathematikers des Jahres 1916 geschrieben worden und Child hat Barrow modern interpretiert. Heute denkt man anders darüber, wie man bei Mahoney in [Mahoney 1990, S. 180f.] lesen kann:

> *„In gleichem Maß, wie in diesen Arbeiten* [Mahoney meint Arbeiten ab den 1960er Jahren] *ein besseres Verständnis von Barrows mathematischem Werk aus seinen eigenen Begriffen heraus erreicht wurde, wurde Barrow aus einer führenden Rolle sowohl bei der Entwicklung der Differenzial- und Integralrechnung, als auch in Newtons frühem mathematischen Denken verdrängt.“*

> (At the same time that that recent work provides a richer understanding of Barrow's mathematical work taken on its own terms, it also removes him from a major role either in the development of the calculus or in Newton's early mathematical thinking.)

Abb. 2.4.5. Westminster Abbey, Haupteingang [Foto: Σπάρτακος 2013]

Auch Mahoneys Position ist vermutlich zu extrem, mindestens aber unfair.
Ein großer Einfluss Barrows auf Newtons frühes mathematisches Denken war
sicher vorhanden, wie Niccolò Guicciardini bestätigt [Guicciardini 2009, S. 4]:

> *„Barrows Verteidigung der Geometrie als ein Model der Beweisführung*
> *und seine Idee, dass, da geometrische Größen durch Bewegung erzeugt*
> *werden, ein kausaler Zusammenhang in einer auf mechanische Pro-*
> *zesse basierenden Geometrie eingefangen werden könne, müssen den*
> *jungen Scholaren [i.e. Newton] beeindruckt haben. Diese typisch Bar-*
> *row'schen Ideen blieben das Rückgrat der Newton'schen Auffassung*
> *von Mathematik.“*

(Barrow's defense of geometry as a model of reasoning and his idea
that since geometrical magnitudes are generated by motion, a cau-
sal relationship can be captured in such mechanically based geometry
must have impressed the young scholar. These typical Barrovian ideas
remained the backbone of Newton's views about mathematics.)

Ganz klar ist Barrow der klassischen Geometrie, seiner mathematischen Liebe, verbunden gewesen und hat den „Kalkül" der Differenzial- und Integralrechnung nicht entdeckt. Sehen wir selbst.

Barrow kommt aus Überlegungen zur Bewegung eines Punktes, der sich mit der von der Zeit abhängigen Geschwindigkeit $v(t)$ bewegt. Die Geschwindigkeitskurve in Abbildung 2.4.6 ist die nach unten abgetragene Kurve $y = f(x)$. Die obere Kurve $z = A(x)$ gibt den Zuwachs des Flächeninhalts unter der Kurve $y = f(x)$ von 0 bis x an. An dieser Kurve sind wir interessiert. Der Punkt D sei gegeben durch die Koordinaten $(x_0, 0)$ auf der x-Achse und für den Punkt T soll

$$DT = \frac{DF}{DE} = \frac{A(x_0)}{f(x_0)}$$

gelten.

Nun zeigt Barrow, dass in dieser Konstruktion die Gerade TF die Kurve $z = A(x)$ nur im Punkt x_0 berührt. Dazu bemerkt er, dass die Steigung von TF gerade durch

$$\frac{DF}{DT} = \frac{A(x_0)}{\frac{A(x_0)}{f(x_0)}} = f(x_0)$$

gegeben ist. Hätte Barrow hier geschrieben, dass es sich bei TF um die Tangente an $A(x)$ im Punkt x_0 handelt und dass daher

$$\frac{dA}{dx}(x_0) = f(x_0)$$

gilt, dann hätte er in der Tat den Hauptsatz der Differenzial- und Integralrechnung entdeckt. Das hat er so aber nicht hingeschrieben, sondern er bleibt der klassischen Geometrie verhaftet. Sei der Punkt I auf der Kurve $z = A(x)$

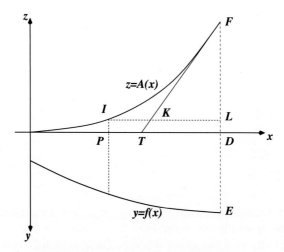

Abb. 2.4.6. Barrows Weg zum Hauptsatz

bei $x = x_1 < x_0$, und K der Schnittpunkt von TF mit IL, der Parallelen zur x-Achse, dann zeigt Barrow, dass K immer rechts von I liegt. Dazu geht er aus von

$$\frac{LF}{LK} = \frac{DF}{DT} = DE$$

und erhält daraus $LF = LK \cdot DE$. Aber andererseits ist

$$LF = DF - PI = A(x_0) - A(x_1) < \underbrace{DP \cdot DE}_{\text{Rechteckfläche}}$$

und so folgt

$$LF = LK \cdot DE < DP \cdot DE \quad \Longrightarrow \quad LK < DP = LI,$$

was zu beweisen war. Der Fall $x_1 > x_0$ verläuft ganz analog.

Edwards [Edwards 1979, S. 140f.] hat darauf hingewiesen, dass ein ähnliches Resultat sich schon etwas früher bei dem jungen schottischen Mathematiker James Gregory (1638–1675) findet. Das ist vielleicht kein Wunder, denn Gregory war ein hervorragendes mathematisches Talent und hat einige Resultate der Differenzial- und Integralrechnung gleichzeitig mit seinen zeitgenössischen Kollegen gefunden. Er erfand ein spezielles Spiegelteleskop, war Mitglied der Royal Society seit 1668, Professor für Mathematik an der Universität St. Andrews und ab 1674 an der Universität Edinburgh. Er starb im Alter von 36 Jahren an den Folgen eines Schlaganfalls. Da er wenig publizierte blieben seine Ergebnisse lange Zeit unbekannt.

Wir wollen uns noch ansehen, was Barrow zur Berechnung von Tangenten zu sagen hatte. Hier benutzt er eine Technik, die auf Fermat zurückgeht. Er betrachtet Funktionen der Form $f(x, y) = 0$. Sind o_1 und o_2 unendlich kleine Größen, dann gilt sicher

Abb. 2.4.7. James Gregory [unbekannter Maler] und ein Nachbau seines Teleskops ([Foto: Sage Ross 2009] Nachbau um 1735, Putnam Gallery, Harvard Science Center)

$$f(x + o_1, y + o_2) = f(x, y) = 0.$$

Betrachten wir mit Edwards [Edwards 1979, S. 133] das Beispiel des Cartesischen Blattes,

$$f(x, y) = x^3 + y^3 - 3xy.$$

Wegen $f(x + o_1, y + o_2) = f(x, y) = 0$ folgt

$$(x + o_1)^3 + (y + o_2)^3 - 3(x + o_1)(y + o_2) = x^3 + y^3 - 3xy = 0.$$

Multiplizieren wir alles aus und räumen etwas auf, dann ist das

$$3x^2 o_1 + 3x o_1^2 + o_1^3 + 3y^2 o_2 + 3y o_2^2 + o_2^3 - 3x o_2 - 3y o_1 - 3 o_1 o_2 = 0.$$

Da o_1 und o_2 unendlich klein sein sollen setzt Barrow nun alle höheren Potenzen zu Null („for these terms have no value"). Dazu gehört sicher auch das Produkt $o_1 o_2$, und er erhält

$$3x^2 o_1 + 3y^2 o_2 - 3x o_2 - 3y o_1 = 0,$$

was auf die Steigung der Tangente

$$\frac{o_2}{o_1} = \frac{y - x^2}{y^2 - x}$$

führt.

2.5 Frankreich und die Niederlande im 17. Jahrhundert

2.5.1 Frankreich auf dem Weg zum Absolutismus

Der alte Spötter Voltaire berichtet in seinen 1733 erstmals publizierten *Letters concerning the English Nation*, Letter XIV.: „On Des Cartes and Sir Isaac Newton" [Voltaire 2011, S. 61]:

> „Kommt ein Franzose nach London, wird er dort die Philosophie, wie auch alles andere, sehr verändert vorfinden. Er hat die Welt als angefüllten Raum verlassen, und hier findet er sie als Vakuum. In Paris sieht man das Universum als aus Wirbeln von subtiler Materie aufgebaut, aber davon ist in London nichts zu sehen. In Frankreich ist es der Druck des Mondes, der die Gezeiten hervorruft, aber in England ist es das Meer, das zum Mond hin gravitiert, so dass wenn Du denkst der Mond erzeuge gerade die Flut, diese Männer meinen es sei die Ebbe, was unglücklicherweise nicht bewiesen werden kann. Denn wollte man es beweisen, ist es notwendig, Mond und Gezeiten im Augenblick der Schöpfung zu untersuchen."

Abb. 2.5.1. Der junge Ludwig XIII ([Gemälde von Frans Porbus 1611] Louvre-Lens, Pas-de-Calais [Foto: Jean-Pol Grandmont]); die Mutter: Maria de Medici ([Gemälde von Piertro Fachetti, um 1594] Palazzo Lancelotti, Rom)

(„A Frenchman who arrives in *London*, will find Philosophy, like every Thing else, very much chang'd there. He had left the World a *plenum*, and he now finds it a *vacuum*. At *Paris* the Universe is seen, compos'd of Vortices of subtile Matter; but nothing like it is seen in *London*. In *France*, 'tis the Pressure of the Moon that causes the Tides; but in *England* 'tis the Sea that gravitates towards the Moon; so that when you think that the Moon should make it Flood with us, those Gentlemen fancy it should be Ebb, which, very unluckily, cannot be prov'd. For to be able to do this, 'tis necessary the Moon and the Tides should have been enquir'd into, at the very instant of the Creation.")

Die Diskrepanz, die Voltaire hier zugespitzt beschreibt, ist die Diskrepanz zwischen der Physik des René Descartes auf französischer, und Isaac Newtons Physik auf englischer Seite, aber im 17. Jahrhundert waren auch die Länder Frankreich und England sehr verschieden voneinander und sind es vielleicht noch heute.

Am 14. Mai 1610 wird der französische König Heinrich IV. mit zwei Messerstichen eines religiösen Fanatikers ermordet. Sein ältester Sohn, der noch nicht neunjährige Ludwig XIII., wird neuer König, aber auf Grund seiner Jugend übernimmt die Königinmutter Maria von Medici die Regentschaft, die sie bis 1617 behalten wird. Maria war leider alles andere als eine kluge Politikerin [Haupt et al. 2008, S. 172]. Hatte Heinrich IV. den französischen

Abb. 2.5.2. Dreierporträt des Kardinals Richelieu ([Gemälde von Philippe de Champaigne um 1640] National Gallery, London)

Hochadel mühsam in Zaum gehalten, so gewannen nun bei Hofe italienische Günstlinge Einfluss und der Hochadel begehrte erneut auf. Die Protestanten im Land lebten nun wieder in Angst, denn die Duldungs- und Versöhnungspolitik Heinrichs stand auf dem Spiel. Im Jahr 1614 fand eine Versammlung der Generalstände statt, auf der alte und neue Konflikte offen ausbrachen. Der italienische Favorit Marias, Concino Concini, konnte zwar die Zentralgewalt erneuern und die Aufstände der Adligen, die „Fronde" (Schleuder), niederschlagen, aber der junge Thronfolger war nicht auf der Seite seiner Mutter. Im Jahr 1617 endete Marias Regentschaft, sie musste den Hof sogar verlassen. Concini wurde mit Wissen des Königs umgebracht.

Der Vertraute des jungen Königs war Charles d'Albert de Luynes, der gegen die Protestanten im Land vorging, da Ludwig eine radikal-katholische Politik verfolgte. Durch die Folgen einer solchen Politik wurde 1624 ein Mann in den königlichen Rat gerufen, der durch Alexandre Dumas' *Die drei Musketiere* unsterblich wurde: Armand-Jean du Plessis, Herzog von Richelieu (1585–1642).

Richelieu entstammte einem alten Adelsgeschlecht und wurde 1622 zum Kardinal ernannt. Zunächst auf Seiten der Königsmutter, gelang es ihm, de Luynes nach und nach beim König, der über kein ausgeprägtes Selbstbewusstsein verfügte, anzuschwärzen. Am 20. November 1630, dem „Tag der Geprellten", gelang es Richelieu, sich der letzten Widerständler im Rat, der sogenannten „Devoten", zu entledigen. Nun war der Weg frei für seine Politik, die bestimmend für Frankreich sein sollte.

Zwei klare Ziele standen für Richelieu im Vordergrund: Die Beseitigung der Bedrohung der inneren Einheit des Landes durch Protestanten und den Adel, und eine klar habsburgfeindliche Außenpolitik, um Spanien in Europa klein zu halten. Zwischen 1626 und 1629 wandten sich Ludwig und Richelieu militärisch gegen die aufständigen Hugenotten im Südwesten des Landes. Nach einjähriger Belagerung fiel die protestantische Festung La Rochelle im Jahr 1628. Schon ein Jahr später erließ der König ein Gnadenedikt für die Hugenotten, unterband aber gleichzeitig jede militärische und politische Organisation der Protestanten, die damit zwar weiter im Land existieren konnten, aber als politische Partei nun bedeutungslos waren. Der aufmüpfige Adel war mit einem Militärschlag nicht zu bekämpfen; hier setzte Richelieu auf „exemplarische" Maßnahmen. Verletzten Adlige das Gesetz – zum Beispiel beim Verstoß gegen die Duelledikte – so wurden sie unnachgiebig verfolgt, was bis hin zum Schleifen von Burgen ging [Haupt et al. 2008, S. 177]. Damit wurde die Monarchie in Frankreich zur einzigen Machtinstanz im Land.

Nach außen versuchte Richelieu, den Einfluss des Hauses Habsburg und Spaniens zurückzudrängen. Obwohl katholischer Kardinal, scheute Richelieu auch nicht davor zurück, bei Bedarf mit protestantischen Mächten in Europa zu paktieren. So zahlte Frankreich im Dreißigjährigen Krieg Unterstützungsleistungen (Subsidien) an die protestantischen Schweden und stellte sich ab 1635 ganz offen auf die schwedische Seite. Diese Politik Richelieus im Dreißigjährigen Krieg begründete letztlich Frankreichs Vormachtstellung in Europa. Richelieu starb bereits 1642, konnte also den Westfälischen Frieden von 1648, der Frankreich viele Vorteile brachte, nicht mehr zur Kenntnis nehmen. Allerdings wurde die Steuerlast für die Franzosen durch das offene Eingreifen in den Dreißigjährigen Krieg unerträglich hoch. Nach [Haupt et al. 2008, S. 178] stiegen die direkten Steuern von 1624 bis 1661 um das Dreifache. Eine solche Steuerlast konnte das Land nicht tragen, denn die Wirtschaftsleistung war niedrig; die Steuern wurden aus den Menschen regelrecht herausgepresst, gleichzeitig stieg die Staatsverschuldung. Zahlreiche Volksaufstände in dieser Zeit belegen diese Steuerpolitik. Königliche Steuereinnehmer wurden angegriffen. Etwas ruhiger wurde es in religiöser Hinsicht, denn nach langen Verzögerungen wurden die Beschlüsse des Trienter Konzils in Frankreich eingeführt, das von 1545 bis 1563 stattfand. Wichtig waren vor allem die Abschaffung der Ämterhäufung im Priesteramt, eine Reform des Ablasswesens und die Einführung von Priesterseminaren. Nach den zahlreichen Religionskriegen wandten sich nun große Teile der Eliten einer innerlichen Frömmigkeit zu. In dieses Klima kam aus den Niederlanden eine katholische Reformbewegung nach Frankreich, der Jansenismus, der sich nach dem Bischof von Ypern, Cornelius Jansen (1585–1638) benennt. Jansenisten wollten sich auf die ursprüngliche christliche Lehre zurückbesinnen, insbesondere bauten sie auf der Gnadenlehre des Augustinus auf. Der in Sünde befindliche Mensch hat keinerlei Einfluss auf seine Erlösung, sondern ist Gottes Gnade vollständig ausgeliefert. Der Jansenismus zog zahlreiche Franzosen an, darunter auch Teile der Eliten und des Klerus; so waren

Abb. 2.5.3. Ludwig XIV., der „Sonnenkönig" ([Gemälde von Hyacinthe Rigaud
1701] Louvre Museum, Louis XIV. Collection)

Blaise Pascal und Antoine Arnauld bekannte Jansenisten. Das Kloster Port
Royal des Champs bei Versailles wurde zu einem Zentrum der Jansenisten.
Dem Kloster stand die Äbtissin Angélique Arnauld, die Schwester Antoine
Arnaulds, vor. Der Jansenismus geriet schnell in Konflikt mit den mächtigen
Jesuiten und toleranter wurde Frankreich sicher nicht, im Gegenteil. Viele
große Denker, die in der geistigen Enge des katholischen Frankreichs nicht
mehr leben konnten, verließen ihr Land, so etwa René Descartes, der sein Exil
in den Niederlanden suchte und fand.

Richelieu war 1642 gestorben, Ludwig XIII. folgte ihm 1643. Der Sohn Ludwigs, Ludwig XIV., war zum Zeitpunkt des Todes seines Vaters erst sechs Jahre alt.

Wieder nahm eine Regentin die Staatsgeschäfte in die Hand, dieses Mal die Mutter Anna von Österreich, die mit Hilfe des Nachfolgers Richelieus, des Italieners Kardinal Jules Mazarin (1602–1661), regierte. Wieder begann eine Zeit der Unsicherheit, wieder gab es Aufstände in Paris und dann in den Provinzen. Als Mazarin 1661 starb übernahm Ludwig XIV. endlich die Regierung. Er hatte die Unruhen am eigenen Leib erlebt und begann sofort, dem Autoritätsverlust der Monarchie entgegenzuwirken, in dem er in aller Deutlichkeit die royale Allmacht betonte. Für dieses Selbstverständnis Ludwigs, der über eine starke Persönlichkeit verfügte, haben wir heute die Bezeichnung „Absolutismus".

Ludwig entschied, ohne einen „ersten Minister", wie Richelieu oder Mazarin es waren, zu regieren, sondern nur mit einem sehr kleinen Kreis von Beratern. Berühmt wurde Jean-Baptiste Colbert (1619–1683), der für Verwaltung, Wirtschaft und Finanzen zuständig war. Die Grundsätze des französischen Wirtschaftsmodells in dieser Zeit nennt man auch „Colbertismus". Colbert verringerte die direkten Steuern und erhöhte die indirekten, war auch für ordnungspolitische Maßnahmen im Finanzwesen verantwortlich.

Kein Monarch vor Ludwig XIV. hat sich und sein Land so in Szene gesetzt wie er, keiner vor ihm ließ sich von Künstlern und Baumeistern so in Szene setzen. Die königliche Residenz in Versailles, deren Bau ein ungeheures Vermögen verschlang, gibt ein beredtes Bild von Ludwigs Selbsteinschätzung. Außenpolitisch war er „auf der Suche nach Ruhm" [Haupt et al. 2008, S. 201], ein stehendes Heer wurde aufgebaut und die Diplomatie perfektioniert. Ludwig XIV. war seit 1660 mit Maria Theresia von Spanien, einer Tochter des spanischen Königs, verheiratet. Als sein Schwiegervater (der auch sein Onkel war) 1665 starb, machte Ludwig das Erbrecht seiner Frau geltend. Dazu führte er den Devolutionskrieg von 1667–68, in dem Ludwig die Spanischen Niederlande beanspruchte und seine neuen Truppen erprobte. Im Frieden von Aachen vom 2. Mai 1668 musste Spanien einige Gebiete dauerhaft an Frankreich abtreten. Bei einem weiteren Krieg 1672–1679 gegen die Niederlande, der sich eigentlich gegen Spanien richtete, stellten sich mehr und mehr europäische Mächte auf die Seite der Niederländer und es kostete die Franzosen enorme Anstrengungen, im Frieden von Nimwegen (1678 mit den Niederlanden, 1679 mit Schweden und dem Heiligen Römischen Reich) musste Ludwig zwar seine niederländischen Eroberungen zurückgeben, stand aber gegenüber Spanien als Sieger da und verleibte sich Burgund ein. Ohne Ludwig XIV. waren nun keine Verschiebungen im Machtgefüge Europas mehr möglich.

Im Recht der Nutzung von Einkünften nicht besetzter Diözesen fand Ludwig in Papst Innozenz XI. einen ernsten Gegner. Die meisten französischen Geistlichen waren papstfeindlich, „gallikanisch", und unterstützten ihren König, woraufhin der Konflikt sich noch verstärkte und Ludwig exkommuniziert

Abb. 2.5.4. Versailles am Ende der Regierungszeit Ludwigs XIV.
[Maler: Pierre-Denis Martin le Jeune, 1722]

wurde. Erst eine Änderung der königlichen Politik in den 1690er Jahren brachte Frankreich wieder näher an den Vatikan. Die Protestanten konnten aus diesem Konflikt keinen Gewinn ziehen, im Gegenteil. Das Edikt von Nantes, das den Protestanten seit 1598 Religionsfreiheit zusicherte, wurde am 18. Oktober 1685 in Fontainebleau von Ludwig widerrufen. Zweifellos war dies ein klares Signal in Richtung des Papstes, dem Ludwig sich wieder annähern wollte. Protestantische Pfarrer mussten nun Frankreich verlassen, hugenottische Kirchen wurden zerstört, und schließlich verließen mindestens 300 000 Hugenotten, darunter viele hervorragende Handwerker und Techniker, Frankreich in Richtung Niederlande, Schweiz und der deutschen Staaten.

Aber nicht nur gegen die Protestanten kämpfte Ludwig, sondern er nahm auch die Jansenisten ins Visier. Eine religiöse Nische, in der Asketismus und Moral hervorragende Werte waren und in der die konsequente Hingabe an die Gnade Gottes im Mittelpunkt stand, wollte Ludwig nicht dulden, zumal sich die Jansenistische Lehre gegen die Jesuiten richtete und ein großer Teil der französischen Eliten mit ihr sympathisierte. Noch 1668 konnte der Papst Clemens IX. einen Teilfrieden zwischen Ludwig und den Jansenisten herstellen, aber die eigentlichen Probleme blieben und wurden nach Ludwigs Tod weit ins 18. Jahrhundert getragen.

Nach dem Frieden von Nimwegen führte Ludwig sogenannte „Reunionen"
durch, d. h. Eingliederung von Gebieten, die nach französischer Rechtsauf-
fassung zu Frankreich gehörten. Diese Reunionen, z.B. wurde die Reichsstadt
Straßburg eingegliedert, erregten den Widerstand im übrigen Europa und die
Aufhebung des Ediktes von Nantes sorgte 1668 für die Bildung der Augsburger Allianz aus protestantischen und katholischen Reichsständen mit dem
Kaiser und Spanien, um Frankreich entgegentreten zu können. Als Ludwig davon unbeeindruckt blieb und 1688 auf der Basis der rechtlich problematischen
Erbansprüche seiner Schwägerin Lieselotte von der Pfalz in Süddeutschland
einmarschierte, eröffnete Ludwigs Erzfeind Wilhelm von Oranien, jetzt englischer König Wilhelm III., mit den Niederlanden, weiteren deutschen Reichsständen und sogar den Schweden gemeinsam mit der Augsburger Allianz den
Krieg gegen Frankreich, der mit dem Frieden von Rijswijk 1697 beendet wurde. Frankreich musste einige Reunionen aufgeben, auch die Pfalz, aber das
Elsaß blieb Frankreich erhalten.

Ludwig blieb aber weiter bei seiner machtpolitischen Linie. Als mit dem Tod
Karls II. 1700 der spanische Thron vakant wurde, trat er für seinen Enkel und
Thronerben, Philipp von Anjou ein. Wieder sah sich Ludwig einer mächtigen
Allianz gegenüber. Der Krieg zwischen Frankreich und England wurde nun
auch in den Kolonien in Nordamerika geführt. Im Jahr 1713 kam es zum
Frieden von Utrecht, mit dem der Spanische Erbfolgekrieg beendet wurde.
Am 1. September 1715 starb Ludwig XIV. in Versailles. Sein Land war bereit,
als mächtige Nation in das 18. Jahrhundert zu gehen.

2.5.2 Die Niederlande und der ständige Konflikt mit Spanien und England

Im Jahr 1550 bestand das Landgebiet, das als „die Niederlande" bezeichnet
wurde, aus 17 Provinzen die, in einem Reichskreis organisiert, zum Deutschen
Reich gehörten [Wielenga 2012, S. 19]. Heute werden die Niederlande gerne als
„Holland" bezeichnet, aber Holland ist nur eine Grafschaft der 17 Provinzen.
Als Kaiser Karl V. im Jahr 1555 abdankte, fielen die Niederlande an seinen
Sohn Philipp II., der gleichzeitig von seinem Vater die spanische Königskrone
erbte.

Damit waren die Niederlande formal unter katholischer Herrschaft. Wir wollen die Geschichte der nun folgenden Kampfhandlungen in der zweiten Hälfte
des 16. Jahrhunderts nicht verfolgen und verweisen dazu auf [Wielenga 2012].
Jedenfalls gelang es den nördlichen Teilen der Niederlande, eine selbständige
Republik aus sieben Provinzen zu gründen, die etwa 80 Jahre lang mit Spanien im Krieg lag, nur von einer zwölfjährigen Waffenruhe von 1609 bis 1621
unterbrochen. Erst mit dem Westfälischen Frieden 1648, mit der die Katastrophe des Dreißigjährigen Krieges endete, wurde die Republik Niederlande von

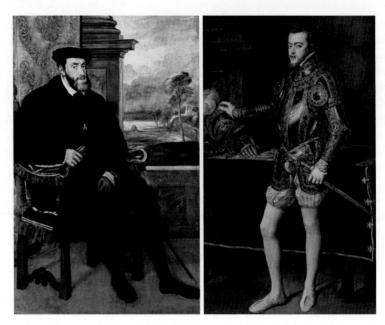

Abb. 2.5.5. Vater und Sohn: Karl V. ([Gemälde von Lambat Sustris, 1548] wurde zunächst Tizian zugeschrieben, später korrigiert; Alte Pinakothek, München) und Philipp II. von Spanien ([Gemälde von Tizian 1551] Prado Museum Madrid)

Spanien anerkannt. Die bei Spanien verbliebenen Gebiete im Süden wurden Spanische Niederlande genannt.

Die Republik der Niederlande etablierte sich schnell als Handelsmacht und mächtige Seemacht, die auf der europäischen Bühne eine wichtige Rolle spielte. Die Jahrzehnte nach 1650 werden auch das „Goldene Zeitalter" der Niederlande genannt [Wielenga 2012, S. 110ff.]. Der Aufstieg der Niederlande zog eine große Zahl von ausländischen Arbeitern an, die das Wirtschaftswachstum noch anfeuerten. Die Textilindustrie in Leiden profitierte enorm von Arbeitern aus Deutschland, Skandinavien, Polen, England und Frankreich, und auf den Schiffen der Ost-Indien Kompanie VOC (Vereinigde Oost-Indische Compagnie), die 1609 gegründet wurden, fuhren etwa 40 % Seeleute ausländischer Herkunft [Wielenga 2012, S. 113].

Religiös verfolgte Protestanten strömten während des gesamten 17. Jahrhunderts ins Land, das sich durch sein tolerantes Klima auszeichnete. Ein berühmter „Flüchtling" war auch René Descartes, der, obwohl katholisch, wegen seiner offen zur Schau getragenen freigeistigen Einstellungen in Holland wesentlich ruhiger leben konnte als in Frankreich. Die Religionsfreiheit sorgte dafür, dass Juden, Protestanten und Katholiken friedlich nebeneinander leben konnten. Die vorherrschende Religion war der Calvinismus, allerdings hatten sich die Calvinisten über einen Streit, der die Prädestinationslehre betraf, in Remonstranten und Contraremonstranten entzweit.

Abb. 2.5.6. Nachbau der Batavia, Segelschiff der Niederländischen Ostindien-Kompanie [Foto: ADZee 2007], Heckspiegel des Nachbaues [own photo 2004]

In einem Land mit Religionsfreiheit hatten es humanistische Ideen nicht schwer. Erasmus von Rotterdam (1466–1536), ein Niederländer, war schließlich zur Galionsfigur dieser geistigen Strömung geworden. Der Humanismus hatte insbesondere eine Bildungsbewegung in Gang gebracht und so wurden auch Gelehrte angezogen, man denke hier wieder an Descartes. Auch die Künste blühten in dieser Zeit, wovon man sich heute in den Museen des Landes überzeugen kann. Aber alle Toleranz hatte auch Grenzen. Als der jüdische Philosoph Baruch Spinoza 1670 seine Schrift *Tractatus theologico-politicus* in Amsterdam publizierte, in der er für Religionsfreiheit, Toleranz und einen Staat, der seinen Bürgern alle Freiheiten gewährt, eintrat, musste er das anonym tun. Er war zu weit gegangen und tatsächlich wurde der *Tractatus* 1674 verboten.

In den Städten der Niederlande lebten drei Schichten. Landstreicher, Bettler und Gelegenheitsarbeiter machten zwischen 10 und 20 % der Stadtbevölkerung aus, nicht viel mehr Anteil hatten die Lohnarbeiter – Seeleute, Handwerker, Soldaten. Gemeinsam mit der Mittelklasse der kleinen Selbständigen bildeten diese drei Schichten etwa 90 % der Gesamtbevölkerung der Städte [Wielenga 2012, S. 115]. Die verbleibenden 10 % konstituierten das Bürgertum: reiche Händler, Unternehmer, Beamte, und das Großbürgertum mit nicht mehr als 1 % Anteil. An der Spitze der Gesellschaft stand das Patriziat, die herrschende Schicht. Es war nicht einfach, die verschiedenen Provinzen in der Republik zusammenzuhalten und die Konflikte zwischen den Bürgern und dem Adel nicht ausufern zu lassen. Konflikte wurden in der Regel durch Kompromisse gelöst, die weitere Kompromisse nach sich zogen. Die alles haltende Klammer war jedoch die Bedrohung von außen; ließ sie nach, wurden die inneren Konflikte größer. Durch die vorherrschenden Calvinisten entstand bald nach 1650

Abb. 2.5.7. René Descartes ([Gemälde von Jan B. Weenix um 1648] Centraal Museum Utrecht)

ein Mythos, nach dem die Republik der Niederlande ein auserwähltes Land sei, ein zweites Israel, was zu einem starken Selbstwertgefühl führte. Diese Republik sah sich in der Tradition der Antike, die weiterentwickelt wurde. Natürlich trug auch der große Wohlstand durch Handel dazu bei, Ruhe zu halten. Der mächtige Jan de Witt (1625–1672) wurde für nahezu 20 Jahre als sogenannter Ratspensionär der führende niederländische Staatsmann und fasste die Bestimmung der Republik in die Worte [Wielenga 2012, S. 129], dass

> *„das Interesse dieses Staates ganz und gar in Ruhe und Frieden besteht, so dass der Handel nicht behindert wird."*

Waren England und Frankreich im Kampf gegen Spanien noch Bundesgenossen und Verbündete, so änderte sich die Situation in den 1660er Jahren, als Frankreich sich zu einem potentiellen Feind entwickelte. Offen brach der Konflikt 1672 aus, als ein englisch-französisch geführter Angriff auf die Republik erfolgte, der von den Bistümern Münster und Köln unterstützt wurde. Das „Katastrophenjahr" 1672 bringt das Haus Oranien zurück auf den Thron. Wie kam es dazu? England verfolgte als Seemacht die gleichen Ziele wie die Niederlande und beide Nationen entwickelten sich schnell zu Konkurrenten auf den Weltmeeren. Um die Konkurrenz loszuwerden verkündete England unter Cromwell 1651 den „Navigation Act", nach dem ein Land nur noch Waren nach England liefern durfte, die tatsächlich aus diesem Herkunftsland stammten. Das konnten die Niederländer, die zur Nummer 1 im Welthandel geworden waren, nicht hinnehmen, und ein Jahr später brach der erste Englisch-Niederländische Krieg aus, der 1654 endete. In diesem Seekrieg hatten die Niederländer keine Chance und mussten im Frieden von Westminster das Monopol des englischen Handels aus den Kolonien anerkennen. Der „Navigation Act" wurde nicht zurückgezogen [Ploetz 2008, S. 1055].

Jan de Witt versuchte es daraufhin mit einer Schaukelpolitik zwischen Frankreich und England, die jedoch nicht zum Erfolg, sondern zum zweiten Englisch-Niederländischen Krieg (1665–1667) führte. Dieser Krieg brachte einen großartigen Sieg für die Niederländer, da Admiral Michiel Adrianszoon de Ruyter die Themse hinauffuhr und die vor Chatham liegende Flotte vernichten konnte. Im Frieden von Breda wurden die Engländer aber klugerweise nicht gedemütigt, denn 1667 waren die Franzosen in die Spanischen Niederlande eingefallen und wollten ihren Herrschaftsbereich unter ihrem König Ludwig XIV. nach Norden ausweiten, allerdings gab es seit 1662 einen Verteidigungsvertrag mit der Republik. Man brauchte die Engländer also unter Umständen noch und schloss mit ihnen und den Schweden 1668 einen Dreierbund. Dieser Bund wurde von England verraten, indem die Engländer die geheime, gegen Frankreich gerichtete Klausel, öffentlich machten. De Witt konnte nicht glauben, dass es zu einem französisch-englischen Bündnis kommen könnte, aber genau das passierte im Katastrophenjahr 1672.

In England war das Haus Stuart wieder auf den Thron gekommen, in den Niederlanden wurde nun der Oranier Wilhelm III. Statthalter (Abbildung 2.2.9). Den militärischen Zusammenbruch des Jahres 1672 lastete man Jan de Witt und seinen Regenten an; der Oranier schien die rettende Hand zu bieten [Wielenga 2012, S. 141]. Im August 1672 wurden Jan de Witt und sein Bruder von einem Mob in Den Haag gelyncht; Statthalter der Niederlande war nun Wilhelm III. von Oranien-Nassau.

Wilhelm machte eine kluge Politik. Er kooperierte mit den Nationen, die sich ebenfalls durch Frankreichs Expansionsdrang bedroht fühlten. Ab 1673 gab es einen Viererbund, in dem die Republik gemeinsam mit Spanien, dem habsburgischen Kaiser und Lothringen agierte und so Ludwig XIV. zwang, an mehreren Fronten gleichzeitig zu kämpfen, womit die Republik aus der Defensive kommen konnte. Die landgestützten Truppen waren immer zu Gunsten der Marine vernachlässigt worden; Wilhelm änderte das. Unter seinem Einfluss wurde das Heer eine effektive Waffe und schon 1674 hatte Ludwig XIV. alle niederländischen Eroberungen bis auf die Stadt Maastricht wieder verloren, mit dem Frieden von Nimwegen bekamen die Niederlande 1678 alle eroberten Gebiete zurück. Wilhelm war im Volk dennoch nicht beliebt. Er war launisch und verschlossen und wollte wohl auch gar nicht gefallen [Wielenga 2012, S. 149]. Im Jahr 1677 heiratete der 26-jährige seine 15-jährige Kusine Maria II. Stuart, die Tochter des englischen Tronanwärters Jakob II. Im Jahr 1685 wur-

Abb. 2.5.8. Admiral Michiel de Ruyter ([Gemälde von Ferdinand Boel 1667] National Maritime Museum Greenwich, London) und Johann (Jan) de Witt [Porträt von Adriaen Hannemann, vermutlich nach 1650]

de Jakob II. zum englischen König gekrönt und damit saß Wilhelms Schwiegervater auf dem englischen Thron. Dennoch kamen die Niederlande und England nicht enger zusammen, denn Jakob verfolgte eine pro-katholische Politik. Im gleichen Jahr widerrief Ludwig XIV. das Edikt von Nantes, in dem die Protestanten in Frankreich anerkannt wurden. Dadurch ergoss sich ein Strom von französischen Protestanten, die Hugenotten, über Europa; in die Republik der Niederlande kamen geschätzt etwa 35000, [Wielenga 2012, S. 150]. Die antifranzösische Stimmung wuchs in kurzer Zeit und nahm noch zu, als Ludwig 1687 einen Handelsparagraphen aus dem Frieden von Nimwegen rückgängig machte und die Handelszölle stiegen. Noch konnte man die Hoffnung haben, dass nach dem Tod Jakobs II. seine protestantische Tochter, die Ehefrau Wilhelms, den englischen Thron besteigen würde, aber diese Hoffnung schwand mit der Geburt eines männlichen Erben in England. Damit wurde auch ein französisch-englisches Bündnis immer wahrscheinlicher, und das musste unter allen Umständen verhindert werden. Ein Brief aus höchsten Kreisen in England vom 30. Juni 1688, in dem Wilhelm zur Intervention in England aufgefordert wurde, kam zur rechten Zeit: Wilhelm verjagte seinen Schwiegervater Jakob II. vom englischen Thron, wurde 1689 als Wilhelm III. zum König von England, Schottland und Irland gekrönt und leitete so in England die „Glorious Revolution" ein. Bis zum Tode Wilhelms gingen die Republik der Niederlande und England gemeinsame Wege. Gemeinsam kämpfte man ab 1689 im Neunjährigen Krieg (1688 bis 1697) erfolgreich gegen Frankreich. Im Frieden von Rijswijk musste Ludwig XIV. Wilhelm III. als englischen König anerkennen. Wilhelm erhielt das von Frankreich besetzte Fürstentum Orange zurück und Ludwig verzichtete auf alle Ansprüche in den südlichen Nieder-

landen, die nun geräumt werden mussten. Das nachteilige Handelszolldekret
wurde ebenfalls zurückgenommen.

Wilhelm bereitete noch einen weiteren Krieg vor, den Spanischen Erbfolgekrieg, der 1702 begann und bis 1713 dauerte, erlebte dessen Ausbruch aber
nicht mehr. Am Ende dieses Krieges war die Republik stark geschwächt und
Erinnerungen an das Katastrophenjahr 1672 wurden wach, als im Österreichischen Erbfolgekrieg 1742 ein Teil der Provinz Zeeland von Frankreich besetzt
wurde. Das „Goldene Zeitalter" war ein für allemal vorbei.

2.6 Blaise Pascal

Blaise Pascal ist eine „faszinierende, aber schwer fassbare Persönlichkeit" [Lo-
effel 1987, S. 7]. Geboren ist er am 19. Juni 1623 in Clermont, dem heutigen
Clermont-Ferrand in der Auvergne im Herzen Frankreichs in eine unschein-
bare Familie aus kleinem Provinzadel [Attali 2007, S. 21]. Sein Vater Étienne
Pascal wurde mehr von der Mathematik angezogen als von seinen Aufgaben in
Rechtssprechung und Verwaltung. Er war ein außerordentlich kultivierter und
gebildeter Mann, der auch zu eigenen mathematischen Arbeiten fähig war. So
ist die Pascal'sche Schnecke, definiert in Polarkoordinaten als

$$r = a \cos \varphi + b,$$

nach ihm benannt. Der Vater erzieht seine Kinder nicht wie zu dieser Zeit
üblich, sondern ist stark von den pädagogischen Ideen Michel de Montaignes
(1533–1592), dem Autor der großartigen *Essays*, beeinflusst.

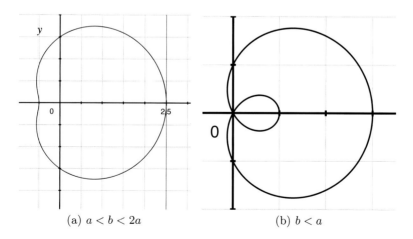

(a) $a < b < 2a$ (b) $b < a$

Abb. 2.6.1. Zwei Pascal'sche Schnecken für verschiedene Werte der Parameter a
und b

Abb. 2.6.2. Michel de Montaigne [Gemälde von Thomas de Leu, um 1578] und Blaise Pascal ([Gemälde eines unbekannten Künstlers, um 1690] Schloss Versailles)

Sicher ist dem Vater aufgefallen, dass mindestens zwei seiner drei Kinder, Blaise und seine Schwester Jacqueline, ganz besonders begabt waren. Blaises Schwester Gilberte war schwerer von Begriff. Étienne bezog 1608 die Pariser Universität Sorbonne und lernte dort einige eigenwillige Denker kennen. Er studierte Jurisprudenz und konnte sich nach dem Tod seines Vaters das Amt eines Landrats für den Kreis der Unteren Auvergne in Clermont kaufen. Er ging privaten mathematischen Studien nach, heiratete 1616 Antoinette Begon, und kaufte 1624 das bedeutendere Amt des zweiten Präsidenten am Steuergerichtshof zu Montferrand [Attali 2007, S. 25].

Von Anfang an litt der kleine Blaise an Nervenkrämpfen und er wird sein Leben lang eine schwache Gesundheit behalten. Im Sommer 1626 starb die Mutter und der 38-jährige Vater blieb mit drei Kindern zurück. Ungewöhnlich für seine Zeit heiratete Étienne nicht wieder, sondern kümmerte sich selbst um die Erziehung seiner Kinder, die keine Schule besuchten. Höchstes Ziel in der Erziehung war das Lernen aus Lust am Verstehen. So lernten Blaise und seine zwei Geschwister ohne Zwang Latein, Geschichte, Erdkunde, aber die abstrakten Gefilde der Mathematik wollte der Vater seinen Kindern erst später zumuten. Auf sportliche Betätigung oder Naturverbundenheit legte der Vater keinen Wert. Als Étienne 1631 durch eine Intrige daran gehindert wurde, das Amt des ersten Präsidenten am Steuergerichtshof zu erwerben, verkaufte er sein Amt an einen seiner Brüder und ließ sich in Paris nieder, um in den Kreisen der gebildeten Männer sein Wissen so zu erweitern, dass er es Blaise lehren konnte.

In Paris gab es zu Beginn der 1630er Jahre etwa 15 „Akademien"; Étienne fühlte sich besonders zu der *Academia Parisiensis* hingezogen, die von dem Minimenmönch und „Sekretär Europas" [Attali 2007, S. 43] Marine Mersenne (1588–1648) geführt wurde, vergl. Abbildung 2.7.2. Im Kreis um Mersenne erhielt er schnell Aufnahme, insbesondere befreundet er sich mit dem Mathematiker Gilles Personne de Roberval, der gerade den mathematischen Lehrstuhl am Collège de France erhalten hatte.

Als Étienne eines Abends von einer Sitzung bei Mersenne zurückkehrt, sieht er seinen 11-jährigen Sohn auf dem Fußboden den Satz über die Winkelsumme im Dreieck beweisen. Da Blaise die korrekten Bezeichnungen nicht kennt, nennt er eine Gerade „Stab" und einen Kreis „Rund". Der Vater erkennt, dass er seinen Sohn nicht mehr vom Studium der Mathematikbücher abhalten kann. Er bittet Mersenne, seinen jungen Sohn als stillen Zuhörer zu den Treffen der Akademie mitbringen zu dürfen und der Wunsch wird gewährt. Dabei wird Blaise 1637 Zeuge der Diskussion über den Streit zwischen Descartes und Fermat über die Priorität der Entdeckung der Analytischen Geometrie. Blaise lernt die Mathematik des Descartes kennen, und obwohl der immer die Freundschaft zu Pascal vorgibt, wird er ihm doch mit Eifersucht und Geringschätzung zusetzen [Attali 2007, S. 47]. Auch über den *Discours de la méthode* von Descartes wird diskutiert.

Ab 1635 ist Frankreich am Dreißigjährigen Krieg beteiligt und der finanzielle Druck auf die Bürger wird größer. Étienne bezog sein Einkommen fast vollständig aus Zinsen von Anleihen, die er erworben hatte. Als die Zinsen immer weiter gesenkt werden und schließlich ausbleiben protestiert er 1638 mit 400 anderen Privatiers vor dem Sitz des Justizministers. Étienne wurde als einer der Rädelsführer ausgemacht und musste aus Paris in die Auvergne fliehen, um der Verhaftung zu entgehen. Seine Kinder blieben in Paris bei ihrer Gouvernante (die auch die Geliebte Étiennes war); Blaise zog sich ganz in die Mathematik zurück, Jacqueline erkrankte an den Pocken, so dass der Vater heimlich nach Paris zurückkehrte, um an der Seite seiner todkranken Tochter sein zu können. Wie durch ein Wunder überlebt die Tochter die Pocken, nur von ein paar Narben im Gesicht gezeichnet. Im April 1639 spielt die hochbegabte Jacqueline die Kassandra in einem Theaterstück bei Hofe und Kardinal Richelieu ist von der 13-jährigen und ihrem Talent hingerissen. Jacqueline nutzt die Gunst des Kardinals und bittet ihn, ihren Vater aus dem Exil zu holen, und der mächtige Mann stimmt zu. Im Mai 1639 wird Étienne von Richelieu empfangen, der ihm zu der talentierten Tochter gratuliert [Attali 2007, S. 56ff.].

Blaise, inzwischen 16 Jahre alt, hat einen *Traité des coniques* (Abhandlung über die Kegelschnitte) geschrieben, der auf den Arbeiten von Desargues basiert, die noch niemand – außer Blaise – versteht. Es ist die Geburtsstunde der projektiven Geometrie. Leibniz wird eine Abschrift dieses Manuskripts einige Zeit später in Händen halten und sich begeistert äußern. Mersenne und seine Akademiemitglieder sind ebenfalls begeistert, als der 16-Jährige die Resultate vorträgt.

Zum Januar 1640 wurde Étienne durch Richelieu zum „kommissarischen Abgeordneten Seiner Majestät für Steuern und Steuererhebung" in Rouen, der Hauptstadt der Normandie, ernannt und kann jetzt mit seiner Familie auf

Abb. 2.6.3. Eine Pascaline aus dem Jahr 1652 (Musée des arts et métiers)
[Foto: David Monniaux 2005]

großem Fuß leben. Gilberte heiratet am 13. Juni 1641 ihren Vetter Florin
Périer, der als Finanzrat dem Vater half und auch in seinem Haus lebte. Blaise hingegen ist krank. Er leidet an heftigen Kopf- und Bauchschmerzen, dann
kommen auch schreckliche Zahnschmerzen dazu. Gilberte berichtete später,
er habe ihr gesagt, seit seinem 18. Lebensjahr keinen Tag ohne Schmerzen
zugebracht zu haben. Sämtliche Ärzte konnten nichts für ihn tun und Attali
sieht eine eher psychosomatische Störung im Zusammenhang mit der Hochzeit
der älteren Schwester [Attali 2007, S. 69f.].

Um dem Vater bei den Steuerberechnungen zu unterstützen, ersann der 18-
jährige Blaise eine Rechenmaschine, die „Pascaline". Die Maschine war eine
Zweispeziesmaschine, d. h. sie konnte nur Addieren und Subtrahieren, aber
mehr brauchte ein Steuerbeamter wohl auch nicht. Im Jahr 1645 war die erste
Maschine fertig, 1649 erhielt Blaise ein Patent darauf, aber es dauerte noch
bis 1652, bis das endgültige Modell vorlag [Schmidt-Biggemann 1999, S. 13f.].

In Frankreich setzte sich in jenen Jahren auf religiösem Gebiet der Jansenismus fest. Seine Lehren, die dicht an der Gnadenlehre des Augustinus waren,
erwiesen sich als inkompatibel mit der katholischen Kirche und die Jesuiten
nahmen den Kampf gegen die Jansenisten auf. Zentrum der jansenistischen
Lehren war das Zisterzienser Frauenkloster Port Royal des Champs südwest-
lich von Versailles.

Als im Jahr 1646 Étienne Pascal auf vereister Straße stürzt und sich ein Bein
bricht, wird er von zwei jansenistischen Ärzten gepflegt. Unter ihrem Einfluss begannen Étienne und Jacqueline jansenistische Schriften zu lesen und
fanden darin inneren Frieden. Auch Blaise wird von den Ideen des Jansenismus gepackt, vergl. Seite 61; man spricht von der „ersten Bekehrung" [Loeffel
1987, S. 17]. In einem typischen Übereifer und erfasst von religiösem Eifer
verklagt Blaise sogar einen Rouener Theologen wegen Verbreitung von theologischen Irrtümern, und der Theologe muss widerrufen.

Abb. 2.6.1. Cornelius Jansen [Gemälde von E. d'Ypres]; Port Royal des Champs um 1710 [Gemälde eines unbekannten Künstlers]

Im Jahr 1646 wiederholt Blaise die Barometerversuche Torricellis und schreibt 1647 ein Werk über den luftleeren Raum. Am 23. und 24. September kommt es zu einem Treffen mit René Descartes, aber die beiden Männer haben sich nicht viel zu sagen, zu verschieden sind ihre Standpunkte. Die Pascal'sche Abhandlung *Generatio conisectionum* (Erzeugung von Kegelschnitten) erscheint 1648, im selben Jahr zieht der Vater zurück nach Paris und so kommen seine Kinder in engen Kontakt zum Kloster Port Royal. Es ist die Zeit der Fronde, der Adligenaufstände, und die Familie muss sich kurzzeitig nach Clermont zurückziehen. Nach der Rückkehr nach Paris stirbt Étienne Pascal im September 1651. Trotz des Widerstands ihres Bruders geht Jacqueline 1653 als Nonne ins Kloster Port Royal, das von der Äbtissin Angélique Arnauld geführt wird.

Blaise hält sich von Oktober 1652 bis Mai 1653 in Clermont auf, und zwar in Gesellschaft einer schönen, gebildeten Dame [Loeffel 1987, S. 21]. Er arbeitet an Problemen der Wahrscheinlichkeitsrechnung im Briefwechsel mit Fermat. Dabei entsteht auch das Pascal'sche Dreieck der Binomialkoeffizienten. Im Jahr 1654 verschlechtert sich Blaises Gesundheitszustand weiter. Dann kommt es in der Nacht vom 23. auf den 24. November 1654 zu einer mystisch-religiösen Erfahrung oder gar Erleuchtung, der „zweiten Bekehrung". Er verspürt ein inneres Feuer, in dem er die Anwesenheit Gottes spürt, dann wird er ohnmächtig und wacht erst im Morgengrauen wieder auf [Attali 2007, S. 192]. Am Morgen schreibt er einen seltsamen Text, das *Mémorial*, auf ein Blatt Papier, das er seither eingenäht in seinen Rock immer bei sich trägt [Béguin 1998, S. 111f.] [Attali 2007, S. 194]. So seltsam uns dieses Ereignis auch erscheinen mag: Mit 31 Jahren ist Blaise Pascal den weltlichen Dingen entrückt; er ist in ein religiöses Leben eingetreten.

Von 7. bis 21. Januar 1655 lebt er im Kloster Port Royal in den „Granges", einem Gut, das frommen Männern vorbehalten war. Er ließ sich einen Stachelgürtel machen und trug ihn auf dem nackten Fleisch, um sich an seine religiöse Pflichten zu gemahnen [Schmidt-Biggemann 1999, S. 22], aber immer wieder trat er auch als öffentliche Person auf.

Abb. 2.6.5. Jacqueline Pascal, die Schwester von Blaise Pascal, als Nonne in
Port Royal des Champs und Antoine Arnauld [Kupferstich von L. Simonneau nach
Philippe de Champagne], beide gehörten den Jansenisten an

Inzwischen wurde der Druck auf die Jansenisten immer größer und am 14.
Januar 1656 wurde der größte Verteidiger und Führer der Jansenisten, Antoine
Arnauld, Bruder der Äbtissin Angélique Arnauld, von der Pariser Sorbonne
verdammt.

Nun hielt sich Pascal nicht mehr zurück. Er wählte das Pseudonym „Louis de
Montalte", und publizierte ab 23. Januar 1656 die satirischen und polemischen
Lettres à un Provincial. Es sind 18 Briefe eines fiktiven Paris-Reisenden names
Montalte, in denen sich Pascal über die katholische Kirche und insbesondere
über die Jesuiten lustig macht und ihnen die Theologie erklärt. Dabei gerät
die spitzfindige Argumentation der Jesuiten, die „Kasuistik", zum besonderen
Ziel des Spottes. Die *Lettres à un Provincial* wurden nach dem fünften Brief
verboten, aber sie blieben nicht ohne Einfluss, auch wenn die Jesuiten letztlich
obsiegten.

Auch in der Zeit nach der „Nacht des Feuers" hat sich Pascal immer wieder mit Mathematik befasst, die berühmteste Abhandlung aus dieser Zeit
sind sicher die *Lettres de A. Dettonville.* Eigentlich handelte es sich um ein
Preisausschreiben (*Première lettre circulaire relative à la cycloide*), in dem
im Juni 1658 alle namhaften Mathematiker (darunter Huygens, Wren, Wallis, Carcavy) aufgefordert wurden, die in dem Brief enthaltenen Probleme um
die Zykloide innerhalb einer Frist zu lösen. Sechzig spanische Dublonen waren als Preisgeld ausgesetzt, aber Pascal fand keine eingesandte Lösung der
Belohnung Wert. Etwas arrogant hat Pascal dann unter dem Namen Amos
Dettonville den Einsendern in einer Reihe von Briefen geantwortet und alles
zusammenfassend als *Histoire de la roulette* (Geschichte der Zykloide) publiziert. Der Name unter dem Pascal veröffentlichte, Amos Dettonville, ist ein

Anagramm auf Pascals Pseudonym Louis de Montalte. Anagramme sind Verstellungen von Buchstaben in Sätzen und erfreuten sich im 17. Jahrhundert großer Beliebtheit; wir werden auch im Prioritätsstreit zwischen Newton und Leibniz solche Anagramme sehen. Abbildung 2.6.7 zeigt die Verstellung der Buchstaben, um von „Louis de Montalte" zu „Amos Dettonville" und zurück zu kommen.

Pascals Mathematik ist für uns heute schwer verständlich, weil er sich einer mathematischen Symbolik vollständig enthält. Er erklärt alles in seinem perfekten Französisch, so dass Bourbaki über ihn schreibt [Bourbaki 1971, S. 222f.]:

> „Pascals Sprache ist ganz besonders klar und präzise, und wenn man auch nicht begreift, warum er sich den Gebrauch algebraischer Bezeichnungsweisen – nicht nur der von Descartes, sondern auch der von Vieta eingeführten – versagt hat, so kann man doch nur die Gewalttour, die er vollbringt und zu der ihn allein seine Beherrschung der Sprache befähigt, bewundern."

Die religiösen Querelen nahmen inzwischen noch zu. Jacqueline starb 1661, wohl auch, weil sie dem Druck auf Port Royal und die Jansenisten nicht mehr widerstehen konnte. Am 10. August 1660 verabschiedet sich Pascal in einem Brief an Fermat endgültig von der Mathematik [Béguin 1998, S. 104f.]:

> „Denn, um Ihnen ein offenes Wort über Mathematik zu sagen: Ich halte sie zwar für die höchste Schule des Geistes; gleichzeitig aber erkannte ich sie als so nutzlos, daß ich wenig Unterschied mache zwischen einem Manne, der nur ein Mathematiker ist, und einem geschickten Handwerker ... Bei mir kommt aber jetzt noch hinzu, daß ich in Studien vertieft bin, die so weit vom Geist der Mathematik entfernt sind, daß ich mich kaum mehr daran erinnere, daß es einen solchen gibt."

Die genannten „Studien" sind die Arbeiten zu einer lange geplanten Apologie des Christentums, die unter dem Titel *Pensées* (Gedanken) erst posthum publiziert werden und heute zur Standardliteratur der Religionsphilosophie gehören [Pascal 1997].

Der schon todkranke Pascal gründet in Paris ein gemeinnütziges Transportunternehmen „Carosses à cinq sols", die erste Pariser Buslinie, für die er im Januar 1662 ein königliches Patent erhält. Anfang August 1662 schreibt er sein Testament, dann lässt er sich die letzte Ölung geben und stirbt im Alter von 39 Jahren am 19. August 1662. Hinter dem Chor der Pfarrkirche von Saint-Étienne-du-Mont in Paris wird er beerdigt.

Für die Mathematik Pascals bedeutend ist die Tatsache, dass er die Indivisiblen von Torricelli und Cavalieri zu „infinitesimalen Rechtecken" modifiziert [Loeffel 1987, S. 99f.]. Für die weiteren Leistungen Pascals verweisen wir auf [Loeffel 1987] und [Sonar 2011]. Wir wollen hier ein Resultat aus Pascals

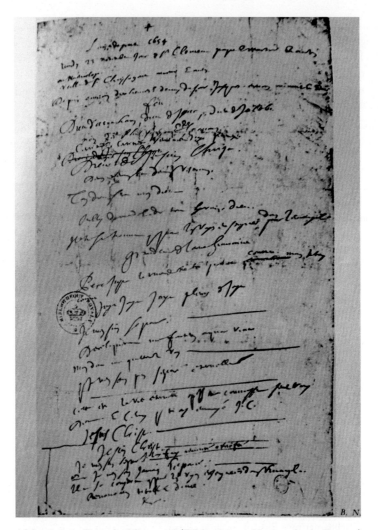

Abb. 2.6.6. Pascals *Mèmorial* (Bibliothèque Nationale de France)

Schrift *Traité des sinus du quart de cercle* (Abhandlungen über die Ordinaten im Viertelkreis) vorstellen, durch das Leibniz später in einem Geistesblitz auf die Idee des allgemeinen charakteristischen Dreiecks gebracht werden sollte.

Am Viertelkreis betrachtet Pascal wie in Abbildung 2.6.9 die Tangente im Punkt D und bildet mit ihr das Dreieck $EE'K$, das Leibniz später das charakteristische Dreieck nennen wird. Die Dreiecke ODI und EKE' sind ähnliche Dreiecke, d. h. sie lassen sich durch Verschiebungen, Streckungen und Spiegelungen aufeinander abbilden. Aus der Ähnlichkeit folgt

$$DI : OD = EK : EE',$$

Abb. 2.6.7. Anagramm Amos Dettonville

d. h. die Strecke DI verhält sich zu OD wie EK zu EE'. Mit den Bezeichnungen aus der Abbildung ist das dasselbe wie

$$y : r = \Delta x : \Delta s,$$

also

$$y \cdot \Delta s = r \cdot \Delta x. \qquad (2.1)$$

Nun summiert Pascal die „Ordinaten", d. h. er will die Summe

$$\sum DI \cdot \text{Bogen}(DD')$$

berechnen. Die zum Bogen DD' gehörigen Abszissenwerte sollen x_1 bzw. x_2 heißen. Diesen Bogen kann man überall auf dem Kreisumfang finden, nicht

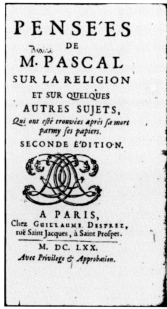

Abb. 2.6.8. Titelblatt der Pensées und Westfassade von Saint-Étienne-du-Mont in Paris [Foto: Plinc 2008]

nur im Punkt D, und wenn man den Bogen „unbegrenzt klein" (in unserer Terminologie des ersten Kapitels) annimmt und somit unendlich viele Summanden auftreten, dann lässt sich der Bogen sicher durch die Strecke EE' ersetzen, also gilt dann mit beliebiger Genauigkeit

$$\sum DI \cdot \mathrm{Bogen}(DD') = \sum DI \cdot EE'.$$

Verwenden wir die Bezeichnungen der Abbildung 2.6.9, dann könenn wir auch

$$\sum DI \cdot \mathrm{Bogen}(DD') = \sum DI \cdot EE' = \sum y \cdot \Delta s$$

schreiben. Die Summe läuft dabei über die gesamte Bogenlänge s des Bogens DD', und zwar von $s := s_2$, zugehörig zum Abszissenwert x_2, bis zu $s := s_1$, zugehörig zu $x_1 < x_2$, womit wir den Bogen in mathematisch positiver Richtung (entgegen dem Uhrzeiger) durchlaufen. Nun verwenden wir (2.1) und erhalten

$$\sum_{s_2}^{s_1} y \cdot \Delta s = -\sum_{x_2}^{x_1} \frac{r \cdot \Delta x}{\Delta s} \Delta s = -\sum_{x_2}^{x_1} r \cdot \Delta x = r(x_2 - x_1), \qquad (2.2)$$

wobei das negative Vorzeichen daher kommt, dass wir nun die Abszisse rückwärts, d. h. von rechts (x_2) nach links ($x_1 < x_2$) durchlaufen.

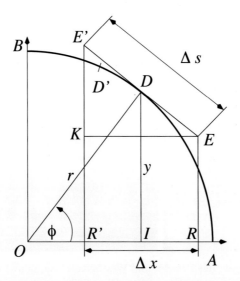

Abb. 2.6.9. Das charakteristische Dreieck am Viertelkreis

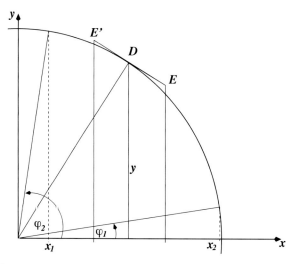

Abb. 2.6.10. Die Lage von x_1, x_2 und der zugehörigen Winkel

Was hat Pascal erreicht? Um das zu sehen, bedienen wir uns wieder der Leibniz'schen Schreibweise. Die Bogenlänge hängt mit Radius und Winkel zusammen, und zwar in der Form

$$s = r \cdot \varphi.$$

Damit gilt für die Differenziale

$$ds = r \cdot d\varphi.$$

Weiterhin stellen wir fest, dass offenbar

$$x = r \cdot \cos\varphi, \quad y = r \cdot \sin\varphi$$

gilt. Damit können wir die Punkte x_1, x_2 als

$$x_1 = r \cdot \cos\varphi_2, \quad x_2 = r \cdot \cos\varphi_1$$

schreiben und aus (2.2) wird

$$\int_{x_1}^{x_2} y \cdot ds = \int_{\varphi_1}^{\varphi_2} \underbrace{r\sin\varphi}_{=y} \cdot \underbrace{r d\varphi}_{=ds} = r(x_2 - x_1) = r^2(\cos\varphi_1 - \cos\varphi_2).$$

Nun können wir noch durch r^2 dividieren und erhalten

$$\int_{\varphi_1}^{\varphi_2} \sin\varphi \, d\varphi = \cos\varphi_1 - \cos\varphi_2 = -\cos\varphi\big|_{\varphi_1}^{\varphi_2},$$

Pascal hat also das bestimmte Integral der Sinusfunktion berechnet.

2.7 Christiaan Huygens

Christiaan (Christian) Huygens (1629–1695) nur als den Lehrer Gottfried Wilhelm Leibnizens zu sehen wäre ein fatales Missverständnis. Zum Einen wäre Leibniz sicher auch ohne Huygens zu mathematischen Höchstleistungen gekommen, zum Anderen tun wir damit einem Genie aus den Niederlanden großes Unrecht. Der Name Huygens ist heute aus der Physik nicht wegzudenken: das Huygens'sche Prinzip in der Theorie der Wellenoptik, die Theorie des Stoßes, das Trägheitsprinzip und eine Theorie des Lichts. Weiterhin konstruierte Huygens erstmals eine Pendeluhr mit hoher Ganggenauigkeit und erfand das Zykloidenpendel für noch bessere Ganggenauigkeiten. Zudem entdeckte er die Ringe des Saturns und den Saturnmond Titan mit einem Teleskop, dessen Linsen er selbst geschliffen hatte.

Trotz dieser universalen Wirkung wurde Huygens lange Zeit von der Wissenschaftsgeschichte kaum beachtet. Die erste wissenschaftliche Biographie die diesen Namen auch verdient, ist erst 2005 erstmalig erschienen [Andriesse 2005], auch wenn frühere Arbeiten wie [Bell 1947] noch immer lesenswert sind.

Christiaan Huygens stammt aus einer berühmten Familie. Schon der Großvater, auch ein Christiaan, bekleidete am Hof von Wilhelm I. von Oranien, genannt „Wilhelm der Schweiger", den Posten eines Sekretärs ab 1578. Sein zweiter Sohn Constantijn (1596–1687) bekam eine hervorragende Schulbildung und zeigte früh eine mathematische Begabung.

Seit dem 16. Lebensjahr hatte er wegen einer extremen Kurzsichtigkeit dicke Brillengläser zu tragen. Zudem litt er an einer Glaskörperabhebung, so dass alle Gegenstände in seiner Sehlinie sich ständig zu drehen schienen.

Abb. 2.7.1. Christiaan Huygens ([Ausschnitt aus Pastell von Bernard Vaillant, 1686] Huygensmuseum Hofwijck, Vorburg) und Constantijn Huygens ([Ausschnitt aus Gemälde von Jan Lievens, um 1628] Rijksmuseum Amsterdam)

Abb. 2.7.2. René Descartes ([Gemälde von Frans Hals 1648] Louvre Museum Paris) und Marin Mersenne

Er wurde schließlich ein bekannter Diplomat, aber er hinterließ auch 75 555 (!) Gedichte – in Niederländisch, Lateinisch, Französisch, Italienisch, Griechisch, Deutsch und Spanisch [Andriesse 2005, S. 13]. Schon Christiaans Vater, der genannte Constantijn, kann also nur als genial bezeichnet werden. Bemerkenswert und wichtig im Leben Christiaans ist Constantijns Freundschaft mit René Descartes, der sich seit 1629 in den Niederlanden aufhielt. Der große französische Philosoph und Mathematiker verkehrte im Hause der Familie Huygens und der kleine Christiaan, der 1633 erst vier Jahre alt war, fasste Zutrauen zu dem damals 37-jährigen Mann. Im Jahr 1637 erschien Descartes' Werk *Discours de la méthode pour bien conduire sa raison et chercher la verité dans les sciences* (Abhandlung über die Methode, seine Vernunft gut zu gebrauchen und die Wahrheit in den Wissenschaften zu suchen), in dem sich auch als Anhang die noch im Embryostadium befindliche Analytische Geometrie, die Behandlung geometrischer Probleme mit Hilfe algebraischer Methoden, befand.

Bis zum sechzehnten Lebensjahr erhielt Christiaan Privatunterricht, auch in lateinischer Dichtkunst, in Gesang und im Lautenspiel. Mit sechzehn Jahren, im Jahr 1645, beziehen Christiaan und sein Bruder, auch ein Constantijn, die Universität Leiden. Sie studieren Mathematik und Jurisprudenz und schnell wird Christiaan der beste Student von Professor Frans van Schooten, der 1649 Descartes' Analytische Geometrie in lateinischer Übersetzung mit Kommentierung herausgeben und damit der Descartes'schen Schrift eine weite Verbreitung sichern wird. Damals gehörte zur Mathematik auch die Mechanik und es ist genau dieses Gebiet, in dem Christiaan Huygens glänzen wird.

Nach zwei Jahren des Studiums in Leiden geht Christiaan an die Universität in Breda, die damals berühmt war. Breda wird das Exil Karls II. von England und der Vertrag von Breda aus dem Jahr 1667 wird das Ende des ersten Englisch-Niederländischen Krieges bringen. In Breda lehrte der englische Mathematiker John Pell (1611–1685), so dass Christiaan einen hervorragenden Mathematiklehrer behielt. Nach dem Studium reist Christiaan nach Dänemark, Friesland und Rom. Er nahm nun die Korrespondenz mit dem Pater Marin Mersenne in Paris auf, einem Freund Descartes' und Korrespondenzpartner von Christiaans Vater Constantijn, der in ganz Frankreich (und darüber hinaus) für die Kommunikation unter den Mathematikern sorgte.

Mersenne erkannte schnell die große Begabung des jungen Niederländers und schrieb ihm anerkennende Briefe. Durch Mersenne erfährt Huygens von den wahrscheinlichkeitstheoretischen Arbeiten von Fermat und Pascal, und er lernt von Mersenne die Kritik an Descartes' Theorien, die Tiere als Automaten deuten und das Universum als von Wirbeln subtiler Materie erfüllt sehen. So wandelt sich der junge Bewunderer der Descartes'schen Philosophie zwischen 1648 und 1657 zu einem Kritiker [Bell 1947, S. 25]. In seinem 1644 in Amsterdam publizierten Werk *Principia philosophiae* [Descartes 2005] hatte Descartes seine Wirbeltheorie dargelegt, in der sich die Planeten in Wirbeln subtiler Materie bewegen. Der cartesischen Physik war kein langes Leben beschieden, dazu war sie gar zu kraus. Als die *Philosophiae naturalis principia mathematica* Newtons, 1687 publiziert, die cartesische Physik hinwegfegt, war sie bereits diskreditiert, nur die Wirbeltheorie hielt sich hartnäckig und taucht bei Immanuel Kant in [Kant 2005] wieder auf.

Noch vor 1656 hatte Huygens seine eigene Bewegungstheorie in der Schrift *De motu corporum ex percussione* dargelegt, die aber erst nach seinem Tod erschien. Seine erste Schrift *Cylometria* erschien bereits 1651. In ihr legt der 25-jährige Huygens Fehler in einer Arbeit von Gregory de St. Vincent dar, der behauptet hatte, das Problem der Quadratur des Kreises gelöst zu haben. Schon diese Schrift machte Huygens bekannt, aber die umfangreichere Schrift *De circuli magnitudine inventa* von 1654 katapultierte ihn in die Spitze der Mathematiker Europas. Huygens untersuchte nun Probleme, die die „Alten" behandelt hatten – Archimedes, Nicomedes und andere Griechen – und die er algebraisch löste.

Schon vor dem Tod Mersennes im Jahr 1648 wollte Huygens in Begleitung seines Vaters Paris besuchen, aber die Aufstände der Adligen vereitelten eine solche Reise. Huygens kam schließlich erst 1655 nach Paris, wo er neben Roberval weitere Geistesgrößen der Zeit traf und eine erotische Beziehung mit der umschwärmten Schönheit Marie Perriquet aus dem Kreis um Pascal hatte [Andriesse 2005, S. 135f.]. In der Zwischenzeit baute er ein eigenes Teleskop, das er ständig verbesserte. Kaum wieder von der Parisreise zurück, entdeckt er mit diesem Teleskop die Saturnringe. Am 5. März 1656 schreibt er das Anagramm

> aaaaaaa ccccc d eeeee g h iiiiii llll mm nnnnnnnnn ooooo pp q rr s ttttt uuuuu.

Das Huygens'sche Anagramm bedeutet

> Annulo cingitur tenui plano nusquam cohaerente ad eclipticam inclinato,

also übersetzt etwa

[Der Planet] *wird von einem dünnen und flachen Ring umschlossen,
der nirgendwo mit diesem zusammenhängt und zur Ekliptik geneigt
ist.*

Die Beliebtheit von Anagrammen erklärt sich aus einem fehlenden Urheber-
recht, was immer wieder zu Prioritätsstreitigkeiten führte. Ein Anagramm
verriet nicht allzuviel über eine Entdeckung, konnte aber zum Beweis der
Priorität dieser Entdeckung herangezogen werden.

Bevor er nach Paris fuhr hatte Huygens schon 1655 einen Saturnmond entdeckt und im Jahr 1656 erschien das kleine Büchlein *Systema Saturnium* in
Den Haag, wurde nach Paris und an den Prinzen Leopold de Medici verschickt,
dem es auch gewidmet war, aber machte bei den europäischen Astronomen
der Zeit offenbar keinen Eindruck. Niemand schien die Bedeutung der Huygens'schen Entdeckung erkannt zu haben.

Zwischen 1655 und 1660 arbeitete Huygens an einer ganggenauen Pendeluhr.
Schon Galileo Galilei hatte sich mit solchen Uhren befasst und konnte dabei
auf Skizzen von Leonardo da Vinci (1452–1519) zurückgreifen. Huygens ging
aber noch einen Schritt weiter und erfand das Zykloidenpendel. Schwingt eine
Masse zwischen zwei Backen, die jeweils Zykloiden sind, dann bewegt sich die
Masse auf einer Tautochronen, d. h. jede Schwingung würde exakt die gleiche
Zeit benötigen.

Da sich der Faden, an dem die Masse schwingt, jeweils an die Zykloidenbacken
anlegen muss, entsteht allerdings auch viel Reibung. Zudem sah Huygens, dass
auch kreisförmige Backen nicht wesentlich ungenauere Zeitmessungen erlaub-
ten [Bell 1947, S. 39]. Die Entstehungsgeschichte des Zykloidenpendels ist eng
verknüpft mit Blaise Pascals Preisaufgabe, die er unter dem Pseudonym Amos
Dettonville gestellt hatte. Von dieser Preisaufgabe erfuhr Huygens 1658 und er
löste auch die einfacheren der dort gestellten Probleme. Es begann eine Korrespondenz mit Pascal, der sich sehr lobend über die Pendeluhr äußerte, aber
eine vielleicht von Huygens gewünschte engere Kooperation blieb aus. Hatte Huygens die Theorie seiner Pendeluhr in dem Buch *Horologium* dargelegt,
so sah die unter dem Titel *Horologium oscillatorium sive de motu pendulo-
rum* im Jahr 1673 publizierte Abhandlung auch die vollständige Theorie des
Zykloidenpendels.

Ab 1655 wurde das Problem der Rektifizierung, das heißt der Berechnung
von Bogenlängen von Kurven, virulent. Aus der Antike war bekannt, dass ein
Kreis mit Radius r die Bogenlänge (Umfang) $2\pi r$ besitzt, wobei die Zahl π
nicht bekannt war, sondern nur als Näherungswert zur Verfügung stand [So-
nar 2011, S. 84f.], aber andere gekrümmte Kurven waren nicht in den Griff zu
bekommen. Zwar hatte bereits 1614 Thomas Harriot (1560–1621) die Loxodro-
me, die Linie gleicher Schnittwinkel mit allen Breitengraden auf der Erdku-
gel, rektifiziert [Sonar 2011, S. 340ff.], aber Harriot war ein Geheimniskrämer

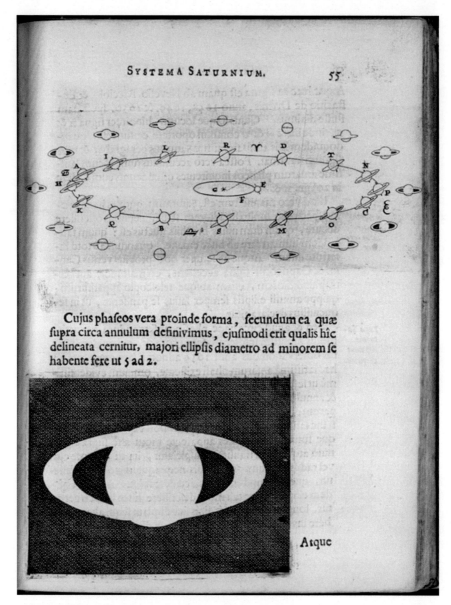

Abb. 2.7.3. Eine Seite aus Christiaan Huygens *Systema Saturnium* von 1656

und publizierte dieses Resultat nicht. Nun, 1655, hatte der unglückliche Hobbymathematiker Thomas Hobbes den eminenten Mathematiker John Wallis angegriffen und ihm Inkompetenz vorgeworfen. Um ihm zu zeigen, wo Wallis versagt hätte, veröffentlichte Hobbes eine Rektifizierung des Kreises und der Parabel, wie auch eine Quadratur des Kreises. Seine Beweise waren jedoch lächerlich fehlerhaft; der Konflikt zwischen Wallis und Hobbes ist in [Jesseph 1999] ausführlich beleuchtet worden. Wie Wallis hatte auch Huygens einen solchen Konflikt. Schon 1651 hatte Huygens in einem Anhang zu seiner Schrift *Theoremata de quadratura* den „Beweis" der Kreisquadratur durch Grégoire de Saint-Vincent wiederlegt, was zu heftigen Attacken der Anhänger von Grégoire auf Huygens führte [Yoder 1988, S. 117]. Allerdings gab es 1657 einen Prioritätsstreit über die Rektifizierung, der eine dunkle Seite von Huygens zeigte.

Huygens konnte 1657 zeigen, dass die Bogenlänge der Parabel durch die Fläche unter der Hyperbel ausgedrückt werden kann. Im Sommer 1657 gelang es auch William Neile mit Wallis'schen Methoden, die semikubische Parabel zu rektifizieren [Sonar 2011, S. 343ff.]. Ein Jahr später lieferte Wren die Rektifizierung der Zykloide. Diese Resultate wurden nicht sofort publiziert, sondern mündlich weitergegeben, und die Welt erfuhr davon durch Pascal in seiner *Histoire de la roulette* des Jahres 1658. Spät im Jahr 1659 war das Problem der Rektifizierung so akut geworden, dass Wallis in einem offenen Brief an Huygens die Resultate von Neile und Wren publizierte, sicher um die Priorität seiner englischen Kollegen zu sichern. Huygens hatte nämlich Wallis geschrieben, dass sich in der neuen Auflage der *Geometria* von van Schooten eine allgemeine Methode der Rektifizierung von Hendrik von Heuraet (1634–um 1660) befinden würde. Insbesondere sei es van Heuraet gelungen, die semikubische Parabel $y^2 - a^2x^2 = 0$, $a > 0$, zu rektifizieren. Nun hatte Huygens aber im Jahr 1657 noch ein weiteres Resultat abgeleitet, nämlich der Beweis, dass die Oberfläche eines Paraboloids direkt proportional zur Kreisfläche an der Basis des Paraboloids ist. Beide Resultate hatte er van Schooten und de Sluse mitgeteilt, aber nicht publiziert. Offenbar fühlte er sich um die Priorität seiner Entdeckung durch van Heuraet betrogen und begann, van Heuraet heftig zu bedrängen seine, Huygens', Priorität anzuerkennen. Der offenbar sehr

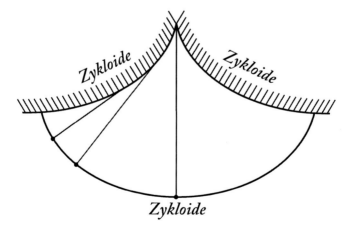

Abb. 2.7.4. Schematische Darstellung eines Zykloidenpendels

517

HENRICI van HEURAET
EPISTOLA
DE
TRANSMUTATIONE
CURVARUM LINEARUM
IN RECTAS.

Clarißimo Viro
D. FRANCISCO à SCHOOTEN
HENRICUS van HEURAET
S. D.

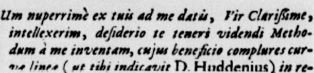 *Um nuperrimè ex tuis ad me datis, Vir Clarißime,*
intellexerim, desiderio te teneri videndi Metho-
dum à me inventam, cujus beneficio complures cur-
va linea (ut tibi indicavit D. Huddenius) *in re-*
ctas poßant transmutari: non omittendum duxi, quin eandem
tibi ocyus transmitterem, tuoq, in primis judicio exponerem. Ve-
rum præmonere te volui, eam à me tunc temporis excogitatam
eße, cùm iter in Galliam meditarer, quo nec omnia, qua ea de re
dici queunt, perpendere, nec qua ante discessum inveneram,
chartis committere valui. In Gallia verò nunquam rebus Ma-
thematicis vacare, sed me totum aliis studiis applicare constitui,
adeò ut vix quicquam prælo dignum me scribere posse confidam.
Attamen ut petitioni tua utcunque satisfaciam, habità ratione
temporis, quod mihi valde carum est: visum fuit in memoriam
revocare, ac breviter conscribere, qua ante circa hanc rem me-
ditatus sum, eaq, paucis hic subjicere. Qua, si Mathematicis
non displicitura judices, Commentariis tuis adjungere poteris.

Dat. Salmurii, die 13
Januarii A° 1659.

Vale, & perge amare
ex asse tuum

Huddenius noster te
jentat diligenter.

HENRICUM van HEURAET.
Ttt 3   Si

Abb. 2.7.5. Van Heuraets Abhandlung zur Rektifizierung in van Schootens Ausgabe
der *Geometria* von 1659 (gallica.bnf.fr)

Abb. 2.7.6. Christiaan Huygens [unbekannter Künstler aus Practical Physics, Milikan and Gale, 1920] und Christiaan Huygens ([Gemälde von Caspar Netscher 1671, Ausschnitt] Museum Boerhaave, Leiden)

gutmütige van Heuraet lenkte schließlich ein und schrieb an Huygens [Yoder 1988, S. 121]:

> *„Wenn Sie nur meinen Charakter gekannt hätten wäre es nicht nötig gewesen, so sehr gegen mich vorzugehen, der niemals danach getrachtet hat, Ihnen die Freude und Ehre der besagten Entdeckung zu nehmen, selbst wenn ich sie vor langer Zeit gefunden haben mag."*

(If you had only known my character, it would not have been necessary to exert so much effort against me, who by no means shall seek to rob you of the pleasure and honor of the aforesaid invention, even if the same might have been found by me long ago.)

Christiaan Huygens bewegte sich in den gelehrten Kreisen in Paris ebenso auf sicherem Parkett wie in denen in London. Im Jahr 1663 fand er Aufnahme in die Royal Society. Vorher schon hatte er in England die Großen des Landes kennengelernt. Er traf John Wallis, Henry Oldenbourg, Robert Boyle und viele andere und empfand die wissenschaftlichen Aktivitäten in diesem Kreis als deutlich ausgeprägter als in Paris [Bell 1947, S. 45]. Auf einer diplomatischen Mission mit seinem Vater in Paris machte Huygens dem König Ludwig XIV. eine seiner Pendeluhren zum Geschenk. Auch die französischen Wissenschaftler wollten nun eine Akademie gründen und Jean-Baptiste Colbert, Finanzminister unter Ludwig XIV., unterstützte diese Idee. Im Jahr 1666 war es soweit: Die Académie Royale des Sciences wurde gegründet und Christiaan Huygens wurde ihr erster Dircktor. Für uns heutige fast unvorstellbar:

ein niederländischer Protestant wird der Direktor der französischen Akademie der Wissenschaften! Erklärlich wird das, wenn man einerseits bedenkt, dass Huygens unangefochten die wissenschaftliche Nummer Eins in Europa war, und andererseits hervorragende persönliche Kontakte zu Colbert hatte.

Das Jahr 1672 markiert in unserer Geschichte des Prioritätsstreits einen der Ausgangspunkte. In diesem Jahr kommt Gottfried Wilhelm Leibniz nach Paris. Leibniz ist zu diesem Zeitpunkt bestenfalls ein Amateurmathematiker, aber unter dem Einfluss Huygens' entwickelt er sich mit unglaublicher Geschwindigkeit zu einem Mathematiker ersten Ranges. Schon 1674 legt er Huygens eine erste Arbeit über seine neue Infinitesimalrechnung vor [Knobloch 1993, S. 9f.]. Huygens war und blieb immer ein „klassischer" Mathematiker, der sich geometrischer Methoden der Antike bediente; mit der neuen Mathematik seines Schülers und der von Newton konnte er nicht viel anfangen. In das Jahr 1672 fällt auch ein Brief Oldenbourgs, damals Sekretär der Royal Society, an Huygens, in dem Newtons Arbeit zur Theorie des Lichts aus den *Philosophical Transactions* enthalten ist. Huygens kritisiert die Newton'sche Theorie ungerechtfertigt und Newton war von Huygens zutiefst enttäuscht. Doch davon später mehr!

Angeregt durch die Newton'schen Arbeiten zur Theorie des Lichts arbeitet Huygens eine eigene Theorie aus, die 1690 unter dem Titel *Traité de la lumiére* in Leiden erscheint. Mit dieser Abhandlung, die von den Huygens'schen Arbeiten zur Theorie des Stoßes profitiert, propagiert Huygens eine Wellentheorie des Lichts, die er der Korpuskulartheorie Newtons gegenüberstellt.

Huygens hatte immer schon Phasen von Krankheit zu durchleiden, so verlor er 1670 für einige Zeit sein Gedächtnis durch eine Krankheit fast vollständig, erholte sich aber wieder. Ab 1680 verschlechterte sich sein Gesundheitszustand weiter und Zeiten der Krankheit wechselten sich mit Zeiten ab, in denen es ihm besser ging. Sein Vater starb hochbetagt 1687, sein Bruder Constantijn folgte 1688 Wilhelm von Oranien nach London, der als Wilhelm III. König von England wurde. Im Jahr 1689 hielt sich Huygens für mehrere Monate in London auf. Er traf den Königlichen Astronomen Flamsteed in Greenwich, nahm an einem Treffen der Royal Society in Gresham College teil, und traf in Begleitung des schweizer Mathematikers Fatio de Duillier, der im Prioritätsstreit eine unrühmliche Rolle spielen sollte, zum ersten Mal Isaac Newton persönlich [Bell 1947, S. 84]. Obwohl Huygens die Lichttheorie Newtons kritisierte und auch mit Newtons Gravitationstheorie in dessen *Principia Mathematica* nicht übereinstimmte, hielt Newton große Stücke auf Huygens, so wie auch Huygens Newton verehrte. Er ist der einzige, den Newton als „Summus" (der überaus große) bezeichnet hat.

Nach der Rückkehr nach Den Haag beteiligte Huygens sich noch an der Lösung mathematischer Probleme aus dem Kreis um Leibniz, aber im März 1695 ging es ihm so schlecht, dass er sein Testament machte. Er starb am 8. Juli in Den Haag und wurde in der Grote Kerk, der Den Haager Stadtkirche, beigesetzt.

Abb. 2.7.7. Die Grote Kerk in Den Haag, in der sich das Grab von Christiaan Huygens befindet [Foto: Michielverbeek 2010]

Die Analysis der „Riesen"

1631	JOHN WALLIS lernt als Schüler *Common Arithmeticke*
1639	BLAISE PASCAL schreibt in Paris als 16-jähriger eine Arbeit über Kegelschnitte, die LEIBNIZ später begeistern wird
1644	Drei Jahre vor CAVALIERI veröffentlicht EVANGELISTA TORRICELLI die Grundlagen der Indivisiblenrechnung, die *Opera geometrica*
1645	In London trifft sich eine Gruppe naturwissenschaftlich interessierter Männer im Gresham College, unter ihnen WALLIS und JOHN WILKINS
1646	JOHN BARROW kommt als „subsizar" an die Universität Cambridge und nimmt ein Studium auf
1647	BONAVENTURA CAVALIERI publiziert die „Bibel" der Indivisiblenrechnung, *Exercitationes geometricae sex*
1648	WILKINS geht als Vorsteher von Wadham College nach Oxford und gründet dort eine Gruppe von Männern nach dem Londoner Vorbild im Gresham College
1649	WALLIS wird auf den Savilianischen Lehrstuhl für Geometrie in Oxford berufen. Der Lehrstuhl ist die Belohnung für seine Entschlüsselungsarbeiten für die republikanische Seite im englischen Bürgerkrieg
1649	FRANS VAN SCHOOTEN veröffentlicht eine mit zahlreichen Anmerkungen versehene lateinische Ausgabe von RENÉ DESCARTES' *La géometrie*, die das DESCARTES'sche Werk in weiten Kreisen bekannt macht
1651	Aus der Oxforder Gruppe um Wilkins wird die *Philosophical Society of Oxford*
1655	WALLIS veröffentlicht sein Buch *Arithmetica infinitorum*, in dem er die geometrischen Methoden der Indivisiblenrechnung in eine arithmetische Form bringt
1656	CHRISTIAAN HUYGENS entdeckt die Ringe des Saturns
1656	BARROW veröffentlicht eine Bearbeitung von Euklids Buch *Die Elemente*. Auf einer längeren Reise, die ihn bis nach Konstantinopel führt, lernt er in Florenz vermutlich die Indivisiblenrechnung von Cavalieri kennen
1658	PASCAL veröffentlicht die *Lettres de A. Dettonville*, eine Preisaufgabe zu Problemen um die Zykloide
1659	PASCAL veröffentlicht die Schrift *Traité des sinus des quarts de cercle*, in der LEIBNIZ später die Idee seines „charakteristischen Dreiecks" findet
1660	Gründungstreffen für die spätere *Royal Society* im Gresham College, London
1662	Aus der Londoner und der Oxforder Gruppe wird die *Royal Society* unter der Schirmherrschaft des englischen Königs. Unter den Gründungsmitgliedern sind auch ROBERT BOYLE, CHRISTOPHER WREN und WILLIAM BROUNCKER. BARROW wird der erste Mathematikprofessor auf dem Lucasischen Stuhl in Cambridge
1663	HUYGENS wird Mitglid der *Royal Society*
1666	Gründung der Pariser *Académie Royale des Sciences*, deren erster Direktor HUYGENS wird
1667	JOHN COLLINS wird Mitglied der *Royal Society* und wird der „englische Mersenne"
1669	BARROW veröffentlicht die *Lectiones Opticae et Geometricae*, an denen sein Schüler NEWTON mitgearbeitet hat. BARROW verzichtet auf den Lucasischen Stuhl zu Gunsten seines Schülers ISAAC NEWTON
1673	HUYGENS publiziert *Horologium oscillatorium*
1683	BARROWS *Lectiones Mathematicae* werden publiziert
1690	HUYGENS veröffentlicht den *Traité de la lumiére*

3 Die Krieger wachsen heran

1618–1648	Dreißigjähriger Krieg
1620	Die Pilgerväter, Puritaner aus England, landen in Nordamerika an Cape Cod
1633	Galilei muss vor der Inquisition dem copernicanischen Weltsystem abschwören
1643–1715	Ludwig XIV. König von Frankreich
1643	Isaac Newton wird am 4. Januar in Woolsthorpe bei Grantham geboren (Gregorianische Notierung)
1644	Blaise Pascal baut die erste erhalten gebliebene mechanische Rechenmaschine
1646	Gottfried Wilhelm Leibniz wird am 1. Juli in Leipzig geboren
1649	König Karl I. von England wird hingerichtet. Das Commonwealth wird durch Cromwell eingeführt
1660–1685	Karl II. König von England
1658–1705	Leopold I. Kaiser des Heiligen Römischen Reiches
1658	Der erste Rheinbund (Rheinischer Bund) formiert sich gegen den Kaiser
1662	Gründung der Royal Society in London
1665–1667	Zweiter Seekrieg Englands mit Holland
1665	Ausbruch der Pest in London
1666	Großes Feuer vernichtet einen großen Teil Londons, Wiederaufbau unter Christopher Wren und Robert Hooke
	Gründung der Pariser Akademie der Wissenschaften
1672	Leibniz erfindet die Staffelwalze als Element mechanischer Rechenmaschinen
1672–1678	Eroberungskrieg Ludwig XIV. gegen die Niederlande
1683–1699	Türkenkrieg
1685–1688	Der Katholik Jakob II. König von England
1688	Protestanten laden Wilhelm von Oranien ein, der Ende Dezember in London einzieht. Jakob flieht nach Frankreich
1688–1713	Friedrich III. Kurfürst von Brandenburg. Ab 1701 als Friedrich I. König von Preußen
1689–1725	Peter der Große Zar von Russland
1702–1714	Queen Anne Königin von England
1702–1713	Englische Beteiligung am Spanischen Erbfolgekrieg
1703	Gründung von St. Petersburg
1705–1711	Joseph I. Kaiser des Heiligen Römischen Reiches
1709	Ehrenfried Walter von Tschirnhaus und Johann Friedrich Böttger erfinden das europäische weiße Hartporzellan
1711–1740	Karl VI. römisch-deutscher Kaiser
1714–1727	Der Kurfürst von Hannover Georg Ludwig wird englischer König als Georg I.
1725	Eröffnung der Petersburger Akademie der Wissenschaften

3.1 Der Physiker: Isaac Newton

„No great mathematician is so difficult to study as Newton." schrieb Clifford Truesdell zu Beginn der 1960er Jahre [Truesdell 1984, S. 269]. Das kann heute nicht mehr gelten, denn mit [Whiteside 1967–81] liegen Newtons mathematische Schriften in einer Auswahl in acht dicken und großformatigen Bänden in englischer Sprache vor, seine Korrespondenz ist in [Turnbull 1959–77] in acht ebenso voluminösen Bänden in englischer Sprache verfügbar, und mit [Westfall 2006] liegt eine definitive Biographie vor, die wissenschaftlichen Standards standhält. Im Internet komplettiert „The Newton Project" (http://www.newtonproject.sussex.ac.uk) die Informationen über Newton und zahlreiche Spezialliteratur liegt ebenfalls in großer Zahl vor.

3.1.1 Kindheit und Jugend

Auf dem Kontinent gilt schon längst der Gregorianische Kalender, aber die Engländer wollen mit dieser „papistischen" Kalenderreform nichts zu tun haben und bleiben beim Julianischen Kalender. In diesem Kalender ist Isaac Newton ein Weihnachtskind, geboren am ersten Weihnachtsfeiertag des Jahres 1642. Nach unserer Zeitrechnung ist es allerdings der 4. Januar 1643. Geboren wird der viel zu kleine Isaac nach nur sieben Monaten Schwangerschaft in Woolsthorpe-by-Colsterworth in Lincolnshire. Der Winzling hat kaum Überlebenschancen, und so gehen die beiden Hebammen wohl mit einem faden Gefühl nach North-Witham, um stärkende Mittel für die Frühgeburt zu holen, der in einen „quart pot" passte, also in ein Gefäß mit etwa einem Liter Inhalt. So erzählte es jedenfalls der alte Newton [Westfall 2006, S. 49].

Schon bei der Geburt ist Isaac Halbwaise, der Vater mit Namen Isaac starb während der Schwangerschaft der Mutter Hannah, einer geborenen Ayscough. Der Geburtsort ist Woolsthorpe Manor, ein bescheidenes Anwesen, auf dem der Vater als „yeoman", also als freier Bauer mit Grundbesitz, seine Familie ernährte.

Allerdings war der Vater in einer besseren Position als ein gemeiner yeoman, denn er war der Herr eines Gutes. Woolsthorpe Manor sorgte für Jahreseinnahmen von etwa £ 30; keine enorme Summe, aber eine, von der eine kleine Familie gut leben konnte. Die Heirat von Isaac Newton mit Hannah Ayscough brachte weiteren Aufschwung in die Newton-Familie, denn Hannah brachte Grundbesitz im Jahreswert von etwa £ 50 mit in die Ehe. Das Leben auf Woolsthorpe Manor war also durchaus angenehm; Armut drohte zu keiner Zeit, auch nicht, als Vater Isaac starb.

Ungefähr eine Woche lang muss der kleine Isaac um sein Überleben gekämpft haben, denn er wird erst am 11. Januar 1643 getauft – ungewöhnlich lange nach der Geburt. Wir wissen gar nichts über seine ersten drei Jahre, aber dann

Abb. 3.1.1. Woolsthorpe Manor, hier wurde Isaac Newton geboren

passiert etwas Einschneidendes: Die Mutter heiratet 1646 erneut. Barnabas Smith war ein Geistlicher und Pfarrer von North Witham, dem nächsten Ort südlich von Woolsthorpe Manor. Er wurde 1582 geboren und war schon 63 Jahre alt, als er Hannah Ayscough ehelichte. Kurz vorher hatte er seine Frau zu Grabe tragen müssen und er verlor keine Zeit, sein Haus durch eine neue Ehefrau zu komplettieren. Mit Hannah Ayscough Newton Smith zeugte er noch drei Kinder, bevor er im Alter von 71 Jahren starb [Westfall 2006, S. 51].

Gut für Newton war die Bibliothek Barnabas Smiths, die er nach dessen Tod erbte. Zwischen 200 und 300 theologische Bücher aus dem Besitz von Barnabas Smith finden sich jedenfalls später in Newtons Bücherregalen. Außerdem war Smith reich; sein Einkommen betrug etwa £500 jährlich. Bei der Hochzeit wurde speziell für Isaac ein Stück Land nominiert. Später wird er von der Mutter weiteres Land bekommen, das aus dem Erbe von Barnabas Smith stammt. Den Newtons ging es also nach Hannahs Heirat mit dem älteren Herrn sehr viel besser. Allerdings gibt es auch eine dunkle Seite der Hochzeit, die sich auf Newtons Charakter mit großer Wahrscheinlichkeit verheerend ausgewirkt hat. Smith wollte sich keinesfalls mit einem dreijährigen Knirps aus der ersten Ehe seiner Frau belasten und so musste Isaac bei der Großmutter Ayscough in Woolsthorpe bleiben. Dafür ließ Smith ihr Haus komplett renovieren – er konnte es sich leisten.

Für ein dreijähriges Kind muß die Trennung von seiner Mutter ein schwerer Schlag gewesen sein – eine ganze Welt brach in dem kleinen Jungen zusammen. Erklärt dieses einschneidende Erlebnis vielleicht, warum Newton im späteren Leben ein so unangenehmer Charakter war? Wie einer der Newton'schen Nachfolger auf dem Lucasischen Lehrstuhl in Cambridge, Stephen Hawking, schrieb, war sein Vorgänger alles andere als umgänglich [Hawking 1988, S. 191]:

> *„Isaac Newton war kein angenehmer Mensch. Seine Beziehungen zu anderen Akademikern waren berüchtigt, und die meiste Zeit seines späteren Lebens verwickelte er sich in hitzige Auseinandersetzungen."*

> (Isaac Newton was not a pleasant man. His relations with other academics were notorious, with most of his later life spent embroiled in heated disputes.)

Unbestritten ist der erwachsene Newton niemand, mit dem man gerne umgeht. Er hat bis zu seinem Tod praktisch keine Freunde, aber eine ganze Menge Streitigkeiten, nicht nur mit Leibniz, sondern mit Robert Hooke, John Flamsteed und den Münzfälschern in London, die alle unter Newton zu leiden hatten – wir kommen darauf zurück. Liegt das in Newtons Kindheitstrauma verborgen?

Aufschluss geben kann der Versuch einer „forensischen Pyschoanalyse", und eine solche findet man tatsächlich in Frank Edward Manuels Buch [Manuel 1968]! Manuel konstatiert Newton eine schwere Psychose und führt sie auf die Trennung von der Mutter und die damit empfundene Ablehnung zurück. Lange nach dem Tod von Barnabas Smith schreibt der zwanzigjährige Newton seine „Sünden" auf und in „Sünde No. 13" lesen wir von seinen Tötungsphantasien [Manuel 1968, S. 26]:

> *"Meinen Vater und Mutter Smith bedroht, sie und das Haus über ihnen anzuzünden."*

> (Threatening my father and mother Smith to burne them and the house over them.)

Der Stiefvater stirbt im August 1653 und Newtons Mutter kehrt mit drei kleinen Kindern nach Woolsthorpe zurück. Irgendwann in den kommenden zwei Jahren, vielleicht nach seinem zwölften Geburtstag, wird Isaac auf die Lateinschule nach Grantham geschickt. Dort lernt der Knabe ausgiebig Latein, ein wenig Griechisch, aber keine oder nur außerordentlich rudimentäre Mathematik.

Das Studium der Bibel war ebenfalls Teil der Ausbildung und wir dürfen annehmen, dass dieses Bibelstudium zusammen mit den theologischen Büchern seines Stiefvaters in Newton den Grund zu ausschweifenden, seltsamen theologischen Forschungen gelegt haben.

In Grantham war Newton bei der Apothekerfamilie des Mr. Clark untergebracht. Drei Stiefkinder des Apothekers lebten ebenfalls dort und Newton

Abb. 3.1.2. Newtons „Unterschrift" auf einer Fensterbank der King's School in
Grantham [Foto: Fritzbruno 2011]

kam offenbar nicht mit ihnen zurecht. Zu sehr war er in der Isolation seiner
Großmutter aufgewachsen, um ein „ganz normaler Junge" geworden zu sein.
Als sich seine intellektuelle Überlegenheit in der Schule offenbarte, wurde er
von den anderen Jungen gehaßt und verbrachte seine Zeit lieber in der Gesellschaft von Mädchen. Für die Stieftochter des Apothekers, die einige Jahre
jünger war als er, und für ihre Freundinnen, bastelte er Puppenmöbel. Aber
die meiste Zeit blieb er allein. Als einer der Stiefsöhne des Apothekers ihn
auf dem Weg zur Schule einen heftigen Schlag in den Magen versetzt, schlägt
Newton zurück, bis er den Jungen an den Ohren mit der Nase an die Kirchen-
wand drücken kann. Damit ist Newton aber nicht zufrieden, der Kontrahent
muss nun intellektuell regelrecht vernichtet werden und so wird Newton von
einem eher schlechten Schüler zur unangefochtenen Nummer Eins.

Er ist jetzt schon ein Erfinder. Von dem Geld, das seine Mutter ihm gibt, kauft
er Werkzeuge. Er zeigt ein großes Geschick in der Produktion mechanischer
Uhren und baut Modelle von Windmühlen, die er über Göpelwerke durch eine
Maus betreiben lässt.

Er baut Windlichter aus faltbarem Papier und benutzt sie nicht nur zur Be-
leuchtung seines Schulweges im Winter, sondern lässt sie auch an einem Dra-
chen des Nachts steigen, um die Bewohner zu ängstigen. Wie Westfall [Westfall
2006, S. 60] wohl richtig feststellt, war es nur großes Glück, dass Grantham
nicht vollständig abbrannte. Als am Tag von Cromwells Tod ein großer Sturm
über England tobt, macht Isaac Experimente mit dem Wind. Er springt mit
und gegen dem Wind hoch und versucht aus den Messungen der zurückge-

Abb. 3.1.3. Ein durch Pferde angetriebenes Göpelwerk, dass die horizontale Dreh-
bewegung der Pferde in den Zug eines Seiles umsetzt (Wieliczka Solebergwerk, Polen
[Foto: Rj1979, 2007])

legten Strecken die Kraft des Windes zu ermitteln. Er beobachtet den Lauf
der Sonne und konstruiert Sonnenuhren an den Wänden von Clarks Haus –
innen und außen – und ist damit so erfolgreich, dass Nachbarn und auch die
Clarks kommen, um „Isaac's dials" abzulesen. Da er im Haus eines Apothekers
lebt, interessiert er sich auch für Chemikalien und die Chemie. Er wird später deutlich mehr Zeit mit (al)chemischen Experimenten und Untersuchungen
verbringen, als mit der Mathematik und Physik. Er kann wunderbar zeichnen.
Die Wände seines Zimmers sind bedeckt mit Kohlezeichnungen von Vögeln,
Menschen, Schiffen und Pflanzen. Und in jedem Brett in seinem Zimmer, wie
auch in jedem Tisch, an dem er in der Schule sitzt, hinterlässt er seinen Namen
„Isaac Newton".

Ende 1659 verlässt der bald siebzehnjährige junge Mann die Schule. Er soll die
Landwirtschaft in Woolsthorpe übernehmen, aber Isaac stellt sich als denkbar
ungeeignet heraus! Die Schafe laufen ihm weg, weil er ein Buch liest, anstatt
die Herde zu beaufsichtigen, ein Schwein verwüstet ein Kornfeld, ein von ihm
geführtes Pferd macht sich los und läuft allein nach Hause, Isaac folgt später
lesend nach – mit den leeren Zügeln in der Hand. Für die Mutter Hannah muss
Isaac sich als eine einzige Katastrophe und große Enttäuschung herausgestellt
haben. Aber Hilfe war nicht fern! Der Bruder der Mutter, William Ayscough,
versuchte seine Schwester zu überreden, Isaac zurück auf die Schule zu schicken, damit er ein Universitätsstudium aufnehmen konnte. Der Schulmeister
Mr. Stokes bearbeitete die Mutter, ihren Sohn zur Schule gehen zu lassen,

wollte ihr das Schulgeld erlassen und ihren Sohn sogar bei sich zu Hause aufnehmen. Die Mutter willigte ein und so geht Isaac 1660 wieder auf die Schule in Grantham, nun um für ein Universitätsstudium vorbereitet zu werden. Die neun Monate, die Isaac zu Hause war, müssen für ihn und die anderen Familienmitglieder furchtbar gewesen sein. In der Liste der Sünden finden sich für 1662 die folgenden [Westfall 2006, S. 64f.]: „Verweigerte mich der Anweisung der Mutter, zum Hof zu gehen", „Übellaunig mit meiner Mutter", „Schlug meine Schwester", „Wurde ausfallend mit den Bediensteten", „Nannte Derothy Rose eine Schindmähre", usw.

3.1.2 Der einsame Student

Im Juni 1661 bezieht Isaac Newton die Universität Cambridge. Er wird im Trinity College aufgenommen, kauft ein Schloss für seinen Schreibtisch, ein Tintenfaß und Tinte, ein Notizbuch, ein Pfund Kerzen und einen Nachttopf [Westfall 2006, S.66], und ist somit gut vorbereitet. Die Wahl von Trinity College wurde vielleicht durch seinen Onkel William Ayscough beeinflusst, der ebenfalls Student dort war.

Abb. 3.1.4. Newtons Räume im Trinity College befanden sich im ersten Stock gleich rechts vom Turm, vergl. Abb. 2.4.3 [David Loggan, Cantabrigia illustrata, 1690]

Newton kam nicht als Sohn eines reichen Vaters. Solche verwöhnten jungen Männer verbrachten ein paar Jahre in Cambridge oder Oxford, gingen ihren Hobbies (Hunderennen, Pferde, Mädchen, Saufereien) nach, besuchten keine Vorlesungen, und verließen die Universität oft ohne irgendeinen oder mit einem gekauften Abschluss, wenn der Vater der Meinung war, nun begänne der Ernst des Lebens. Arme Studenten mussten den reicheren als Diener zur Verfügung stehen, um ihren Aufenthalt an der Universität zu finanzieren. Man nannte solche Studenten „sizars" und „subsizars" und Newton wurde einer von ihnen. „Subsizars" hatten denselben Regeln zu gehorchen wie „sizars", aber sie mussten ein Hörergeld entrichten und für ihre Ernährung selbst aufkommen. Newtons Mutter hatte zu dieser Zeit ein nicht unerhebliches Jahreseinkommen von etwa £ 700, trotzdem musste Newton als „subsizar" die Universität beziehen und bekam von Hannah jährlich nicht mehr als £ 10. Die einzig akzeptable Erklärung liegt in dem gestörten Verhältnis zwischen Isaac und seiner Mutter. Seine Mutter muss von seiner Unbrauchbarkeit als Hoferbe so enttäuscht gewesen sein, dass sie nicht willens war, ihrem „Versager" mehr finanzielle Hilfe als unbedingt nötig zukommen zu lassen.

Kam Newton schon in der Schule in Grantham nicht mit seinen Mitschülern aus, so setzte sich das in Cambridge fort. Einzig mit seinem Zimmergenossen John Wickins, der 1663 nach Cambridge gekommen war, konnte er so etwas wie eine freundschaftliche Beziehung aufbauen. Newton muss als Student in Cambridge eine eigenbrötlerische und betrübte Erscheinung gewesen sein. Dazu kam eine Art religiöser Krise während des Sommers 1662, denn nur so ist die Sündenliste zu erklären, die er aufstellte. Newton muss sein Leben unter ständigem puritanischen Druck gelebt haben; immer fühlte er sich schuldig, egal ob er „feuchte Träume" hatte oder zu viel Wein trank [Westfall 2006, S. 77f.].

Newton lernt Aristotelische Logik, Aristotelische Ethik und Aristotelische Physik. Bevor das traditionelle Curriculum abgearbeitet ist, entdeckt er Galileo und beginnt zu lesen. Er liest Geschichtswerke, entdeckt die Astrologie, Astronomie, Descartes, Robert Boyle und andere zeitgenössische Autoren. Er legt ein Notizbuch an unter der Überschrift *Quaestiones quaedam Philosophicae* (Einige Fragen der Philosophie), in dem er Fragen zur „natural philosophy", d.h. Physik, aufnimmt und Auszüge aus seiner Lektüre notiert. Die *Quaestiones* hat Newton wohl im Jahr 1664 begonnen und mit ihnen wird Newton zum Experimentator. Sein Interesse gilt nicht nur der Mechanik, sondern auch dem Licht und der Optik. Bei seinen Experimenten ist er rücksichtslos gegen sich selbst. Er sieht mit ungeschütztem Auge in die Sonne und, um die Farbentstehung im Auge zu untersuchen, schiebt er sich eine Hutnadel hinter den Augapfel und drückt von hinten auf die Netzhaut.

Unzweifelhaft bilden die *Quaestiones* die Keimzelle der beiden großen Newton'schen Werke *Philosophiae naturalis principia mathematica* und der *Opticks*. Die Chemie, die einen großen Teil der Newton'schen Arbeit einnehmen wird, befindet sich noch nicht in den *Quaestiones*. Newton ist aber nicht nur

der Experimentalphysiker. Er sieht sich selbst als Philosophen, der die Natur
der Dinge vollständig verstehen will [Westfall 2006, S. 96], und er entdeckt die
Mathematik! Im Jahr 1699, also mehr als dreißig Jahre nach den beschriebenen Ereignissen, erinnert sich Newton wie folgt [Westfall 2006, S. 98]:

> „*4. Juli 1699. ... Ich finde* [offenbar liest Newton gerade Notizen aus
> früherer Zeit] *dass ich im Jahr 1664 ... Schootens' Vermischte Schrif-
> ten und Descartes' Geometrie (diese Geometrie und Oughtreds Clavis
> habe ich mehr als ein halbes Jahr vorher gelesen) kaufte und lieh mir
> die Werke von Wallis aus. Als Konsequenz habe ich diese Kommentie-
> rungen aus Schooten und Wallis im Winter zwischen den Jahren 1664
> und 1665 gemacht. Zu dieser Zeit fand ich die Methode der unendli-
> chen Reihen. Und im Sommer 1665, aus Cambridge durch die Pest
> vertrieben, berechnete ich die Fläche unter der Hyperbel in Boothby in
> Lincolnshire auf 52 Stellen genau mit Hilfe derselben Methode.*"

> (July 4th 1699. ... I find that in ye year 1664 ... I bought Schoo-
> ten's Miscellanies & Cartes's Geometry (having read this Geometry
> & Oughtred's Clavis above half a year before) & borrowed Wallis's
> works & by consequence made these Annotations out of Schooten &
> Wallis in winter between the years 1664 & 1665. At wch time I found
> the method of Infinite series. And in summer 1665 being forced from
> Cambridge by the Plague I computed ye area of ye Hyperbola at Boo-
> thby in Lincolnshire to two & fifty figures by the same method.)

Die „Vermischten Schriften" von van Schooten beziehen sich auf das fünfte
Buch des Buches *De organica conicarum sectionum in plano descriptione*, ein
sehr lesbares Geometriebuch von Frans van Schooten aus dem Jahr 1646, dem
der Autor 1657 das „Fünf Bücher mathematische Übungen" (*Exercitationum
mathematicarum libri quinque*) hinzufügte, aus dem Newton sich Abschriften
machte und diese kommentierte [Whiteside 1967–81, Vol. I, S. 21f.][1].

Das obere Zitat deckt sich weitestgehend mit dem Inhalt eines Briefes Newtons
an John Wallis aus der zweiten Hälfte des Jahres 1692 [Turnbull 1959–77, Vol.
VII, S. 394]:

> „*Die Pest war in Cambridge in beiden Jahren 1665 und 1666, aber
> ich war nur 1666 von Cambridge abwesend, und daher habe ich die
> Nachbesserung zu diesem Jahr gemacht.* [Wallis hatte in seiner *Algebra*
> 1685 und in Kapitel 91 seiner *Opera mathematica* geschrieben, Newton
> sei 1665 wegen der Pest aus Cambridge weggegangen. Newton hat
> das korrigiert.] *Ich schrieb Ihnen letztens, dass ich die Methode der
> unendlichen Reihen im Winter zwischen den Jahren 1665 und 1666*

---

[1]Wie fast das gesamte mathematische Werk Newtons sind auch die frühen „Annotations" sorgfältig übersetzt, ediert und kommentiert in der Gesamtausgabe [Whi-
teside 1967–81], hier im ersten Band auf den Seiten 25 bis 142.

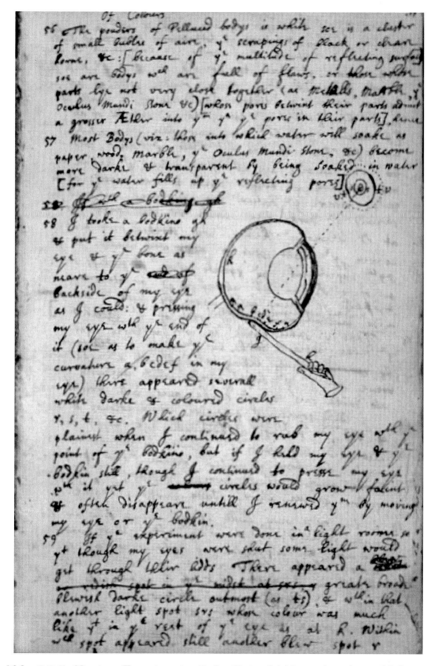

Abb. 3.1.5. Newtons Experiment mit der Hutnadel hinter dem Augapfel (reproduced by kind permission of the Syndics of the Cambridge University Library Ms. Add. 3995 p. 15)

gefunden hätte, weil das das früheste Auftreten in meinen Papieren war. Aber als ich die Notizen [gemeint sind die „Annotations"] aus dem Jahr 1664 zum Studium von Vietas Werk, Schootens Miszellaneen und Ihrer Arithmetica Infinitorum sah, fand ich dort meine Herleitung der Reihe für den Kreis aus Ihrer aus der Arithmetica Infinitorum: Ich sah dass es im Jahr 1664 war, dass ich diese Reihe aus Ihrer in der Arithmetica Infinitorum herleitete. Unter diesen Notizen findet sich auch Mercators Reihe zur Quadratur der Hyperbel, gefunden mit denselben Mitteln und auch anderen."

(The plague was in Cambridge in both ye years 1665 & 1666 but it was in 1666 yt I was absent from Cambridge & therefore I have set down an amendmt of ye year. I wrote to you lately that I found ye method of converging series in the winter between ye years 1665 & 1666. For that was ye earliest mention of it I could find then amongst my papers. But meeting since wth the notes wch in ye year 1664 upon my first reading of Vieta's works Schooten's Miscelanies & your Arithmetica Infinitorum, I took out of those books & finding among these notes my deduction of the series for the circle out of yours in your Arithmetica Infinitorum: I collect yt it was in ye year 1664 that I deduced these series out of yours. There is also among these notes Mercators series for squaring the Hyperbola found by ye same method wth some others.)

Der genannte Mercator ist Nicolaus Mercator, gebürtig aus Holstein um 1620, der von 1658 bis 1682 Mathematik in London lehrte und 1666 Mitglied der Royal Society wurde [Hofmann 1949a]. Im Jahr 1668[2] publizierte er die *Logarithmotechnia* [Mercator 1975], in der ihm die Quadratur der Hyperbel gelang. Er konnte zeigen, dass die Fläche unter einem Hyperbelstreifen gerade dem Logarithmus entspricht und diesen in eine unendliche Reihe entwickeln:

$$\int_0^x \frac{d\xi}{1+\xi} = x - \frac{1}{2}x^2 + \frac{1}{3}x^3 - \frac{1}{4}x^4 \pm \ldots = \ln(1+x).$$

Newton hatte dieses Resultat früher gefunden, aber nicht veröffentlicht, vergl. auch [Hofmann 1939].

Wir müssen festhalten: Newton war ein mathematischer Autodidakt! Der Lucasische Lehrstuhl für Mathematik wurde 1663 eingerichtet und Isaac Barrow, sein erster Inhaber, begann am 24. März 1664 mit seinen Vorlesungen. Barrow war *nicht* Newtons Tutor, aber Newton besuchte Barrows Vorlesungen und Barrow hat Newtons mathematische Interessen sicher befeuert, wie wir bereits festgestellt haben.

---

[2]Die erste Ausgabe war 15. VIII. 67 datiert, ist aber verloren. Dass es diese Ausgabe gab, schließt Hofmann [Hofmann 1949a, S. 56] aus dem Datum 1667 auf der Ausgabe von 1668, vergl. Abbildung 3.1.6.

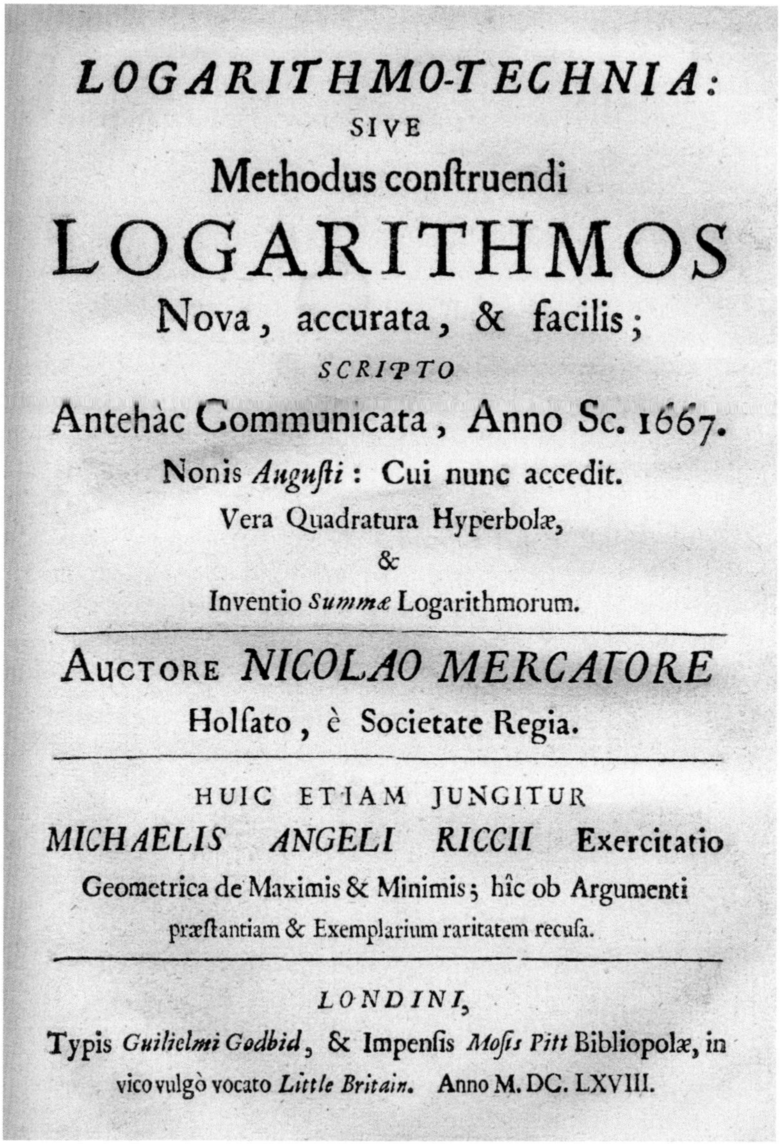

LOGARITHMO-TECHNIA:

SIVE

Methodus conſtruendi

LOGARITHMOS

Nova, accurata, & facilis;

SCRIPTO

Antehàc Communicata, Anno Sc. 1667.

Nonis *Auguſti* : Cui nunc accedit.

Vera Quadratura Hyperbolæ,

&

Inventio *Summæ* Logarithmorum.

AUCTORE *NICOLAO MERCATORE*

Holſato, è Societate Regia.

HUIC ETIAM JUNGITUR

MICHAELIS ANGELI RICCII Exercitatio

Geometrica de Maximis & Minimis; hîc ob Argumenti

præſtantiam & Exemplarium raritatem recuſa.

LONDINI,

Typis *Guilielmi Godbid*, & Impenſis *Moſis Pitt* Bibliopolæ, in

vico vulgò vocato *Little Britain.* Anno M. DC. LXVIII.

Abb. 3.1.6. Titelblatt von Mercators *Logarithmotechnia* 1668
(Thomash Collection Images)

Die eigenen Studien Newtons führten zu einem Nachlassen in der Bearbeitung des eigentlichen Curriculums und so wurde es für Newton immer schwieriger, eines der 62 Stipendien zu erlangen, die zu einem fellowship am Trinity College führen konnten. Das hätte für Newton finanzielle Sicherheit und den Erhalt der Ruhe für seine Studien bedeutet, und so warf er sich zurück in das Curriculum und legte buchstäblich in letzter Sekunde Prüfungen ab. Nach John Conduitt (1688–1737), der Newtons Nichte Catherine Barton heiratete und dem wir eine frühe Biographie Newtons verdanken, hat Newtons Tutor Pulleyn das Genie seines Schülers erkannt und ihn an Barrow verwiesen [Westfall 2006, S. 102]:

> *„Als er Stipendiat des Colleges werden wollte, schickte ihn sein Tutor zu Dr. Barrow, damals Professor für Mathematik, um geprüft zu werden. Der Dr. prüfte ihn über Euklid [Euklids Elemente, geschrieben um 300 v.Chr., war das Lehrbuch der klassischen Geometrie], den Sir Isaac aber vernachlässigt hatte und über den er nur wenig oder gar nichts wusste. Barrow fragte ihn nicht nach Descartes' Geometrie, die Newton meisterhaft beherrschte, und Sir Isaac war zu bescheiden, um darauf hinzuweisen. Dr. Barrow konnte sich gar nicht vorstellen, dass jemand dieses Buch gelesen hatte, ohne erst Euklid gemeistert zu haben, so dass Dr. Barrow einen etwas indifferenten Eindruck von Newton gewann, aber er wurde trotzdem Stipendiat."*

(When he stood to be scholar of the house his tutor sent him to Dr Barrow then Mathematical professor to be examined, the D^r examined him in Euclid wch Sr I. had neglected & knew little or nothing

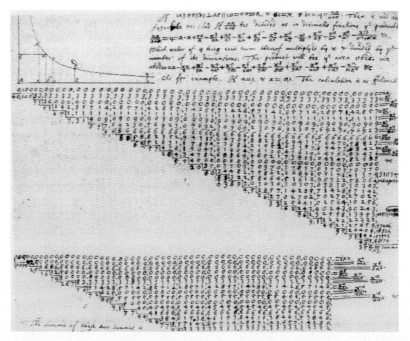

Abb. 3.1.7. Newtons Quadratur der Hyperbel, Teil einer Manuskriptseite von 1665 (reproduced by kind permission of the Syndics of the Cambridge University Library)

of, & never asked him about Descartes's Geometry wch he was master
of Sr I. was too modest to mention it himself & Dr Barrow could not
imagine that any one could have read that book without being first
master of Euclid, so that Dr Barrow conceived then but an indifferent
opinion of him but however he was made scholar of the house.)

Warum gewann Newton Anfang Mai 1664 dann doch noch ein Stipendium?
Hatte er, als er im Alter Conduitt die Geschichte seiner Prüfung durch Barrow
erzählte, seinen Eindruck bei Barrow doch falsch eingeschätzt? Spürten die
Verantwortlichen im College trotz der etwas mageren Leistungen den sprü-
henden Geist und die Genialität Newtons? Bei so einem in sich zurückgezo-
genen jungen Mann ist das nicht sehr wahrscheinlich. Wahrscheinlicher ist,
dass Newton einflussreiche Fürsprecher hatte. Ein möglicher Fürsprecher war
sicher Barrow, der 1669 dafür sorgte, dass Newton auf den Lucasischen Stuhl
kam. Noch wahrscheinlicher ist es aber Humphrey (Humfrey) Babington (ca.
1615–1691) gewesen, ein anglikanischer Geistlicher, der am Trinity College
studiert hatte. Newton hatte zu seiner Versorgung „Mr Babingtons Woman"
eine Zeitlang eingestellt und er hielt sich während der Pestzeit in Boothby
nahe Woolsthorpe auf, wo Babington als Geistlicher wirkte. Zudem war Babington der Bruder der Apothekersfrau Mrs. Clark, bei der Newton in seiner
ersten Zeit an der Schule von Grantham lebte. Babington war zur Zeit von
Newtons Wahl auf dem Weg zum „senior fellow" des Trinity College, einem
von nur acht fellows an der Spitze des Colleges [Westfall 2006, S. 102f.]. Bis
zu dessen Tod blieb Newton mit Babington verbunden, so dass der Geistliche
als Fürsprecher gut in Betracht kommt.

Mit dem Stipendium endete Newtons Leben als „subsizar" und er bekam nun
Geld vom College für mindestens vier weitere Jahre. Damit verbunden war
die Aussicht, nach dem Master of Arts (M.A.) ein lebenslanges fellowship zu
erlangen. Nun da der Druck von ihm genommen war, stürzte er sich wieder
in seine eigenen Arbeiten und vergaß darüber häufig seine Mahlzeiten. Seine
Katze wurde fett, wie Newton seiner Nichte später berichtete, weil sie sich
an den stehengelassenen Mahlzeiten Newtons bediente. Er vergaß auch zu
schlafen, wie sein Mitbewohner Wickins berichtete. Noch als alter Mann wird
Newton nicht ins Bett finden, bevor er nicht ein Problem gelöst hat, an dem
er gerade arbeitet. Wird der alte Newton durch seinen Diener zum Essen
gerufen, dann kommt der Ruf schon eine halbe Stunde bevor das Essen fertig
ist. Kommt Newton dann endlich aus seinem Arbeitszimmer und findet auf
dem Weg ein Buch, kann es durchaus sein, dass diese Mahlzeit kalt wird und
abgeräumt werden muss. Heute würden wir einen solchen Menschen wohl als
„workaholic" bezeichnen.

3.1.3 Der Weg zur Infinitesimalrechnung

Warum haben wir Newton in der Überschrift als „Physiker" bezeichnet? Nun,
zum einen hat er wie berichtet einen frühen Hang zu Experimenten gezeigt,
zum anderen ist er aber auch auf seinem Weg zur Infinitesimalrechnung durch

Abb. 3.1.8. Isaac Newton ([Gemälde: Godfrey Kneller 1689]
Farleigh House, Portsmouth)

die physikalische Idee der „Bewegung" geleitet. Ausgehend von der Lektüre von
Wallis' *Arithmetica Infinitorum* hatte Newton den Viertelkreis quadriert und
auf seinem Weg gesehen, wie die Quadratur der Kurven

$$(1 + x^2)^{0/2}, \quad (1 + x^2)^{1/2}, \quad (1 + x^2)^{2/2}, \quad \text{etc.}$$

funktioniert. Fünfzig Jahre später, 1715, auf dem Höhepunkt des Prioritätsstreits, wird Newton in dem anonym publizierten *Account of the Commercium
Epistolicum* [Hall 1980, S. 263-314], schreiben, dass seine Quadraturmethode
auf drei Säulen ruht: Die Quadratur von $x^{m/n}$, die Addition und Subtraktion
von Flächen und die Reduktion von Funktionen auf unendliche Reihen.

In einer Untersuchung der Subnormalen aus dem Herbst 1664 [Whiteside
1967–81, S. 213ff.] (oder im Sommer 1665, die Datierung ist unsicher, vergl.
[Westfall 2006, S.123]) ist der Durchbruch Newtons zu einer allgemeinen Theorie der Quadratur dokumentiert. Betrachten wir die Tangente und die Normale an einem Punkt (x_0, y_0) einer Kurve wie in Abbildung 3.1.9, dann ist die
Subnormale definiert als die Projektion der Normalen auf die Abszisse, also
die Strecke $[x_0, x_1]$, während die Subtangente definiert ist als Projektion der
Tangente auf die Abszisse, also $[x_{-1}, x_0]$.

René Descartes hatte eine algebraische Methode zum Auffinden der Tangente
an eine Kurve gegeben, mit der Newton sich nun beschäftigt, vergl. [Sonar
2011, S. 247f.].

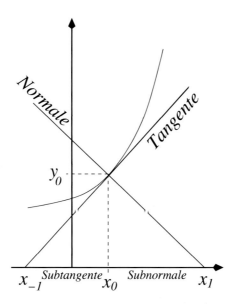

Abb. 3.1.9. Subtangente und Subnormale

Um die Tangente am Punkt $(x_0, f(x_0))$ einer Funktion zu berechnen, denkt sich Descartes einen Kreis mit Radius r und Mittelpunkt v auf der Abszisse, vergl. Abbildung 3.1.10. Ein solcher Kreis K hat die Gleichung

$$y^2 + (x - v)^2 = r^2.$$

Machen wir den Radius groß genug, dann gibt es mindestens zwei Schnittpunkte mit der Funktion, also könne wir $y = f(x)$ einsetzen und erhalten

$$(f(x))^2 + (x - v)^2 = r^2.$$

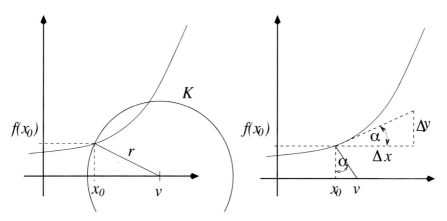

Abb. 3.1.10. Descartes' Kreismethode

Wodurch ist nun eine Tangente an f im Punkt $(x_0, f(x_0))$ ausgezeichnet? Existieren genau zwei Schnittpunkte von K mit f, dann steht die mit r bezeichnete Gerade in Abb. 3.1.10 sicher nicht senkrecht auf f, aber wenn es genau einen Schnittpunkt gäbe, dann ist die Tangente an f gerade die Tangente an K im Berührpunkt und die mit r bezeichnete Strecke steht senkrecht auf f. Bei Descartes ist die Funktion f immer ein Polynom, daher ist auch f^2 ein Polynom. Genau ein Schnittpunkt bedeutet aber, dass das Polynom $(f(x))^2 + (y - v)^2 = r^2$ eine doppelte Nullstelle haben muss und es daher die Linearfaktordarstellung

$$(f(x))^2 + (x - v)^2 - r^2 = (x - x_0)^2 \sum_k c_k x^k$$

geben muss – Der Faktor $\sum_k c_k x^k$ ist ein Polynom niedrigerer Ordnung. Nun setzt man die Gleichung für f ein, multipliziert alles aus, und vergleicht die Koeffizienten vor gleichen Potenzen. So erhält man für die Steigung der Normalen an f in x_0 die Beziehung

$$-\frac{f(x_0)}{v - x_0}$$

und wegen der im rechten Teil der Abbildung 3.1.10 dargestellten geometrischen Verhältnisse gilt für die Tangentensteigung dann

$$\frac{v - x_0}{f(x_0)}.$$

Die Länge der Subnormalen fällt als $v - x_0$ mit ab.

Früh im Herbst 1664 studiert Newton diese Methode. Im Frühjahr 1665 entwickelt er, wie er von der Quadratur der Funktionen $y = x^n$ (die Quadratur ist $\frac{1}{n+1} x^{n+1}$) zu Quadraturen allgemeiner Funktion kommen kann [Whiteside 1967–81, S. 225]:

„was die Art einer anderen gekrümmten Linie zeigt, die quadriert werden kann."

(wch shewes y^{e} nature of another crooked line y^{t} may be squared.)

Wir folgen [Westfall 2006, S.123ff.] und betrachten eine durch

$$y^2 = rx$$

definierte Funktion, Newton schreibt „The line *cdf* is a parabola".

Mit den Bezeichnungen aus Abbildung 3.1.11 sei

$$ac = \frac{r}{4},$$

$$ap = dt = a.$$

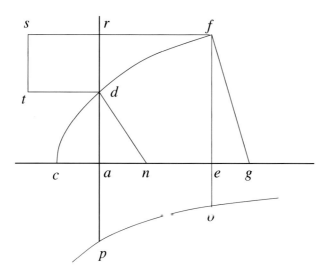

Abb. 3.1.11. Newtons Weg zum Hauptsatz

Die Subnormale ist offenbar die Strecke *an* bzw. *eg*. Newton weiß aus der Descartes'schen Methode, dass die Subnormale entlang der Kurve konstant ist und die Länge $r/2$ besitzt, also

$$an = eg = \frac{r}{2}.$$

Bei $x = c = 0$ ist $y = 0$, bei $x = c + \frac{r}{4}$, also am Punkt a, ist $y = ad = \sqrt{r(c + r/4)} = r/2$, also haben wir

$$4ac = 2ad = r.$$

Da nun die Subnormale immer $r/2$ lang ist, kommen wir auf die Gleichungskette

$$4ac = 2ad = r = 2an = 2eg.$$

Newton bezeichnet *ce* mit *x*, dann ist $y = ef$. Der interessante Quotient

$$\frac{eg}{ef}$$

ist dann

$$\frac{eg}{ef} = \frac{\frac{r}{2}}{y} = \frac{r}{2\sqrt{rx}} =: \frac{eo}{ap} = \frac{eo}{a}.$$

Wir führen nun eine neue Variable *z* ein, die die neue Kurve *po* definieren soll, also $z = eo$. Dann folgt

$$\frac{eg}{ef} = \frac{r}{2\sqrt{rx}} = \frac{z}{a}$$

und

$$z = \frac{ar}{2} \frac{1}{\sqrt{rx}}.$$

Newton schreibt [Whiteside 1967–81, S. 299]:

„was die Natur der krummen Linie po zeigt. Ist dt = ap, dann ist drst=eoap, denn unter der Annahme, dass sich eo gleichförmig von ap wegbewegt, bewegt sich rs weg von dt mit einer Geschwindigkeit die im gleichen Verhältnis kleiner wird wie sich eo verkürzt.“

(wch shews y^{e} nature of y^{e} crooked line *po.* now if $dt = ap$. y^{n} *drst= eoap.* for supposeing *eo* moves uniformly from *ap* & *rs* moves from *dt* wth motion decreaseing in y^{e} same proportiō y^{t} y^{e} line *eo* doth shorten.)

In der Tat ist[3]

$$\frac{z}{a} = \frac{dy}{dx},$$

also

$$z\,dx = a\,dy,$$

und wenn wir eine „Zeitvariable“ t einführen, die die Newton'sche „Bewegung“ beschreibt, dann ist

$$a\frac{dy}{dt} = z\frac{dx}{dt}.$$

Damit ist aber

$$\text{Fläche}(eopa) = \int_{r/4}^{x} z\,dx = \int_{r/2}^{y} a\,dy = \text{Fläche}(rstd).$$

Halten wir fest: Die von Newton durch ein Bewegungsargument[4] konstruierte neue Kurve $z(x)$ ist bis auf den Faktor a die Ableitung der Ausgangskurve und er stellt eine Verbindung her zwischen der Fläche unter der Ableitung und der Ausgangskurve selbst. Newton steht hier an der Tür zum Hauptsatz und hat aus seiner Technik der Subnormalen eine allgemeine Differenzialrechnung entwickelt!

In schneller Folge probiert Newton nun seine neuen Erkenntnisse an anderen Funktionen aus. Er schreibt ein Manuskript mit dem Titel *A Method whereby to square those crooked lines wch may bee squared*, in dem er sein Verständnis des Hauptsatzes klar zeigt. Anhand der Funktionen $y = 3x^2/a$ und $z = x^3/a$ zeigt er, dass die Fläche unter y proportional ist zu Differenzen von z. Bis auf

---

[3]Es ist hier fast schon schmerzlich, dass man Newtons Gedanken in Leibniz'scher Notation erklärt, aber wer den Newton'schen Text [Whiteside 1967–81, S. 299] mit eigenen Augen sieht und nachvollziehen will, ist für diese von Whiteside selbst angewandte Technik sehr dankbar.

[4]Hier folgt er Barrow.

ein weiteres Manuskript ist das die einzige Stelle, an der Newton so etwas wie einen Beweis für den Hauptsatz liefert.

Die Quadratur von Kurven war bisher etwas statisches: Wallis hatte noch Rechteckflächen summiert. Newton gelang aber zu einer *kinetischen* Methode, in dem er sich vorstellte, dass Punkte sich auf Kurven mit bestimmten Geschwindigkeiten bewegten. Wir verstehen jetzt auch das Wort „Fluxion", das Newton für seine Ableitungen verwendete, denn er stellte sich die Änderung von Funktionen als einen fließenden Vorgang vor. Ableitungen *sind* für Newton Geschwindigkeiten und es ist kein Wunder, dass er ein Manuskript vom 13. November 1665 mit dem Titel *To find ye velocitys of bodys by ye lines they describe* versieht.

Nach mehreren Anläufen, in denen er immer wieder zur Mathematik zurückkehrt [Westfall 2006, S. 134f.], entsteht im Herbst 1666 der berümte „Oktobertraktat", *The October 1666 tract on fluxions* in [Whiteside 1967–81, S. 400ff.], eigentlich von Newton mit *To resolve Problems by Motion these following Propositions are sufficient* betitelt. Hier fasst Newton seine Ergebnisse virtuos zusammen und die Veröffentlichung dieses Traktats hätte die Mathematiker Europas zu Bewunderern des noch nicht 24-jährigen Newtons werden lassen [Westfall 2006, S. 137], aber Newton publizierte nichts! Selbst Barrow wusste 1666 lediglich von der Existenz Newtons; von dessen Weg zum ersten Mathematiker Europas ahnte er wohl noch nichts.

Im „Oktobertraktat" findet sich auch eine rigorose Herleitung des Hauptsatzes – natürlich mit einem Bewegungsargument! Newton benutzt noch nicht seine spätere Punktnotation für die „Fluxionen" $\dot{x}$ und $\dot{y}$, sondern Größen $\mathcal{X}$, $\mathcal{X}$ und $\mathcal{X}$ in der modernen Bedeutung

$$\mathcal{X} = f(x,y) = f(x,y(x)) = 0, \quad \mathcal{X} = x\frac{\partial f}{\partial x}, \quad \mathcal{X} = y\frac{\partial f}{\partial y}.$$

Es gilt wegen $\frac{d\mathcal{X}}{dx} = 0$:

$$\frac{\partial f}{\partial x} + \frac{\partial f}{\partial y}\frac{dy}{dx} = 0.$$

Wieder verwenden wir Leibnizens Schreibweise, um die Mathematik Newtons zu erklären.

Die Bezeichnungen und die Abbildung 3.1.12 stimmen mit der Abbildung im Oktobertraktat überein. Wir stellen uns vor, die Fläche y unter der Kurve f entstünde, in dem sich die variable Strecke bc von a nach rechts bewegt. Gleichzeitig läuft ad mit Geschwindigkeit $\dot{x} = 1$ und bildet so das Rechteck $abde$. Newton argumentiert wie folgt [Whiteside 1967–81, S. 427]:

> „Die Linie cbe beschreibe durch parallele Bewegung die zwei Flächen y und x: Die Geschwindigkeit mit der diese Flächen größer werden, wird wie be zu bc sein: Die Geschwindigkeit mit der x wächst ist be = p = 1, die Geschwindigkeit mit der y wächst ist bc − q. Aus Proposition 7

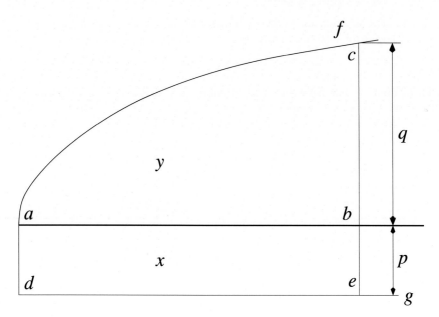

Abb. 3.1.12. Der Hauptsatz

folgt dann: $\frac{-\mathcal{X}y}{\mathcal{X}x} = q = bc$."

(Now supposing y^e line *cbe* by parallel motion from *ad* to describe y^e two superficies [=areas] $ae = x$, & $abc = y$; The velocity wth wch they increase will bee, as *be* to *bc*: y^t is, y^e motion by wch x increaseth being $be = p = 1$, y^e motion by wch y increaseth will be $bc = q$. which therefore may bee found by prop: 7th. viz: $\frac{-\mathcal{X}y}{\mathcal{X}x} = q = bc$.)

Mit den obigen Bezeichnungen ist also

$$q = \frac{-\cdot\mathcal{X}y}{\mathcal{X}x} = \frac{dy}{dx},$$

und die Fläche unter der Kurve f ist

$$\int q\,dx = y,$$

also

$$\int \frac{dy}{dx}\,dx = \int dy = y,$$

was die Aussage des Hauptsatzes ist. Integrationskonstanten tauchen bei Newton übrigens nie auf – stets nimmt er an, dass die betrachteten Funktionen durch den Nullpunkt verlaufen.

Die Größen x und y nennt er „Fluenten", d.h. Größen die fließen, und ihre (zeitliche) Änderung, d.h. $\dot{x}$ und $\dot{y}$, sind die Fluxionen.

3.1.4 Die „anni mirabiles"

Wir haben dargelegt, dass Newton in den Jahren 1664 bis 1666 zu einer vollständigen Durchdringung einer neuen Differenzial- und Integralrechnung gekommen ist[5]. Die Jahre von 1664 bis 1666 waren aber auch noch in anderer Hinsicht Newtons „Wunderjahre".

Wir dürfen uns Newtons Zeit als Student in Cambridge durchaus als merkwürdig vorstellen. Während er in seiner Freizeit atemberaubende mathematische Entdeckungen machte, im Winter von 1664 auf 1665 das Binomialtheorem entdeckte und die Grundlage der Fluxionenrechnung legte, hatte er sich in der Universität mittelalterlichen Disputationen zu stellen, um seinen Abschluss B.A. im Jahr 1665 zu erlangen. Aus dieser Zeit stammt der einzige erhaltene Brief der Mutter Hannah an ihren Sohn Isaac, bei dem durch das zerknullte Papier an der linken oberen Ecke leider ein paar Buchstaben fehlen [Westfall 2006, S. 141], [Turnbull 1959–77, Vol. I., S. 2]:

> *„Isack*
>
> > *received your leter and I perceive you*
> > *letter from mee with your cloth but*
> *none to you your sisters present Thai*
> *love to you with my motherly lov*
> *you and prayers to god for you I*
> *your loving mother*
> > > *hanah*
> *wollstrup may the 6. 1665"*

Schon an der Orthographie (auch wenn man „altes" Englisch in Betracht zieht) erkennen wir, dass Mutter Hannah wohl nur mühsam schreiben konnte und die Tätigkeit des Schreibens sicher nicht häufig ausübte. War es auch das Unverständnis einer ungebildeten Mutter ihrem genialen Sohn gegenüber, dessen Geisteswelt sie nicht verstehen *konnte?*

Im Sommer 1665 brach in England zum letzten Mal die Pest aus – auch in Cambridge. Am 11. September wurden alle öffentlichen Treffen verboten, am 20. Oktober unterband der Senat der Universität die Predigten in St. Mary und die Tätigkeit in den öffentlichen Schulen [Westfall 2006, S. 141]. Während der kommenden acht Monate war die Universität so gut wie ausgestorben; erst im Frühjahr 1667 konnte sie ihren Betrieb wieder wie gewohnt aufnehmen. Viele Studenten zogen mit ihren Tutoren mit, um weiter studieren zu können, aber Newton war selbständig und bereits B.A. und so ging er vermutlich noch vor dem 17. August 1665 zu seiner Mutter nach Woolsthorpe. Am 30. März 1666 ist er wieder im Trinity College und verlässt es erneut vermutlich im Juni. Anfang Mai 1667 kehrt er endgültig nach Cambridge zurück. Fast 50 Jahre danach schreibt er im Rückblick [Westfall 2006, S. 143]:

---

[5]Obwohl er nicht mit Differenzialen gearbeitet hat, verwenden wir hier diesen Begriff.

Abb. 3.1.13. Abtransport der Pesttoten 1665

„Zu Beginn des Jahres 1665 fand ich die Methode der annähernden Reihen und die Regel zur Entwicklung eines beliebigen Binoms in eine solche. Im Mai desselben Jahres fand ich die Tangentenmethode von Gregory und Sluse und im November hatte ich die Methode der Fluxionen. Im Januar des darauffolgenden Jahres hatte ich die Theorie des Lichts und im Mai die inverse Fluxionsmethode [d.h. die Integration]. *Im selben Jahr begann ich, über die Gravitation nachzudenken, die bis zum Mond reicht, und (nachdem ich die Kraft einer sich in einer Sphäre drehenden Kugel auf diese Sphäre abgeschätzt hatte) von der Kepler'schen Regel, dass die periodischen Umlaufzeiten in einem ein-einhalbfachem Verhältnis zu ihren Abständen zum Mittelpunkt ihres Orbits stehen*[6]*, schloß ich, dass die Kräfte, die die Planeten auf*

---

[6]Die Quadrate der Umlaufzeiten zweier Planeten verhalten sich nach dem 3. Kepler'schen Gesetz wie die dritten Potenzen der großen Bahnhalbachsen. In der Proportionentheorie benutzte man eine additive/multiplikative Sprechweise, die in Wahrheit die Multiplikation bzw. die Potenzen meinte. Das 1 1/2-fache eines Verhältnisses ist dessen Potenz mit dem Exponenten 3/2.

ihren Umlaufbahnen halten, sich umgekehrt proportional zu den Qua-
draten ihrer Abstände vom Mittelpunkt der Drehung verhalten müs-
sen. Ich verglich die Kraft die nötig ist, den Mond auf seiner Um-
laufbahn zu halten, mit der Gravitation auf der Oberfläche der Erde,
und sie stimmten gut überein. All das war in den beiden Pestjahren
1665-1666. Denn in diesen Tagen war ich in meinen besten Jahren
für Erfindungen und dachte mehr an Mathematik und Philosophie als
jemals später."

(In the beginning of the year 1665 I found the Method of approxima-
ting series & the Rule for reducing any dignity of any Binomial into
such a series. The same year in May I found the method of Tangents
of Gregory & Slusius, & in November had the direct method of fluxions & the next year in January had the Theory of Colours & in
May following I had entrace into ye inverse method of fluxions. And
the same year I began to think of gravity extending to ye orb of the
Moon & (having found out how to estimate the force with w^{ch} [a] glo-
be revolving within a sphere presses the surface of the sphere) from
Keplers rule of the periodical times of the Planets being in sesquial-
terate proportion of their distances from the center of their Orbs, I
deduced that the forces wch keep the Planets in their Orbs must [be]
reciprocally as the squares of their distances from the centers about
wch they revolve: & therebye compared the force requisite to keep the
Moon in her Orb with the force of gravity at the surface of the earth,
& found them answer pretty nearly. All this was in the two plague
years of 1665-1666. For in those days I was in the prime of my age
for invention & minded Mathematicks & Philosophy more then at any
time since.)

Newton hat hier alles beschrieben, womit er sich in den Jahren nach 1666
fast bis zu seinem Tod beschäftigen sollte: Die Theorie des Lichts, die Theorie der Gravitation (oder etwas allgemeiner: die Himmelsmechanik) und die
Fluxionen-/Fluentenrechnung. Das eigentliche „Wunderjahr" ist wohl 1666,
bzw. die Zeit, die Newton in Woolsthorpe lebt. Wie kann es in einer solchen
Zeit zu solch genialen Ideen kommen? Ist es „der Schoß der Mutter", in den
Newton sich zurückzieht und der psychologische Reaktionen auslöst, wie Manuel [Manuel 1968, S. 80] vermutet, oder ist es einfach die ländliche Ruhe
von Woolsthorpe, die Newton Muße für weittragende Ideen gibt? Wir wissen
es nicht. Andererseits war 1666 kein weniger wunderbares Jahr für Newton
als 1665 und 1664, also wäre er vielleicht auch auf seine Errungenschaften
gekommen, wenn er in Cambridge geblieben wäre.

Nach dem Oktobertraktat 1666 wendet sich Newton vollständig von der Mathematik ab, um intensiv Mechanik zu studieren. Begonnen hatte er damit
schon im Januar 1665. Insbesondere interessieren ihn die Kreisbewegungen
und der Aufprall eines Körpers auf einen anderen. Die Diskussionen dazu,
die er in Galileos *Dialog über die beiden hauptsächlichen Weltsysteme* [Gali-

Abb. 3.1.14. Ehrung von Newton durch Briefmarken (Großbritannien 1987)

lei 1982] und in Descartes' *Prinzipien der Philosophie* [Descartes 2005] fand, überzeugten ihn nicht. Er denkt über den Begriff der Kraft nach, stellt die Massenträgheit als zentrale Eigenschaft heraus, legt so die Grundlagen einer Dynamik, und bereitet seine Gedankenwelt für sein großes Buch *Philosophiae naturalis principia mathematica* vor, das erst mehr als 20 Jahre später erscheinen soll. In seinen frühen Untersuchungen zur Mechanik ist Newton sehr nahe an den Arbeiten von Christiaan Huygens, ohne dass beide Männer voneinander wüssten. Sie werden sich später kennen und schätzen lernen.

In die Zeit der „anni mirabiles" fällt auch die berühmte „Apfelgeschichte". Im Jahr 1666, so schreibt Conduitt [Westfall 2006, S. 154], dachte Newton bei seiner Mutter über das Wesen der Gravitation nach, als er einen Apfel vom Baum fallen sah. Das soll Newton zu der Idee gebracht haben, dass die Schwerkraft nicht nur den Apfel auf die Erde zieht, sondern auch den Mond, und dass auch der Mond eine Kraft auf die Erde ausübt, so wie auch der Apfel die Erde anzieht.

Diese Geschichte ist so berühmt geworden, dass sie sogar Eingang in das Kinderbuch der Zeichnerin Petra Weigandt und des Texters Peter Tille gefunden hat [Wiegandt/Tille 1988]. Ob dieses Ereignis wirklich so stattgefunden hat wissen wir nicht; es ist auch nicht glaubhaft, denn das Gravitationsgesetz war sicher keinem einzelnen Geistesblitz geschuldet.

Ein weiteres Gebiet dem Newton sich zuwandte war die Theorie der Farben, und auch hier ist er nahe an den Untersuchungen Huygens'. Im Jahr 1664 hatte Robert Boyle die *Experiments and Considerations Touching Colors* veröffentlicht, ein Jahr später publizierte Robert Hooke seine Experimente mit dem Mikroskop unter dem Titel *Micrographia* [Hooke 2007].

MICROGRAPHIA:

OR SOME

Physiological Descriptions

OF

MINUTE BODIES

MADE BY

MAGNIFYING GLASSES

WITH

Oᴮˢᴱᴿᵛᴬᵀᴵᴼᴺˢ and Iɴ Qᴜɪʀɪᴇˢ thereupon.

By *R. HOOKE*, Fellow of the Rᴏʏᴀʟ Sᴏᴄɪᴇᴛʏ.

Non poſſis oculo quantum contendere Linceus,
Non tamen idcirco contemnas Lippus inungi. Horat. Ep. lib. 1.

LONDON, Printed by *Jo. Martyn*, and *Ja. Alleſtry*, Printers to the
Rᴏʏᴀʟ Sᴏᴄɪᴇ ᴛʏ, and are to be ſold at their Shop at the *Bell* in
S. *Paul's* Church-yard. M DC LX V.

Abb. 3.1.15. Titelblatt der *Micrographia* von 1665

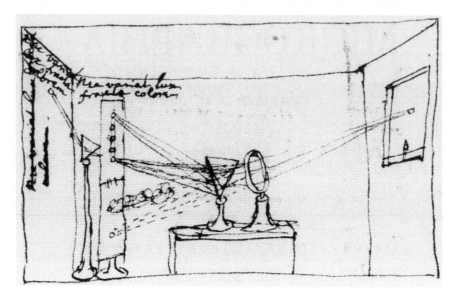

Abb. 3.1.16. Newtons „Experimentum crucis" [© Courtesy of the Warden and
Scholars of New College, Oxford/Bridgeman Images]

Sowohl Boyle als auch Hooke hatten versucht, Farben zu erklären, aber Newton war nicht zufrieden. Insbesondere Hookes Äußerungen zu den Farben
müssen Newton sauer aufgestoßen sein, denn mit Hooke wird Newton eine
40-jährige Feindschaft verbinden. Blau war für Hooke ein schiefer und gestör-
ter Lichtimpuls, dessen schwacher Teil zuerst auf die Retina fällt und dessen
starker Teil nachfolgt[7].

Zu Beginn des Jahres 1666 schleift Newton selbst Linsen; ein Prisma besitzt
er vermutlich schon. Zurück in Cambridge lenkt er Sonnenlicht aus einem
Ausschnitt seines Fensterladens durch ein Prisma und sieht ein Spektrum von
Farben. Dieses „Experimentum crucis" zeigt ihm, dass Licht aus allen Far-
ben besteht und nicht etwa, wie bei Hooke, die Farben von unterschiedlichen
Geschwindigkeiten in unterschiedlichen Medien herrührt.

Wir folgen Westfall in der Einschätzung, dass die „Wunderjahre" Newtons
einereits so wundervoll nicht waren – seine Theorien in Mathematik, Mechanik
und der Theorie des Lichts waren erst im Stadium des Keimens – andererseits
aber enorme Erfolge darstellten, die, hätte Newton sie zeitnah publiziert, ihn
schon 1666 unsterblich gemacht hätten.

---

[7]„That Blue is an impression on the Retina of an oblique and confus'd pulse of
light, whose weakest part precedes, and whose strongest follows. And, that Red is an
impression on the Retina of an oblique and confus'd pulse of light, whose strongest
part precedes, and whose weakest follows." [Hooke 2007, S. 64].

3.1.5 Der Professor auf dem Lucasischen Stuhl

Newton ist Anfang Mai 1667 wieder in Cambridge, aber wird er ein fellowship gewinnen können, das ihm einen dauerhaften Aufenthalt garantieren wird? Die Kandidaten für die neun freien Plätze hatten eine viertägige mündliche Prüfung zu absolvieren, aber Newton hatte sich um den Universitätslehrstoff kaum gekümmert. Newton feierte seinen Bachelor-Abschluss, kaufte sich einen „Gown", d.h. die traditionelle Bekleidung eines Scholaren und – wurde gewählt. Ob er einen Fürsprecher hatte, vielleicht Humpfrey Babington, wissen wir nicht; es gibt keine offenen Anzeichen dafür [Westfall 2006, S. 177]. Am 12. Oktober 1667 wurde Isaac Newton „minor fellow" des Trinity Colleges. Er bekam einen Raum zugewiesen und lebte nun von einem kleinem Stipendium. Am 11. April 1668 wurde ihm der Master-Titel verliehen und er wurde zum „major fellow"; ein neuer Gown wurde fällig.

Immer noch müssen wir uns Newtons Leben in Cambridge sehr einsam vorstellen. Dennoch – oder gerade wegen seiner Zurückgezogenheit? – gewann er mit der Zeit große Achtung, vielleicht rief seine Geistesabwesenheit sogar Ehrfurcht hervor. Wir wissen von nur drei engeren persönlichen Beziehungen: zu John Wickins, mit dem er bis zu Wickins Abschied 1683 seine Zimmer teilte, mit Humphrey Babington und schließlich mit Isaac Barrow. Im Jahr 1669 nimmt Newton (al)chemische Studien auf, aber er wendet sich auch wieder der Optik zu und der Mathematik. Im Vorjahr erschien die *Logarithmotechnia* von Nicolaus Mercator, vergl. Seite 104, in der die Fläche unter einer Hyperbel als Logarithmus erkannt wurde – ein Resultat, das Newton ganz unabhängig früher gefunden hatte. In den ersten Monaten des Jahres 1669 hatte John Collins das Buch an Isaac Barrow gesandt und so kam es in Newtons Hände. John Collins (1625–1683) war ein englischer Mathematiker, der eine Art englischer Mersenne wurde. Er war ein königlicher Beamter, korrespondierte mit allen wichtigen Mathematikern seines Landes und mit einigen in Europa, gab Isaac Barrows und John Wallis' Schriften heraus, und wurde 1667 in die Royal Society aufgenommen. Ende Juli erhielt Collins Antwort von Barrow [Westfall 2006, S. 202], der über einen seiner Freunde berichtete,

> *„der über einen exzellenten Schöpfergeist verfügt und mir letztens einige Papiere zeigte, in denen er Berechnungen der Maße von Größen wie die von Herrn Mercator betreffend die Hyperbel gemacht hatte, nur sehr allgemein …"*

(that hath a very excellent genius to those things, brought me the other day some papers, wherein he hath sett downe methods of calculating the dimensions of magnitudes like that of Mr Mercator concerning the hyperbola, but very generall …)

Zehn Tage später erhielt Collins von Barrow eine Arbeit mit dem Titel *De analysi per aequationes numero terminorum infinitas* (Über Analysis durch

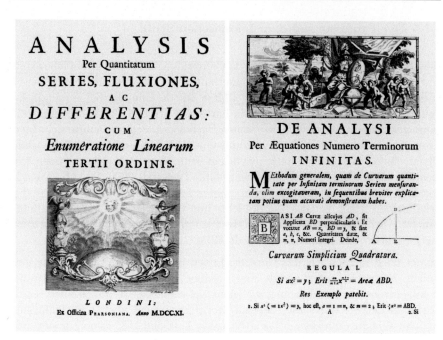

Abb. 3.1.17. Titel „Analysis" und *De Analysi* in der gedruckten Ausgabe von 1711

unendliche Gleichungen hinsichtlich der Zahl der Terme), und Ende August erfuhr Collins dann auch den Namen des Autors [Westfall 2006, S. 202]:

> *„Sein Name ist Herr Newton, ein fellow unseres Colleges und sehr jung (er ist erst im zweiten Jahr Master of Arts), aber von außerordentlicher Schöpferkraft und Tüchtigkeit in diesen Dingen.*

> (His name is Mr Newton; a fellow of our College, & very young (being but the second yeest[8] Master of Arts) but of an extraordinary genius & proficiency in these things.)

Wir wissen nur aus diesen Briefen, dass Newton und Barrow wohl schon seit einiger Zeit ein persönliches Verhältnis pflegten.

Newton hatte *De analysi* in aller Hast aus seinen alten Aufzeichnungen zusammengeschrieben und schnell an Barrow weitergegeben, so sehr hatte Mercators Buch ihm gezeigt, dass nun auch andere auf seinen Spuren unterwegs waren. Dann muss Newton allerdings wieder gezweifelt haben – vielleicht aus Angst vor Kritik an seiner Arbeit – und Barrow durfte die Arbeit nicht an Collins schicken. Erst als Collins enthusiastisches Interesse zeigte, durfte Barrow die Arbeit nach London schicken und den Namen Newtons offenbaren.

---

[8]Die Bedeutung des Wortes „yeest" ist nicht klar, aber „das zweite Jahr" erscheint Westfall als die wahrscheinlichste Übersetzung.

De analysi wurde aus dem Oktobertraktat heraus zusammengestellt, aber auch erweitert, so etwa um die unendlichen Reihen von e^x, $\sin x$ und $\cos x$, die hier erstmalig in der Geschichte der europäischen Mathematik auftauchen [Westfall 2006, S. 205].

Collins, eher ein mittelmäßiger Mathematiker, erkannte das Genie Newtons in den Ausführungen von *De analysi* sofort. Bevor er, wie versprochen, die Arbeit zurückschickte, machte er eine Kopie, zeigte sie anderen, und korrespondierte darüber mit James Gregory, René de Sluse, und anderen Mathematikern in Frankreich und Italien. Newtons Anonymität war dahin. Collins und Barrow kamen nun auf die Idee, *De analysi* im Anhang zu Barrows Buch über Optik zu publizieren, aber Newton war davon nicht zu überzeugen. Er hielt die Publikation zurück und zeigt damit erstmals ein für ihn typisches Muster.

Als Newton *De analysi* an Barrow weitergab, überlegte dieser gerade, den Lucasischen Lehrstuhl abzugeben, vergl. Seite 53. Wenn Barrow nicht schon längst vom Newton'schen Genie überzeugt war, so war es spätestens jetzt. Barrow trat zu Gunsten Newtons zurück und so wurde Isaac Newton im Jahr 1669 der neue Mathematikprofessor auf dem Lucasischen Stuhl. Seine erste Vorlesung betraf nicht die Inhalte von *De analysi*, sondern Optik. Er experimentiert weiter, kauft Prismen und arbeitet an einer Theorie der Farben. Seine Manuskripte aus dieser Zeit werden 1704 zur Publikation seines Buches *Opticks* führen [Newton 1979], das auch im Prioritätsstreit eine große Rolle spielen sollte. Er hat nun Christiaan Huygens in seinen optischen Untersuchungen hinter sich gelassen [Westfall 2006, S. 217], die er 1670 erst einmal zur Seite legt, um sich wieder der Mathematik zu widmen, zu denen er jedoch 1672 und 1690 zurückkehren wird. Zu Isaac Barrows *Lectiones XVIII* über Optik macht Newton 1669 zwei Verbesserungen, für die Barrow ihm im Vorwort dankt und auch zu den *Lectiones geometricae* von 1670 trägt Newton etwas bei. Barrow regt an, dass Newton die *Algebra* von Gerard Kinckhuysen (1625–1666) überarbeiten soll, die von Collins aus dem Dänischen übersetzt wurde. Im späten November oder frühen Dezember 1669 reist Newton nach London und trifft dort Collins, der fortan mit Newton korrespondieren wird. Newton ist erst angetan von Collins' Aufmerksamkeit, aber als Collins drängt, Newton möge seine Rechnungen zu einem Verzinsungsproblem veröffentlichen, zieht sich dieser wieder zurück und schreibt am 28. Februar 1670 [Westfall 2006, S. 222]:

> *„Es soll ohne meinen Namen erscheinen, denn ich sehe nicht, was an öffentlicher Wertschätzung erstrebenswert wäre, wenn ich sie gewinnen und erhalten könnte. Es würde vielleicht meine Bekanntheit erhöhen, was ich aber nachdrücklich ablehne."*

(soe it bee wthout my name to it. For I see not what there is desirable in publick esteeme, were I able to acquire & maintaine it. It would perhaps increase my acquaintance, ye thing wch I cheifly study to decline.)

Auch zu den *Observations on Kinckhuysen* verweigert Newton seine Autorschaft. Das überarbeitete Algebrabuch Kinckhuysens erscheint schließlich mit
dem Zusatz „ergänzt durch einen anderen Autor" (enriched by another author). Zwischen Newton und Collins begann eine zehnmonatige Funkstille,
aber Mitte 1671 schreibt Collins wieder an Newton einen aufgeräumten Brief
und merkt an, dass sich der Kinckhuysen besser verkaufen würde, wenn Newtons Name auftauchte. Newton reagiert mit unhöflicher Ablehnung und bittet
Collins, ihm keine Bücher mehr zu senden. Er sitzt an einem neuen mathematischen Manuskript, das als *Tractatus de methodis serierum et fluxionum*
(Abhandlung über die Methode der Reihen und Fluxionen) bekannt werden
sollte. Aus *De analysi* und dem Oktobertraktat stellt Newton nun eine Erläuterung seiner Methoden zusammen, bei der er sehr auf die Grundlagen seiner
Fluxionenrechnung bedacht ist. Er will weg von einer statischen Auffassung
von Infinitesimalen und führt den Begriff der „letzten Verhältnisse" ein, sein
Versuch, einen Grenzwert zu charakterisieren. Newton beginnt *De methodis*
im Winter 1670/71, aber er beendet diese Arbeit nicht. Im Mai 1672 schreibt
er an Collins, dass das Manuskript länger wurde als erwartet. Fertig wird es
nie. Erst 1736 gibt John Colson in London eine englische Übersetzung mit dem
Titel *The Method of Fluxions and Infinite Series; With its Application to the
Geometry of Curve-Lines* heraus; in lateinischer Sprache erscheint es erst 1779,
der Herausgeber ist Samuel Horsley. Seither wird die Arbeit häufig unter dem
Titel *Methodus fluxionum et serierum infinitarum* zitiert. Collins hätte sicher
alles dafür getan, dieses Manuskript in den Druck zu geben. Stattdessen muss
Collins in einem Brief vom 29. Oktober 1675 an Gregory schreiben [Turnbull
1959–77, Vol. I, S. 356], er hätte schon 11 oder 12 Monate lang nichts mehr
von Newton gehört, und dass dieser wohl in chemischen Studien stecke.

In *De methodis* [Whiteside 1967–81, Vol. III, S. 32–372] greift Newton unter
„Problem 8" die Idee der flächenerhaltenden Transformationen auf. Er be-
trachtet zwei Funktionen $v = f(x)$ und $y = g(z)$, die die Kurven *FDH* und
GEI definieren, vergl. Abbildung 3.1.18.

Wie wir es schon von Newton kennen, denkt er sich die Flächen s und t aus
der Bewegung der Strecken *BD* bzw. *EC* entstanden. Die Änderung der Fläche
s mit der Zeit ist damit die Länge v multipliziert mit der Geschwindigkeit $\dot{x}$
in horizontaler Richtung. Analoges gilt für die zeitliche Änderung von t, also
folgt

$$\frac{\dot{s}}{\dot{t}} = \frac{v\dot{x}}{y\dot{z}}.$$

Wir setzen $\dot{x} = 1$ und es folgt $\dot{s} = v$. Wegen $\dot{t} = y\dot{z}$ folgt weiter $y = \dot{t}/\dot{z}$.
Wollen wir Flächengleichheit, also $s = t$, dann folgt $\dot{s} = \dot{t} = v$ und damit

$$y = \frac{v}{\dot{z}}. \tag{3.1}$$

Wir nehmen nun an, es gebe zwischen x und z funktionale Zusammenhänge

$$z = \phi(x), \quad x = \psi(z),$$

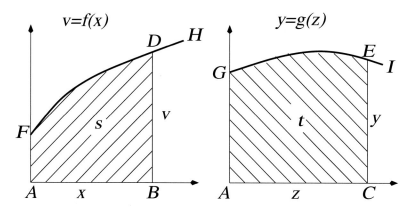

Abb. 3.1.18. Zu den flächenerhaltenden Transformationen

dann ist (3.1) eine Definition derjenigen Funktion $y = g(z)$, für die Flächengleichheit erreicht werden kann, nämlich

$$y = \frac{v}{\dot{z}} = \frac{f(x)}{\phi'(x)\dot{x}} = \frac{f(\psi(z))}{\phi'(\psi(z))\dot{x}} \stackrel{\dot{x}=1}{=} \frac{f(\psi(z))}{\phi'(\psi(z))}.$$

Aus unserem funktionalen Zusammenhang folgt nun $x = \psi(z) = \psi(\phi(x))$ und damit $\dot{x} = 1 = \psi'(z)\phi'(x)$, also $\phi'(x) = \phi'(\psi(z)) = (\psi'(z))^{-1}$. Damit ist aber $y = g(z)$ gefunden:

$$y = f(\psi(z))\psi'(z).$$

Newton hat damit die Transformationsformel

$$\int f(x)\,dx = \int f(\psi(z))\psi'(z)\,dz$$

gefunden, die wir hier in moderner Form wiedergeben. Bei Newton steht dieses Resultat in eigener, äquivalenter, Symbolik.

Aus einem Brief aus dem Jahr 1669 [Turnbull 1959–77, Vol. I., S. 3f.] erfahren wir erstmalig von einem Spiegelteleskop, das Newton eigenhändig gebaut hat. Beim Treffen mit Collins Ende 1669 berichtet Newton über sein Teleskop und er hat es wohl auch in Cambridge vorgeführt, denn Collins hört es wieder von einem fellow des Trinity College und John Flamsteed (1646-1719), der spätere „Astronomer Royal", hört darüber aus London und aus Cambridge.

Nun wurde die Royal Society auf Newton aufmerksam und man wollte das Teleskop sehen. Als das Spiegelteleskop eintrifft, ist es eine Sensation. Im Januar 1672 schreibt der Sekretär der Royal Society, Henry Oldenburg, einen Brief an Newton [Turnbull 1959–77, Vol. I., S. 73], in dem er einen Brief an Huygens nach Paris ankündigt, damit die Royal Society die Newton'sche Erfindung gegen eventuelle Ansprüche von Ausländern sichert. Huygens in Paris ist begeistert; Newton wird am 21. Januar 1672 in die Royal Society aufgenommen. Am 28. Januar schreibt Newton:

„Ich bezwecke, eine philosophische Entdeckung betrachten und prüfen zu lassen, die mich auf die Herstellung meines Teleskops führte, und die sich ohne Zweifel als noch dankbarer erweisen wird als die Mitteilung des Instruments selbst. Meiner Meinung nach handelt es sich um eine merkwürdige, wenn nicht die bedeutendste Entdeckung in den Verfahren der Natur. "

(I am purposing them, to be considered of & examined, an accompt of a Philosophicall discovery wch induced mee to the making of the said Telescope, & wch I doubt not but will prove much more gratefull then the communication of that instrument, being in my Judgment the oddest if not the most considerable detection wch hath hitherto beene made in the operations of Nature.)

Newton spricht von seiner Theorie der Farben und des Lichts, aber noch eineinhalb Wochen später hat er nichts abgeschickt. Er will eigentlich gar nichts öffentlich machen, er zaudert, aber der Druck der Royal Society ist groß. Endlich, am 16. Februar 1672, reicht Newton seine Theorie der Farben bei der Royal Society ein. Kurze Zeit später wird er das bereuen.

3.1.6 Bis in den Tod: Der Kampf mit Robert Hooke

Unter den zahlreichen Personen, die Newton in seinem Leben als persönliche Feinde betrachtete, sticht Robert Hooke klar heraus. Hooke, am 28. Juli 1635 in Freshwater an der Küste der Isle of Wight geboren, war lange in der Wissenschaftsgeschichte kaum beachtet, vielleicht weil das Licht seines ärgsten Widersachers Isaac Newton zu hell strahlte. Im 20. Jahrhundert flammte ein größeres Interesse an Hooke aus den Reihen der Royal Society auf und zu seinem 300. Todesjahr 2003 erschienen zwei lesbare Biographien [Inwood 2002] und [Jardine 2003]. Mit [Purrington 2009], [Chapman 2004] und anderen Werken liegen nun auch moderne Einschätzungen seiner wissenschaftlichen Leistungen vor.

Hookes Name ist wie kaum ein anderer mit den ersten Jahrzehnten der Royal Society verknüpft. Da er ein hervorragender Konstrukteur und Zeichner war, brachte ihn eine Stelle am Christ Church College in Oxford als Organist und Stipendiat 1653 in Kontakt mit der Gruppe um John Wilkins, die 1660 die Royal Society gründen sollte. Schon 1655, im Alter von 20 Jahren, wurde Robert Hooke Assistent des Anatomen und Chemikers Thomas Willis, lernte Astronomie von Seth Ward (1617–1689) und wechselte als Assistent 1658 zu Robert Boyle, mit dem er an der Boyle'schen Luftpumpe arbeitete, vergl. Abb. 2.3.6. Ob er jemals einen Abschluss als B.A. machte, wissen wir nicht, aber der Mastertitel M.A. wurde ihm 1663 verliehen [Purrington 2009, S. 2].

Christopher Wren und Robert Boyle wurden zu treuen Freunden Hookes; mit allen weiteren bedeutenden Wissenschaftlern der Zeit war er bekannt. Im

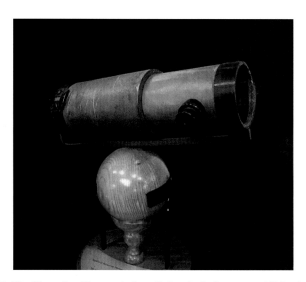

Abb. 3.1.19. Nachbau des Newton'schen Spiegelteleskops von 1672 mit einem Spiegeldurchmesser von 15 cm (Whipple Museum of the History of Science, Cambridge) [Foto: Andrew Dunn 2004]

Jahr 1662 ging Hooke nach London; er war 27 Jahre jung und bereits ein vielversprechender Naturphilosoph, der seine Brillanz gezeigt hatte. Nun wurde Hooke ein professioneller Wissenschaftler – vielleicht der erste seiner Art – in Diensten der Royal Society. Eine seiner Aufgaben war es, bei den wöchentlichen Treffen ein Experiment zu präsentieren. Auf diese Weise kamen Hunderte von Experimenten während der etwa 30 Jahre seiner Tätigkeit zustande. Die Royal Society und ihre Treffen waren ohne Robert Hooke gar nicht denkbar. Durch seine Tätigkeit und zahllose Gespräche mit Wissenschaftlern ersten Ranges wurde er ebenfalls ein Wissenschaftler ersten Ranges mit unabhängigem Geist.

Nach dem großen Feuer 1666 waren es Wren und Hooke, die London wieder aufbauten, aber wir finden von Hooke in London heute keinerlei Zeichen, dass er jemals gelebt hat. Selbst an der Erinnerungsstele für das Feuer, „The Monument", das er in London mit Wren errichtete, findet sich nicht einmal sein Name. Wren und Hooke bauten 51 Kirchen in London nach dem Feuer, etwa die Hälfte davon stammen von Hooke allein [Purrington 2009, S. 7]. Das „Hooke'sche Gesetz" der Elastizitätstheorie ist nach ihm benannt, er baute (zeitgleich mit Huygens) eine federgetriebene Uhr (aber vergleiche [Hall 1993a], der diesbezüglich skeptisch ist), er ahnte die Gravitationstheorie [Hall 1993b], entdeckte den großen Fleck auf Jupiter, er beschrieb erstmalig eine Zelle und seine *Micrographia* zeigt ihn als scharfen Beobachter und großartigen Zeichner.

Hooke wurde früher häufig Streitlust und zänkisches Verhalten unterstellt. Obwohl Hooke sicher wie jeder Mensch Ecken und Kanten hatte und für seine Entdeckungen und Erfindungen zu streiten bereit war, passt das Bild eines

Zänkers nicht zu einem Mann, der so viele gute Freunde hatte und in den Kaffeehäusern Londons ein gerne gesehener Gast war. Im Streit mit Newton, den Hooke sicherlich als wissenschaftliche Auseinandersetzung gesehen hat, wurde er zu einem Todfeind Newtons.

Das Manuskript über die Theorie der Farben, das Newton in Form eines Briefes 1672 an Henry Oldenburg, den Sekretär der Royal Society geschickt hatte, wurde von Robert Hooke binnen zwei Wochen kritisiert.

Die weiteren Reaktionen waren überaus positiv, auch Huygens lobte die Arbeit sehr, wenn er sich auch später kritisch äußern sollte. Die Arbeit wurde am 29. Februar 1672 in den *Philosophical Transactions*, der Zeitschrift der Royal Society, gedruckt, gemeinsam mit einer Beschreibung des Spiegelteleskops. Newton war nun zu einer internationalen Größe aufgestiegen. Selbst ein unbekannter junger Mann, Gottfried Wilhelm Leibniz, der seit 1670 mit der Royal Society korrespondierte, schrieb 1673 an Oldenburg, er hätte die Arbeit gesehen. John Flamsteed, in Kürze der erste „Royal Astronomer", äußerte sich zu der Arbeit, allerdings mit wenig Einsicht [Westfall 2006, S. 240]. Robert Hooke, seit der Publikation der *Micrographia* der anerkannte Experte auf dem Gebiet der Optik in England, reagierte mit Ablehnung. In einem Brief an Newton ließ er durchblicken, er hätte alle Experimente Newtons bereits selbst früher gemacht, aber Newton würde falsche Schlüsse aus den Experimenten ziehen. Newton ließ sich nichts anmerken, aber innerlich muss er gekocht haben, denn Oldenburg wartete geschlagene drei Monate auf die Antwort auf Hookes Kritik. Newton hatte geplant, im Rahmen einer größeren Arbeit zu antworten, aber die wurde nie abgeschickt. Hatte er nicht gesehen was passierte, wenn er seine Arbeiten öffentlich machte? Er wurde kritisiert, und das konnte er nicht ertragen. Oldenburg forderte ihn noch dazu auf, die Namen von Hooke und Pardies, eines Pariser Wissenschaftlers, der Newtons Theorie der Farben ebenfalls kritisiert hatte, aus dem Antwortschreiben herauszulassen. Nach drei Monaten schickte Newton dann nur Auszüge dessen, was er vorbereitet hatte, an Oldenburg [Turnbull 1959–77, Vol. I., S. 171ff.]. Statt den Namen Hookes wegzulassen, erwähnte Newton ihn mehr als 27 Mal [Westfall 2006, S. 246]. Der Ton war aggressiv; Newton belehrte Hooke, wie er bessere optische Instrumente herstellen konnte und er schrieb, dass Hookes Theorie

Abb. 3.1.20. Hookes Unterschrift

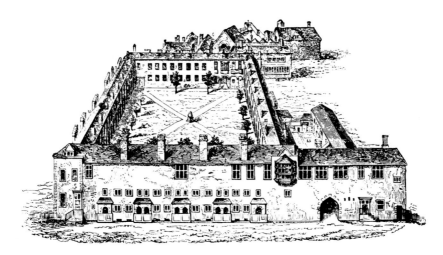

Abb. 3.1.21. Das alte Gresham College, wie Robert Hooke es kannte [Popular Science Monthly volume 81, 1912]

der Farben nicht nur ungenügend („insufficient"), sondern auch unverständlich („unintelligible") sei [Turnbull 1959–77, Vol. I., S. 176]. Der Brief war eine einzige Beleidigung; der mühsam unterdrückte Hass gegen Hooke ist deutlich spürbar und der Zorn des Schreibenden ist klar erkennbar. In einem Begleitbrief an Oldenburg [Turnbull 1959–77, Vol. I., S. 193], bemerkt Newton noch etwas süffisant, dass Hooke sicher nichts Verwerfliches in seiner Antwort finden würde.

Zu allem Überfluss wurde Newtons Theorie nun auch durch Huygens kritisiert und Newton drohte Oldenburg, die Royal Society zu verlassen. Huygens gegenüber blieb Newton aber stets höflich, wenn auch bestimmt.

Noch war das Verhältnis zwischen Newton und Hooke nicht völlig zerstört. Ende 1679 begann ein sechswöchiger Briefwechsel über die Himmelsmechanik, in dem Newton, angeregt von Hooke, den Schlüssel zur Gravitationstheorie fand [Purrington 2009, S. 177]. Als Hooke dann 1684 Newtons *De motu corporum in gyrum* sah und kurz darauf die *Principia*, die 1686 in der Royal Society vorgestellt wurden, war Hooke wie vom Donner gerührt. Er sah hier seine Ideen mathematisch ausgearbeitet und perfektioniert. Schon bei der Vorstellung des Spiegelteleskopes hatte Hooke bitter bemerkt, er hätte vor der Royal Society schon gezeigt, wie Spiegelsysteme die Länge von Teleskopen verkürzen können, was er als eigentliche Erfindung des Spiegelteleskops ansah. Schon damals stand der Plagiatsvorwurf an Newton im Raum, aber nun fühlte Hooke sich um die Früchte seiner Arbeit betrogen. Der letzte, endgültige, häßliche Bruch zwischen den Männern war vollzogen. Um der Wahrheit die Ehre zu geben muss festgehalten werden, dass Hooke die Theorien Newtons nicht verstehen konnte, wieviel Hilfe er, Hooke, in der Korrespondenz auch jemals gegeben hatte [Purrington 2009, S. 229]. Als Hooke 1703 starb wurde Newton zum Präsidenten der Royal Society gewählt und lebte noch 24 Jahre

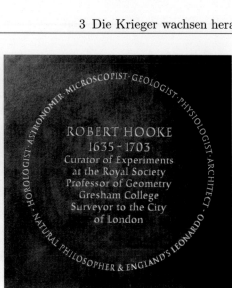

Abb. 3.1.22. Henry Oldenburg und ein Gedenkstein für Robert Hooke in London
[Foto: Rita Geer 2009]

lang. Lange genug, um die Erinnerung an den unbequemen, aber großartigen
Wissenschaftler Robert Hooke auszulöschen. Aber hat Newton das wirklich
aktiv verfolgt?

Als der deutsche Zacharias Conrad von Uffenbach die Royal Society 1710 besuchte, berichtete er von einem Porträt Robert Hookes. Das heutige Fehlen
eines Porträts hat Anlass zu Spekulationen gegeben, dass Newton als Präsident der Royal Society das Porträt vernichten ließ, was gut zu Newtons
Charakter passen würde. Lisa Jardine hat in [Jardine 2003] ein Porträt präsentiert, in dem sie Hooke sah. Heute wissen wir, vergl. [Chapman 2004, S.
262ff.], dass Jardine sich geirrt hat. Es gibt nach wie vor kein Porträt von
Hooke. Also doch Newton? Wie Chapman dargelegt hat, gibt es selbst in der
Prachtausgabe *Posthumous Works* seines Freundes Richard Waller, das auch
die erste Biographie Hookes enthält, kein vorangestelltes Bild von Hooke. Das
macht es wahrscheinlich, das nie ein solches Porträt existierte. Diese Meinung
teilt auch ganz offiziell die Royal Society; von Uffenbach sah sicher ein Porträt,
aber nicht das von Hooke. Newton ist freigesprochen.

Dennoch ist der Gedanke nicht von der Hand zu weisen, dass Newton nach
Hookes Tod alles getan hat, um die Erinnerung an seinen Erzfeind auszulöschen. Es ist schon seltsam, dass wirklich kaum eine Erinnerung an ihn blieb.
Fast alle der von ihm entworfenen Gebäude wurden abgerissen oder im 2.
Weltkrieg von deutschen Bomben zerstört, im 19. Jahrhundert wurden seine Gebeine mit anderen vermischt und in ein Massengrab in Nord-London
überführt, und die IRA machte auch noch die letzte Erinnerung an Hooke
zunichte, indem sie das zu seinen Ehren eingesetzte bemalte Fenster in St.
Helen Bishopgate, seiner Grabeskirche, am 10. April 1992 durch eine Bombe
zerstörte [Purrington 2009, S. 248].

3.2 Der Jurist: Gottfried Wilhelm Leibniz

Mit Blick auf Newtons mathematisches Werk [Whiteside 1967–81] und seinen Briefwechsel [Turnbull 1959–77] sind wir bei Leibniz in keiner ganz so komfortablen Situation. Angeregt zu Beginn des 20. Jahrhunderts wird die Leibniz-Edition seit der Wiedervereinigung von der Berlin-Brandenburgischen Akademie der Wissenschaft und der Akademie der Wissenschaften zu Göttingen in Arbeitsstellen in Berlin, Hannover, Münster und Potsdam getragen. Auch die Gottfried-Wilhelm-Leibniz-Gesellschaft in Hannover fördert die Leibniz-Edition. In acht Reihen werden sämtliche Schriften und Briefe in transkribierter Form publiziert (auch im Internet), aber leider hat man – im Gegensatz zu den englischen Veröffentlichungen zu Newton – bisher kaum Übersetzungen der Texte in Angriff genommen, so dass der Leser mit der in der Regel lateinischen oder französischen Sprache konfrontiert ist, vergleiche [Leibniz 2008]. Zwei Ausnahmen stellen die 2011 erschienene Publikation [Leibniz 2011] und die im Jahr 2000 veröffentlichten Hauptschriften Leibnizens zur Finanz- und Versicherungsmathematik [Knobloch/Schulenburg 2000] dar. In der erstgenannten Publikation sind sämtliche mathematischen Zeitschriftenartikel Leibnizens in deutscher Sprache zugänglich. Für die Leibniz'schen mathematischen Schriften ersetzt diese neue Übersetzung diejenige aus dem 19. Jahrhundert [Leibniz/Newton 1998].

Besser sieht es bei den Leibniz-Biographien aus. Noch aus dem 19. Jahrhundert stammt die zweibändige Biographie von Guhrauer [Guhrauer 1966], die nach wie vor interessante Details enthält; in neuerer Zeit ist die Biographie von Aiton [Aiton 1991] hervorzuheben, vergl. dazu auch die Besprechung der englischen Originalausgabe von Herbert Breger [Breger 1987]. Noch jünger ist die Biographie von Maria Rosa Antognazza [Antognazza 2009]. Unverzichtbar für die Beschreibung des Leibniz'schen Lebenslaufes ist nach wie vor die Chronologie [Müller/Krönert 1969].

3.2.1 Kindheit und Jugend

Der 30-jährige Krieg wird noch zwei Jahre weiter toben, das Land ist ausgeblutet, da wird am Sonntag, den 1. Juli 1646 abends um 6 Uhr 45 dem Aktuar und Professor der Moral, Friedrich Leibniz (Leibnütz), und seiner Frau Katharina in Leipzig ein Sohn geboren, der zwei Tage später in der Nikolaikirche auf den Namen Gottfried Wilhelm getauft wird. Der Vater notiert stolz in der Familienchronik [Müller/Krönert 1969, S. 3]:

> *„21. Junii* [julianisch] *am Sontag 1646 Ist mein Sohn Gottfried Wilhelm, post sextam vespertinam 1/4 uff 7 uhr abents zur welt gebohren, im Wassermann."*

Abb. 3.2.1. Der Vater: Friedrich Leibniz (Leibnütz), Gemälde eines unbekannten
Malers, Mitte 17. Jh. (© Kustodie der Universität Leipzig)

Es ist nicht die erste Ehe des Vaters; damals war die Sterblichkeit von Frauen
im Kindbett so hoch, dass zweite und dritte Ehen keine Seltenheit waren. Im
Jahr 1625 heiratete er das erste Mal, der Sohn Johann und die Tochter Anna
Rosina gingen aus dieser Verbindung hervor. Die zweite Frau starb kinderlos
im Jahr 1643, und so heiratete Friedrich Leibniz die Tochter eines Leipziger
Anwalts, Katharina Schmuck, eine kluge, fromme und freundliche Frau [Aiton
1991, S. 26].

Schon bei der Taufe glaubt der Vater, ein Zeichen für die besondere Bestimmung seines Sohnes zu sehen, als dieser den Kopf hebt und die Augen öffnet,
als bitte er um das Taufwasser. Im Jahr 1648 fällt der kleine Junge von einem
Tisch, als seine Mutter in der Kirche und der Vater krank im Bett liegt. Die
Tante, die sich um den Kleinen kümmern soll, ist so entsetzt wie der Vater,
aber Gottfried Wilhelm liegt weiter vom Tisch entfernt, als er springen kann,
und er lacht unverletzt Vater und Tante an [Müller/Krönert 1969, S. 3].

Am 11. August 1648 bekommt Gottfried Wilhelm die Schwester Anna Catha-
rina. Sie wird den Prediger Simon Löffler heiraten, der aus erster Ehe einen
Sohn Friedrich Simon mitbringt, der schließlich Gottfried Wilhelm Leibnizens
Universalerbe sein wird.

Der Vater stirbt am 15. September 1652, als Gottfried Wilhelm sechs Jahre
alt ist, und die Mutter übernimmt die Erziehung. Der Vater hatte früh erfolgreich versucht, die Liebe zur Literatur in seinem Sohn zu wecken. In einem
Rückblick schreibt Leibniz [Müller/Krönert 1969, S. 4]:

Abb. 3.2.2. Die alte Nikolaischule in Leipzig
[Foto: Appaloosa 2009]

*„Die Histori und poësin auch notitiam rei literariae habe ich als noch
ein Knabe anstatt des Spiels geliebt."*

Im Juli 1653 wird Leibniz Schüler der Nikolaischule, die er bis Ostern 1661
besucht. Da sein Vater Professor an der Universität Leipzig war, wird Leibniz mit seinem Schuleintritt bereits dort immatrikuliert. Es beginnt der La-
teinunterricht, den Leibniz stark abkürzen kann. Er findet eine bebilderte
Livius-Ausgabe und das Geschichtswerk *Thesaurus* des Sethus Calvisius. Da
er deutsche Texte zur Geschichte besitzt fällt ihm das Verständnis des *Thesaurus* leicht, aber bei Livius bleibt er vorerst hängen. Er erinnert sich später [Müller/Krönert 1969, S. 4]:

*„In dem Livius dagegen blieb ich öfter stecken; denn da mir die Welt
der Alten und ihre sprachlichen Eigentümlichkeiten unbekannt waren,
... verstand ich, ehrlich gesagt, kaum eine Zeile. Weil es aber eine
alte Ausgabe mit Holzschnitten war, so betrachtete ich diese eifrig,
las hier und da die darunterstehenden Worte, um die dunklen Stellen
wenig bekümmert, und das, was ich gar nicht verstand, übersprang
ich. Als ich dies öfter getan, das ganze Buch durchgeblättert hatte und
nach einiger Zeit die Sache von vorn begann, verstand ich viel mehr
davon. Darüber hoch erfreut, fuhr ich so ohne irgendein Wörterbuch
fort, bis mir das meiste ebenso klar war, und ich immer tiefer in den
Sinn eindrang."*

Auf diese Weise lernte er als Autodidakt das erstklassige Latein, in dem er später seine wissenschaftlichen Abhandlungen schreiben wird. Die Fähigkeiten seines jungen Schülers blieben dem Lehrer natürlich nicht verborgen und er forderte seine Mutter und Tanten auf, dem Schüler den Zugang zu solchen für ihn nicht geeigneten Werken zu verschließen. Ein Freund der Familie, ein gebildeter junger Mann, wird Zeuge des Gesprächs und befragt daraufhin den jungen Leibniz, der ihn mit seinem Wissen beeindrucken kann. Er lässt sich von der Mutter das Versprechen geben, dem Jungen die väterliche Bibliothek zu öffnen, die er bisher nicht benutzen durfte. So erhält der achtjährige Leibniz 1654 Zugang zu den lateinischen Klassikern und den Schriften der Kirchenväter. Nach eigener Aussage kann er als Zwölfjähriger ohne Mühe Latein und hatte sich auch schon die Grundlagen des Griechischen beigebracht [Aiton 1991, S. 27].

Pfingsten 1659 trägt der dreizehnjährige Junge ein eigenes lateinisches Gedicht in 300 Hexametern vor, aber nun beginnt eine weitere Leidenschaft des Schülers, die Logik. In den höheren Klassen wurde die Aristotelische Syllogistik gelehrt und Leibniz wird nicht nur perfekt in der Anwendung dieser Logik, sondern erkennt sogar die Grenzen der Syllogistik [Müller/Krönert 1969, S. 5]:

> *„Ich konnte nicht nur leicht die Regeln auf konkrete Fälle anwenden, was ich zur Verwunderung meiner Lehrer allein unter meinen Schulgenossen fertigbrachte, sondern ich hatte auch meine Zweifel und trug mich schon damals mit neuen Ideen, die ich aufschrieb, um sie nicht zu vergessen. Was ich damals mit vierzehn Jahren niederschrieb, habe ich lange nachher wiedergelesen und ein außerordentliches Vergnügen daran gehabt.“*

In diesen intensiven Logikstudien liegt der Keim der späteren Forschungen, auch in der Mathematik: Leibniz sucht ein „Alphabet menschlicher Gedanken", eine universale Sprache, die „characteristica universalis", in der sich alle Zusammenhänge entdecken und beweisen lassen. Die klugen Bezeichnungen dx und $\int$ der Differenzial- und Integralrechnung und die daraus resultierende einfache Handhabbarkeit, die wir in Kapitel 1 bewundern konnten, entstammen der sorgfältigen Suche nach einer solchen Sprache.

Leibniz beschäftigt sich jetzt auch mit mittelalterlicher Scholastik, neuerer Metaphysik und Theologie. Besonderes Interesse in der Theologie finden protestantische und katholische Kontroverstheologen[9], und obwohl Leibniz der lutherischen Religion aus Überzeugung anhängt, wird er sich später sehr für eine Wiedervereinigung der Konfessionen einsetzen – erfolglos.

---

[9]Heute würden wir „Ökumenische Theologen" sagen.

3.2.2 Der Studiosus

Zu Ostern 1661 wechselt Leibniz an die Leipziger Universität. Wir kennen seine Universitätslehrer [Müller/Krönert 1969, S. 6] und wissen daher, dass er eine Einführungsveranstaltung zur Euklidischen Geometrie bei Johann Kühn (1619–1676) hörte. Es ist kaum vorstellbar, dass es außer Leibniz noch andere Studenten gab, die der Vorlesung folgen konnten. Später schreibt Leibniz über das bedauernswert niedrige Niveau der Vorlesung und merkt an, dass wenn er wie Pascal hätte in Paris aufwachsen können, er die Wissenschaften schon wesentlich früher hätte bereichern können [Aiton 1991, S. 29]. Geschätzt hat Leibniz dagegen seinen Philosophielehrer, Jakob Thomasius (1622–1684). Thomasius ist auch sein Betreuer der Bakkalaureatsarbeit *Disputatio metaphysica de principio individui* (Metaphysische Abhandlung über das Individuationsprinzip), die im Jahr 1663 erscheint. Thomasius urteilt über seinen Schüler [Müller/Krönert 1969, S. 6]:

> *„Der hochgebildete, junge Gottfried Wilhelm Leibniz hatte Freude an Gedankengängen, in denen er seinen Verstand und seinen Eifer üben konnte. Trotz seiner Jugend ist er den schwierigsten und weitläufigsten Kontroversen gewachsen."*

Die Bakkalaureatsarbeit legt schon den Keim der späteren Monadentheorie [Leibniz 2005]; der Begriff der Monade, der durch Leibniz in die Philosophie kommen wird, geht auf seinen Lehrer Thomasius zurück [Aiton 1991, S. 30].

Am 20. Juni 1663 immatrikuliert sich Leibniz an der Universität Jena. Bis ins 20. Jahrhundert hinein ist es üblich, dass Studenten ein oder mehrere Semester an einer anderen als der Heimatuniversität studieren, und Leibnizens Wahl fiel

Abb. 3.2.3. Siegel der Universität Leipzig, Erhard Weigel

vermutlich auf Jena, weil dort Erhard Weigel (1625–1699) Mathematik lehrte. Weigel war sicher kein erstklassiger Mathematiker, aber er war auch Moralphilosoph und ein erstklassiger Denker auf dem Gebiet des Naturrechts. Mit mathematischen Methoden untersuchte er die Lehrsätze der scholastischen Philosophie und machte sie lächerlich, womit er letztlich die Philosophie von den scholastischen Disputationen befreite. Es steht außer Frage, dass Leibniz viel von Weigel lernte. Leibniz wurde in dieser Zeit auch Mitglied der akademischen Gemeinschaft „Societas quaerentium", in der Weigel Professoren und Studenten wöchentlich um sich scharte, um Meinungen auszutauschen und um über Bücher zu diskutieren. Ähnliche studentische Zusammenkünfte fanden auch in Leipzig statt und Leibniz nahm auch an diesen Teil [Aiton 1991, S. 33].

Zu Beginn des Wintersemesters im Oktober 1663 ist Leibniz wieder in Leipzig und nimmt nun sein juristisches Fachstudium auf. Auf Grund seiner Kenntnisse in Geschichte und Philosophie macht ihm das Jurastudium keinerlei Probleme. Ein befreundeter Referendar am Obersten Gericht in Leipzig zeigt ihm an Hand von Beispielen, wie man Urteile in der juristischen Praxis fällt. Obwohl Leibniz das Amt eines Richters offenbar angezogen hat, scheute er doch vor den Intrigen der Anwälte zurück. Anfang 1664, am 7. Februar, wird er mit der Arbeit *Specimen quaestionum philosophicarum ex jure collectarum*, die im Dezember veröffentlicht wird, zum Magister der Philosophie. Dann stirbt am 16. Februar seine Mutter *„infolge eines Katharrs, der ihr die Atemwege zuschnürte."* ([Müller/Krönert 1969, S. 7]). Aiton schreibt [Aiton 1991, S. 27]:

> *„Ihre Tugend und Frömmigkeit prägten Leibniz von Kind an. So glich er in seiner bewundernswerten sittlichen Haltung der Mutter in vielem."*

Dieses Zitat stammt von einem englischen Leibnizforscher, der nicht in dem Verdacht steht, aus nationalistischen Beweggründen Leibniz zu verklären. Sicher hat auch der ältere Leibniz seine Ecken, Kanten und Eitelkeiten gehabt, aber im Vergleich zu Newton scheint Leibniz stets über ein ausgeglichenes und freundliches Temperament verfügt zu haben.

Anfang 1665 wird Leibniz Mitglied der „Societas conferentium" in Leipzig und übernimmt zwei Mal das Amt des Kassenführers. Am 28. September erwirbt er den Grad eines „juris utriusque baccalarius", er ist nun also Bakkalaureat der beiden Rechte, Kirchen- und Staatsrecht. Nun ging es für Leibniz an seine Habilitationsschrift für die Philosophische Fakultät. Dabei ist „Habilitationsschrift" nicht im heutigen Sinne zu verstehen, denn es handelte es sich um eine weitere Arbeit nach der Magisterarbeit, mit der man sich auch um eine Stelle an der Universität bewerben konnte [Leonhardi 1799, S. 568f.]. Seine Schrift *Disputatio arithmetica de complexionibus*, mit der er sich am 17. März 1666 habilitiert, gilt als Vorstudie seiner *Dissertatio de arte combinatoria*, die 1666 erscheint. Die *Dissertatio de arte combinatoria* zeichnet sich durch große Originalität aus und wurde von den Gelehrten der Zeit sehr positiv aufgenommen.

Später wird Leibniz diese Schrift als Jugendwerk bezeichnen und bedauern, dass er sie veröffentlichte, ohne zuvor Mathematik studiert zu haben [Aiton 1991, S. 35]. Zur Erinnerung: Wir haben die Jahre 1664-1666 als die „anni mirabiles", die Wunderjahre, Newtons bezeichnet, in denen er unvorstellbare Fortschritte in der Mathematik gemacht hatte. Zu dieser Zeit ist Leibniz noch weit von der modernen Mathematik seiner Zeit entfernt!

In der *Dissertatio de arte combinatoria* entwickelt Leibniz die Idee des „Alphabets menschlicher Gedanken" seiner Schulzeit. Nach Leibniz ist die „Ars combinatoria" eine Logik der Entdeckungen, von der syllogistischen Logik des Aristoteles verschieden. Leibniz ist beeinflusst von der „Großen Kunst" des Raimundus Lullus (um 1232–1316), der eine Art Kategorientafel aus sechs Reihen und neun absoluten Attributen, neun Relationen, neun Fragen, neun Tugenden und neun Lastern konstruierte und mit einem mechanischen Hilfsmittel Beziehungen zwischen ihnen herstellte. Leibnizens Konstruktion ist im wesentlichen identisch zum Pascal'schen Dreieck, wenn auch in ganz neuer Anordnung. Sie erlaubt die Übersetzung von, zum Beispiel, geometrischen Bezeichnungen in Symbole, so dass sich mit Hilfe verschiedener Kombinationen Definitionen der Geometrie ergeben. Es handelt sich hier um einen ersten Schritt zur „Characteristica universalis", dem großen Leibniz'schen Traum, in der man mit Hilfe mathematischer Algorithmen denken und Beweise führen kann. In einem Anhang gibt Leibniz einen kosmologischen Gottesbeweis in der Form eines Euklidischen Beweises, zu dem ihn vermutlich Weigels Vorlesung in Jena angeregt hat [Aiton 1991, S. 41].

Für einen nun in Leipzig und darüber hinaus bekannten jungen Gelehrten stand die Promotion an, allerdings wurde daraus in Leipzig nichts. Die Assessoren der juristischen Fakultät wurden in der Reihenfolge ihrer Ernennung zum Doktor von der Universität berufen, also hatten diese Assessoren keinerlei Interesse daran, einen Jungspund wie Leibniz an ihnen vorbeiziehen zu sehen. Mit dem Argument, Leibniz sei noch zu jung, wird ihm die Promotion zum Doktor beider Rechte verweigert.

3.2.3 Der junge Doctor utriusque iuris

> „Als ich die Intrige meiner Konkurrenten bemerkte, änderte ich meine Pläne und beschloß, auf Reisen zu gehen und Mathematik zu studieren. Denn ich war der Meinung, ein junger Mann dürfe nicht wie angenagelt an ein und demselben Ort verweilen, und schon lange brannte ich vor Begierde, größeren Ruhm in den Wissenschaften zu erwerben und die Welt kennenzulernen."

So schreibt Leibniz [Müller/Krönert 1969, S. 9] über seinen Abschied von Leipzig Ende September 1666. Am 4. Oktober immatrikuliert er sich an der juristischen Fakultät der Universität Altdorf bei Nürnberg.

Abb. 3.2.4. Die Universität Altdorf im Jahr 1714

Die Universität Altdorf hatte nach dem Dreißigjährigen Krieg bis ins erste Viertel des 18. Jahrhunderts ihre Blütezeit. Als 1806 Nürnberg und damit auch Altdorf an das Königreich Bayern fielen, schlug Altdorf die Stunde; am 24. September 1809 wurde die Universität von König Maximilian I. Joseph aufgelöst. Berühmt wurde Altdorf durch ihren Studenten Albrecht von Waldstein, genannt „Wallenstein", der sich am 29. August 1599 dort immatrikulierte, in den Mord eines Fähnrichs der Altdorfer Bürgerwehr verwickelt war, seinen Diener mit einer Peitsche schwer misshandelte und 1600 ohne Abschluss von der Universität verschwand.

Leibniz hatte noch in Leipzig seine Dissertation fertiggestellt und reichte sie nun in Altdorf ein. Ihr Titel war *De casibus complexis in jure* (Über schwierige Rechtsfälle) und wurde schon im November 1666 veröffentlicht. Leibniz schreibt am 15. November [Müller/Krönert 1969, S. 9]:

> *„Kurz darauf erwarb ich an der nürnbergischen Universität mit einundzwanzig Jahren den Doktorgrad unter größtem allgemeinen Beifall."*

Die eigentliche feierliche Promotion zum Doktor beider Rechte findet am 22. Februar 1667 mit zwei Vorträgen Leibnizens statt, die großen Anklang finden. Er erhält Glückwunschgedichte aus Altdorf, aber auch aus Leipzig; so von seinem Lehrer Jakob Thomasius. Leibniz hat so sehr „eingeschlagen", dass man ihn als Professor in Altdorf behalten wollte. Ein Angebot ergeht von Johann

Abb. 3.2.5. Daniel Wülfer (Stadtarchiv/Stadtbibliothek Trier, Porträtsammlung Signatur: Port 4383 [Künstler: Peter Troschel (1620–1667)]) und Johann Philipp Schönborn (Kurfürst und Erzbischof von Mainz. *Beschreibung und Abbildung Aller Königl. und Churfürstl. Ein-Züge, Wahl und Crönungs Acta...* [Merian 1658])

Michael Dilherr, dem Leiter des Unterrichtswesens der Stadt Nürnberg, aber Leibniz lehnt ab, denn [Müller/Krönert 1969, S. 10]:

> *„... mein Geist bewegt sich in einer ganz anderen Richtung.“*

Am 2. Oktober 1666 hatte er bereits seiner Schwester Anna Katharina Löffler einen Schuldschein über 30 Taler ausgestellt, am 14. Februar 1667 folgt einer an einen Verwandten in Leipzig und Vermögensverwalter der Familie, Christian Freiesleben, über 30 Taler. Als er vermutlich im März 1667, kurz nach der Promotion, nach Nürnberg übersiedelt, stellt er Christian Freiesleben am 16. April einen weiteren Schuldschein über 60 Taler aus, am 14. Juli einen weiteren über 40 Taler. Vom Frühjahr bis Sommer 1667 verkehrt Leibniz im Hause des protestantischen Theologen Daniel Wülfer (1617–1685).

Wülfer ist Präsident einer alchemistischen Gesellschaft in Nürnberg und er installiert Leibniz als Sekretär, der den Verlauf von Experimenten dokumentieren muss. Guhrauer [Guhrauer 1966, Bd. 1, S. 46] spricht von einer Gesellschaft der Rosenkreuzer, aber dafür haben wir keine Anhaltspunkte; die ältere Biographie von Eckhart [Eckhart 1982] enthält auch keine klare Zuschreibung dieser Geheimgesellschaft. Leibniz exzerpiert während seiner Tätigkeit als Sekretär auch Werke berühmter Alchemisten. Im Gegensatz zu Newton ist Leibniz alchemischen Experimenten gegenüber zwar offen, aber grundsätzlich kritisch eingestellt. Er schreibt [Müller/Krönert 1969, S. 11]:

*„Auch ließ ich es nicht an Neugier fehlen, hielt sie jedoch durch die
gebotene Kritik in Grenzen. Ich habe gesehen, wie [Johann Joachim]
Becher und andere mir sehr bekannte Leute Schiffbruch erlitten, während sie mit dem günstigen Winde ihrer Alchemistenträume zu segeln
glaubten."*

Schließlich reist Leibniz ab. Er will nach Holland und noch weiter, aber dazu
kommt es nicht. Er schreibt [Müller/Krönert 1969, S. 11]:

*„Im 21. jahr habe ich in utroque jure mit ungemeiner approbation
promovirt, und darauff meine reisen angetreten, als ich aber durch
Maynz passiret, der meinung nach Holland und weiter zu gehen, bin
ich bey dem damahligen berühmten Churfürsten Johann Philipp in
Kundschafft kommen, der mich bey sich behalten, mir munus Consiliarii Revisionum conferiret und andere gnaden gethan, und habe alda
angefangen mit den gelehrtesten Leuten in und außer Teutschland zu
correspondieren."*

3.2.4 Jurist und Diplomat

Kurfürst Johann Philipp von Schönborn (1605–1673) war ab 1647 Kurfürst
und Erzbischof von Mainz und hatte sich bei den Friedenskongressen von
Münster und Osnabrück als kompromissbereit gegenüber den Protestanten
gezeigt.

Langjähriger Minister Schönborns in Mainz war Baron Johann von Boineburg
gewesen, den eine französische Intrige jedoch 1664 stürzte. Ungefähr zu der
Zeit, als Leibniz in Mainz eintraf, kam es jedoch aus Anlass der Heirat von Boineburgs ältester Tochter mit dem Neffen des Kurfürsten zu einer Versöhnung.
Leibniz kannte Boineburg aber schon früher, denn in einem Brief Boineburgs
an den Polyhistor und Leibarzt der schwedischen Königin Kristina, Hermann
Conring (1606–1681), schreibt er im April 1668 [Müller/Krönert 1969, S. 13]:

„Ich kenne den Autor [d.i. Leibniz] sehr genau, er ist Doktor der Rechte, zweiundzwanzig Jahre alt, sehr gebildet, ein vortrefflicher Philosoph, voll Ausdauer, zu spekulativen Gedankengängen fähig und entschlossen. [...] Er wohnt jetzt in Mainz, nicht ohne meine Fürsprache."

Über das „wann und wo" des ersten Treffens von Leibniz mit Boineburg haben
wir keine Kenntnisse. Leibniz hatte auf der Reise in Wirtshäusern die Schrift
Nova methodus discendae docendaeque jurisprudentiae (Eine neue Lern- und
Lehrmethode in der Jurisprudenz) verfasst, deren Erstdruck bei dem Drucker Johann David Zunner in Frankfurt am Main 1667 erschien [Antognazza
2009, S. 82]. Vermutlich ist das erste Treffen zwischen Leibniz und Boineburg
auch nach Frankfurt zu verorten. Leibniz übergab diese Arbeit persönlich dem

Kurfürsten und wurde daraufhin gegen ein wöchentliches Honorar engagiert, um dem Geheimrat Hermann Andreas Lasser bei dessen Überarbeitung des Römischen Rechts zu helfen. Leibniz wirft sich in die Arbeit, zieht sogar zu Lasser, und kann seine juristischen Kenntnisse voll zur Geltung bringen.

Auch bei Boineburg ist Leibniz beschäftigt und mit der Zeit entwickelt sich eine persönliche Freundschaft. Als Boineburg auf eine Mission gehen soll, um die Wahl des polnischen Königs zu Gunsten des Pfalzgrafen von Neuburg zu beeinflussen, unterstützt ihn Leibniz mit einer kleinen Arbeit, die einem unbekannten polnischen Edelmann zugeschrieben wird. Obwohl die Schrift erst nach der Wahl erscheint (Der Pfalzgraf wurde nicht gewählt), hat Boineburg sich in seinen Argumentationen und Reden sicher auf sie gestützt [Aiton 1991, S. 47f.].

Boineburg war ein frommer Mann, der zum Katholizismus konvertiert war. Leibniz blieb zwar immer Lutheraner, aber in dem Wunsch, die Konfessionen wieder zu vereinen, waren sich die beiden Männer einig. So schrieb Leibniz eine Entgegnung *Defensio Trinitatis per nova reperta logica* (Verteidigung der Trinität durch neu entdeckte Argumente) auf ein Schreiben des Unitaristen Andreas Wissowatius an Boineburg, in dem er die logischen Fehler Wissowatius' klar aufzeigte. Im Kampf gegen Feinde des Christentums und der Religion waren sich Boineburg und Leibniz ebenfalls einig. Der Leibniz'sche Aufsatz wurde von Boineburg an Freunde verschickt und durch den Augsburger Theologen Gottlieb Spitzel im Jahr 1669 ohne Nennung des Autors unter dem Titel *Confessio naturae contra atheistas* (Bekenntnis der Natur gegen die Atheisten) gedruckt. In dieser Schrift findet sich schon der Gedanke des wichtigen Leibniz'schen Satzes vom zureichenden Grund und von der prästabilierten Harmonie.

Nach der Rückkehr aus Polen gab Boineburg Leibniz die Aufgabe, eine neue Ausgabe des 1553 erschienenen Buches *Anti-Barbarus seu de veris principiis et vera ratione philosophandi contra Pseudophilosophos* (Der Anti-Barbar oder über die wahren Prinzipien und die richtige Denkweise in der Philosophie gegen die Pseudophilosophen) des Italieners Marius Nizolius zu besorgen. Die neue Ausgabe erschien zur Buchmesse 1670. Schon im Jahr zuvor hatte Leibniz Boineburg nach Bad Schwalbach begleitet, wo dieser sich einer Behandlung unterzog. Leibniz macht die Bekanntschaft des Juristen Erich Mauritius, der ihn auf Veröffentlichungen von Christopher Wren und Christiaan Huygens in den „Philosophical Transactions" der Royal Society hinweist. Damit gibt er den Anstoß zur Niederschrift der *Hypothesis physica nova* (Eine neue physikalische Hypothese), die Leibniz noch in Bad Schwalbach beginnt [Aiton 1991, S. 54]. Die endgültige Version erscheint 1671 anonym, trägt aber die Autorinitialen G.G.L.L. auf dem Titel. Diese endgültige Version setzt sich aus zwei sich ergänzenden Arbeiten zusammen, der *Theoria motus concreti* und der *Theoria motus abstracti*, die der Royal Society bzw. der Académie Royale des Sciences in Paris gewidmet waren. In *Hypothesis physica nova* vertritt Leibniz eine kontinuierliche Bewegung ohne Pausen. Der zentrale Begriff ist der des

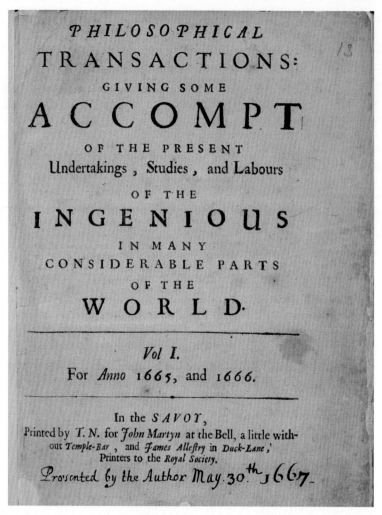

Abb. 3.2.6. Titelseite des ersten Bandes der „Philosophical Transactions", herausgegeben von Henry Oldenburg, 1666

conatus (Drang). Alles sich Bewegende ist bestrebt, seinen *conatus* zu erhalten. Wird ein Körper aufgehalten, bewegt der *conatus* die ihn aufhaltenden Körper. Ein Körper, der sich entlang einer Kurve bewegt, hat den *conatus*, sich entlang der Tangente zu bewegen. In einem Brief an Heinrich Oldenburg legt Leibniz Wert darauf, dieses Prinzip als erster entdeckt zu haben. Kurz nach der Veröffentlichung der *Hypothesis physica nova* Mitte 1671 gibt die Royal Society eine neue Ausgabe heraus, und Heinrich Oldenburg verrät Christiaan Huygens, wer der Autor des Werkes ist. Oldenburg schreibt [Müller/Krönert 1969, S. 22]:

Abb. 3.2.7. Herzog Johann Friedrich [unbekannter Maler] und der junge Leibniz
(cienciart files wordpress.com)

> *„Er scheint kein gewöhnlicher Geist zu sein, sondern er hat genau ge-*
> *prüft, was die großen Philosophen der Antike und der neueren Zeit*
> *über die Natur gesagt haben, und da er viele offene Probleme vorfand,*
> *hat er versucht, sie zu lösen. Ich kann nicht beurteilen, inwieweit er*
> *Erfolg gehabt hat. Dennoch wage ich zu behaupten, daß seine Gedan-*
> *ken erwägenswert sind. Unter anderem stellt er Überlegungen über die*
> *Gesetze der Bewegung an, wie sie von Ihnen und Herrn Wren aufge-*
> *stellt worden sind.“*

Etwa zur gleichen Zeit tritt Leibniz mit Pierre de Carcavi, dem königlichen
Bibliothekar in Paris, in Verbindung und erwähnt erstmalig seine Rechenmaschine. Carcavi und der Mathematiker Jean Gallois wollen sich für eine
Aufnahme Leibnizens in die Pariser Akademie einsetzen und ihm wird geraten, sich persönlich in Paris vorzustellen. Carcavi fordert Leibniz auf, seine
Rechenmaschine nach Paris zu senden, damit man sie Minister Colbert präsentieren kann [Aiton 1991, S. 61].

Gegen Ende des Jahres 1669 erhält Leibniz eine erste Einladung des Herzogs
Johann Friedrich, nach Hannover zu kommen. Leibniz lehnt ab; Hannover war
erst 1636 zur Residenzstadt geworden und ein kleines, abgelegenes Nest ohne
Bedeutung. Den Regenten Johann Friedrich schätzt Leibniz jedoch und Hannover wird später schließlich zu seiner Schicksalsstadt. Vorerst möchte er lieber
weiter mit Lasser am Römischen Recht arbeiten. Im Mai 1671 sendet Leibniz

zwei religiöse Schriften und eine kurze Erläuterung seiner Ideen zur *Hypothesis physica nova* nach Hannover zu Herog Johann Friedrich. Im Oktober 1671 folgt ein weiterer Brief an den Herzog, den Leibniz vielleicht zu Beginn des Monats in Frankfurt/Main persönlich getroffen hat [Aiton 1991, S. 62]. Er berichtet dem Herzog, dass er nach Paris gehen möchte, dass Colbert seine Rechenmaschine sehen möchte, und bittet Johann Friedrich um ein Empfehlungsschreiben.

Im August 1670 begleitet Leibniz Boineburg erneut nach Bad Schwalbach und sie sprechen darüber, wie man den Frieden in Europa erhalten kann. Diese Gespräche, die unter dem Eindruck der Hegemonie Frankreichs unter Ludwig XIV. geführt wurden, sind der Anstoß zu einem verwegenen Ablenkungsmanöver, dem *Consilium Aegyptiacum*, das Leibniz schließlich nach Paris führen wird.

Der Herzog von Lothringen fühlte sich (zu Recht) von Ludwig XIV. bedroht und wollte ein Bündnis mit Kurmainz, das nach Rücksprache mit Leibniz von Boineburg abgelehnt wurde. Wenige Wochen später wurde der Herzog von Lothringen von Ludwig vertrieben. Boineburg hatte auch persönliche Gründe, sich mit dem französischen König gut zu stellen, denn er hatte noch ausstehende Pacht- und Pensionszahlungen. Im Dezember 1671 erschien in Mainz ein Gesandter Ludwigs, der vom Kurfürsten die Garantie einer ungehinderten Durchfahrt französischer Schiffe auf dem Rhein erhalten wollte, da Frankreich die Niederlande angreifen wolle. Um Ludwig von Einsätzen in Europa und insbesondere gegen Mainz abzuhalten, entwarf Leibniz den Plan einer Art Kreuzzuges nach Ägypten, eben das *Consilium Aegyptiacum*, das er dem französischen Hof persönlich vorlegen sollte. Eine unbestimmt abgefasste Note machte den Hof in Paris so neugierig, dass der französische Außenminister um weitere Mitteilungen bat. In einem Brief vom 4. März 1672 schrieb Boineburg dem Minister, er werde Leibniz schicken.

Am 19. März 1672 schon brach Leibniz nach Paris auf, zwölf Tage später traf er dort ein. Er hatte alle Vollmachten Boineburgs, sich um die Pacht- und Pensionsansprüche zu kümmern, einen Reisekostenvorschuss und ein Empfehlungsschreiben an den Minister. Kurz vor der Abreise starb Leibnizens Schwester, Anna Catharina Löffler.

Aktivitäten der heranwachsenden Krieger

1661	ISAAC NEWTON bezieht als Student das Trinity College an der Universität Cambridge
1661	GOTTFRIED WILHELM LEIBNIZ wird Student der Universität Leipzig
1664-1666	NEWTONs so genannte „anni mirabiles"
1664	NEWTON beginnt sein Notizbuch *Quaestiones quedam Philosophicae*
1664	LEIBNIZ wird an der Leipziger Universität Magister der Philosophie
1664-1665	NEWTON studiert die Schriften von VIETA, VAN SCHOOTEN, DESCARTES und WALLIS intensiv
1664	NEWTON gewinnt ein Stipendium am Trinity College
1664	ROBERT BOYLE veröffentlicht *Experiments and Considerations Touching Colors*
1664 oder 1665	NEWTON gelingt ein Durchbruch zu einer allgemeinen Theorie der Quadratur
1665	ROBERT HOOKEs *Micrographia* erscheint in London
1665	NEWTON entdeckt die Methode der unendlichen Reihen und berechnet damit die Fläche unter einer Hyperbel
1666	NEWTON schreibt den „Oktobertraktat", in dem er seine Resultate zur Fluxionenrechnung virtuos zusammenfasst. Er arbeitet über die Theorie der Farben und die Gravitationstheorie
1666	LEIBNIZ veröffentlich die *Dissertatio de arte combinatoria*
Herbst 1666	LEIBNIZ verlässt die Universität Leipzig, da ihm seiner Jugend wegen die Promotion verwehrt wird. Er immatrikuliert sich an der Universität Altdorf
1667/68	NICOLAUS MERCATOR veröffentlicht die LOGARITHMOTECHNIA mit der Quadratur der Hyperbel
1667	NEWTON wird „minor fellow" von Trinity College
1667	LEIBNIZ wird an der Universität Altdorf zum Doktor beider Rechte promoviert. Er tritt als Jurist in die Dienste des Mainzer Kurfürsten
1668	NEWTON wird „major fellow" von Trinity College
1669	ISAAC BARROW schickt das NEWTON'sche Manuskript *De analysi per aequationes numero terminorum infinitas* an JOHN COLLINS nach London
1669	NEWTON wird als BARROWs Nachfolger Professor auf dem Lucasischen Stuhl
1669	NEWTON erfindet das Spiegelteleskop
ab Winter1670	NEWTON schreibt am Manuskript von *De methodis*
1672	NEWTON wird Mitglied der *Royal Society*. Er reicht bei der *Royal Society* ein Manuskript zur Theorie der Lichts und Entstehung der Farben ein, woraufhin ein Prioritätsstreit mit ROBERT HOOKE entbrennt
1672	LEIBNIZ reist in politischer Mission nach Paris

4.1 Der Mathematiker: Leibniz in Paris

Unsere eigentliche Geschichte beginnt erst jetzt. Es ist Ende März 1672, als
Leibniz in Paris eintrifft. Er hat keine Ahnung von Mathematik, er kennt
Newton nicht (und *vice versa!*), aber er ist von seinen eigenen Fähigkeiten
durchaus überzeugt. Innerhalb der nächsten paar Jahre wird sich ein kalter
Krieg entwickeln, der erst viel später „heiß" werden wird.

Ende März hatte England bereits den Krieg gegen die Niederlande begonnen;
Frankreich trat eine Woche später in den Krieg ein. Damit war der geheimpo-
litische Auftrag Leibnizens hinfällig geworden – Europa war wieder einmal im
Krieg. Eine Audienz beim Außenminister erhielt er erst gar nicht. Leibniz hat
gute Kontakte zu dem Jansenisten Antoine Arnauld (vergl. Abschnitt 2.6) und
er bleibt in Paris, um die Pensionsansprüche Boineburgs durchzusetzen, aber
auch um sich selbst weiter zu bilden. Anfang November schreibt Boineburg

Abb. 4.1.1. Gegen Ende des 80-jährigen Krieges erreichte der Norden der Niederlande 1648 seine Unabhängigkeit. Der Süden verblieb bei Spanien. England und die
Niederlande führten zwischen 1652 und 1668 zweimal Krieg gegeneinander, sie waren
konkurrierende Seemächte. 1667/68 führte Frankreich unter Ludwig XIV. Krieg gegen Spanien, um die spanischen Niederlande für sich zu gewinnen. Das wurde durch
eine Allianz (England, Schweden, Niederlande) verhindert. 1672 griffen Frankreichs
und Englands Truppen die Niederlande an. England zog sich 1674 aus dem Krieg zurück. Im Frieden von 1678 gelobten die Niederlande Neutralität, Ludwig XIV. hatte
seine Macht ausgedehnt, ohne die Niederlande endgültig militärisch besiegt zu haben

[Karte: Wesemüller-Kock]

Abb. 4.1.2. Ludwig XIV. überquert 1672 den Rhein bei Lobith nahe Nimwegen ([Gemälde von A. Frans van der Meulen, 1690] Rijksmuseum Amsterdam SK-A-3753). Der sogenannte holländische Krieg dauerte von da an noch sieben Jahre und viele Staaten Europas waren involviert.

ihm, dass sein Sohn Philipp Wilhelm nach Paris kommen würde, und dass Leibniz bitte dessen Studien überwachen solle. Am 16. November trifft der junge Boineburg ein, aber Leibniz wird seine Gouvernantenrolle schnell aufgeben. Philipp Wilhelm von Boineburg wird begleitet von Melchior Friedrich von Schönborn (1644–1717), dem Neffen des Kurfürsten und Schwiegersohn Boineburgs. Da erleidet Johann Christian von Boineburg einen Schlaganfall, dem er am 15. Dezember erliegt. Leibniz hat nicht nur einen guten Freund, sondern auch einen Förderer verloren.

Neben Antoine Arnauld verkehrt Leibniz mit dem königlichen Bibliothekar Pierre de Carcavi, der ihn um Einsendung der Rechenmaschine gebeten hatte. Nun arbeitet Leibniz mit Hochdruck an dieser Maschine und kann Anfang 1673 ein immer noch nicht ganz funktionierendes Modell vorzeigen[1].

Im Herbst 1672 besucht Leibniz den damals auf der Höhe seines Ruhms stehenden Christiaan Huygens, der in Paris in einer Wohnung in der Königlichen Bibliothek lebt. Diesen Besuch hat Leibniz in der *Historia et origo calculi differentialis* (Geschichte und Ursprung der Differentialrechnung), einer in

---

[1]Wie Mackensen in [Mackensen 1973, S. 26] schreibt: *„An der Fertigstellung einer sicher funktionierenden Leibnizschen Rechenmaschine arbeiteten jedoch verschiedene Mechaniker noch bis zum Tode des Erfinders, ...“*

Reaktion auf den Prioritätsstreit sehr viel später geschriebenen Schrift, festgehalten [Gerhardt 1846]. Eine englische Übersetzung findet man in [Child 2005]. Huygens empfiehlt dem jungen Mann die Lektüre der *Arithmetica infinitorum* des John Wallis und des *Opus geometricum* von Grégoire de Saint-Vincent, dass sich Leibniz sofort aus der Bibliothek ausleiht, aber als sehr schwerfällig empfindet [Hofmann 1974, S. 15]. Da Leibniz wohl andeutet, er hätte eine Methode zur Summierung unendlicher Reihen gefunden [Aiton 1991, S. 70], legt ihm Huygens zum Test ein Problem vor, das er selbst 1665 gelöst hatte, die Summierung der reziproken Dreieckszahlen. Dreieckszahlen stammen schon aus der pythagoreischen Antike [Sonar 2011].

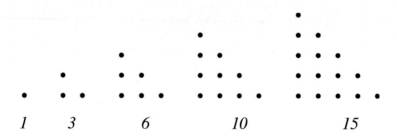

Abb. 4.1.3. Die ersten 5 Dreieckszahlen

Es handelt sich dabei um die Anzahl der Punkte, die auf einem äquidistanten Raster Dreiecke ergeben, wie in Abbildung 4.1.3 gezeigt. Das Bildungsgesetz für Dreieckszahlen ist offenbar

$$D_n := \frac{n(n+1)}{2}.$$

Die Huygens'sche Aufgabe besteht also darin, den Wert der Reihe

$$\frac{1}{1} + \frac{1}{3} + \frac{1}{6} + \frac{1}{10} + \ldots + \frac{1}{D_n} + \ldots$$

zu ermitteln, falls dieser existiert. Nun hatte sich Leibniz bereits mit Differenzensummen beschäftigt, d.h. mit unendlichen Reihen der Form

$$d_1 + d_2 + d_3 + d_4 + \ldots,$$

wobei jeder Summand durch die Differenz $d_i := a_i - a_{i+1}$ gegeben ist. Wegen

$$d_1 + d_2 + d_3 + d_4 + \ldots + d_{n-1} = (a_1 - a_2) + (a_2 - a_3) + (a_3 - a_4) + \ldots$$
$$\ldots + (a_{n-2} - a_{n-1}) + (a_{n-1} - a_n)$$

folgt $\sum_{i=1}^{n-1} d_i = a_1 - a_n$. Heute würden wir diese Summe eine „Teleskopsumme" nennen. Ist die Folge (a_i) so beschaffen, dass sie eine Nullfolge ist, dann ist der Wert der unendlichen Reihe $\sum_{i=1}^{\infty} d_i$ gerade a_1,

$$d_1 + d_2 + d_3 + d_4 + \ldots = a_1. \tag{4.1}$$

Der Schlüssel zur Lösung des Huygens'schen Problems liegt im Pascal'schen Dreieck. Das Pascal'sche Dreieck

$n =$											
0						1					
1					1		1				
2				1		2		1			
3			1		3		3		1		
4		1		4		6		4		1	
5	1		5		10		10		5		1
6	1	6	15		20		15		6	1	
7	1	7	21	35		35		21	7	1	
8	1	8	28	56		70		56	28	8	1
9	1	9	36	84	126		126	84	36	9	1

gibt die Koeffizienten der Binomialentwicklung $(a + b)^n$ an. Für $n = 2$ entnehmen wir die Koeffizienten 1, 2 und 1 und tatsächlich ist

$$(a + b)^2 = 1 \cdot a^2 + 2 \cdot ab + 1 \cdot b^2 = a^2 + 2ab + b^2,$$

und für $n = 5$ lesen wir ab

$$(a + b)^5 = 1 \cdot a^5 + 5 \cdot a^4 b + 10 \cdot a^3 b^2 + 10 \cdot a^2 b^3 + 5 \cdot ab^4 + 1 \cdot b^5$$
$$= a^5 + 5a^4 b + 10a^3 b^2 + 10a^2 b^3 + 5ab^4 + b^5.$$

Jeder Eintrag im Pascal'schen Dreieck entsteht, in dem man die beiden schräg über ihm stehenden Einträge addiert. Leibniz konstruiert nun ein Dreieck, in dem jeder Eintrag die Differenz zweier benachbarter Zahlen ist und nennt es „harmonisches Dreieck":

$n =$													
0							$\frac{1}{1}$						
1						$\frac{1}{2}$		$\frac{1}{2}$					
2					$\frac{1}{3}$		$\frac{1}{6}$		$\frac{1}{3}$				
3				$\frac{1}{4}$		$\frac{1}{12}$		$\frac{1}{12}$		$\frac{1}{4}$			
4			$\frac{1}{5}$		$\frac{1}{20}$		$\frac{1}{30}$		$\frac{1}{20}$		$\frac{1}{5}$		
5		$\frac{1}{6}$		$\frac{1}{30}$		$\frac{1}{60}$		$\frac{1}{60}$		$\frac{1}{30}$		$\frac{1}{6}$	
6	$\frac{1}{7}$	$\frac{1}{42}$		$\frac{1}{105}$		$\frac{1}{140}$		$\frac{1}{105}$		$\frac{1}{42}$		$\frac{1}{7}$	

Dieses harmonische Dreieck ist schwer zu lesen. Besser ist es, wenn man die Anordnung etwas anders wählt, nämlich so:

$$\frac{1}{1} \quad \frac{1}{2} \quad \frac{1}{3} \quad \frac{1}{4} \quad \frac{1}{5} \quad \frac{1}{6} \quad \frac{1}{7} \quad \cdots$$

$$\frac{1}{2} \quad \frac{1}{6} \quad \frac{1}{12} \quad \frac{1}{20} \quad \frac{1}{30} \quad \frac{1}{42} \quad \cdots \quad \cdots$$

$$\frac{1}{3} \quad \frac{1}{12} \quad \frac{1}{30} \quad \frac{1}{60} \quad \frac{1}{105} \quad \cdots \quad \cdots \quad \cdots$$

$$\frac{1}{4} \quad \frac{1}{20} \quad \frac{1}{60} \quad \frac{1}{140} \quad \cdots \quad \cdots \quad \cdots \quad \cdots$$

$$\frac{1}{5} \quad \frac{1}{30} \quad \frac{1}{105} \quad \cdots \quad \cdots \quad \cdots \quad \cdots \quad \cdots$$

$$\frac{1}{6} \quad \frac{1}{42} \quad \cdots \quad \cdots \quad \cdots \quad \cdots \quad \cdots \quad \cdots$$

$$\frac{1}{7} \quad \cdots \quad \cdots \quad \cdots \quad \cdots \quad \cdots \quad \cdots \quad \cdots$$

Man überzeuge sich davon, dass jede Zeile die Differenzenfolge der darüberstehenden Zeile ist und dass jede Zeile eine Nullfolge bildet. Damit können wir das Leibniz'sche Resultat (4.1) anwenden und erhalten für die zweite Zeile

$$\frac{1}{2} + \frac{1}{6} + \frac{1}{12} + \frac{1}{20} + \ldots = 1,$$

für die dritte

$$\frac{1}{3} + \frac{1}{12} + \frac{1}{30} + \frac{1}{60} + \ldots = \frac{1}{2},$$

für die vierte

$$\frac{1}{4} + \frac{1}{20} + \frac{1}{60} + \frac{1}{140} + \ldots = \frac{1}{3},$$

und so weiter. Leibniz kann also *ad hoc* unendlich viele unendliche Reihen summieren und die Huygens'sche Aufgabe folgt aus der Summe der zweiten Zeile durch Multiplikation mit dem Faktor 2:

$$\frac{1}{1} + \frac{1}{3} + \frac{1}{6} + \frac{1}{10} + \ldots = 2.$$

Bereits vor dem Tod seines Gönners Boineburg war ein diplomatischer Besuch in London geplant. Als Boineburg stirbt, unternimmt Leibniz die Reise mit Melchior Friedrich von Schönborn. Dover wird am 21. Januar 1673 erreicht, London vermutlich am 24. Januar.

4.1.1 Die erste London-Reise

So früh wie möglich sucht Leibniz seinen Landsmann Heinrich (Henry) Oldenburg auf, der als Sekretär der Royal Society fungiert.

Oldenburg stammt aus Bremen, wo er wohl 1619 geboren wurde [Boas Hall 2002, S. 4]. Oldenburg – er ist bereits der dritte Heinrich, Vater und Großvater hatten denselben Vornamen – besuchte das Paedagogeum in Bremen, eine klassische Lateinschule, und wechselte im Mai 1633 an das „Gymnasium Illustre". Nach der Reformation wurden in den protestantischen Landen, zu denen Bremen gehörte, neue Schulen gegründet, die die katholischen Schulen ersetzen sollten, und so wurde eine neue Schule bereits 1528 in den Räumen des alten Katharinenklosters aus der Taufe gehoben. Im Jahr 1610 wurde die Schule neu geordnet in das sechsklassige Paedagogeum und das weiterführende Gymnasium Illustre. Es handelte sich dabei nicht um eine dem heutigen Gymnasium vergleichbare Schule, sondern ersetzte durchaus eine Universitätsausbildung in den vier Fächern Jura, Medizin, Philosophie und Theologie. Das Bremer Gymnasium Illustre wurde erst 1810 durch Napoleon Bonaparte aufgelöst, danach gab es Diskussionen zur Gründung einer Universität, die aber zu nichts führten, so dass die heutige Bremer Universität, die erst zum Wintersemester 1971/72 ihren Lehrbetrieb aufnahm, die erste Universität nach dem Gymnasium Illustre in Bremen darstellt. Heinrich Oldenburg studierte Theologie, was für unsere Geschichte vielleicht nicht entscheidend ist, aber Marie Boas Hall weist in [Boas Hall 2002, S. 5] darauf hin, dass Oldenburg ein Meister des Lateinischen war, die sieben freien Künste studiert hatte, und in Astronomie und Mathematik weit mehr als elementare Kenntnisse besaß. Im Jahr 1641 ging er auf Reisen in den Norden der Niederlande, der von Spanien unabhängig war. In Utrecht besuchte er die Universität, an der die neuen radikalen philosophischen Lehren des René Descartes gelehrt wurden. Holländischer akademischer Tradition folgend nannte er sich nun Henricus Oldenburg, aber eine Universitätskarriere verfolgte er nicht, obwohl er Zeit seines Lebens eine Liebe zur Academia behielt. Aus seinem Briefbuch, in dem er seine Korrespondenz notierte, ist zu vermuten, dass er Privatlehrer für einige englische Schüler wurde [Boas Hall 2002, S. 7f.] und mit ihnen Reisen nach Frankreich, Italien, der Schweiz und Holland unternahm. Wahrscheinlich besuchte er auch England, jedenfalls lernte er die Sprachen Englisch, Niederländisch, Italienisch und Französisch so gut, dass er sie in späteren Korrespondenzen mit großer Meisterschaft verwenden konnte und sie auch fließend sprach.

Im Jahr 1653 ist er wieder in Bremen und wird im Auftrag des Senats als Diplomat nach England geschickt, um mit Oliver Cromwell über die Neutralität Bremens im Englisch-Niederländischen Krieg zu verhandeln. Er ändert nun seinen Vornamen in Henry. Oldenburg lernt John Milton (1608–1675), den großen Dichter von *Paradise Lost*, kennen, den Philosophen Thomas Hobbes (1588–1679), zahlreiche andere Philosophen und Naturwissenschaftler, und Robert Boyle bestellt ihn zum Lehrer seines Neffen, mit dem er Europa bereist und einige Treffen der Gruppe um Marin Mersenne in Paris besucht, vergl. die Abschnitte 2.4 und 2.6.

Bei der Gründung der Royal Society 1660 steht Oldenburg auf der Mitgliederliste und wird ein Jahr später zum Sekretär gewählt; ein Amt, das er teilweise gemeinsam mit John Wilkins ausübt. Nach dem Vorbild von Mersenne organisiert er von London aus ein Korrespondenznetz in Europa. Auch fungiert er als Herausgeber der Zeitschrift „Philosophical Transactions" der Royal Society, die im März 1665 erstmals erscheint.

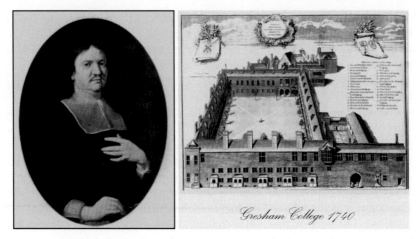

Abb. 4.1.4. Henry Oldenburg und Gresham College, in dem 1660 die Royal Society gegründet wurde. Zu den frühen Mitgliedern zählten Christopher Wren, R. Boyle, W. Brouncker, R. Hooke, S. Pepys, J. Wallis, Henry Oldenburg und andere

Eine interessante Episode in Oldenburgs Leben stellt seine Gefängnishaft im Jahr 1667 dar [McKie 1948], zu der er durch Publikationen unter dem Pseudonym „Grubendol" (ein Anagramm von „Oldenburg") im zweiten Englisch-Niederländischen Krieg gekommen war, auf Grund derer man ihn als Spion verdächtigte. Oldenburg heiratete 1663 Dorothy West, eine 40-jährige Frau aus der Gemeinde St. Paul Covent Garden [Boas Hall 2002, S. 80f.], über die wir nichts anderes wissen, als dass sie bereits 1665 starb und ihrem Ehemann ein Mündel, die im Jahr 1664 zehnjährige Dora Katharina Dury, in den Haushalt brachte. Nach dem Tod seiner ersten Frau heiratete Oldenburg im Jahr 1668 dieses Mündel – er war ein Mann um die 50, sie ein Mädchen von etwa 14 Jahren. Das Paar bekam zwei Kinder, Rupert und Sophia [Boas Hall 2002, S. 312ff.]. Heinrich Oldenburg starb am 5. September 1677 nach einer kurzen, schweren Erkrankung, über die wir aus dem Tagebuch von Robert Hooke [Robinson/Adams 1955] nur wissen, dass Oldenburg am 3. September krank zu Bett liegt und bereits zwei Tage später tot ist. Es erscheint wie ein schlechter Witz, dass wir gerade durch Hooke, der durch einen immer persönlicher und bitterer werdenden Streit mit Oldenburg dessen letztes Lebensjahr belastet hat, von der Krankheit und Oldenburgs Tod erfahren.

Leibniz hatte bereits 1670 die Korrespondenz mit der Royal Society aufgenommen, und Oldenburg hatte für den Nachdruck der *Hypothesis physica nova* gesorgt. Oldenburg hatte das Buch an Wallis, Hooke und Boyle zur Begutachtung gegeben; Boyles Reaktion ist nicht bekannt, Wallis reagierte positiv, Hooke ablehnend [Hofmann 1974, S. 23f.]. Leibniz war also innerhalb der Royal Society nicht ganz unbekannt. Nun möchte er der Royal Society sein Modell der Rechenmaschine vorstellen und er bekommt diese Gelegenheit bei der Sitzung am 8. Februar 1673.

Abb. 4.1.5. Nachbau der Leibniz'schen Rechenmaschine (Gottfried Wilhelm Leibniz Bibliothek – Niedersächsische Landesbibliothek Hannover, Leibniz' Vier-Spezies-
Rechenmaschine)

Robert Hooke, der Experimentator der Royal Society, untersucht das Modell
– das nicht perfekt funktioniert – äußerst genau, liest dann über Spiegeltele-
skope und greift dabei Newtons Konstruktion an. Während der Sitzung am 8.
Februar 1673 ist Leibniz auch anwesend, als Oldenburg den Brief Sluses über
Tangenten verlas und Hooke sich über weitere Verbesserungen des Spiegelteleskops äußerte. Für Leibniz wichtiger ist aber ein Treffen mit Robert Moray
(1608 oder 1609–1673), der zu den einflussreichsten Mitgliedern der Royal Society gehörte. Von Moray erfährt Leibniz, dass Samuel Morland ebenfalls eine
Rechenmaschine gebaut habe.

Oldenburg arrangiert daraufhin ein Treffen zwischen Leibniz und Morland,
bei dem sich herausstellt, dass Morlands Maschine nicht eigenständig multiplizieren und dividieren kann, während Leibnizens Maschine eine vollständige
Vier-Spezies-Maschine ist [Hofmann 1974, S. 25].

Ein paar Tage später ist Leibniz zu Gast bei Robert Boyle, wie immer an
chemischen Experimenten interessiert. Am Abend lernt Leibniz den Mathematiker John Pell (1611–1685) kennen, der neben Wallis als führender Mathematiker Englands gilt.

Pell ist jetzt 60 Jahre alt, er hat Leberbeschwerden, ist nicht gut gelaunt und
hat keinerlei Sympathie für den jungen Mann aus den Deutschen Landen [Hof-
mann 1974, S. 16]. Leibniz berichtet über seine Erfolge bei der Summierung
und Interpolation von Differenzenreihen, nicht ahnend, welche Fortschritte die
Engländer bereits auf dem Gebiet der Reihensummierung gemacht haben. An
Oldenburg schreibt Leibniz [Malcolm/Stedall 2005, S. 221]:

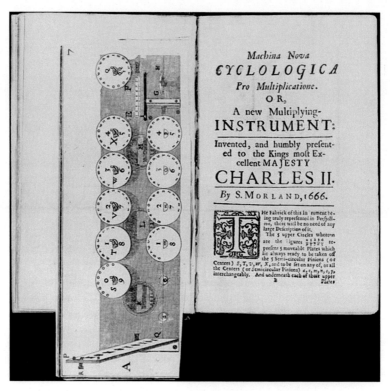

Abb. 4.1.6. Samuel Morlands Rechenmaschine 1666

„Als ich gestern bei dem sehr erlauchten Herrn Boyle war, traf ich den
berühmten Herrn Pell, einen bemerkenswerten Mathematiker, und die
Sprache kam auf den Gegenstand der Zahlen ...“

(When I was yesterday at the very illustrious Mr Boyle's, I met the
famous Mr Pell, a notable mathematician, and the topic of numbers
chanced to come up ...)

Leibniz ist überrascht, als Pell ihm eröffnet, dass das Gebiet der Differenzenreihen bereits ausführlich in dem Buch *De diametris apparentibus solis et lunae*
des Franzosen Gabriel Mouton behandelt worden ist, in dem schon Resultate von Regnauld beschrieben wurden. Pell lässt Leibniz aussehen wie einen
Plagiator und es kommt zu einem kleinen Skandal. Leibniz schreibt weiter:

„der berühmte Pell antwortete, das dies schon gedruckt sei ... in dem
Buch 'De diametris apparentibus solis et lunae' des verdienstvollen
Mouton.“

(the famous Pell answered that this was already in print ... in the book
by the meritorious Mouton, *De diametris apparentibus solis et lunae*.)

Leibniz hat dieses Buch nie gesehen,

Abb. 4.1.7. Sir Samuel Morland ([Gemälde von P. Lely, 1645] Collection of
Mr. James Stunt) und John Pell [Gemälde von Godfrey Kneller, 17. Jh.]

*„aus diesem Grund nahm ich das Buch bei Herrn Oldenburg zur Hand
... Ich blätterte es hastig durch und fand, dass das, was Pell sagte,
vollkommen richtig war."*

(for which reason, picking it up at Mr Oldenburg's ... I ran through it
hastily, and found that what Pell had said was perfectly true.)

Leibniz war klar durchgefallen und vielleicht war es Oldenburg der ihm riet,
eine schriftliche Erklärung dieser Affäre bei der Royal Society zu hinterlegen.
Aus dem in großer Eile geschriebenen Manuskript wird deutlich, wie wenig
Leibniz die mathematische Literatur kannte [Hofmann 1974, S. 27].

In der späteren englischen Bannschrift *Commercium epistolicum D. Johannis Collins et aliorum de Analysi promota* der Royal Society aus dem Jahr
1712 (Druckdatum) wird Leibniz vorgeworfen, er habe damals nicht einmal
das Bildungsgesetz des Pascal'schen Dreiecks aus Pascals *Triangle arith-
métique* zitiert.

Die Fehde mit Pell war jedenfalls vorerst damit beendet, aber Leibniz wurde
nicht zum nächsten Treffen der Royal Society am 15. Februar eingeladen. Auf
dieser Sitzung sprach Hooke nur schlecht von der Leibniz'schen Rechenmaschine und versprach, ein eigenes einfacheres Modell vorzustellen. Fairerweise
informierte Oldenburg Leibniz über den negativen Bericht Hookes und erwähnte, dass es sich bei Hooke um einen streitsüchtigen und übellaunigen
Kollegen handele. Er forderte Leibniz dringend auf, seine Maschine schnellstens zu verbessern. Aber zur Aufnahme als auswärtiges Mitglied in die Royal
Society reichte die Maschine durchaus aus; am 19. April 1673 wird Leibniz
einstimmig zum Mitglied gewählt [Aiton 1991, S. 79].

Nun wollte Schönborn so schnell wie möglich aus London abreisen und die Abreise geschah so schnell, dass Oldenburg sich nicht von Leibniz verabschieden konnte. Er schrieb stattdessen einen Brief, gab der Sendung noch einen Brief an Huygens mit und die letzte Ausgabe der Philosophical Transactions, die Sluses Arbeit zu dessen Tangentenmethode [Sonar 2011, S. 281ff.] enthielt.

4.1.2 Das Nachspiel zur Affäre mit Pell

Die Affäre mit Pell über die Differenzenreihen hatte ein längeres Nachspiel. Leibniz wollte von Pell erfahren, wie er über die Erklärung für die Royal Society dachte, die er hinterlegt hatte. Auf seine Anfrage hin erhielt er nur ein kurzes Schreiben von Oldenburg. Eine detailliertere Antwort folgte später durch John Collins (vergl. Seite 53), der Oldenburgs mathematischer Berater war. Über Collins' Schreibtisch ging der mathematische Briefwechsel der Royal Society mit Wallis, Barrow, Gregory, Newton und anderen. In der Royal Society war Collins durch seine guten Kontakte zu Londoner Buchhändlern, die die Werke der englischen Mathematiker schnell veröffentlichten, und durch seine Kontakte zu den größten Wissenschaftlern Englands unentbehrlich geworden. Er verstand von Mathematik selbst nicht all zu viel, schrieb aber für Oldenburg, der nie wirklich ernsthaft die moderne Mathematik seiner Zeit gelernt hatte, oft Briefe (auch mit mathematischem Inhalt) vor. Collins war ein in der Wolle gefärbter Nationalist; er liebte Descartes und die Cartesianer nicht und hatte Vorbehalte gegen alle Franzosen. Für ihn galten nur die Leistungen seiner Landsmänner etwas – sein wissenschaftlicher Horizont war stark eingeschränkt [Hofmann 1974, S. 30f.]. In der Tat bemerkt Hofmann, dass der mehr als eine Generation später losbrechende Prioritätsstreit zu einem Teil auch dem (fragwürdigen) Eingreifen durch Collins zuzuschreiben ist.

Collins hatte Leibniz während dessen erstem London-Besuch nicht getroffen. Nun muss Leibniz im Briefwechsel mit Oldenburg, entworfen und vorgeschrieben von Collins, erfahren, dass alle Reihen reziproker figurierter Zahlen bereits in Mengolis *Novae quadraturae arithmeticae* aus dem Jahr 1650 enthalten waren. „Figurierte Zahlen" sind wie die Dreieckszahlen solche Zahlen, die gewissen geometrischen Figuren zugeordnet sind. Pietro Mengoli (1626–1686) war ein italienischer Geistlicher und Mathematiker, der bei Cavalieri studiert hatte und dessen Nachfolger an der Universität Bologna wurde. Jedenfalls hatte Leibniz nichts Neues bewiesen, nur war der Beweisgang neu. Letztlich war es jedoch nicht die Affäre mit Pell, die die Engländer Vorbehalte gegenüber Leibniz haben ließ, sondern die Vorstellung der Rechenmaschine. Hooke hatte auf der Sitzung vom 15. März 1673 sein Modell einer Rechenmaschine vorgestellt und ein paar Wochen später die vollständigen Pläne dazu offengelegt. Oldenburg drängte nun Leibniz, endlich seine Maschine zu vervollständigen und ebenfalls deren Baupläne einzureichen, aber Leibniz war mit anderen Dingen beschäftigt. Auch hatte er nur mit ein paar hastig hingeschriebenen

Abb. 4.1.8. Bonaventura Cavalieri, Pietro Mengoli

Dankesworten auf die Wahl zum auswärtigen Mitglied der Royal Society reagiert und musste sogar von Oldenburg schriftlich daran erinnert werden, dass er die Aufnahme in die Royal Society bestätigen musste. Das alles hinterließ keinen guten Eindruck in London.

4.1.3 Leibniz erobert die Mathematik

Direkt nach der Rückkehr nach Paris traf Leibniz den Mathematiker Jacques Ozanam (1640–1718) und diskutierte mit ihm die Lösung von Gleichungen. Leibniz informiert Oldenburg, stellt Fragen zur Gleichungstheorie und erhält in einem Brief von 16. März 1673 Antwort. Aber erst einen Monat später, am 16. April 1673, erhält Leibniz eine detaillierte Übersicht über die Leistungen englischer Mathematiker bei der Lösung von Gleichungen. Der Brief ist dreiteilig, wobei uns die ersten beiden Teile nicht zu kümmern brauchen. Im dritten Teil legt Collins einen Überblick über den Stand der Mathematik – mit Schwerpunkt auf der englischen Mathematik – vor. Hier wird Leibniz nun aufmerksam auf die Werke von Pascal, Mersenne, Descartes, Roberval und anderer und beginnt, sich für die Anfänge und Grundlagen der neuen Mathematik zu interessieren. Auch Resultate Newtons werden hier schon erwähnt, bleiben aber ungewiss beschrieben und können selbst für einen Experten nicht verständlich gewesen sein.

Collins hielt Leibniz für einen Frankophilen und war daher misstrauisch, aber er blieb immer fair. Im Jahr 1676 werden sich die beiden Männer treffen; Leibniz wird sich verändert haben – er ist zu diesem Zeitpunkt zu einem Mathematiker ersten Ranges geworden. Collins wird dem Charme Leibnizens verfallen.

Das Jahr 1673 markiert die Zeit der großen Leibniz'schen Entdeckungen in der Mathematik. Waren die Jahre 1664 bis 1666 die Wunderjahre Newtons, so sind es die Jahre 1672 bis 1676 bei Leibniz, insbesondere aber das Jahr 1673. Am 12. Februar 1673 war der Kurfürst von Mainz, Johann Philipp von Schönborn, gestorben. Sein Nachfolger wurde Lothar Friedrich von Metternich-Burscheid. Der Neffe Schönborns, Melchior Friedrich, verlässt Paris sofort, um in Mainz in seinem Amt als Obermarschall bestätigt zu werden. Offiziell hatte Leibniz nun in Paris nichts mehr zu tun, aber er erhielt vom neuen Regenten die Erlaubnis zu bleiben, ohne um seinen Posten fürchten zu müssen [Hofmann 1974, S. 46]. Noch lebte Philipp Wilhelm von Boineburg in der Leibniz'schen Wohnung, aber er wollte das Pariser Leben in vollen Zügen genießen und interessierte sich nicht für die Wissenschaften. So wuchs der Ärger auf allen Seiten. Da die Witwe Boineburg über knappe finanzielle Mittel verfügte, kürzte sie das mit Leibniz ausgehandelte Honorar und schließlich wurde Leibniz endgültig aus Boineburgischen Diensten entlassen.

Schon im Frühjahr 1673 hatte der Herzog von Braunschweig-Lüneburg und Fürst von Calenberg, Johann Friedrich, Leibniz ein Angebot gemacht, für 400 Taler Jahressalär nach Hannover zu kommen. Aber Leibniz kann sich nicht entscheiden. Die unbekannte Kleinstadt Hannover war gerade erst zur Residenzstadt geworden, die Stadt spielte international gar keine Rolle und Leibniz sah sich selbst wohl eher in Städten wie London oder Paris, wo die Wissenschaften zu Hause zu sein schienen.

Der Brief, den Oldenburg für Huygens an Leibniz schickte war eine gute Gelegenheit für Leibniz, Huygens einen Besuch abzustatten. Huygens steckte gerade mitten in den Arbeiten zur Publikation seines *Horologium oscillatorium*. Er schenkte Leibniz ein Exemplar und bemerkte, dass die Arbeit zurückging bis auf Archimedes' Methoden zur Berechnung von Schwerpunkten. Leibniz bemerkt naiv, dass eine Gerade durch den Schwerpunkt einer konvexen Figur diese immer in zwei gleich große Flächen zerlegt, was einfach nicht stimmt. Huygens muss für den jungen Mann wirklich etwas empfunden haben, denn er korrigiert ihn und lenkt seine Aufmerksamkeit auf die entsprechenden Werke von Pascal, Gregory, Descartes, Sluse und andere. Im Jahr 1679 schreibt Leibniz in Retrospektive an Ehrenfried Walther von Tschirnhaus (1651–1708) [Child 2005, S. 215][2]:

> *„Sobald Huygens sein Buch über das Pendel veröffentlicht hatte, gab er mir eine Kopie. Zu dieser Zeit war ich recht unwissend in Cartesischer Algebra und der Indivisiblenmethode, in der Tat kannte ich nicht einmal die korrekte Definition des Schwerpunkts. Ich erzählte Huygens von meiner Überzeugung, dass eine Gerade durch den Schwerpunkt eine Figur immer in zwei gleiche Teile teile, denn dies ist so bei einem Quadrat, einem Kreis, einer Ellipse und bei anderen Figuren mit Schwerpunkt, und ich dachte, das sei immer so. Huygens lachte als er*

---

[2]Meine Übersetzung der englischen Übersetzung des lateinischen Originals.

das hörte, und sagte mir, dass nichts weniger richtig sei. So angeregt stürzte ich mich in das Studium der etwas komplexeren Geometrie, obwohl ich zu diesem Zeitpunkt Euklids 'Elemente' noch nicht studiert hatte. Ich fand, dass man in der Praxis auch ohne Kenntnis der 'Elemente' weiterkommen konnte, wenn man nur ein paar wenige Lehrsätze gemeistert hatte. Huygens, der mich für einen besseren Geometer hielt als ich war, gab mir die Briefe Pascals zu lesen, veröffentlicht unter dem Namen Dettonville, und daraus erfasste ich die Methode der Indivisiblen und der Schwerpunkte, also die wohlbekannten Methoden Cavalieris und Guldins."

(Huygens, as soon as he had published his book on the pendulum, gave me a copy of it; and at that time I was quite ignorant of Cartesian algebra and also of the method of indivisibles, indeed I did not know the correct definition of the center of gravity. For, when by chance I spoke of it to Huygens, I let him know that I thought that a straight line drawn through the center of gravity always cut a figure into two equal parts; since that clearly happened in the case of a square, or a circle, an ellipse, and other figures that have a center of magnitude, I imagined that it was the same for all other figures. Huygens laughed when he heard this, and told me that nothing was further from the truth. So I, excited by this stimulus, began to apply myself to the study of the more intricate geometry, although as a matter of fact I had not at that time really studied the Elements. But I found in practice that one could get on without a knowledge of the Elements, if only one was master of a few propositions. Huygens, who thought me a better geometer than I was, gave me to read the letters of Pascal, published under the name of Dettonville; and from these I gathered the method of indivisibles and centers of gravity, that is to say the well-known methods of Cavalieri and Guldinus.)

Leibniz leiht sich sofort die ihm von Huygens empfohlenen Bücher aus der Königlichen Bibliothek aus und wirft sich in ein Studium der Mathematik, das letztlich auf seine großen Entdeckungen des Jahres 1673 führt.

Da ist zunächst die Pascal'sche Schrift *Traité des sinus du quart de cercle* (Abhandlungen über die Ordinaten im Viertelkreis), vergl. Seite 78f., wo wir diese Arbeit vorgestellt haben. Hier nun hat Leibniz einen Geistesblitz mit unabsehbaren Folgen! In der *Historia et origo* schreibt er [Child 2005, S. 38][3]:

„Später, bei einem Beispiel von Dettonville, ging ihm [Leibniz schreibt hier von sich in der dritten Person] *plötzlich ein Licht auf, das Pascal seltsamerweise nicht bemerkt hatte"*

(Later on from one example given by Dettonville, a light suddenly burst upon him, which strange to say Pascal himself had not perceived in it.)

---

[3]Original [Gerhardt 1846] in Latein.

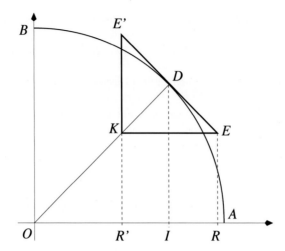

Abb. 4.1.9. Das charakteristische Dreieck bei Pascal

Betrachten wir noch einmal das Pascal'sche Beispiel in etwas vereinfachter Form in Abbildung 4.1.9, vergl. Abbildung 2.6.9. Die Strecke $E'E$ ist Tangente an den Kreisbogen ADB. Das Dreieck $E'KE$ ist ähnlich zum Dreieck OID, daher folgt

$$\frac{OD}{E'E} = \frac{DI}{EK},$$

das heißt

$$DI \cdot E'E = OD \cdot EK = OD \cdot R'R.$$

Nennen wir nun $y := DI$, $r = OD$, $\Delta s = E'E$ und $\Delta x = R'R$, dann folgt

$$y\Delta s = r\Delta x.$$

Fassen wir Δs und Δx als Indivisiblen auf und betrachten wir die „Gesamtheit" dieser Linien, dann folgt in Leibniz'scher Notation

$$\int y\, ds = \int r\, dx.$$

Nach der ersten Guldin'schen Regel ist die Fläche der Halbkugel, die als Drehkörper durch Rotation des Viertelkreises um die Abszisse entsteht, gerade

Länge des Bogens $ADB \times$ Umfang des Kreises, der durch Rotation

des Schwerpunktes des Bogens entsteht.

Denken wir uns das Tangentensegment $E'E$ infinitesimal klein (d.h. „unbegrenzt klein" in der Sprache unseres Kapitels 1), dann ist der Schwerpunkt von $E'E$ wegen der Symmetrie gerade D, der Umfang des Kreises mit Radius y gerade $2\pi y$, und die „Länge des Bogens" ist hier gerade ds, also ist die Fläche des infinitesimalen Kegelstumpfes gegeben durch $2\pi y\, ds$. Die Summe dieser Flächen der infinitesimalen Kegelstümpfe ergibt die Oberfläche der Halbkugel, also

$$A := \int_{ADB} 2\pi y\, ds = 2\pi r \int_0^r dx = 2\pi r^2.$$

Leibnizens „Licht", das ihm bei Betrachtung dieser Aufgabe aufging, bestand darin zu erkennen, dass das charakteristische Dreieck nicht nur am Kreis verwendet werden konnte, sondern bei beliebigen Kurven. In Abbildung 4.1.10 ist das charakteristische Dreieck an einer beliebigen Kurve gezeigt. Die beiden gezeigten Dreiecke sind ähnlich, n ist die Normale an die Kurve, v die Subnormale, vergl. Abbildung 3.1.9. Dann gilt wegen der Ähnlichkeit

$$\frac{ds}{n} = \frac{dr}{y}, \quad \text{bzw.} \quad y\, ds = n\, dx.$$

Summation der Infinitesimalen liefert dann

$$\int y\, ds = \int n\, dx.$$

Doch Vorsicht! Leibniz wird diese Notation erst 1675 finden.

Mit dem Studium des *Traité des sinus du quart de cercle* nimmt Leibniz auch das Studium von van Schootens zweibändiger Ausgabe der *Geometria* des René Descartes auf. Er lernt dort die Beschreibung von Kurven mit Hilfe von Koordinaten und die wichtigsten Theoreme über Gleichungen, wobei Leibniz besonders an der arithmetischen und graphischen Behandlung kubischer und biquadratischer Gleichungen interessiert ist. Leibniz sieht dort auch Descartes'

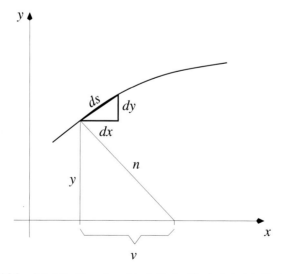

Abb. 4.1.10. Das charakteristische Dreieck bei Leibniz

singuläre Methode zur Bestimmung der Normalen – und damit der Tangenten – an Kurven; die Kreismethode, die wir in Abbildung 3.1.10 dargestellt haben. In den Anhängen zur *Geometria* findet er auch Heuraets Methode der Rektifizierung.

Pascals *Lettres de A. Dettonville* hatten in der Hauptsache die Zykloide im Fokus. Die *Lettres* waren als Herausforderung an andere Mathematiker 1658 veröffentlicht worden (vergl. Abschnitt 2.6). Antworten kamen von John Wallis und Honoré Fabri 1659, von Antoine de Lalouvère 1660. Einen Preis zu vergeben konnte Pascal sich nicht durchringen. Gesucht waren Flächen unter der Zykloide und Schwerpunkte, weiterhin Volumen und Schwerpunkt des aus einer Zykloide entstehenden Rotationskörpers. Leibniz studierte auch die Antworten von Wallis, Fabri und Lalouvère, scheint aber von Torricellis *Opera geometrica* in seiner Pariser Zeit keine Notiz genommen zu haben [Hofmann 1974, S. 51]. Von Fabri hat Leibniz vermutlich die Gewohnheit übernommen, in seinen Koordinatensystemen die Abszisse (x) nach unten abzutragen – sie wird damit bei Leibniz zur Ordinate – und die Ordinate (y) nach rechts, die so zur Abszisse wird. Unser modernes Koordinatensystem entsteht aus dem Leibniz'schenLeibniz durch Rotation um 90° entgegen dem Uhrzeiger, und wir werden hier nur Diagramme in moderner Form benutzen.

Die wichtigste Erkenntnis dieser Monate in Paris war die Theorie der Infinitesimalen, die über die Indivisiblenmethode Cavalieris hinausging, indem sie eine Fläche nicht als Gesamtheit breitenloser Linien auffasst, sondern als sehr große Anzahl von sehr schmalen Rechtecken. Etwas später wird Leibniz die *Arithmetica infinitorum* von John Wallis lesen und dort das Konzept der Infinitesimalen gleicher Breite wiederfinden, vergl. Abschnitt 2.3 und dort Abbildung 2.3.8. Allerdings sagte Leibniz die Wallis'sche Quadratur der Parabel nicht zu. Seine „Interpolation" und insbesondere die unvollständige Induktion konnte Leibniz nicht anerkennen. Niemand, auch Leibniz nicht, sah die enge Verbindung zwischen den Pascal'schen Techniken der Quadratur und denen von Wallis in der *Arithmetica infinitorum* [Hofmann 1974, S. 54].

Leibniz exzerpiert Pascals *Lettres* und dabei ist ihm wohl langsam die Idee gewachsen, Flächen nicht nur aus infinitesimalen Rechtecken, sondern aus infinitesimalen Dreiecken aufbauen zu können. Das führt ihn zur Entdeckung des Transmutationssatzes.

Auf einer Kurve $y = f(x)$ bezeichne P einen Punkt mit den Koordinaten (x, y) und Q sei infinitesimal benachbart mit Koordinaten $(x + dx, y + dy)$. In dem Dreieck PRQ entdecken wir unschwer das charakteristische Dreieck. Wir betrachten nun aber das Dreieck OQP. Setzt man das Tangentensegment PQ fort, dann schneidet die Tangente die Ordinate im Punkt T mit den Koordinaten $(0, z)$, wobei wir z berechnen können, denn eine Gerade durch den Punkt $P = (x, y)$ und den Punkt $(0, z)$ wie die Tangente, ist beschrieben durch die Gleichung

$$y = mx + z,$$

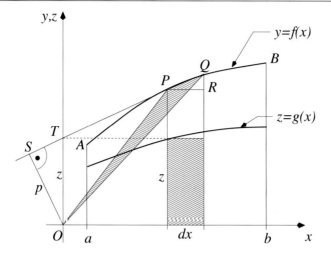

Abb. 4.1.11. Zum Transmutationssatz

wobei wir die Steigung m kennen, denn $m = dy/dx$. Damit können wir die Geradengleichung nach z auflösen und erhalten

$$z = y - \frac{dy}{dx}x. \tag{4.2}$$

Die Strecke OS sei die Normale an die Tangente, die diese im Punkt S trifft und die Länge p besitzt. Jetzt suchen wir nach ähnlichen Dreiecken und finden OTS und PRQ. Damit gilt

$$\frac{dx}{p} = \frac{ds}{z}, \quad \text{bzw.} \quad p\,ds = z\,dx.$$

Die Fläche des infinitesimalen Dreiecks OQP ist elementargeometrisch

$$a(OQP) = \frac{1}{2}p\,ds,$$

wenn wir mit ds die Länge der Strecke PQ bezeichnen. Nun haben wir gerade gesehen, dass $p\,ds = z\,dx$ gilt, also folgt

$$a(OQP) = \frac{1}{2}z\,dx.$$

Summieren wir alle diese Flächen auf, dann erhalten wir den Flächeninhalt der Figur, die in Abbildung 4.1.12 grün schraffiert ist,

$$a(OBA) = \frac{1}{2}\int_a^b z\,dx.$$

Die Funktion z haben wir aber in (4.2) berechnet, so dass

$$a(OBA) - \frac{1}{2}\int_a^b y - \frac{dy}{dx}x\,dx$$

folgt. Aber wir sind doch eigentlich an der Fläche unter der Kurve $y = f(x)$ zwischen $x = a$ und $x = b$ interessiert, also an $\int_a^b y\,dx$, und dazu fehlt noch das in Abbildung 4.1.12 rot schraffierte Dreieck, aber dann ist das Dreieck OaA zu viel! Die Fläche des rot schraffierten Dreiecks ist $\frac{1}{2}bf(b)$, dasjenige des Dreiecks OaA ist $\frac{1}{2}af(a)$, und so erhalten wir

$$\int_a^b y\,dx = \frac{1}{2}bf(b) - \frac{1}{2}af(a) + a(OBA)$$

$$= \frac{1}{2}\,xy\big|_a^b + \frac{1}{2}\int_a^b z\,dx,$$

wobei wir von der üblichen Abkürzung

$$xy\big|_a^b := ay(a) - by(b) = af(a) - bf(b)$$

Gebrauch gemacht haben. Damit haben wir das Transmutationstheorem

$$\boxed{\int_a^b y\,dx = \frac{1}{2}\left(xy\big|_a^b + \int_a^b z\,dx \right)}$$

hergeleitet. Setzen wir noch den Ausdruck (4.2) für z ein, dann erhalten wir

$$\int_a^b y\,dx = \frac{1}{2}\left(xy\big|_a^b + \int_a^b y - x\frac{dy}{dx}\,dx \right).$$

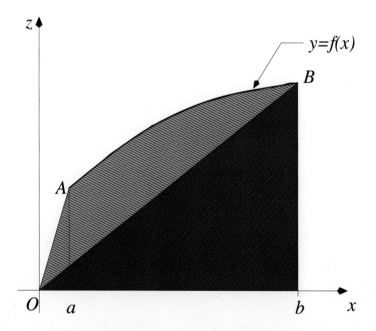

Abb. 4.1.12. Zum Transmutationssatz

Ziehen wir die Differenz im letzten Integral auseinander und erinnern uns daran, dass wir $\frac{dy}{dx}\,dx$ einfach zu dy kürzen können (vergl. Kapitel 1), dann folgt

$$\int_a^b y\,dx = \frac{1}{2}\,xy\big|_a^b + \frac{1}{2}\int_a^b y\,dx - \frac{1}{2}\int_a^b x\,dy,$$

also

$$\int_a^b y\,dx = xy\big|_a^b - \int_a^b x\,dy,$$

und das ist die Formel für die partielle Integration.

Zu Leibnizens Zeiten gab es zahlreiche Transformationsformeln wie das Transmutationstheorem, worauf Bos [Bos 1980, S. 64] hingewiesen hat. So findet man in Barrows *Lectiones geometricae* eine ganze Anzahl solcher Formeln, allerdings in geometrischer Verkleidung und von der Herleitung mit der Leibniz'schen nicht zu vergleichen.

Mit Hilfe des Transmutationstheorems konnte Leibniz viele Quadraturen, die schon vorher bekannt waren, bewerkstelligen. Betrachtet man die Funktionen

$$y^q = x^p, \quad q > p > 0,$$

dann ist wegen $y = x^{p/q}$ der Differenzialquotient gegeben durch $dy/dx = (p/q)x^{(p-q)/q}$. Multiplikation mit q und Division durch $y = x^{p/q}$ führt auf

$$\frac{q}{y}\frac{dy}{dx} = \frac{p}{x}.$$

Mit Blick auf (4.2) ergibt sich

$$z = y - \frac{dy}{dx}x = x^{p/q} - \frac{p}{q}x^{(p-q)/q}x = x^{p/q} - \frac{p}{q}x^{p/q} = \frac{q-p}{q}y.$$

Nun folgt aus dem Transmutationssatz

$$\int_a^b x^{p/q}\,dx = \frac{1}{2}\left(xy\big|_a^b + \int_a^b z\,dx\right)$$

$$= \frac{1}{2}\,xy\big|_a^b + \frac{1}{2}\frac{q-p}{q}\int_a^b y\,dx$$

$$= \frac{1}{2}\,xy\big|_a^b + \frac{1}{2}\frac{q-p}{q}\int_a^b x^{p/q}\,dx.$$

Bringen wir das letzte Integral auf die linke Seite, dann folgt

$$\frac{q+p}{2q}\int_a^b x^{p/q}\,dx = \frac{1}{2}\,xy\big|_a^b$$

und damit

$$\int_a^b x^{p/q}\,dx = \frac{q}{p+q}\,xy\Big|_a^b = \frac{q}{p+q}\,x^{(p+q)/q}\Big|_a^b.$$

Die wichtigste Anwendung des Transmutationssatzes ist allerdings die arithmetische Quadratur des Kreises, die Leibniz nun in Angriff nahm. Das Problem der „Quadratur des Kreises" stammt noch aus der Antike und verlangt, aus einem gegebenen Kreis ein flächengleiches Quadrat zu *konstruieren*, d.h. nur mit Hilfe eines (mathematisch perfekten) Zirkels ohne Winkelskala und eines (mathematisch perfekten) Lineals ohne Längenskala [Sonar 2011, S. 39f.]. Seit dem 19. Jahrhundert weiß man, dass dieses Problem unlösbar ist (die moderne Algebra spielt hier eine große Rolle). Bei der „arithmetischen Quadratur des Kreises" ging es um die Berechnung der Kreisfläche durch konvergente unendliche Reihen, deren Summanden nur rationale Zahlen – also Brüche – sind [Knobloch 2002, S. 59].

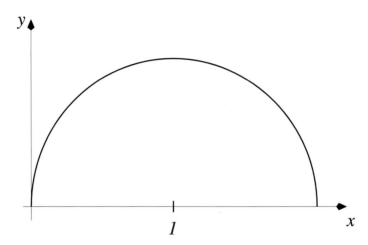

Abb. 4.1.13. Zur arithmetischen Kreisquadratur

Ein Kreis mit Radius 1 und dem Mittelpunkt $(1, 0)$ hat die Darstellung

$$y^2 + (x - 1)^2 = 1,$$

der in Abbildung 4.1.13 dargestellte Halbkreis ist somit durch

$$y = \sqrt{2x - x^2}$$

beschrieben. Wegen $y = (2x - x^2)^{1/2}$ folgt für den Differenzialquotienten

$$\frac{dy}{dx} = \frac{1}{2}(2x - x^2)^{-1/2}(2 - 2x) = \frac{1 - x}{\sqrt{2x - x^2}} = \frac{1 - x}{y}.$$

Aus (4.2) erhalten wir

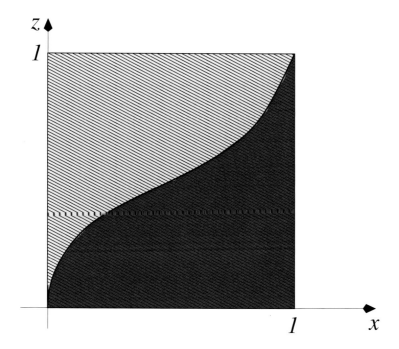

Abb. 4.1.14. Der Graph von z teilt das Einheitsquadrat

$$z = y - \frac{dy}{dx}x = y - x\frac{1-x}{y} = \frac{y^2 - x + x^2}{y} = \frac{2x - x^2 - x + x^2}{\sqrt{2x - x^2}} = \sqrt{\frac{x}{2 - x}},$$

woraus

$$x = \frac{2z^2}{1 + z^2} \tag{4.3}$$

folgt. Leibniz wendet nun seinen Transmutationssatz auf den Viertelkreis an:

$$\int_0^1 y\, dx = \frac{1}{2}\left(xy\big|_0^1 + \int_0^1 z\, dx \right)$$

$$= \frac{1}{2}\left(x\sqrt{2x - x^2}\Big|_0^1 + \int_0^1 z\, dx \right). \tag{4.4}$$

Zeichnet man die Funktion $z = \sqrt{x/(2 - x)}$ zwischen $x = 0$ und $x = 1$, dann erhält man ein Bild wie in Abbildung 4.1.14. Der Graph der Funktion z teilt das Einheitsquadrat in die gelb bzw. rot schraffierten Teile. Die rot schraffierte Fläche ist

$$\int_0^1 z\, dx,$$

die gelb schraffierte ist

$$\int_0^1 x\, dz,$$

und damit gilt

$$\int_0^1 z\,dx = 1 - \int_0^1 x\,dz.$$

Ersetzen wir das Integral $\int_0^1 z\,dx$ damit in (4.4), dann folgt

$$\int_0^1 y\,dx = \frac{1}{2}\left(\underbrace{x\sqrt{2x - x^2}\Big|_0^1}_{=1} + \int_0^1 z\,dx \right)$$

$$= \frac{1}{2}\left(1 + \left(1 - \int_0^1 x\,dz \right) \right)$$

$$\overset{(4.3)}{=} 1 - \int_0^1 \frac{z^2}{1 + z^2}\,dz.$$

Der Term

$$\frac{1}{1 + z^2}$$

ist die Summe der geometrischen Reihe $\sum_{k=0}^{\infty}(-1)^k z^{2k}$, was man auch an der Polynomdivision

$$1 : (1 + z^2) = 1 - z^2 + z^4 - z^6 + z^8 \mp \dots$$

sehen kann. Hier folgt Leibniz übrigens Techniken aus Mercators *Logarithmotechnia* [Hofmann 1974, S. 60]. Nun schreibt Leibniz also

$$\int_0^1 y\,dx = 1 - \int_0^1 \frac{z^2}{1 + z^2}\,dz = 1 - \int_0^1 z^2(1 - z^2 + z^4 - z^6 \pm \dots)\,dz$$

und integriert die unendliche Reihe Summand für Summand:

$$\int_0^1 y\,dx = 1 - \left(\frac{1}{3}z^3 - \frac{1}{5}z^5 + \frac{1}{7}z^7 \mp \dots \right)\Big|_0^1$$

$$= 1 - \frac{1}{3} + \frac{1}{5} - \frac{1}{7} + \frac{1}{9} - \frac{1}{11} \pm \dots.$$

Nun kennen wir seit den Zeiten der klassischen Antike den Flächeninhalt des Viertelkreises, er ist $\pi/4$, obwohl der Antike natürlich die Natur der Zahl π nicht bekannt war; es gab allerdings gute Näherungen [Sonar 2011, S. 84f.]. Leibniz hat mit seiner arithmetischen Quadratur des Kreises damit das wunderbare Ergebnis

$$\boxed{\frac{\pi}{4} = 1 - \frac{1}{3} + \frac{1}{5} - \frac{1}{7} + \frac{1}{9} - \frac{1}{11} \pm \dots} \qquad (4.5)$$

erhalten. Als Leibniz im Februar 1682 dieses Ergebnis in der gerade gegründeten Zeitschrift „Acta Eruditorum" auf den Seiten 41-46 unter dem Titel *De vera proportione circuli ad quadrantum circumscriptum in numeris rationalibus expressa* (Das wahre Verhältnis von Kreis zu umbeschriebenem Quadrat in rationalen Zahlen ausgedrückt) [Leibniz 2011, S. 9–18] publizierte, setzte er ein Zitat aus Vergils 8. Ekloge 76 [Vergil 2001] hinzu:

„Gott freut sich der ungeraden Zahl"

(Numero deus impare gaudet)

Blickt man auf die Mathematik Leibnizens des Jahres 1673, dann fallen gewisse Zusammenhänge zu Barrows Arbeiten auf. So ist es vielleicht verständlich, das Child [Child 1916] in Barrows Schriften die Grundlage der Leibniz'schen Mathematik sieht. Das kann man heute nicht mehr so stehen lassen, denn diese Sicht ist nachweislich falsch. Sicher hätte Leibniz Barrows *Lectiones geometricae* von Huygens bekommen können, aber Huygens war 1670 ernsthaft erkrankt und erlitt einen vollständigen Verlust seines Gedächtnisses, vergl. Abschnitt 2.7. Sein Bruder Lodewijk kam zur Pflege nach Paris, aber auf Rat des behandelnden Arztes kehrte Huygens im Herbst 1670 nach Den Haag zurück. Die *Lectiones geometricae* erhielt er aus England im Juli 1670, aber er war so schwach, dass er sich nicht damit beschäftigen konnte, und so empfahl er auch seinem Schüler Leibniz dessen Lektüre nicht. Leibniz hatte während der ersten London-Reise Barrows *Lectiones geometricae* zusammengebunden mit *Lectiones opticae* käuflich erworben. Letzterer Teil scheint ihn deutlich mehr interessiert zu haben als Barrows Geometrie, und als er beginnt, die *Lectiones geometricae* ernsthaft zu studieren, hat er bereits die entscheidenden Entdeckungen im Infinitesimalkalkül gemacht [Hofmann 1974, S. 75f.].

Im Sommer 1674 lag endlich eine Rechenmaschine vor, die mit dem recht groben Holzmodell des Jahres 1672 nur noch wenig zu tun hatte. Leibniz hatte in Paris einen hervorragenden Mechaniker, den Meister Olivier, aufgetan. Auch die Olivier'sche Maschine funktionierte nicht fehlerfrei und weitere Maschinen aus späteren Jahren hatten stets mechanische Probleme. Leibniz schreibt am 15. Juli 1674 an Oldenburg [Turnbull 1959–77, Vol. I, S. 313ff.]. Er will die Maschine der Royal Society persönlich präsentieren, weiß aber nicht, wann er nach London kommen kann. Er informiert Oldenburg auch darüber, dass er einige wichtige mathematische Theoreme gefunden hat und nennt die arithmetische Quadratur des Kreises und die Quadratur des Zykloidensegments (eine Aufgabe aus Dettonvilles *Lettres*). Er weist auch darauf hin, dass er seine Resultate den berühmtesten Geometern (in Paris) vorgelegt habe, die die Originalität der Leibniz'schen Resultate bestätigt hätten. Der Brief geht nicht mit der normalen Post, sondern Leibniz gibt ihn dem dänischen Edelmann Walter mit, mit dem er sich in Paris angefreundet hatte. Der Brief sollte nicht nur der Information der Royal Society dienen, sondern auch der Vorstellung Walters bei Oldenburg. Monate vergingen, ohne dass Leibniz eine Antwort aus London erhielt. Wir wissen aber [Hofmann 1974, S. 94, Fußnote 56], dass ein

Antwortbrief existierte, denn Oldenburg schreibt am Ende des Leibniz'schen Briefes in Französisch: „*erhalten 12. Juli* [(jul.)] *1674, übermittelt von Walter, beantwortet am 15. Juli* [(jul.)]"

In Ermangelung einer Antwort schreibt Leibniz am 16. Oktober 1674 einen weiteren Brief an Oldenburg [Turnbull 1959–77, Vol. I, S. 322ff.]. Noch einmal weist er auf seine arithmetische Kreisquadratur hin [Turnbull 1959–77, Vol. I, S. 324]:

> „*Ihr wisst, dass der Graf Brouncker und der berühmte Nicholas Mercator eine unendliche Reihe rationaler Zahlen angegeben haben, die gleich ist zur Fläche einer Hyperbel. Aber bis heute war niemand in der Lage, das auch für den Kreis zu tun, obwohl der berühmte Wallis und der erlauchte Brouncker Folgen rationaler Zahlen angegeben haben, die sie* [die Kreisfläche] *nach und nach annähern. Niemand aber hat eine Folge rationaler Zahlen angeben können, deren unendliche Summe exakt gleich dem Kreis ist. Das ist mir schließlich erfolgreich gelungen, denn ich habe eine äußerst einfache Folge rationaler Zahlen, deren Summe den exakten Umfang*[4] *eines Kreises ergibt, wenn dessen Radius Eins ist.*"

(You know that Viscount Brouncker and the celebrated Nicholas Mercator showed an infinite series of rational numbers equal to the area of an hyperbola. But up to now no one has been able to do this in a circle, although the celebrated Wallis and the illustrious Brouncker have produced rational numbers gradually approaching it. Nobody, however, has given a progression of rational numbers, the sum of which, continued to infinity, is exactly equal to a circle. This at last has come out successfully for me; for I have an extremely simple series of numbers whose sum exactly equals the circumference of a circle, given that the diameter is unity.)

Leibniz wusste nicht, dass bereits am 15. Februar 1671 James Gregory diese Reihe (mit einigen anderen) an Collins geschickt hatte [Turnbull 1959–77, S. 61ff.]. Über Newtons Resultate in *De analysi* von 1669 wurde Leibniz bereits in dem Brief vom 16. April 1673 von Oldenburg/Collins informiert, aber deren Bedeutung und genaue Formulierung der Newton'schen Methoden konnte Leibniz diesem Brief nicht entnehmen.

---

[4]Da die Fläche eines Kreises mit Radius 1 gleich π und der Umfang gleich 2π ist, hat man mit der $\pi/4$-Reihe sowohl die Fläche, als auch den Umfang in der Hand.

In der späteren englischen Bannschrift *Commercium epistolicum D. Johannis Collins et aliorum de Analysi promota* der Royal Society aus dem Jahr 1712 ist dieser Bericht über Leibnizens Fortschritte abgedruckt. Er wird dadurch kommentiert, dass Collins bereits seit Jahren Newtons Reihen an seine Freunde geschickt hatte. Zudem hätte Gregory seit Jahren seine Ergebnisse dem Kreis seiner Bekannten mitgeteilt, während Leibniz bei seinem ersten Besuch in London nichts auf diesem Gebiet in Gesprächen erwähnt habe und den Brief mit der $\pi/4$-Reihe erst dann geschickt hatte, als er das Ergebnis durch den Brief von Oldenburg erfahren hatte. Die Aktivitäten der englischen Mathematiker betreffend stimmen diese Aussagen. Collins hatte seinen Bericht über Newtons Resultate zur Summation von Reihen im Herbst 1669 an Sluse geschickt. Im Frühjahr schickte Collins die Reihe für die Kreiszone an Gregory, der ab 1668 im Besitz seiner Interpolationstechnik war, mit der er solche Reihen herleiten konnten [Hofmann 1974, S. 98]. Daraus zu folgern, Leibnizens Arbeiten seien abhängig von den Vorarbeiten der Engländer gewesen, ist jedoch absurd. Leibniz hatte die arithmetische Kreisquadratur bereits im Herbst 1673 entdeckt und in seiner Kopie des *Commercium epistolicum* befindet sich eine Randnotiz in seiner Handschrift, dass die Aussage ihn betreffend falsch sei und dass seine Reihe verschieden von der Newtons sei.

Um den Verlust eines weiteren Briefes zu vermeiden, gab Oldenburg sein Antwortschreiben vom 18. Dezember 1674 Walter mit, der nach Paris zurückkehrte und noch ein Schreiben an Huygens zu transportieren hatte. In Bezug auf Leibnizens Rechenmaschine blieb Oldenburg vorsichtig. Leibniz, so schreibt Oldenburg, solle daran denken, dass er der Royal Society seinerzeit ein Versprechen gegeben habe, und dass es sehr wünschenswert wäre, wenn Leibniz seine Maschine während einer öffentlichen Sitzung der Royal Society präsentieren würde. Die Theorie der Quadraturen betreffend berichtet Oldenburg, dass sowohl Newton, als auch Gregory, eine allgemeine Methode gefunden hätten, die man auf alle Kurven und insbesondere auf den Kreis anwenden könne. Ausgehend von der Gleichung der Kurve könne man ihre Bogenlänge, Fläche, Schwerpunkt und die Oberfläche und das Volumen der zugehörigen Rotationskörper berechnen. Sollte Leibniz wirklich die exakte Quadratur des Kreises gefunden haben, dann sei ihm zu gratulieren, aber Gregory arbeite gerade an einem Unmöglichkeitsbeweis der Quadratur des Kreises und daher mag es notwendig sein, die Sache noch einmal genauer anzusehen.

Der Hinweis auf Gregorys Unmöglichkeitsbeweis stammt sicher von Collins, aber gehört hier nicht hin, da Gregory zeigen wollte, dass π nicht Nullstelle eines Polynoms mit ganzzahligen Koeffizienten sein kann, aber das hat nichts mit Leibnizens Reihendarstellung von $\pi/4$ zu tun [Hofmann 1974, S. 99f.].

4.2 Die Prioritätsstreitigkeiten von Huygens

Wir haben bereits in Abschnitt 2.7 von dem Prioritätsstreit zwischen Hendrik van Heuraet und Huygens die Rektifizierung von Kurven betreffend gesprochen, in dem sich der gutmütige Heuraet kampflos zurückzog, obwohl er im Recht war. Auch über die Ablehnung der Newton'schen Korpuskulartheorie des Lichts durch Huygens haben wir bereits im Abschnitt 3.1.6 berichtet. Hier ist nun der richtige Platz, die Prioritätsstreitigkeiten und den Ärger von Leibnizens Lehrer Huygens mit den englischen Kollegen näher zu beleuchten.

4.2.1 Der Zank um die Rektifizierung von Kurven

Bei der Rektifizierung (von lateinisch: Begradigung) von Kurven handelt es sich um das Problem, die Länge von Kurven zu berechnen. Während das für den Kreis bereits in der griechischen Antike gelang – der Umfang des Kreises[5] mit Radius r ist $2\pi r$ – gelang dies bei anderen gekrümmten Kurven lange nicht. In der Tat wurde die Behandlung von Rektifizierungsproblemen lange durch philosophische Bedenken behindert, die wir im folgenden, Hofmann folgend, kurz zusammenfassen [Hofmann 1974, S. 101ff.].

Das Problem der Quadratur des Kreises stammt aus der griechischen Antike und hat dort zu zahllosen erfolglosen Versuchen geführt, aus einem Kreis ein flächengleiches Quadrat zu konstruieren. Für den Umfang des Kreises bedeutete das, dass es offenbar nicht möglich war, aus der gekrümmten Kurve des Kreises eine gerade Linie gleicher Länge zu konstruieren. Aristoteles hatte schon festgehalten, dass es kein rationales Verhältnis zwischen dem Gekrümmten und dem Geraden geben könne. Zudem hatte Archimedes in seiner Schrift *Kugel und Zylinder* gesagt [Archimedes 1972, S. 78]:

> *„Ich setze voraus:*
>
> 1. *Von allen Linienstücken, die gleiche Endpunkte haben, ist die gerade Linie die kürzeste.*
>
> 2. *Die übrigen Linien aber, die in einer und derselben Ebene liegen und dieselben Endpunkte haben, sind einander ungleich, wenn sie nach der gleichen Seite konkav sind und die eine ganz von der anderen und der geraden Verbindungslinie der Endpunkte umfaßt wird oder teilweise umfaßt wird, teilweise mit einer der beiden Linien identisch ist.* **Und zwar ist diejenige, welche umfaßt wird, die kleinere**"*.*[6]

---

[5]Die Zahl π war den Alten natürlich nicht bekannt, aber Archimedes hatte bereits hervorragende Approximationen berechnet [Sonar 2011, S. 84f.].

[6]Hervorhebung von mir.

Abb. 4.2.1. Christiaan Huygens, geehrt mit Briefmarke (Niederlande 1928) und Nikolaus von Kues, Malerei von „Meister des Marienlebens" ([Johan van Duyren], zeitgenössisches Stifterbild, Kapelle des St.-Nikolaus Hospitals, Bernkastel-Kues)

Eine lateinische Übersetzung durch Jakob von Cremona (Achtung: *nicht* Gerhard von Cremona) dieser Archimedischen Schrift erschien mit vielen Übersetzungsfehlern um 1460 und wurde von Nikolaus von Kues (Cusanus) (1401–1464) gelesen. Cusanus war ein brillanter Denker, wurde aber durch seine zahlreichen politischen Aufgaben als Kardinal behindert, da er häufig in diplomatischer Mission unterwegs war [Flasch 2004], [Flasch 2005], [Flasch 2008]. Eberhard Knobloch hat aufgezeigt, dass sich bei der Behandlung des Unendlichen in der Mathematik eine Verbindungslinie von Cusanus über Galileo Galilei bis hin zu Leibniz ziehen lässt [Knobloch 2004].

Nach Cusanus [Nikolaus 1952] lässt sich ein Kreisbogen mit beliebiger Genauigkeit durch Geradenstücke annähern, eine exakte Rektifizierung könne es jedoch nie geben. Diese Auffassung wurde schnell auf andere gekrümmte Kurven ausgedehnt. Es gab auch andere Auffassungen, so etwa bei Regiomontanus (1436–1476), aber der starb, bevor er etwas zu diesem Problemkreis publizieren konnte. Die Gedanken Regiomontanus' wurden von François Viète (Vieta) (1540–1603) aufgenommen, konnten sich aber nicht durchsetzen [Hofmann 1974, S. 102]. Noch für Descartes konnte keine geometrische Kurve geometrisch rektifiziert werden – für mechanische Kurven hielt er es für möglich –, aber Fermat, wohl beeinflusst von Viète, erkannte, dass ein Parabelbogen rektifizierbar ist. Thomas Hobbes hatte im Jahr 1640 vermutet, dass die Länge eines Stückes einer Archimedischen Spirale durch ein gleichlanges Stück einer Parabel ausgedrückt werden könnte und Roberval gelang der Beweis. Torricelli (1608–1647) kannte die Rektifizierung der logarithmischen Spirale, die erstmals von Thomas Harriot (1560–1621) bewerkstelligt, aber nicht publiziert wurde [Sonar 2011, S. 337ff.]. Auch Torricellis Resultat wurde nicht vor 1919 publiziert. Die Überführung der Spirale in eine Parabel findet sich dann wieder in Gregorys *Geometriae pars universalis*, denn Gregory war in Padua Schüler von Stefano degli Angeli (1623–1697), der selbst ein Schüler Cavalieris war und die Arbeiten Torricellis bewunderte.

Als 21-Jähriger arbeitet sich Huygens durch Torricellis *Opera geometrica* und stößt auf einen Widerspruch bei der Benutzung von Cavalierischen Indivisiblen, was ihn zur Ablehnung indivisibler Techniken bewegt. Virulent wird das Problem der Rektifizierung aber erst durch den Angriff von Thomas Hobbes auf John Wallis in den *Six Lessons to the Savilian Professors of the Mathematics* aus dem Jahr 1656. Darin rektifiziert Hobbes eine Parabel, aber die Herleitung ist falsch, was Huygens sofort sieht. Auch einen Korrekturversuch Hobbes' entlarvt Huygens als falsch. Ein wenig später berichtet Roberval an Huygens über die Roberval'sche Entdeckung, dass ein Bogen einer Spirale die gleiche Länge besitzt wie ein Stück einer Parabel. Huygens antwortet, das Resultat sei korrekt, er sei selbst darauf gekommen, könne es aber nicht beweisen. Die Jagd nach der Rektifizierung von Kurven ist eröffnet und Huygens gewinnt das Rennen.

Huygens ist bereits am 17. Oktober 1657 zur Rektifizierung der Parabel gekommen. Er ist zurückhaltend bei der Veröffentlichung, erwähnt aber das Ergebnis zur Sicherung seiner Priorität in Briefen an seine Freunde.

Hendrik van Heuraet und Johan Hudde waren zu dieser Zeit Schüler von Frans van Schooten und sehr interessiert an allen mathematischen Diskussionen zwischen Huygens und van Schooten.

Heuraet möchte die Quadratur der Parabel verstehen, aber er hat nur das Ergebnis von Huygens – den Beweis hält Huygens zurück. Ende 1657 ist Heuraet im Besitz einer Methode zur Quadratur und wenig später ist ihm die Technik zur Lösung von Rektifizierungsproblemen klar. Dann ging er mit Hudde auf eine „Cavalierstour" und die Heuraet'sche Rektifizierung wurde erst 1659 im Anhang zu Schootens lateinischer Ausgabe der *Geometria* von Descartes gedruckt. Auf der anderen Seite des Kanals hatte John Wallis in seinem *Tractatus de cycloide* 1659 bekannt gemacht, dass William Neile (1637–1670) die Rektifizierung der semikubischen Parabel bereits im Sommer 1657 gefunden hatte. Neile trug darüber im Gresham College im Sommer 1658 vor, aber das Ergebnis wurde nicht publiziert, wohl weil niemand Neile wirklich kannte [Hofmann 1974, S. 108].

Derweil hatte Christopher Wren auf Pascals Preisaufgabe hin die Bogenlänge der Zykloide gefunden. Der Beweis muss ihm vermutlich zu Beginn des Monats Juli 1658 gelungen sein, wurde im Herbst 1658 nach Paris zu Pascal geschickt und wurde von Pascal im Dezember sehr gelobt. Huygens sprach sehr positiv über Wrens Leistung und bezeichnete sie als erste rationale Rektifizierung einer Kurve überhaupt, weil er die Arbeiten von Descartes und Torricelli zur Rektifizierung der Spirale nicht kannte. Jetzt erst machte Huygens seine Parabelrektifizierung öffentlich, aber es war zu spät. Für die französischen

Abb. 4.2.2. Johann Hudde, Bürgermeister und Mathematiker [Ausschnitt aus Gemälde von Michiel van Musscher 1686]

Korrespondenten hatte er keinen Anspruch auf die Priorität, die Methode von Heuraet hatte er zu spät gesehen, die Details der Wren'schen Arbeit und Neiles Rektifizierung sah er erst Anfang 1660, als er Wallis' *Tractatus de cycloide* erhielt. Bis hierher war noch alles in Ordnung.

Dann schreibt Huygens sein *Horologium oscillatorium* und erläutert die Geschichte der Rektifizierung aus seiner Sicht. Wren wird gelobt, Heuraet wird erwähnt, auch Wallis und Neile, aber Huygens vermutet, Neile hätte die Sache nicht so gut verstanden wie Heuraet. Zu Heuraets Entdeckung schreibt Huygens, dass seine Mitteilung der Parabelrektifizierung aus dem Jahr 1657 den Anstoß gegeben hätte. John Wallis erhält sein persönliches Exemplar des *Horologium oscillatorium* von Huygens, der sich zu einem kurzen Besuch in London aufhält, am 8. Juni 1673 und ist so in seinen Gefühlen verletzt, dass er Huygens bereits am Tag darauf schreibt. Die Priorität gehöre allein Neile, der die Rektifizierung nicht weniger verstanden habe als Heuraet, sie sei nur nicht publiziert worden. Huygens verteidigt sich daraufhin: wenn das Resultat publiziert worden wäre, würde es keine Differenzen mehr geben. Das ist das Ende der Korrespondenz zwischen Wallis und Huygens. Huygens ist inzwischen schon im Disput mit Newton über dessen Theorie des Lichts. Als Newton über Oldenburg am 3. Juli 1673 an Huygens schreibt, um seine Theo-

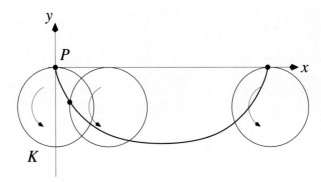

Abb. 4.2.3. Erzeugung einer Zykloide durch Abrollen eines Kreises

rie des Lichts zu verteidigen, erwähnt er auch seine eigenen Arbeiten zur Rektifizierung von Kurven, die eng mit Huygens' Methoden verwandt seien. Huygens antwortet auf diesen Brief gar nicht und lässt auch weitere Briefe von Oldenburg unbeantwortet. Erst im Mai 1674 schreibt Huygens an Oldenburg, nur um zu erklären, dass er keine weiteren Unannehmlichkeiten mit Fellows der Royal Society haben wolle. Der Briefwechsel wird tatsächlich erst wieder im Januar 1675 aufgenommen. Da ging es um die Erfindung der Unruhfeder, für die Huygens sich die Priorität sichern wollte, aber er rutschte gleich in den nächsten Prioritätsstreit – diesmal mit Hooke.

4.2.2 Unruhige Zeiten: Hooke versus Huygens

Über das Verhältnis zwischen Newton und Hooke haben wir bereits im Abschnitt 3.1.6 gesprochen. Der unermüdliche Forscher, Bastler und Experimentator Robert Hooke hatte in seinem Leben zahlreiche Erfindungen gemacht, sich aber um eine Publikation oft aus Zeitmangel nicht gekümmert. Daher waren Prioritätsstreitigkeiten mit diesem streitbaren Mann keine Seltenheit. Unglücklicherweise traf es auch Christiaan Huygens, nach dem dieser gerade erst den Ärger über den Rektifizierungsstreit verarbeitet hatte.

Dass die Fallbewegung eines Körpers im Schwerefeld der Erde ohne Berücksichtigung der Reibung entlang einer Zykloide eine tautochrone (tauto=dasselbe, chronos=Zeit) Bewegung ist, hatte Huygens im Dezember 1659 herausgefunden.

Eine Zykloide ist die Bahn eines festen Punktes P auf dem Rand (oder im Inneren) eines Kreises K, der auf einer geraden Bahn rutschfrei abrollt, wie in Abbildung 4.2.3 gezeigt. Die Tautochrone ist die Kurve, bei der ein sich auf ihr bewegender Körper immer die gleiche Zeit bis zum Endpunkt benötigt, unabhängig von seinem Startpunkt. Huygens' große Hoffnung war es, diese Eigenschaft der Zykloide zu verwenden, um eine sehr präzise Pendeluhr zu

Abb. 4.2.4. Porträt von Robert Hooke aus dem Jahr 2004. Hooke wurde hier von der Künstlerin Rita Greer nach den Beschreibungen seiner Freunde porträtiert. Auf dem Tisch liegen eine Taschenuhr, eine Feder und ein fossiler Ammonit, alles Dinge, mit denen sich Hooke intensiv beschäftigt hat. Der Sternenhimmel soll daran erinnern, dass Hooke auch ein begabter Astronom war. Direkt vor Hooke liegt unter seinen Händen der Stadtplan von London, das er nach dem großen Feuer von 1660 maßgeblich wieder prägte.

konstruieren, was wir bereits in Abschnitt 2.7 beschrieben haben. Da die Evolute (d.i. die Einhüllende der Normalen) der Zykloide wieder eine Zykloide ist, bewegt sich die Masse eines Pendels auf einer Zykloide, wenn sich der Pendelfaden zwischen Zykloidenbacken bewegt.

Damit ist die Schwingungsdauer eines Zykloidenpendels unabhängig von der Auslenkung. Im August 1661 perfektioniert Huygens seine Pendeluhr noch einmal durch die Einführung eines verschieblichen Reiters auf der Pendelstange zur Regulation der Uhr. Ein weiteres wichtiges Element einer Pendeluhr ist die Ankerhemmung, die im Takt des Pendels die durch Gewichte an Ketten gespeicherte Energie Stück für Stück abgibt.

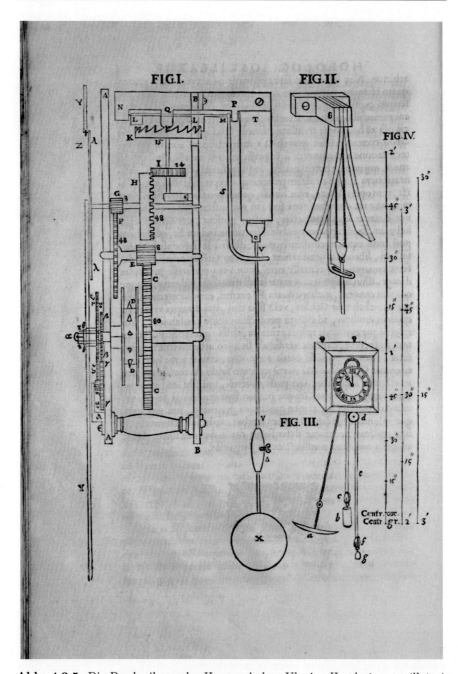

Abb. 4.2.5. Die Beschreibung der Huygens'schen Uhr im *Horologium oscillatorium*. In dem mit „FIG.II." bezeichneten Teilbild sind die Zykloidenbacken der Pendelaufhängung zu sehen (mit freundlicher Genehmigung der Sophia Rare Books, Kopenhagen)

Abb. 4.2.6. Eine Ankerhemmung in einer realen Uhr [Foto: Timwether 2008], eine moderne Unruh mit Kompensationsgewichten [Foto: Chris Burks 2011]

Die Ankerhemmung gilt als Erfindung von Robert Hooke, aber das ist umstritten. Die Unruh zur Steuerung einer Uhr ist eine Erfindung von Christiaan Huygens, die auf die Jahre 1673-74 zurückgeht. Die Erfindung der Unruh wurde auf einer Sitzung der Pariser Académie des Sciences am 23. Januar 1675 den Herren Cassini, Picard und Mariotte mitgeteilt und auch Oldenburg erhielt ein Informationsschreiben mit einem Anagramm, um Huygens die Priorität zu sichern [Hofmann 1974, S. 118f.]. Noch 1675 bekommt Huygens darauf ein Patent von Colbert, aber damit wird es nun – gelinde gesagt – unübersichtlich!

Der Pariser Uhrmacher Isaac II. Thuret[7], den Huygens unter der Auflage strengster Geheimhaltung beauftragt hatte, ein erstes Modell einer durch eine Unruh regulierten Uhr zu bauen, beanspruchte plötzlich die Erfindung für sich und legte „seine" Uhr Colbert vor. Die Affäre wurde schnell so unangenehm, dass Huygens beabsichtigte, Paris zu verlassen. Dann aber traf ein Entschuldigungsschreiben von Thuret ein. Nun trat der Abbé Jean de Hautefeuille auf den Plan und beanspruchte die Erfindung der Spiralfeder – zentrales Bauteil der Unruh – für sich, aber diese sich anbahnende Fehde wurde schnell auf politischem Wege unterdrückt. Da Thuret die Erfindung der Unruh öffentlich gemacht hatte, war das Interesse auch in England groß. Huygens beeilte sich daher, eine Beschreibung seiner Erfindung, die für das „Journal des Sçavans" vorgesehen war und dort auch erschien, nach London zu schicken. Die Huygens'sche Arbeit wurde auf einer Sitzung der Royal Society verlesen, worauf Hooke sofort erklärte, er hätte dieselbe Erfindung schon vor langer Zeit gemacht. Nun publizierte Leibniz am 25. März 1675 eine eigene Erfindung zur

---

[7]In drei Generationen, beginnend mit Isaac II., haben die Thurets in Frankreich Uhrmachergeschichte geschrieben.

Uhrenregulation mit Hilfe eines Federsystems im Journal des Sçavans [Müller/Krönert 1969, S. 37]. Er verwendet durchgehend die Bezeichnungen seines Lehrers Huygens und bezieht sich auf dessen Arbeit, was Huygens sehr gefreut haben muss.

Der geschickte Hooke baute eine Uhr, die im Sommer 1675 dem englischen König erfolgreich vorgeführt wurde. Hooke drehte nun richtig auf: Er beschuldigte Oldenburg und die gesamte Royal Society, seine großartige Idee an Huygens verraten zu haben. Damit brachte er den Präsidenten der Royal Society, Lord Brouncker, in eine unmögliche Situation. Weder konnte der Präsident die Tragweite der Erfindung abschätzen, noch wird ihm Hookes Benehmen gefallen haben. Brouncker beauftragte den gutmütigen Oldenburg, eine Uhr Huygens'scher Bauart bei Huygens in Auftrag zu geben, um sie mit der Hooke'schen Uhr vergleichen zu können. Die Uhr traf schließlich per Kurier – es handelte sich um den italienischen Schauspieler Biancolelli, der häufig für diplomatische Missionen im Einsatz war – mit vollständiger Betriebsanleitung von Huygens' Hand in London ein. Unglücklicherweise trat ein unerwarteter Fehler auf, der die Uhr täglich um 12 Uhr anhalten ließ. In England konnte man den Fehler nicht beheben (was vielleicht etwas über die Uhrmacherkunst in England sagt) und Oldenburg drängte Huygens, eine Ersatzuhr zu schicken [Hofmann 1974, S. 122]. In der Zwischenzeit wurden Hookes verbale Angriffe auf Huygens immer unmäßiger. Der gutmütige Oldenburg hatte nur vorsichtige Bemerkungen darüber an Huygens geschickt, aber Huygens hat sicher aus anderen Quellen, wohl durch Reisende, von der Heftigkeit der Hooke'schen Anschuldigungen erfahren. Er wehrte sich nach Kräften und ging dann zum Gegenangriff über. Daraufhin erklärte Hooke öffentlich, alles sei Oldenburgs Schuld. Er hätte das Geheimnis der Unruh an Huygens verraten und sei nicht besser als ein französischer Spion. Obwohl Hooke diese ungeheuerliche Anschuldigung sofort darauf zurücknehmen musste, erzeugte er damit ein für Oldenburg unangenehmes und gefährliches Klima. Oldenburg war ein Deutscher und kein Engländer; er nahm die englische Staatsbürgerschaft erst kurz vor seinem Tod an, nämlich im Jahr 1677, und war bereits 1667 kurzzeitig im Gefängnis, weil man ihn für einen Verräter hielt. Seine Lage war also alles andere als beneidenswert, als er nun von Hooke angegriffen wurde. Hooke mäßigte sich auch dann nicht, als Huygens' Vater Constantijn, ein hoch respektierter Diplomat in England, eingriff. Mehrere Sitzungen der Royal Society wurden benötigt, um den Fall zu diskutieren. Schließlich entschloss man sich, in den „Philosophical Transactions" eine offizielle Stellungnahme zu Gunsten Oldenburgs abzudrucken.

Zur Ehrenrettung Hookes, dessen Verhalten damit dennoch nicht entschuldigt sein soll, müssen wir festhalten, dass es zwei Briefe aus dem Jahr 1665 gibt, die deutlich zeigen, dass Huygens zu dieser Zeit schon über die frühen Hooke'schen Uhrenexperimente im Bilde war [Jardine 2003, S. 197ff.]. Beide Briefe fand Hooke nach Oldenburgs Tod 1677, als er zum neuen Sekretär der Royal Society gewählt wurde und Oldenburgs Briefwechsel einsehen konnte.

4.2.3 Atmosphärische Störungen

Es ist in unserem Zusammenhang wichtig, die Atmosphäre in London zu verstehen, die nun aufgeladen war und im wesentlichen durch anti-deutsche Ressentiments geprägt war. Der Streit mit Huygens wurde leicht auf Leibniz übertragen, der als Vertrauter Huygens' bekannt war, hatte er doch auch über Uhren publiziert. Diese Atmosphäre erklärt auch die späteren Missverständnisse, Vorbehalte, Eitelkeiten und Eifersüchteleien um den Leibniz'schen Briefwechsel der Jahre 1675 und 1676 mit London. Leibniz hatte schon Ergebnisse zur Reihenlehre an die Royal Society geschickt und man hatte nun Sorge, dass er Newton die Priorität streitig machen wollte – immerhin hatte Newton noch nichts über „seine" Mathematik publiziert. Insbesondere Collins fühlte eine persönliche Verantwortung, da er Berichte über die Newton'schen mathematischen Ergebnisse an Gregory gegeben hatte, worüber Newton nicht erfreut war. Zudem war Newton zunehmend genervt und verärgert über die anhaltende Kritik an seiner Theorie der Farben und entschied sich dafür, weder in der Optik noch in der Fluxionenrechnung irgendetwas seiner neuen Ergebnisse zu publizieren. In dieser Geistesverfassung ist es positiv zu sehen, dass Newton sich bald in zwei Briefen an Leibniz wenden wird. Ganz offenbar sah Newton in den 1670er Jahren in Leibniz keine direkte Konkurrenz und auch Fragen der Priorität stellten sich ihm nicht. Missverständnisse gab es sicherlich auf beiden Seiten und als wäre das nicht genug, gab es auch ein Verständnisproblem: Sprach Newton über „Analysis", dann meinte er seine Reihenlehre, sprach Leibniz von „Analysis", meinte er seine Differenzial- und Integralrechnung! Und auch damit noch nicht genug. Der „Mediator" der Korrespondenz, John Collins, war weder mathematisch genug gebildet noch kompetent genug, den Briefwechsel einzuschätzen. Im Gegensatz zu Collins war Oldenburg ein hervorragender Diplomat und ein warmherziger Mensch, der einen Ausgleich zwischen Newton und Leibniz sicher hätte bewerkstelligen können, allerdings wurde er in mathematischen Dingen von Collins beraten und war damit auf verlorenem Posten!

4.3 Die Zeiten ändern sich

Am 9. Januar 1675 hat Leibniz die Gelegenheit, seine Rechenmaschine der Académie des Sciences in Paris vorzustellen [Müller/Krönert 1969, S. 37]. Colbert ist von der Maschine offenbar angetan, denn er bestellt drei Exemplare, eines für den König, eines für das königliche Observatorium, und eines für sich selbst. Leibniz berichtet im April, dass jede Maschine 200 Pistolen kosten würde, das entspricht der Summe von 737 Reichstalern[8]. Er hat große

---

[8]Ein Reichstaler lag zu Leibnizens Zeit zwischen 16 und 21 Euro; eine Information, die ich Herrn Prof. Dr. Eberhard Knobloch verdanke. Eine Rechenmaschine verschlang damit zwischen 11800 und 15500 Euro. Zum Vergleich: Der Hannoveraner bot Leibniz ein Jahresgehalt von 400 Talern, also zwischen 6400 und 8400 Euro.

Summen seines privaten Geldes in den Bau gesteckt und die Suche nach einer gut bezahlten zukünftigen Arbeitsstelle wird dringender. Seine Hoffnung, eine gute Stellung in einer der großen Zentren der Wissenschaft zu bekommen, hat sich nicht erfüllt; es bleibt allein das Angebot des Hannoveraners. Schweren Herzens entschließt sich Leibniz, dieses Angebot anzunehmen. Er schreibt am 21. Januar an Herzog Johann Friedrich [Müller/Krönert 1969, S. 37]:

> *„Paris ist ein Ort, wo man sich nur schwer auszeichnen kann: man*
> *findet dort in allen Wissenschaftsbereichen die versiertesten Männer*
> *der Zeit, und es ist viel Arbeit nötig und ein wenig Beharrlichkeit, um*
> *dort seinen Ruf zu begründen. [...] Ich habe noch die gleichen Gefühle,*
> *und tatsächlich glaube ich, daß ein Mann wie ich, der kein anderes*
> *Interesse besitzt als das, sich durch aufsehenerregende Entdeckungen*
> *in der Kunst und Wissenschaft einen Namen zu machen und die Öf-*
> *fentlichkeit durch nützliche Arbeiten zu verpflichten, nur einen großen*
> *Fürsten suchen muß, der genügend Einsicht besitzt, den Wert der Din-*
> *ge beurteilen zu können, eine großzügige Denkungsart hat und seine*
> *Handlungen nach den Grundsätzen des Ruhmes ausrichtet, vorausge-*
> *setzt, daß ihm seine Geschäfte erlauben, den schönen Dingen sein Ohr*
> *oder seine Unterstützung zu leihen.“*

Aber Leibniz denkt gar nicht daran, sofort nach Hannover zu fahren.

4.3.1 Leibnizens Brief vom 30. März 1675 und seine unmittelbare Folge

Leibniz ist Anfang 1675 wieder ganz auf seine Mathematik konzentriert. In einem Brief an Oldenburg vom 30. März 1675 [Turnbull 1959–77, Vol. I, S. 336ff.] stellt Leibniz fest, dass seine arithmetische Kreisquadratur einem von Gregory geplanten Unmöglichkeitsbeweis der Quadratur des Kreises keinesfalls widerspreche. Dann schreibt er [Turnbull 1959–77, Vol. I, S. 337f.][9]:

> *„Ihr schreibt, dass euer bedeutender Newton eine Methode für alle*
> *Quadraturen und die Maßzahlen aller Kurven, Oberflächen und Vo-*
> *lumina von Drehkörpern, sowie zum Auffinden der Schwerpunkte ge-*
> *funden hat; sicher durch ein Verfahren der Approximation, denn das*
> *habe ich daraus gefolgert. Solch' eine Methode, wenn sie denn uni-*
> *versell und praktisch ist, verdient die höchste Wertschätzung, und ich*
> *habe keine Zweifel, dass sie sich ihrem brillantesten Entdecker würdig*
> *erweisen wird. Ihr fügt hinzu, dass eine solche Entdeckung auch Gre-*
> *gory bekannt war. Aber da Gregory in seinem Buch 'Geometriae Pars*
> *Universalis' eingeräumt hat, er wüsste keine Methode, um hyperboli-*
> *sche und elliptische Kurven zu messen, bitte ich Euch mir zu sagen,*

---

[9]Wieder übersetze ich die englische Übersetzung des lateinischen Briefes.

*ob er oder Newton sie bis heute gefunden haben, und falls das der Fall
ist, ob sie sie absolut haben* [d.h. in Form einer geschlossenen Formel],
*was ich kaum glauben kann, oder durch eine angenommene Quadratur
des Kreises oder der Hyperbel."*

(You write that your distinguished Newton has a method of expres-
sing all squarings, and the measures of all curves, surfaces and solids
generated by revolution, as well as the finding of centres of gravity,
by a method of approximations of course, for this is what I infer it to
be. Such a method, if it is universal and convenient, deserves to be
appraised, and I have no doubt that it will prove worthy of its most
brillant discoverer. You add that some such discovery was known to
Gregory also. But since Gregory in his book *Geometriae Pars Universalis* admits that he did not yet know the method of measuring
hyperbolic and elliptic curves, you will show me, if you please, whether either he or Newton has found it since that time, and if they
have, whether they have it absolutely, which I can scarcely credit, or
from an assumed squaring of the circle or the hyperbola.)

Diese Briefsequenz ist es, die letztlich zu einem brieflichen Kontakt von Newton mit Leibniz führen wird.

Der Brief geht damit weiter, dass Leibniz Bezug nimmt auf die von Collins ihm
zuvor mitgeteilten endlichen Summen der Reihen $\sum 1/k$, $\sum 1/k^2$ und $\sum 1/k^3$.
Leibniz schreibt, dass Collins diese Ergebnisse wohl schon publiziert hätte,
aber er hat keinen Zugang. Sollte Oldenburg – das Einverständnis Collins'
vorausgesetzt – ihm die Arbeit schicken, würde Leibniz dafür die $\pi/4$-Reihe
mit Beweis nach London schicken. Dann schreibt Leibniz weiter [Turnbull
1959–77, Vol. I, S. 338]:

*„Nochmals, die arithmetische Kreisquadratur hat sehr weitreichende
Konsequenzen und öffnet den Weg für viele neue Dinge, wie Ihr auch
ohne weiteres bestätigen werdet. Demzufolge habe ich keinen Zweifel,
dass Ihr so entgegenkommend sein werdet, mir die Methoden von Newton und Gregory mitzuteilen. Es ist sicher nicht meine Gewohnheit,
die Gelegenheiten zur Namensnennung der Autoren derart eminenter
Entdeckungen mit Ehrbezeugungen auszulassen."*

(Again, the arithmetical squaring of the circle has very far-reaching
consequences, and it opens up the way to many new things, as you too
will readily judge: accordingly I have no doubt that you will show yourselves accomodating in communicating to me the methods of Newton
and Gregory. It is certainly not my practice to let slip opportunities
of naming with many expressions of honour the authors of eminent
discoveries.)

In diesem Absatz lässt Leibniz klar erkennen, dass er mit seinen Methoden zur arithmetischen Kreisquadratur sehr viel weiter gekommen ist. Sein Angebot, Newton und Gregory namentlich in seinen Veröffentlichungen zu nennen und ihnen die Ehre gewisser Entdeckungen zukommen zu lassen, ist sicher ernst gemeint, allerdings wird beim Nachdruck dieses Briefes im *Commercium epistolicum* dieser gesamte letzte Teil des Briefes vorsätzlich weggelassen, so dass es so aussieht, als sei Leibniz lediglich an der Mitteilung der Newton'schen und Gregory'schen Methoden interessiert.

Das Antwortschreiben Oldenburgs trägt das Datum des 22. April. Da Oldenburg nicht genug Mathematik kennt, lässt er sich von Collins beraten, übersetzt dann Collins' englischen Text ins Lateinische, und überträgt ihn in den Brief. Oldenburg berichtet Leibniz, dass es in der Royal Society Zweifel am Wert seiner vorgeschlagenen Uhr gab. Vermutlich hat Oldenburg hier die Einwände Hookes in etwas moderaterer Form wiedergegeben [Hofmann 1974, S. 131]. Dann kommt der von Collins stammende Teil zur Mathematik, der deutlich detailierter ist als der entsprechende Teil aus dem Brief vom 16. April 1673. Leibniz erfährt von einem neuen Ergebnis Gregorys für einen Kreis mit Radius r, nämlich der Darstellung

$$\pi r = \frac{4r^2}{2d - \frac{1}{3}e - \frac{1}{90}\frac{e^2}{d} - \frac{1}{756}\frac{e^3}{d^2} - \cdots}, \tag{4.6}$$

wobei $d = \sqrt{2}r$ die Kantenlänge des in den Kreis einbeschriebenen Quadrats bezeichnet und $e = (\sqrt{2} - 1)r$ die Differenz zwischen dieser Kantenlänge und dem Radius. Mit dieser Mitteilung konnte Leibniz nichts anfangen, zumal in Oldenburgs Brief der Term $-\frac{1}{90}\frac{e^2}{d}$ auch noch fehlte! Collins teilt mit, dass ihm solche Reihen kurz nach Erscheinen von Mercators *Logarithmotechnia* im Juli 1668 mitgeteilt wurden und dass er sie an Barrow nach Cambridge schickte. Von dort wurde ihm geantwortet, Newton hätte Mercators Logarithmusreihe schon einige Zeit vor der *Logarithmotechnia* gefunden und sie zur Quadratur aller (!) geometrischer und mechanischer Kurven angewendet[10]. Hierbei bezieht sich Collins auf Newtons *De Analysi*, die er im Sommer 1669 erhalten

---

[10]Die griechische Antike kannte die Einteilung von Kurven in drei Klassen: ebene, körperliche und lineare. Ebene Kurven sind mit Zirkel und Lineal konstruierbar, körperliche sind die, zu denen man die Kegelschnitte heranzieht, und lineare sind solche, die „zusammengesetzte Linien" benötigen [Mancosu 1996, S. 71]. René Descartes diskutiert diese Einteilung in seiner *Geometria* [Descartes 1969, S. 19ff.] und führt die Unterscheidung in „geometrische" und „mechanische" Kurven ein. „Geometrisch" sollen Kurven heißen, die exakt und mathematisch präzise beschreibbar sind, „mechanische" Kurven sind die, für die das nicht gilt. Diese Unterscheidung ist für uns hier nicht wichtig, aber wir müssen die Begriffe klären [Sonar 2011, S. 244f.]. Man beachte, dass man auch geometrische Kurven mit Hilfe von mechanischen Apparaten konstruieren kann, und Descartes hat solche sogar angegeben.

und sofort kopiert hatte. Collins gibt auch die Newton'sche Sinusreihe an; für $x = \sin z$ ist das

$$z = x + \frac{1}{6}x^3 + \frac{3}{40}x^5 + \frac{5}{112}x^7 + \ldots, \text{ bzw.} \tag{4.7}$$

$$x = z - \frac{1}{6}z^3 + \frac{1}{120}z^5 - \frac{1}{5040}z^7 \pm \ldots. \tag{4.8}$$

Auch eine Reihe für die Fläche eines Kreises bzw. einer Hyperbel,

$$2\int_0^a \sqrt{r^2 \mp x^2}\,dx$$

wird angegeben, ebenso eine für die Fläche $2\int_0^a \sqrt{2rx - x^2}\,dx$ eines Kreissegments. Collins schreibt diese Reihen Gregory zu, „vergaß" aber zu erwähnen, dass Gregory diese Reihen bereits 1668 hatte, als noch niemand von Newtons Reihenlehre gehört hatte. Auch die Reihen für die Tangensfunktion und deren Umkehrfunktion teilt Collins Leibniz mit; sie gehen ebenfalls auf Gregory zurück, der sie bereits durch wiederholtes Ableiten gefunden hatte [Hofmann 1974, S. 135].

In der späteren englischen Bannschrift *Commercium epistolicum D. Johannis Collins et aliorum de Analysi promota* der Royal Society aus dem Jahr 1712 wird es heißen, Leibniz hätte seinen französischen Freunden seine eigene Reihe für die Umkehrfunktion der Tangensfunktion, den Arcustangens, gezeigt, nachdem er den Brief vom 22. April erhalten hatte. Leibnizens Kommentare, die er an den Rand seiner Kopie des *Commercium epistolicum* schrieb, sind eindeutig: Diese Beschuldigung sei unverschämt und böswillig. In der Tat hatte Leibniz seine Reihe in den Briefen vom 15. Juli und vom 16. Oktober 1674 angezeigt, und seine Methode der Herleitung der Arcus-Tangens-Reihe, die er mit der arithmetischen Kreisquadratur im Oktober 1674 an Huygens schickte, sei gänzlich verschieden und unabhängig von Gregorys.

Viel mehr schreibt Collins nicht über Gregorys Leistungen, dafür aber über Newtons, wobei er sich wieder aus dem Manuskript *De analysi* bedient. Dann enthält der Brief noch Material zur Algebra, insbesondere Resultate von Pell. Die algebraische Gleichungsauflösung war ein Lieblingsgebiet von Collins, ebenso wie Davenants Problem, die ersten vier aufeinanderfolgenden Terme einer geometrischen Progression zu finden, wenn die Summe ihrer Quadrate und ihrer Kuben gegeben sind.

Nach Hofmann hat dieser „*lange, armselig angeordnete*" (long, poorly arranged) Brief [Hofmann 1974, S. 139] vieles gemeinsam mit dem Brief vom 16. April 1673. Erstmals erfährt Leibniz etwas mehr über Newtons und Gregorys Forschungen, allerdings lediglich die Ergebnisse, nicht die Methoden. Leibniz nimmt an, Collins hätte ihm die neuesten Gedanken der beiden Engländer

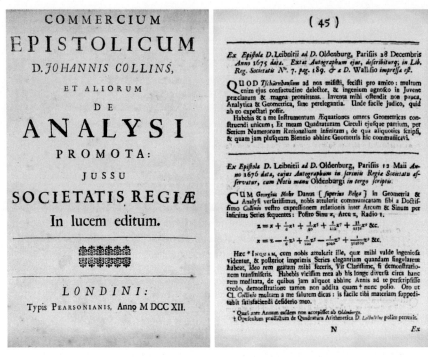

Abb. 4.3.1. Titel der 1712 erschienenen „Bannschrift" von J. Collins und S. 45 mit Briefen von Leibniz an Oldenburg vom 28. Dezember 1675 und 12. Mai 1976 (PBA Galleries/pbagalleries.com)

mitgeteilt, während Collins lediglich lange gelöste Probleme beschrieb. Leibniz war sehr interessiert an algebraischen Methoden zur Lösung von Gleichungen und Collins' Brief mag dazu beigetragen haben, dass er sich nun intensiv damit beschäftigte. Mit Roberval diskutierte er dazu in Paris, ebenso mit Ozanam.

Am 20. Mai 1675 bedankt sich Leibniz nur kurz bei Oldenburg für den Brief. Dann macht er einen Fehler: Er dankt für die durch Collins zugeschickten Reihen und schreibt, er hätte diese Ergebnisse noch nicht mit seinen eigenen, ein paar Jahre alten Ergebnissen vergleichen können, aber sobald er dies getan habe, würde er mehr darüber schicken. Diese Behauptung war unverfroren, denn Leibniz konnte z.B. Gregorys erste Reihe (4.6) gar nicht verstehen, was er besser zugegeben hätte.

In der späteren englischen Bannschrift *Commercium epistolicum D. Johannis Collins et aliorum de Analysi promota* der Royal Society aus dem Jahr 1712 wird diese Leibniz'sche Antwort aufgenommen und kommentiert: Leibniz hätte nie den versprochenen Vergleich mit seinen Reihen geschickt, sondern hätte Informationen über Newtons Methoden verlangt, als er die Sinus- und Arcussinus-Reihe nochmals von dem dänischen Mathematiker Georg Mohr (1640-1697) erhielt. Später habe Leibniz die Reihe des Arcustangens von Gregory bestimmt, ohne auch nur den Brief vom 22. April 1675 zu erwähnen, in dem doch schon alle Details gegeben worden seien. Als weiterer Beweis für Leibnizens Plagiat dient die Einführung in seine *Quadratura arithmetica communis* in den Acta Eruditorum vom April 1691 [Leibniz 2011, S. 103-113], die dahingehend interpretiert wird, dass Leibniz seine arithmetische Kreisquadratur nicht vor 1075 gefunden habe, sondern erst nach Erhalt des Briefes vom 22. April 1675. Die Leibniz'sche Analysis sei von Leibniz erst im Nachgang dieses Briefes entwickelt und sei daher vollständig von Newtons Arbeiten abhängig.

Im Jahr 1712 schien den Engländern klar, dass Leibniz plagiiert hatte, dass alles von Newton und/oder Gregory stammte. Dahinter steckte nicht nur Boshaftigkeit: Die Engländer bezogen sich auf die Entwürfe der Briefe von Collins, die mehr Detailinformationen enthielten als das, was Oldenburg letztlich abschickte. Weiterhin wurden die Leibniz'schen Briefe an Oldenburg im Wesentlichen aus dem dritten Band von John Wallis' *Opera mathematica* (1693-1699) gelesen, wo sie nicht nur lediglich auszugsweise, sondern auch mit zahlreichen Fehldeutungen abgedruckt wurden. Auch die Briefkopien, die Oldenburg in das „Letter Book" der Royal Society eintrug, waren keinesfalls vollständig. Insbesondere hatte Oldenburg alles das fortgelassen, was an persönlichen Bemerkungen in den Briefen enthalten war und was auch nur den Anschein hatte, Fellows der Royal Society zu brüskieren. Oldenburg handelte aus löblichen Motiven, aber hätte er die Briefe vollständig ins Letter Book übertragen, hätten die Engländer die Unangemessenheit der Anschuldigungen erkennen können [Hofmann 1974, S. 141f.]. Zudem gab es 1712 auf Seiten von Leibniz ein Problem: Er hatte zwar alle Briefkopien und Entwürfe, die seine Unabhängigkeit von den Engländern in der Mathematik belegen konnten, aber die Masse seiner Korrespondenz und Zettelei war ihm zu diesem Zeitpunkt bereits über den Kopf gewachsen.

4.3.2 Die Analysis wird zum Kalkül

Ende des Jahres 1675 wird die Analysis Leibnizens zu einem Kalkül. In einem Manuskript vom 29. Oktober 1675 mit dem Titel *Analyseos tetragonisticae pars secunda* (Zweiter Teil der quadrierenden Analysis) [Leibniz 2008, S. 288ff.], [Child 2005, S. 76ff.] schreibt er noch

$$\frac{\overline{\text{omn.}\ell}^{2}}{2} = \text{omn.}\frac{\overline{\qquad \ell}}{\text{omn.}\ell \, a},$$

wobei „omn.", das lateinische „omnes" (alle), für die „Gesamtheit aller Linien nach Cavalieri" steht. Der Überstrich ist eine Klammer und das ℓ ist die Bezeichnung für das spätere dy. Die Größe a ist mit dx gleichzusetzen, aber wie schon bei Newton setzt Leibniz $a = dx = 1$. In heutiger (Leibniz'scher) Notation ist die obige Gleichung einfach

$$\frac{1}{2}\left(\int dy\right)^{2} = \int\left(\int dx\right) dy.$$

Leibniz [Child 2005, S. 80] fährt dann fort:

> „*Ein anderes Theorem von derselben Art ist*
>
> $$\text{omn. } x\ell = x \, \text{omn. } \ell - \text{omn. omn. } \ell, \qquad (4.9)$$
>
> *wobei ℓ ein Term einer Progression [=Differenz] ist und x die Zahl, die die Position oder Ordnung des korrespondierenden ℓs ausdrückt; oder x ist die Ordnungszahl und ℓ ist die geordnete Sache.*"

(Another theorem of the same kind is:

$$\text{omn. } x\ell = x \, \text{omn. } \ell - \text{omn. omn. } \ell,$$

where ℓ is taken to be a term of a progression, and x is the number which expresses the position or order of the ℓ corresponding to it; or x is the ordinal number and ℓ is the ordered thing.)

Die Gleichung (4.9) lautet in heutiger Symbolik

$$\int x \, dy = x \sum dy - \int\int dy = xy - \int y \, dx,$$

wobei es bei Leibniz nicht immer ganz klar ist, ob er mit $\int y$ nun $\int y \, dy$ oder $\int y \, dx$ meint [Edwards 1979, S. 253].

Dann erscheint im Manuskript erstmalig das Integralzeichen, vergl. Abbildung 4.3.2. Leibniz schreibt [Leibniz 2008, S. 292], vergl. Abbildung 4.3.3:

> „*Es wird nützlich sein, $\int$ an Stelle von omn. zu schreiben, so dass $\int \ell = $ omn. ℓ, oder die Summe der ℓ. Damit*
>
> $$\frac{\int \overline{\ell}^{2}}{2} = \int\int\overline{\ell\frac{\ell}{a}} \quad und \quad \int\overline{x\ell} = x\int\overline{\ell} - \int\int\ell.$$"(4.10)

(Utile erit scribi $\int$. pro omn. ut $\int \ell$ pro omn. ℓ. id est summa ipsorum ℓ. Itaque fiet $\frac{\overline{\int \ell}^{2}}{2} \sqcap \int\int\overline{\ell\frac{\ell}{a}}$ et $\int\overline{x\ell} \sqcap x\int\overline{\ell} - \int\int\ell$.)

Das Symbol $\int$ soll den Anfangsbuchstaben von „Summe" symbolisieren. Das Symbol $\sqcap$ schreibt Leibniz für das Gleichheitszeichen.

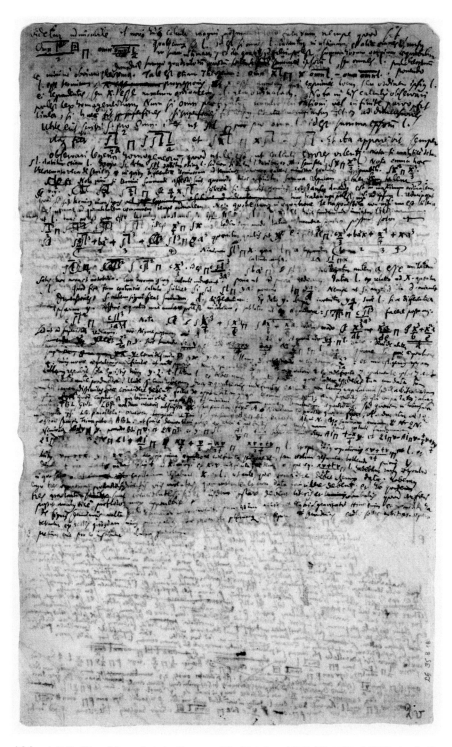

Abb. 4.3.2. Eine Manuskriptseite vom 29. Oktober 1675 (Gottfried Wilhelm Leibniz Bibliothek - Niedersächsische Landesbibliothek Hannover, Sig. LH XXXV, VIII, 18, Bl. 2v)

Abb. 4.3.3. Die Zeile „Utile erit scribi ..." Ausschnitt aus dem Manuskript vom 29.
Oktober 1675

Schreiben wir $\ell = dx$ in der ersten der beiden Gleichungen (4.10), dann findet
Leibniz

$$\int x\,dx = \frac{1}{2}x^2$$

wieder. Mit $\ell = x\,dx$ in der zweiten Gleichung bekommt er

$$\int x^2\,dx = x\int x\,dx - \int\int x\,dx = x\frac{x^2}{2} - \int\frac{x^2}{2}\,dx,$$

so dass

$$\int x^2\,dx = \frac{1}{3}x^3$$

folgt.

Im Manuskript vom 29. Oktober 1675 schreibt Leibniz noch $\ell = y/d$, aber
schon drei Tage später, am 1. November, schreibt er das Manuskript *Analyseos tetragonisticae pars tertia* [Leibniz 2008, S. 310ff.], [Child 2005, S. 84ff.]
und nun wird aus $\ell = y/d$ das uns bekannte dy. Am 11. November schreibt er
Methodi tangentium inversae exempla [Leibniz 2008, S. 321ff.], [Child 2005, S.
93ff.] und fragt darin, ob $dx\,dy$ dasselbe sei wie $d(xy)$ und ob $d(x/y)$ dasselbe sei wie dx/dy. Er ist offenbar auf der Suche nach der Produkt- und der
Quotientenregel. Beide Fragen kann er negativ beantworten, denn er bemerkt,
dass

$$d(x^2) = (x + dx)^2 - x^2 = 2x\,dx + (dx)^2 = 2x\,dx$$

und

$$(dx)(dx) = (x + dx - x)(x + dx - x) = (dx)^2$$

gelten. Der „Kalkül" beginnt hier zu arbeiten! In einem Manuskript vom 11.
Juli 1677 [Child 2005, S. 128ff.] sind dann die Produkt- und Quotientenregel
klar. Leibniz rechnet

$$d(xy) = (x + dx)(y + dy) - xy = x\,dy + y\,dx + dx\,dy,$$

was wegen $dx\,dy = 0$ (das Produkt zweier Infinitesimalen ist von höherer
Ordnung klein, vergl. unsere Ausführungen in Kapitel 1!) auf

$$d(xy) = x\,dy + y\,dx$$

führt. Bei der Quotientenregel rechnet er

$$d\frac{y}{x} = \frac{y + dy}{x + dx} - \frac{y}{x} = \frac{x\,dy - y\,dx}{x^2 + x\,dx}$$

und stellt fest, dass $x\,dx$ im Vergleich zu x^2 unvergleichlich klein ist, so dass

$$d\frac{y}{x} = \frac{x\,dy - y\,dx}{x^2}$$

gilt. Hier findet sich natürlich sofort ein Punkt für Kritik. Wir haben in Kapitel 1 argumentiert, dass $x\,dx$ nicht von höherer Ordnung klein ist, und daher einen Beitrag liefert. In der Tat streicht Leibniz in der Quotientenregel ja auch die Terme im Zähler nicht! Hier ist es entscheidend, dass $x\,dx$ *im Vergleich* zu x^2 klein ist, aber solche Argumentation ruft natürlich auch Kritiker auf den Plan, mit denen wir uns später noch befassen werden. In seiner *Historia et origo* [Child 2005, S. 55f.] wird Leibniz gegen Ende seines Lebens stolz schreiben, dass der Kalkül (er nennt ihn wirklich „calculus") ohne jede Referenz auf geometrische Figuren zu Resultaten kommt, und dass Dinge, die früher Respekt einflößten, nun zum Kinderspiel geworden sind.

In einer überarbeiteten Version des Manuskripts vom 11. Juli 1677 [Child 2005, S. 136], das undatiert ist, erscheint schließlich die Rolle des charakteristischen Dreiecks explizit im Kalkül. Nun wird auch der Hauptsatz der Differenzial- und Integralrechnung bewiesen. Ist eine Kurve mit Ordinate z gegeben, deren Fläche gesucht ist, nimmt Leibniz an, dass eine Kurve mit Ordinate y gefunden werden kann, so dass

$$\frac{dy}{dx} = \frac{z}{a}$$

gilt, wobei a eine Konstante ist. Dann folgt $z\,dx = a\,dy$ und die gesuchte Fläche ist

$$\int z\,dx = a \int dy = ay,$$

wobei Leibniz wie gewöhnlich annimmt, dass die Kurve mit Ordinate y durch den Ursprung verläuft [Edwards 1979, S. 258]. Ein Quadraturproblem ist damit im Leibniz'schen Kalkül ein inverses Tangentenproblem, denn um die Fläche unter der Kurve mit z-Ordinate zu berechnen benötigt man eine Kurve, für deren Tangentensteigung

$$\frac{dy}{dx} = z$$

gilt. Setzt man $a = 1$ und subtrahiert die Fläche über $[0, x_0]$ von der über $[0, x_1]$, dann folgt

$$\int_{x_0}^{x_1} z\,dx = y(x_1) - y(x_0),$$

und das ist der Hauptsatz.

4.3.3 Leibniz gewinnt einen Mitstreiter

Ende September 1675 macht Leibniz die Bekanntschaft mit dem jungen deutschen Mathematiker Ehrenfried Walter von Tschirnhaus (1651–1708).

Tschirnhaus ist in jüngerer Zeit als der eigentliche Erfinder des europäischen Porzellans bekannt geworden. Er kam 1675 aus England nach Paris und hatte ein Empfehlungsschreiben Oldenburgs an Leibniz. In einem Brief an Oldenburg vom 18. Oktober 1675 schreibt Leibniz [Müller/Krönert 1969, S. 38f.]:

> *„Das war freundschaftlich gedacht, daß Du uns Tschirnhaus zuschicktest: ich finde großes Vergnügen an seinem Umgange und erkenne den vielversprechenden und vortrefflichen Geist in dem jungen Manne. Er hat mir manches aus der Analysis und Geometrie, wirklich sehr schöne Sachen, gezeigt.“*

Tschirnhaus stammte aus der Oberlausitz und erhielt früh eine mathematisch-naturwissenschaftliche Ausbildung durch Privatlehrer. Er ging zum Studium der Rechtswissenschaften nach Leiden, aber seine Liebe galt der Mathematik und der Physik. Er wurde auch in die Descartes'sche Philosophie eingeführt und blieb sein Leben lang ein unverbesserlicher Cartesianer. Im Jahr 1672 beteiligte er sich auf holländischer Seite im Krieg gegen England; er nahm aber nicht an Kampfhandlungen teil. Zwei Jahre später beendete er sein Studium. In Den Haag hatte er Kontakt mit dem Philosophen Baruch de Spinoza, der

Abb. 4.3.4. Ehrenfried Walter v. Tschirnhaus [Stich von M. Berningeroth, vor 1708, Ausschnitt], und Baruch de Spinzoa ([unbekannter Maler, 1665] Herzog August Bibliothek Wolfenbüttel)

ihn an Oldenburg nach London empfahl, wo Tschirnhaus mit Boyle, Wallis und Wren bekannt wurde [Hofmann 1974, S. 165]. Auch mit Collins wurde Tschirnhaus bekannt, der über ihn an Gregory schrieb.

Tschirnhaus hatte insbesondere große algorithmisch-algebraische Fähigkeiten, womit er auch John Pell in London so beeindruckte, dass Pell nicht mit ihm über wissenschaftliche Fragen diskutieren wollte. Collins zählte Tschirnhaus mit Gregory und Newton zu den drei wichtigsten Algebraikern Europas, aber Tschirnhaus verärgerte die Engländer auch mit der Behauptung, alles von Sluse und Barrow würde aus den Arbeiten von Descartes folgen. In London hatte Tschirnhaus über die Regeln zur Lösung von Gleichungen bis zum achten Grad nachgedacht. Das Treffen mit Collins fand am 9. August 1675, kurz vor Tschirnhausens Abreise nach Paris statt. Aus der Beschreibung dieses Treffens, die Collins an Gregory schickte, ist ersichtlich, dass sich die beiden Männer nicht schon früher getroffen hatten. Erst im Frühsommer 1676 kommt es zu einer Korrespondenz zwischen Tschirnhaus und Oldenburg (im Hintergrund Collins) über cartesianische Methoden, in dem Tschirnhaus von Collins Informationen über die infinitesimalen Methoden der Engländer und insbesondere über Newtons Methode der Tangentenberechnung erhielt.

In der späteren englischen Bannschrift *Commercium epistolicum D. Johannis Collins et aliorum de Analysi promota* der Royal Society aus dem Jahr 1712 wird dieser Briefwechsel zwischen Tschirnhaus und Oldenburg/Collins ein ganzes Jahr vordatiert. Hätte Tschirnhaus diese Informationen tatsächlich bereits im Sommer 1675 gehabt, dann hätte er im Herbst Leibniz Einzelheiten der Newton'schen Methode mitteilen können. Zudem zeigten Oldenburgs Aufzeichnungen, dass Tschirnhaus auch die Gregory'sche Rektifizierung des Kreisbogens gezeigt wurde, so dass Leibniz diese Technik 1675 von Tschirnhaus hätte bekommen können. Diese Behauptung entbehrt jeglicher Grundlage, denn das fragliche Dokument wurde nicht vor 1676 geschrieben.

Tschirnhaus hat auch einen Brief an Huygens zu überbringen, der ihn freundlich aufnimmt und nach Spinoza und gemeinsamen Freunden in Den Haag fragt. Tschirnhaus konnte kein Wort Französisch, versuchte es aber in Paris schnell zu erlernen. Colberts Sohn gibt er Mathematikunterricht in Latein, denn als Spross einer Adelsfamilie hat er keine Probleme, sich in den höchsten Pariser Kreisen zu bewegen.

Mit Leibniz entwickelt sich eine enge wissenschaftliche Freundschaft, von der zahlreiche Schriftstücke zeugen [Hofmann 1974, S. 174]. Solche Schriftstücke sind in Band VII, 1 der Akademieausgabe abgedruckt, Nr. 23-29, 92, 94. Tschirnhaus berichtet über seine neuesten Resultate in der Algebra, dabei bemerkt er, dass John Kerseys *The Elements of Mathematical Art, commonly called Algebra* ein wertloses Buch sei, obwohl es in England als Autorität in der Algebra galt. Die beiden Männer sprechen auch über Baruch de Spinoza, mit dem Leibniz bereits über Fragen der Optik korrespondiert hatte.

Leibniz hat als Philosoph großes Interesse an Spinozas *Tractatus theologico-politicus*, der 1670 anonym erschienen war, aber Spinoza, der aus Angst vor weiterer Verfolgung (1674 war der *Tractatus* verboten worden) wie ein Eremit lebte, hatte Tschirnhaus um absolute Verschwiegenheit gebeten. Es wurde auch über seltene Bücher in Holland gesprochen, aber über Mathematik sprachen Tschirnhaus und Leibniz erst gegen Ende November 1675, als Leibniz seine Infinitesimalmathematik und den zugehörigen Symbolismus schon gefunden hatte.

Tschirnhaus hatte aus London auch einen Auftrag von Collins und Oldenburg mitgenommen, nämlich die Suche nach Manuskripten einiger französischer Mathematiker wie Desargues, Fermat, Roberval und Pascal. Von Roberval gab es kaum Gedrucktes, aber einige Manuskripte zirkulierten unter Pariser Mathematikern [Hofmann 1974, S. 178f.]. Roberval wollte diese Manuskripte drucken lassen, aber er verstarb am 27. Oktober 1675, während noch die Vorbereitungen einer Publikation liefen. Seine vielleicht bedeutendsten Arbeiten fielen an die Académie Royale des Sciences, wo Leibniz sie einsehen konnte und auch Tschirnhaus informierte. Beide Freunde waren sich einig, dass sich eine Publikation nicht lohnen würde. Bereits 1674 hatte Leibniz an den Erben Pascals, Étienne Périer, geschrieben und um einen Bericht über die noch vorhandenen mathematischen Manuskripte gebeten. Erst ein Jahr später erhielt Leibniz einige Pascal'sche Manuskripte von Étiennes jüngeren Brüdern, die damals in Paris unterrichtet wurden. Obwohl es sich nur um Fragmente gehandelt haben kann, macht Leibniz Abschriften, die er und Tschirnhaus mit Bemerkungen versehen. Leibniz schickt die Manuskripte am 30. August 1676 mit einer Empfehlung zur Publikation wieder zurück, aber sie wurden nie gedruckt und sind heute verschwunden – Leibnizens Notizen dazu sind alles, was davon geblieben ist.

Tschirnhaus hatte Oldenburg versprochen, in den „Philosophical Transactions" eine Arbeit zur Gleichungsauflösung zu publizieren, aber er kam nicht dazu. Oldenburg wurde nun ungeduldig und schrieb im Dezember 1675, er hätte noch nichts wieder von Tschirnhaus gehört. Leibniz hatte seine Gründe, warum er in den nächsten Wochen keine Antwort an Oldenburg schrieb. Vor Januar 1676 war er nicht wieder in Paris, da er sich auf Einladung des Abbé Gravel an einer Konferenz zur Neutralität der Stadt Liège beteiligte, die in Marchienne stattfand. Außerdem hatte Leibniz schweren Herzens dem Angebot des Hannover'schen Herzogs zugestimmt, eine Stelle in Hannover anzunehmen, und konnte nun nicht mehr länger in Paris bleiben [Hofmann 1974, S. 183].

Was konnte Tschirnhaus seinem Freund Leibniz mitgeteilt haben? Wir haben bereits diskutiert, dass er zu spät von Collins über die neue Mathematik Newtons informiert wurde, um Leibniz Hinweise geben zu können. Aber es gibt noch einen anderen Grund, um an den Behauptungen des *Commercium epistolicums* zu zweifeln, Leibniz hätte wichtige mathematische Details von Tschirnhaus erfahren, und diesen Grund finden wir in späteren Briefwechseln mit Leibniz. Es stellt sich dort heraus, dass Tschirnhaus, der immer dann gut war, wenn es um algorithmische Techniken der Algebra ging, überhaupt keine Ahnung von der Bedeutung der neuen Infinitesimalmathematik hatte. Leibniz schrieb detailliert an Tschirnhaus über die Bedeutung der „characteristica universalis", aus der letztlich die Symbole des Kalküls geflossen waren, aber Tschirnhaus war nicht dafür zu gewinnen. Tschirnhaus betrachtete die Symbole des Kalküls als sinnlos und obskur und er verstand die Leibniz'sche Analysis offensichtlich nicht [Hofmann 1974, S. 185]. Tschirnhaus verstand die Quadratur mit Indivisiblen, und er hielt seine Methoden für allgemeiner als die von Pascal und Grégoire de Saint-Vincent, was sie jedoch nicht waren. Im Mai 1678 bedauert es Leibniz in einem Brief an Tschirnhaus, dass dieser durch seine Vorurteile gegen die Symbole so wenig Begeisterung für die neue (Leibniz'sche) Analysis geneigt habe. Tschirnhaus hatte gar nicht die mathematische Tiefe, um die Bedeutung der neuen Analysis eines Newton oder eines Leibniz zu erfassen. Niemals hätte Leibniz zu Beginn des Jahres 1676 etwas von Tschirnhaus lernen können, er hatte jedoch einen treuen Freund und Gefolgsmann gewonnen.

4.4 De quadratura arithmetica

Als Leibniz schließlich am Morgen des 4. Oktobers 1676 – es ist ein Sonntag – endgültig aus Paris abreist, um nach einem gehörigen Umweg über die Niederlande und England in die Dienste des Herzogs Johann Friedrich in Hannover zu treten, hinterlässt er ein bedeutendes Manuskript, das in der Geschichte der Analysis wohl einzigartig ist. Es handelt sich um *De quadratura arithmetica circuli ellipseos et hyperbolae cujus corollarium est trigonometria sine tabulis* (Über die arithmetische Quadratur des Kreises, der Ellipse und der Hyperbel. Ein Korollar davon ist eine Trigonometrie ohne Tabellen) [Knobloch 1993]. Die „Arithmetische Kreisquadratur" haben wir schon kennengelernt; es handelt sich dabei um die Berechnung der Kreisfläche mit Hilfe unendlicher Reihen mit rationalen Summanden, vergl. die $\pi/4$-Reihe (4.5). Eine „Trigonometrie ohne Tabellen" meint die Reihenentwicklung der Winkelfunktionen, so dass keine (zumindest im Prinzip) Tafelwerke mehr nötig sind [Knobloch 2002, S. 59]. Bei dem Manuskript handelt es sich um die längste mathematische Arbeit, die Leibniz je geschrieben hat. Zahlreiche Vorstudien hatte Leibniz angefertigt und Ergebnisse zusammengefasst, die er zum Teil schon zu Beginn seines Aufenthaltes in Paris erzielt hatte. So sind das harmonische Dreieck und die Summation der inversen figurierten Zahlen enthalten, der Transmutationssatz und die $\pi/4$-Reihe [Knobloch 1993, S. 9]. Tschirnhaus bekam die spätere Endfassung zu lesen.

Interessant ist neben dem Inhalt die Geschichte dieses umfangreichen Manuskriptes, das erst im Jahr 1993 von Eberhard Knobloch zum ersten Mal vollständig transkribiert und kommentiert wurde. Wir fassen die Entstehungs-
und Überlieferungsgeschichte des Dokuments nach Knobloch [Knobloch 1993,
S. 9-14] zusammen. Es hat vier Ausarbeitungen des Manuskripts gegeben: Eine für Huygens aus dem Oktober 1674, die Huygens kommentierte und an
Leibniz zurückgab, eine für Jean Paul La Roque, den Herausgeber der wissenschaftlichen Zeitschrift Journal des Sçavans, die nie abgeschickt wurde, eine
ebenfalls nie abgesandte für Jean Gallois Ende 1675, und schließlich eine bisher ungedruckte, die sich auf die Kreisquadratur beschränkte. Das von Knobloch transkribierte Manuskript [Knobloch 1993] wollen wir als „Endfassung"
bezeichnen.

Im April des Jahres 1691, also fast 15 Jahre nachdem er Paris verlassen und
das Manuskript zurückgelassen hat, publiziert Leibniz in den Acta Eruditorum
die Arbeit *Quadratura arithmetica communis sectionum conicarum quae cen-
trum habent, indeque ducta trigonometria canonica ad quantamcunque in numeris exactitudinem a tabularum necessitate liberata: cum usu speciali ad line-
am rhomborum nauticam, aptatumque illi planisphaerium* (Gemeinsame arithmetische Quadratur derjenigen Kegelschnitte, die einen Mittelpunkt haben,
und daraus bis zu einer beliebigen zahlenmäßigen Genauigkeit hergeleitete
kanonische Trigonometrie, die keiner Tafeln mehr bedarf; mit einer speziellen
Anwendung auf die nautische rhombische Linie und auf die ihr angepasste Pla-
nisphäre) [Leibniz 2011, S. 103 ff.] unter dem Pseudonym O.V.E. (Godofredus
Guillielmus Leibnitius)[11]; allerdings wird im Inhaltsverzeichnis der Acta Eruditorum von O.V.E. auf G.W.L verwiesen. Hier schreibt Leibniz gleich zu
Beginn [Leibniz 2011, S. 104]:

> „Schon im Jahr 1675 hatte ich eine kleine Schrift über die arithme-
> tische Quadratur zusammengestellt und seither habe ich sie Freunden
> zu lesen gegeben, doch wuchs mir das Material unter den Händen und
> mir fehlte die Zeit, es für die Veröffentlichung aufzupolieren, als [noch]
> andere Beschäftigungen hinzukamen. Vor allem aber erscheint es [mir]
> nicht recht der Mühe wert, jetzt [noch] in aller Ausführlichkeit auf die
> übliche Art darzulegen, was unsere neue Analysis mit wenig [Aufwand]
> leistet."

Die „kleine Schrift" ist sicher nicht die Endfassung, wie Knobloch [Knobloch
1993, S. 10f.] nachgewiesen hat, denn die Endfassung war 1675 noch nicht
fertiggestellt; sicher nicht vor dem Herbst 1676. In seinem Handexemplar des
Commercium epistolicum notiert Leibniz 1713 am Rand [Knobloch 1993, S.
10]:

> „Aber diese [d.i. die arithmetische Quadratur] hatte ich schon im Jahre
> 1674 gefunden, aber 1675 daraufhin ein kleines Werk verfasst."

---

[11]Die Buchstaben *U* und *V* werden im Lateinischen gewöhnlich identifiziert.

Dieses „kleine Werk" (opusculum) ist ganz offenbar die „kleine Schrift" (opusculum), die in den Acta Eruditorum erwähnt wird, nur dass Knobloch „opusculum" mit „Werk", und Heß und Babin dasselbe Wort mit „Schrift" übersetzen.

Aus Leibnizens Briefwechsel hat Knobloch die weitere Geschichte der Endfassung rekonstruiert. Dass er das Manuskript in Paris zurückließ, um es dort drucken zu lassen, schreibt Leibniz im September 1677 an Gallois, am 29.3.1678 dem Helmstedter Professor Hermann Conring, Anfang Juli 1678 an Vincent Placcius und am 18.9.1679 an Huygens. Den Druck soll Leibnizens Freund, der Abbé Soudry, veranlassen, der jedoch 1678 starb. Das Manuskript gelangt nun in die Hände des Hofmeisters des Grafen Philipp Christoph von Königsmark, Friedrich Adolf Hansen, der es an Christophe Brosseau, den Hannoverschen Residenten in Paris, weitergibt. Brosseau wiederum gab es an den nach Hannover reisenden Isaac Arontz mit, und es ging auf diesem Weg verloren [Knobloch 1993, S. 11]. In einem Brief aus dem Jahr 1683 an Brosseau schreibt Leibniz resignierend, er habe bisher noch nie Glück mit Postsendungen aus Frankreich gehabt. Der Verlust war für Leibniz schmerzlich, denn mit diesem Manuskript wollte er seine Aufnahme in die Académie Royale des Sciences erreichen, wie er Huygens 1679 mehrmals schrieb.

Im Februar des Jahres 1682 erscheint dann in den Acta Eruditorum der Leibniz'sche Aufsatz *De vera proportione circuli ad quadratum circumscriptum in numeris rationalibus expressa* (Das wahre Verhältnis von Kreis zu umbeschriebenem Quadrat in rationalen Zahlen ausgedrückt) [Leibniz 2011, S. 9-18], in dem Leibniz ohne Beweis seine $\pi/4$-Reihe und die daraus abgeleiteten Reihen angibt. Auch neuer Ärger war mit dieser Leibniz'schen Reihe verbunden. Jacques Ozanam hatte die Reihe 1684 publiziert, ohne Leibniz zu nennen, wogegen Leibniz in einer Rezension 1685 und in einem Brief an Simon Foucher aus dem Jahr 1686 protestiert. Darauf angesprochen äußert sich Ozanam Foucher gegenüber so, dass er die gleichen Rechte an dieser Reihe wie Leibniz beanspruche, da dieser ihn nur sehr unvollständig in die Kreisquadratur eingeweiht habe [Knobloch 1993, S. 12f.].

Im Jahr 1687 hatte Leibniz bereits weitere Bundesgenossen seiner neuen Analysis gefunden, über die noch zu sprechen sein wird, die Brüder Jakob und Johann Bernoulli aus Basel.

In einem Brief vom 25.12.1687 bittet Jakob Bernoulli Leibniz, ihm die Geometrie zu schicken, mit deren Hilfe er zur Quadratur des Kreises und zur Ausmessung anderer Kurven so viele großartige Entdeckungen gemacht habe. Der Bruder Johann schreibt an Leibniz 1698 [Knobloch 1993, S. 13]:

> *„Du würdest eine für die Öffentlichkeit nützliche und willkommene Aufgabe erledigen, wenn Du den Traktat herausgäbst, den du darüber verfaßt hast."*

und Leibniz antwortet

Abb. 4.4.1. Jakob Bernoulli [Nikolaus Bernoulli 1687] und Johann Bernoulli ([Gemälde: Joh. R. Huber um 1740] Alte Aula, Universität Basel)

„Meine Abhandlung über die arithmetische Quadratur hätte damals Beifall finden können, als sie geschrieben wurde. Jetzt würde sie mehr Anfängern in unseren Methoden gefallen als dir."

So musste diese wichtige Arbeit bis in unsere Zeit warten, um erstmals vollständig gedruckt zu werden.

Die Endfassung enthält 51 Theoreme und 24 *scholia*[12], darunter das Leibniz'sche Kriterium zur Konvergenz alternierender Reihen [Knobloch 2002, S. 60]. Ganz überraschend ist die heute fast unglaubliche Einsicht Leibnizens in die Natur infinitesimaler Größen. Leibniz erklärt im Satz 6 die Quadratur von Kurven ganz im Riemann'schen Sinne, d.h. etwa 200 Jahre, bevor die Theorie der Integration moderne Gestalt annimmt! Knobloch schreibt [Knobloch 1993, S. 15]:

„Der „sehr spitzfindige" (spinosissima) Satz 6 gibt eine Grundlegung der Infinitesimalgeometrie mittels der analytischen Geometrie. Er zeigt, daß eine krummlinig begrenzte Fläche durch eine geradlinig begrenzte treppenförmige Fläche beliebig genau angenähert werden kann. Beliebig genau heißt: **der Fehler kann kleiner als jede vorgegebene positive Zahl gemacht werden**[13]*."*

---

[12]Unter einem *scholion* (griechisch) bzw. *scholium* (latinisiert) versteht man eine erläuternde Bemerkung.

[13]Hervorhebung von mir.

Diese Charakterisierung von infinitesimalen Größen („kleiner als jede vorgegebene positive Zahl") ist modernes Weirstraß'sches Denken! Warum hat sich
diese Charakterisierung nicht schon seit dieser Zeit durchgesetzt, warum bezeichnet noch Euler im 18. Jahrhundert das Rechnen mit Infinitesimalen als
Rechnung mit Nullen, und warum gibt auch Leibniz in der Korrespondenz
mit Philosophen und Mathematikern immer verschiedene, heuristische Erklä-
rungen für die „unendlich kleinen" Größen? Einmal ist eine unendlich kleine
Größe schlicht „vernachlässigbar", etwa wenn Leibniz 1701 gegen Kritik seines
Infinitesimalkalküls im „Journal de Trévoux" schreibt [Leibniz 2004, Band V,
S. 350] (zitiert nach [Volkert 1988, S. 98] mit Korrektur):

> *„Ich füge hinzu [...] daß man hier das Unendliche nicht im strengen
> Sinne auffassen muß, sondern bloß so, wie man in der Optik sagt, daß
> die Strahlen der Sonne von einem unendlich fernen Punkt kommen
> und so als parallel angesehen werden."*

(J'ajoûterai même á ce que cet illustre Mathématicien en a dit, qu'on
n'a pas besoin de prendre l'infini ici á la rigeur, mais seulement comme
lorsqu'on dit dans l'optique, que les rayons du Soleil viennent d'un
point infiniment éloigné, et ainsi sont estimés parallèles.)

Auch eine weniger „physikalische", sondern mit klassischer griechischer Mathematik begründete Erklärung wird gegeben, so in der Arbeit *Responsio ad
nonnullas difficultates a Dn. Bernardo Niewntiit circa methodum differentialem seu infinitesimalem motas* (Entgegnung auf einige von Herrn Bernard
Nieuwentijt gegen die differentiale oder infinitesimale Methode vorgebrachte
Einwände), die in den Acta Eruditorum im Juli 1695 erschien [Leibniz 2011, S.
273f.]:

> *„Ich halte nämlich mit Euklid, [Elementa] Lib. 5, Defin. 5*[14]*, homoge-
> ne*[15] *Größen nur dann für vergleichbar, wenn die eine [Größe], falls
> man sie mit einer [hier] aber endlichen Zahl multipliziert, die andere
> [Größe] übertreffen kann. Und was sich nicht um eine solche Größe
> unterscheidet, erkläre ich für gleich. Dies haben auch Archimedes und
> alle anderen nach ihm so gehalten. Und genau dies ist gemeint, wenn
> man sagt, dass die Differenz [zweier Größen] kleiner als eine beliebige
> gegebene [Größe] ist."*

---

[14]Gemeint ist Definition 4 [Euklid 1980, S. 91]: *„Daß sie ein **Verhältnis zueinander haben**, sagt man von Größen, die vervielfältigt einander übertreffen."* Hintergrund ist das Archimedische Axiom, nach dem es zu zwei Zahlen $y > x > 0$ immer eine natürliche Zahl N gibt, so dass $N \cdot x$ die Größe y übertrifft, also so dass
$Nx > y$ gilt. Das Archimedische Axiom schließt Infinitesimale in den reellen Zahlen
aus, und diese „Lücke" nutzt Leibniz genau so, wie sie heute in der Nonstandard-
Analysis genutzt wird.

[15]Größen sind homogen, wenn sie „gleichartig der Abmessung" sind, d.h. zwei
Längen, zwei Flächen, etc., aber nicht eine Fläche und ein Volumen.

Abb. 4.4.2. Bernard Nieuwentijt [Stich: unbek. Künstler, vermutl. um 1700] und Pierre Varignon [Stich: unbek. Künstler, vermutl. um 1700]

Warum musste Leibniz seine Infinitesimalen überhaupt verteidigen? Nach der ersten Veröffentlichung von Leibnizens neuer Differenzialrechnung in der Schrift *Nova methodus pro maximis et minimis, itemque tangentibus, quae nec fractas, nec irrationales quantitates moratur, & singulare pro illis calculi genus* (Neue Methoden zur Bestimmung von Maxima und Minima sowie von Tangenten; eine Methode, die weder durch gebrochene noch durch irrationale Größen behindert wird; und über das einzigartige Wesen des dafür erforderlichen Kalküls) in den Acta Eruditorum vom Oktober 1684 traten erste Kritiker auf den Plan, denen die Begründung des Infinitesimalkalküls zu schwach erschien. Einer von ihnen war Bernard Nieuwentijt, geboren am 10.8.1654 in Westgraftdijk in Nord-Holland. Er studierte Medizin und Jura in Leiden und Utrecht, wurde Bürgermeister der Stadt Purmerend nahe bei Amsterdam und schrieb verschiedene Bücher zu theologischen und philosophischen Themen [Nagel 2008, S. 200]. In den Jahren 1694 und 1695 waren zwei Bücher von Bernard Nieuwentijt erschienen, die Leibniz im Juni 1695 erhielt und in denen den Begründern der Infinitesimalrechnung der Vorwurf gemacht wurde, dass eine rigorose Begründung des Kalküls fehle. Leibnizens obige Ausführungen stammen aus seiner Entgegnung auf Nieuwentijts Vorwürfe.

Manchmal bedeutet „unendlich klein" bei Leibniz auch eine Art von Konvergenz gegen Null, wie sie Leibniz in einem Brief vom 2. Februar 1702 an Pierre Varignon (1654-1722) [Leibniz 1985–1992, Band IV, S. 253] verwendet:

> *„Zugleich muß man jedoch bedenken, daß die unvergleichbar kleinen Größen, selbst im gebräuchlichen Sinne genommen, keineswegs unverändert und bestimmt sind, daß sie vielmehr, da man sie beliebig klein annehmen kann, in unseren geometrischen Überlegungen dieselbe Rolle spielen wie die unendlichkleinen im strengen Sinne. Denn wenn ein Gegner unserer Darlegungen widersprechen wollte, so zeigt sich durch unseren Kalkül, daß der Irrtum geringer sein wird als jeder bestimmbare Irrtum, da es in unserer Macht ist, das Unvergleichbarkleine, das man ja immer von beliebig kleiner Größe nehmen kann, für diesen Zweck klein genug zu halten."*

Und schließlich setzt Leibniz auch „unendlich klein" mit Null gleich, wie in der Schrift *Theoria motus abstracti*, einer Arbeit zur Bewegungslehre (zitiert nach [Lasswitz 1984, Band 2, S. 464]):

> *„Und dies ist das Fundament der cavalierischen Methode, wodurch ihre Wahrheit evident bewiesen wird, indem man gewisse sozusagen Rudimente oder Anfänge der Linien und Figuren denkt, kleiner als jede beliebige angebbare Größe."*

„Kleiner als jede beliebige (positive) angebbare Größe" ist in diesem Sinne nur die Null. Das ist etwas ganz anderes als „kleiner als jede vorgegebene positive Zahl".

Warum setzt Leibniz nicht seine rigorose Definition einer infinitesimalen Größe aus der Endfassung von *De quadratura arithmetica*, die er bereits 1676 hatte, durch? Die Antwort gibt er in der Endfassung selbst! Leibniz sah den abschreckenden Effekt des Beweises von Satz 6 auf die Leser, den er mit „Übergenauigkeit" (scrupulositas) bezeichnete und den Leser daher aufforderte, Satz 6 bei der ersten Lektüre zu übergehen [Knobloch 1993, S. 15]. Je nach der intellektuellen Verfassung seiner Gesprächspartner bediente Leibniz sich also einer angepassten Definition, die den Korrespondenzpartner nicht überforderte.

In der Endfassung von *De quadratura arithmetica* gibt Leibniz auch Regeln zum Rechnen mit dem Unendlichen (groß oder klein), die Eberhard Knobloch in [Knobloch 2002] beschrieben und in [Knobloch 2008] analysiert hat. In einem Konvolut aus dem Frühjahr 1673, der *Collectio mathematica*, heute als Nummern 9, 10, 12, 14, 15, 16, 17 in Band VII, 4 der Akademieausgabe [Leibniz 2008a] gedruckt, sucht Leibniz nach einer Erklärung für den Begriff „Indivisible". Er erklärt ihn als „unendlich kleine Größe", muss aber nun den Begriff „unendlich klein" definieren. Was soll also „unendlich klein" bedeuten? Leibniz gibt zwei Antworten, die auf zwei seiner Rechenregeln für Unendlich basieren [Knobloch 2008, S. 175]. Die erste Antwort kommt aus der Gleichung

$$\text{endlich : unendlich klein} = \text{unendlich.}$$

Was aber soll „unendlich" bedeuten? Hier gibt Leibniz 1673 die Erklärung: eine Größe, die größer ist als jede angebbare Zahl. Knobloch weist zu recht darauf hin, dass damit ein potentielles Unendlich nicht reicht; hier ist wirklich eine Kardinalität jenseits aller natürlichen Zahlen gefordert, obwohl Leibniz das natürlich nicht thematisiert. Man beachte wiederum den Unterschied zu Leibnizens Ausführungen in *De quadratura arithmetica*, wo er „unendlich" definiert als: eine Größe, die größer ist als jede angegebene Zahl.

Zu der zweiten Erklärung bemerkt Knobloch [Knobloch 2008, S. 176], dass diese zu nichts führt und von Leibniz auch nie weiter verfolgt wurde, weshalb wir sie ignorieren.

Die hervorragende Definition von Indivisiblen als unendlich kleine Größen in dem Sinne, dass sie kleiner sind als jede gegebene Größe, die Leibniz in *De quadratura arithmetica* gibt, wird komplettiert durch eine neue Beweiskultur, wobei die Archimedischen Beweise als Modelle von mathematischer Präzision zum Vorbild dienen, um die neuen infinitesimalen Größen einzuführen [Knobloch 2008, S. 183].

5 Die scheinbare Entspannung

Was wussten Leibniz und Newton voneinander zu Beginn des Jahres 1676? Newton hatte noch nichts von Leibniz gehört, weil alle Korrespondenz mit Oldenburg und Collins stattfand. Leibniz kannte ganz offenbar den Namen Newtons, aber durch die Mitteilungen Collins' und Oldenburgs hatte er Newton nur als einen von mehreren englischen Mathematikern wahrnehmen können. Wie weit Newton mit seiner Fluxionenrechnung bereits war, konnte Leibniz nicht wissen, denn Newton behielt fast alle Manuskripte für sich und publizierte nicht. Ende 1675 hatte Leibniz lediglich von einigen wenigen der Newton'schen Ergebnisse Kenntnis, aber keinerlei Herleitungen, und diese Ergebnisse bezogen sich sämtlich auf unendliche Reihen. Newton hingegen wusste nicht, dass Auszüge seiner Schrift *De analysi* und Beschreibungen seiner mathematischen Errungenschaften an Leibniz geschickt worden waren [Westfall 2006, S. 261f.]. Die Situation sollte sich im Verlauf des Jahre 1676 ändern und es sind zwei Briefe, die in Newtons Bezeichnung „Epistola prior" und „Epistola posterior" (erster und zweiter Brief) heißen, die den einzigen Kontakt zwischen den beiden Wissenschaftlern vor 1693 darstellen, aber weitreichende Auswirkungen haben sollten, um den kalten Krieg später „heiß" werden zu lassen.

5.1 Die Korrespondenz beginnt: *Epistola prior*

Am 12. Mai 1676 schreibt Leibniz an Oldenburg [Turnbull 1959–77, Vol. II, S. 3ff.]. Von Georg Mohr, so Leibniz, der die Information von Collins habe, habe er zwei Reihen erhalten, nämlich die Reihen (4.7) für den Sinus bei gegebenem Bogen z, und für den Bogen bei gegebenem Sinus x. Leibniz lobt die seltene Eleganz dieser Reihen; er hatte sie ja bereits ein Jahr früher – im Brief von Oldenburg vom 22. April 1675 – von Collins bekommen, aber nun erst fällt ihm offenbar ihre Eleganz auf. Vielleicht hat er das vergessen, wie A. Rupert Hall vermutet [Hall 1980, S. 63], vielleicht hielt er damals diese Reihen auch nicht für wichtig. Er bittet nun um einen Beweis für diese Reihendarstellung; als Gegenleistung verspricht er, eigene Arbeiten in dieser Richtung zu senden. Wir müssen hier festhalten, dass Leibniz im Mai 1676 nicht wusste, wie man die Sinusreihe herleitet. Oldenburg und Collins jedenfalls wollten Leibniz mit den nötigen Informationen versorgen und sie beeilten sich, diese Informationen direkt von Newton zu bekommen.

Für die Engländer war eine schwere Zeit angebrochen. James Gregory, der einzige, der mit Newtons Genius mithalten konnte, war im Oktober 1675 in Edinburgh an einem Schlaganfall verstorben. Newton schlug sich schon wieder mit Zweiflern an seiner Theorie der Farben herum, was ihn immer mehr belastete, und Oldenburg wurde von Hooke des Verrats und der ausländischen Spionage beschuldigt. Zudem war Newton offenbar aus den mathematischen Studien ausgestiegen, wie Collins noch in einem Brief vom 29. Oktober 1675 an Gregory bemerkt [Turnbull 1959–77, Vol. I, S. 356]. Collins schreibt, er hätte schon 11 oder 12 Monate lang nichts mehr von Newton gehört; dieser stecke wohl in chemischen Studien.

Der Gedanke an die Möglichkeit der Publikation, die Newton zu diesem Zeitpunkt so oder so nicht gekommen wäre, war für Mathematiker in England stark eingeschränkt: Man hatte sich mit dem Druck und dem Verkauf mathematischer Bücher, insbesondere mit Barrows Büchern, verschätzt [Hall 1980, S. 63], und kein Verleger nahm mehr einen Druckauftrag ohne einen Vorschuss an, da konnte auch Collins mit seinen guten Kontakten nichts mehr machen. Auch waren die Vorbehalte gegen Leibniz gewachsen; der kalte Krieg war schon ausgebrochen, aber Leibniz hatte das noch nicht gespürt.

Vor diesem Hintergrund erscheint es schon fast kurios, dass sich Oldenburg und Collins sofort der Leibniz'schen Nachfrage annahmen. Collins begann, die mathematischen Errungenschaften Gregorys, so weit sie in Collins' Manuskripten und Abschriften vorhanden waren, zusammen zu schreiben. Diese Zusammenstellung ist als *Historiola* bekannt geworden, umfasst 50 Seiten, und wird von Leibniz während seiner zweiten London-Reise im Oktober eingesehen werden. Auszüge aus der *Historiola* findet man in [Turnbull 1959–77, Vol. II, S. 18ff.]. Oldenburg war der Text wohl zu lang, jedenfalls produzierte Collins eine verkürzte Version, das *Abridgement* [Turnbull 1959–77, Vol. II, S. 47ff.] vom 24. Juni 1676. Die Leibniz'sche Anfrage wurde auch Newton mitgeteilt, und dieser setzt sich nun wieder an die Mathematik und arbeitet seine alten Manuskripte durch (das „Wunderjahr" 1666 ist seit einer Dekade vorbei!), wobei er zu neuen und interessanten Einsichten kommt. Newton verfasst nun für Leibniz einen Brief, der über Oldenburg läuft, die *Epistola prior*, die wie folgt beginnt [Turnbull 1959–77, Vol. II, S. 20ff.][1]:

> „*Höchst werter Herr,*
> *Die Bescheidenheit von Herrn Leibniz bezeugt große Achtung vor unseren Landsmännern in Bezug auf eine gewisse Theorie der unendlichen Reihen, über die man nun zu besprechen beginnt, wie ich in den Auszügen aus seinem Brief, den Ihr mir letztlich zugesendet habt, erfahren habe. Doch habe ich keine Zweifel, dass er nicht nur eine Methode gefunden hat, um jede beliebige Größe in eine solche Reihe zu entwickeln, wie er behauptet, sondern auch verschiedene verkürzte Formen, vielleicht wie unsere, wenn nicht besser. Da er jedoch sehr gerne wissen möchte, was diesbezüglich von den Engländern entdeckt worden ist, und weil ich selbst vor ein paar Jahren auf diese Theorie kam, habe ich Ihnen einige dieser Dinge geschickt, auf die ich gekommen bin, um seine Wünsche zu erfüllen, wenigstens zum Teil.*"

(Most worthy Sir,[2]
Though the modesty of Mr Leibniz, in the extracts from his letter which you have lately sent me, pays great tribute to our countrymen

---

[1]Meine Übersetzung der englischen Übersetzung des lateinischen Originals.
[2] [Turnbull 1959–77, Vol. II, S. 32].

for a certain theory of infinite series, about which there now begins
to be some talk, yet I have no doubt that he has discovered not only
a method for reducing any quantities whatever to such series, as he
asserts, but also various shortened forms, perhaps like our own, if not
better. Since, however, he very much wants to know what has been
discovered in this subject by the English, and since I myself fell upon
this theory some years ago, I have sent you some of those things which
occured to me in order to satisfy his wishes, at any rate in part.)

In der *Epistola prior* gibt Newton sein Binomialtheorem in der Form

$$(P + PQ)^{m/n}$$
$$= P^{m/n} + \frac{m}{n}AQ + \frac{m-n}{2n}BQ + \frac{m-2n}{3n}CQ + \frac{m-3n}{4n}DQ + \text{etc.}$$

ohne Beweis an, und es folgen neun Beispiele, wie man im konkreten Fall
die Koeffizienten $A, B, C, \ldots$ berechnet. Der Brief gibt noch zahlreiche andere
Beispiele, aber Newton schreibt [Turnbull 1959–77, Vol. II, S. 35]:

> *„Wie die Flächen und Längen von Kurven, die Volumina und Ober-*
> *flächen von Körpern oder von irgendwelchen Segmenten solcher Figu-*
> *ren, sowie ihre Schwerpunkte, durch die Reduktion von Gleichungen*
> *zu unendlichen Reihen berechnet werden können, und wie alle me-*
> *chanischen Kurven ebenfalls auf solche Gleichungen von unendlichen*
> *Reihen reduziert werden können, womit alle Probleme so gelöst wer-*
> *den, als wären die Kurven geometrisch, all dies würde zu lang sein,*
> *um es zu beschreiben. Es sei genug, einige Beispiele solcher Probleme*
> *zu besprechen; ...“*

(How the areas and lengths of curves, the volumes and surfaces of solids or of any segments of such figures, and their centres of gravity are
determined from equations thus reduced to infinite series, and how all
mechanical curves may also be reduced to similar equations of infinite series, and hence problems about them solved just as if they were
geometrical, all this would take too long to describe. Let it suffice to
have reviewed some examples of such problems; ...)

In der *Epistola prior* wurden also wieder keine Beweise übermittelt, sondern
lediglich Ergebnisse, die man in der einen oder anderen Form bereits kannte.
Der Leibniz-Forscher Hofmann hat daraus geschlossen, dass *„... alles getan*
wurde, um Leibniz ... vom ungehörigen Eindringen in Newtons Gedankenwelt
fernzuhalten“ (... and yet everything was done to prevent Leibniz from, as it
were, improperly penetrating the world of Newton's thought.), aber das erscheint mir doch ein etwas zu hartes Urteil. A. Rupert Hall hat gegen dieses
Urteil drei Einwände vorgebracht, die es Wert sind, beachtet zu werden [Hall
1980, S. 65f.]. Erstens: Warum sollte Newton im Rahmen eines Briefes eine
vollständige Abhandlung an einen für ihn Fremden schicken? Zweitens: Leibniz

wollte etwas zur Theorie unendlicher Reihen wissen, nicht zur Fluxionenrechnung, von der auch Oldenburg nichts wusste. Drittens: Newtons *Introductio ad quadraturam curvarum* (Einführung in die Quadratur der Kurven) wurde erst 1710 gedruckt und definitiv später als 1676 geschrieben. Newton konnte also über die gliedweise Integration unendlicher Reihen noch nichts schreiben.

Abb. 5.1.1. Introductio ad quadraturam curvarum, Originalseite vom Newton-Manuskript (University of Cambridge, Digital Library)

Die *Epistola prior* erreichte Oldenburg am 23. Juni 1676, wurde auf der Sitzung der Royal Society am 25. Juni gelesen und akzeptiert, und ging an Leibniz am 5. August 1676, der das Schriftstück am 24. August erhielt[3]. Oldenburg gab den Brief nicht in die gewöhnliche Post, sondern vertraute ihn dem jungen deutschen Mathematiker Samuel König an, der von London nach Paris fuhr. Leibniz war nicht zu Hause, und so deponierte König den Brief bei einem deutschen Apotheker in Paris, wo Leibniz ihn am 24. August fand. Leibniz antwortet mit einem flüchtig hingeworfenen Brief am 27. August und bemerkt, dass der Brief einige Tage auf ihn warten musste. Unglücklicherweise unterschlug Oldenburg diese Erklärung bei der Kopie in das „Letter Book" der Royal Society, weil sie ihm unwichtig erschien [Hofmann 1974, S. 232].

Die *Epistola prior* wurde erstmals im dritten Band von John Wallis' *Opera mathematica* im Jahr 1699 abgedruckt. Dort findet sich als Absendedatum fälschlicherweise der 6. Juli (26. Juni julianisch)! In der späteren englischen Bannschrift *Commercium epistolicum D. Johannis Collins et aliorum de Analysi promota* der Royal Society aus dem Jahr 1712 ist dieses Datum übernommen worden; es findet sich noch in der zweiten Auflage des *Commercium epistolicum*s 1722 und auch in Newtons anonymer Besprechnung *An Account of the Book entituled Commercium Epistolicum Collinii & aliorum* [Hall 1980, S. 276] aus dem Jahr 1715. Es erscheint unwahrscheinlich, dass Newton 1715 nicht noch einmal in den Papieren der Royal Society (deren Präsident er seit 1703 war) nachgesehen haben soll, wann der Brief tatsächlich abgesandt wurde. Im *Commercium epistolicum* wird daher der Eindruck erweckt, dass Leibniz 6 Wochen benötigte, um auf die *Epistola prior* zu antworten! Offenbar wollte Newton, der der eigentliche Editor des *Commercium epistolicum*s war, die Leser nicht nur in dem Glauben lassen, die *Epistola prior* sei am 6. Juli an Leibniz abgegangen, sondern auch, dass die *Historiola* von Collins am 5. August folgte. Die *Historiola* ist jedoch nie an Leibniz geschickt worden; er hat Einsicht erst während der zweiten London-Reise im Oktober 1676 erhalten.

Leibnizens schnell hingeworfene Antwort liegt in zwei Entwürfen vor. Da der erste Leibniz wohl nicht gefiel, machte er sich an einen zweiten. Offenbar hatte er die Bedeutung der Korrespondenz mit Newton erkannt und gefürchtet, dass eine längere Frist der Beantwortung dieses Briefes ihn in England in ein schlechtes Licht setzen würde. Der Brief, den Leibniz schließlich am 27. August an Oldenburg verschickte [Turnbull 1959–77, Vol. II, S. 57ff.] war in einer schlecht lesbaren Handschrift verfasst, enthielt Fehler in Formeln, und Collins konnte in der für Newton angefertigten Transkription einiges nicht entziffern, wodurch ein durch ernste Fehler belastetes Dokument an Newton

---

[3]Hall gibt den 16. August 1676 als Empfangstag an [Hall 1980, S. 64], aber hier ist eher Hofmann zu vertrauen [Hofmann 1974, S. 232], der ein großer Leibniz-Kenner war.

ging. [Hofmann 1974, S. 233]. Außerdem schrieb Leibniz [Turnbull 1959–77, Vol. II, S. 65][4]:

> *„Ich erhielt Ihren Brief vom letzten Monat (mit Datum vom 26. Juli) erst gestern am 26. August, ...",*

(I received your letter of a month ago (dated 26 July) only yesterday 26 August, ...)

um den Eindruck zu erwecken, er habe praktisch *sofort* geantwortet. Das war nicht der Fall; es lagen aber letztlich nur drei Tage zwischen dem Erhalt des Briefes und der Antwort. Dann geht es weiter [Turnbull 1959–77, Vol. II, S. 65]:

> *„Ihr Brief enthält zahlreichere und bemerkenswertere Ideen zur Analysis als viele dicke Bücher, die darüber veröffentlicht wurden. Aus diesem Grund danke ich Euch und den sehr herausragenden Männern Newton und Collins, die mich an so vielen exzellenten Gedanken teilhaben lassen wollen. Newtons Entdeckungen sind seines Genies würdig, was so reichlich durch seine optischen Experimente und durch sein katadioptrisches Rohr[5] bewiesen ist. Seine Methode zur Berechnung der Wurzeln von Gleichungen und der Flächen von Figuren mittels unendlicher Reihen ist doch völlig verschieden von meiner, so dass man sich nur über die verschiedenen Wege wundern kann, auf denen man zum selben Endergebnis kommt."*

(Your letter contains more numerous and more remarkable ideas about analysis than many thick volumes published on these matters. For this reason I thank you as well as the very distinguished men, Newton and Collins, for wanting me to partake of so many excellent speculations. Newton's discoveries are worthy of his genius, which is so abundantly made manifest by his optical experiments and by his catadioptrical tube. His method of obtaining the roots of equations and the areas of figures by means of infinite series is quite different from mine, so that one may wonder at the diversity of paths by which one can reach the same conclusion.)

Leibniz hält also hier ganz klar fest, dass Newtons Methoden der Quadratur durch unendliche Reihen von den seinen ganz verschieden sind und hält sich mit Lob für Newton nicht zurück. Er schreibt weiter, dass seine Methoden aus einer allgemeinen Theorie herrühren, die auf gewissen Transformationen basiert. Eine allgemeine Theorie solcher Transformationen, die auf rationale

---

[4]Wieder meine Übersetzung der englischen Übersetzung des lateinischen Originals.

[5]Gemeint ist das Newton'sche Spiegelteleskop, das katoptrische (lichtspiegelnde) und dioptrische (lichtbrechende) Elemente beinhaltet.

Ausdrücke führen, so dass schließlich durch Division eine Reihenentwicklung wie bei Mercator zustande kommt, sei für die Analysis von höchster Bedeutung. Leibniz gibt auch ein Beispiel an und schreibt sehr offen, wohl in der Hoffnung, die Engländer mögen ihm ebenfalls größere Details zukommen lassen [Hofmann 1974, S. 235]. Das Beispiel ist eine Kreisquadratur für den Kreis $y^2 = 2ax - x^2$. Durch die Transformation $ay = xz$, die aus dem Transmutationstheorem stammt[6], gelingt ihm eine Reihendarstellung mit rationalen Summanden, in der er gliedweise integrieren kann. Allerdings verhält sich auch Leibniz hier nicht gerade gesprächig, denn er verschweigt zum Beispiel die Herkunft der Transformation $xz = ay$, weil er den Transmutationssatz nicht preisgeben will [Hofmann 1974, S. 236]. Auch in der Beschreibung anderer Resultate ist Leibniz nicht besonders offen, wie Hofmann schreibt [Hofmann 1974, S. 237]:

> *„Unglücklicherweise hat Leibniz sich in diesem Absatz* [es geht um Reihenentwicklungen bei der Hyperbel] *in über-undeutlicher Weise ausgedrückt, da er das Geheimnis der Herleitung seines Weges von Schlußfolgerungen für sich behalten wollte."*

(Unfortunately Leibniz has expressed himself in an over-obscure manner in this passage since he wished to preserve the secret of his way of deduction.)

Leibniz sagt, er hätte aus $x = \ln\frac{1}{1-y}$ die Reihe

$$y = x - \frac{x^2}{2!} + \frac{x^3}{3!} \mp \cdots$$

gefunden, und für $x = \ln(1 + y)$ würde sich

$$y = x + \frac{x^2}{2!} + \frac{x^3}{3!} + \cdots$$

ergeben. Wir erkennen darin die Reihen für $e^x - 1$ im zweiten Fall, und für $e^{-x} - 1$ im ersten Fall, und wenn wir im zweiten Fall $1 + y$ durch $1/(1 - y)$ ersetzen, geht die zweite Reihe in die erste über.

---

[6]Man betrachte (4.2) und beachte $dy/dx = (ax - x)/(\sqrt{2ax - x^2})$, also ist $z = y - dy/dx \cdot x = \sqrt{2ax - x^2} - (ax - x^2)/\sqrt{2ax - x^2} = ax/y$, also $yz = ax$. Nun sind bei Leibniz die Achsen für x und y vertauscht, weil er x nach rechts, y nach unten abträgt. Vertauschen wir also in unserem Resultat die Rollen von x und y, dann folgt $xz = ay$.

In der späteren englischen Bannschrift *Commercium epistolicum D. Johannis Collins et aliorum de Analysi promota* der Royal Society aus dem Jahr 1712 werden die von Leibniz übermittelten Methoden schlichtweg als nicht neu bezeichnet. Die Leibniz'schen Methoden seien dieselben, die bei Gregory und schon bei Barrow zu finden seien. Die Reihenentwicklungen hätte Leibniz direkt von Newton übernommen und einfach nur die Vorzeichen von x und y vertauscht. Dass Leibniz die Reihe für $e^x - 1$ auf ganz andere Weise als Newton hergeleitet hatte, war aus Leibnizens Brief nicht ersichtlich [Hofmann 1974, S. 237f.].

Newton hatte in der *Epistola prior* geschrieben [Turnbull 1959–77, Vol. II, S. 39]:

„Von all diesem [vorher Beschriebenen] *kann man sehen, wie sehr die Grenzen der Analysis durch solche unendlichen Gleichungen erweitert werden: in der Tat, durch ihre Hilfe reicht die Analysis, wie ich fast sagen möchte, an alle Probleme, die zahlenmäßigen Probleme des Diophant[7] und dergleichen ausgenommen.“*

(From all this it is to be seen how much the limits of analysis are enlarged by such infinite equations: in fact by their help analysis reaches, I might almost say, to all problems, the numerical problems of Diophantus and the like excepted.)

In seinem Antwortbrief kann Leibniz sich der Meinung Newtons nicht anschließen, dass die Reihenlehre nun alle Probleme – bis auf Diophantische und verwandte – erledigen würde [Turnbull 1959–77, Vol. II, S. 71]:

„Was Ihr und Eure Freunde zu sagen scheinen, dass die meisten Schwierigkeiten (Diophantische Probleme ausgenommen) sich auf unendliche Reihen zurückführen lassen, will mir nicht einleuchten. Denn es gibt viele Probleme, in hohem Maße wunderbar und kompliziert, die weder von Gleichungen abhängen, noch aus Quadraturen resultieren, so wie zum Beispiel (unter anderen) Probleme der inversen Tangentenmethode, von denen selbst Descartes zugeben musste, sie lägen außerhalb seiner Kraft.“

(What you and your friends seem to say, that most difficulties (Diophantine problems apart) are reduced to infinite series, does not seem so to me. For there are many problems, in such a degree wonderful and complicated, such as neither depend upon equations nor result from squarings, as for instance (among many others) problems of the inverse method of tangents which even Descartes admitted to be beyond his power.)

---

[7]Diophantische Probleme sind Probleme der Zahlentheorie, für die Newton – im Gegensatz zu Leibniz – nur wenig Interesse aufbrachte [Turnbull 1959–77, Vol. II, S. 46, Anmerkung (18)].

Die „inverse Tangenmethode" bezeichnet in geometrischer Sprache die Lösung von Differenzialgleichungen: Aus gegebenen Eigenschaften der Tangente (d.i. die Ableitung einer Funktion) soll die Funktion selbst gefunden werden.

In der späteren englischen Bannschrift *Commercium epistolicum D. Johannis Collins et aliorum de Analysi promota* der Royal Society aus dem Jahr 1712 wird es heißen [Turnbull 1959–77, Vol. II, S. 75, Anmerkung (33)]:

„Wären Differenzialgleichungen bereits Herrn Leibniz bekannt gewesen, würde er nicht gesagt haben, dass Probleme in der inversen Tangenmethode nicht von Gleichungen abhingen."

(If differential equations had already become known to Mr Leibniz, he would not have said that problems in the inverse method of tangents do not depend on equations.)

Wie Leibniz in einer Randbemerkung in seiner Kopie des *Commercium epistolicum* notiert, hatte er das Wort „Gleichung" im alltäglichen Sinn benutzt und nicht im Sinn von „Differenzialgleichung". In gleichem Sinne hatte auch Newton das Wort „Gleichung" verwendet [Hofmann 1974, S. 241].

Liest man aber in Leibnizens Brief weiter wird sofort klar, dass er doch zur Lösung von Differenzialgleichungen vorgedrungen war. Er schreibt nämlich über das de Beaune'sche Problem[8], die Funktion zu finden, deren Subtangente überall konstant ist, das er in einem Brief von de Beaune an Descartes gefunden hatte [Turnbull 1959–77, Vol. II, S. 71]:

„Ich selbst allerdings habe an dem Tag, in der Tat in der Stunde, als ich begann danach zu suchen, es sofort durch eine sichere Analysis gelöst."

(I myself, however, on the day, indeed in the hour, when I first began to seek it, solved it at once by a sure analysis.)

In der Tat hatte Leibniz die Differenzialgleichung

$$\frac{y}{C} = \frac{dy}{dx}$$

und ihre Lösung $x = C \ln y$ gefunden, wobei C die konstante Länge der Subtangente bezeichnet. Die gesuchte Funktion ist damit eine Exponentialfunktion.

Leibniz schrieb [Turnbull 1959–77, Vol. II, S. 64] "... quarum una est huius naturae ..." (... [Kurven,] von denen eine diese Natur hat ...), aber unglücklicherweise transkribierte Collins „huius" falsch als „ludus" (Spiel) und in dieser

---

[8]Florimond de Beaune (1601–1652) war ein französischer Amateur-Mathematiker, der von Descartes sehr geschätzt wurde.

fehlerhaften Transkription fand das Eingang in Wallis' dritten Band seiner *Opera mathematica* und schließlich von da in das *Commercium epistolicum*, was Newton zu einem Angriff auf Leibniz nutzte [Hofmann 1974, S. 241].

Natürlich zeigte Leibniz die *Epistola prior* und seinen Antwortbrief auch seinem Freund Tschirnhaus. Der verfasste daraufhin einen eigenen Brief an Oldenburg am 1. September 1676, den Leibniz aber offenbar nicht zu Gesicht bekam, da er Einiges enthielt, das Leibniz so nicht hätte durchgehen lassen [Hofmann 1974, S. 250]. Prompt wurde Tschirnhaus' Brief dann später im *Commercium epistolicum* zitiert, um ihn gegen Leibniz zu verwenden. Allerdings wurde nach einer Abschrift von Collins [Turnbull 1959–77, Vol II, S. 84f.] zitiert, die stark fehlerbehaftet war. Collins konnte einige Wörter und auch Formeln nicht lesen und schickte die Kopie an Wallis, der einige von Collins' Fehlern korrigierte. Tschirnhaus bemerkt zu Beginn seines Briefes, er hätte schon lange auf eine Antwort auf seinen vor Monaten geschriebenen Brief gewartet. Er bedankt sich dafür, in die Diskussionen zwischen Leibniz und den Engländern eingebunden zu sein. Er habe, so Tschirnhaus, den Brief aus England (die *Epistola prior*) oberflächlich durchgesehen und dabei nicht die unendliche Reihe gefunden, die Leibniz für die Quadratur eines Kreissektors gefunden habe. Dann lobt er Leibniz und dessen mathematische Entdeckungen in den höchsten Tönen.

In der späteren englischen Bannschrift *Commercium epistolicum D. Johannis Collins et aliorum de Analysi promota* der Royal Society aus dem Jahr 1712 wird es heißen, dass es unglaubhaft sei, dass Tschirnhaus nicht die verwandte Reihe Gregorys für die inverse Tangensfunktion gesehen haben will. Diese Behauptung ist nachweislich falsch, denn im *Abridgement* [Turnbull 1959–77, Vol. II, S. 47ff.] vom 24. Juni 1676 findet sich lediglich die Reihe für den Tangens; in der *Historiola*, von der die Engländer behaupteten, sie sei an Leibniz geschickt worden, fehlt dieser gesamte Abschnitt [Hofmann 1974, S. 250f.].

Tschirnhaus lobt auch Newtons Reihenlehre, allerdings, so schreibt er, glaube er, dass es eine universale Methode gebe, so dass man ganz ohne Reihenentwicklungen auskäme. Ähnliches gelte auch für Gregorys Ergebnisse. Solche Aussagen hätte Leibniz niemals getroffen, schon gar nicht in dieser Form [Hofmann 1974, S. 251]! Diese Passage führte zu einer scharfen Erwiderung Newtons an Leibniz am 3. November 1676; Tschirnhaus war für Newton wohl nur ein Leibniz'scher Strohmann, der keine Antwort verdiente. Tschirnhaus berichtet weiter über Probleme der Auflösung von Gleichungen – sehr interessant für Collins sowie Newton und Wallis, die eine Abschrift erhielten – und beendet seinen Brief mit der Ankündigung einer Italienreise und dem Angebot an Oldenburg, dort gerne irgendwelche Aufträge für ihn zu erledigen.

Als Wallis die fehlerhafte Transkription des Tschirnhaus-Briefes erhält, arbeitet er gerade an seinem Buch zur Algebra, vergl. [Stedall 2002], und ist für die Kopie des Briefes dankbar. Wallis antwortet Collins aus Oxford und nun sucht Collins das Material für eine Antwort an Tschirnhaus zusammen. Diese Antwort vom 10. Oktober 1675 enthält ein großes Lob von Collins für Leibnizens exzellente Methoden der Transformation und seine Reihe für den Kreissektor, die sich nicht unter den übermittelten Newton'schen Reihen befunden habe. Collins stellt fest, dass die Leibniz'sche Reihe schlecht konvergiert, was er aus einem Brief von Wallis vom 26. September 1676 gelernt hat. Allerdings seien Newtons Methoden auch ganz allgemein brauchbar und Collins schreibt nun detailliert über das Davenant'sche Problem, die ersten vier aufeinanderfolgenden Terme einer geometrischen Progression zu finden, wenn die Summe ihrer Quadrate und ihrer Kuben gegeben sind. Zum Schluss dankt Oldenburg Tschirnhaus für das Angebot, Aufträge in Italien zu erledigen, und bestellt einige Bücher mathematischen Inhalts. Dieser Brief an Tschirnhaus markiert das Ende der Korrespondenz zwischen Oldenburg und Tschirnhaus [Hofmann 1974, S. 257]. Obwohl der Brief pünktlich in Paris eintraf, wurde er nie beantwortet, denn Tschirnhaus fand in Rom wohl keine Zeit und Oldenburg starb im September 1677. Ob Tschirnhaus jemals wieder in engeren Kontakt mit Mathematikern der Royal Society trat, ist nicht bekannt.

Für uns ist der Brief in dreierlei Hinsicht wichtig. Zum einen zeigt er deutlich, dass Leibniz wirklich nichts von Tschirnhaus über die Leistungen der Engländer in der neuen Mathematik lernen konnte, zum zweiten zeigt er die überaus positive (und vorurteilsfreie) Einstellung von Collins den Leibniz'schen Ergebnissen gegenüber und zum dritten enthält er die klare Aussage, dass die unendliche Reihe für den Kreissektor nicht an Leibniz übermittelt wurde.

5.2 Die zweite London-Reise

Leibniz verlässt Paris am Sonntag, den 4. Oktober 1676, in einer Postkutsche; der Hannoveraner, in dessen Diensten er seit Anfang des Jahres steht, will seinen neuen Rat endlich *in persona* sehen [Antognazza 2009, S. 176].

Am Abend des 10. Oktober kommt Leibniz in der französischen Hafenstadt Calais an. Das Wetter ist so stürmisch, dass das Postschiff nicht auslaufen kann, wie Leibniz schreibt [Müller/Krönert 1969, S. 45]:

> *„... alda ich 5 tage stillliegen müßen bis das paquetbot so durch sturm und contrari wind verhindert worden fortgehen können."*

Er geht also erst am 15. Oktober auf das Schiff zur Überfahrt nach Dover, wo Leibniz eine Nacht bleibt und am nächsten Morgen mit dem Ziel London weiterfährt, wo er schließlich am 18. Oktober eintrifft. Er bleibt nur etwas mehr als eine Woche [Müller/Krönert 1969, S. 45]:

Abb. 5.2.1. Karte Londons von John Ogilby aus dem Jahr 1676, ediert
von Geraldine Edith Mitton 1908

*„In Londen bin ich etwas über eine woch geblieben; dieweil ich einiger
sehr wichtigen dinge wegen mich erkundigen wollen, wie ich dann auch
gethan.“*

Natürlich wendet er sich zuerst an seinen Landsmann Henry Oldenburg; ob
er neben Oldenburg und Collins noch andere Fellows der Royal Society trifft,
wissen wir nicht [Hofmann 1974, S. 277]. Dass er weder Newton noch Wallis
sieht, ist jedoch gewiß. Die regulären Sitzungen der Royal Society sind noch
nicht wieder aufgenommen worden, so dass Leibniz seine Rechenmaschine nur
Oldenburg, nicht aber während einer Sitzung der Royal Society zeigen kann.
Leibniz zeigt auch ein paar mathematische Arbeiten zu algebraischen Themen,
die er schon vor einer Weile versprochen hatte. Collins gewährt ihm Einsicht
in Arbeiten von Newton und Gregory; unter anderen Newtons *De analysi*.
Hofmann hat genau analysiert, welche Auszüge Leibniz aus dieser und anderen
Arbeiten machte [Hofmann 1974, S. 278f.]. Interessanterweise beziehen sich
die Leibniz'schen Exzerpte ausschließlich auf Newtons Reihenentwicklungen;
zu den Abschnitten, die infinitesimale Methoden enthalten, hat sich Leibniz
keinerlei Notizen gemacht. Daraus dürfen wir schließen, dass diese Abschnitte
für Leibniz nichts Neues enthielten.

Direkt nach den Auszügen aus *De analysi* macht Leibniz Exzerpte aus einem
Brief von Newton an Collins aus dem Jahr 1672 [Turnbull 1959–77, Vol. I,
S. 229f.]. Es geht dabei um die Anwendung logarithmischer Skalen bei der
Auflösung von Gleichungen. Bei dieser Gelegenheit exzerpiert Leibniz auch
die Bemerkung Newtons zu einer Gregory'schen Reihe für das Volumen ei-

nes Ellipsoids, das von zwei Paaren paralleler Ebenen senkrecht zueinander geschnitten wird. Das Volumen ist gegeben durch das Doppelintegral

$$2 \int_0^a \int_0^b r \sqrt{1 - \frac{y^2}{r^2} - \frac{x^2}{c^2}} \, dx \, dy,$$

wenn das Ellipsoid durch $x^2/r^2 + y^2/c^2 + z^2/r^2 = 1$ gegeben ist. Gregory war es gelungen, das Integral in eine Doppelreihe in a und b zu entwickeln, die Collins in einem jetzt verlorenen Brief aus dem Juni oder Juli 1672 an Newton schickte [Turnbull 1959–77, Vol. I, S. 214f.]. Gregory wollte erfahren, ob Newton eine andere, einfachere Reihe kennen würde, aber das war nicht der Fall. Newton hatte genau die Gregory'sche Reihe gefunden und schrieb [Turnbull 1959–77, Vol. I, S. 229]:

> *„Ich habe zwei oder drei andere* [Reihen] *versucht, konnte aber keine einfachere finden."*

(I tryed two or thre others, but could fine none more simple.)

Wichtiger in unserem Zusammenhang sind Leibnizens Exzerpte der *Historiola*, weil sie zeigen, dass Leibniz sie vorher nicht kannte [Hofmann 1974, S. 279]. Im Zusammenhang mit der *Historiola* exzerpiert Leibniz auch aus den korrespondierenden Briefen von Gregory. Auf dem Deckblatt der *Historiola* findet sich die Aufforderung an Leibniz, sie nach Einsicht wieder an Collins zurückzugeben.

In der späteren englischen Bannschrift *Commercium epistolicum D. Johannis Collins et aliorum de Analysi promota* der Royal Society aus dem Jahr 1712 wird es heißen, dass Leibniz seine Methode zur Berechnung von Tangenten aus einem Brief Newtons an Collins aus dem Dezember 1672, der in der *Historiola* auftaucht, gelernt hat. In Leibnizens Kopie des *Commercium epistolicum* hat Leibniz vermerkt, dass diese Behauptung Unsinn („ineptum") sei [Hofmann 1974, S. 280]. In der zweiten Edition des *Commercium epistolicum* aus dem Jahr 1722 wird behauptet, dass die *Historiola* 1676 an Leibniz nach Paris geschickt wurde; diese Behauptung haben wir bereits widerlegt.

Warum zeigte Collins, der ja ein gewisses Misstrauen gegenüber Leibniz hatte, denn dem deutschen Besucher überhaupt so offen die *Historiola* und die Newton'sche Arbeit *De analysi*? Der Grund ist darin zu sehen, dass Collins und Leibniz sich ja zum ersten Mal auf dieser zweiten London-Reise Leibnizens persönlich trafen und Leibniz auf den Engländer einen hervorragenden Eindruck machte, und das, obwohl Collins nicht bei guter Gesundheit war. Im September 1676 hatte er sich eine nicht nur gefährliche, sondern auch sehr schmerzhafte Blutvergiftung zugezogen, die seinen rechten Arm für einige Zeit unbrauchbar machte, so dass er nicht selbst schreiben konnte. Noch dazu konnte Leibniz Englisch zwar lesen, aber nicht gut sprechen, und das Latein Collins' reichte nicht aus, um sich mit Leibniz zu unterhalten [Aiton 1991, S. 105f.]. In einem Brief vom 3. November 1676 schreibt Collins an Thomas Strode, einen Mathematiker, der mit Collins und Gregory korrespondierte [Turnbull 1959–77, Vol. II, S. 109]:

> *„Der vortreffliche Herr Leibniz, ein Deutscher, aber ein Mitglied der Royal Society, kaum im mittleren Alter, war letzte Woche hier, auf seinem Rückweg von Paris nach dem Hof des Herzogs von Hannover, durch den er gedrängt wurde wegzukommen und seine Einkünfte, die ihm in Paris angeboten wurden, abzulehnen. Aber während seines Aufenthalts hier, der nur eine Woche dauerte, war ich in solchem Zustand, dass ich nur wenig mit ihm tagen konnte; denn ich war belastet mit einer skorbutischen Verfassung oder Salzheit des Blutes, und die Einnahme von Heilmitteln machte mich geschwürig und unruhig: Trotzdem nehme ich an, dass ich durch seine Briefe und anderen Informationsaustausch gemerkt habe, dass er unsere Mathematik überragt 'quantum inter Lenta'* [9] *etc. seine kombinatorischen Tafeln sind vordergründig bestehend und nicht numerisch ..."*

(... The admirable Monsieur Leibnitz a German but a Member of the R S scarce yet middle aged was here last Weeke, being on his returne from Paris to the Court of the Duke of Hannover by whome he was importuned to come away and refuse such Emoluments as were offered him at Paris but during his stay here which was but one Weeke I was in such a Condition I could have but little conference with him; for being troubled with a Scorbutick humour or saltnesse of blood, and taking remedies for it they made me ulcerous and in an uneasy condition: however by his Letters and other Communications I presume I perceive him to have outtopt our Mathematicks *quantum inter Lenta* & c his Combinatory tables are specious and not numericall ...)

Der gute Eindruck, den Leibniz auf Collins machte, wird auch durch ein gemeinsam geschriebenes Manuskript dokumentiert, das Leibniz bei seiner Abreise mit sich führt. Es handelt sich um eine einfach gefaltete große Folioseite, die Leibniz mit *Colliniana* überschrieben hat. Auf den vier Seiten dieses

---

[9]Nach [Turnbull 1959–77, Vol. II, S. 109, Anmerkung (4)] handelt es sich um ein etwas fehlerhaftes Zitat aus der Ekloge 1, Vers 24f von Vergils Hirtengedichten [Vergil 2001, S. 8]:

> *„Aber diese* [Stadt Rom] *hat ihr Haupt so hoch über andere Städte erhoben wie Zypressen über biegsame Wandelröschensträucher."* (verum haec tantum alias inter caput extulit urbes, quantum lenta solent inter viburna cupressi.)

Wird hier verwendet in dem Sinn: So wie Rom über allen anderen Städten steht, so steht Leibniz über der Mathematik.

gefalteten Blattes finden sich Rechnungen, Diagramme und auch Text und Hofmann vermutet, dass dieses Blatt bei den gegenseitigen Sprachschwierigkeiten dazu diente, Zusammenhänge schriftlich zu erklären und sich so besser verständigen zu können [Hofmann 1974, S. 287f.].

Am 29. Oktober begibt sich Leibniz in London auf ein Schiff, das allerdings erst am 31. Oktober den Hafen verlässt und am gleichen Tag in Gravesend anlegt, wo der Kapitän vier Tage lang auf Fracht wartet. Stürme verhindern eine Ausfahrt in den Kanal vom 5. bis zum 10. November, so dass das Schiff bei Fort Sheerness festliegt. Endlich, am 11. November, segelt das Schiff mit Kurs auf Rotterdam [Müller/Krönert 1969, S. 45f.]. Am 13. November erreicht Leibniz Amsterdam und macht die Bekanntschaft einiger Männer, darunter des Amsterdamer Bürgermeisters und Mathematikers Jan Hudde, mit dem er über mathematische Probleme spricht. Von Amsterdam aus unternimmt Leibniz bis zum 24. November eine Tour, die ihn über Haarlem, Leiden und Delft nach Den Haag führt. In Delft besucht er Antoni van Leeuwenhoek (1632–1723), den niederländischen Naturforscher und Mikroskopbauer. Auch vor van Leeuwenhoek gab es schon einfache Mikroskope, aber van Leeuwenhoek war ein genialer Linsenmacher und verbesserte das Instrument so, dass Vergrößerungen von bis zum 270-fachen erreicht wurden. Er beobachtete damit Bakterien im Teichwasser und im menschlichen Speichel, was ihm 1680

Abb. 5.2.2. Stadtansicht von Amsterdam (De Dam) gegen Ende des 17. Jh. Ein solcher Anblick bot sich vermutlich auch Leibniz, als er Jan Hudde aufsuchte ([Gemälde: Gerrit Adrianensz, Berckheyde] Gemäldegalerie Alter Meister, Dresden)

Abb. 5.2.3. Antoni van Leeuwenhoek ([Maler: Jan Vercolje, um 1680, Ausschnitt] Museum Borhave Leiden)

die Mitgliedschaft in der Royal Society einbrachte. Er ist auch der Entdecker von Spermatozoen beim Menschen und bei Insekten.

Am 18. November ist Leibniz ein paar Tage lang Gast von Baruch (Benedictus) de Spinoza und diskutiert mit ihm über dessen *Ethica*, die Bewegungstheorie von Descartes, die Characteristica universalis und theologische Probleme, in der Hauptsache die Frage der Existenz Gotts [Müller/Krönert 1969, S. 46], [Antognazza 2009, S. 178].

Am 24. November ist Leibniz wieder in Amsterdam, aber seine Gesundheit ist angeschlagen [Müller/Krönert 1969, S. 46]:

> *„Alleine es hat mir das schiff darauff ich etwa 10 nacht geschlaffen ... einen anstoß an meiner gesundheit verursacht sowohl als die Nacht-scheüten darauff ich in Holland hin und wieder gefahren, umb der Nacht mich zu bedienen und Zeit zu gewinnen, dazu dann die naße und kalte lufft in Holland, und verenderung der kost geholffen, also daß, alß ich wieder nach Amsterdam, als in mein centrum kommen, ich mich sehr unbaß, ganz ohne appetit und nicht ohne einiger hize und mattigkeit befunden, habe mich darauff vor etliche tage eingesperret, warm gehalten, und durch diaet wieder fast zu recht gebracht, ..."*

Ende November verlässt Leibniz Amsterdam und kommt irgendwann zwischen dem 10. und 15. Dezember 1676 in Hannover an. Mehr als zwei Monate sind vergangen, seit er aus Paris abgereist war. Er geht sofort an die Arbeit und übernimmt als Bibliothekar die herzogliche Bibliothek. Er ist Nachfolger des bisherigen Bibliothekars Tobias Fleischer, in dessen Wohnräume in der Bi-

Abb. 5.2.4. Ansicht Hannovers von Nordwesten um 1730
([Kupferstich von F. B. Werner] Historisches Museum Hannover)

bliothek im Leineschloss er nun zieht und die er bis 1688 bewohnen wird. Die
Bibliothek, die erst 1665 von Herzog Johann Friedrich gegründet wurde, um-
fasste zu dieser Zeit 3310 Bände und 158 Handschriften [Müller/Krönert 1969,
S. 47]. Wohl noch im Dezember lernt Leibniz einige seiner Hannover'schen
Amtskollegen kennen: den Geheimen und Kammerrat Otto Grote, den Hofrat
und Vizekanzler (ab 1677) Ludolf Huge und den Geheimen und Kammer-
rat Hieronymus vom Witzendorf, der ab 1682 Kammerpräsident und später
Berghauptmann zu Clausthal wird.

Anfang 1677 legt Leibniz dem Herzog einen Arbeitsplan zur Erweiterung der
Bibliothek vor und erklärt seine Absicht, durch Korrespondenz mit Gelehrten
in Deutschland, Italien, Frankreich, England und Holland Informationen über
alle wichtigen wissenschaftlichen Ereignisse zu sammeln. Nun beginnt der unglaublich umfangreiche Briefwechsel, den Leibniz bis zu seinem Lebensende
aufrecht erhalten wird und der weltumspannend sein wird – sogar mit den
Jesuiten in China wird er korrespondieren. Am 1. Juli empfängt Leibniz über
Oldenburg den zweiten Brief von Newton, die *Epistola posterior*.

5.3 Die Korrespondenz endet: *Epistola posterior*

Collins war davon überzeugt, dass die Leibniz'sche Reihe für den Kreissektor
eine von den Engländern unabhängige Entdeckung war, aber er war sich nicht
sicher, ob die Reihe auch korrekt war. Er sah nicht, dass diese Reihe ein Spe-
zialfall der Gregory'schen Reihe für den inversen Tangens darstellte. Wallis,

dem Collins eine Kopie des Leibniz'schen Briefes geschickt hatte, stellte die langsame Konvergenz der $\pi/4$-Reihe fest, bemerkte aber, die Reihe sei wohl korrekt. Newton antwortete erst einmal nicht.

Collins laborierte an seiner Blutvergiftung, Newton hatte sich noch nicht geregt, hatte aber beim Lesen der ihm zugegangenen Briefkopien den Eindruck gewonnen, dass er Tschirnhaus nicht als ernsthaften Diskussionspartner berücksichtigen musste. Folgen wir der Argumentation Hofmanns [Hofmann 1974, S. 259f.], dann wuchs in Newton beim Studium der Leibniz'schen Antwort auf die *Epistola prior* der Verdacht, dass Leibniz ein Plagiator war, dem es offenbar gelang, aus seinem, Newtons, Brief zentrale Punkte der neuen Infinitesimalmathematik zu rekonstruieren. Tschirnhaus' vorlautes Schreiben soll zudem in Newton die Vermutung gefestigt haben, dass Leibniz nicht zu den zentralen Ideen der neuen Analysis vorgedrungen war. Dazu kommt der Collins'sche Übersetzungsfehler *ludus naturae*, der für Newton nach Metaphysik geklungen haben mag. Auch Aiton vermutet [Aiton 1991, S. 123], dass Newton bei Abfassung seines zweiten Briefes an Leibniz diesen bereits als Plagiator sah. Diese Vermutungen halte ich für Teile einer Verschwörungstheorie, die durch den Inhalt der *Epistola posterior* widerlegt werden kann. Da wir den „heißen" Krieg im Prioritätsstreit ab 1690 kennen und dort einen rachsüchtigen, haßerfüllten und hinterhältigen Newton finden, liegt es wohl nahe, ihm auch 1676 die schlechtesten Absichten zu unterstellen. Das ist aber ungerecht und einfach falsch, und die *Epistola posterior* gibt keinerlei Anhaltspunkte für ein gesteigertes Misstrauen Leibniz gegenüber.

Die *Epistola posterior* ist eine kleine Abhandlung von 19 Seiten, die mit sehr freundlichen Worten von Newton beginnt [Turnbull 1959–77, Vol. II, S. 130][10]:

> *„Leibnizens Methode zur Erlangung konvergenter Reihen ist sicherlich sehr elegant, und würde ausgereicht haben, das Genie des Autors deutlich zu machen, selbst wenn er sonst nichts weiter geschrieben hätte. Aber was er an anderen Stellen durchgehend in seinem Brief eingestreut hat ist seinem Ruf höchst wert – es lässt uns auch sehr große Dinge von ihm erwarten. Die Vielzahl von Wegen, auf denen dasselbe Ziel erreicht wird, hat mir große Freude gemacht, weil drei Methoden, um zu Reihen solcher Art zu kommen, mir bereits bekannt waren, so dass ich schwerlich erwarten konnte, dass uns eine neue mitgeteilt wird. Eine von meinen habe ich bereits vorher beschrieben; nun füge ich eine andere hinzu, ... Und eine Erklärung dieser wird dazu dienen darzulegen, was Leibniz von mir gewünscht hat, die Grundlage des Theorems nahe dem Anfang des vorherigen Briefes."*

(Leibniz's method for obtaining convergent series is certainly very elegant, and it would have sufficiently revealed the genius of its author,

---

[10]Dies ist wieder meine Übersetzung der englischen Übersetzung des lateinischen Originals.

even if he had written nothing else. But what he has scattered else-
where throughout his letter is most worthy of his reputation – it leads
us also to hope for very great things from him. The variety of ways by
which the same goal is approached has given me the greater pleasure,
because three methods of arriving at series of that kind had already
become known to me, so that I could scarecely expect a new one to
be communicated to us. One of mine I have described before; I now
add another, ... And an explanation of this will serve to lay bare, what
Leibniz desires from me, the basis of the theorem set forth near the
beginning of the former letter.)

Die erste der drei Methoden bestand in einer schrittweisen Substitution und
wurde Leibniz schon in der *Epistola prior* übermittelt, die zweite bestand in
einer numerischen Induktion und Interpolation – ein Verfahren, dass Newton
bald aufgab – und die dritte, und von Newton bevorzugte, durch Invertie-
rung von Reihen und Koeffizientenvergleich [Hofmann 1974, S. 261]. Newton
beschreibt nun weiter, wie er durch ein Studium von Wallis' *Arithmetica infinitorum* mit Hilfe der dort beschriebenen Interpolation und Induktion auf
seine zweite Methode kam, die ihm sicherlich von Beginn an als nicht vertrauenswürdig erschien. Die Wallis'sche Interpolation ist nicht die Interpolation
in unserem heutigen Sinne, sondern eine doch sehr mutige Technik, die etwa
folgendermaßen funktionierte. Kennt man das Integral von x^p und das von
x^{p+1}, dann sollte (hoffentlich) das Integral von $x^{p+1/2}$ sich aus den beiden
bekannten Integralen durch Interpolation der Exponenten „interpolieren" lassen. Die Wallis'sche Induktion ist ebenfalls nicht die vollständige Induktion
wie wir sie heute kennen, sondern eine unvollständige Induktion. Das heißt,
gilt eine Aussage für $n = 1, 2, 3, 4, 5$ und „sieht" man ein Muster, dann akzeptiert Wallis die Aussage als richtig für alle n. Es wundert nicht, dass dem
scharfsinnigen Newton diese Beweismethoden nicht vertrauenswürdig genug
waren.

Dann, so Newton, stellt er fest, dass das Quadrat der Reihe $1 - \frac{1}{2}x^2 - \frac{1}{8}x^4 -$
$\frac{1}{16}x^6 - \ldots$ gerade $1 - x^2$ ergibt und die dritte Potenz der Reihe $1 - \frac{1}{3}x^2 - \frac{1}{9}x^4 -$
$\frac{5}{81}x^6 - \ldots$ führt ebenfalls auf $1 - x^2$. Damit ist bewiesen, dass diese Reihen
Wurzelausdrücke von $1 - x^2$ sind und so kommt er auf eine andere Methode
zur Gewinnung von Reihen, die auf dem Ausziehen von Wurzeln basiert.

An die Entdeckung des Binomialtheorems, so schreibt Newton, konnte er sich
kaum erinnern, aber als er darüber im Zusammenhang mit der Abfassung
der *Epistola prior* durch seine Aufzeichnungen schaute, erinnerte er sich leb-
haft. Newton legt Wert darauf zu bemerken, dass ihm diese Entdeckung *vor*
Mercators *Logarithmotechnia* gelang [Turnbull 1959–77, Vol. II, S. 133]:

> *„Jedoch zur selben Zeit, als dieses Buch* [die *Logarithmotechnia*] *er-
> schien, wurde eine bestimmte Übersicht über diese Reihen durch Herrn
> Barrow (damals Professor der Mathematik) an Herrn Collins übermit-
> telt; ..."*

(Yet at the very time when this book appeared, a certain compendium
of the method of these series was communicated by Mr Barrow (then
professor of mathematics) to Mr Collins; ...)

Bei der „bestimmten Übersicht" handelt es sich natürlich um *De analysi*. Da
er 1665 den Logarithmus als Fläche unter der Hyperbel mit extremer Genauigkeit aus einer Reihe berechnet hatte, vergl. Abbildung 5.3.1, schreibt er
jetzt [Turnbull 1959–77, Vol. II, S. 133]:

> *„Ich schäme mich zu sagen, auf wie viele Stellen ich diese Berechnun
> gen ausführte, da ich keine andere Beschäftigung zu dieser Zeit hatte:
> denn damals zog ich zu viel Vergnügen aus diesen Erfindungen."*

(I am ashamed to tell to how many places I carried these computations, having no other business at that time: for then I took really too
much delight in these inventions.)

Newton beschreibt den Wunsch Collins', er möge doch seine Entdeckungen
öffentlich machen. Vor fünf Jahren, so Newton, als er auf Druck seiner Freunde eine Abhandlung über die Brechung des Lichts und die Farben schrieb,
dachte er auch wieder an seine Reihen und schrieb darüber eine Abhandlung
mit dem Ziel der Veröffentlichung. Dieses Manuskript ist unzweifelhaft *De
methodis*. Dann aber, schreibt Newton, nach Einsendung seines Manuskriptes
über die Theorie des Lichts an die Royal Society, geschah etwas Unerwartetes (*„something unexpected"*), was ihn von einer Publikation von *De methodis*
abhielt [Turnbull 1959–77, Vol. II, S. 133]:

> *„... hielt mich von dem Entwurf ab und verursachte, dass ich mir Un
> vorsichtigkeit vorwarf, weil ich bisher in der Jagd nach einem Schat
> ten meinen Frieden geopfert hatte, eine Angelegenheit von wirklicher
> Wichtigkeit."*

(... quite deterred me from the design and caused me to accuse myself of imprudence, because, in hunting for a shadow hitherto, I had
sacrificed my peace, a matter of real substance.)

Wir erkennen hier ganz klar die Auswirkungen des Streits um das Newton'sche
Manuskript über die Theorie des Lichts, die ihn sehr gekränkt haben müssen.

Auch James Gregory wird von Newton erwähnt, allerdings macht Newton
klar, dass Gregory als Startpunkt seiner Entdeckungen eine der Newton'schen
Reihen verwendete [Turnbull 1959–77, Vol. II, S. 133]:

> *„Um diese Zeit, von nur einer meiner Reihen, die Collins an ihn ge
> schickt hatte, kam Gregory nach intensivem Nachdenken, wie er Col
> lins schrieb, auf dieselbe Methode, und er hinterließ eine Abhandlung
> darüber von der wir hoffen, dass sie von seinen Freunden publiziert
> werden wird. In der Tat, durch sein großes Verständnis konnte er nicht*

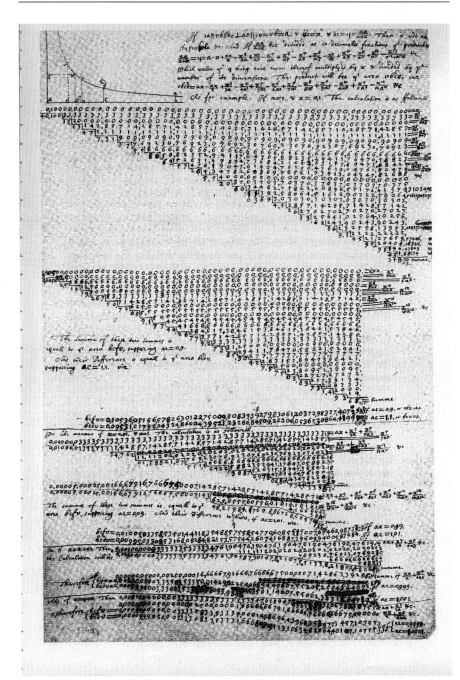

Abb. 5.3.1. Newtons Berechnung der Fläche unter der Hyperbel (= Logarithmus)
aus dem Jahr 1665
(Cambridge University Library)

fehlgehen, viele eigene Entdeckungen hinzuzufügen, und es ist im In-
teresse der Mathematik, dass diese nicht verloren gehen."

(About that time, from just a single of my series which Collins had
sent him, Gregory after much reflection, as he wrote back to Collins,
arrived at the same method, and he left a treatise on it which we
hope is going to be published by his friends. Indeed, with his strong
understanding he could not fail to add many discoveries of his own,
and it is in the interest of mathematics that these should not be lost.)

Die hier beschriebene Abhandlung Gregorys ist leider verloren. Wir dürfen
aber mit einigem Recht annehmen, dass es sich um eine Beschreibung der
Differenzial- und Integralrechnung handelte, mit deren Entdeckung Gregory
selbst Newton zuvorgekommen war. Newtons Darstellung ist an dieser Stelle
nicht ganz korrekt, denn er wusste bereits 1670, dass Gregory vor 1668 das
Binomialtheorem wie auch das Taylor-Polynom unabhängig von ihm entdeckt
hatte [Hofmann 1974, S. 262].

Wir können nicht die gesamte *Epistola posterior* im Detail besprechen, aber
ich wollte doch den *Ton* dieses Briefes in Auszügen beschreiben. Es findet sich
keine Anschuldigung des Plagiats im gesamten Brief; die Arbeiten von Leibniz
und Gregory werden im Gegenteil sehr lobend behandelt.

Interessant sind sicher noch die beiden Anagramme, die der Vermutung Nah-
rung geben könnten, dass Newton Leibniz als Konkurrenten so fürchtete, dass
er wichtige Hinweise verschlüsselte. Newton schreibt [Turnbull 1959–77, Vol.
II, S. 134]:

„Und dasselbe ist richtig in Fragen von Maxima und Minima, und
in einigen anderen auch, über die ich jetzt spreche. Die Grundlage
dieser Operationen ist in der Tat offensichtlich genug; aber weil ich
jetzt nicht mit ihrer Erklärung fortfahren kann, habe ich es vorgezogen,
es wie folgt zu verbergen: 6accdae13eff7i3l9n4o4qrr4s8t12vx."

(And the same is true in questions of maxima and minima, and in
some others too, of which I am now speaking. The foundation of these
operations is evident enough, in fact; but because I cannot proceed
with the explanation of it now, I have preferred to conceal it thus:
6accdae13eff7i3l9n4o4qrr4s8t12vx.)

Newton hat die Auflösung dieses Anagramms nach Aufforderung von Wallis,
der es in seiner Abhandlung über Algebra verwenden wollte, in einem Brief
an Leibniz aus dem Jahr 1693 gegeben, [Turnbull 1959–77, Vol. III, S. 285]:

„Gegeben eine Gleichung in irgendeiner Anzahl von Fluenten, um die
Fluxionen zu finden, und umgekehrt."

(Data aequatione quantitates quotcunque fluentes involvente invenire
fluxiones, & vice versa.)

(given an equation involving any number of fluent quantities to find the fluxions, and conversely.)

Warum Newton an dieser Stelle dieses Anagramm einführte wird sein Geheimnis bleiben. Was hätte Leibniz denn aus dem Satz „Gegeben eine Gleichung in irgendeiner Anzahl von Fluenten, um die Fluxionen zu finden, und umgekehrt" überhaupt entnehmen können?

Newton geht nun weiter in der Beschreibung einiger Probleme, die er gelöst hat. Gegen Ende des Briefes folgt das zweite Anagramm [Turnbull 1959–77, Vol. II, S. 129 und S. 148]:

> „Nichtsdestotrotz – damit ich nicht zu viel zu sagen scheine – sind inverse Tangentenprobleme in unserer Fähigkeit, und andere schwierigere als jene, und um sie zu lösen, habe ich eine zweifache Methode verwendet, von der eine eingängiger ist, die andere allgemeiner. Jetzt halte ich es für angemessen, sie beide durch umgruppierte Buchstaben zu verzeichnen, damit ich nicht, durch andere die dasselbe Resultat erhalten haben, genötigt werde, den Plan in mancher Beziehung zu ändern. 5accdae10effh11i4l3m9n6oqqr8s11t9v3x: 11ab3cdd10eaeg10ill4m7n6o3p3q6r5s 11t8vx, 3acae4egh5i4l4m5n8oq4 r3s6t4 vaaddaeeeeeeiijmmnnooprrrsssssttuu. "

(Nevertheless – lest I seem to have said too much – inverse problems of tangents are within our power, and other more difficult than those, and to solve them I have used a twofold method of which one part is neater, the other more general. At present I have thought fit to register them both by transposed letters, lest, through others obtaining the same result, I should be compelled to change the plan in some respects. 5ac cdae10effh11i4l3m9n6oqqr8s11t9v3x: 11ab3cdd10eaeg10ill4m7n6o3p3q6r5s 11t8vx, 3acae4egh5i4l4m5n8oq4 r3s6t4vaaddaeeeeeeiijmmnnooprrrsssssttuu)

Die Auflösung, gedruckt im dritten Band der Gesammelten Werke von Wallis und im *Commercium epistolicum*, lautet

> „Eine Methode besteht im Ausziehen einer fluenten Größe aus einer Gleichung, die gleichzeitig ihre Fluxionen enthält; aber eine andere durch eine angenommene Reihe für irgendeine unbekannte Größe, von der der Rest bequem abgeleitet werden kann, und im Sammeln gleichwertiger Terme der resultierenden Gleichung, um die Terme der angenommenen Reihe hervorzubringen. "

(One method consists in extracting a fluent quantity from an equation at the same time involving its fluxion; but another by assuming a series for any unknown quantity whatever, from which the rest could conveniently be derived, and in collecting homologous terms of the resulting equation in order to elicit the terms of the assumed series.)

Wir verzichten auf den lateinischen Satz, der eigentlich im Anagramm verschlüsselt wurde, man kann ihn in [Turnbull 1959–77, Vol. II, S. 159, Anmerkung (72)] nachlesen. Hätte Leibniz diesen Absatz aus dem Anagramm rekonstruieren können? Ganz sicher nicht! Zählt man die Buchstaben im lateinischen Originalsatz, stellt man fest, dass im Anagramm zwei i (oder j) zu wenig sind, aber ein s zu viel! Die Abschrift, die Leibniz zugesendet wurde, enthielt also auch noch Schreibfehler. Der Absatz bezieht sich auf zwei Methoden zur Lösung gewöhnlicher Differenzialgleichungen, also Gleichungen, die x, y und dy/dx enthalten. In Newtons späterer Notation sind die beteiligten Größen x, y und $\dot{y}/\dot{x}$, im Jahr 1676 schrieb Newton noch x, y, q/p. Die erste Methode ist gedacht, wenn eine der Größen x oder y in der Gleichung nicht explizit auftaucht, Methode 2 für den allgemeineren Fall.

Bei diesem Anagramm kann man sich vorstellen, dass Newton sich seine Priorität sichern wollte, denn dass Leibniz ebenfalls Differenzialgleichungen lösen konnte wusste er nicht. Daraus aber Evidenz gegen Newton ableiten zu wollen, ist in meinen Augen ungerechtfertigt. Hatte nicht auch Leibniz bewusst die Details seines Transmutationstheorems verschwiegen?

Wir haben hier den ersten Entwurf von Newtons Hand diskutiert (der von Turnbull in [Turnbull 1959–77, Vol. II, S. 130-149] übersetzt wurde), der sich von der endgültigen Version, die an Leibniz geschickt wurde, etwas unterscheidet. Hofmann hat festgestellt, dass in der Endversion ein paar sehr freundliche Pasagen über Leibniz und Tschirnhaus von Newton gestrichen worden sind. So endet der Entwurf mit Grüßen an Leibniz und Tschirnhaus; sie wurden gestrichen [Hofmann 1974, S. 272]. In der Tat haben wir einen Brief Newtons an Oldenburg vom 26. Oktober (jul.) 1676, in dem Newton um einige Änderungen an der *Epistola posterior* bittet. Der Brief endet mit [Turnbull 1959–77, Vol. II, S. 162f.][11]:

„Ich fürchte ich war etwas zu streng in der Wahrnehmung einiger Flüchtigkeitsfehler in Herrn Leibnizens Brief, was die Gutherzigkeit und den Einfallsreichtum des Autors betrifft, und es mag mein eigenes Missgeschick durch hastiges Schreiben gewesen sein, das zu solchen Flüchtigkeitsfehlern führte. Aber da es sich um echte Flüchtigkeitsfehler handelt denke ich, dass er dafür nicht angegriffen werden kann. Wenn Sie denken, dass irgend etwas zu streng ausgedrückt ist, geben Sie mir bitte Bescheid und ich werde mich bemühen es abzumildern, wenn Sie es nicht selbst tun mit einem oder zwei Ihrer eigenen Worte. Ich glaube, Herr Leibniz wird das Theorem am Anfang meines Briefes auf Seite 4 zur geometrischen Quadratur gekrümmter Linien nicht ablehnen. Wenn ich irgendwann mehr freie Zeit habe ist es möglich, dass ich ihm einen ausführlichen Bericht dazu schicke: erläutern, wie es angeordnet ist um krummlinige Figuren miteinander zu vergleichen

---

[11]Newton begann den Brief in Latein, wechselte dann aber ins Englische.

und wie die einfachste Figur gefunden werden kann, mit der eine vor-
gelegte Kurve verglichen werden kann. Mein Herr, ich bin
Ihr untertäniger Diener
Is. Newton"

(I feare I have been something too severe in taking notice of some
oversights in M. Leibnitz letter considering ye goodnes & ingenuity
of ye Author & yt it might have been my own fate in writing hastily
to have committed ye like oversights. But yet they being I think real
oversights I suppose he cannot be offended at it. If you think any thing
be exprest too severly pray give me notice & I'le endeavour to mollify
it, unless you will do it wth a word or two of your own. I beleive M.
Leibnitz will not dislike ye Theorem towards ye beginning of my letter pag. 4 for Squaring Curve lines Geometrically. Sometime when I
have more leisure it's possible I may send him a fuller account of it:
explaining how it is to be ordered for comparing curvilinear figures
wth one another, & how ye simplest figure is to be found wth wch a
propounded curve may be compared. Sr I am
Your humble Servant
Is. Newton)

Im Anschluss schreibt Newton [Turnbull 1959–77, Vol. II, S. 163]:

„Bitte lassen Sie keine meiner mathematischen Manuskripte ohne mei-
ne besondere Einwilligung drucken."

(Pray let none of my mathematical papers be printed without my
special license.)

Hofmann liest aus der *Epistola posterior* einen sich im Verlauf des Briefes
verändernden Ton. Beginnend mit der freundlichen Eröffnung sieht er im Lauf
des Briefes, dass sich Newtons Einstellung Leibniz gegenüber ändert. Hofmann
schließt [Hofmann 1974, S. 273]:

„Dieser Brief ist daher eine eigenartige Mischung eines singulären
Konflikts von Gefühlen und kompakt beschriebener wissenschaftlicher
Resultate – ..."

(This letter is thus a curious blend of a singular conflict of emotions
and compactly described scientific results – ...)

Ich kann mich dieser Einschätzung beim besten Willen nicht anschließen und
bin damit nicht allein [Hall 1980, S. 67]. Die *Epistola posterior* ist sicher keine vollständige Beschreibung der Newton'schen Ergebnisse, aber immerhin
19 Seiten lang! Warum sollte Newton überhaupt Leibniz einen (und dann
noch so langen) zweiten Brief schreiben, wenn er doch eigentlich alles vor ihm
verbergen wollte und ihn schon zu dieser Zeit des Plagiats verdächtigte? Ja,

Newton war gegen Ende seines Lebens eine äußerst reizbare, bösartige und unberechenbare Persönlichkeit, aber zu *dieser* Zeit, 1676, ist ihm im Umgang mit Leibniz keinerlei Vorwurf zu machen!

Die *Epistola posterior*, deren erster Entwurf vom 3. November 1676 stammt (24. Oktober jul.), verließ London erst spät, am 22. Mai 1677, und kam erst am 1. Juli 1677 in Hannover an [Müller/Krönert 1969, S. 50][12]. Leibniz antwortet praktisch sofort noch am 1. Juli. Die Datumsangabe in [Turnbull 1959–77, Vol. II, S. 211], 21. Juni, ist falsch und beruht auf einem klassischen Fehler: In Hannover wurde noch bis 1700 der julianische Kalender verwendet und Leibniz notierte den 21. Juni (jul.) auf seinem Brief. Nach gregorianischer Rechnung ist das der 1. Juli, aber in London nahm man den 21. Juni als ein gregorianisches Datum und datierte daher 10 Tage zurück. Leibniz äußert sich mehr als freundlich zu den Newton'schen Ergebnissen und über Newton selbst. Er erläutert seine Tangentenmethode, die unabhängig von der Sluses sei. Es ist $d(y^2) = 2y\,dy$ und so für alle Potenzen, die Produktregel ist enthalten, auch irrationale Größen wie die Funktion einer Funktion machten keine Probleme und Leibniz gibt Beispiele. Auch die Verwendung von Reihen bei der Tangentenberechung im Fall einer Funktion $f(x, y) = 0$ zeigt Leibniz. Dem Brief Leibnizens fehlt vermutlich der hintere Teil, wie Turnbull [Turnbull 1959–77, Vol. II, S. 225, Anmerkung (1)] vermerkt. Erhalten haben sich 10 Seiten in der Handschrift eines Kopisten, allerdings fehlt die Signatur Leibnizens, so dass das Fehlen von mindestens einer Seite sehr wahrscheinlich ist. Oldenburg schrieb an Leibniz mit Datum vom 22. Juli 1677 (12. Juli jul.) er hoffe, Leibniz habe den „*wahren Newton'schen Schatz*" (veritable Newtonian treasure) erhalten.

In dem Antwortbrief auf die *Epistola posterior* bittet Leibniz Newton um Erläuterung einiger unklarer Punkte, aber schon am 22. Juli schreibt Leibniz an Oldenburg [Turnbull 1959–77, Vol. II, S. 231f.] und bemerkt, dass sich eine Unklarheit wie von selbst aufgelöst hätte, als er den Newton'schen Brief nochmals las. Als Antwort auf seine beiden Briefe erhält Leibniz einen Brief von Oldenburg vom 19. August 1677, der folgenden Absatz enthält [Turnbull 1959–77, Vol. II, S. 235]:

> „*Seit ich Euch über Herrn Sembin aus Heidelberg schrieb, habe ich zwei Briefe von Euch erhalten, in denen Ihr Eure Gedanken zu dem langen Brief von Herrn Newton, der Euch vorher geschickt worden ist, dargelegt habt. Es gibt keinen Grund, warum Ihr so bald eine Antwort von dem vorhergenannten Newton oder selbst von unserem Freund Collins erwarten solltet, denn sie sind auswärtig und mit verschiedenen anderen Dingen beschäftigt.*"

(Since I wrote to you by Mr Sembin of Heidelberg, I have received two letters from you, both of which set out your thoughts on that long letter of Mr Newton's, which was previously sent to you. There

---

[12]Hofmann gibt in [Hofmann 1974, S. 274] Ende Juli an.

is no reason why you should expect a reply to them so soon from the
aforesaid Newton or even from our friend Collins, since they are out
of town and are preoccupied with various other affairs.)

Dieser Brief ist keinesfalls als unfreundlich zu verstehen. Der diplomatische
Oldenburg wollte nur sichergehen, dass Leibniz das Schweigen aus London
nicht falsch auslegte. Kurze Zeit darauf war Oldenburg tot, aber hätte Oldenburg auch weiter gelebt, hätte Newton sicher nicht mehr geantwortet. Er
war zum einen „pissed off" von den Diskussionen und Angriffen, die mit seiner Theorie des Lichts und der Farben zusammenhingen, desweiteren hatte
er sich ganz anderen Dingen zugewandt und einfach keine Lust mehr, sich
weiter über mathematische Dinge zu unterhalten, die für ihn mehr als ein
Jahrzehnt zurücklagen. Vielleicht kommt hinzu, dass Newton kurz nach Abfassung der *Epistola posterior* aus einem Brief von Leibniz an Oldenburg vom
28. November 1676 erfuhr, dass Leibniz vorher in London war und Collins
und Oldenburg getroffen hatte, wie Hofmann vermutet [Hofmann 1974, S.
273], was (vielleicht) sein Misstrauen befeuerte.

5.4 Der Frontverlauf im Jahr 1677

Wir müssen hier festhalten: Der kalte Krieg herrschte zwischen Leibniz (und
Huygens) auf der einen, und einigen Mitgliedern der Royal Society, wie Hooke,
Collins, Pell und sogar Oldenburg auf der anderen Seite, aber nicht zwischen
Newton und Leibniz. Der zweite Besuch in London nahm Collins völlig *für*
Leibniz ein; auch Oldenburg war wieder sehr zufrieden mit Leibniz, da er nun
die verbesserte Rechenmaschine vorliegen sah. Der kalte Krieg schien beendet.

Leibnizens Antwortbrief auf die *Epistola posterior* musste Newton ganz klar
zeigen, dass Leibniz auf eine neue Mathematik gekommen war, die seiner eigenen in Nichts nachstand. Newton, der intellektuell konsistente Denker, war
vielleicht abgestoßen durch die etwas pragmatische und sprunghafte Art, mit
der Leibniz die Mathematik betrieb; auch Huygens gefiel bei Leibniz diese Art
nicht [Hall 1980, S. 71], und die so wichtige Symbolik des „d", in Leibnizens
Antwortbrief erstmalig publik gemacht, hat Newton wohl eher Probleme bereitet, hat er doch den Sinn einer „Characteristica universalis" nie verstanden.
Wir haben keinerlei schriftliche Zeugnisse über Newtons Gedanken zu Leibnizens Brief. In Newtons Hauptwerk, den *Philosophiae Naturalis Principia
Mathematica* aus dem Jahr 1687, finden wir jedoch ein großes Lob für die
Mathematik Leibnizens. Bis dahin ruht die Front, noch ist kein Krieg, und
die beiden Krieger haben andere Dinge zu tun.

6.1 Die Karrieren der Krieger bis 1687

Leibniz steht ab 1677 in Hannover'schen Diensten und ist mit juristischen, politischen, historischen und verwaltungstechnischen Arbeiten beschäftigt. Er korrespondiert mit der ganzen Welt; immer wieder kehrt er auch zu mathematischen und physikalischen Fragestellungen zurück, aber in der Royal Society hat er keine Korrespondenzpartner mehr. Im Jahr 1684 erscheint dann die erste Publikation zur Leibniz'schen Differenzialrechnung in den Acta Eruditorum.

Newton lebt in Cambridge sein zurückgezogenes, einsiedlerhaftes Leben als Lucasischer Professor. Sein Ruhm wächst in England, aber Kontakte mit Leibniz gibt es vorerst nicht mehr. Dann der Paukenschlag: im Jahr 1687 wird sein epochales Werk *Philosophiae Naturalis Principia Mathematica* (Mathematische Prinzipien der Naturphilosophie) erstmals veröffentlicht; die eigentliche Geburtsstunde der modernen Physik.

6.1.1 Der Hofrat Leibniz – Gestrandet in Hannover

Bereits im Februar des Jahre 1677 bat Leibniz seinen Herzog Johann Friedrich, ihn öffentlich in seine Rechte und Pflichten als Hofrat einzuführen und um eine Gehaltserhöhung [Müller/Krönert 1969, S. 48]:

> *„Denn ich zuvörderst ehrenthalben nicht weniger begehren kan, nachdem ich bereits vor 10 jahren gradum angenommen, anständige vocationen gehabt, und die bloße verrichtung eines Bibliothecarii mir beßer im 20ten jahr meines alters als iezo angestanden hätte, also bis dahin bedacht seyn muß, wie ich meinem alter und profectibus nach also stehen möge, daß ich deßen bey denen so vor diesen einiges absehen auff mich gehabt, und sonderlich bey denen die vor jahren mir nicht gleich gewesen, aniezo aber zu dergleichen stellen gelanget seyn, nicht zu schämen habe: so wißen auch ferner E. Hochfürstl. Durchlt daß die jenigen so bloß und allein mit Büchern umbgehen, wenig geachtet und gemeiniglich als zu andern dingen untüchtig gehalten werden; so dann mir umb soviel desto mehr schaden solte, weil man vor diesen eine andere meinung vor mir gehabt, ich auch würcklich in judiciis und geschäfften gewesen; überdieß die charge eines Bibliothecarii nur bey denen Fürsten geachtet wird so wie E. Hf. D.[1] eines ungemeinen verstandes, an diesem Hoff aber gar nicht beständig noch stetswehrend, so wenig als die Bliothec publick ist."*

---

[1]Eure Hochfürstliche Durchlaucht.

Abb. 6.1.1. Leibnizens Dienstherren bis 1698: Herzog Johann Friedrich ([unbek. Künstler nach Jean Michelin, ca. 1670–1680] Historisches Museum Hannover); Herzog Ernst August (Residenzmuseum im Celler Schloss)

Die Bitte um Einführung als Hofrat muss Leibniz am 2. Oktober in einem Memorial an den Herzog wiederholen. Dennoch fand Leibniz in Johann Friedrich einen Herrscher, der stets ein offenes Ohr für die zahlreichen Pläne seines Hofrates und Bibliothekars hatte. Leibniz fungierte als Berater in politischen und juristischen Fragen und zwischen dem Herzog und ihm entwickelte sich eine engere persönliche Bindung. Johann Friedrich war während einer Italienreise zum Katholizismus konvertiert und hatte eine Katholikin geheiratet, aber er ließ seinen Untertanen die freie Religionsausübung; er erlaubte auch den Bau einer neuen, großen, protestantischen Kirche in Hannover, der Neustädter Kirche St. Johannis, in der Leibniz schließlich seine letzte Ruhestätte fand. Neben der zahlreichen privaten Korrespondenz flossen auch etliche Arbeiten für den Herzog aus Leibnizens Feder. Zwischen Juni und Oktober 1677 entstand unter dem Pseudonym „Caesarinus Fürstenerius" eine Schrift, in der die Stellung der deutschen Fürsten, die keine Kurfürsten waren, gestärkt werden sollte [Antognazza 2009, S. 204f.]. Das Manuskript wuchs sich zu einem Buch aus, das schließlich in Form eines französischen Dialogs *Entretien de Philarete et d'Eugene* (Gespräch zwischen Philarete und Eugene) vorlag, der in 14 Jahren 16 Auflagen erlebte – jeweils von Leibniz an die gerade aktuelle politische Lage angepasst. Eine Flut Leibniz'scher Vorschläge wurde an den Herzog herangetragen: eine Verschlüsselungsmaschine, ein neuer Wagentyp, die Mechanisierung der Seidenproduktion, verbesserte Uhren, pharmakologische Heilmittel und natürlich die eigene Rechenmaschine[2], für die Leibniz vergeblich versuchte, den Pariser Mechaniker Olivier nach Hannover zu holen [Antognazza 2009, S. 206]. Mit Johann Daniel Crafft (1624–1697), einem Mediziner und Chemiker, diskutierte Leibniz brieflich die Herstellung von Phosphor, der 1669 von Hennig Brand in Hamburg gefunden wurde, als er versuchte, durch ein Destillat aus Urin Silber in Gold zu verwandeln. Sowohl für die Familie des Herzogs als auch für Leibniz bedeutend war dessen Vorschlag vom August 1677, die möglichen Verbindungen des Hauses der Welfen mit der antiken italienischen Familie der Este aufzuspüren.

Ende 1677 wird Leibniz endlich offiziell *Hofrat*, was auch mit einer Gehaltserhöhung verbunden ist. Im Januar 1678 will er Tschirnhaus überreden, nach Hannover zu kommen, was ihm jedoch nicht gelingt. Schon jetzt ist Hannover dem Hofrat Leibniz viel zu klein und er versucht durch Reisen wenigstens temporär dem intellektuell dumpfen Umfeld zu entkommen. Als Spinoza am 21. Februar 1677 stirbt, macht Leibniz einen Vorschlag für eine Reise nach Holland, um die ungedruckten Papiere des Philosophen zu untersuchen, aber die Idee bleibt ein Vorschlag. Erst im Sommer 1678 kann Leibniz die Grenzen des Herzogtums verlassen; er reist nach Hamburg, um als herzoglicher Bibliothekar die umfangreiche Bibliothek des im Jahr 1675 verstorbenen Hamburger Arztes und Linguisten Martin Fogel (1634–1675) aufzukaufen.

In den Silberminen des Harzes, den großen Einnahmequellen des Herzogs, gibt es immer wieder Probleme mit eindringendem Wasser. Leibniz glaubt, das Wasser mit der Hilfe von Pumpen abführen zu können, die über Windmühlen angetrieben werden sollen. Althergebracht war der Pumpenantrieb durch Wasserkraft, aber in trockenen Jahren war die Wasserenergie nicht vorhanden oder nicht ausreichend; so in den Jahren 1678-79, in denen die Einnahmen der Welfen um 50% fielen. Leibniz besucht den Harz erstmalig zwischen September und Oktober 1679 [Antognazza 2009, S. 212]. Zahlreiche weitere Besuche werden folgen, aber Leibniz wird scheitern – er arbeitet mit Horizontalwindmühlen, deren Wirkungsgrad zu klein ist, um die geforderte Leistung zu bringen. Auch das Bergamt, das keinen „Quereinsteiger" tolerieren wollte, hat Leibnizens Plänen viele Widrigkeiten in den Weg gelegt.

Im Jahr 1678 macht Leibniz große Fortschritte in der Physik, genauer: in der Dynamik, und zwar mit der Schrift *De corporum concursu* (Über den Zusammenstoß von Körpern). Dass Leibniz sich intensiv mit der Dynamik (das ist die Untersuchung der Kräfte bei der Bewegung von Körpern) auseinandersetzt, wird besondere Bedeutung in der Geschichte der Folgen von Newtons *Principia mathematica* für den Prioritätsstreit haben. Aus *De corporum concursu* wird im Jahr 1686 die Arbeit *Brevis demonstratio erroris memorabilis Cartesii et aliorum circa legem naturae* (Kurzer Nachweis eines bemerkenswerten Irrtums von Descartes und anderen hinsichtlich eines Naturgesetzes) entstehen, in der Leibniz die Descartes'sche Behauptung, die Größe mv, also

---

[2]Unter dem Titel *Das letzte Original* [Walsdorf 2014] ist vor kurzem eine reich bebilderte, großformatige Publikation zur Rechenmaschine erschienen.

Abb. 6.1.2. Sophie von Hannover [unbek. Künstler] und Sophie Dorothea von Ahlden mit ihren Kindern ([Jaques Vaillant zugeschrieben, um 1690] Bomann Museum Celle, BM 120)

das Produkt aus Masse m und Geschwindigkeit v, sei die einem Körper innewohnende „Kraft", widerlegt, und stattdessen mv^2 propagiert (das ist in der Tat proportional zur kinetischen Energie) [Antognazza 2009, S. 239]. Es ist schon tragisch, dass der Begriff der „Kraft" noch nicht klar herausgearbeitet ist. Man redet von „Kraft", „Stärke", „Aktion" und „Effekt" [Szabó 1996, S. 65] und meint immer dasselbe, was zu Missdeutungen geradezu einlädt. Leibniz schreibt später von der „toten" und der „lebendigen" Kraft und meint damit mv und mv^2. Die Diskussion um den Kraftbegriff hat István Szabó in [Szabó 1996, Kapitel II.A, S. 47ff.] im Detail beschrieben. Für uns interessant ist der Streit der mit den Cartesianern ausbrach, als Newtons *Principia* 1687 veröffentlicht wurde und den wir noch zu beleuchten haben werden.

Als Johann Friedrich während einer Italienreise am 28. Dezember 1679 im Alter von 54 Jahren starb, endete für Leibniz die Zeit unter einem verständnisvollen Herzog. Nachfolger Johann Friedrichs wurde sein jüngerer Bruder Ernst August, der so gar kein Verständnis für die hochfliegenden Pläne des Bibliothekars seines Vorgängers aufbringen konnte. Obwohl Lutheraner, war Religion für diesen Herzog eine Frage der Politik. Als sein Bruder Georg Wilhelm, der Herzog von Celle, die Verlobung mit Sophie von der Pfalz beendete, sprang Ernst August gerne ein und heiratete sie – schließlich war sie die Tochter des böhmischen „Winterkönigs" Friedrich V. von der Pfalz und seiner Gattin Elisabeth Stuart, Tochter König Jakobs I. von England und Schottland (als Jakob VI.). Damit hatte sie gehörig blaues Blut in den Adern und Ernst August hoffte, mit dieser Verbindung näher an die neunte Kurfürstenwürde zu kommen.

Abb. 6.1.3. Das Ahldener Schloss um 1654 [Merian 1654]

Sophie sah nicht nur blendend aus, im Gegensatz zu ihrem Ehemann war sie intelligent, geistreich und witzig. Sie gebar ihrem Gatten sechs Söhne und eine sehr bemerkenswerte Tochter, Sophie-Charlotte. Ernst August war jedes Mittel recht, um sein Herzogtum zu erweitern und schließlich der neunte Kurfürst zu werden. Sein Bruder Georg Wilhelm hatte Sophie zu Gunsten einer Mätresse verlassen, die er heiratete und mit der er eine Tochter, Sophie Dorothea (1666–1726), zeugte. Ernst August zwang seinen ältesten Sohn Georg Ludwig (1660–1727), im Jahr 1682 seine dann 16-jährige Cousine Sophie Dorothea zu heiraten. Für die Ehefrau wurde diese Verbindung zur persönlichen Katastrophe: verliebt in den Grafen von Königsmark wollte Sophie Dorothea mit ihm fliehen, aber die Flucht wurde verraten. Von Königsmark verschwand in der Nacht vom 1. Juli 1694 und wurde nie wieder gesehen, Sophie Dorothea wurde nach einem Scheidungsprozess auf einem Schloss in Ahlden an der Aller bis zu ihrem Lebensende festgesetzt; auch ihre beiden Kinder durfte sie nie wieder sehen.

Als „Prinzessin von Ahlden" fand sie ihre letzte Ruhestätte nach 30-jährigem Hausarrest schließlich in der Fürstengruft in Celle. Als Georg Wilhelm im Jahr 1705 starb, fiel Celle an Hannover.

Als weiteren Schachzug verheiratet Ernst August seine Tochter Sophie-Charlotte am 8. Oktober 1684 mit Friedrich III. von Hohenzollern, Erbe des mächtigen Kurfürstentums Berlin-Brandenburg. Ab 1701 ist Sophie Charlotte die erste gekrönte Königin von Preußen. Schließlich ist Ernst August am Ziel seiner Träume: im Jahr 1692 wird ihm die neunte Kurfürstenwürde übertragen.

Etwa im Juni 1678, noch unter Herzog Johann Friedrich, beschreibt Leibniz seine Aufgaben in einem Brief an Hermann Conring wie folgt [Müller/Krönert 1969, S. 52]:

„... *ich gebe zu, daß ich, seitdem ich unter die Hofräte aufgenommen bin, andere Aufgaben zu erfüllen habe: ich muß Gerichtsakten studieren, Urteile fällen und gelegentlich auch auf Anordnung des Fürsten politische Gutachten abgeben. Dennoch verlangt der hochherzige Fürst in seinem mir erwiesenen Wohlwollen nicht, daß ich meine Zeit vollständig den Staatsgeschäften widme, sondern hat es mir freigestellt, den Sitzungen fernzubleiben, so oft es mir wegen meiner anderen Arbeiten nötig erscheint. Da der Fürst überdies gelegentlich private Aufträge für mich hat, mir die Leitung der Bibliothek obliegt und ich ständigen Briefwechsel mit Gelehrten pflegen soll, ist es zweifellos berechtigt, wenn ich Anspruch auf eine liberalere Behandlung erhebe. Tatsächlich möchte ich nicht verurteilt sein, einzig und allein die Sysiphusarbeit der Gerichtsgeschäfte wie einen Felsblock wälzen zu müssen, und wenn mir dafür auch der größte Reichtum und die höchsten Ehren versprochen würden.“*

Im Herbst 1679 ist Leibniz erstmals im Harz, wo er einen Vertrag mit dem Bergamt zu Clausthal über seine „Windkunst“ zur Entwässerung der Grube „Dorothea Landeskron“ schließt. Die Kosten des Experiments will Leibniz selbst tragen [Müller/Krönert 1969, S. 57]. Bereits im April 1680 wird der neue Herzog entscheiden, die Versuche nicht auf „Dorothea Landeskron“, sondern auf „Catharina“ durchzuführen. Zu Beginn des Jahres 1680 beschäftigt Leibniz sich erstmalig mit der Geschichte der Welfen (Haus Braunschweig-Lüneburg). Er wird die moderne Geschichtsschreibung erfinden, unglaublich viel Material sammeln, und bei seinem Tod 1716 wird er erst bis zum Jahr 1005 vorgedrungen sein.

Im März und April 1681 führt der Leipziger Professor für Moral und Politik, Otto Mencke (1644–1707), mit Leibniz Gespräche über die Herausgabe einer wissenschaftlichen Zeitschrift mit dem Titel „Acta Eruditorum“ nach dem Vorbild des französischen „Journal des Sçavans“ und den englischen „Philosophical Transactions“.

Die Acta Eruditorum, die 1682 zum ersten Mal in Leipzig erscheint, wird zu Leibnizens Hauszeitschrift, in der er über 100 seiner mathematischen und naturwissenschaftlichen Arbeiten veröffentlichen wird.

Die Arbeiten im Harz werden 1682 und 1683 weitergeführt. Im Jahr 1683 lernt Leibniz den Herzog Anton Ulrich von Wolfenbüttel kennen, bei dem er großes Verständnis und Anerkennung erfährt. Am 6. Dezember sperrt Ernst August die anteiligen Zahlungen des Hofes und der Gewerke für Leibnizens Windkunst im Harz [Müller/Krönert 1969, S. 71]; Leibniz will auf eigene Kosten weiter daran arbeiten. Mit Herzogin Sophie entwickelt sich ab 1684 ein enges, fast freundschaftliches Verhältnis und ein Briefwechsel. Mehrere Wochen verbringt Leibniz nun im Harz, wo er immer noch um seine Windkunst kämpft und wo erste Versuche stattfinden.

ACTA
ERUDITORUM
ANNO M DC LXXXXI
publicata,
ac
POTENTISSIMO SERENISSIMO-
QUE PRINCIPI AC DOMINO
DN. JOHANNI
GEORGIO IV
S. R. IMPERII ARCHIMARE-
SCALLO & ELECTORI
&c. &c. &c.
DICATA.
Cum S.Cæsareæ Majestatis & Potentissimi Ele-
ctoris Saxoniæ Privilegiis.

LIPSIÆ,
Prostant apud J. GROSSII HÆREDES & J. F. GLEDITSCHIUM.
Excusa typis CHRISTOPHORI GUNTHERI.
Anno M DCXCI.

Abb. 6.1.4. Otto Mencke (1644–1707) war Professor für Moral und Politik in Leipzig. Seine größte Leistung ist sicher die Herausgabe der ersten deutschen Gelehrtenzeitschrift Acta Eruditorum, die sein Sohn Johann Burckhard Mencke (1674–1732) nach dem Tod Otto Menckes weiterführte. Die Zeitschrift wurde im Jahr 1782 eingestellt.

Im Oktober 1684 erscheint in den Acta Eruditorum Leibnizens Arbeit *Nova methodus pro maximis et minimis, itemque tangentibus, quae nec fractas, nec irrationales quantitates moratur & singulare pro illis calculi genus* (Neue Methode zur Bestimmung von Maxima und Minima sowie von Tangenten; eine Methode, die weder durch gebrochene noch durch irrationale Größen behindert wird; und eine einzigartige Art des dafür erforderlichen Kalküls) [Leibniz 2011, S. 51ff.]. Diese Arbeit ist die erste Veröffentlichung, in der das Leibniz'sche *d* und die grundlegenden Rechenregeln des Calculus zu sehen sind. Wir erinnern uns daran, dass Leibniz sein *d* und einige Rechenregeln bereits als Antwort auf die *Epistola posterior* an Newton schickte, aber nun ist der Kalkül erstmals für alle Leser der Acta Eruditorum gedruckt. Neben den grundlegenden Regeln finden sich in der Arbeit vier Beispiele zur Anwendung des neuen Kalküls, darunter eine Extremwertaufgabe, eine implizite Tangentenberechnung und die Lösung einer Differenzialgleichung, des de Beaune'schen Problems. Leider befinden sich einige Druckfehler in der Arbeit, so ein Vorzeichenfehler in der Quotientenregel, die Vertauschung von „Konvexität" und „Konkavität" und Fehler in den Ableitungen. Sicher hatte auch der Drucker Probleme mit dem Manuskript, denn wie Otto Mencke an Leibniz schrieb [Hess 1986, S. 64]:

> „Das Schediasma de methodo Tangentium etc. wird M. h. Herr im Octobri finden, undt hat der buchdrücker deßwegen einige characteres in Holtz schneiden lassen müssen. Obs so wol gerathen, verlange ich zu vernehmen."

Dafür ist es aber wichtig zu bemerken, dass Leibniz schon in dieser Arbeit die Anwendungen des Kalküls in der Physik beschreibt, so bei der Berechnung des kürzesten Weges von Licht beim Durchgang durch zwei verschiedene Medien zum Beweis des Brechungsgesetzes. Leibniz schreibt stolz [Leibniz 2011, S. 60]:

> „Was andere, hochgelehrte Männer auf vielen Umwegen zu erjagen suchten, wird künftig ein in diesem Kalkül Bewanderter mit drei Zeilen leisten."

Und ein Stück weiter schreibt er [Leibniz 2011, S. 61]:

> „Und dies sind erst die Anfänge einer viel höheren Geometrie, welche die denkbar schwierigsten und schönsten Probleme auch der angewandten Mathematik umfasst, die so leicht keiner ohne unseren differentialen oder einen ähnlichen Kalkül mit vergleichbarer Mühelosigkeit bearbeiten wird."

Ganz unzweifelhaft enthält die *Nova methodus* für ihre Zeit sehr abstrakte Mathematik, dazu noch knapp aufgeschrieben, und die (wenigen) Leser hatten sicher ihre Probleme damit. Es stellt sich die Frage, warum Leibniz, der ja nicht nur seine Differenzial-, sondern auch die Integralrechnung bereits Jahre vor 1684 entdeckt und ausgebaut hatte, gerade im Jahr 1684 nur die Grundregeln der Differenzialrechnung in so komprimierter Form veröffentlichte. Dieser Frage wurde von Hess in der Arbeit [Hess 1986] nachgegangen und es ergeben sich zwei wesentliche Motive. Zum Einen hatte sich Leibniz zur konstruktiven Mitarbeit an den Acta Eruditorum Mencke gegenüber verpflichtet, hatte bereits sechs Arbeiten dort veröffentlicht, und es bestand ein gewisser Druck, nachzulegen, um die Zeitschrift zu füllen. Zum Anderen gab es aber Probleme mit Tschirnhaus, und diese Probleme werden wohl der eigentliche Grund zur Publikation gewesen sein.

Ehrenfried Walter von Tschirnhaus war Anfang des Jahres 1682 nach Paris zurückgekehrt, um dort seine Aufnahme in die Académie des Sciences zu bewirken und eine damit verbundene Pension des Königs zu erlangen [Hess 1986, S. 73]. Um sein Vorhaben zu unterfüttern, publizierte er in den Acta Eruditorum eine Reihe von Zeitschriftenartikeln mit mathematischen Inhalten; so im Dezember 1682 *Nova methodus tangentes curvarum expedite determinandi*, im März 1683 *Nova methodus determinandi maxima et minima* und im Oktober 1683 *Methodus datae figurae ..., aut quadraturam, aut impossibilitatem ejusdem quadraturae determinandi* (Methode, entweder die Quadratur einer gegebenen Figur oder die Unmöglichkeit derselben Quadratur zu bestimmen). Dabei war Tschirnhaus des öfteren von Leibniz wegen Fehlern und Unausgereiftheiten gewarnt worden, aber gerade in der Arbeit vom Oktober 1683 befanden sich eigentliche Leibniz'sche Ergebnisse der Infinitesimalrechnung und sie waren zudem fehlerhaft wiedergegeben. Da Tschirnhaus auf einen von Leibniz zwar abgeschickten, aber nicht erhaltenen Brief nicht antwortete, sah Leibniz sich gezwungen, im Frühjahr 1684 seinen Anspruch auf Priorität öffentlich zu machen und Tschirnhaus' Fehler zu berichtigen. So erschien im Mai 1684 in den Acta Eruditorum Leibnizens Arbeit *De dimensionibus figurarum inveniendis* (Wie man zur Ausmessung von Figuren kommt) [Leibniz 2011, S. 39ff.]. Leibniz ist dort übrigens ganz vorsichtig; immerhin ist Tschirnhaus ein guter Freund. Trotzdem führte diese Veröffentlichung zu einem Rechtfertigungsschreiben Tschirnhaus', das aber von den Acta Eruditorum zur Publikation abgelehnt wurde.

In *De dimensionibus* hatte Leibniz die beiden Grundaufgaben seines Kalküls, das Differenzieren und Integrieren, sehr geometrisch verklausuliert ausgedrückt. Es fehlte also noch eine wirklich inhaltliche Unterfütterung seines Prioritätsanspruches, und genau das sollte die *Nova methodus* vom Oktober 1684 bewerkstelligen, jedenfalls für die Differenzialrechnung. Es ist denkbar und wahrscheinlich, dass Leibniz auch plante, seine Integralrechnung zu publizieren, allerdings war er durch die Tätigkeiten im Harz so eingespannt, dass es vorerst bei dieser knappen Darstellung blieb. Eine andere These zur Knappheit der *Nova methodus* stammt von Hofmann [Hofmann 1966, S. 219]:

> *„Sie war absichtlich so knapp gefaßt, daß ein ahnungsloser Leser nur mühsam, wenn überhaupt, zu den Grundgedanken des Symbolismus vordringen konnte."*

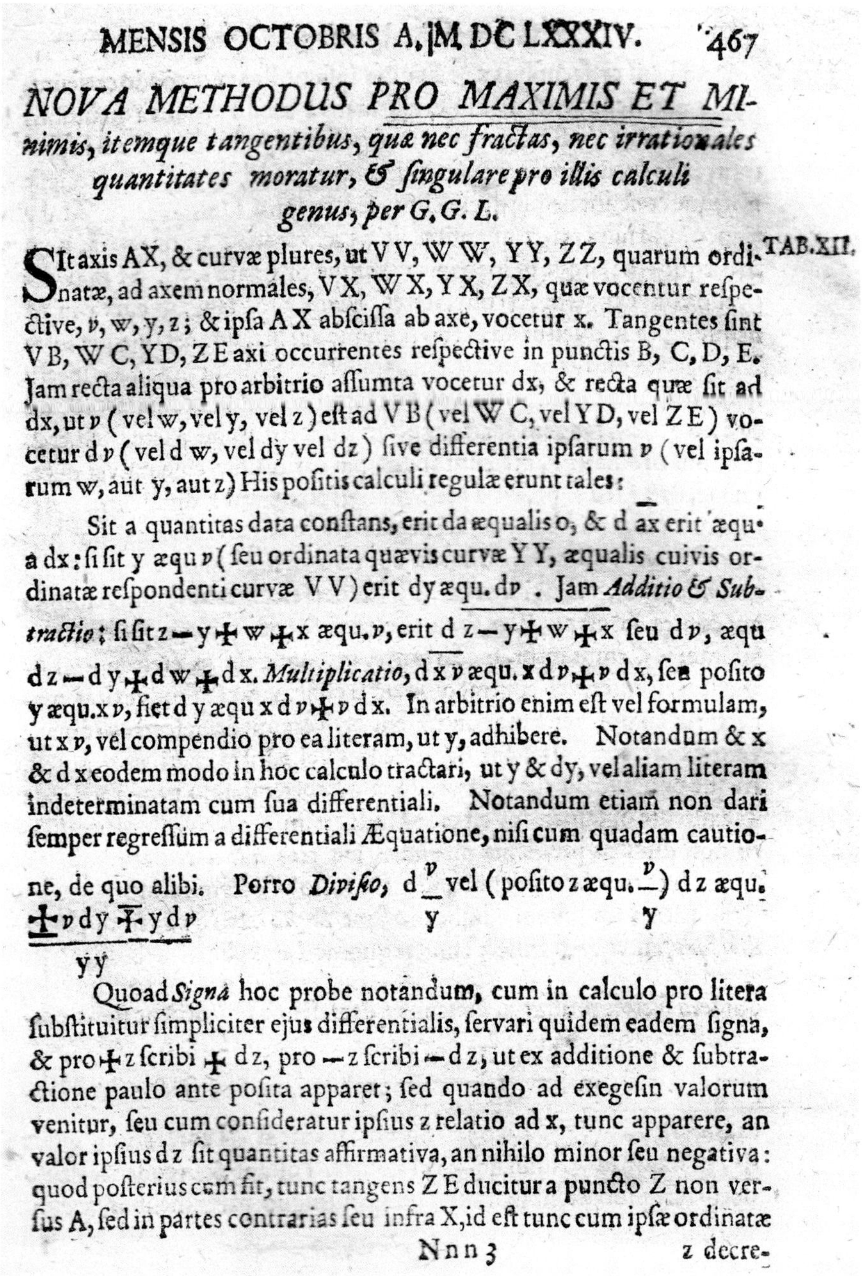

MENSIS OCTOBRIS A. ĮM DC LXXXIV. '467

NOVA METHODUS PRO MAXIMIS ET MI-
nimis, itemque tangentibus, quæ nec fractas, nec irrationales
quantitates moratur, & singulare pro illis calculi
genus, per G. G. L.

Sit axis AX, & curvæ plures, ut VV, WW, YY, ZZ, quarum ordi- **TAB.XII.**
natæ, ad axem normales, VX, WX, YX, ZX, quæ vocentur respective, v, w, y, z; & ipsa AX abscissa ab axe, vocetur x. Tangentes sint
VB, WC, YD, ZE axi occurrentes respective in punctis B, C, D, E.
Jam recta aliqua pro arbitrio assumta vocetur dx, & recta quæ sit ad
dx, ut v (vel w, vel y, vel z) est ad VB (vel WC, vel YD, vel ZE) vocetur dv (vel dw, vel dy vel dz) sive differentia ipsarum v (vel ipsarum w, aut y, aut z) His positis calculi regulæ erunt tales:

Sit a quantitas data constans, erit da æqualis o, & d ax erit æqu-
a dx: si sit y æqu v (seu ordinata quævis curvæ YY, æqualis cuivis ordinatæ respondenti curvæ VV) erit dy æqu. dv . Jam *Additio & Sub-*
tractio: si sit z — y ╪ w ╪ x æqu. v, erit d z — y ╪ w ╪ x seu dv, æqu
d z — d y ╪ d w ╪ d x. *Multiplicatio,* d x v æqu. x dv ╪ v d x, seu posito
y æqu. x v, fiet d y æqu x d v ╪ v d x. In arbitrio enim est vel formulam,
ut x v, vel compendio pro ea literam, ut y, adhibere. Notandum & x
& d x eodem modo in hoc calculo tractari, ut y & dy, vel aliam literam
indeterminatam cum sua differentiali. Notandum etiam non dari
semper regressum a differentiali Æquatione, nisi cum quadam cautio-

ne, de quo alibi. Porro *Divisio,* d $\dfrac{v}{y}$ vel (posito z æqu. $\dfrac{v}{y}$) d z æqu.

$\dfrac{\pm v\,dy \mp y\,dv}{yy}$

Quoad *Signa* hoc probe notandum, cum in calculo pro litera
substituitur simpliciter ejus differentialis, servari quidem eadem signa,
& pro ╪ z scribi ╪ d z, pro — z scribi — d z, ut ex additione & subtra-
ctione paulo ante posita apparet; sed quando ad exegesin valorum
venitur, seu cum consideratur ipsius z relatio ad x, tunc apparere, an
valor ipsius d z sit quantitas affirmativa, an nihilo minor seu negativa:
quod posterius cum sit, tunc tangens ZE ducitur a puncto Z non versus A, sed in partes contrarias seu infra X, id est tunc cum ipsæ ordinatæ

Nnn 3   z decre-

Abb. 6.1.5. Aus dem Jahr 1684: Titelseite der *Nova methodus*
[Acta Eruditorum]

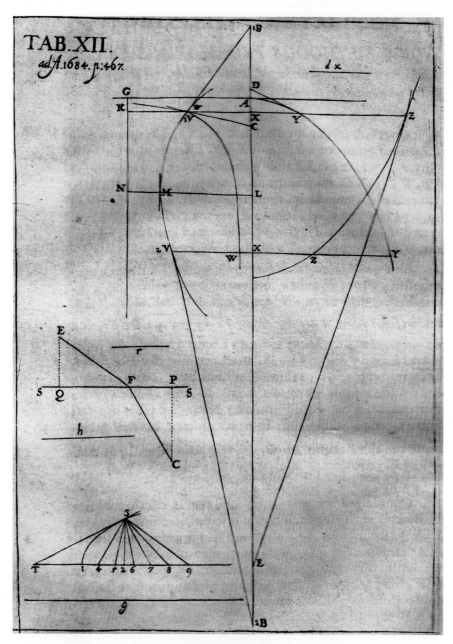

Abb. 6.1.6. Diagramm aus der *Nova methodus*
[Acta Eruditorum]

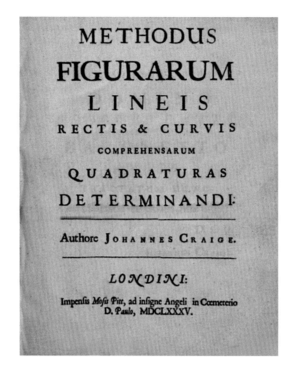

Abb. 6.1.7. Titel von John Craigs *Methodus figurarum* aus dem Jahr 1685

Dieser These kann ich mich nicht anschließen. Trotz der sehr störenden Druckfehler und der nicht gerade didaktischen Art der Darstellung in *Nova methodus* findet sich ein Hinweis auf diese Arbeit bereits ein Jahr später in einem Buch des schottischen Mathematikers John Craig (1666–1731) mit dem Titel *Methodus figurarum lineis rectis et curvis comprehensarum quadraturas determinandi* (Methode, die Quadraturen von Figuren zu bestimmen, die zwischen geraden und gekrümmten Linien eingefasst sind). Bei der Tangentenbestimmung an eine Kurve beruft sich Craig auf die Leibniz'sche *Nova methodus*, aber die Anwendung der Leibniz'schen Methode zeigt deutlich, dass Craig nicht tiefer in die Grundlagen der Differenzialrechnung eingedrungen war [Hess 1986, S. 74]. Aus Anlass einer Stellungnahme zu Craigs Buch verfasste Leibniz 1686 die Schrift *De geometria recondita et analysi indivisibilium atque infinitorum, Addenda his quae dicta sunt in Actis a. 1684, Maji p. 233; Octob. p. 264; Decemb. P. 586* (Die hintergründige Geometrie und Analysis des Indivisiblen und des Unendlichen. Ergänzungen zu dem, was in den Acta des Jahres 1684, Mai S. 233; Oktober S. 264; Dezember S. 586 ausgeführt ist) [Leibniz 2011, S. 69ff.], in der er maßgeblich zur Erklärung seiner infinitesimalen Methoden beitrug. Er schreibt zu Beginn [Leibniz 2011, S. 69]:

„Ich sehe, dass etliches von dem, was ich in diesen Acta zum Fort-
schritt der Geometrie veröffentlicht habe, von einigen Gelehrten in
nicht geringem Maße geschätzt und sogar allmählich in Anwendung
gebracht wird, einiges jedoch, sei es aufgrund von Fehlern des Ver-
fassers, sei es aus anderen Gründen von manchen nicht ausreichend
verstanden worden ist. Daher habe ich es für der Mühe wert erach-
tet, hier etwas hinzuzufügen, was das bisher Veröffentlichte erhellen
kann.“

Damit trug Leibniz selbst maßgeblich zum Bekanntwerden seiner Infinitesimalrechnung bei [Hess 1986, S. 74f.]. Wie man es auch dreht und wendet: Die
Nova methodus markiert die Geburtsstunde der *modernen* Differenzialrechnung. Ab Oktober 1684 ist die Leibniz'sche Symbolik, die dem Differenzialkalkül zu Grunde liegt, in „der Welt" und sie wird einen Siegeszug antreten,
den in dieser umfassenden Form wohl selbst Leibniz nicht ansatzweise geahnt
hat. Die vollständige Durchdringung der Mechanik durch die Infinitesimalmathematik, mit der Leibniz bereits begonnen hatte, wird erst durch Leonhard
Euler im 18. Jahrhundert bewerkstelligt. Die Fluidmechanik, die Wellenoptik,
die Elastizitätstheorie und jede andere physikalische Theorie der Kontinu-
umsmechanik ist heute ohne die Leibniz'sche Infinitesimalmathematik nicht
denkbar. Moderne MP3-Player, das Design unserer Autos und Flugzeuge, die
Auslegung unserer Motoren und Turbinen und die moderne Kommunikations-
technik basieren auf der Leibniz'schen Analysis. Mit der *Nova methodus* hat
dies alles seinen Anfang genommen.

Zu Beginn des Jahres 1685 laufen wieder mäßig erfolgreiche Versuchsreihen im
Harz. Der Herzog, der nach 1683 doch wieder investierte, verfügt nun am 23.
März von Venedig aus die Einstellung der Arbeiten im Harz [Müller/Krönert
1969, S. 74]. In den Jahren von 1680 bis 1686 machte Leibniz 31 Reisen in
den Harz und verbrachte dort 165 Wochen [Antognazza 2009, S. 227]. Am
10. August erhält Leibniz dann den herzoglichen Auftrag, die Geschichte des
Welfenhauses bis zur Gegenwart zu schreiben. Dafür bestätigt der Herzog den
Titel eines Hofrates auf Lebenszeit und seine bisherige Vergütung wird in eine lebenslange Pension umgewandelt. Von gewöhnlichen Kanzleiarbeiten wird
Leibniz befreit. Dem ehrgeizigen Herzog schwebt eine kurze, knappe Geschichte seines Haues vor, die möglichst schlüssig beweisen soll, dass seine dynas-
tischen Wurzeln tief in die Geschichte zurückreichen. Damit will er Eindruck
schinden und den Weg zur Kurfürstenwürde ebnen. Sicher hatte auch Leibniz
eine kurze Arbeit zum Ziel, aber diese Hoffnung erfüllte sich nicht. In den
nächsten zwei Jahren widmet sich Leibniz mit voller Energie der historischen
Arbeit; er sucht Materialien in Archiven und Bibliotheken in Braunschweig,
Wolfenbüttel, Lüneburg und Celle und untersucht den Nachlass des im März
1680 verstorbenen Kammermeisters Hoffmann, in dem sich die Früchte einer
schon 20-jährigen Forschung über die Braunschweigisch-Lüneburger Welfen
befinden [Antognazza 2009, S. 231]. Auch in der Korrespondenz spiegelt sich
das große allgemeine historische Interesse Leibnizens in diesen Jahren.

Leibniz arbeitet an einer Reunion der Konfessionen, an seiner characteristica universalis, an einer „scientia generalis", an seiner Dynamik, seiner Metaphysik und – immer noch – an seinen Ideen zur Trockenlegung der Harzer Bergwerke. Antognazza spricht für die Jahre 1682 bis 1686 von einem „Ozean von Leibnizens privaten Papieren" [Antognazza 2009, S. 238] und speziell von dem Jahr 1686 als Leibnizens „annus mirabilis par excellence" [Antognazza 2009, S. 239]. Die Arbeit *Brevis demonstratio erroris memorabilis Cartesii et aliorum circa legem naturae*, in der das Produkt aus Masse und Geschwindigkeitsquadrat (also bis auf den Faktor 1/2 die heute als kinetische Energie bezeichnete Größe) als Erhaltungsgröße einer Bewegung identifiziert wird, geht am 16. Januar 1686 an Otto Mencke zur Publikation in den Acta Eruditorum. Für Antoine Arnauld schreibt er *un petit discours de Metaphysique* (einen kleinen Diskurs über Metaphysik), was den Beginn einer philosophischen Schlüsselkorrespondenz mit Arnauld markiert [Antognazza 2009, S. 240]. Arbeiten zur Logik und zur Metaphysik entstehen, Fragen der Religion sowie der Jurisprudenz werden behandelt. Aber auch in der Mathematik gibt es echte Durchbrüche zu verzeichnen. Im Juni 1686 erscheinen in den Acta Eruditorum die Arbeiten *Meditatio nova de natura anguli contactus et osculi, horumque usu in practica mathesi, ad figuras faciliores succedaneas difficilioribus substituendas* (Neue Überlegungen zur Natur des Kontakt- und des Oskulationswinkels und zu deren Nutzen in der angewandten Mathematik mit dem Ziel, schwierigere durch stellvertretende leichtere Figuren zu ersetzen) [Leibniz 2011, S. 63ff.] und *De geometria recondita*, über die wir bereits auf Seite 245 gesprochen haben. In dieser Arbeit taucht erstmalig das Integralsymbol ∫ auf, wenn Leibniz schreibt [Leibniz 2011, S. 76]:

> „…, dann ist sofort klar, dass nach meiner Methode $p\,dy = x\,dx$ ist,
> … Wenn man diese differentiale Gleichung in die summatorische verwandelt, gilt $\int p\,dy = \int x\,dx$."

Im November 1687 begibt sich Leibniz auf eine lange Reise nach Süddeutschland, Österreich und Italien, die ihn erst im Juni 1690 wieder nach Hannover führen wird. Offiziell geht es um die Suche nach Dokumenten zur Geschichte der Welfen in Archiven, insbesondere geht es um die Herkunft des norditalienischen Markgrafen Albert Azzo II. (996–1097), der als Stammvater sowohl des Welfenhauses, als auch des sehr viel bedeutenderen Hauses Este angesehen wurde [Antognazza 2009, S. 281]. Da von französischen und deutschen Historikern Zweifel angemeldet wurden, dass Azzo II. wirklich Stammvater des Hauses Este war, wollte Leibniz sich selbst ein Bild machen, und er konnte tatsächlich in alten Dokumenten den Zusammenhang der Welfen mit dem Haus Este bestätigen. Am 8. Mai 1688 kommt Leibniz in Wien an. Dort residiert der Kaiser des Heiligen Römischen Reiches, Leopold I., und Leibniz versucht ohne Erfolg, seinen alten Traum von einer Anstellung am kaiserlichen Hof zu verwirklichen.

Nun kommt es zu einem Ereignis, das eine Zündschnur an das Pulverfass des Prioritätsstreits legt. In den Acta Eruditorum vom Juni 1688 liest Leibniz

Abb. 6.1.8. Herzog Welf IV., Vorfahre der Welfen [Idealporträt im Weingartener Stifferbüchlein um 1510] und Kaiser Leopold I. [Gemälde von Benjamin v. Block, 1672]

eine Buchbesprechung des Leipziger Mathematikprofessors Christoph Pfautz (1645–1711). Das behandelte Buch sind die kurz mit *Principia* bezeichneten *Philosophiae naturalis principia mathematica*, das epochemachende Werk Isaac Newtons! Leibniz fühlt sich durch die Buchbesprechung aufgefordert, seine eigenen Ideen zur Physik zu veröffentlichen, und publiziert sehr hastig drei Arbeiten in den Acta Eruditorum, *De lineis opticis et alia* (Über optische Linien und anderes) im Januar 1689, *Schediasma de resistentia medii et motu projectorum gravium in medio resistente* (Kurze Schrift über den Widerstand des Mediums und die Bewegung geworfener schwerer Körper im widerstehenden Medium), ebenfalls im Januar 1689, und *Tentamen de motuum caelestium causis* (Versuch über die Ursachen der himmlischen Bewegungen) im Februar 1689. Die erste Arbeit ist nur kurz und dient lediglich als Einführung in die beiden folgenden. Er schreibt dort[3] [Meli 1993, S. 7]:

> *„Als ich also die Veröffentlichungen für Juni dieses Jahres* [in den Acta Eruditorum] *durchsah, stieß ich auf einen Bericht über des berühmten Isaac Newtons Mathematische Prinzipien der Natur. Diesen Bericht las ich begierig und mit großer Freude ..."*

(So, when I was examining the Proceedings for June of this year I came across an account of the celebrated Isaac Newton's Mathematical

---

[3]Meine Übersetzung der englischen Übersetzung des lateinischen Originals.

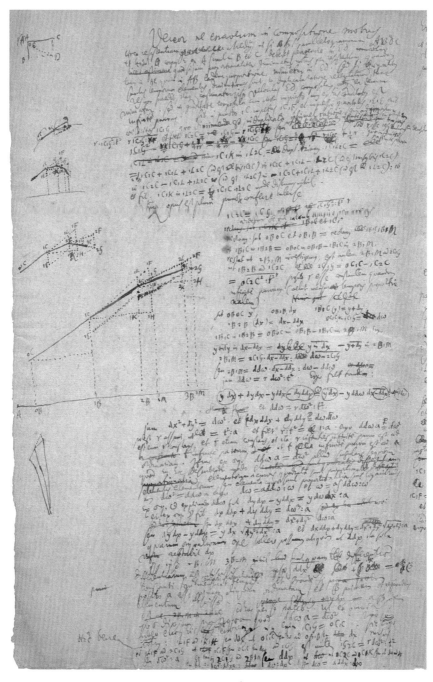

Abb. 6.1.9. Manuskriptseite aus *Schediasma* (Gottfried Wilhelm Leibniz Bibliothek
- Niedersächsische Landesbibliothek Hannover, LH XXXV IX 6 Bl 3v)

Principles of Nature. This account I have read eagerly and with much enjoyment ...)

Leibniz behauptet – und wird weiter behaupten –, er habe die *Principia* nicht gelesen, bevor er diese drei Arbeiten schrieb. Das war schlichtweg gelogen!

6.1.2 Isaac Newton – Der Einsiedler in Cambridge

Zu Beginn des Jahres 1675 ist Isaac Newton zu Besuch in London. Er möchte gerne den königlichen Dispens, auch ohne die Weihe zum Priester der anglikanischen Kirche sein Fellowship in Cambridge behalten zu dürfen, und dieser Wunsch wird ihm gewährt. Newtons Weigerung, die Weihe zum Geistlichen zu empfangen, wird verständlich, wenn man um seine theologischen Arbeiten weiß. Als tief religiöser Grübler und nach dem Studium zahlreicher Werke der Kirchenväter kann sich Newton nicht dem Glauben an die Dreifaltigkeit – Gott, Christus und Heiliger Geist – anschließen, und er meint es ernst damit. Vermutlich schon seit 1670 hatte sich Newton zum Anti-Trinitarier gemausert, der die Dreifaltigkeit für eine diabolische Verfälschung hielt, die durch Pervertierer der Heiligen Schrift im vierten nachchristlichen Jahrhundert eingeführt wurde [Iliffe 2007, S. 72]. Er beschuldigte Athanasius von Alexandria (um 298–373), den Vater des orthodoxen Christentums, falsche Textstellen in die Bibel eingebracht zu haben. Newtons Glaube war der als herätisch angesehene Arianismus, benannt nach dem christlichen Presbyter Arius von Alexandria (um 260–336), und Newton identifizierte sich intellektuell und emotional mit Arius [Westfall 2006, S. 318]. Er glaubte auch, dass Gott ihn, Isaac Newton, ausgewählt habe, die Wahrheit über den Niedergang des Christentums herauszufinden, und er hielt seine diesbezüglichen Arbeiten für die bei weitem bedeutendsten – viel bedeutender als seine naturwissenschaftlich-mathematischen Arbeiten. In der ganzen Zeit zwischen 1675 und 1685 war Newton mit der Interpretation der Johannes-Offenbarung beschäftigt und er „bewies" seine Folgerungen auf dieselbe scharfsinnige Art, die er wenig später in den *Principia* anwenden sollte [Iliffe 2007, S. 74]. Hat man diese Aktivitäten Newtons einmal erkannt (man muss und kann sie sicher nicht ohne Weiteres verstehen), dann ist klar, dass Newton niemals hätte Geistlicher der anglikanischen Kirche werden können. Er konnte noch nicht einmal über seine Überzeugungen sprechen, denn sie stellten eine ernste Häresie dar.

Abb. 6.1.10. Konzil von Nicäa. Arius liegt unter den Füssen des Kaisers Konstantin und der Bischöfe. Ikone in dem Mégalo Metéoron Kloster in Griechenland
[Foto: Jjensen 2008, Ausschnitt]

Am 18. Februar 1675 nimmt Newton erstmalig an einer Sitzung der Royal Society teil, wo er sich in das Mitgliederregister einträgt und damit erst seine volle Mitgliedschaft bestätigt. Die Sitzung verläuft für Newton äußerst günstig, da er mit großer Bewunderung empfangen wird, so dass er noch zwei weitere Sitzungen besucht [Westfall 2006, S. 267f.]. Die Streitigkeiten um seine Theorie des Lichts gehen zu dieser Zeit munter weiter; diesmal ist es Francis Hall, latinisiert Franciscus Linus (1595–1675), der in Briefen an Oldenburg recht aggressiv gegen die Newton'sche Theorie schreibt. Linus war ein englischer Jesuit, der am Jesuitenkolleg in Liège als Professor für Hebräisch und Mathematik tätig war. Er hatte in England schon traurige Berühmtheit erlangt, als er Robert Boyles Gasgesetz angegriffen hatte. Der Streit von Linus und seinen Schülern mit Newton wird bis 1678 anhalten [Westfall 2006, S. 267], aber hier war selbst Robert Hooke auf Newtons Seite. Newton erklärte sein „Experimentum crucis" nochmals, und schickte am 7. Dezember 1675 zwei Manuskripte an die Royal Society: *Discourse of Observations* (Abhandlung über Beobachtungen) und *An Hypothesis explaining the Properties of Light discoursed of in my severall Papers* (Eine Hypothese, die die Eigenschaften des Lichts erklärt, die in einigen meiner Papiere abgehandelt wurden) [Turnbull 1959–77, Vol. I, S. 362ff.]. Die erste Abhandlung ist fast identisch mit den ersten drei Teilen des zweiten Buches von Newtons *Opticks*, die erst 1704 publiziert wird.

Abb. 6.1.11. Newton auf einer Briefmarke der Deutschen Bundespost aus dem Jahr 1993. Im Hintergrund ist das Experimentum crucis zu sehen

Beide Manuskripte machten großen Eindruck in der Royal Society und den *Discourse* wollte man sofort publizieren, was Newton aber ablehnte. Wie nicht anders zu erwarten, ging Hooke an die Decke über Newtons Bemerkung in *An Hypothesis*, die von Hooke beschriebene Beugung des Lichts sei nichts anderes als eine Art von Brechung und diese sei lange bekannt und gehe auf Francesco Maria Grimaldi (1618–1663) zurück. Hooke behauptete nun, das alles stünde bereits in seiner *Micrographia* und Newton hätte das in ein paar Einzelheiten nur etwas ausgeführt [Westfall 2006, S. 272]. Daraufhin ging nun Newton an die Decke. Mit Datum vom 31. Dezember 1675 ging ein Schreiben an Oldenburg, in dem man den über alle Grenzen wachsenden Zorn auf Hooke spüren kann [Turnbull 1959–77, Vol. I, S. 404ff.]. Ein zweiter Brief vom 30. Januar 1676 war im Ton nur leicht gemäßigter. Oldenburg las vor der Royal Society unverständlicherweise nur eine Passage aus Newtons erstem Brief vor, aber nicht die sich auf Hooke beziehenden Stellen. Auch wurde Hooke nicht persönlich durch Oldenburg über diese Stellen informiert, so dass er mit großer Überraschung davon erst auf einer Sitzung am 20. Januar davon erfuhr. Hooke war nun überzeugt, dass Oldenburg einen Konflikt zwischen ihm und Newton anfachen wollte und Newton bewusst falsche Informationen gab [Westfall 2006, S. 273]. Er nahm nun das Heft selbst in die Hand und schrieb direkt an Newton [Turnbull 1959–77, Vol. I, S. 412f.]:

> *„Robert Hooke – Diese* [Grüße] *an meinen sehr geschätzten Freund, Herrn Isaac Newton, in seinen Räumen im Trinity College in Cambridge."*
>
> (Robert Hooke – These to my much esteemed friend, Mr Isaack Newton, at his chambers in Trinity College in Cambridge.)

Hooke vermutet, so schreibt er, Newton sei durch „böse Handlung" (sinister practice) gezielt über ihn fehlinformiert worden. Er lobt Newtons exzellente Abhandlungen und schlägt einen Briefwechsel über philosophische (d.h. naturphilosophische) Themen vor. Newton schreibt am 15. Februar 1676 äußerst freundlich zurück, nimmt das Angebot eines Briefwechsels an, und lobt Hookes Beiträge zur Optik [Turnbull 1959–77, Vol. I., S. 416f.]:

> „Was Descartes unternahm war ein guter Schritt. Ihr habt etlich viele Wege hinzugefügt, und insbesondere durch die Einführung der Farben dünner Platten in die Philosophie. Wenn ich weiter sehen konnte so deshalb, weil ich auf den Schultern von Riesen stand."

(What Des-Cartes did was a good step. You have added much several ways, & especially in taking ye colours of thin plates into philosophical consideration. If I have seen further it is by standing on ye shoulders of Giants.)

Doch hinter der Freundlichkeit der Briefe fühlt man zwischen den Zeilen auf Seiten beider Männer keinen Wunsch, tatsächlich einen Briefwechsel aufzunehmen. Wen immer auch Newton mit den Riesen meinte, auf deren Schultern er zu stehen glaubte – Hooke war sicher nicht gemeint.

Franciscus Linus stirbt im November 1675, aber der Konflikt um die Theorie des Lichts hört damit nicht auf. John Gascoines, ein Schüler Linus', sprang nun in die Lücke, die sein Lehrer hinterlassen hatte, und plagte Newton weiter, obwohl die Royal Society im Frühjahr 1676 das Experimentum crucis erfolgreich wiederholte. Um die Zeit, als Newton die *Epistola prior* schrieb, betrat ein anderer englischer Jesuit die Bühne, Anthony Lucas, der von Gascoines instrumentalisiert wurde [Westfall 2006, S. 274]. Auch Lucas machte nun (schlampige) Experimente mit Prismen und ging mit seinen Briefen Newton gehörig auf den Wecker. Als Lucas nicht abließ war Newton überzeugt, dass die „Liègois" (=Papisten) gegen ihn einen Komplott geschmiedet hatten. Er wurde immer wütender, plante aber jetzt die Publikation eines größeren Werkes zur Optik, nachdem der dritte Brief von Lucas im Februar 1677 angekommen war. Wir haben Evidenz, dass Newton während des ganzen Jahres 1677 an diesem Projekt arbeitete, und im Dezember informierte er sogar Robert Hooke darüber, der nach dem Tod Oldenburgs die Tätigkeit des Sekretärs der Royal Society übernommen hatte. Dann brach ein Feuer in Newtons Räumen aus und vernichtete die Manuskripte [Westfall 2006, S. 276f.].

Dass es dieses Feuer gab, steht außer Frage. Vierzehn Jahre nach den Vorkommnissen berichtet ein Cambridger Student aus dem St. John's College, Abraham de la Pryme, über dieses Feuer. Früher hat man diese Schilderung dahingehend interpretiert, dass das Feuer des Jahres 1693 gemeint sein müsste (vergl. [Rosenberger 1987, S. 278]), aber de la Prymes Geschichte wurde 18 Monate vor dem Brand 1693 aufgeschrieben und Newtons Korrespondenz ruht vollständig von Dezember 1677 bis Februar 1678. Newton muss in einer entsetzlichen Geistesverfassung gewesen sein. Nicht nur hatte der Brand sein wichtiges Manuskript zur Optik zerstört, nicht nur belästigten ihn Gascoines und Lucas mit ihren Briefen, in denen völlig unzureichende Experimente beschrieben und gegen seine Theorie in Stellung gebracht wurden, nein, jetzt verließ ihn auch noch John Wickins, sein langjähriger Zimmergenosse! Im Jahr 1677 war Wickins nur noch $13\frac{1}{2}$ Wochen im College, im Jahr 1678 nur noch 6 Wochen [Westfall 2006, S. 278, Fußnote 122]. Wickins wird erst 1684 endgültig aus dem College ausscheiden, aber bis dahin ist er kaum länger als ein paar Tage in Cambridge. Auch 1693, zur Zeit des angeblichen Brandes, werden wir einen persönlichen Einschnitt beschreiben müssen: Die Trennung von Fatio de Duillier. In dieser Gemütsverfassung, in der Newton sich nun befindet, verfasst er am 15. März 1678 zwei arrogante, brutale und von Paranoia strotzende Briefe [Turnbull 1959–77, Vol. II, S. 254f.], [Turnbull 1959–77, Vol. II, S. 262f.]. Noch einmal schreibt Lucas einen Brief, den Newton nicht beantwortet. Ein letzter Brief wartet in London auf ihn, aber Newton ist der Auseinandersetzung überdrüssig [Westfall 2006, S. 279]:

> *„Herr Aubrey,*
> *wie ich gehört habe, habt ihr einen Brief von Herrn Lucas für mich.*
> *Ich bitte euch inständig davon Abstand zu nehmen, mir irgendetwas*
> *mehr von dieser Art zu schicken.“*

(Mr Aubrey,
I understand you have a letter from Mr Lucas for me. Pray forbear to send me anything more of that nature.)

Das ist das Ende der unseligen Korrespondenz über die Theorie der Farben. Newton geht ins „innere Exil“. Er bricht die Korrespondenz mit Collins ab und verkriecht sich, einem Einsiedler gleich, in seine Räume im Trinity College, um seinen alchemistischen Experimenten und theologischen Arbeiten nachzugehen.

Insbesondere über Newtons alchemistische Arbeiten kann man ganze Bücher schreiben, vergl. [Dobbs 1991]. Wohl schon 1669 beginnt er mit experimentellen und theoretischen Arbeiten zur Chemie, gibt dann aber die Chemie zu Gunsten der Alchemie auf. Wie John Harrisons Liste der Bücher in Newtons Bibliothek [Harrison 1978, S. 59] aufzählt, sind 138 Bücher alchemistischen Inhalts und 31 behandeln die Chemie, zusammen etwa ein Zehntel der gesamten Bibliothek. Dabei sind Manuskripte alchemistischen Inhalts noch nicht mitgezählt.

Ende 1676 war Newton so in seinen theologischen und alchemistischen Arbeiten versunken, dass es schon fast verwunderlich ist, dass er die Zeit für die *Epistola prior* und *Epistola posterior* fand! Als er Mitte 1678 die Streitereien um die Optik brutal beenden konnte, folgte eine ganze Dekade des Schweigens. In den 1680er Jahren hatte Newton einen Sekretär bzw. Schreibgehilfen, der weitläufig mit ihm verwandt war: Humphrey Newton. Humphrey schrieb später über Newton, dass er unvorsichtig mit Geld umging, indem er eine Schachtel voll mit Guinees[4], vielleicht 1000 davon, die am Fenster stand, unverschlossen verwahrte [Westfall 2006, S. 335]. Newton war wieder so in Arbeit vertieft, dass er häufig sein Essen stehenließ, und der Master von Trinity zwischen 1677 und 1683 hatte Angst, er würde sich selbst durch seine Studien umbringen. Humphrey sah Newton in fünf Jahren genau einmal lachen.

Isaac Newtons Mutter Hannah war im späten Frühling des Jahres 1679 an das Krankenlager ihres Sohnes Benjamin Smith geeilt, um ihn zu pflegen. Dort steckte sie sich offenbar an und entwickelte ein böses Fieber. Nun reiste Newton zur Pflege seiner Mutter nach Woolsthorpe. Er notierte [Westfall 2006, S. 339]:

> *„saß auf ganze Nächte bei ihr, gab ihr all ihre Medikamente selbst, verband all ihre Bläschen mit seinen eigenen Händen und machte Gebrauch von dieser manuellen Geschicklichkeit, die so bemerkenswert die Schmerzen linderte, die immer mit den Verbänden der quälenden Heilmittel, die gewöhnlich in diesem Zustand angewendet werden, verbunden sind, und die er immer in den höchst reizvollsten Experimenten angewendet hatte."*

(sate up whole nights with her, gave her all her Physick himself, dressed all her blisters with his own hands & made use of that manual dexterity for wch he was so remarkable to lessen the pain wch always attends the dressing the torturing remedy usually applied in that distemper with as much readiness as he ever had employed it in the most delightfull experiments.)

Es war zwecklos; schließlich starb die Mutter. Kurze Zeit später kommt ein weiterer, bereits erwähnter, Verlust hinzu. Der langjährige Zimmergenosse John Wickins, der schon einige Jahre lang nur noch für sehr kurze Zeiten im College war, entschließt sich 1683, sein Fellowship zurückzugeben und zu heiraten. Offiziell endet die Zugehörigkeit 1684, aber im Frühjahr 1683 ist Wickins zum letzten Mal im College. Wir wissen nichts über die Natur der 20-jährigen Freundschaft zwischen Newton und Wickins. Endete sie mit einem Bruch? Waren homoerotische Gefühle im Spiel? Direkt nachdem Wickins 1683 das College verlässt, verschwindet Newton mit unbekanntem Ziel für etwa einen Monat. Im Mai 1683 ist er wieder für ein paar Tage im Trinity College, dann verschwindet er wieder für eine Woche [Westfall 2006, S. 343].

Tief in alchemistischen und theologischen Studien vergraben findet Newton immer noch große Freude in der Beschäftigung mit Mathematik, die er als Lucasischer Professor schließlich auch zu vertreten hat. Um das Jahr 1680 interessiert er sich ernsthaft für klassische Geometrie und lernt, was die Alten schon alles wussten. Er wird nun unzufrieden mit der Mathematik des René

---

[4]Der Guinee, engl. Guinea, war eine englische Goldmünze, die ab 1663 in Umlauf gebracht wurde. Ihr Wert betrug anfangs 1 Pfund Sterling – 20 Schillinge.

Descartes, schreibt ein Manuskript mit dem Titel *Errors in Descartes' Geometry* (Fehler in der Geometrie des Descartes) [Westfall 2006, S. 378ff.] und nennt die Geometrie des Descartes „*the Analysis of the Bunglers in Mathematicks*" (die Analysis der Stümper in der Mathematik). Den großen Descartes, dessen Schriften Newton nicht nur bei der Erfindung der Fluxionenrechnung, sondern auch in Überlegungen zur Physik Pate standen, lehnt Newton nun rigoros ab. Diese Ablehnung wird insbesondere den Inhalt und die Form seiner *Principia* maßgeblich bestimmen. Wichtig für Newtons Hinwendung zur klassischen Geometrie war sicher auch Huygens' *Horologium oscillatorium*, in dem Beweise und Argumentationen ganz in der geometrischen Tradition der Alten durchgeführt wurden. Ob es auch einen Zusammenhang zwischen der Verehrung der Alten bei Newton und seinen theologischen und alchemistischen Studien gibt, können wir nur vermuten.

Schon Pappos von Alexandria (ca. 290–ca. 350) hatte in seiner *Collectio Mathematica*, die 1588 ediert durch Frederico Commandino in Pesaro erschien, zwischen „Analysis" und „Synthesis" unterschieden. Analysis (resolutio) bezeichnet den Prozeß, von einem vermuteten mathematischen Satz oder Ergebnis schrittweise rückwärts zu gehen, bis man auf ein bekanntes wahres Ergebnis stößt. Synthesis (compositio) startet dagegen bei wahren Aussagen und schließt von diesen Schritt für Schritt auf das anvisierte Ziel. In diesem Sinne ist Synthesis also die Umkehrung der Analysis. Synthesis wurde für die rigorosere der beiden Schlussweisen gehalten [Guicciardini 2009, S. 34], [Guicciardini 2002, S. 308ff.]. Zwischen Herbst 1683 und dem Frühwinter 1684 wird Newtons *Lucasian Lectures on Algebra* fertig, 1707 gedruckt als *Arithmetica Universalis*. Hier ist Newton vollständig „Anti-Descartes", denn er weist Descartes' Methode zur Aufstellung von Gleichungen durch Schnitte von Kurven zurück. Da Newton sich für die Mathematik der Alten begeistert, will er nun auch seine Fluxionenrechnung auf die Grundlage der Synthesis stellen, also Beweise in geometrischer Manier durchführen. Es soll eine „synthetische Methode der Fluxionen" entstehen [Guicciardini 2009, S. 217].

Um 1680 schreibt Newton *Geometria Curvilinea* (Krummlinige Geometrie) [Whiteside 1967–81, Vol. IV, S. 420ff.]. Die Alten hatten Geraden, Ebenen, Kreise und Kegelschnitte untersucht. Andere gekrümmte Kurven waren mit den Methoden aus Euklids *Elemente* nicht zu untersuchen, dazu hatte man die Infinitesimalen benutzt. Newton schreibt [Whiteside 1967–81, Vol. IV, S. 423]:

> „*Bemerkt man daher, dass zahlreiche Arten von Problemen, die gewöhnlich durch* [eine algebraische] *Analysis gelöst werden, einfach eher durch Synthesis ausgeführt werden können, habe ich die folgende Abhandlung über diesen Gegenstand geschrieben. Gleichzeitig, da Euklids Elemente schwerlich für eine Arbeit wie diese mit Kurven geeignet sind, wurde ich gezwungen, etwas anderes auszuarbeiten. Er [Euklid] hat die Grundlagen der Geometrie gerader Linien geliefert. Diejenigen, die das Maß krummliniger Kurven genommen haben, haben sie*

PAPPI
ALEXANDRINI
MATHEMATICAE
Collectiones.

A FEDERICO
COMMANDINO
VR. BINATÆ

In Latinum Conuerſæ, & Commentarijs
Illuſtratæ.

VENETIIS,
Apud Franciſcum de Franciſcis Senenſem.

M. D. LXXXIX.

Abb. 6.1.12. Titelblatt der *Collectio Mathematica*, 1589

*gewöhnlich als aus unendlich vielen unendlich kleinen Teilen aufge-
baut angesehen. Ich jedoch werde sie als durch Wachstum erzeugt ansehen, darlegen dass sie größer, gleich oder weniger sind, je nachdem
ob sie von Beginn an schneller wachsen, gleich wachsen oder langsa-
mer wachsen. Und diese Schnelligkeit des Anwachsens werde ich die
Fluxion einer Größe nennen."*

(Observing therefore that numerous kinds of problems which are usually resolved by [an algebraic] analysis may (at least for the most part) be more simply effected by synthesis, I have written the following treatise on the topic. At the same time, since Euclid's elements are scarcely adequate for a work dealing, as this, with curves, I have been forced to frame others. He has delivered the foundations of the geometry of straight lines. Those who have taken the measure of curvilinear figures have usually viewed them as made up of infinitely many infinitely-small parts. I, in fact, shall consider them as generated by growing, arguing that they are greater, equal or less according as they grow more swiftly, equally swiftly or more slowly from their beginning. And that swiftness of growth I shall call the fluxion of a quantitiy.)

Hier macht Newton einen wirklich großen Schritt, weg von den Infinitesimalen als unendlich kleine Größen, und hin zu Quotienten von verschwindenden Größen. Mit diesen Quotienten kann Newton genau beschreiben, wie schnell eine verschwindende Größe im Verhältnis zu einer anderen wächst oder kleiner wird. Diese Quotienten sind schon nahe an echten Grenzwerten, auch wenn Newtons Definition noch einiges an moderner Strenge zu wünschen übrig lässt. Ab dem Jahr 1680 baut Newton diese Grenzwertidee weiter aus und wird sie auch in den *Principia* verwenden [Guicciardini 2009, S. 218].

6.2 Philosophiae Naturalis Principia Mathematica

6.2.1 Die Vorgeschichte

Westfall [Westfall 2006, S. 381] hat darauf hingewiesen, dass die zeitliche Übereinstimmung zwischen Newtons Rebellion gegen die Mathematik Descartes' und seine Entwicklungen in der Naturphilosophie nicht ignoriert werden kann. Descartes hatte dem jungen Newton neue Welten eröffnet, jetzt lehnt dieser Descartes auf der ganzen Linie ab. Als Robert Hooke mit einem Brief vom 4. Dezember 1679 wieder den Kontakt mit Newton sucht, spricht er Newton direkt auf ein Problem der Planetenbewegung an [Turnbull 1959–77, Vol. II, S. 297]:

> *„Für meinen eigenen Teil werde ich es als große Ehre auffassen, wenn Ihr netterweise in einem Brief Eure Bedenken gegen irgendeine meiner Hypothesen oder Meinungen übermitteln würdet, und insbesondere falls Ihr mich Eure Gedanken über die Himmelsbewegung der Planeten vermöge einer direkten Bewegung durch die tangentiale und eine anziehende Bewegung hin zum Zentralkörper wissen lasst, oder welche Einwände Ihr gegen meine Hypothese des Gesetzes oder die Gründe der Elastizität habt."*

(For my own part I shall take it as a great favour if you shall please to communicate by Letter your objections against any hypothesis or opinion of mine, And particularly if you will let me know your thoughts of that of compounding the celestiall motions of the planetts of a direct motion by the tangent & an attractive motion towards the centrall body, Or what objections you have against my hypothesis of the laws or causes of Springinesse.)

Die letzte Bemerkung ist dem heute nach Hooke benannten Gesetz – die Auslenkung ist proportional zur Kraft – gewidmet. Die Bemerkungen zu den Himmelsbewegungen der Planeten beziehen sich auf Hookes Schrift *Attempt to Prove the Motion of the Earth* (Versuch, die Bewegung der Erde zu beweisen) aus dem Jahr 1674, die 1679 nachgedruckt wurde [Westfall 2006, S. 382]. Die Passage, auf die Hooke sich hier bezieht, ist im Licht des späteren Prioritätsstreits zwischen ihm und Newton so wichtig, dass wir sie hier zitieren [Westfall 2006, S. 382]:

„Dies hängt von drei Hypothesen ab. Erstens, dass sämtliche Himmelskörper eine Anziehung oder gravitierende Kraft hin zu ihren eigenen Mittelpunkten haben, wodurch sie nicht nur ihre eigenen Teile anziehen und sie vom Auseinanderfliegen abhalten, wie wir es bei der Erde beobachten können, sondern dass sie auch alle anderen Himmelskörper anziehen, die sich in der Sphäre ihrer Aktivität befinden [...] Die zweite Hypothese ist die, dass sämtliche Körper, die in eine direkte und einfache Bewegung versetzt werden, sich weiter bewegen werden in einer geraden Linie, bis sie durch einige andere hinreichende Kräfte abgelenkt werden und in eine Bewegung gebogen werden, die einen Kreis, Ellipse oder irgendeine mehr zusammengesetzte gekrümmte Linie beschreibt. Die dritte Hypothese ist, dass diese anziehenden Kräfte um so viel mehr kraftvoll wirken, je näher der Körper, auf den sie aufgebracht werden, ihren eigenen Mittelpunkten ist. Nun, was diese verschiedenen Grade sind, habe ich noch nicht experimentell überprüft [...] "

(This depends upon three Suppositions. First, That all Coelestial Bodies whatsoever, have an attraction or gravitating power towards their own Centers, wherebye they attract not only their own parts, and keep them from flying from them, as we may observe the earth to do, but that they do also attract all other Coelestial Bodies that are within the sphere of their activity [...] The second supposition is this, That all bodies whatsoever that are put into a direct and simple motion, will so continue to move forward in a streight line, till they are by some other effectual powers deflected and bent into a Motion, describing a Circle, Ellipsis, or some other more compounded Curve Line. The

third supposition is, That these attractive powers are so much the more powerful in operating, by how much the nearer the body wrought
upon is to their own Centers. Now what these several degrees are I
have not yet experimentally verified [...])

War Hooke die Natur der Gravitation bereits klar? Hat er vielleicht bereits
das Gravitationsgesetz in Händen gehabt, nach dem die Anziehungskraft zweier Körper sich mit dem Quadrat ihres Abstands verändert? Hooke wird das
später behaupten! Klar ist, dass hier erstmals ein Forscher von Rang die Grenzen der bisherigen Auffassung der Anziehung von Planeten aufbricht. Klar ist
ebenfalls, dass hier erstmalig die wahre Dynamik der Himmelsbewegung beschrieben wird. Von Zentrifugalkräften ist nicht die Rede; ein Planet wird
durch die Gravitation der Sonne ständig von seiner tangentialen Bahn in eine
Kreis- oder Ellipsenbahn gezwungen. Zum Zeitpunkt dieses Hooke'schen Briefes ist Newton noch nicht soweit in einem Verständnis der Planetenbewegung.
Bisher nahm er kreisförmige Bewegungen als einen Gleichgewichtszustand zwischen der (Huygens'schen) Zentrifugalkraft und einer nach innen gerichteten
Anziehungskraft wahr, nun spricht Hooke aber von einer permanenten Un-
gleichgewichtsbewegung, in der eine Anziehungskraft die gerade Linie, in der
sich der Planet bewegen würde, verbiegt [Westfall 2006, S. 383].

Newton antwortet Hooke mit einem Brief vom 8. Dezember 1679 [Turnbull
1959–77, Vol. II, S. 301]. Er habe Hookes' Arbeit dazu noch nicht gesehen
(was sehr unglaubhaft ist), beschreibt aber ein Experiment, um die Erdrotation zu beweisen. Da die Tangentialgeschwindigkeit an der Spitze eines hohen
Turmes größer ist als auf der Erdoberfläche, sollte ein von oben fallengelasse-
ner Stein östlich des Turmes landen[5]. Dann zeichnet Newton die Trajektorie
eines fallenden Steines so, als wäre die Erde nicht vorhanden, als Spirale, die
sich um den Erdmittelpunkt windet.

Newtons Überlegung ist schlichtweg falsch, und Hooke bemerkte das sofort.
In einem Brief vom 19. Dezember 1679 [Turnbull 1959–77, Vol. II, S. 304ff.]
schreibt er sehr freundlich und vorsichtig, dass nach seiner Theorie der Stein
niemals in das Zentrum fallen würde und die Bewegung auch keine spiralför-
mige sei, sondern dass der Stein sich in einer ellipsenförmigen Bahn bewegen
würde. Newton war durch die hastige Beantwortung des Hooke'schen Briefes
bei einem Fehler ertappt worden, aber er akzeptierte Hookes Berichtigung in
seinem Antwortbrief vom 23. Dezember 1679 [Turnbull 1959–77, Vol. II, S.
307f.], wenn auch in etwas saurem Ton. In Westfalls Worten [Westfall 2006, S.
385]:

---

[5]Klassische Argumente gegen die Erdrotation behaupteten, dass ein so fallender
Stein westlich des Turmes landen würde, weil der Stein während des Falls hinter der
Erddrehung zurückbleiben würde. Das wurde aber nicht beobachtet.

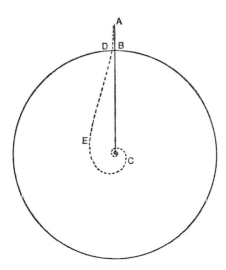

Abb. 6.2.1. Newtons Skizze der Trajektorie eines fallenden Steines bis zum Erdmittelpunkt ([Westfall 2006, S. 384] © Cambridge University Press)

*„Seine Antwort, als er Hookes Berichtigung akzeptierte, war so trocken
wie ein Stück angebrannter Schinken."*

(His reply, as he accepted Hooke's correction, was as dry as a piece of
burned bacon.)

Aber Newton bemerkt [Turnbull 1959–77, Vol. II, S. 307], vergl. Abb. 6.2.2:

*„Doch meine ich, dass der Körper nicht ein Ellipsoid beschreiben wird,
sondern solch eine Figur wie sie durch AFOGHIKL & c dargestellt
ist."*

(Yet I imagin ye body will not describe an Ellipsoeid but rather such
a figure as is represented by AFOGHIKL & c.)

Dann macht Newton ein paar Bemerkungen über das Aussehen der Trajektorie, falls die Gravitation variabel wäre. Er hatte nicht lange auf eine erneute
Berichtigung durch Hooke zu warten; der Brief kam am 16. Januar 1680 [Turn-
bull 1959–77, Vol. II, S. 309]:

*„Mein Herr,
Eure Berechnung der Kurve eines Körpers, der durch eine gleichförmige Kraft in allen Abständen vom Mittelpunkt angezogen wird, so
wie die einer in einem umgekehrten konkaven Kegel rotierende Ku-*

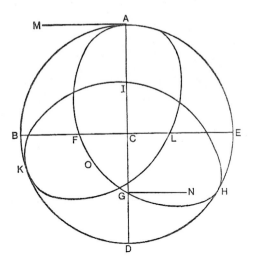

Abb. 6.2.2. Newtons neue Skizze der Trajektorie eines fallenden Steines ([Westfall 2006, S. 386] © Cambridge University Press)

gel ist korrekt und die beiden Apsiden[6] werden sich bei einem Drittel der Umdrehung nicht treffen. Aber meine Hypothese ist, dass die Anziehung immer in quadratischer umgekehrter Proportion zum Abstand vom Mittelpunkt ist, und daher, dass die Geschwindigkeit in einer Proportion zur Wurzel aus der Anziehung und damit, wie Kepler annimmt, reziprok zum Abstand ist."

(Sir
Your Calculation of the Curve by a body attracted by an aequall power at all Distances from the center Such as that of a ball Rouling in an inverted Concave Cone is right and the two auges will not unite by about a third of a Revolution. But my supposition is that the Attraction always is in a duplicate proportion to the Distance from the Center Reciprocall, and Consequently that the Velocity will be in a subduplicate proportion to the Attraction and Consequently as Kepler Supposes Reciprocall to the Distance.)

Bedeutet das nicht, dass Hooke *wusste*, dass sich die Anziehungskraft mit dem Quadrat des Abstandes ändert, und zwar umgekehrt proportional: $F = $ const./r^2? Alles sieht danach aus, aber so ist es nicht. Hooke ging vielmehr von Galileo Galileis Beziehung

$$v^2 = 2as,$$

---

[6]Die Apsiden sind die zwei Hauptscheitel der elliptischen Umlaufbahn eines Planeten um ein Zentralgestirn. Der Punkt mit der größten Entfernung vom Zentralgestirn heißt *Apoapsis*, der mit der geringsten Entfernung *Periapsis*.

Abb. 6.2.3. John Flamsteed [Gemälde: unbek. Maler, um 1719]; Porträt um 1720 nach einem Gemälde von Godfrey Kneller, 1702 (Wellcome Library, London)

v=Geschwindigkeit, a=Beschleunigung, s=Weg aus, die für eine gleichförmige Beschleunigung aus der Ruhe gilt. Diese Beziehung wandte Hooke blindlings [Westfall 2006, S. 387] auf alle möglichen Probleme an, auch auf solche, bei denen die Beschleunigung gar nicht mehr gleichförmig ist. Es kommt noch hinzu, dass hier Hooke auch noch die fehlerhafte, ursprüngliche Geschwindigkeitsannahme Keplers übernahm, nach der die Geschwindigkeit überall auf der Bahn eines Planeten umgekehrt proportional zu seiner Geschwindigkeit ist[7] [Sonar 2011, S. 181]. Nichtsdestotrotz wird Hooke später Newton des Plagiats beschuldigen und die Korrespondenz aus der Zeit 1679-80 als Beweis seiner Priorität anführen.

Am 27. Januar 1680 schreibt Hooke wieder an Newton [Turnbull 1959–77, Vol. II, S. 312f.]. Er habe nun ein Experiment durchgeführt, das die Erddrehung klar beweise und er wirft ein offenes Problem auf: Auf welcher Bahn läuft ein Planet um ein Zentralgestirn, wenn er durch eine Gravitationskraft angezogen wird, die mit umgekehrter Proportion zum Abstandsquadrat wirkt.

Um das Hooke'sche Experiment brauchen wir uns nicht zu kümmern; es ist anerkannt, dass er das Experiment missverstanden hat [Westfall 2006, S. 387, Fußnote 143]. Die Frage nach der Bahn eines Planeten bei einem Gravitationsgesetz der Form $F = \text{const.}/r^2$ jedoch reizte Newton ungemein. In einer genialen Idee kehrte er diese Frage um: Er nahm eine elliptische Umlaufbahn an und wollte zeigen, dass die Gravitation dann nur die Form einer zum Abstandsquadrat umgekehrt proportionalen Kraft haben kann. Newton fand den

---

[7]Kepler hat diese Annahme für die Ableitung seines zweiten Gesetzes verwendet, aber nicht auf Dauer beibehalten.

Beweis in der ersten Hälfte des Jahres 1680 [Westfall 2006, S. 388], sandte ihn aber nicht an Hooke. Der Anstoß, der von Hooke ausging, und die Erfahrungen Newtons in der Alchemie sorgten 1679-80 für eine vollständige Revision von Newtons Naturphilosophie, denn wie das Problem der Planetenbewegung hat auch die Alchemie viel mit Fernwirkungen zu tun [Westfall 2006, S. 390].

Um den Jahreswechsel 1680/81 war ein Komet auch bei Tage mit bloßem Auge zu sehen. Da der Komet früh im November 1680 gesichtet wurde, dann Ende November verschwand und Mitte Dezember viel größer wieder auftauchte, sprachen fast alle Astronomen in Europa von *zwei* Kometen – bis auf einen. John Flamsteed (1646–1719) wurde 1675 zum ersten „Astronomer Royal" ernannt, war also königlicher Hofastronom des neu gegründeten „Royal Greenwich Observatory".

Flamsteed vertrat die Ansicht, dass es sich bei den beiden großen Kometen nur um einen Kometen handelte. Seiner Vermutung nach ließ die Sonne den Kometen seine Richtung ändern, und das war ein echter Durchbruch. Flamsteed schrieb sogleich drei Briefe an seinen Freund James Crompton, der ein Fellow des Jesus College in Cambridge war, und bat ihn, Isaac Newton um seinen Kommentar zu bitten. Die Briefe sind vom 25. Dezember 1680 [Turnbull 1959–77, Vol. II, S. 315], 13. Januar 1681 [Turnbull 1959–77, Vol. II, S. 319f.] und 22. Februar 1681 [Turnbull 1959–77, Vol. II, S. 336], die Newton vermutlich in Auszügen erhielt. Newton selbst konnte den Kometen am 22. Dezember 1680 in Cambridge über der Kapelle des King's College beobachten und machte davon eine Skizze [Westfall 2006, S. 392]. Fast täglich verfolgte er den Kometen nun, zuerst mit bloßem Auge, dann mit Hilfe eines Teleskops. Newton begann wieder, an seinem Spiegelteleskop zu arbeiten, und daraus wird sich der Teil IV des zweiten Buches der *Opticks* ergeben, die 1704 erscheinen wird.

Newton antwortet Flamsteed in zwei langen Briefen [Turnbull 1959–77, Vol. II, S. 340ff, S. 363ff.], den zweiten adressiert er direkt an Flamsteed. Wie aus den Briefen ersichtlich wird, hat Newton noch nicht die Idee, dass sich Kometen im Sonnensystem genau so bewegen wie Planeten. Er hat also noch nicht eine Theorie der universellen Gravitation vor Augen [Westfall 2006, S. 395]. Ab 1680 macht Newton systematisch Aufzeichnungen über beobachtete Kometen, versucht sie zu klassifizieren und beginnt, die Bewegungsgesetze der Planeten auch für Kometen zu akzeptieren. Über den ernsten Konflikt zwischen Newton und Flamsteed, der sich in den 1680er Jahren noch nicht abzeichnet, werden wir genauer im Abschnitt 7.4.2 berichten.

Im Jahr 1682 beobachtet Edmond Halley (1656–1742) einen Kometen, der später als der Halley'sche Komet bekannt werden wird. Newton beobachtet auch diesen Kometen und zeichnet seine Bahn auf. Halley wird Newtons Leben nachhaltig ändern – und damit die Physik.

Im Januar 1684 sitzen drei Männer zum Gespräch in den Räumen der Royal Society: Edmond Halley, Christopher Wren und Robert Hooke. Hooke behauptet, er könne alle Gesetze der Planetenbewegung aus der inversen qua-

Abb. 6.2.4. Das königliche Observatorium in Greenwich
[The Penny Magazine, Volume II, Number 87, August 10, 1833]

dratischen Abstandsformel für die Anziehungskraft herleiten. Halley gibt zu, dass seine eigenen Versuche dazu fehlgeschlagen sind, Wren ist skeptisch gegenüber Hookes Behauptung. Da die Frage der Herleitung der Kepler'schen Gesetze der Planetenbewegung aus den Prinzipien der Dynamik ein brennendes und lange diskutiertes Problem darstellt, setzt Wren nun einen Buchpreis aus. Den Preis gewinnt, wer innerhalb von zwei Monaten den Beweis erbringt, dass die Planetengesetze und die inverse quadratische Abstandsformel in einem Zusammenhang stehen. [Westfall 2006, S. 403].

Halley hatte Newton bereits im Jahr 1682 getroffen und mit ihm über Kometen diskutiert, nun vergingen nach dem Treffen von Halley, Hooke und Wren noch sieben Monate, bis Halley Newton in Cambridge besuchte. Obwohl Hooke behauptete, er hätte den geforderten Beweis in der Tasche, würde ihn aber erst zeigen, wenn andere gelernt hätten, ihn wertzuschätzen, waren die drei Männer der Lösung offenbar nicht näher gekommen. Halley wollte nichts anderes, als den Mann zu konsultieren, den er für einen Experten hielt – Newton.

Abb. 6.2.5. Edmond Halley, Büste im Museum des Royal Greenwich Observatory, London [Foto: Klaus-Dieter Keller; Büste: Henry Alfred Pegram, 1904] und als Gemälde von Thomas Murray, um 1687

Über den Besuch bei Newton im August gibt es eine Schilderung von Abraham de Moivre [Westfall 2006, S. 403]:

> *„Im Jahr 1684 kam Dr. Halley um ihn zu besuchen nach Cambridge. Nachdem sie einige Zeit zusammen verbracht hatten, fragte der Dr. ihn, was er dachte, welche Kurve durch die Planeten beschrieben würde, wenn man annähme, dass die Anziehungskraft zur Sonne umgekehrt proportional zum Quadrat ihrer Abstände sei. Sir Isaac antwortete sofort, dass es eine Ellipse sein würde. Der Doktor, berührt von Freude und Verblüffung, fragte ihn wie er das wusste. Er sagte, ich habe es berechnet, woraufhin Dr. Halley ihn ohne Verzögerung um diese Berechnung bat. Sir Isaac sah in seinen Papieren nach, aber er konnte sie nicht finden, versprach aber sie neu zu machen und ihm dann zuzusenden.“*

(In 1684 Dr Halley came to visit him at Cambridge, after they had been some time together, the D^r asked him what he thought the Curve would be that would be described by the Planets supposing the force of attraction towards the Sun to be reciprocal to the square of their distance from it. Sr Isaac replied immediately that it would be an Ellipsis, the Doctor struck with joy & amazement asked him how he knew it, why saith he I have calculated it, whereupon Dr Halley asked him for his calculation without any farther delay, Sr Isaac looked among his papers but could not find it, but he promised him to renew it, & then to send it him ...)

Da sich das gesuchte Manuskript unter Newtons nachgelassenen Papieren befand, dürfen wir mit Westfall annehmen, dass es sich bei dem Bericht von de Moivre, den Newton ihm erzählt hat, an dieser Stelle um einen gezielt gestreuten Mythos handelt. Nach den bisher gemachten Erfahrungen gab Newton nicht einfach so ein Manuskript heraus. Er verschaffte sich vermutlich einen Zeitgewinn, um die Berechnungen wenigstens noch intensiv prüfen zu können. Der Bericht de Moivres enthält jedenfalls den Entstehungsmythos der *Principia*.

6.2.2 Die Entstehungsphase

Im November 1684 erreichte Halley etwas mehr als die gewünschte Herleitung, eine kleine Abhandlung mit dem Titel *De motu corporum in gyrum* (Über die Bewegung von Körpern in einem Orbit). Newton zeigte nicht nur, dass eine elliptische Umlaufbahn eine zum Abstandsquadrat umgekehrt proportionale Kraft bedingt, sondern er skizzierte auch den Beweis des Originalproblems: Eine zum Abstandsquadrat umgekehrt proportionale Kraft bedingt einen Kegelschnitt als Umlaufbahn, der eine Ellipse ist, wenn die Umlaufgeschwindigkeit unterhalb einer gewissen Grenze bleibt. Ausgehend von postulierten Prinzipien der Dynamik zeigte Newton auch noch das zweite und dritte Kepler'sche Gesetz.

1.	Die Planeten umlaufen die Sonne auf elliptischen Bahnen. In deren gemeinsamen Brennpunkt steht die Sonne.
2.	Ein von der Sonne zu einem Planeten gezogener Fahrstahl überstreicht in gleichen Zeiten gleiche Flächen.
3.	Die Quadrate der Umlaufzeiten zweier Planeten verhalten sich wie die dritten Potenzen der großen Bahnhalbachsen.

Tabelle 6.1. Die drei Kepler'schen Gesetze

Halley erkannte sofort, dass er ein Manuskript in der Hand hielt, das einen revolutionären Fortschritt in der Theorie der Himmelsmechanik enthielt. Er reiste umgehend nach Cambridge um mit Newton zu sprechen und berichtete am 20. Dezember der Royal Society [Westfall 2006, S. 404]:

> *„Herr Halley gab einen Bericht, dass er letztens Herrn Newton in Cambridge gesehen hatte, der ihm eine merkwürdige Abhandlung, De motu, zeigte; von der, aufgrund des Wunsches von Herrn Halley, wie er sagte, versprochen wurde, sie an die Gesellschaft zu senden, um sie in ihr Register einzutragen."*

(Mr. Halley gave an account, that he had lately seen Mr. Newton at
Cambridge, who had shewed him a curious treatise, De motu; which,
upon Mr. Halley's desire, was, he said, promised to be sent to the
Society to be entered upon their register.)

Wie immer verging viel Zeit, bevor Newton das versprochene Manuskript an
die Royal Society schickte. Newton war einfach gepackt worden von den Fragen
der Himmelsmechanik und er arbeitete fieberhaft daran. In dem Manuskript,
das Halley von Newton im November 1684 erhielt, ging es um vier Sätze und
fünf Probleme der Bewegung von Körpern in reibungsfreien Medien, nun arbeitete Newton auch an einer Theorie der Bewegung unter Reibung. Er schrieb
an Flamsteed, um Daten zur Planetenbewegung zu erhalten, und schloss sich
dann komplett von seiner Umwelt ab [Westfall 2006, S. 405]. Halley sagte später, er sei der Odysseus gewesen, der diesen Achilles produzierte, aber Halley
hatte die *Principia* nicht einem zurückhaltenden Newton abgepresst, sondern
er hatte unbewusst einen Anstoß gegeben, der Newton zu einer wissenschaftlichen Höchstleistung trieb. In der Zeit von August 1684 bis zum Frühjahr 1686
sind nur sehr vereinzelte Aktivitäten Newtons bekannt – Briefe an Flamsteed,
ein Besuch in Woolsthorpe aus familiären Gründen und die Ablehnung eines
Gesuches zur Organisation einer philosophischen Gesellschaft in Cambridge.
Ansonsten war er komplett von der Arbeit an den späteren *Principia* beses-
sen; er ließ sogar seine alchemistischen Arbeiten ruhen [Westfall 2006, S. 406].
Newtons Assistent Humphrey Newton gab eine lebendige Beschreibung des
Newton'schen Verhaltens in dieser Zeit [Westfall 2006, S. 406]:

> *„So versessen, so ernsthaft an seinen Studien, dass er sehr sparsam*
> *isst, nein, oftmals hat er überhaupt vergessen zu essen, so dass, wenn*
> *ich in sein Zimmer ging, ich seinen Teller unberührt gefunden habe.*
> *Als ich ihn daran erinnert habe, hat er geantwortet, Habe ich; und*
> *dann geht er zum Tisch, würde ein oder zwei Happen stehend essen ...*
> *Zu seltenen Zeiten, wenn er sich zum Essen in der Halle entschlossen*
> *hatte, würde er nach Links abdrehen und hinaus auf die Straße gehen,*
> *wo er anhält, wenn er seinen Fehler gefunden hat, hastig umdreht und*
> *dann manchmal statt in die Halle zu gehen, würde er wieder in sein*
> *Zimmer zurückkehren ... Wenn er manchmal* [im Garten] *ein oder zwei*
> *Runden gemacht hat, bleibt er plötzlich stehen, dreht sich um, rennt*
> *die Stufen hinauf wie ein anderer Alchimedes* [sic]*, mit einem Heureka,*
> *fällt an seinen Tisch wo er stehend schreibt, ohne sich selbst die Muße*
> *zu gönnen, sich einen Stuhl heranzuholen, um sich hinzusetzen.“*

(So intent, so serious upon his Studies, y^t he eat very sparingly, nay,
ofttimes he has forget to eat at all, so y^t going into his Chamber, I
have found his Mess untouch'd of wch when I have reminded him, [he]
would reply, Have I; & then making to ye Table, would eat a bit or
two standing ... At some seldom Times when he design'd to dine in
ye Hall, would turn to ye left hand, & go out into ye street, where

making a stop, when he found his Mistake, would hastily turn back, & then sometimes instead of going into ye Hall, would return to his Chamber again ... When he has sometimes taken a Turn or two [in the garden], has made a sudden stand, turn'd himself about, run up ye Stairs, like another Alchimedes [sic], with an εὕρεχα, fall to write on his Desk standing, without giving himself the Leasure to draw a Chair to sit down in.)

Bis 1684 kennen wir Newton nur als genialen Wissenschaftler, der aber keines seiner zahlreichen Projekte zu Ende brachte. Mathematik, Mechanik, Alchemie, Theologie – in allen Bereichen hatte Newton brilliert, aber an all diesen Dingen verlor er irgendwann das Interesse. Nun aber fand er eine Arbeit, die ihn derart fesselte, dass er sie von Beginn bis zum Ende durchstand, und am Ende stand das Meisterwerk der *Principia*, das die Welt verändern sollte. Er entwickelte seine Mathematik im Laufe der Arbeit weiter, er arbeitete intensiver an Dynamik als je zuvor, und es gelang ihm, seine mathematisch-naturwissenschaftlichen Interessen in nie gekannter Weise zu konzentrieren. Newtons *Principia* markieren nichts weniger als die Geburt der modernen Physik.

Für unsere Betrachtungen steht zunächst nicht so sehr die Physik im Vordergrund, sondern es sind die mathematischen Grundlagen, die uns interessieren. Newton nimmt seine Theorie der ersten und letzten Verhältnisse wieder auf, die er erschaffen hatte, um vom Begriff der Fluxionen loszukommen. Der Leser, der unbedarft zu den *Principia* greift und ein Feuerwerk mathematischer Beweise erwartet, die auf der Newton'schen Infinitesimalrechnung beruhen, wird jedoch enttäuscht. Die Beweise in den *Principia* sind klassische geometrische Beweise! Hier erinnert Newton sehr an Archimedes, der seine Resultate mit Hilfe des Hebelgesetzes aus der Wägung von Indivisiblen gewann, dann aber nach geometrischen Argumenten suchte, um die Beweise in einer für die Alten akzeptablen Form darstellen zu können [Sonar 2011, S. 71ff.]. Newton bestätigt diesen Bezug auf die Alten sogar. Im Nachlauf zum Prioritätsstreit schreibt Newton Jahr 1715 die anonyme Besprechung *An Account of the Book entituled Commercium Epistolicum Collinii & aliorum* [Hall 1980, S. 263ff.] der Bannschrift *Commercium epistolicum* der Royal Society und bemerkt darin [Hall 1980, S. 296]:

> *„Mit Hilfe der neuen Analysis fand Herr Newton die meisten der Propositionen in seinen Principia Philosophiae: aber weil die Alten, um die Dinge sicher zu machen, nichts in der Geometrie zuließen, bevor es synthetisch bewiesen war, zeigte er die Propositionen synthetisch, auf dass das System der Himmel aufgrund guter Geometrie gefunden werden möge. Und das macht es nun schwierig für unbeholfene Menschen, die Analysis zu sehen, durch die diese Proportionen herausgefunden wurden."*

(By the help of the new *Analysis* Mr. *Newton* found out most of the
Propositions in his *Principia Philosophiae*: but because the Ancients
for making things certain admitted nothing into Geometry before
it was demonstrated synthetically, he demonstrated the Propositions
synthetically, that the Systeme of the Heavens might be found upon
good Geometry. And this makes it now difficult for unskilful Men to
see the Analysis by which those Propositions were found out.)

Bis auf zwei Ausnahmen wurden keine Manuskripte in Newtons Nachlass gefunden, die diese Behauptung untermauern würden [Westfall 2006, S. 424],
aber Newton hatte die Fluxionen zu Gunsten der ersten und letzten Verhältnisse unter dem Eindruck der Geometrie der Alten aufgegeben und er war der
festen Überzeugung, dass die ersten und letzten Verhältnisse die natürliche
Erweiterung der klassischen Geometrie darstellten. Als eine Art „mathematischen Vorspann" goß Newton jedoch die mathematischen Grundlagen der
Principia in elf Lemmata über die ersten und letzten Verhältnisse, die sich
im Abschnitt I von Buch I befinden. Unter der Überschrift „The method of
first and ultimate ratios, for use in demonstrating what follows" (Die Methode der ersten und letzten Verhältnisse, für den Gebrauch zum Beweisen des
Folgenden)[8] findet man [Newton 1999, S. 433]:

> *„Größen, und auch Verhältnisse von Größen, die in beliebiger Zeit zur
> Gleichheit streben, und die vor dem Ende dieser Zeit so dicht beiein-
> ander liegen, dass ihre Differenz kleiner ist als irgendeine gegebene
> Größe, werden schließlich gleich."*

(Quantities, and also ratios of quantities, which in any finite time
constantly tend to equality, and which before the end of that time
approach so close to one another that their difference is less than any
given quantity, become ultimately equal.)

Den Beweis führt Newton wie folgt:

> *„Wenn Du das verneinst, dann lasse sie schließlich ungleich werden,
> und sei ihre letzte Differenz D. Dann können sie nicht so dicht zur
> Gleichheit kommen, dass ihre Differenz kleiner ist als die gegebene
> Differenz D, entgegen der Voraussetzung."*

(If you deny this, let them become ultimately unequal, and let their
ultimate difference be D. Then they cannot approach so close to equality that their difference is less than the given difference D, contrary
to the hypothesis.)

---

[8]Ich übersetze die englische Übersetzung der dritten Auflage der *Principia* nach
[Newton 1999]. In der deutschen Übersetzung von Schüller heißt es [Newton 1999a, S.
49]: *„Größen, ebenso auch Verhältnisse von Größen, die in jeder beliebigen endlichen
Zeit unablässig nach Gleichheit streben und sich vor Ablauf dieser Zeit einander
näher als jede beliebige gegebene Differenz kommen, werden schließlich gleich groß."*

Zur Illustration sei noch das Lemma II herangezogen[9], das sich auf die Abbildung 6.2.6 bezieht. Es lautet:

> *„Wenn in irgendeiner Figur AacE, eingeschlossen von den geraden Linien Aa und AE und der Kurve acE, irgendeine Anzahl von Parallelogrammen Ab, Bc, Cd, ... auf gleichen Basen AB, BC, CD, ... einbeschrieben wird, die die Seiten Bb, Cc, Dd, ... parallel zur Seite Aa der Figur haben; und wenn die Parallelogramme aKbl, bLcm, cMdn, ... vollständig sind; wenn dann die Breite dieser Parallelogramme verkleinert und ihre Anzahl unbegrenzt erhöht wird, sage ich, dass die letzten Verhältnisse, die die einbeschriebene Figur AKbLcMdD, die umbeschriebene Figur AalbmcndoE, und die krummlinige Figur AabcdE zueinander haben, Verhältnisse der Gleichheit sind."*

(If in any figure *AacE*, comprehended by the straight lines *Aa* and *AE* and the curve *acE*, any number of parallelograms *Ab, Bc, Cd,* ... are inscribed upon equal bases *AB, BC, CD,* ... and have sides *Bb, Cc, Dd,* ... parallel to the side *Aa* of the figure; and if the parallelograms *aKbl, bLcm, cMdn,* ... are completed; if then the width of these parallelograms is diminished and their number increased indefinitely, I say that the ultimate ratios which the inscribed figure *AKbLcMdD*, the circumscribed figure *AalbmcndoE*, and the curvilinear figure *AabcdE* have to one another are ratios of equality.)

Der Beweis verläuft wie folgt:

> *„Weil die Differenz der einbeschriebenen und umbeschriebenen Figuren die Summe der Parallelogramme Kl, Lm, Mn, und Do ist, das heißt (weil sie alle gleiche Basen haben), die Rechtecke, die als Basis Kb haben (die Basis von einer von ihnen) und als Höhe Aa (die Summe der Höhen), also das Rechteck ABla. Aber dieses Rechteck, weil seine Breite AB unbegrenzt kleiner wird, wird kleiner als irgendein gegebenes Rechteck. Daher (nach Lemma 1) werden die einbeschriebene Figur und die umbeschriebene Figur und, umso mehr, die dazwischen liegende krummlinige Figur, schließlich gleich. Q.E.D"*

---

[9]Schüller übersetzt [Newton 1999a, S. 49]: *„Wenn der beliebigen Figur AacE, die von den Strecken Aa, AE und der Kurve acE begrenzt wird, beliebig viele Parallelogramme Ab, Bc, Cd etc. einbeschrieben werden, die von den gleich langen Grundlinien AB, BC, CD etc. und den zur Seite Aa der Figur parallelen Seiten Bb, Cc, Dd etc. begrenzt werden, und man die Parallelogramme aKbl, bLcm, cMdn etc. vervollständigt und anschließend die Breite dieser Parallelogramme unendlich klein und ihre Anzahl unendlich groß werden lässt, so behaupte ich, daß die letzten Verhältnisse, welche die einbeschriebene Figur AKbLcMdD, die umschriebene Figur AalbmcndoE und die krummlinige Figure AabcdE zueinander haben, Verhältnisse der Gleichheit sind."*

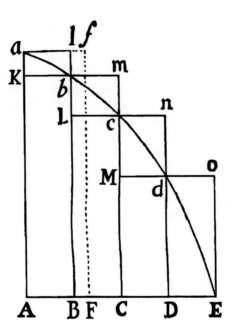

Abb. 6.2.6. Abbildung zu Lemma II aus den *Principia*

(For the difference of the inscribed and circumscribed figures is the
sum of the parallelograms *Kl*, *Lm*, *Mn*, and *Do*, that is (because they
all have equal bases), the rectangle having as base *Kb* (the base of one
of them) and as altitude *Aa* (the sum of the altitudes), that is, the
rectangle *ABla*. But this rectangle, because its width *AB* is diminished
indefinitely, becomes less than any given rectangle. Therefore (by lem.
1) the inscribed figure and the circumscribed figure and, all the more,
the intermediate curvilinear figure become ultimately equal. Q.E.D.)

Diese beiden Lemmata aus Abschnitt I von Buch I mögen als erster Eindruck
von der Methode der ersten und letzten Verhältnisse reichen, die Newton als
mathematische Grundlage der *Principia* verstanden wissen will.

6.2.3 Leibniz in den Gedanken Newtons

Im Juni 1684 erhielt Newton einen Brief vom Neffen James Gregorys, David
Gregory (1659–1708).

David Gregory wurde 1683 Professor für Mathematik an der Universität Edinburgh auf dem Lehrstuhl, den schon sein Onkel innegehabt hatte. Der Grund
von Gregorys Schreiben an Newton war das Buch *Excercitatio geometrica de
dimensione figurarum* (Geometrische Übung über das Messen von Figuren),

Abb. 6.2.7. Skulptur von David Gregory und das Marischal College der Universität
von Aberdeen, an dem er bis 1675 studierte
[Foto: colin f m smith 2003]

in denen David die Arbeiten seines Onkels zu unendlichen Reihen und zur
Quadratur von Kurven veröffentlichte. David anerkennt Newtons Beitrag zu
diesen Gebieten ohne Einschränkungen und stellt so eigentlich keine Gefahr
für Newton dar, aber trotzdem ist Newton alarmiert. Wieder erscheint ein
Buch zu seiner Infinitesimalrechnung, wie schon Mercators *Logarithmotechnia*
zuvor, aber er selbst hat noch nichts dazu veröffentlicht [Westfall 2006, S. 400].
Newton geht daran, den Plan für eine sechs Kapitel umfassende Darstellung
unter dem Titel *Matheseos universalis specimina* (Beispiele einer universellen
Mathematik) zu entwerfen. Er will Briefe zwischen ihm und James Gregory
veröffentlichen, um seine Priorität zu sichern, aber von Anfang an „vergisst"
er James Gregory und widmet sich stattdessen Leibniz! Obwohl er doch eigentlich die Korrespondenz mit Leibniz 1677 eingestellt und vorgeblich kein
Interesse mehr an mathematischen Fragestellungen hatte, war Leibniz wohl nie
aus seinem Kopf verschwunden, und nun antwortet Newton auf David Gregory
mit einer polemisch gefärbten Schrift gegen Leibniz. Newton stellte die *Matheseos universalis specimina* niemals fertig, aber besonders interessant ist das
Manuskript zu Kapitel 4, in dem er auf die Fluxionenrechnung eingeht [West-
fall 2006, S. 401]. Newton erklärt dort die beiden Anagramme der *Epistola
posterior* und vergleicht seine Fluxionenrechnung mit dem Differenzialkalkül
von Leibniz. Leibniz hatte 1682 in den Acta Eruditorum mit *De vera proportione circuli ad quadratum circumscriptum in numeris rationalibus expressa*
(Das wahre Verhältnis von Kreis zu umbeschriebenem Quadrat in rationalen
Zahlen) bereits die arithmetische Quadratur des Kreises publiziert, aber ob
Newton diese Arbeit kannte, als er an die *Matheseos universalis specimina*
ging, ist unwahrscheinlich. Natürlich geht Newton auch auf seine Ablehnung
der modernen Analysis und der Analytiker ein, womit implizit auch Leibniz
gemeint war. Wie stark sein Widerwille gegen Descartes zu dieser Zeit war,
zeigt der Satz [Westfall 2006, S. 401], [Whiteside 1967–81, Vol. IV, S. 571]:

„Über diese Dinge habe ich vor 19 Jahren nachgedacht, die Entdeckungen von   und Hudde miteinander vergleichend."

(On these matters I pondered nineteen years ago, comparing the findings of   and Hudde with each other.)

In die freigelassene Stelle *kann* nur der Name Descartes' gehören, aber Newton war nicht mehr in der Lage, diesen Namen auch nur hinzuschreiben!

Newton verliert das Interesse an *Matheseos universalis specimina* und startet einen neuen Anlauf unter dem Titel *De computo serierum* (über die Berechnung von Reihen), aber auch die Arbeiten an diesem Manuskript bricht er ab [Westfall 2006, S. 401].

In der Arbeit an den *Principia*, vermutlich zu Beginn des Jahres 1686, muss Newton bekannt geworden sein, dass Leibniz bereits begonnen hat, den Differenzialkalkül zu publizieren. Newton ist nun darauf bedacht, seine Priorität zu sichern, und so schiebt er nach Lemma II in Buch II ein Scholium ein, dass sich auf die Korrespondenz mit Leibniz im Jahr 1676 bezieht. Newton schreibt [Westfall 2006, S. 426]:

„Der höchst bedeutende Mann [Leibniz] schrieb zurück, dass er auf eine ähnliche Methode verfallen war, und er teilte seine Methode mit, die sich kaum von meiner unterschied, außer in den Worten und Bezeichnungen die sie verwendete. Die Grundlage beider Methode ist in diesem Lemma enthalten."

(The most eminent man [Leibniz] wrote back that he also had fallen into a similar method, and he communicated his method, which scarcely differed from mine except in the words and notations it used. The foundation of both methods is contained in this lemma.)

Wir werden Lemma II noch an anderer Stelle auf Seite 502 diskutieren, hier sei nur angemerkt, dass dieses Lemma die Regel zur Differenziation eines Produkts zweier Funktionen behandelt.

Offenbar ließ Newton die Auseinandersetzung mit Leibniz in den Jahren 1676–77 auch in den folgenden Jahren nicht los. Der Prioritätsstreit – noch nicht offen ausgebrochen – schwelte vielleicht in Newtons Gedanken.

6.2.4 Die *Principia* erscheinen

Am 1. Mai 1686 liest Halley vor der Royal Society eine *Discourse Concerning Gravity* (Rede die Gravitation betreffend) und teilt der Royal Society mit, Newtons neues Werk sei beinahe druckfertig. Eine Woche später liefert Newton [Westfall 2006, S. 444f.]:

„Dr. Vincent präsentierte der Gesellschaft ein Manuskript einer Ab-
handlung mit dem Titel Philosophiae Naturalis principia mathemati-
ca, und gewidmet der Gesellschaft von Herrn Isaac Newton, worin er
einen mathematischen Beweis der Copernicanischen Hypothese, wie
von Kepler vorgeschlagen, gibt, und alle Phänomene der Himmels-
bewegungen durch nur die Annahme einer Schwerkraft zum Mittel-
punkt der Sonne erkennt, die umgekehrt zum Quadrat der Abstände
abnimmt.

Es wurde angewiesen, dass ein Dankesbrief an Herrn Newton geschrie-
ben wird; und dass der Druck seines Buches auf Kosten des Rates ge-
schehen wird; und dass das Buch inzwischen in die Hände von Herrn
Halley gelegt wird, um einen Bericht darüber für den Rat zu machen.“

(Dr. Vincent presented to the Society a manuscript treatise entitled
Philosophiae Naturalis principia mathematica, and dedicated to the
Society by Mr. Isaac Newton, wherein he gives a mathematical demonstration of the Copernican hypothesis as proposed by Kepler, and
makes out all the phaenomena of the celestial motions by the only
supposition of a gravitation towards the center of the sun decreasing
as the squares of the distances therefrom reciprocally.

It was ordered, that a letter of thanks be written to Mr. Newton; and
that the printing of his book be referred to the consideration of the
council; and that in the meantime the book be put into the hands of
Mr. Halley, to make a report thereof to the council.)

Drei Wochen vergingen, ohne das irgend etwas geschah, und Halley, der gerade
gewählte neue Sekretär der Royal Society, war beunruhigt. Obwohl der Rat
(das „governing council") allein zuständig gewesen wäre, ließ er die Mitglieder
während einer Sitzung am 29. Mai über den Druck der *Principia* entscheiden,
was für ihn ein großes finanzielles Risiko in sich trug. Obgleich er in einer
wohlhabenden Familie aufwuchs, ließ ihn der Tod seines Vaters 1684 arm
zurück. Als Sekretär verdiente er 50 Pfund im Jahr, musste aber seine Frau
und Familie versorgen [Westfall 2006, S. 445].

Mit Datum vom 1. Juni 1686 informiert Halley Newton über den anstehenden
Druck [Turnbull 1959–77, Vol. II, S. 431]. Er fügt aber auch an:

„Da ist noch eine Sache mehr, über die ich Sie informieren sollte,
nämlich dass Herr Hooke einige Ansprüche an die Erfindung der Re-
gel vom Abnehmen der Gravitation umgekehrt zu den Quadraten der
Abstände vom Zentrum erhebt.“

(There is one thing more that I ought to informe you of, viz, that
Mr Hook has some pretensions upon the invention of ye rule of the
decrease of Gravity, being reciprocally as the squares of the distances
from the Center.)

Newtons Antwort vom 6. Juni geht (natürlich!) gleich zu Anfang auf Hooke
ein [Turnbull 1959–77, Vol. II, S. 433]:

„Ich danke Ihnen für das, was Sie bezüglich Herrn Hooke schreiben, da ich wünsche, dass ein gutes Einvernehmen zwischen uns bestehen bleibt. In den Papieren in Ihren Händen gibt es nicht ein Lemma, auf das er Anspruch erheben kann, und so hatte ich keinen Anlass, ihn oder andere zu erwähnen."

(I thank you for wt you write concerning Mr Hook, for I desire that a good understanding may be kept between us. In the papers in your hands there is noe one proposition to which he can pretend, & soe I had noe proper occasion of mentioning him and others.)

Newton rekapituliert noch einmal die Vorgänge des Jahres 1676, als er durch den Briefwechsel mit Hooke den Schlüssel zur Gravitationstheorie fand. Aber Halleys Hoffnung, dass Newton nicht wieder in einen Streit mit Hooke einsteigen würde, erfüllte sich nicht. Drei Wochen lang kochte es langsam, aber stetig, in Newton, dann brach es aus ihm heraus.

Am 30. Juni schreibt Newton an Halley [Turnbull 1959–77, Vol. II, S. 435f.] eine einzige bittere Beschwerde über Hookes Verhalten. Er soll Hookes Leistungen anerkennen? Welche Leistungen? Da ist nichts anzuerkennen! Im Manuskript der *Principia* streicht er eine anerkennende Bemerkung über Hookes Konzept der Anziehungskraft. In einem späteren Teil, dem Buch III, in dem es um Himmelsmechanik geht, streicht Newton „Cl[arissimus] Hookius" (der sehr berühmte Hooke) und ersetzt es durch ein einfaches „Hooke". In einer weiteren Überarbeitung des Manuskripts wird die Referenz zu Hooke ganz gestrichen. Newton droht Halley, Buch III ganz zu unterdrücken [Westfall 2006, S. 449]. Aber Halley erweist sich als ein brillanter Diplomat. In einem langen Schreiben vom 9. Juli 1686 [Turnbull 1959–77, Vol. II, S. 441-443] stellt er sich und die Royal Society auf Newtons Seite, versucht, Hooke ein wenig aus der Schusslinie zu nehmen, und bittet Newton inständig, nicht auf den Druck von Buch III zu verzichten. Newton beruhigt sich tatsächlich, aber es nagt weiter in ihm. Wie gut hätte es Newton gestanden, wäre er an dieser Stelle großherzig gewesen, aber er war es nicht. Der Blick in seine gequälte Seele, der sich uns in seinen Briefen an Halley öffnet, sieht nicht viel Angenehmes.

Inzwischen hatte sich die finanzielle Situation der Royal Society dramatisch verschlechtert. Man hatte ein ausgesprochen kostspieliges Buch über die Naturgeschichte von Fischen publiziert, und nun kamen Newtons *Principia*. Man hatte kein Geld mehr, aber hatte Halley nicht die Verantwortung für das Projekt übernommen, ohne sich um den Rat zu kümmern? Dann sollte er den Druck auch bezahlen [Westfall 2006, S. 453]! Am 15. Juli 1686 gab der Präsident der Royal Society, Samuel Pepys, das Imprimatur und so erschienen die *Principia* Mitte Juli 1687, als wäre die Royal Society der Herausgeber. Der wahre Herausgeber war Halley.

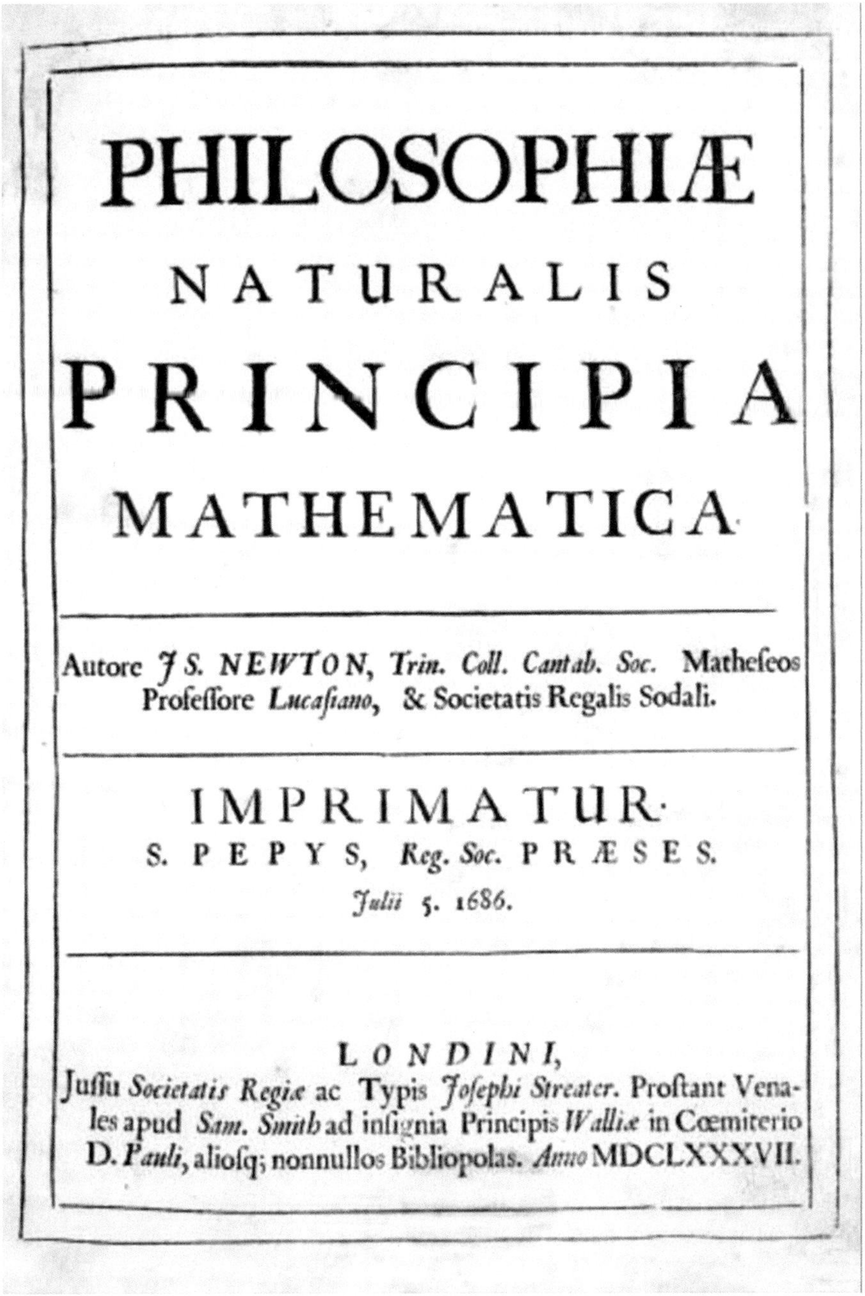

PHILOSOPHIÆ

NATURALIS

PRINCIPIA

MATHEMATICA.

Autore *JS. NEWTON*, *Trin. Coll. Cantab. Soc.* Matheseos
Professore *Lucasiano*, & Societatis Regalis Sodali.

IMPRIMATUR·
S. PEPYS, *Reg. Soc.* PRÆSES.
Julii 5. 1686.

LONDINI,
Jussu *Societatis Regiæ* ac Typis *Josephi Streater.* Prostant Vena-
les apud *Sam. Smith* ad insignia Principis *Walliæ* in Cœmiterio
D. *Pauli,* aliosq; nonnullos Bibliopolas. *Anno* MDCLXXXVII.

Abb. 6.2.8. Titelblatt der *Principia* von [Isaac Newton, 1687]

6.2.5 Herr Leibniz legt eine Zündschnur

Wir haben bereits in Abschnitt 6.1.1 berichtet, dass Leibniz im Juni 1688 in Wien, angeregt durch die Buchbesprechung der *Principia* von Christoph Pfautz in den Acta Eruditorum[10] beginnt, hastig in drei Arbeiten seine eigenen Vorstellungen zur Physik darzulegen. Neben einer die beiden folgenden vorbereitenden Publikation im Januar 1689 sind dies die ebenfalls im Januar 1689 erschienene *Schediasma de resistentia medii et motu projectorum gravium in medio resistente*, das Themen aus dem zweiten Buch der *Principia* Newtons aufnimmt, und *Tentamen de motuum caelestium causis*, erschienen im Februar 1689, etwa zu der Zeit, in der Leibniz von Wien aus in Richtung Venedig aufbricht, vergl. Seite 248. Diese Arbeit behandelt Themen, die in Newtons *Principia* im dritten Buch erörtert wurden.

Das *Schediasma* betreffend lassen sich Notizen finden, die bis zurück in Leibnizens Pariser Jahre reichen, aber das gilt keinesfalls für *Tentamen* [Antognazza 2009, S. 296]. Alle Evidenz durch Manuskripte und Notizen zeigt, dass dieses Werk über kosmologische Theorien aus den Gedanken entstandt, die Leibniz sich bei der Lektüre von Newtons *Principia* machte und die 1688 in Wien zu Papier gebracht wurden. Entgegen seinen Beteuerungen, er hätte die *Principia* erst später, nämlich nach dem 14. April 1689, seiner Ankunft in Rom, zu Gesicht bekommen, hatte er sie bereits gelesen und durchgearbeitet.

In der ersten der drei Arbeiten, *De lineis opticis et alia* (Über optische Linien und anderes), beschreibt Leibniz, er habe die *Principia* nicht gekannt. Diese Behauptung wird noch im *Tentamen* wiederholt. Warum schreibt Leibniz mit dem *Tentamen* ein Dutzend Seiten über Planetenbewegung, nachdem Newton zwei Jahre vorher einige hundert Seiten dazu veröffentlich hat, ohne diese vorher gelesen zu haben [Meli 1993, S. 7f.]? Mit Datum vom 8. Februar 1690 fragt Huygens bei Leibniz an, ob sich dessen Auffassungen durch das nachträgliche Lesen der *Principia* geändert hätten, denn, wie Leibniz ja selbst schrieb, er hatte ja nur die Pfautz'sche Buchbesprechung gesehen, als er *Tentamen* schrieb. Leibniz erhält den Brief erst spät im September, aber am 24. August schreibt Huygens noch einmal an Leibniz zu diesem Punkt: Hat Leibniz seine Auffassungen im *Tentamen* nach der Lektüre der *Principia* geändert? Leibniz bereitet eine Antwort vor – und schickt sie nicht ab [Meli 1993, S. 8]! In diesem Briefentwurf schreibt er, er hätte die *Principia* erst in Rom gesehen, also zwischen April und Dezember 1689. In der Tat zeigen auch Leibnizens spätere Beschäftigungen mit der Theorie der Planetenbewegung keinerlei Einfluss Newtons. Kein Wunder, denn er kannte die *Principia* ja doch bereits und hatte daher keinen Grund, seine Theorien zu ändern.

Am Ende von *De lineis opticis et alia* will Leibniz klarmachen, dass er unabhängig von Newton auf seine Ideen gekommen ist [Meli 1993, S. 8]:

---

[10]Eine deutsche Übersetzung der Pfautz'schen Buchbesprechung findet man in [Newton 1999a, S. 588ff.].

„Schlußfolgerungen über den Widerstand des Mediums, die ich auf ein spezielles Blatt gebracht habe, hatte ich zu einem erheblichem Maß vor zwölf Jahren in Paris gezogen, und ich habe einige davon der berühmten Königlichen Akademie mitgeteilt. Dann, als auch ich die Gelegenheit hatte, über den physikalischen Grund der Himmelsbewegungen nachzudenken, glaubte ich es wert, einige dieser Ideen in einer flüchtigen Improvisation vor die Öffentlichkeit zu bringen, obwohl ich entschieden hatte sie zu unterdrücken, bis ich die Gelegenheit hätte, einen sorgfältigeren Vergleich der geometrischen Gesetze mit den aktuellsten Beobachtungen der Astronomen zu vergleichen. Aber (davon abgesehen, dass ich durch Beschäftigungen ganz anderer Art gebunden bin) Newtons Arbeit regte mich an, diese Notizen, wozu sie auch gut sein mochten, erscheinen zu lassen, so dass Funken der Wahrheit durch den Zusammenprall und sorgfältige Überprüfung der Argumente geschlagen werden, und dass wir den Scharfsinn eines sehr talentierten Mannes auf uns ziehen könnten, uns zu assistieren."

(Conclusions about the resistance of the medium, which I have put on a special sheet, I had reached to a considerable extent twelve years ago in Paris, and I communicated some of them to the famous Royal Academy. Then, when I too had chanced to reflect on the physical cause of celestial motions, I thought it worth while to bring before the public some of these ideas in a hasty extemporation of my own, although I had decided to suppress them until I had the chance to make a more careful comparison of the geometrical laws with the most recent observations of astronomers. But (apart from the fact that I am tied by occupations of quite another sort) Newton's work stimulated me to allow these notes, for what they are worth, to appear, so that sparks of truth should be struck out by the clash and sifting of arguments, and that we should have the penetration of a very talented man to assist us.)

Im Fall der Arbeit über die Bewegung von Körpern in widerstehenden Medien konnte Leibniz also auf ein Manuskript zurückgreifen, das er an die Pariser Akademie geschickt hatte, das aber nicht wirklich öffentlich zugänglich war. Er hoffte so, seine Redlichkeit unter Beweis stellen zu können. Solche Manuskripte, auf die Leibniz sich beziehen konnte, gab es jedoch im Fall von *Tentamen* nicht. Die Bemerkung, er wollte eigentlich warten, um seine Theorie mit Beobachtungen abzugleichen, sollte suggerieren, er habe die Theorie bereits früher gefunden.

Das gesamte Buch [Meli 1993], das auch eine Rekonstruktion des *Tentamen* und Leibnizens Notizen zu den *Principia* enthält, ist der Suche nach den wahren Umständen der Publikation dieser drei Leibniz'schen Schriften gewidmet und sein Autor kommt zu einer klaren Einschätzung [Meli 1993, S. 9]:

„Leibniz formulierte seine Theorie im Herbst 1688, und das Tentamen stützte sich auf direkte Kenntnis von Newton's Principia, nicht nur auf die Pfautz'sche Buchbesprechung."

(Leibniz formulated his theory in autumn 1688, and the *Tentamen* was based on direct knowledge of Newton's *Principia*, not only of Pfautz's review.)

6.3 Die Rezeption der *Principia*

6.3.1 Die Lage in England

Niemand kann heute mit Sicherheit sagen, wie groß diese erste Auflage der *Principia* war, der in Newtons Lebenszeit noch zwei weitere folgen sollten [Cohen 1971, S. 138]. Schätzungen variieren zwischen 250 und 400 Exemplaren[11]. Einige waren für den Export auf den Kontinent vorgesehen. Als Halley am 15. Juli 1687 mitteilte, dass der Druck der *Principia* abgeschlossen sei [Turnbull 1959–77, Vol. II, S. 481]:

„Verehrter Herr,

ich habe endlich Euer Buch zu einem Ende gebracht und hoffe, es wird Euch erfreuen.",

(Honoured Sir,

I have at length brought your Book to an end, and hope it will please you.)

informierte er den Autor auch, dass er gewisse Exemplare an von Newton ausgewählte Empfänger übergeben wollte [Turnbull 1959–77, Vol. II, S. 481]:

„Ich werde in Eurem Namen die Bücher übergeben, die Ihr der Royal Society, Herrn Boyle, Herrn Pagit, Herrn Flamsteed und wenn da irgend jemand sonst in der Stadt ist, den Ihr auf diesem Weg erfreuen wollt, zugedacht habt; und ich habe Euch 20 Exemplare zugesandt, um sie an Eure Freunde in der Universität zu verschenken, die ich Euch dringend bitte anzunehmen. Im selben Paket werdet Ihr 40 weitere erhalten, die ich Euch dringend bitte, da ich keine Bekannten in Cambridge habe, in die Hände eines oder mehrerer Eurer besten Buchhändler zu geben: ich plane den Preis von ihnen in Kalbsleder

---

[11]Nach [Pask 2013, S. 476] betrug die Anzahl der gedruckten Exemplare der zweiten Auflage 750 und die der dritten 1200. Eine Auflage von 250 Exemplaren galt in diesen Zeiten bereits als hoch, was das Interesse an den *Pricipia* klar dokumentiert, aber nichts über die Anzahl der Leser verrät, die das Werk wirklich verstehen konnten.

gebunden und beschriftet zu 9 Schillingen hier, die ich Euch in Lagen
sende zu 6 Schillingen um mein Geld zu verdienen wie sie verkauft
werden, oder zu 5 Schillingen sofort in bar oder nach kurzer Zeit; ...",

(I will present from you the books you desire to the R. Society, Mr
Boyle, Mr Pagit, Mr Flamsteed and if there be any elce in town that
you design to gratifie that way; and I have sent you to bestow on your
friends in the University 20 Copies, which I entreat you to accept. In
the same parcell you will receive 40 more, wch, having no acquaintance
in Cambridg, I must entreat you to put into the hands of one or more of
your ablest Booksellers to dispose of them: I intend the price of them
bound in Calves leather and lettered to be 9 shillings here, those I
send you I value in Quires at 6: Shill to take my money as they are
sold, or at 5.sh a price certain for ready or elce at some short time;
...)

Was machten die Empfänger des Buches damit und wer las die *Principia* überhaupt? Es gibt eine schöne Anekdote, nach der ein Student in Cambridge, als
er Newton vorbeigehen sah, sagte: *„Da geht der Mann der ein Buch geschrieben hat, das weder er noch irgend jemand sonst versteht"* (There goes the man
who has writt a book that neither he nor any one else understands) [Guicciardini 1999, S. 170]. Die Zahl derjenigen, die ein Buch wie die *Principia*
verstehen konnten, war außerordentlich klein und sie ist auch heute nicht besonders groß. Wir wissen leider nicht, wie Christopher Wren und John Wallis
– beides eminente Mathematiker – auf die *Principia* reagierten. Wallis war
sehr an Problemen der Naturphilosophie interessiert und arbeitete auch zum
Widerstand von Körpern bei Bewegung in Luft. Nach den *Principia* kehrte
Wallis nie wieder zu Problemen der angewandten Mathematik zurück; vielleicht ein Zeichen dafür, wieviel Eindruck Newtons Untersuchungen auf ihn
gemacht hatten [Guicciardini 1999, S. 172]. Robert Hooke, der Newton zur
Beschäftigung mit dem inversen Abstandsquadratgesetz motiviert hatte, war
nicht in der Lage, die Ausführungen in den *Principia* zu verstehen. Besser
stand es um Edmond Halley, der sich während der Entstehungszeit der *Principia* in direktem Kontakt mit Newton befand. Im Jahr 1686 hatte Halley vor
der Royal Society eine Art Einführung in die kommenden *Principia* mit dem
Titel *A Discourse concerning Gravity, and its Properties, wherein the Descent
of Heavy Bodies, and the Motion of Projects is briefly, but fully handled: Together with the Solution of a Problem of great Use in Gunnery* (Ein Diskurs,
Gravitation und ihre Eigenschaften betreffend, worin der Fall schwerer Körper und die Bewegung von Projektilen kurz, aber umfassend behandelt ist:
Zusammen mit der Lösung eines Problems von großem Nutzen im Schießwesen), die auch Eingang in die Philosophical Transactions fand. Die Dinge,
über die Halley sprach, beherrschte er offenbar auch. In einem Brief an den
König Jakob II., der ihn mit einem Exemplar der *Principia* erhielt und der
sich wie eine Buchbesprechung liest, legte Halley sehr klar die Grundlagen der

Newton'schen Kosmologie aus Buch III dar und sprach auch über die prakti-
schen Anwendungen der Mondtheorie in der Navigation. Auch dieses Gebiet
beherrschte Halley, denn er war nicht nur ein fähiger Astronom, sondern auch
ein Seemann, der an wissenschaftlichen Expeditionen zur See teilgenommen
hatte. Die Theorie der Gezeiten wurde von Halley ebenfalls gut verstanden,
denn er hatte die Tiden in Tonkin selbst studiert. Nach Erscheinen der *Principia* las Halley mehrmals Arbeiten vor der Royal Society, um Newtons Physik
zu popularisieren. In den Philosophical Transactions des Jahres 1687 hatte
Halley zudem eine ausführliche Buchbesprechung der *Principia* veröffentlicht,
in der er klar und mit großem Verständnis den Aufbau und Inhalt des Newton'schen Werkes beschrieb [Newton 1999a, S. 581ff.], [Cohen 1971, S. 148ff.].

Obwohl viele im Umfeld der Royal Society bereit waren, Newtons großes Werk
als *die* Grundlage einer neuen Naturphilosophie anzusehen, waren die meisten doch leider *„Philosophers without Mathematicks"* (Philosophen ohne Mathematik). Die meisten werden also wohl große Probleme mit den *Principia*
gehabt haben.

In dieser Situation empfahl Newton das Studium von Huygens' *Horologium
oscillatorium*. Dem Master von Trinity College, Richard Bentley, der eine
wichtige Rolle bei der Neuauflage der *Principia* spielen sollte (vergl. Seite
432ff.) gab er konkrete Leseanweisungen, um sich für die Lektüre der *Principia* vorzubereiten. Er empfahl Euklids *Elemente*, Bücher von Jan de Witt
(1623–1672) und Philippe de la Hire (1640–1718) über Kegelschnitte. Für
die Algebra empfahl er Erasmus Bartholinus' *Selecta Geometrica* und dann
Descartes' *Géométrie* in der lateinischen und um Kommentare und andere
Arbeiten vermehrten Ausgabe von van Schooten. Für die Grundkenntnisse
der Astronomie einschlägige Werke von Pierre Gassendi (1592–1655) und von
Nicolaus Mercator. Dann schreibt Newton [Turnbull 1959–77, Vol. III, S. 156]:

> *„Diese* [Werke] *reichen aus zum Verständnis meines Buches: aber
> wenn Ihr Huygens' Horologium oscillatorium beschaffen könnt, wird
> das Durchlesen dessen Euch viel mehr vorbereiten.*
>
> *Wenn Ihr die ersten 60 Seiten* [der *Principia*] *gelesen habt, geht weiter
> zu Buch III und wenn Ihr die Darstellung dort seht, könnt Ihr zurück-
> kommen zu solchen Propositionen, die Ihr zu wissen begehrt, oder das
> Ganze durchgehen, wenn Ihr es für angemessen haltet."*
>
> (These are sufficient for understanding my book: but if you can procu-
> re Hugenius's *Horologium oscillatorium*, the perusal of that will make
> you much more ready.
>
> When you have read the first 60 pages, pass on to ye 3d Book & when
> you see the design of that you may turn back to such Propositions as
> you shall have a desire to know, or peruse the whole in order if you
> think fit.)

Die ersten 60 Seiten der *Principia*, d.h. die ersten drei Abschnitte in Buch I,
waren nach Newtons Meinung also auch für Leser mit nur geringem mathema-

Abb. 6.3.1. Richard Bentley (1662–1742) war ein klassischer Philologe, Textkritiker, Theologe und ab 1700 Master von Trinity College. Im Jahr 1695 wurde er Mitglied der Royal Society und ein Jahr später Doktor der Theologie ([Stich von George Vertue nach J. Thornhill, um 1710] Wellcome Images/Wellcome Trust, photo L0021234) und Hauptportal des St. John's College (Cambridge), an dem Richard Bentley studierte [Foto: Alexander Czuperski 2007]

tischen Hintergrund verständlich und sollten gelesen werden, bevor man sich den kosmologischen Abhandlungen in Buch III näherte. Im 18. Jahrhundert waren die ersten drei Abschnitte von Buch I dann auch die Standardlektüre britischer Universitätsstudenten [Guicciardini 1999, S. 176]. Wie dem auch sei, Richard Bentley scheint diese ersten 60 Seiten niemals ernsthaft studiert zu haben, bekam aber ein gutes qualitatives Verständnis von Newtons *„System of the World"*, d.h. von Buch III.

Ebenso wie Bentley ging es auch dem Philosophen John Locke (1632–1704), der zu einem der wenigen Freunde Newtons wurde, wie wir im Abschnitt 7.2 darlegen werden. Zwei Monate nach ihrem Erscheinen las Locke die *Principia*, machte sich Exzerpte und Notizen [Guicciardini 1999, S. 176], aber hatte beim Verständnis des Gelesenen große Probleme. Er erhielt von Newton im Jahr 1691 sogar ein eigenes Exemplar, in dem Newton Korrekturen in den Rändern hinzugefügt hatte. Im Jahr 1688 erschien eine anonyme Buchbesprechung der *Principia* in der Zeitschrift „Bibliothèque Universelle", die man heute gemeinhin John Locke zuschreibt [Cohen 1971, S. 147f.]. Locke hatte keine mathematische Ausbildung, er konnte daher auch kaum etwas zum Inhalt der Bücher I und II sagen. Daher beschränkt sich die Buchbesprechung [Newton 1999a, S. 584ff.] (die den Namen kaum verdient) auf Buch III und die Übesetzung der lateinischen Überschriften der Abschnitte in den Büchern I und II. Immerhin hatte sich Locke bei Christiaan Huygens versichert, dass die Mathematik in den *Principia* korrekt war.

6.3.2 Huygens als Rezipient

Wie in England war die Zahl der verständigen Leser der *Principia* auf dem Kontinent klein. Der Altmeister der Naturphilosophie, Christiaan Huygens, erhielt die *Principia* gegen Jahresende 1687, nachdem er bereits vorher durch Fatio de Duillier einiges von Newtons Arbeit erfahren hatte. Neben der Theorie der Gezeiten, mit der Huygens sich selbst beschäftigt hatte, wurde seine Aufmerksamkeit insbesondere durch die ersten drei Abschnitte in Buch II geweckt, in denen sich Newton mit der Bewegung von Körpern in widerstehenden Medien beschäftigte [Guicciardini 1999, S. 121]. Huygens erkannte die Leistungen Newtons sehr klar, aber mit der Mathematik und der Theorie der Gravitation hatte er Probleme. In einem Brief an Hudde aus dem Jahr 1688 schrieb er [Guicciardini 1999, S. 122]:

> *„Professor Newton hat in seinem Buch mit dem Titel Philosophiae Naturalis Principia Mathematica einige Hypothesen angegeben, denen ich nicht zustimmen kann.",*

> (Professor Newton in his Book entitled Philosophiae Naturalis Principia Mathematica has stated several hypotheses of which I cannot approve.)

und an Leibniz 1690 [Guicciardini 1999, S. 122]:

> *„Mit der Begründung von Ebbe und Flut wie von Newton angegeben bin ich überhaupt nicht zufrieden. Ich bin unzufrieden auch mit all den anderen Theorien, die er auf das Prinzip der Anziehung gründet, das für mich absurd scheint [...] Und ich war oft überrascht zu sehen, wie er solch einen Aufwand treiben konnte, um so viele Forschungen und schwierige Berechnungen durchzuführen, die dieses Prinzip zur Grundlage haben.“*

> (As for the cause of the ebb and flow given by Newton, I am not at all satisfied. I am dissatisfied also with all the other theories which he bases on the principle of attraction, which seems to me absurd [...] And I was often surprised to see how he could make such an effort to carry on so many researches and difficult calculations which have as foundation this very principle.)

Huygens, ein Cartesianer, publizierte 1690 als Anhang seines *Traité de la lumière* den *Discours de la cause de la pesanteur* (Abhandlung über die Ursache der Schwerkraft), in der er eine eigene Theorie der Gravitation auf der Basis cartesischer Wirbel subtiler Materie entwickelte. In dem *Traité* trat er der Teilchentheorie des Lichts nach Newton entgegen, im *Discours* der Newton'schen Gravitation. Wohlgemerkt, Huygens anerkannte die Richtigkeit der Newton'schen Herleitung einer zum Abstandsquadrat inversen Kraft, womit die Descartes'schen Wirbel hinweggefegt waren, aber die „okkulte" fernwirkende Kraft der Newton'schen Gravitation war nicht zu akzeptieren. Huygens hatte bereits 1669 der Académie Royale des Sciences eine ausgefeilte Theorie der terrestrischen Anziehungskraft vorgestellt, in der der cartesische Wirbel durch ein ganzes System von kleinen Partikeln, die sich um die Erde auf sphärischen Flächen in alle Richtungen bewegten, ersetzt wurde [Koyré 1965, S. 116].

In seinen *Pensées privées* (Private Gedanken) notierte Huygens 1686 [Koyré 1965, S. 117]:

> *„Planeten schwimmen in Materie. Denn täten sie es nicht, was würde die Planeten von der Flucht abhalten, was würde sie bewegen? Kepler mochte, aber fälschlicherweise, dass es die Sonne sei."*

(Planets swim in matter. For, if they did not, what would prevent the planets from fleeing, what would move them? Kepler wants, but wrongly, that it should be the sun.)

Noch 1688 hatte er die Rettung seiner Wirbeltheorie im Kopf, denn er konstatiert [Koyré 1965, S. 117]:

> *„Wirbel durch Newton zerstört. Wirbel von kreisförmiger Bewegung an ihrer Stelle.*
>
> *Um die Idee der Wirbel zu retten.*
>
> *Wirbel notwendig;* [ohne sie] *würde die Erde von der Sonne weg laufen; aber voneinander sehr entfernt, und nicht, wie die von Herrn Descartes, sich gegenseitig berührend."*

(Vortices destroyed by Newton. Vortices of spherical motion in their place.

To rectify the idea of vortices.

Vortices necessary; [without them] the earth would run away from the sun; but very distant the one from the other, and not, like those of M. Des Cartes, touching each other.)

Für Huygens war die Idee der Newton'schen Fernwirkungskraft so wenig zu akzeptieren, dass er den durch Newton „vernichteten" Wirbel AYBM in Abbildung 6.3.2 nun durch ein System kleiner Wirbel ersetzte und darüber sogar während seines Aufenthaltes in London im Jahr 1689 vor der Royal Society vortrug [Koyré 1965, S. 117]. Es versteht sich dabei von selbst, dass ein wohlerzogener, vornehmer und höflicher Mensch wie Christiaan Huygens Newton nicht direkt angriff oder gar öffentlich attackierte. Es war einfach nur die Frage nach den Ursachen der Gravitation, in der Huygens nicht mit Newton übereinstimmen konnte. Für Aristoteles war „Schwere" eine grundlegende Eigenschaft einiger Körper, so wie „Leichte" die Eigenschaft einiger anderer

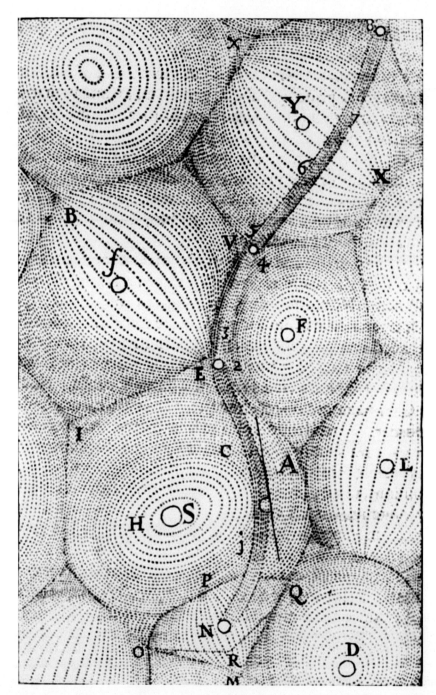

Abb. 6.3.2. Das Wirbelsystem im Kosmos in den *Prinzipien der Philosophie* von René Descartes ([Descartes, Principia Philosophiae, 1656, S. 72] Bayerische Staatsbibliothek, München, Sign.: 858338 4 Ph.u. 44 858338 4 Ph.u. 44). Der „Wirbel des ersten Himmels" [Descartes 2005, S. 253] ist AYBM, in dessen Mitte sich die Sonne S befindet. Dieser zentrale Wirbel (und natürlich auch jeder andere) wurde von Newton in Huygens' Augen „vernichtet". Die Geschichte der Wirbeltheorie findet man in [Aiton 1972a] und in [Descartes 2005]

Körper war. Für Archimedes war „Schwere" die Eigenschaft aller Körper, für Copernicus der Ausdruck einer inneren Tendenz homogener Teile, sich zusammenzuschließen und ein Ganzes zu bilden, und für Kepler war es der Effekt der gegenseitigen Anziehung zwischen den Teilen und dem Ganzen. Nicht so für Descartes und Huygens. In Descartes' Physik ist Gravitation der Effekt einer äußeren Einwirkung. Körper sind schwer, weil sie durch andere „Körper" zur Erde hin gedrückt werden, genauer: durch den Druck eines Wirbels aus subtiler Materie, die sich mit enormer Geschwindigkeit um die Erde bewegt [Koyré 1965, S. 118]. Dieser mechanischen Vorstellung konnte Huygens sich anschließen. Er ersann sogar ein Experiment, mit dem er seine Wirbeltheorie belegen wollte [Koyré 1965, S. 119ff.].

Huygens wurde nie ein Newtonianer; er konnte die Newton'sche Gravitation und die Teilchentheorie des Lichts bis zu seinem Tod nicht akzeptieren. In seiner letzten Schrift *Cosmotheoros* (Weltbeschauer), die posthum in Den Haag im Jahr 1698 erschien, stellte er fest [Koyré 1965, S. 123]:

> *„Ich denke, dass jede Sonne* [d.h. jeder Stern] *von einem bestimmten Materiewirbel in schneller Bewegung umgeben ist, aber dass diese Wirbel sehr verschieden von den Cartesischen Wirbeln sind, sowohl in Bezug auf den Raum, den sie einnehmen, als auch in Bezug auf die Art, in der ihre Materie sich bewegt."*

(I think that every Sun [that is, every star] is surrounded by a certain vortex of matter in quick movement, but that these vortices are very different from the Cartesian vortices as well in respect to the space that they occupy as in respect to the manner in which their matter is moving.)

6.3.3 Leibniz als Rezipient

Bereits in Abschnitt 6.2.5 haben wir davon gesprochen, wie Leibniz auf die Lektüre der Newton'schen *Principia* reagierte: Er schrieb drei Arbeiten, um seine eigene Naturphilosophie darzulegen. Dabei behauptete Leibniz steif und fest, er habe die *Principia* zu dieser Zeit noch nicht gelesen, sondern lediglich auf die Pfautz'sche Buchbesprechung[12] in den Acta Eruditorum [Newton 1999a, S. 588ff.] reagiert. Diese Buchbesprechung verdient ihren Namen zu Recht, denn sie gibt klare und sachliche Hinweise auf die Inhalte des Werkes.

Was waren die Inhalte des *Schediasma de resistentia medii et motu projectorum gravium in medio resistente* und des *Tentamen de motuum caelestium causis*, die im Januar bzw. Februar 1689 erschienen? Hatte Leibniz aus der Newton'schen *Principia* Resultate und Herleitungen übernommen und neu formuliert? Weit gefehlt! Leibniz formulierte zutiefst originelle Gedanken

---

[12]Diese Buchbesprechung erschien anonym; es besteht heute jedoch kein Zweifel mehr, dass Pfautz der Autor war.

und verwendete durchgehend seinen Kalkül; er begann also etwas, das erst
Leonhard Euler im 18. Jahrhundert erfolgreich vollständig umsetzen wird:
Die Durchdringung und Fundierung der Mechanik und Himmelsmechanik mit
und auf Basis der neuen Differenzial- und Integralrechnung. Dieser Schritt,
den Newton, wie wir sahen, in den *Principia* unter allen Umständen vermied,
ist eine der wesentlichen Leistungen Leibnizens im *Schediasma* und dem *Tentamen*. Der Kalkül erscheint im *Schediasma* nicht explizit, aber Leibniz ließ
keinen Zweifel daran, dass die Resultate mit Hilfe des Kalküls gewonnen wurden [Guicciardini 1999, S. 147]. Offenbar waren die Herleitungen für Leibniz
noch nicht elegant oder schlüssig genug.

Im *Schediasma* behandelt Leibniz Probleme, die auch von Huygens und Newton gelöst wurden. Wir folgen Aiton in der Rekonstruktion der Mathematik,
die dem *Schediasma* zugrunde liegt [Aiton 1972]. Für Leibniz existieren zwei
Arten von Widerstand, wenn sich ein Körper in einem widerstehenden Medium bewegt: der absolute und der einschlägige Widerstand. Der absolute
Widerstand ergibt sich durch die Reibung der Fluidteilchen mit der Körperoberfläche, wobei die Geschwindigkeit der Fluidteilchen keine Rolle spielt
(der absolute Widerstand ist von der Geschwindigkeit unabhängig und hängt
ausschließlich von der Viskosität des Fluids ab). Der dynamische Effekt des
absoluten Widerstandes, also die Abnahme der Geschwindigkeit durch die Reibung der Fluidteilchen, ist proportional zur Anzahl der Teilchen und damit
zu dem zurückgelegten Weg je Zeiteinheit, und damit von der Geschwindigkeit. Der einschlägige Widerstand entsteht durch das Einwirken des Fluids
auf den Körper im Sinne des Aufprallens von Fluidteilchen auf den Körper.
Der einschlägige Widerstand ist proportional zur Geschwindigkeit, aber der
dynamische Effekt ist auch proportional zur Anzahl der Elemente, bzw. zum
zurückgelegten Weg, so dass der dynamische Effekt des einschlägigen Widerstandes insgesamt proportional zum Geschwindigkeitsquadrat ist.

In Artikel I behandelt Leibniz die gleichförmige Bewegung eines Körpers, dessen Verzögerung durch Reibung proportional zum zurückgelegten Weg ist. In
Proposition 1 hält Leibniz fest, dass die Abnahme der Kräfte proportional zu
den Zuwächsen des Weges ist, nach Proposition 2 sind die Geschwindigkeiten
proportional zu den Wegen. Werden die Zuwächse der Wege alle als gleich
angenommen, dann wird nach Proposition 1 die Abnahme der Kräfte gleich
sein. Wenn die Abnahme der Kräfte gleich ist, ist die Abnahme der Geschwindigkeit ebenfalls gleich. Die „Kraft" ist hier gemeint im Sinn der „lebendigen
Kraft" (vis viva), das heißt, die Kraft ist proportional zum Quadrat der Geschwindigkeit. In Proposition 1 ist allerdings ein *anderer* Kraftbegriff gemeint,
was Leibniz in einem Brief an Johann Bernoulli vom März 1696 einräumte.

Ist in Abbildung 6.3.3 *AE* die Anfangsgeschwindigkeit und die ganze, im Medium zurückzulegende Strecke *AB*, dann ist der bereits zurückgelegte Weg *AM*
und der noch zurückzulegende Weg *MB*. Die verbleibende Geschwindigkeit ist
dann *MC* (oder *AF*), die „verlorene" Geschwindigkeit ist *FE*, und dann wird
ECB eine gerade Linie sein.

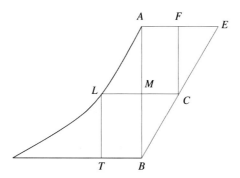

Abb. 6.3.3. Leibniz'sches Geschwindigkeitsdiagramm

Nun folgt Proposition 3: Wenn die verbleibenden Wege (*MB* oder *LT*) wie Zahlen sind, dann werden die Zeiten (*ML* oder *BT*) wie Logarithmen sein. Denn wenn die Elemente [=Differenziale] der Wege in geometrischer Progression sind, werden die verbleibenden Wege ebenfalls in derselben Progression sein. Dann folgt aus Proposition 2, dass auch die verbleibenden Geschwindigkeiten sich so verhalten. Also sind die Zuwächse der Zeiten gleich, daher sind die Zeiten selbst in arithmetischer Progression.

Wir sollten nicht verzweifeln, wenn diese Folgerungen dunkel und unklar bleiben. Leibniz selbst hat in der Arbeit *Additio ad schediasma de medii resistentia* (Zusatz zur kurzen Schrift über den Widerstand des Mediums) in den Acta Eruditorum des Jahres 1691 eine symbolische Herleitung gegeben, um Fehler zu korrigieren, die sich in dem *Schediasma* eingeschlichen hatten. Ist die Geschwindigkeit v, die maximale Geschwindigkeit a, die Zeit t, der zurückgelegte Weg s und der maximale zurückgelegte Weg b, dann folgt aus Proposition 1 die Gleichung

$$-\frac{dv}{a} = \frac{ds}{b},$$ (6.1)

wobei bei Leibniz das negative Vorzeichen fehlt [Aiton 1972, S. 262, Fußnote 25]. Sind v_1 und s_1 zwei korrespondierende Werte von Geschwindigkeit und zurückgelegtem Weg, dann folgt daraus

$$\frac{v - v_1}{a} = \frac{s_1 - s}{b}.$$ (6.2)

Nun ist die Anfangsgeschwindigkeit $v_1 = a$ und der anfänglich zurückgelegte Weg $s_1 = 0$, so dass

$$\frac{a - v}{a} = \frac{s}{b}$$ (6.3)

gilt, und das ist gerade die Aussage von Proposition 2. Die Ableitung des Weges nach der Zeit ist die Geschwindigkeit, hier also

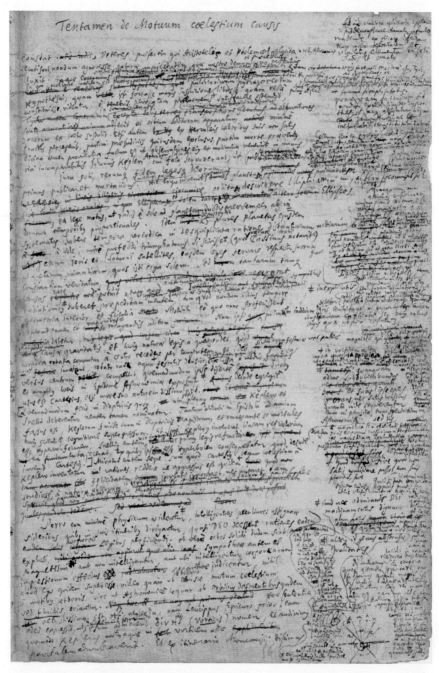

Abb. 6.3.4. *Tentamen de motuum caelestium causis* (Gottfried Wilhelm Leibniz Bibliothek - Niedersächsische Landesbibliothek Hannover, LH XXXV, IX, 2, Bl. 56r)

$$\frac{ds}{dt} = \frac{v}{a},$$ (6.4)

so dass aus (6.3) und (6.4) folgt:

$$\frac{a - a\frac{ds}{dt}}{a} = \frac{s}{b},$$ (6.5)

oder

$$dt - ds = s\frac{dt}{b},$$

das heißt

$$dt = h\frac{ds}{b - s},$$

Und jetzt liefert Integration die Gleichung

$$t = b\log\frac{b}{b - s},$$

und das ist der Inhalt der Proposition 3. Eine Diskussion der weiteren Inhalte des *Schediasma* findet sich in [Aiton 1972]. Das *Schediasma* endet mit einem Problem, das Newton in den *Principia* nicht gelöst hatte, nämlich die Frage nach der Bahn eines Körpers, der sich in einem Medium bewegt, das ihm mit dem Quadrat der Geschwindigkeit Widerstand leistet. Leibniz gelang es nicht, dieses Problem in seiner Allgemeinheit zu lösen und nach einer Kritik von Huygens musste Leibniz das auch eingestehen. Das Problem wurde erst im Jahr 1719 durch Johann Bernoulli gelöst [Guicciardini 1999, S. 149].

Im *Tentamen*, von dem wir nun wissen, dass Leibniz es nach der Lektüre der *Principia* schrieb, wandte er seinen Kalkül konsequent auf die Probleme der Himmelsmechanik an. Wie Huygens konnte auch Leibniz sich nicht mit einer Fernwirkungskraft abfinden; auch er war ein Cartesianer und hing der Wirbeltheorie an. Leibniz nahm an, dass drei Kräfte auf einen Planeten einwirken: eine transradiale Kraft, die senkrecht zur Verbindungslinie zwischen der Sonne und dem Planeten wirkt, und zwei gegensätzlich wirkende radiale Kräfte. Als Ursache für die transradiale Kraft machte Leibniz einen „harmonischen Wirbel" verantwortlich, dessen Teilchen in Kreisbahnen um die Sonne laufen, so dass ihre Geschwindigkeit umgekehrt proportional zum Abstand von der Sonne ist. Hatte Newton das zweite Kepler'sche Gesetz in Buch I der *Principia* in den Propositionen I und II aus „ersten Prinzipien" bewiesen [Newton 1999a, S. 59-62], so sorgte der harmonische Wirbel bei Leibniz dafür, dass dieses Flächengesetz eingehalten wurde, da die Annahme einer umgekehrt zum Abstand von der Sonne proportionalen Geschwindigkeit das zweite Kepler'sche Gesetz impliziert. Die beiden radialen Kräfte sind der „zentrifugale Conatus" (Streben, Drang), der nach außen gerichtet ist, und der nach innen gerichtete „Trieb der Schwere". Diese beiden radialen Kräfte sind verantwortlich für die „parazentrische" Bewegung.

Leibniz nimmt den Orbit des Planeten als Polygon an, wobei dessen Seiten infinitesimal klein sind. Der Planet bewegt sich entlang einer infinitesimalen Seite mit gleichförmiger Geschwindigkeit, bis er an einen Eckpunkt gelangt. Dort ändert er seine Geschwindigkeit und bewegt sich auf der anschließenden Seite, und so weiter. Mit diesem Modell, das in [Meli 1993, S. 126ff.] und zusammenfassend in [Guicciardini 1999, S. 150ff.] beschrieben ist, war Leibniz in der Lage nachzuweisen, dass der Trieb der Schwere umgekehrt proportional zum Quadrat des Abstands ist, wenn man für die Trajektorie des Planeten eine Ellipse annimmt. Damit hatte Leibniz mit Hilfe seines Differenzialkalküls das Newton'sche Problem VI in Proposition XI aus Buch I gelöst [Newton 1999a, S. 79]:

> *„Ein Körper möge auf einer Ellipse umlaufen. Gesucht wird das Gesetz der Zentripetalkraft für den Fall, daß sie zu einem Brennpunkt der Ellipse hin gerichtet ist."*[13],

und zwar als äußerst elegante Anwendung seines Kalküls.

Beide Arbeiten, *Schediasma* und *Tentamen*, sind die ersten Meilensteine auf dem Weg zu einer kalkülbasierten Mechanik, allerdings waren beide Arbeiten auch Misserfolge [Guicciardini 1999, S. 152]. Im *Schediasma* lieferte Leibniz eine falsche Theorie der Kurve eines Körpers im Medium mit zum Quadrat der Geschwindigkeit proportionalen Widerstand, und im *Tentamen* war es Leibniz nicht gelungen, Keplers drittes Gesetz abzuleiten. Die Arbeiten waren schnell vergessen und trugen so nicht direkt zur Mathematisierung der Mechanik bei.

6.3.4 Newtons Anschlag auf Leibnizens *Tentamen*

Wir kennen mehrere schriftliche Äußerungen Newtons zu Leibnizens *Tentamen*, darunter der von Edleston veröffentlichte Entwurf einer Kritik aus dem Besitz von Keill [Edleston 1850, S. 308-315] mit dem Titel *Ex Epistola cujusdam ad Amicum* (Aus einem Brief eines gewissen Autors an einen Freund), geschrieben etwa 1712, und Newtons Notizen zu Leibnizens *Tentamen* in [Turnbull 1959–77, Vol. VI, S. 116ff.]. Die Inhalte der beiden Äußerungen sind im Detail in [Meli 1993] untersucht worden und für uns nicht sehr von Belang. Die schriftlichen Kommentare Newtons zum *Tentamen* wurden nicht von Newton selbst verwendet, um Leibniz anzugreifen, sondern Newton schickte John Keill vor, vergl. Seite 440, aber hier greifen wir schon vor. Wir wollen in Erinnerung halten, dass auch die *Principia* und das *Tentamen* in den Prioritätsstreit hineingezogen wurden. Das geschah aber erst nach der Wende vom 17. zum 18. Jahrhundert.

---

[13]Cohen und Whitman übersetzen in [Newton 1999, S. 462] aus dem Lateinischen: *„Let a body revolve in an ellipse; it is required to find the law of the centripetal force tending toward a focus of the ellipse"*, was sehr gut der Schüller'schen Übersetzung entspricht.

6.3.5 Die erste Reaktion in Frankreich

Obwohl Frankreich im 18. Jahrhundert von einer Newton-Begeisterung erfasst wurde und sogar Bücher über Newton'sche Naturphilosophie für die Damenwelt geschrieben wurden, war die erste Reaktion auf die *Principia* eher kühl. Eine Buchbesprechung erschien anonym im Journal des Sçavans des Jahres 1688. Es ist bis heute nicht geklärt, wer der Verfasser dieser Besprechung war, aber sie war ausgesprochen kurz. Sie beginnt [Newton 1999a, S. 588]:

> *„Monsieur Newtons Werk ist die vollkommenste Mechanik, die man sich einfallen lassen kann, da es unmöglich ist, die Beweise noch schärfer und genauer zu machen als jene, die er in den beiden ersten Büchern zur Schwere, zur Leichtheit, zur Elastizität, zum Widerstand fluider Körper und zu den anziehenden und anstoßenden Kräften angibt, die das hauptsächliche Fundament der Physik ist. Aber man muß einräumen, daß man diese Beweise nur für mechanische halten kann, da ja der Autor selbst am Ende von Seite 4 und am Anfang von Seite 5 bekennt, daß er ihre Grundlagen nicht als Physiker, sondern bloß als Geometer betrachtet hat."*

Dann kommt die Sprache auf Buch III. Der Referent beklagt, dass alles an der Newton'schen Hypothese einer fernwirkenden Gravitationskraft hänge; einer Hypothese, die nicht beweisbar sei, weshalb jeder von ihr abhängige Beweis nur ein „mechanischer" sein könne. Ganz offenbar war der Referent ein Cartesianer, der sich mit einer wirbelfreien Bewegung der Planeten nicht zufrieden geben konnte. Die Buchbesprechung endet mit einer Aufforderung an Newton [Newton 1999a, S. 588]:

> *„Um also ein so vollkommenes Werk, wie nur irgend möglich, zu erschaffen, braucht Mr. Newton uns nur eine ebenso exakte Physik zu geben, wie es die Mechanik ist. Er wird sie dann gegeben haben, wenn er wahre Bewegungen an Stelle derjenigen gesetzt haben wird, die er angenommen hat."*

In der Tat hat Leibniz mit seinem *Tentamen* versucht, einem solchen Programm einer mechanistischen Erklärung der Planetenbewegung zu folgen.

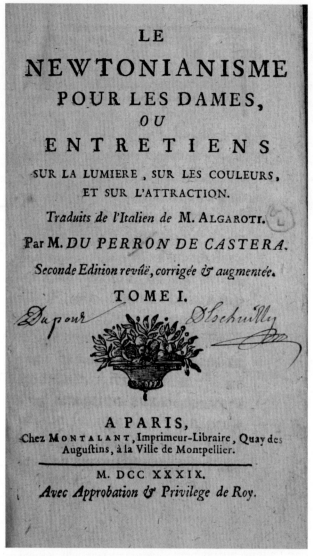

Abb. 6.3.5. Titelblatt der zweiten Auflage des zweiten Bandes von Algarottis *Le Newtonianisme Pour Les Dames* aus dem Jahr 1739 (with kind permission by Pazzo Books, Boston). Francesco Graf von Algarotti (1712–1764) war ein venezianischer Schriftsteller und Kunsthändler, der Wissenschaft und Kunst beim breiten Publikum popularisierte. Im Ölbild „Die Tafelrunde von Sanssouci" von Adolph von Menzel ist er mit Voltaire und anderen in einer illustren Runde um Friedrich den Großen abgebildet. Das populärwissenschaftliche Buch *Le Newtonianisme Pour Les Dames* wurde in italienischer Sprache als *Il newtonianismo per le dame ovvero dialoghi sopra la luce e i colori* (Der Newtonianismus für die Damen oder Dialoge über das Licht und die Farben) im Jahr 1737 erstmals veröffentlicht und ins Französische und Deutsche übersetzt. Auf dem Marmorepitaph seines Grabes auf dem Camposanto in Pisa ließ Friedrich der Große die Inschrift „Algarotti, dem Nachfolger Ovids, dem Schüler Newtons. Friedrich der Große" anbringen

6.4 Das Leibniz zugeeignete Scholium

Als die *Principia* im Jahr 1687 erstmalig erschienen – und auch noch in der zweiten Auflage aus dem Jahr 1713 – fand sich im zweiten Kapitel des zweiten Buches direkt hinter Lemma II, in dem die Produktregel bewiesen wurde, vergl. Seite 271 und 502, ein Scholium [Newton 1999a, S. 258f., Fußnote 46]:

> *„Als ich in einem Brief, der vor nunmehr zehn Jahren zwischen mir und dem hochgebildeten Geometer G. W. Leibniz gewechselt wurde, zu erkennen gab, dass ich im Besitz eines Verfahrens zur Bestimmung von Maxima und Minima, zum Ziehen von Tangenten und zur Ausführung ähnlicher Dinge sei, welches bei irrationalen Ausdrücken ebenso wie bei rationalen vorgeht, und ich in dem übermittelten Brief, der den Satz „Bei gegebener Gleichung, die beliebig viele fluente Größen enthält, bestimme man die Fluxionen und umgekehrt" enthielt, ebendiesen verschlüsselte[14], schrieb der hochberühmte Mann zurück, dass auch er auf ein solches Verfahren gekommen sei, und teilte sein Verfahren mit, welches außer in der Wahl der Worte und Bezeichnungen von meinem kaum verschieden ist. Die Grundlage für die beiden [Verfahren] ist in diesem Lemma enthalten."*

Als im Jahr 1726 die dritte Auflage der *Principia* erschien, war Leibniz bereits seit fast 10 Jahren tot. Der Prioritätsstreit hatte etwa um 1710 seinen Höhepunkt erreicht und das freundliche Verhältnis, das Leibniz und Newton in ihren Briefen gegenseitig zum Ausdruck brachten, war zerbrochen. So ist es nicht verwunderlich, dass Newton das Scholium für die dritte Auflage vollständig neu schrieb und den Namen seines Widersachers strich [Newton 1999a, S. 258f.]:

> *„In einem an unseren Landsmann* Hrn. J. Collins *gerichteten Brief vom 10. Dezember 1672 fügte ich, nachdem ich ein Verfahren zur Tangentenbestimmung beschrieben hatte, von dem ich vermutete, dass es mit dem damals noch nicht veröffentlichten Verfahren von* Sluse *identisch sei, folgende Bemerkung hinzu:* Dies ist ein Spezialfall oder vielmehr ein Korollar eines allgemeinen Verfahrens, welches sich ohne lästige Rechnung nicht nur auf das Ziehen von Tangenten an beliebigen Kurven, gleichgültig ob es geometrische oder mechanische sind, oder auf das Ziehen von irgendwie gerichteten Geraden oder anderen Kurven erstreckt, sondern auch auf das Lösen anderer schwieriger Arten von Problemen hinsichtlich der Krümmungen, der Flächeninhalte, der Längen, der Schweremittelpunkte von Kurven etc., und nicht nur (wie Huddens Verfahren [in] *Über die Maxima und Minima*) auf solche Gleichungen beschränkt ist, die keine irrationalen Größen enthalten. Dieses Verfahren habe ich mit jenem anderen [Verfahren] verbunden,

---

[14]Es handelt sich um das erste Anagramm der *Epistola posterior*, vergl. Seite 227.

mit dem ich die Auswertung von Gleichungen dadurch vornehme, daß ich sie in unendliche Reihen umforme. *Soweit der Brief. Diese letzten Worte beziehen sich auf eine Abhandlung, die ich darüber im Jahre 1671 geschrieben habe. Die Grundlage für dieses allgemeine Verfahren aber ist in dem vorangegangenen Lemma enthalten.*"

Es ist schon erschütternd zu sehen, wie sehr einerseits der alte Newton lange nach dem Tod seines vermeintlichen Feindes noch darauf bedacht war, seine Priorität in Fragen der Infinitesimalmathematik zu sichern, und andererseits den Namen Leibnizens aus seinem großem Werk zu tilgen. Aber damit haben wir der Entwicklung des Streits bereits wieder vorgegriffen.

7 Der Krieg wird heiß

7.1 Newton in der politischen Krise

Am 16. Februar 1685 stirbt der König von England, Schottland und Irland, Karl II., an einem Schlaganfall. Er hinterlässt keinen legitimen Erben, so dass sein Bruder als Jakob II. (James II.) sein Nachfolger wird. Mit Jakob besteigt ein überzeugter Katholik den Thron – es wird der letzte sein –, dessen erklärtes Ziel die Rekatholisierung Englands ist. Um dieses Ziel zu erreichen, braucht er die Kontrolle über die Universitäten. Als Edward Spence vom Jesus College in Cambridge Ende des Jahres 1686 eine satirische Rede über den Katholizismus hält, schlägt Jakob zu und zwingt ihn, öffentlich zu widerrufen. Einen Monat später wird der Denunziant, Joshua Bassett vom Caius College, ein heimlicher Papist, durch den König zum Vorsteher des Sidney Sussex Colleges ernannt. Das war ein klarer Angriff auf den Protestantismus der Universität Cambridge, aber was sollte eine Institution, die vom Wohlwollen des Königs abhängig war, tun [Westfall 2006, S. 474]? Die Krise erreichte die heiße Phase erst, als am 16. Februar 1687 einem Benediktinermönch, Alban Francis, auf Befehl des Königs der Grad eines „Masters of Art" verliehen werden sollte, und zwar ohne dass Francis irgendeinen Eid ablegen musste. Der Vizekanzler John Peachell hielt das Schreiben des Königs für fast zwei Wochen zurück, weil er sich erst Rat holen wollte [Westfall 2006, S. 475].

Newton ist inzwischen dabei, das Buch III der *Principia* fertigzustellen. Am 29. Februar 1687 entwirft er einen Brief an einen nicht bekannten Adressaten [Turnbull 1959–77, Vol. II, S. 467f.]:

> *„Mein Herr,*
>
> *hier ist ein überzeugendes Gerücht in der Stadt, dass ein Befehl zu dem Vizekanzler gekommen ist, einen Pater Francis, einen Benediktinermönch, zu einem Master of Arts zuzulassen, [...]*
>
> *Nämlich alle ehrbaren Männer sind durch die Gesetze von Gott und den Menschen gebunden, den rechtmäßigen Befehlen des Königs zu folgen. Wenn aber seine Majestät überlegt, eine Sache zu fordern, die nicht durch das Gesetz abgedeckt ist, kann kein Mensch für dessen Nichtbeachtung leiden. [...]*
>
> *Ein aufrichtiger Mut in diesen Dingen will alle schützen, denn das Gesetz ist auf unserer Seite."*

> (Sr,
>
> Here's a strong report in ye Town yt a Mandamus has been brought to ye Vice-chancellor to admit one F. Francis a Benedictine Monck to be a Master of Arts, [...]
>
> For all honest men are obliged by ye Laws of God & Man to obey ye King's lawfull Commands. But if his Majesty be advised to require a Matter wch cannot be done by Law, no Man can suffer for neglect of it. [...]
>
> An honest Courage in these matters will secure all, having Law on our sides.)

Abb. 7.1.1. Jakob II. mit seiner Ehefrau Lady Anne. Ihre beiden Töchter Mary (später Königin Mary II.) und Anne (später Königin Anne) wurden um 1680 von Benedetto Gennari hinzugefügt [Pastell von HWK, Vorlage: Gemälde von Peter Lely 1669, mit späteren Einfügungen von Benedetto Gennari]

Der Senat der Universität Cambridge trat am 4. März zusammen. Man kam überein, den Vizekanzler zu unterstützen, indem jedes Haus des Senats ihm die Meinung zusandte, dass es illegal sei, Pater Francis ohne Eid zuzulassen [Westfall 2006, S. 476]. Dadurch änderte sich nichts. Über das weitere Treffen des Senats am 21. März wissen wir nichts, nur das Ergebnis der Sitzung ist bekannt: Isaac Newton wurde als einer von zwei Vertretern der Professoren gewählt, um dem Vizekanzler beratend zur Seite zu stehen, dass eine Zulassung des Mönchs illegal sei. Das bedeutet, dass Newton sich in dieser Sache klar positioniert haben muss. Der König war wütend und lud den Vizekanzler und acht Repräsentanten der Universität vor den Gerichtshof der kirchlichen Kommission. Der Senat wählte Newton als einen der acht. Die Delegation erschien vier Mal vor dem Gericht, am 1., am 7., am 17. und am 22. Mai 1687. Vizekanzler Peachell wurde gleich am ersten Tag aus seinem Amt entfernt und verlor alle Posten und Einkünfte. Nun machte sich Newtons jahrelange Beschäftigung mit theologischen Themen bezahlt; er ging daran, eine Antwort

Abb. 7.1.2. Isaac Newton ([Gemälde: unbek. Künstler, der English School zugeschrieben, etwa 1715–1720], Ausschnitt)

an den König zu verfassen, die in ihrer Eloquenz und Leidenschaft sicher dazu
beigetragen hat, Newtons Ansehen in der Universität schlagartig zu steigern.
Nur Newton selbst wusste von der Ironie, dass ein überzeugter Arianer hier
Argumente der Anglikanischen Religion vortrug [Westfall 2006, S. 479].

Schließlich wurde Newtons Antwort nicht einmal von der kirchlichen Kommission angenommen. Am 22. Mai versammelten sich die Abgesandten der
Universität Cambridge, um das Urteil der Kommission entgegenzunehmen.
Sie hatten Glück: die Kommission sah in Peachell den eigentlichen Urheber
der Probleme und kam schließlich zu einem Schluss [Westfall 2006, S. 479]:

„Meine Herren [sagte er abschließend], *das Beste was Sie machen können wird ein eilfertiger Gehorsam gegenüber den zukünftigen Befehlen
Ihrer Majestät sein, und ein gutes Beispiel für andere zu geben, um
das schlechte Beispiel, das Ihnen gegeben wurde, zu berichtigen. Daher sage ich zu Ihnen was die Heilige Schrift sagt, und gerade weil die
meisten von Ihnen Geistliche sind; gehen Sie Ihren Weg und sündigen
Sie nicht mehr, damit nicht eine schlimmere Sache über Sie kommt.“*

(Gentleman [he concluded], your best course will be a ready obedience
to his majesty's command for the future, and by giving a good example to others, to make amends for the ill example that has been given
you. Therefore I shall say to you what the scripture says, and rather
because most of you are divines; Go your way, and sin no more, lest
a worse thing come unto you.)

Abb. 7.1.3. Karl II. von England [Gemälde: Philippe de Champaigne 1653], Mitte: Jakob II. von England [Gemälde: Benedetto Gennari Junior, 1685] und Wilhelm III. von Oranien-Nassau ([Gemälde: Godfrey Kneller] Verein der Freunde und Förder des Siegerlandmuseums e.V.)

Pater Francis erhielt den Mastergrad nicht! Nicht zuletzt, weil Newton standhaft blieb und offenbar keine Angst vor Konsequenzen hatte.

Im November 1688 landete Wilhelm von Oranien-Nassau in England, die Zeit Jakobs II. war vorüber. Newton war nun nicht mehr nur in Wissenschaftlerkreisen eine Berühmtheit und so wundert es vielleicht nicht, dass er zum Jahresanfang 1689 zu einem von zwei Mitgliedern der Universität im Londoner Parlament gewählt wurde. Er war in der Politik und in London, dem Herzen der Macht, angekommen.

7.2 Ein Freund erscheint

John Locke (1632–1704) war der Sohn eines Gerichtsbeamten in der Grafschaft Somerset und wuchs in durchaus wohlhabenden Verhältnissen auf. Er besuchte ab 1647 die königliche Westminster School in der Londoner Innenstadt und gewann ein Stipendium für Oxford, wo er ab 1652 am Christ Church College die „classics" studierte, also Philosophie und die alten Sprachen, und erwarb 1656 den Bachelorgrad, 1658 den Mastergrad. Locke blieb Oxford treu, wurde 1660 „Lecturer" für Griechisch, und 1662 für Rhetorik und Ethik [Thiel 1990, S. 7-23].

Abb. 7.2.1. John Locke, sogenanntes „Kit-Kat Porträt" von Sir Godfrey Kneller, da es im Kit-Kat-Club in London entstand (National Portrait Gallery London [Foto: Stephendickson 2014]) und als Gemälde [Godfrey Kneller 1697] (Eremitage St. Petersburg, ГЭ-1345)

Nach dem frühen Tod des Vaters 1661 erbte Locke Land und wurde so finanziell unabhängig. Durch Francis Bacon und sein „New Learning" wuchs Lockes Interesse an Medizin und an empirischen Methoden, und er hörte inoffiziell medizinische Vorlesungen. Engen Kontakt pflegte er mit Robert Boyle und obwohl er keinen offiziellen Studienabschluss hatte, wurde ihm schließlich 1675 noch ein Bachelorgrad in Medizin zugesprochen [Thiel 1990, S. 35]. Als er Sir Anthony Ashley Cooper, den ersten Graf von Shaftesbury traf, der sich in Oxford wegen einer Lebererkrankung behandeln ließ, wurde er dessen Leibarzt. Im Jahr 1668 führte Locke einen riskanten medizinischen Eingriff an einem eitrigen Geschwür der Leber des Grafen durch, der Ashley Cooper vermutlich das Leben rettete, so dass Locke einen mächtigen Protegé gewann, der bis in Regierungskreise aufstieg. Shaftesbury verschaffte ihm einen nicht ganz so wichtigen Regierungsposten, der Locke aber zu Reichtum und Ansehen verhalf.

Unter Jakob II. fiel Shaftesbury in Ungnade; Locke machte von 1675 bis 1679 eine Frankreichreise und musste dann von 1683 bis 1688, dem Jahr der „Glorious Revolution", ins Exil nach Holland. Erst 1689 bekam er wieder ein Regierungsamt angeboten, das er aber aus gesundheitlichen Gründen ablehnte. Im Jahr 1690 erschien sein wohl bedeutendstes Werk, *An Essay Concerning Human Understandig* (Versuch über den menschlichen Verstand) [Locke 1995], [Euchner, S. 25ff.].

Abb. 7.2.2. Jean le Clerc [Stich von 1657] und Anthony Ashley-Cooper, erster Graf
von Shaftesbury [Gemälde: John Greenhill 1672–73]

Isaac Newton und John Locke haben sich vermutlich 1689 erstmals getroffen [Westfall 2006, S. 488]. Locke hatte die *Principia* bereits in seinem Exil in Holland gesehen und sofort versucht, die Inhalte des Buches zu verstehen, was ihm nicht gelang. Er fragte Christiaan Huygens daher, ob er den mathematischen Resultaten trauen könne, und als Huygens positiv antwortete, beschränkte Locke seine Lektüre auf den reinen Text [Westfall 2006, S. 470]. Locke wurde schnell klar, dass Newton ein intellektueller Gigant seiner Zeit war und er blieb ein lebenslanger enger Parteigänger Newtons. In *An Essay Concerning Human Understandig* schreibt Locke [Locke 1995, Book IV, Chapter VII, S. 511]:

„*Herr Newton hat in seinem nie-genug-zu-bewundernden Buch einige Lehrsätze gezeigt, die so viele neue Wahrheiten sind, die zuvor der Welt unbekannt waren und weiter fortgeschritten in mathematischem Wissen sind: ...*"

(Mr. Newton, in his never-enough-to-be-admired book, has demonstrated several propositions which are so many new truths, before unknown to the world, and are farther advanced in mathematical knowledge: ...)

Wir wissen, dass Newton und Locke vor dem Herbst 1690 korrespondiert haben; es gibt Hinweise, dass sie sich bereits ein halbes Jahr vorher kannten [Westfall 2006, S. 488]. Wir erleben nun einen neuen Newton, nicht mehr den jüngeren, der genervt alle Korrespondenz möglichst klein hielt oder gar abbrach, sondern den eifrigen Korrespondenten, der sich nach Abschluss der Arbeiten an den *Principia* und dem wachsenden Ruhm seiner Bedeutung durchaus bewusst ist. Beide Männer schätzten sich gegenseitig sehr. Newton präparierte sogar eine eigene Kopie der *Principia* für Locke, in die er alle Korrekturen eintrug, die ihm bis dahin bekannt geworden waren. Der Gesprächsstoff in den Briefen blieb allerdings nicht die gegenseitige Bewunderung, sondern Newton fühlte, dass der Philosoph genau der richtige Gesprächspartner für die Diskussion seiner religiösen Überzeugungen war. Und Newton war Locke gegenüber so offen wie sonst zu niemandem zuvor. Beide Männer teilten offenbar ähnliche, aber unaussprechliche theologische Auffassungen [Westfall 2006, S. 490]. Newton schickte sogar ein arianisches Manifest an Locke, das dieser nach den Niederlanden schicken sollte, damit es dort – anonym, versteht sich – publiziert werde. Etwa ein Jahr später muss Newton klar geworden sein, welches enorme Risiko er auf sich nahm. Er forderte Locke auf, die Publikation unter allen Umständen zu verhindern. Newton schrieb am 26. Februar 1692 [Turnbull 1959–77, Vol. III, S. 195]:

„Lasst mich Euch inständig bitten, ihre Übersetzung und Abdruck so schnell Ihr könnt zu stoppen, denn ich beabsichtige, sie zu unterdrücken. Sollte Euer Freund Mühe und Ausgaben gehabt haben, werde ich sie ihm zurückerstatten und ihn belohnen.“

(Let me entreat you to stop their translation & impression so soon as you can for I designe to suppress them. If your friend hath been at any pains & charge I will repay it & gratify him.)

Newtons Angst war begründet! Jean le Clerc (1657–1736) war in Amsterdam der Locke'sche Korrespondent, und der wusste offenbar ganz genau, wer der Autor war. In der Remonstranten-Bibliothek in Amsterdam fand man 50 Jahre später das Manuskript, das Le Clerc dort deponiert hatte, und zwar mit dem Namen Isaac Newton. Wäre das Manuskript so 1692 publiziert worden, wäre Newton nicht nur aus der Universität Cambridge verbannt worden, sondern auch aus der englischen Gesellschaft.

Ein anderes wichtiges Thema der Korrespondenz zwischen Newton und Locke bildete die Alchemie. Leider sind wohl die meisten Briefe zu diesem Thema nicht erhalten [Westfall 2006, S. 491ff.].

7.3 Isaac Newton und sein Affe

7.3.1 Ein seltsames Paar

Ungefähr zu der Zeit, in der Newton die Bekanntschaft von John Locke machte, traf Newton auch auf Fatio. Das erste Treffen muss spätestens bei der
Sitzung der Royal Society am 22. Juni 1689 stattgefunden haben, als Christiaan Huygens zum Thema Licht und Schwerkraft referierte [Westfall 2006, S.
493].

Nicolas Fatio de Duillier wurde am 26. Februar 1664 in Basel geboren und
starb am 12. Mai 1753 in Maddersfield bei Worcester. Er war das siebente
von 14 Kindern und siedelte sich mit seinen Eltern 1672 auf dem Gut Duillier
im heutigen Distrikt Nyon des Kantons Waadt an, was den Namenszusatz „De
Duillier" erklärt.

Im Alter von 18 Jahren reiste Fatio 1682 nach Paris, um bei Giovanni Domenico Cassini (1625–1712) am Pariser Observatorium astronomische Studien
zu betreiben. Zwei Jahre später konnte Fatio das von Cassini entdeckte Phänomen des Zodiakallichtes erklären, was einen großen Erfolg darstellte und
seinen Namen in Wissenschaftskreisen bekannt machte. Er war nun ein anerkannt brillanter Schweizer Mathematiker. Im Jahr 1686 lernte Fatio Jakob

Abb. 7.3.1. Nicolas Fatio de Duillier [unbekannter Maler um 1700] und Giovanni
Domenico Cassini [Maler: Durangel 1879]

Abb. 7.3.2. Hampton Court, Westfassade [Foto: Duncan Harris, 2012]

Bernoulli und Christiaan Huygens kennen. Mit Huygens ergab sich eine enge Zusammenarbeit über mathematische Themen zur Tangentenberechnung. Im Frühjahr 1687 reiste Fatio nach London und bekam hautnah das Fieber mit, mit dem die gebildeten Kreise dort auf Newtons großes Werk warteten, von dem man annahm, dass es die Naturphilosophie revolutionieren würde [Westfall 2006, S. 469]. In London machte er die Bekanntschaft einiger Wissenschaftler, darunter auch John Wallis', und wurde auf Vorschlag eines der Gründungsmitglieder der Royal Society und ihres zeitweiligen Präsidenten, Sir John Hoskyns (1634–1705), im Jahr 1688 Mitglied.

Auf beide Männer – Newton und Fatio – wirkte der jeweils andere sofort über alle Maßen anziehend. Newton war im Juni 1689 bereits 46 Jahre alt, Fatio gerade einmal 25. Am 19. Juli besucht Newton die beiden Brüder Huygens an ihrem Aufenthaltsort in Hampton Court.

Am nächsten Tag fahren Newton, Christiaan Huygens und Fatio nach London, um durch das Parlamentsmitglied John Hampden (1653–1696) Newton dem König für eine Leitungsposition an einem Cambridger College zu empfehlen [Westfall 2006, S. 488, S. 493]. Am 20. Oktober fragt Newton Fatio nach einem freien Zimmer dort, wo Fatio wohnt. Newton schreibt [Turnbull 1959–77, S. 45]:

> *„Mein Herr*
>
> *ich bin außerordentlich froh dass Ihr .... Freund und danke Euch herzlichst für Eure Freundlichkeit mir gegenüber es einzurichten, ihn mit mir bekannt zu machen. Ich plane nächste Woche in London zu sein und wäre sehr froh in derselben Unterkunft mit Euch zu sein.*

[...] Bitte lasst mich durch eine Zeile oder zwei wissen, ob Ihr derzeit Unterkunft für uns beide im selben Haus haben könnt oder ob Ihr mich lieber für eine Zeit in einer anderen Unterkunft haben wollt, bis ...."

(Sr

I am extreamly glad that you .... friend & thank you most heartily for your kindness to me in designing to bring me acquainted with him. I intend to be in London ye next week & should be very glad to be in ye same lodgings with you.

[...] Pray let me know by a line or two whether you can have lodgings for us both in ye same house at present or whether you would have me take some other lodgings for a time till ....)

Die mit „.........." markierten Stellen sind aus nicht bekannten Gründen herausgeschnitten worden. Die beiden Männer waren zu diesem Zeitpunkt also bereits sehr eng verbunden. Warum? Frank E. Manuel hat eine homosexuelle Beziehung vermutet [Manuel 1968, S. 191ff.], was aber nicht klar beweisbar ist. Es gehört zum Mythos Newton, dass er unberührt als männliche Jungfrau starb, und wir haben dafür zwei Zeugen. Einem Verwandten vertraute er in fortgeschrittenem Alter an, er habe niemals die Keuschheit verletzt, und dieser Verwandte berichtete es später dem Dichter Thomas Maude. Der andere Zeuge ist der Arzt Dr. Richard Mead (1673–1754), dessen Patient Isaac Newton war [Manuel 1968, S. 191]. Offenbar sprach auch der große Voltaire mit Dr. Mead, denn in den *Letters concerning the English Nation* lesen wir [Voltaire 2011, S. 64]:

„Ein sehr singulärer Unterschied im Leben dieser beiden großen Männer [Descartes und Newton] ist, dass Sir Isaac während des langen Ablaufs der Jahre derer er sich erfreute niemals empfänglich für irgendeine Leidenschaft war, nicht den üblichen Schwachheiten der Menschheit unterlag, noch jemals irgendeinen Umgang mit Frauen hatte; ein Umstand dessen ich durch den Arzt und Chirurgen versichert wurde, der ihm in seinen letzten Augenblicken beistand."

(One very singular Difference in the Lives of these two great Men is, that Sir Isaac, during the long Course of Years he enjoy'd was never sensible to any Passion, was not subject to the common Frailties of Mankind, nor ever had any Commerce with Women; a Circumstance which was assur'd me by the Physician and Surgeon who attended him in his last Moments.)

Wie dem auch sei, ob Newton eine homosexuelle Beziehung zu Fatio hatte oder ob er einfach sich selbst in dem jungen Mann erkannte und deshalb so von ihm angezogen wurde, jedenfalls entwickelte sich Fatio in kürzester Zeit von einem Cartesianer zu einem überzeugten Newtonianer. Fatio scheint Newton in der ersten Zeit ihrer Bekanntschaft sogar in gewisser Weise gegängelt zu haben[1], so wandte sich Fatio an Huygens, Newton wäre froh, Kommentare zu gewissen Ergebnissen in den *Principia* zu erhalten [Westfall 2006, S. 495]:

> *„Ich fand ihn dazu bereit, um sein Buch in den Dingen zu korrigieren, von denen ich ihm so oft berichtet habe, dass ich seine Fähigkeiten nicht allzu sehr bewundern kann ...“*

> (I have found him ready to correct his book on the matters that I have told him about so many times that I cannot admire his facility too much ...)

Hier klingt es so, als ob Fatio die *Principia* besser verstehen würde als Newton selbst und vielleicht glaubte Fatio das wirklich. In den *Principia* hatte Newton das Auslaufen einer Flüssigkeit aus einem Gefäß mit Loch falsch modelliert und Fatio schreibt in seinem Exemplar der *Principia* zu dieser Stelle an den Rand [Westfall 2006, S. 495]:

> *„Ich konnte unseren Freund Newton schwerlich von diesem Fehler befreien, und das erst nach dem Experiment mit Hilfe eines Gefäßes, das ich sorgfältig vorbereitet hatte.“*

> (I could scarcely free our friend Newton from this mistake, and that only after making the experiment with the help of a vessel which I took care to have prepared.)

Er wollte eine Zeit lang sogar eine zweite Auflage herausgeben, aber dazu kam es nicht. Erst zu Beginn des Jahres 1692 ändert sich Fatios arroganter Ton, nachdem er Einblick in einige von Newtons Manuskripte erhielt. Nun schreibt er an Huygens [Westfall 2006, S. 495]:

> *„Ich war steif erstarrt als ich sah, was Herr Newton erreicht hat ...“*

> (I was frozen stiff when I saw what Mr. Newton has accomplished ...)

Fatio fühlt sich auch in der Lage, Newtons Gravitationstheorie zu kommentieren. In einem Memorandum von David Gregory vom 7. Januar 1692 findet man dazu eine Bemerkung, die Fatio nicht erfreut hätte, hätte er sie gelesen [Turnbull 1959–77, S. 191]:

> *„Herr Newton und Herr Halley lachen über Herrn Fatios Art, die Schwerkraft zu erklären.“*

> (Mr Newton and Mr Hally laugh at Mr Fatios manner of explaining gravity.)

---

[1]Ein solches Verhalten hätte sich Newton von keiner anderen Person gefallen lassen, was vielleicht die außerordentlich enge Verbindung der beiden Männer zeigt.

Newton und Fatio verbrachten zwischen März und April 1690 etwa einen Monat zusammen in London [Westfall 2006, S. 496]. Die Pläne, Newton die Leitungsposition für ein College in Cambridge (es handelte sich um das King's College) zukommen zu lassen, zerschlugen sich, weil John Hampden in der Gunst des Königs gefallen war. So wandte Fatio sich an John Locke mit der Bitte, für Newton einen angemessenen politischen Posten in London zu organisieren. Newton will Cambridge verlassen, auch weil sein Trinity College finanziell so ausgebrannt ist, dass keine Dividenden mehr ausgeschüttet werden. Erst 1696 wird sich die Gelegenheit bieten, Cambridge endgültig zu verlassen, aber da spielt Fatio schon keine Rolle mehr. Fatio hat sich zu keiner Zeit großer Sympathien bei den Newton-Biographen erfreuen können. Frank E. Manuel nennt ihn „The Ape of Newton" (Der Affe Newtons) [Manuel 1968, S. 191], und dieser Affe wird 1699 den Krieg gegen Leibniz eröffnen.

7.3.2 Eine neue Krise

Zu Beginn der 1690er Jahre ist Newtons Name in den Briefen von Huygens, de l'Hospital und Leibniz untrennbar mit dem von Fatio verknüpft [Manuel 1968, S. 195]. Seit Oktober 1690 korrespondieren Huygens, Leibniz und Fatio miteinander über zwei mathematische Probleme, die Huygens den beiden anderen Korrespondenzpartnern zur Kenntnis brachte [Turnbull 1959–77, Vol. III, Fußnote (1), S. 149]. Sicher hat Newton den jungen Mann in weitere seiner Arbeiten eingeführt, insbesondere in seine theologischen Überlegungen und seine Alchemie. Am 7. November 1690 schreibt Newton an John Locke [Turnbull 1959–77, Vol. III, S. 79]:

> *„Ich vermute Herr Fatio ist in Holland, denn ich habe seit einem halben Jahr nichts von ihm gehört."*

(I suppose Mr Fatio is in Holland for I have heard nothing from him ye half year.)

Im Herbst 1691 ist Fatio wieder in London und schreibt am 18. September an Huygens, dass er erwarte, Newton in einigen Tagen zu sehen [Turnbull 1959–77, Vol. III, S. 168]. Mit Datum vom 20. Oktober 1691 schreibt David Gregory an Newton, dass Fatio in London sei [Turnbull 1959–77, Vol. III, S. 170]. Bis zum 27. September 1692 gibt es kein Schreiben mehr von Fatio an Newton, aber dann schreibt Fatio [Turnbull 1959–77, Vol. III, S. 229f.]:

> *„Ich habe, mein Herr, fast keine Hoffnung mehr, Euch wiederzusehen. Von Cambridge kommend bekam ich eine schwere Erkältung, die auf meine Lunge geschlagen ist. Gestern hatte ich solch ein plötzliches Gefühl, dass vermutlich durch das Einwirken eines Durchbruchs eines Magengeschwürs oder einer Eiterbeule in den untersten Teilen des linken Flügels meiner Lunge auf meine $\left\{ \begin{array}{c} \textit{Taille} \\ \textit{Zwerchfell} \end{array} \right\}$ einwirkte. Näm-*

lich etwa an diesen Platz meiner $\left\{\begin{array}{l} \textit{Taille} \\ \textit{Zwerchfell} \end{array}\right\}$ fühlte ich eine kurze Empfindung von etwas größerem als meiner Faust, das sich bewegte und kraftvoll agierte. Diese Empfindung war deutlich in der gesamten Region, aber nicht beschwerlich für mich, doch meine Überraschung ließ meinen Körper sich nach vorne beugen, als ich am Feuer saß. Was ich dann fühlte war nur ein sanfter und leichter Eindruck natürlicher Wärme in dieser Region. Mein Puls war diesen Morgen gut; jetzt (6 Uhr nachmittags) ist er fieberhaft und war so die meiste Zeit heute. Ich danke Gott, dass meine Seele außerordentlich ruhig ist, was ich hauptsächlich Euch zu verdanken habe. Mein Kopf funktioniert irgendwie nicht und ich nehme an, es wird schlimmer und schlimmer werden.

[...] Sollte ich aus diesem Leben scheiden, würde ich wünschen, dass mein ältester Bruder, ein Mann von hervorragender Integrität, in Eurer Freundschaft nachrückt. Bisher hatte ich noch keinen Arzt. Vielleicht können sie mit einer Bauchpunktion mein Leben retten, das, ich bin mir noch nicht sicher, in Gefahr ist."

(I have Sir allmost no hopes of seeing you again. With coming from Cambridge I got a grievous cold, which is fallen upon my lungs. Yesterday I had such a sudden sense as might probably have been caused upon my $\left\{\begin{array}{l} \text{midriff} \\ \text{diaphragm} \end{array}\right\}$ by a breaking of an ulcer, or vomica, in the undermost part of the left lobe of my lungs. For about that place of my $\left\{\begin{array}{l} \text{midriff} \\ \text{diaphragm} \end{array}\right\}$ I felt a momentaneous sense of something bigger than my fist moving and acting powerfully. That sense was distinct in all that region, but not troublesome to me, tho' my surprise caused my body to bend forwards, as I was sitting by the fire. What I felt next was only a gentle and easie sense of a natural heat in that region. My pulse was good this morning; It is now (at 6. afternoon) feaverish and hath been so most part of the day. I thank God my soul is extreamly quiet, in which you have had the chief hand. My head is something out of order, and I suspect will grow worse and worse.

[...] If I am to depart this life I could wish my eldest brother, a man of an extraordinary integrity, could succeed in Your friendship. As yet I have had no Doctor. Perhaps wth a paracenthesis they may save my life, which I am not yet certain is in any danger.)

Newton ist zutiefst besorgt über den Zustand Fatios und schreibt am 31. September zurück [Turnbull 1959–77, Vol. III, S. 231]:

„Mein Herr

ich habe das Buch[2] *und erhielt letzte Nacht Euren Brief, der mich so angegriffen hat, wie ich es nicht ausdrücken kann. Bitte beschafft Euch den Rat und die Unterstützung von Ärzten bevor es zu spät ist und wenn Ihr Geld braucht werde ich Euch versorgen."*

(Sr

I have ye book & last night received your letter wth wch how much I was affected I cannot express. Pray procure ye advice & assistance of Physitians before it be too late & if you want any money I will supply you.)

Tatsächlich hat Fatio sich wohl eine Grippe eingefangen, aber die Symptome maßlos übertrieben. Schon als Newtons Brief in London eintrifft geht es ihm besser [Westfall 2006, S. 532]. Allerdings dauert die Rekonvaleszenz länger. Als der Schweizer Theologe Jean-Alphonse Turrettini (1671–1737), der sich in England aufhält, Newton im Januar 1693 über die schleppende Gesundung Fatios berichtet, schreibt dieser an Fatio [Turnbull 1959–77, Vol. III, S. 241]:

„Mein Herr

ich weiß von Herrn Turrettini, der Euch dies überbringt, dass Eure Erkältung Euch nicht so hinterlassen hat wie ich seit langem gehofft hatte. Ich fürchte die Londoner Luft ist Eurer Unpässlichkeit nicht dienlich und daher wünsche ich, Ihr würdet Euch hierher begeben, so bald das Wetter Euch eine Reise erlaubt. Ich glaube nämlich, die hiesige Luft wird Euch gut tun. Herr Turrettini berichtet mir, dass Ihr in Betracht zieht, in diesem Jahr in Euer eigenes Land zurückzukehren. Wie auch immer Eure Entscheidung sein wird sehe ich jedoch nicht, wie Ihr Euch ohne Gesundheit bewegen wollt und daher Eure Genesung fördern und Ausgaben einsparen könnt. Bis Ihr genesen seid hege ich den Wunsch, dass Ihr hierher zurückkehrt. Wenn Ihr Euch besser fühlt werdet Ihr dann besser wissen, welche Maßnahmen zu ergreifen sind, um heimzukehrern oder hier zu bleiben."

(Sr

I understand by Mr Turretine who brings you this that your cold has not yet left you as I hoped it would have done long since. I feare ye London air conduces to your indisposition & therefore wish you would remove hither so soon as ye weather will give you leave to take a journey. For I beleive this air will agree with you better. Mr Turretine tells me you are considering whether you should return this year into your own country. Whatever your resolutions may prove yet

---

[2]Im vorangegangenen Brief von Fatio an Newton berichtet Fatio, dass der Buchhändler Lea vergessen hatte, Newton ein Buch zuzusenden.

I see not how you can stirr wthout health & therefore to promote your
recovery & save charges til you can recover I [am] very desirous you
should return hither. When you are well you will then know better
what measures to take about returning home or staying here.)

Fatio bestätigt, dass er zurück in die Schweiz möchte, zumal seine Mutter
gestorben war. Mit ihrem Erbe, so schreibt er, könne er einige Jahre in England leben, *„chiefly in Cambridge"* (hauptsächlich in Cambridge) [Turnbull
1959–77, Vol. III, S. 242]. Die Korrespondenz wurde den ganzen Winter über
fortgesetzt; es geht um Fatios Gesundheit, um Geld und um die Frage, ob Fatio
nicht doch nach Cambridge ziehen könnte. Newton bietet großzügig finanzielle
Unterstützung an, obwohl er zu diesem Zeitpunkt seit sieben Jahren keine volle Dividende mehr aus seinem College erhalten hat [Westfall 2006, S. 532]. Im
Mai 1693 schreibt Fatio wieder über Alchemie. Er hat einen Mann getroffen,
der einen Prozess kennt, bei dem Gold vereinigt mit Quecksilber wachsen würde. Zwei Wochen später, am 28. Mai, schreibt er, sein neuer Freund habe eine
Medizin aus Quecksilber gewonnen, die ihn vollständig geheilt hätte [Turnbull
1959–77, Vol. III, S. 267ff.]. Der neue Freund habe ihm eine Partnerschaft an
dieser Medizin angeboten. Fatio will einen medizinischen Grad erwerben, dann
könne er mit der neuen Medizin, deren Herstellung preiswert sei, Tausende von
Menschenleben retten. Es gebe aber ein Hindernis: er bräuchte zwischen 100
und 150 Pfund Sterling jährlich für die nächsten vier Jahre und er bittet Newton um Hilfe. Newton verlässt Cambridge am 9. Juni für eine Woche, ohne
Zweifel fährt er nach London. Anfang Juli ist er noch einmal für eine Woche dort. Am 9. Juni beginnt Newton einen Brief an Otto Mencke [Turnbull
1959–77, Vol. III, S. 270], den Herausgeber der Acta Eruditorum, den er nicht
beendet und sechs Monate lang unbeachtet liegen lässt. Er experimentiert wieder in seinem Laboratorium. Mehr wissen wir nicht [Westfall 2006, S. 534].
Fast vier Monate seines Lebens liegen im Dunkeln. Es kommt zu einer Lebens-
krise, deren Ursachen ebenfalls unklar sind. Am 23. September 1693 meldet
sich ein offenbar verrückter Newton bei Samuel Pepys [Turnbull 1959–77, Vol.
III, S. 279][3]:

> *„Mein Herr,*
>
> *einige Zeit nachdem Herr Millington[4] mir Eure Nachricht gebracht
> hatte drängte er mich, Euch das nächste Mal, wenn ich nach London
> ginge, zu sehen. Ich war abgeneigt; stimmte aber wegen seines Drän-
> gens zu, bevor ich wusste was ich tat, da ich durch die Verwicklungen,
> in denen ich stecke, äußerst aufgewühlt bin, und habe in diesen zwölf
> Monaten weder gut gegessen noch gut geschlafen, noch habe ich meine
> frühere Festigkeit des Geistes. Ich habe niemals vorsätzlich versucht,
> etwas durch Euren Einfluss zu erlangen, noch durch König Jakobs
> Gefälligkeit, bin mir aber jetzt bewußt, dass ich mich von Eurer Be-
> kanntschaft zurückziehen muss, und weder Euch noch meine weiteren*

---

[3]Meine Übersetzung. Man findet eine Übersetzung auch in [Rosenberger 1987, S.
280].

[4]John Millington war Fellow des Magdalen College in Cambridge.

Freunde jemals wiedersehen kann, wenn ich sie nur still zurücklassen kann. Ich bitte Euch um Entschuldigung, dass ich zusagte, ich würde Euch wiedersehen, und bleibe Euer demütigster und gehorsamster Diener,

Is. Newton"

(Sir,

Some time after Mr Millington had delivered your message, he pressed me to see you the next time I went to London. I was averse; but upon his pressing consented, before I considered what I did, for I am extremely troubled at the embroilment I am in, and have neither ate nor slept well this twelve month, nor have my former consistency of mind. I never designd to get anything by your Interest, nor by King James's favour, but am now sensible that I must withdraw from your acquaintance, and see neither you nor the rest of my friends any more, if I may but leave them quietly. I beg your pardon for saying I would see you again, and rest your most humble and most obedient servant,

Is. Newton)

Am 26. September 1693 ist Newton in der Gaststätte „Bull" in London und schreibt an seinen Freund John Locke [Turnbull 1959–77, S. 280][5]:

„Mein Herr

überzeugt davon, dass Ihr bestrebt wart, mich mit Frauen [in Frauengeschichten] zu verwickeln und durch andere Mittel, war ich so sehr angegriffen, dass ich, als jemand mir erzählte, Ihr wäret kränklich und und würdet sterben, antwortete, dass es besser sei, Ihr wäret tot. Ich wünsche von Euch, dass Ihr mir diese Lieblosigkeit vergebt. Ich bin nämlich jetzt überzeugt, dass das was ihr tatet angemessen ist, und ich bitte um Verzeihung für meine heftigen Gedanken, die ich für Euch diesbezüglich hatte und dafür, dass ich es vertreten habe, Ihr hättet gegen die Wurzel der Moral verstoßen, die Ihr in Eurem Buch der Ideen[6] dargelegt habt, und die Ihr in einem anderen Buch fortführen wolltet, und dass ich Euch für einen Hobbisten[7] hielt. Ich bitte auch um Verzeihung, dass ich sagte oder dachte, es gäbe einen Plan, mir eine Stelle zu kaufen, oder mich zu verwickeln, bin ich

Euer demütigster und höchst

unglücklicher Diener

Is. Newton"

---

[5]Meine Übersetzung. Man findet eine Übersetzung auch in [Rosenberger 1987, S. 281].

[6]Lockes *Essay Concerning Human Understanding*.

[7]„Hobbist", nach dem Philosophen Thomas Hobbes, war ein Schimpfwort, mit dem man Atheisten oder Materialisten bezeichnete [Manuel 1968, S. 219].

(Sr

Being of opinion that you endeavoured to embroil me wth woemen &
by other means I was so much affected with it as that when one told
me you were sickly & would not live I answered twere better if you
were dead. I desire you to forgive me this uncharitableness. For I am
now satisfied that what you have done is just & I beg your pardon
for my having hard thoughts of you for it & for representing that you
struck at ye root of morality in a principle you laid down in your book
of Ideas & designed to pursue in another book & that I took you for a
Hobbist. I beg your pardon also for saying or thinking that there was
a designe to sell me an office, or to embroile me, I am

your most humble & most

unfortunate Servant

Is. Newton)

Was war geschehen und wie verhielten sich Pepys und Locke? Beide müssen geschockt gewesen sein! War Newton wirklich verrückt geworden? Und
warum?

Pepys erkundigt sich erst einmal bei Millington, ob dieser etwas Näheres weiß.
Er schreibt [Brewster 1855, Vol. II, S. 143][8]:

> *„Ich mochte Euch nicht geradezu sagen* [besser: Denn ich wollte Euch
> in der ersten Eile ungern sagen], *dass ich letzthin einen Brief von
> Newton empfangen habe, der mich durch die Widersprüche in allen
> Teilen ebenso sehr erstaunt, als bei dem Anteil, den ich an ihm nehme,
> in große Unruhe versetzt hat. Denn aus dem Brief war zu folgern, was
> ich vor allen Anderen am wenigsten von Newton fürchten möchte und
> am meisten bei ihm bedauern würde, nämlich eine Verwirrung des
> Verstandes oder des Gemüts, oder beides. Ich bitte darum, lasst mich
> die genaue Wahrheit der Sache, soweit wenigstens, als sie Euch selbst
> bekannt ist, wissen."*

(For I was loth at first dash to tell you that I had lately received a letter
from him so surprising to me for the inconsistency of every part of it,
as to be put into great disorder by it, from the concernment I have
for him, lest it should arise from that which of all mankind I should
least dread from him and most lament for, – I mean a discomposure
in head, or mind, or both. Let me, therefore, beg you, Sir, having now
told you the true ground of the trouble I lately gave you, to let me
know the very truth of the matter, as far at least as comes within your
knowledge.)

---

[8]Deutsche Übersetzung nach [Rosenberger 1987, S. 280f.], von mir nur leicht in
der Schreibweise einzelner Wörter modernisiert.

Millington antwortet am 10. Oktober [Brewster 1855, Vol. II, S. 144f.][9]:

> *„... Er* [Newton] *hat mir selbst gesagt, dass er an Euch einen sehr*
> *seltsamen Brief geschrieben habe, der ihn nun betroffen macht; er fügte*
> *hinzu, dass er in schlechter Stimmung war, die seinen Kopf ergriff,*
> *und das hielt ihn insgesamt mehr als fünf Nächte lang wach, so dass*
> *er bei Gelegenheit darum bat, Euch dies klar zu machen und Eure*
> *Verzeihung zu erbitten, da er sehr beschämt ist, dass er so grob zu*
> *einer Person sein konnte, für die er so große Achtung hat. Er ist jetzt*
> *wieder ganz wohl, und obgleich man annehmen muss, dass er noch in*
> *geringem Grade an Melancholie leidet, so existiert doch kein Grund*
> *zu glauben, dass dadurch sein Verstand noch irgendwie geschwächt sei,*
> *und ich hoffe, dass das niemals eintritt. Sicherlich sollten alle, denen*
> *die Wissenschaft oder die Ehre der Nation am Herzen liegt, dasselbe*
> *wünschen, ..."*

(... he told me that he had writt to you a very odd letter, at which
he was much concerned; added, that it was in a distemper that much
seized his head, and that kept him awake for above five nights together,
which upon occasion he desired I would represent to you, and beg your
pardon, he being very much ashamed he should be so rude to a person
for whom he hath so great an honour. He is now very well, and, though
I fear he is under some small degree of melancholy, yet I think there
is no reason to suspect it hath at all touched his understanding, and I
hope never will; and so I am sure all ought to wish that love learning
or the honour of our nation, ...)

Die Krise schien vorüber, aber Newton kam nie wieder in seinem Leben zu
kreativer wissenschaftlicher Arbeit zurück. Wohlgemerkt hatte er nicht seine geistige Schaffenskraft verloren, aber an wirklich neue wissenschaftliche
Themen wagte er sich nicht mehr. Es hat zahlreiche Versuche der Erklärung
dieser Krise gegeben, die wohl schon zu Beginn des Jahres 1692 einsetzte, als
Newton einen etwas paranoiden Brief an John Locke schrieb, in dem er den
immer loyalen Charles Montague der Falschheit bezichtigte [Westfall 2006, S.
534f.]. Als möglicher Auslöser wurde eine akute Quecksilbervergiftung vermutet [Johnson/Wolbarsht 1979], [Spargo/Pounds 1979], die sich Newton durch
seine Arbeiten im Laboratorium zugezogen haben soll. Es wurde auch ein
Anfall manischer Depression diskutiert [Lieb/Hershman 1983] und ein Zusammenbruch wegen des Todes seiner Mutter [Spargo/Pounds 1979, S. 15].
Möglich ist auch einfach, dass die Überlastung nach Jahren der zermürbenden
Arbeit an den *Principia* nicht mehr zu ertragen war. Gern erzählt wird auch
die Geschichte eines Brandes in Newtons Laboratorium, verursacht durch sein

---

[9]Deutsche Übersetzung zum Teil nach [Rosenberger 1987, S. 280f.], von mir nur
leicht in der Schreibweise einzelner Wörter modernisiert und ausgelassene Zeilen
eingefügt.

Hündchen, bei dem er zahlreiche Manuskripte verloren haben soll, aber die Datierung ist schwierig, wie wir auf Seite 253 dargelegt haben.

Frank E. Manuel bringt den Zusammenbruch Newtons in direkten Zusammenhang mit dem Verschwinden Fatios aus Newtons Leben [Manuel 1968, S. 219]: *„The affective relationship to Fatio had approached a climax and the plans to have Fatio reside with him in Cambridge fell through"* (Die emotionale Beziehung zu Fatio hatte einen Höhepunkt erreicht und die Pläne, Fatio zu ihm nach Cambridge zu holen, waren fehlgeschlagen). Auch Fatio durchlitt in dieser Zeit eine Phase persönlicher und religiöser Spannungen [Westfall 2006, S. 538]. Newtons Zusammenbruch deckt sich mit dem abrupten Ende der Beziehung zu Fatio, und obwohl wir wohl nie wissen werden, was wirklich zwischen den beiden Männern geschah, ist der Bruch der Beziehung durchaus ein möglicher Auslöser der Krise, vielleicht aber auch waren mehrere Faktoren daran beteiligt und die Trennung nur der Tropfen, der das Fass zum Überlaufen brachte.

7.3.3 Leibniz ist zurück in Newtons Gedanken

Zu Beginn der 1690er Jahre hatte sich eine jüngere Generation von Mathematikern und Naturforschern herausgebildet, und die suchten Newtons Unterstützung bei der Besetzung von Lehrstühlen. So auch David Gregory, den Newton für den Savilianischen Lehrstuhl für Astronomie in Oxford im Jahr 1691 erfolgreich empfohlen hatte. Der schottische Mathematiker John Craig (1663–1731) hatte zwei Quadraturen aus Newtons Papieren kopiert und mit sich nach Schottland genommen. David Gregory war es gelungen, die hinter den Quadraturen stehende Binomialentwicklung zu entdecken und er erlaubte seinem Freund Archibald Pitcairne (1652–1713) diese Entdeckung als „Gregorys Entdeckung" im Jahr 1688 zu publizieren, ohne den Namen Newtons auch nur zu nennen. Nun beabsichtigte Gregory ein Manuskript über allgemeine Quadraturen zu veröffentlichen, wollte es sich aber auch nicht mit Newton verscherzen. Zweimal schrieb Gregory unterwürfig an Newton, er wolle das Manuskript als „Brief an Newton" publizieren und erwähnte auch die Priorität Newtons bei dem Binomialtheorem. Newtons Antwort ging klar auf den Weg ein, den sein Binomialtheorem über Craig zu Gregory genommen hatte, und Gregory fühlte sich nicht ermuntert, sein Manuskript zu publizieren, schickte es aber an Huygens. Publiziert wurde es erst in den *Opera mathematica* (Mathematische Werke) von John Wallis 1693, und zwar ohne einen Hinweis auf Craig [Westfall 2006, S. 514].

In dem Brief an Gregory [Turnbull 1959–77, Vol. III, S. 182] findet sich eine sehr interessante Passage im Hinblick auf Newtons Einstellung zu Leibniz[10]:

---

[10]Original in Latein.

Abb. 7.3.3. John Craigs *De Figurarum Quadraturis* von 1693 (Bayerische Staatsbibliothek München, Signatur: 853766 4 Math. p. 90) und Titel von John Wallis' *Opera mathematica*, Band 2, 1693 (Ghent University Library, BIB.MA.000006)

„Aber weil Ihr mich mit Eurer gewohnten Höflichkeit nach meiner Reihe als Gegenleistung fragt, ist es notwendig für mich, zuerst einige Punkte zu erklären, die damit in Zusammenhang stehen. Dass nämlich der sehr berühmte Herr G. W. Leibniz vor 15 Jahren mit mir eine von Herrn Oldenburg geleitete Korrespondenz führte, und ich nahm die Gelegenheit wahr, meine Methode der unendlichen Reihen darzulegen, und im zweiten meiner Briefe, datiert am 24. Oktober 1676, beschrieb ich diese Reihe.“

(But since you ask me, with your usual courtesy, for my series in return, it is necessary for me first to explain some points that concern it. For when the very distinguished Mr G. G. Leibniz fifteen years ago conducted a correspondence with me as arranged by Mr Oldenburg, and I took the opportunity to expound my method of infinite series, in the second of my letters, dated 24 October 1676, I described this series.)

Abb. 7.3.4. Newtons *Quadratura Curvarum* (Bayerische Staatsbibliothek München, Signatur: 1584193 4Math.p.253 b, S.5)

Eigentlich hätte sich doch Newtons Zorn über Gregory entladen müssen, aber das passierte nicht! Stattdessen dient Leibniz als eine Art Blitzableiter [Westfall 2006, S. 514]. Dieser Leibniz, mit dem Newton seit 1676 nicht mehr korrespondiert, ist 1691 immer noch in seinem Kopf. Gleich zu Anfang des Briefes an Gregory kommt Newton auf Leibniz zu sprechen und man hat das Gefühl, dass er sofort in eine Abwehrhaltung geht und seine Priorität der mathematischen Entdeckung Leibniz gegenüber ausdrückt, aber nicht Gregory gegenüber, den es wohl eigentlich hätte mit größerem Recht treffen müssen.

Fatio war gerade aus den Niederlanden zurückgekommen und Newton hatte sich eine Woche lang in London gemeinsam mit ihm in London aufgehalten. Fatio war über die neuen Arbeiten von Leibniz durch Huygens stets informiert. Hat Fatio Newton etwas über Leibnizens Veröffentlichungen berichtet? Über die Fortschritte, die auf dem Kontinent mit Hilfe des neuen Kalküls bereits gemacht wurden, ohne dass Newtons Name genannt wurde? Wir wissen das alles nicht, aber unwahrscheinlich erscheint es nicht. Wir wissen, dass Fatio Leibniz nicht mochte. Spielte er schon hier, kurz vor dem Brief von Gregory, eine Rolle als Provokateur?

Der Briefentwurf an Gregory führt bei Newton jedenfalls dazu, dass er eine zusammenfassende Arbeit über seine Fluxionenrechnung schreibt, *De quadratura curvarum* (über die Quadratur von Kurven), die (natürlich!) mit einem Vortrag über den Austausch mit Leibniz 1676 beginnt und die beiden Anagramme in der *Epistola posterior* auflöst. Das Manuskript soll natürlich auch Gregorys Ansprüche zurückweisen, aber beeindruckend ist eine fast atemberaubende Ausweitung der Quadraturen, die Gregorys Manuskript verblassen lässt [Westfall 2006, S. 515]. *De quadratura* beinhaltet auch eine neue, systematisch verwendete Notation für die Fluxionen in der uns heute geläufigen Form $\dot{x}, \dot{y}$, und für die Quadratur experimentiert Newton mit dem Buchstaben Q als Ersatz für Leibnizens Symbol $\int$. Man findet hier auch die Taylor-Entwicklung einer Funktion, die zwanzig Jahre später von Brook Taylor wiederentdeckt und schließlich nach ihm benannt worden ist.

Ende des Jahres 1691 war in den Kreisen der jüngeren Bewunderer Newtons *De quadratura* bekannt. Nun wäre vielleicht eine gute Möglichkeit zur Publikation gewesen, aber Newton lässt sie verstreichen, ja, schlimmer noch, er beendet die Arbeiten an *De quadratura* gar nicht erst. Fatio berichtet an Huygens, Newton scheue die Verwirrung, die diese Publikation nach sich ziehen würde [Westfall 2006, S. 516]. Erst Mitte der 1690er Jahre wird Newton eine verkürzte Version von *De quadratura* fertigstellen, in der die Bezüge zu Leibniz gestrichen sind. Diese Version wird schließlich in Newtons zweitem berühmten Buch, *Opticks*, erst 1704 erscheinen.

7.3.4 Der Affe beißt

Am 28. Dezember 1691 schreibt Fatio an Christiaan Huygens einen ersten Brandbrief [Westfall 2006, S. 516f.], [Turnbull 1959–77, Vol. III, S. 186f.]:

> *„Von allem, was mir bisher zu sehen möglich war, darunter ich Papiere rechne, die vor vielen Jahren geschrieben wurden, scheint mir, dass Herr Newton ohne Frage der erste Autor des Differenzialkalküls war und dass er es genau so gut oder besser wusste als Herr Leibniz es nun weiß, bevor der letztere auch nur eine Idee davon hatte. Diese Idee kam zu ihm, so scheint es, nur auf Grund der Tatsache, dass Herr Newton ihm davon schrieb. (Bitte, mein Herr, schaut auf Seite 235 von Herrn Newtons Buch[11]). Weiterhin kann ich nicht genug überrascht sein, dass Herr Leibniz darüber nichts in den Leipziger Acta andeutet[12]."*

---

[11]Es handelt sich um Newtons *Principia*. Auf Seite 235 der *Principia* befindet sich Lemma 2 von Buch II, vergl. Seite 502, in dem es um die Produktregel bei der Differenziation geht.

[12]Fatio meint hier die Arbeiten Leibnizens zur Differenzialrechnung, die in den Acta Eruditorum publiziert wurden.

(It seems to me from everything that I have been able to see so far, among which I include papers written many years ago, that Mr. Newton is beyond question the first Author of the differential calculus and that he knew it as well or better than Mr. Leibniz yet knows it before the latter had even the idea of it, which idea itself came to him, it seems, only on the occasion of what Mr. Newton wrote to him on the subject. (Please Sir look at page 235 of Mr. Newton's book). Furthermore, I cannot be sufficiently surprised that Mr. Leibniz indicates nothing about this in the Leipsig Acta.)

Hier ist das erste Mal ein klarer Plagiatsvorwurf gegen Leibniz offen ausgesprochen! Und als würde Fatio das nicht reichen, legt er in einem Brief an Huygens vom Februar 1692 nach [Westfall 2006, S. 517]:

„Die Briefe, die Herr Newton vor 15 oder 16 Jahren an Herrn Leibniz schrieb, sagen viel mehr als die Stelle in den 'Principia', von der ich Ihnen berichtet habe, die aber nichtsdestotrotz klar genug ist, besonders wenn die Briefe es erklären. Ich habe keinen Zweifel, dass sie Herrn Leibniz beschädigen würden wenn man sie druckte, denn es war geraume Zeit nach ihnen, dass er die Regeln seines Differenzialkalküls der Öffentlichkeit übergab, und das, ohne Herrn Newton die Gerechtigkeit widerfahren zu lassen, die er ihm schuldete. Und die Art, in der er es präsentiert hat, ist so weit entfernt von dem was Herr Newton auf diesem Gebiet hat, dass ich bei einem Vergleich nicht umhin kann deutlich zu denken, dass ihr Unterschied wie der zwischen einem perfekten Original und einer verpfuschten und sehr unperfekten Kopie ist. Es ist wahr, mein Herr, wie Ihr schon geahnt habt, dass Herr Newton alles hat, was Herr Leibniz scheinbar hat, und alles was ich selbst hatte und was Herr Leibniz nicht hatte. Aber er ging unendlich viel weiter als wir, sowohl in Bezug auf Quadraturen, als auch in Bezug der Eigenschaft der Kurve, wenn man sie von den Eigenschaften der Tangente her finden muss."

(The letters that Mr. Newton wrote to Mr. Leibniz 15 or 16 years ago speak much more positively than the place that I cited to you from the Principles which nevertheless is clear enough especially when the letters explicate it. I have no doubt that they would do some injury to Mr. Leibniz if they were printed, since it was only a considerable time after them that he gave the Rules of his Differential Calculus to the Public, and that without rendering to Mr. Newton the justice he owed him. And the way in which he presented it is so far removed from what Mr. Newton has on the subject that in comparing these things I cannot prevent myself from feeling very strongly that their difference is like that of a perfected original and a botched and very imperfect copy. It is true Sir as you have guessed that Mr. Newton has everything that Mr. Leibniz seemed to have and everything that

I myself had and that Mr. Leibniz did not have. But he has gone infinitely farther than we have, both in regard to quadratures, and in
regard to the property of the curve when one must find it from the
property of the tangent.)

Nun ist es heraus: Leibnizens Differenzialkalkül ist nichts als eine verpfuschte
und schlechte Kopie des Newton'schen Originals! Noch wird es nur in einem
privaten Brief an Huygens angesprochen, aber es ist damit in der Welt.

Im Sommer 1692 bietet John Wallis an, Newton möge was er wolle in seinen in
Kürze erscheinenden *Opera* publizieren. Immerhin sollte im ersten Band Gregorys Quadraturmethode erscheinen und Newton konnte seine Priorität nur
dadurch belegen, dass er ebenfalls etwas bei Wallis publizierte. Er schickte
Wallis eine Zusammenfassung von *De quadratura*. Daraufhin begann Wallis,
Newton ohne Unterlass über Leibniz zu befragen [Westfall 2006, S. 517]. Natürlich hat Newton auch bei seiner Zusammenfassung Leibniz im Blick. Es
werden die beiden Anagramme entschlüsselt und Newton macht klar, dass
er bereits im Jahr 1676 über Methoden verfügte, die nicht zuvor publiziert
wurden. Newton bittet Wallis auch, seine Reihe für die arithmetische Kreisquadratur zu veröffentlichen [Turnbull 1959–77, Vol. III, S. 219], denn auch
die Leibniz'sche Reihe will Wallis abdrucken. Im Jahr 1693 erscheint dann der
zweite Band von Wallis' *Opera*, zwei Jahre bevor der erste Band im Jahr 1695
publiziert wird. Eines ist ganz klar: auch 1692 hat Newton ganz akribisch die
Prioritätsfrage im Zusammenhang mit Leibniz im Blick! Aber auch Leibniz
wird wieder auf Newton aufmerksam.

Huygens hat seinem Schüler die Teile der Briefe Fatios zugänglich gemacht,
die die Fortschritte Newtons beschreiben, nicht allerdings die hinterhältigen
Bemerkungen zur Priorität. Wir dürfen davon ausgehen, dass sämtliche Mathematiker des Kontinents (so viele waren es nicht) schnell von dem Newton'schen Plan der Veröffentlichung einiger Details der Fluxionenrechnung
Nachricht erhielten. Am 17. März 1693 schreibt Leibniz erneut einen Brief an
Newton [Turnbull 1959–77, S. 257ff.][13]:

> *„An den berühmten Isaac Newton*
> *Gottfried Wilhelm Leibniz freundliche Grüße*
>
> *Wie groß nach meiner Meinung die Schuld ist, die Euch zusteht, durch*
> *Euer Wissen in Mathematik und der gesamten Natur, habe ich in der*
> *Öffentlichkeit auch anerkannt wo sich die Gelegenheit bot. Ihr habt*
> *der Geometrie eine erstaunliche Entwicklung durch Eure Reihen ge-*
> *geben; aber als Ihr Euer Werk veröffentlichet, die 'Principia', zeigtet*
> *Ihr, das selbst das, was nicht der erhaltenen Analysis unterliegt, ein*
> *offenes Buch für Euch ist. Auch ich habe durch die Anwendung von*
> *bequemen Symbolen, die Differenzen und Summen anzeigen, versucht*

---

[13]Übersetzt aus der englischen Übersetzung [Turnbull 1959–77, S. 258] des lateinischen Originals.

diese Geometrie vorzulegen, die ich 'transzendent' nenne, die in gewisser Weise zur Analysis steht, und der Versuch verlief nicht schlecht. Aber für die letzten Feinheiten warte ich noch auf etwas Großes von Euch, [...]

[Hier wird Leibniz konkreter und bittet Newton um Details zur „inversen Tangentenmethode", d.h. zu Methoden zur Lösung von Differenzialgleichungen.]

[...] *Mein Landsmann Heinson[14] hat mich bei seiner Rückkehr Eurer freundlichen Gefühle für mich versichert. Aber meine Verehrung für Euch kann nicht nur er bezeugen, sondern auch Stepney[15], der einst Euer Fellow im selben College, [...]*

[...] *Ich schreibe dies eher, damit Ihr meine Ergebenheit Euch gegenüber versteht, eine Ergebenheit, die nichts durch das Schweigen so vieler Jahre verloren hat, anstatt Euch mit leeren, und schlimmeren als leeren Briefen die hingebungsvollen Studien, durch die Ihr die Vermögen der Menschheit erhöht, zu stören. Lebt wohl."*

(To the celebrated Isaac Newton
Gottfried Wilhelm Leibniz cordial greetings

How great I think the debt owed to you, by our knowledge of mathematics and of all nature, I have acknowledged in public also when occasion offered. You had given an astonishing development to geometry by your series; but when you published your work, the *Principia*, you showed that even what is not subject to the received analysis is an open book to you. I too have tried by the application of convenient symbols which exhibit differences and sums, to submit that geometry, which I call 'transcendent', in some sense to analysis, and the attempt did not go badly. But to put the last touches I am still looking for something big from you, [...]

[...] My fellow-countryman Heinson on his return assured me of your friendly feelings towards me. But of my veneration for you not only he can testify but Stepney too, once your fellow resident in the same college, [...]

[...] I write this rather that you should understand my devotion to you, a devotion that has lost nothing by the silence of so many years, than that with empty, and worse than empty, letters I should interrupt the devoted studies by which you increase the patrimony of mankind. Farewell.)

---

[14] Johann Theodor Heinson war im vorangegangen November zum Fellow der Royal Society gewählt worden.

[15] George Stepney (1663–1707) war ein Dichter und Diplomat, der 1687 Fellow am Trinity College in Cambridge war.

Es ist ein merkwürdiger Brief. Einerseits ist Leibnizens Hoffnung spürbar, mit Newton in einen erneuten Briefwechsel zu treten, andererseits erscheint der Brief auch für die Gepflogenheiten der Zeit etwas zu unterwürfig. Ist Leibniz nervös, wie Westfall vermutet [Westfall 2006, S. 518]? Warum sollte er?

Erst am 26. Oktober 1693, nachdem der Zusammenbruch, die große Krise in Newtons Leben, halbwegs überwunden scheint, beantwortet Newton den Leibniz'schen Brief. Er entschuldigt sich für die Verzögerung mit den folgenden Worten [Turnbull 1959–77, Vol. III; S. 285ff.][16]:

> *„Ich habe nicht sofort nach Erhalt Eures Briefes geantwortet, er glitt mir aus der Hand und war lange unter meinen Papieren verlegt und ich konnte seiner nicht habhaft werden bis gestern. Das ärgerte mich, da ich Eure Freundschaft sehr hoch schätze und ich Euch seit vielen Jahren für einen der führenden Geometer dieses Jahrhunderts halte, was ich bei jeder sich bietenden Gelegenheit bestätigt habe. Ich hatte jedoch Angst, dass unsere Freundschaft durch die Stille kleiner geworden sei, erst recht seit dem Moment, als unser Freund Wallis in seiner bevorstehenden neuen Ausgabe seiner 'Geschichte der Algebra'[17] einige neue Dinge aus Briefen, die ich einst an Euch über Herrn Oldenburg schrieb, einfügte, und mir so eine Handhabe gibt, Euch auch zu dieser Frage zu schreiben. [...]*

[Hier erläutert Newton eines seiner Anagramme aus dem Briefwechsel des Jahres 1676]

> *[...] Ich hoffe in der Tat, dass ich nichts geschrieben habe was Euch missfällt, und falls da irgend etwas ist, das Eurer Ansicht nach Kritik verdient, lasst es mich durch einen Brief wissen, denn ich werte Freunde höher als mathematische Entdeckungen."*

(As I did not reply at once on receipt of your letter, it slipped from my hands and was long mislaid among my papers, and I could not lay hands on it until yesterday. This vexed me since I value your friendship very highly and have for many years back considered you as one of the leading geometers of this century, as I have also acknowledged on every occasion that offered. I was however afraid that our friendship might be diminished by silence, and at the very moment too when our friend Wallis has inserted into his imminent new edition of his *History of Algebra* some new points from letters which I once wrote to you by the hand of Mr Oldenburg and so has given me a handle to write to you on that question also. [...]

---

[16]Übersetzt aus der englischen Übersetzung [Turnbull 1959–77, Vol. III, S. 286] des lateinischen Originals.

[17]Dabei handelt es sich um den zweiten Band der Wallis'schen *Opera mathematica*, der 1693 erschien.

[...] I hope indeed that I have written nothing to displease you, and if there is anything that you think deserves censure, please let me know of it by letter, since I value friends more highly than mathematical discoveries.)

Dann geht Newton auf die mathematischen Fragen Leibnizens ein und schließt mit den Worten [Turnbull 1959–77, Vol. III, S. 287]:

„Mein Ziel auf diesen Seiten war es den Beweis zu geben, dass ich Euer höchst aufrichtiger Freund bin und dass ich Eure Freundschaft sehr hoch schätze. Lebt wohl. [...]

Ich wünschte Ihr würdet die Rektifizierung der Hyperbel veröffentlichen, auf die Ihr als ältere Entdeckung von Euch Bezug genommen habt."

(My aim in these pages has been to give proof that I am your most sincere friend and that I value your friendship very highly. Farewell. [...]

I wish you would publish the rectification of the hyperbola that you have referred to as a long-standing discovery of yours.)

Westfall kritisiert, dass Newton eine sehr kurze Antwort gegeben habe und nicht alle Fragen Leibnizens offen beantwortet hat [Westfall 2006, S. 519]. Tatsächlich antwortet Leibniz auf dieses Schreiben Newtons nicht mehr. Hat Leibniz den Hinweis auf die kommende Veröffentlichung in Wallis' Buch als Drohung aufgefasst, weil er selbst in Gedanken an der Prioritätsfrage hing? Jedenfalls hatte Leibniz im Juni 1694 das Wallis'sche Buch immer noch nicht gesehen und schrieb ungeduldig an Huygens, er möge ihm doch das Buch so schnell wie möglich zusenden. Als er es im Herbst 1694 endlich erhält, ist er enttäuscht, dass es so wenig Material zur inversen Tangentenmethode enthält, aber Westfall deutet die Enttäuschung als Erleichterung [Westfall 2006, S. 519]. Newton publizierte nicht mehr als das, was er bereits 1676 wusste und Leibniz konnte nun sicher sein, dass er selbst deutlich weiter war. In diesem Sinne verstand auch Johann Bernoulli diese Veröffentlichung Newton'scher Ergebnisse und vermutete in einem Brief an Leibniz, Newton hätte die Veröffentlichungen Leibnizens geplündert, um auf die Methode zu kommen, die er nun erst publizierte [Westfall 2006, S. 519]. Wir werden auf Seite 367 darauf zurückkommen.

Viele Einschätzungen zu diesem letzten Briefwechsel zwischen Newton und Leibniz sind unsicher. Man kann die Freundschaftsbekundungen der beiden Männer für bare Münze nehmen, dann hat der Affe Fatio nur deshalb gebissen, weil er Leibniz nicht mochte und von sich in seiner üblichen Selbstüberschätzung glaubte, er sei der bessere Mathematiker. In diesem Fall muss man annehmen, dass Fatio „auf eigene Rechnung" handelte. Andererseits kann man vermuten, dass die freundlichen Worte der beiden Männer – insbesondere die

Newtons – nur die unterschwellig brodelnden Gefühle im kalten Krieg verdecken sollten. Dann hat Fatio mit Wissen und Billigung Newtons gebissen. Das hätte für Newton den unschätzbaren Vorteil gehabt, dass er in Deckung bleiben konnte – eine Position, die er einem öffentlichen Angriff immer vorzog. Versucht man die Briefe vorurteilsfrei zu lesen, dann sind beide außerordentliche Bekundungen der gegenseitigen Wertschätzung. Nichts deutet auf einen Konflikt hin.

Der Krieg schien vermieden, aber in Wahrheit wurde er auf beiden Seiten heiß.

7.4 Wallis, Flamsteed und der Weg in die Münze

7.4.1 Wallis geht Newton auf die Nerven

John Wallis, immer darauf bedacht, den Ruhm der englischen Wissenschaft zu befördern, sitzt nun Newton im Nacken. Am 20. April 1695 schreibt er an Newton [Turnbull 1959–77, Vol. IV, S. 100f.]:

> „Ich weiß (von Herrn Caswell), dass Ihr eine Abhandlung über Licht, Brechung und Farben[18] fertiggestellt habt, die ich gerne im Ausland sähe. Es ist schade, dass sie nicht schon längst erschienen ist. Falls sie in Englisch abgefasst ist (wie ich höre dass sie ist), lasst sie so erscheinen; und diejenigen, die sie zu lesen wünschen, Englisch lernen. Ich wünschte Ihr würdet auch die beiden langen Briefe vom Juni und August 1676 veröffentlichen[19]. Ich erhielt eine Andeutung aus Holland, wie dort von Euren Freunden gewünscht, das etwas von dieser Art gemacht wurde; da Eure Begriffe (der Fluxionen) dort unter dem Namen von Leibnizens Differenzialkalkül mit großem Beifall bedacht werden. [...] Ihr seid nicht so gut zu Eurem Ansehen (und dem der Nation) wie Ihr solltet, wenn Ihr wertvolle Dinge so lange bei Euch liegen lasst, bis andere die Ehre hinwegtragen, die Euch gebührt. [...]*
>
> [...] Ich weiß dass Ihr gerade über die Korrektur der Mondbewegung arbeitet[20]; [...]“

(I understand (from Mr Caswell) you have finished a Treatise about Light, Refraction, & Colours; which I should be glad to see abroad. 'Tis pitty it was not out long since. If it be in English (as I hear it is)

---

[18]Das Buch *Opticks: or, a Treatise of the Reflexions, Inflexions and Colours of Light* wird erst 1704 erscheinen.

[19]Gemeint sind die beiden *Epistolae*, die *Epistola prior* und die *Epistola posterior*.

[20]Die Arbeiten zur Bewegung des Mondes stehen in engem Zusammenhang mit der Kontroverse zwischen dem Astronomer Royal John Flamsteed und Newton; wir werden darauf zurückkommen.

let it, however, come out as it is; & let those who desire to read it, learn English. I wish you would also print the two large Letters of June & August 1676. I had intimation from Holland, as desired there by your friends, that somewhat of that kind were done; because your Notions (of *Fluxions*) pass there with great applause, by the name of *Leibnitz's Calculus Differentialis*. [...] You are not so kind to your Reputation (& that of the Nation) as you might be, when you let things of worth ly by you so long, till others carry away the Reputation that is due to you. [...]

[...] I understand you are now about adjusting the Moons Motions; [...])

Als Newton auf diesen Brief gar nicht antwortet, versucht Wallis, Fakten zu schaffen. Am 9. Juni 1695 schreibt er erneut an Newton [Turnbull 1959–77, Vol. IV, S. 129f.]:

„*Mein Herr*

ich habe mich der Mühe unterzogen, eine gute Kopie Eurer zwei Briefe zu transkribieren, die ich zu drucken wünsche. Ich sende sie Euch mit diesem [Brief], *weil ich ein paar kleine Fehler entweder in den Berechnungen oder durch die Transkription an ein paar Stellen vermute, die ich Euch bitten möchte, sorgfältig zu lesen und nach Eurer Ansicht zu korrigieren, und mir dann (wenn Ihr wollt) zurückzusenden. Ich hätte sie (mit Eurer Zustimmung) dem zweiten Band meiner 'Opera mathematica' hinzugefügt, wenn ich daran etwas früher gedacht hätte, bevor das ins Ausland geschickt wurde, aber nun ist es, denke ich, zu spät.* [...]*

[Wallis will einen Buchdrucker in Oxford suchen.]

Aber ich sehe, dass diese Briefe sich auf zwei Briefe von Leibniz beziehen, die ich nie gesehen habe. Falls Ihr Kopien davon habt würde es gut sein, diese mit jenen zu drucken."

(Sir

I have taken the pains to transcribe a fair copy of your two letters, which I wish were printed. I send it you with this, because I suspect there may be some little mistakes either in ye Calculation or Transcribing in some places, which therefore I desire you will please carefully to peruse, & correct to your own mind, & then (if you please) remit to me. I would have subjoined them (with your good leave) to the second volume of my *Opera Math*: if I had thought of it a little sooner, before that had been sent abroad; but 'tis now, I think, too late. [...] But I find that these letters do refer to two Letters of Leibnitz, which I have never seen. If you have copies of them by you, it would be proper to print those with these.)

Abb. 7.4.1. John Wallis

Wieder reagiert Newton nicht, sondern erst auf einen dritten, drängenden, Brief von Wallis vom 13. Juli 1695 [Turnbull 1959–77, Vol. IV, S. 139]. Sollte Newton einem Druck der beiden Briefe nicht zustimmen, dann sollte er die Wallis'sche Transkription wenigstens korrigieren, damit Wallis sie in der Savilianischen Bibliothek in Oxford deponieren kann,

> *„was Euch keinerlei Schmach, sondern die Anerkennung dafür bringen würde, dass Ihr diese Begriffe vor so langer Zeit gehabt habt."*

(which will be no dishonour to you, but confirm to you the reputation of your having discovered these notions so long ago.)

Endlich reagiert Newton in einem Brief aus dem Juli 1695 [Turnbull 1959–77, S. 140f.]:

> *„Mein Herr*
>
> *Ich bin Euch sehr dankbar für Eure Mühen der Transkription meiner beiden Briefe von 1676 und weit mehr für Eure freundliche Sorge, mir meine Rechte durch die Veröffentlichung zu sichern. Ich habe Eure Übertragungen gelesen und die Berechnungen untersucht und einige wenige Stellen korrigiert, die fehlerhaft waren."*

(Sr

I am very much obliged to you for your pains in transcribing my two Letters of 1676 & much more for your kind concern of right being done me by publishing them. I have perused your transcripts of them & examined ye calculations & corrected some few places wch were amiss.)

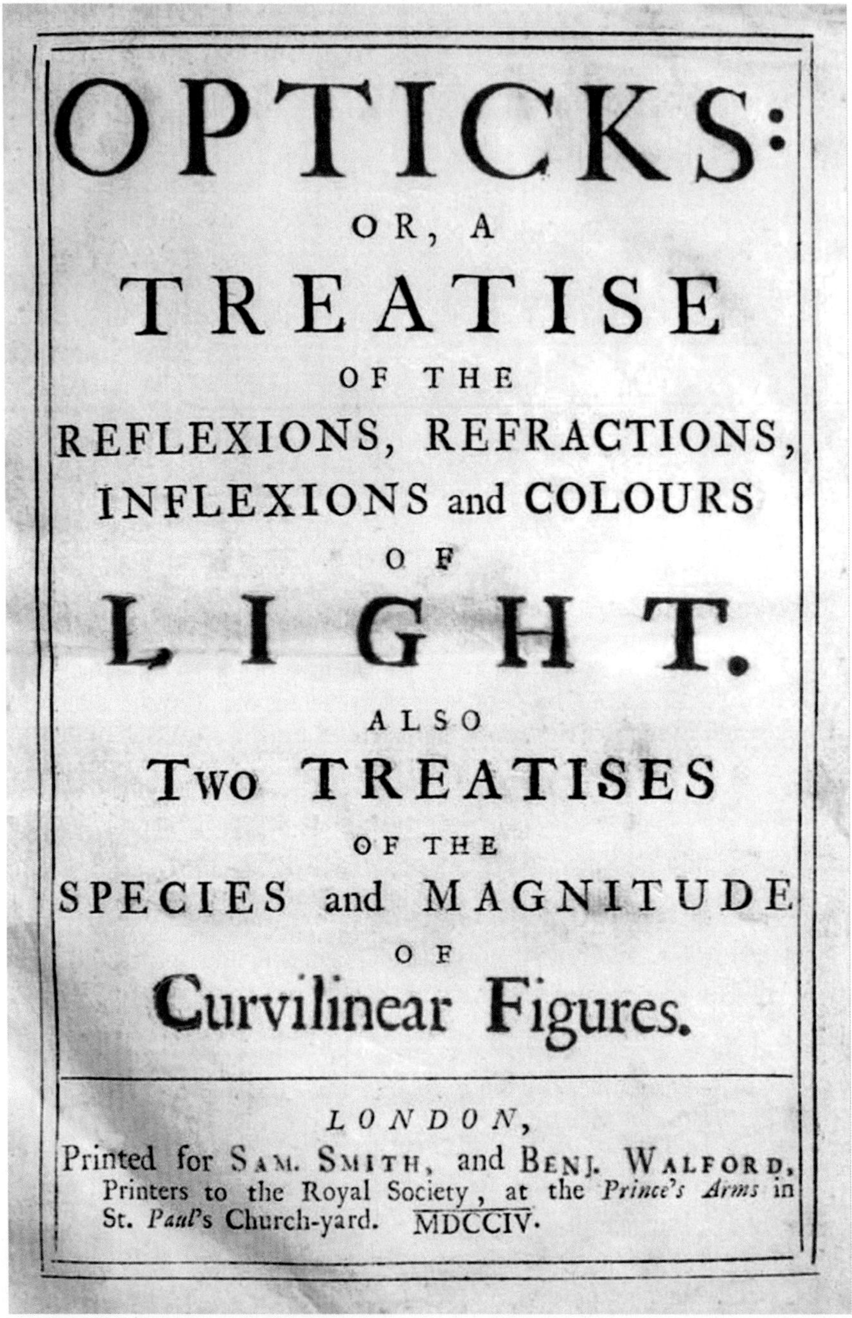

OPTICKS:

OR, A

TREATISE

OF THE

REFLEXIONS, REFRACTIONS,

INFLEXIONS and COLOURS

OF

LIGHT.

ALSO

Two TREATISES

OF THE

SPECIES and MAGNITUDE

OF

Curvilinear Figures.

LONDON,

Printed for Sam. Smith, and Benj. Walford,
Printers to the Royal Society, at the *Prince's Arms* in
St. *Paul's* Church-yard.   MDCCIV.

Abb. 7.4.2. Titelblatt der *Opticks* aus dem Publikationsjahr 1704

Um seiner eigenen Sorge um die Priorität Ausdruck zu verleihen, zitiert Newton noch eine Passage aus einem Brief von Collins vom 28. Juni 1673 die zeigt, dass Newton seine Tangentenmethode *vor* Sluse hatte.

Die drängenden Fragen nach einer Veröffentlichung des Buches über Optik, mit denen Wallis Newton vermutlich auf die Nerven ging, wurden nicht erhört. Der Grund war niemand anders als – Robert Hooke! Newton hatte genug Ärger mit Hooke über die Frage der Priorität beim Gravitationsgesetz, gerade nachdem die *Principia* veröffentlicht waren, da wollte er nicht einen neuen Konflikt über Fragen der Optik vom Zaun brechen. Tatsächlich wartete Newton den Tod seines Kontrahenten im März 1703 ab; so sehr fühlte er sich von Hooke beschädigt. Die *Opticks* erschien im Jahr 1704. Gleich zu Beginn führte Newton aus, dass seine Arbeiten zur Optik auf dem Manuskript beruhen, das er 1675 an die Royal Society schickte und dass die Theorie 12 Jahre später, also 1687, vollendet war. Auch der Grund, warum das Buch nicht früher im Druck erschien, wird benannt [Newton 1979, S. cxxi]:

„Um zu vermeiden, in Streitgespräche über diese Dinge verwickelt zu werden, habe ich bisher den Druck verzögert und hätte ihn noch weiter verzögert, hätte nicht das beharrliche Drängen von Freunden die Oberhand über mich gewonnen."

(To avoid being engaged in Disputes about these Matters, I have hitherto delayed the printing, and should still have delayed it, had not the Importunity of Friends prevailes upon me.)

Für uns besonders interessant ist die folgende Bemerkung [Newton 1979, S. cxxii]:

„In einem Brief an Herrn Leibniz, geschrieben im Jahr 1679[21] und veröffentlicht von Dr. Wallis, erwähnte ich eine Methode, durch die ich einige allgemeine Theoreme über die Quadratur krummliniger Kurven fand, oder um sie mit den Kegelschnitten zu vergleichen oder anderen einfachsten Figuren, mit denen sie verglichen werden können. Und einige Jahre später verlieh ich ein Manuskript mit solchen Theoremen, und da ich seitdem einige daraus kopierte Dinge gesehen habe[22], habe ich es bei dieser Gelegenheit öffentlich gemacht, es mit einer Einführung versehen und ihm eine andere kleine Abhandlung über die krummlinigen Figuren der zweiten Art beigegeben, die ebenfalls viele Jahre zuvor geschrieben und einigen Freunden bekannt gemacht wurde, die dringend baten, sie zu veröffentlichen."

---

[21]Hier findet sich ein Druckfehler der vierten Auflage. Gemeint ist natürlich das Jahr 1676, und in der Erstauflage (http://www.rarebookroom.org/Control/nwtopt/index.html) stimmt das Jahr.

[22]Newton meint George Cheynes Buch *Fluxionum methodus inversa* aus dem Jahr 1703, das wir in Kapitel 8 diskutieren werden.

(In a Letter written to Mr. Leibnitz in the year 1679, and published by Dr. Wallis, I mention'd a Method by which I had found some general Theorems about squaring Curvilinear Figures, or comparing them with the Conic Sections, or other the simplest Figures with which they may be compared. And some Years ago I lent out a Manuscript containing such Theorems, and having since met with some things copied out of it, I have on this Occasion made it publick, prefixing to it an Introduction, and subjoining with it another small Tract concerning the Curvilinear Figures of the Second Kind, which was also written many Years ago, and made known to some Friends, who have solicited the making it publick.)

Hier, in einem Buch über Optik, sieht die Welt nun endlich die erste Publikation der Newton'schen Fluxionenrechnung! Es handelt sich um den *Tractatus de quadratura curvarum* (Abhandlung über die Quadratur von Kurven), eine gekürzte Version des Manuskripts von *De quadratura*. Die zweite beigeheftete Arbeit ist *Enumeratio linearum tertii ordinis* (Aufzählung der Linien dritter Ordnung) über die Klassifikation kubischer Kurven, die auf Newtons Arbeiten der späten 1660er oder der frühen 1670er Jahre zurückgeht [Guicciardini 2009, S. 109]. Guicciardini diskutiert diese Arbeit sowie die vorangegangenen Arbeiten dazu in [Guicciardini 2009, S. 109ff.]

7.4.2 Newtons Streit mit Flamsteed

Newtons Nerven mussten in den 1690er Jahren nicht nur das ständige Drängen von Wallis aushalten, sondern auch einen Konflikt mit dem ersten Astronomer Royal, John Flamsteed. Die Geschichte dieses Konflikts ist sehr lesbar von D.H. Clark und S.P.H. Clark in [Clark/Clark 2000] beschrieben, allerdings ist das Buch aus wissenschaftlicher Sicht völlig unbrauchbar, da durchgehend auf Quellenzitate verzichtet wurde. Wir folgen daher den Ausführungen von Iliffe [Iliffe 2006, Vol. 1, S. xix ff.] und Westfall [Westfall 2006, S. 541ff.].

John Flamsteed wurde am 19. August 1646 geboren und durch eine Erkrankung in seiner Kindheit einige Zeit zu Hause beschult. Er beschäftigte sich als Autodidakt mit Astronomie und schickte im Jahr 1669 die (richtige) Vorhersage einer Sonnenfinsternis an die Royal Society, was Collins und Oldenburg sehr beeindruckte und ihn schnell zu einem bekannten Astronomen werden ließ. Im Herbst 1670 hatte sich Flamsteed als Student am Jesus College in Cambridge eingeschrieben und hörte dort 1674 auch Vorlesungen bei Isaac Newton. Ostern 1675 wurde er zum Geistlichen geweiht, im Februar 1676 wurde er ein Mitglied der Royal Society. Durch den Bedarf nach genauen Sternentafeln zum Zweck der Navigation gedrängt, verfügte der englische König Karl II. die Gründung einer Königlichen Sternwarte in Greenwich, schuf den Titel und die Position eines „Astronomer Royal" (Königlicher Astronom)

Abb. 7.4.3. Büste von John Flamsteed im Museum der Königlichen Sternwarte Greenwich [Foto: Klaus-Dieter Keller 2006] und „The Royal Observatory" [Thomas Hosmer Shepherd, 1824]

und setzte Flamsteed 1675 in diese Position ein. Flamsteed lebte in Greenwich bis zum Jahr 1684, in dem er Priester der Gemeinde von Burstow in Surrey wurde, wo er nach seinem Tod im Jahr 1719 auch beerdigt wurde. Bis zu seinem Tod hielt er beide Positionen, er war Astronomer Royal und Geistlicher von Burstow in Personalunion.

Bereits in den 1670er Jahren konstruierte Flamsteed genaue Pendeluhren, Quadranten und Sextanten zur Sternbeobachtung [Iliffe 2006, Vol. 1, S. xx], ab 1689 verfügte er in Greenwich über einen großen Mauerquadranten und über Linsenfernrohre, die durch Mikrometerschrauben äußerst exakt justiert werden konnten. Dabei hatte er zum größten Teil eigenes Geld verwendet.

Die „Helden" in Flamsteeds Leben waren die Astronomen Jeremiah Horrocks (manchmal auch Horrox) (1619–1641) und Tycho de Brahe (1546–1601), denen er nachzueifern versuchte. Sein Ziel war die Erstellung eines umfassenden Sternenkatalogs, der in Bezug auf seine Genauigkeit alles übertreffen sollte, was bis dahin vorlag. Die Verzögerungen, die dabei auftraten, begründen nicht zuletzt den Streit mit Newton.

Ende des Jahres 1680 beobachtete Flamsteed den sogenannten „Großen Kometen" C/1680 V1 (auch unter den Namen „Kirchs Komet" und „Newtons Komet" bekannt), der Ende November hinter der Sonne verschwand und zu Beginn des Dezembers wieder auftauchte (vergl. Seite 264). Flamsteed schrieb im Januar 1681 an Newton, er habe die Wiederkehr des Kometen berechnet und sei sich sicher, es sei nur *ein* Komet und nicht etwa zwei verschiedene Kometen, und dieser Komet sei durch „magnetische Abstoßung" der Sonne umgelenkt worden. Newton antwortete über Crompton freundlich am 28. Februar 1681 [Turnbull 1959 77, Vol. II, S. 340ff.], startete dann aber eine Kritik. Zum einen waren die Kometenbahnen vor und nach dem Umlauf um die

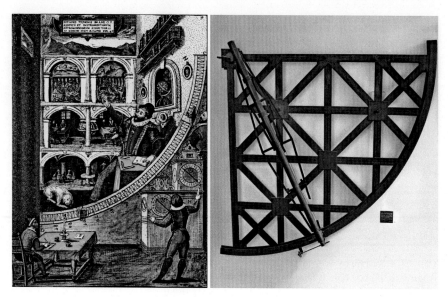

Abb. 7.4.4. li: Tycho Brahe und sein Mauerquadrant, re: Englischer Mauerquadrant
von John Bird 1713 im Museum of the History of Science in Oxford
[Foto: Heinz-Josef Lücking 2006]

Sonne nicht konsistent in dem Sinne, dass der Komet seine Geschwindigkeit
mehrmals vergrößert und verringert haben musste, die Bahnen konnten also
kaum zu demselben Himmelskörper gehören. Außerdem war die magnetische
Abstoßung der Sonne nicht zu erklären, weil die Sonne doch eigentlich Körper anzog. Und schließlich wusste man, dass Magneten bei großer Hitze ihre
magnetischen Eigenschaften verloren. Woher sollten diese Abstoßungskräfte
also kommen? Newton blieb also dabei: es waren doch *zwei* Kometen. Diese
Ansicht hielt allerdings nur bis zum Herbst 1685; da hatte Newton die wahre
Quelle der Anziehungskraft der Sonne gefunden – Gravitation, nicht Magne-
tismus! Iliffe hält daher den Briefwechsel zwischen Flamsteed und Newton
für genauso bedeutend für die Entwicklung der Ideen in den *Principia* wie
die Korrespondenz zwischen Hooke und Newton in den Jahren 1679-80 [Iliffe
2006, Vol. 1, S. xxi]. Die Tatsache, dass Newton niemals Flamsteeds Rolle in
diesem Briefwechsel und die von ihm gelieferten Bahndaten auch nur erwähnte, haben sicher den Keim des kommenden Konflikts gelegt.

Dabei war auch Flamsteed sicher kein einfacher Mann im Umgang; er scheint
Newton sehr ähnlich gewesen zu sein [Manuel 1968, S. 293]. Wie Newton hatte
er in der Kindheit einen großen Verlust zu verkraften: den Tod seiner Mutter. Wie Newton unter der Trennung von der Mutter, litt er unter diesem
Kindheitseindruck und wurde depressiv. Als seine Beziehung zu Newton noch
intakt war, hatte er schon mit Hooke und Halley gebrochen. Hooke demütigte
Flamsteed, indem er behauptete, er könne wesentlich bessere Linsen schleifen

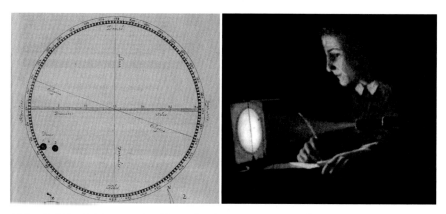

Abb. 7.4.5. Zeichnung des Venusdurchgangs von 1639 [Zeichnung: Jan Hevelius 1662] und Jeremiah Horrocks bei der ersten Beobachtung eines Venusdurchgangs vor der Sonne ([Gemälde: William Richard Lavender 1903], Collection of Ashley Hall Museum and Art Gallery, Chorley Council)

und auch bessere Instrumente bauen als der Astronomer Royal, bewies aber seine Behauptungen nie. Halley hatte im Jahr 1675 Unterricht bei Flamsteed genossen und die beiden Männer blieben eine zeitlang freundschaftlich verbunden, aber spätestens nach Erscheinen der *Principia* beschuldigte Flamsteed ihn des Plagiats und sah in ihm einen ungesunden Hunger nach Beifall [Iliffe 2006, Vol. 1, S. xxii].

Für die *Principia* hatte Flamsteed in einem umfangreichen Briefwechsel zwischen 1685 und 1686 wichtige Daten geliefert, die Newton ausgewertet und für die *Principia* verwendet hatte. Flamsteed war etwas verstimmt, weil seine „Zutaten" zu den *Principia* wenig Erwähnung fanden, während Halley als Editor des Newton'schen Werkes so hoch gelobt wurde, aber zwischen Flamsteed und Newton war das Verhältnis noch in Ordnung. In seinen Aufzeichnungen hatte Flamsteed notiert [Iliffe 2006, Vol. 1, S. 15]:

> *„1687. seine Prinzipien veröffentlicht, wenig Notiz genommen von Ihrer Majestät Sternwarte."*

(1687. his principles published, little notice taken of her Maties Observatory.)

Erst als Newton 1694 daran geht, seine Mondtheorie verbessern zu wollen, und im Herbst eine Korrespondenz mit Flamsteed aufnimmt, passiert es. Wir dürfen annehmen, dass Flamsteed sich seiner Bedeutung bewusst ist, als er 50 neue Messungen der Mondpositionen an Newton schickt [Iliffe 2006, Vol. 1, S. xxii, S. 15],

> *„zusammengestellt in 3 großen Übersichten, und auf seine Bitte hin schickte ich ihm Kopien davon; er versprach mir sie nicht weiter zu geben oder sie irgend jemanden mitzuteilen."*

Abb. 7.4.6. Der Große Komet von 1680 über Rotterdam [Gemälde: Lieve Verschuier ab 1680]

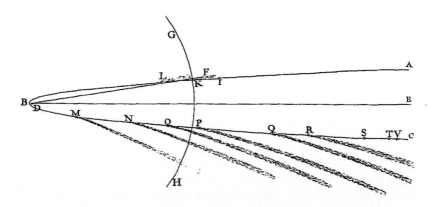

Abb. 7.4.7. Die Bahn des Großen Kometen von 1680 durch eine Parabel modelliert in Newtons *Principia*

Abb. 7.4.8. Ein Teil der Königlichen Sternwarte in Greenwich heute
li: [Foto: ChrisO], re: [Foto: Peter Smyly 2009]

(drawn up in 3 large Synopses & on his request gave him copys of them
he promising me not to impart or communicate them to anybody.)

Unter den gleichen Bedingungen, die Daten *nicht* weiterzugeben, schickt
Flamsteed noch weitere hundert Beobachtungsdaten in den nächsten Monaten, während er die Arbeiten an seinem großen Sternenkatalog weiterführt.
Bereits kurz darauf erfährt Flamsteed, dass Newton sich nicht an seine Be-
dingung gehalten hat, denn sowohl Edmond Halley, als auch der Savilianische
Professor für Astronomie in Oxford, David Gregory, verfügen nun über die Daten. Jetzt fühlt Flamsteed sich hintergangen und ist bestürzt; vordergründig,
weil die Messungen mit einem Sextanten ausgeführt waren und den Genau-
igkeitsansprüchen Flamsteeds nicht genügten. Eigentlich will Flamsteed, dass
Newton auf den großen Sternenkatalog wartet, denn Mondpositionen werden
in Relation zu Fixsternen angegeben. Newton versteht nicht, warum der Katalog so lange auf sich warten lässt und beginnt 1695, sich über Flamsteed
zu beschweren. Newtons Briefe werden im Ton schärfer, Flamsteed schreibt
immer moralisierender zurück.

Newton hatte in den *Principia* das Dreikörperproblem behandelt, war aber
nicht sehr weit gekommen. Nun wollte er die Berechnungen zu diesem Problem, das nicht über eine analytische Lösung verfügt, wieder aufnehmen. Die
Berechnungen waren anstrengend. Ein nagendes Problem bei den Beobachtungen von Sternpositionen war die atmosphärische Lichtbrechung an der
Lufthülle der Erde, für deren Korrektur es keine Theorie gab. Im November
1694 schickte Newton eine erste Tafel mit Brechungswerten an Flamsteed, der
sofort ihre Genauigkeit anzweifelte [Westfall 2006, S. 544], was Newton anerkennen musste. Erst im März 1695 kann Newton eine korrigierte Tabelle an
Flamsteed schicken. Newtons rechnerische Methoden lagen außerhalb des empirischen Zugangs von Flamsteed, der viele Dinge nur mit Mühe, einige gar
nicht verstand. Newtons rauher Ton in den Briefen führte schließlich dazu,

dass Flamsteed bewusst Daten zurückhielt, was Newton um so ungeduldiger machte. Er solle doch nun einfach Rohdaten schicken und sich keine Arbeit mit der Aufbereitung machen, das würde Newton schon selbst erledigen, schrieb Newton. Als Flamsteed schrieb, er hätte gehört, man würde sich in London erzählen, dass die zweite Auflage der *Principia* keine neue Mondtheorie enthalten würde, weil Flamsteed Daten zurückhalten würde, explodierte Newton in einem Brief vom 19. Juli 1695 [Turnbull 1959–77, Vol. IV, S. 143]. Flamsteed antwortet am 28. Juli 1695 [Turnbull 1959–77, Vol. IV, S. 150f.]:

> *„Ich habe rechten Grund den Stil und die Ausdrücke Eures letzten Briefes zu beklagen, sie sind nicht freundlich, aber Ihr solltet wissen, dass ich nicht von dem streitsüchtigen Temperament bin, das mir der Angestellte der Gesellschaft unterstellt.* [gemeint ist Halley] *Ich werde alles wegstecken bis auf den Satz 'das, was Ihr mir mitgeteilt habt war von größerem Wert als viele Beobachtungen'. Das räume ich ein. Wie der Draht mehr Wert ist als das Gold, aus dem er gezogen wurde: Ich sammelte das Gold, schmolz und verfeinerte es, und präsentierte es Euch irgendwann ungefragt. Ich hoffe Ihr wertet meine Bemühungen nicht geringer, weil es so einfach Eures wurde."*

> (I have just cause to complaine of the stile & expressions of your last letter, they are not freindly but that you may know me not to be of yt quarrelsome humor I am represented by ye Clerk of ye Society. I shall wave all save this expression *that what you communicated to me was of more valew yn many observations*. I grant it. as ye Wier is of more worth then ye gould from which twas drawne: I gathered ye gould melted refined & presented it to you sometimes unasked I hope you valew not my paines ye less because they became yours so easily.)

Obwohl es später Versuche der Annäherung von Flamsteeds Seite gab, auf die Newton irgendwann nicht mehr einging, markiert dieser letzte Brief Flamsteeds das Ende einer neuen Mondtheorie [Westfall 2006, S. 548]. Newton hatte mit seinem Geburtstag zu Anfang des Jahres 1696 das Alter von 53 Jahren erreicht. Er hatte die *Principia* geschrieben, das Manuskript für die *Opticks* war fertig, und zwei mathematische Arbeiten, die er 1704 der *Opticks* hinzufügte und die seine Bedeutung als Mathematiker zeigen sollte. Aber er war an der Mondtheorie gescheitert[23]. Sicher, er schob das Scheitern auf Flamsteed, aber er muss auch gespürt haben, dass seine Kräfte schwanden und er nicht mehr in der Lage war, einen echten Durchbruch auf diesem Gebiet zu erzielen. Es war zu spät. So nimmt es nicht Wunder, dass er sich 1696 entschließt, Cambridge zu verlassen.

---

[23]Die Bewegung des Mondes zeigt Anomalien wie die *Evektion*, eine periodische Störung der Bahn, und eine sogenannte *zweite Abweichung*. Diese Anomalien waren bereits in der Antike bekannt, aber nicht einfach zu modellieren (vergl. [Verdun 2015, S. 118ff.]).

7.4.3 Newton und die Münze

Offenbar war Newton seines abgeschiedenen Lebens in Cambridge überdrüssig geworden. Er hatte bereits zu Beginn der 1690er Jahre einen Posten in London gesucht. Mit dem Aufstieg seines Gönners und Freundes Charles Montague konnten solche Pläne endlich realisiert werden.

Montague wurde 1679 im Trinity College immatrikuliert und 1683 zum Fellow gewählt. Mit Newton stand er stets auf freundschaftlichem Fuß und als er im Jahr 1694 zum Schatzkanzler ernannt wurde, liefen schnell Gerüchte um, dass Newton eine Tätigkeit in der königlichen Münze angeboten werden sollte [Turnbull 1959–77, Vol. IV, S. 188]. Am 29. März 1696 schrieb Montague an Newton [Turnbull 1959–77, Vol. IV, S. 195], um ihm die Stellung als „Warden of the Mint" (Aufseher über die Münze) anzubieten, und Newton griff sofort zu. Weniger als einen Monat später begann Newton seinen Dienst, behielt aber vorerst seinen Lehrstuhl und die Mitgliedschaft im Trinity College.

Die Münze und die gesamte staatliche Finanzwirtschaft steckten in einer tiefen Krise. Im Jahr 1689 war Wilhelm von Oranien-Nassau zum englischen König Wilhelm III. gekrönt worden, der England von der Regierung des verhassten Katholiken Jakob II. befreit hatte. Neben den Jakobiten, den Anhängern Jakobs in Irland und Schottland, die Wilhelms Regierung nicht akzeptieren wollten, gab es Krieg mit Frankreich, der Unsummen Geldes verschliss. Ein

Abb. 7.4.9. Charles Montague (1661-1715), erster Graf von Halifax
[Gemälde: Michael Dahl, etwa um 1700]

Abb. 7.4.10. Mittelalterliche Münzwerkstatt, die Münzen werden noch von Hand mit dem Hammer gepägt ([Hans Burgmair] vermutl. 16. Jh.)

Staatsbankrott hätte unabsehbare Folgen gehabt; die „Glorious Revolution" wäre letztlich doch zum Scheitern verurteilt gewesen. Im Jahr 1696 war nicht klar, ob das Land die Kosten letztlich aufbringen konnte, aber da konnte der neue Aufseher der königlichen Münze nicht helfen. Newton war vielmehr mit einem anderen Problem befasst, das ebenfalls große Probleme bereitete. Münzen wurden bis 1662 mit der Hand geschlagen und hatten keinen definierten Rand. Daher breitete sich das Problem des „clipping" epidemisch aus, d.h. von den Münzen wurden an den Rändern kleine Stücke abgekniffen, wodurch die Währung verfiel. Desweiteren waren die alten Münzen einfach zu fälschen, da jede handgeschlagene Münze individuelles Aussehen hatte. Es war also in Fälscherkreisen üblich, unedle Metalle zu verwenden und Münzen billig zu

Abb. 7.4.11. Eine Goldmünze aus der Zeit Jakobs I. handgeschlagen, und rechts daneben eine neue, maschinell geprägte und randgerändelte Münze mit Rückseite aus der Regierungszeit Wilhelms III.
[Classical Numismatic Group Inc., U.K]

kopieren. Das Geschäft der „coiners" und „clippers" (Falschmünzer und Abkapper) lief hervorragend. Unter der Regierung von Karl II. wurde verfügt, dass Münzen nur noch mit der Hilfe von Maschinen gepresst werden durften. Die wichtigste Neuerung war aber die Rändelung des Randes, die ein clipping unmöglich, weil deutlich sichtbar machte. Die größeren Münzen erhielten zudem den Randschriftzug „Decus et Tutamen" (Verzierung und Absicherung), die noch heute auf englischen Pfundmünzen zu sehen ist. Ein Franzose, Peter Blondeau, der die neuen Maschinen der Münze entwickelt hatte, rändelte die Münzen bis zu seinem Tode im Jahr 1672 selbst und der Vorgang blieb ein Geheimnis einiger weniger. Newton hatte einen Eid zu schwören, dass er dieses Geheimnis nicht verraten würde, obwohl man es in französischen Quellen nachlesen konnte [Westfall 2006, S. 553].

Als Newton Aufseher über die Münze wurde, die im Tower installiert war, waren beide Währungen nebeneinander im Einsatz, die alte, handgeschlagene, und die neue. Auf dem Markt war ein weiteres Problem hinzugekommen: der Silberhandel von England nach Amsterdam und Paris [Levenson 2009, S. 110]. Man konnte in Paris mit einer gewissen Menge Silber mehr Gold kaufen, als in London mit der gleichen Menge Silbermünzen. Also sammelten gerissene Händler in London Silbermünzen, um sie einzuschmelzen und damit auf dem Kontinent Gold zu kaufen, mit dem sie in London wiederum Silbermünzen ankaufen konnten – eine Art finanzwirtschaftliches perpetuum mobile. Durch diesen Handel flossen große Mengen an Silber aus dem Land und die neuen Münzen, auf deren Gewicht sich die Händler ja verlassen konnten, wurden knapper. Damit nahm die alte Währung wieder überhand und ganze Fälscherwerkstätten hatten wieder ein gutes Auskommen. Ein Teufelskreis hatte sich gebildet.

Newton sah offenbar schon zu Beginn sehr klar, was zu tun war. Um die Parallelität beider Währungen zu eliminieren hatte man neue Münzen zu prägen, d.h. die alten Silbermünzen mussten sämtlich eingezogen, umgeschmolzen und als neue Münzen ausgegeben werden. Allein dieser Schritt würde das Problem

Abb. 7.4.12. Der Tower in London, in dem sich die königliche Münze befand ([Stich von Wenzel Hollar, entstanden zwischen 1637 und 1677] Thomas Fischer Rare Book Library, Plate No P908)

des Abkappens vollständig lösen. Zur Lösung der Kursprobleme hatte man das Verhältnis von Metallwert zu Nominalwert zu verändern, um den Abfluss von Silber aus dem Land zu stoppen – man würde heute Abwertung sagen. So konnte garantiert werden, dass der Wert einer Silbermünze im Inland genau ihrem Wert im Ausland entsprach [Levenson 2009, S. 118]. Im Sommer 1698 war der gesamte Prozess der Neuprägung bereits abgeschlossen – Newton hatte sich als der geborene Organisator gezeigt und gegen alle Widerstände eine straffe Organisation der Münze durchgesetzt [Westfall 2006, S. 566]. Er hatte nicht wie ein Aufseher gehandelt, sondern wie der höchste Offizier der Münze, der „Master of the Mint" (Münzmeister), Thomas Neale (1641–1699). Als Neal 1699 stirbt, wird Newton der neue Münzmeister.

7.5 Leibniz, seine Mitstreiter und die ersten großen Erfolge des Kalküls

7.5.1 Leibniz ist wieder in Hannover

Nach der Rückkehr Leibnizens von seiner langen Reise (2 Jahre und 8 Monate!) nach Südeuropa im Juni 1690 nach Hannover dauerte es nicht lange, bis er sich wieder von der wissenschaftlichen Welt abgeschnitten fühlte.

In Hannover hatte er nur die Kurfürstin Sophie (1630–1714) und ihre Tochter Sophie Charlotte (1668–1705), mit denen er gerne wissenschaftliche und philosophische Gespräche führte. Auch nach der Heirat Sophie-Charlottes mit dem

Abb. 7.5.1. Prinzessin Sophie-Charlotte 1668 ([Foto: James Steakley 2007] Stadt-museum Berlin) und die Herzöge Rudolph August ([Gemälde: H. Hinrich Rundt um 1700] Herzog August Bibliothek Wolfenbüttel) und Anton Ulrich von Braunschweig und Lüneburg und Fürsten von Braunschweig-Wolfenbüttel ([Gemälde: Christoph B. Franke] Herzog Anton-Ulrich-Museum Braunschweig)

Kurprinzen Friedrich von Brandenburg im Jahr 1684 hielt er Kontakt. Als Kurfürst Friedrich Wilhelm von Brandenburg 1688 starb, wurde Friedrich als Friedrich III. Kurfürst, und am 18. Januar 1701 als Friedrich I. König in Preu-ßen. Leibniz korrespondierte weiter mit zahlreichen Personen in ganz Europa zu einer unübersichtlich großen Anzahl von Themen. Im Jahr 1691 wurde er neben seiner Anstellung beim Hannoveraner Bibliothekar in Wolfenbüttel bei den beiden Herzögen Anton Ulrich (1633–1714) und Rudolf August (1627–1704) von Braunschweig und Lüneburg, die gemeinsam regierten. Bei diesen kunstsinnigen Monarchen fühlte sich Leibniz offenbar besser verstanden als bei seinem Hannoverschen Kurfürsten Ernst-August (1629–1698). Zwischen 1692 und 1696 arbeitete er wieder an den Problemen des Bergbaus im Harz.

Mit Sophie-Charlotte verfolgte Leibniz den Plan, eine Akademie in Berlin-Brandenburg zu gründen; Zar Peter I. versuchte er ebenfalls von der Bedeu-tung einer russischen Akademie zu überzeugen.

Eine Frucht der Südeuropareise begann langsam zu reifen und kam erst post-hum zur Publikation: Die *Protogaea* [Leibniz 1949], die Vorgeschichte der Erde. Bereits durch die Arbeiten im Harz war Leibnizens Interesse an Geologie ge-weckt worden [Waschkies 1999]. Er hatte auf seinen Reisen Fossilien gesehen und entwickelte nun eine Theorie der Entstehung und Entwicklung der Erde, von der nur eine Ankündigung mit Auszügen im Jahr 1693 in den Acta Eru-ditorum erschien. Erst 1749 erschienen eine lateinische Ausgabe in Göttingen und eine deutsche Ausgabe in Leipzig. Eigentlich war die *Protogaea* als Ein-leitung zur Geschichte des Welfenhauses geplant, aber dazu kam es letztlich nicht.

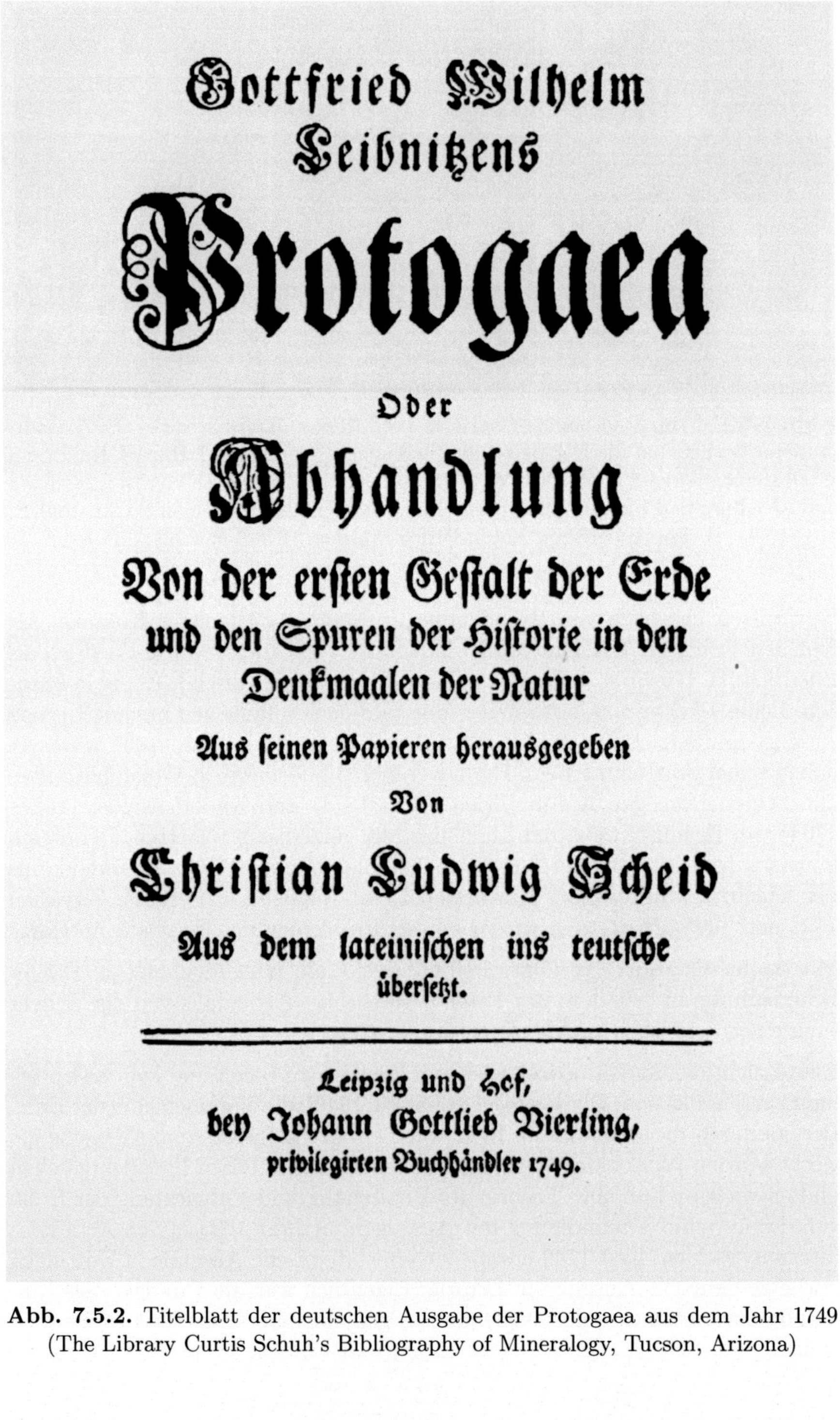

**Gottfried Wilhelm
Leibnitzens**

Protogaea

Oder

Abhandlung

Von der erften Geftalt der Erde
und den Spuren der Hiftorie in den
Denkmaalen der Natur

Aus feinen Papieren herausgegeben

Von

Chriftian Ludwig Scheid

Aus dem lateinifchen ins teutfche
überfetzt.

Leipzig und Hof,
bey Johann Gottlieb Vierling,
privilegirten Buchhändler 1749.

Abb. 7.5.2. Titelblatt der deutschen Ausgabe der Protogaea aus dem Jahr 1749
(The Library Curtis Schuh's Bibliography of Mineralogy, Tucson, Arizona)

Abb. 7.5.3. Ein aus Fossilienfunden „rekonstruiertes" Einhorn (Quedlinburger Einhorn) aus Leibnizens *Protogaea*

Im Jahr 1695 erschien in den Acta Eruditorum der erste Teil seiner Schrift *Specimen Dynamicum pro admirandis naturae legibus circa corporum vires et mutuas actiones detegendis et ad suas causas revocandis* (Dynamisches Probestück zur Aufdeckung der bewundernswerten Naturgesetze hinsichtlich der Kräfte und wechselseitigen Aktionen der Körper und zur Rückführung [der Naturgesetze] auf ihre Ursachen), in der er seine Ideen zur Wissenschaft der Dynamik darlegte. Er war weiterhin mit Arbeiten in Mathematik, Philosophie, Physik, Ethik, Theologie und der Geschichte des Welfenhauses beschäftigt. Ein derartiges Arbeitspensum und das Gefühl, in Hannover unverstanden und isoliert zu sein, forderten aber auch einen Tribut: von 1693 bis 1696 machte Leibniz eine Krise durch, die man heute vielleicht als „mid-life crisis" bezeichnen würde. Er begann in hypochondrischer Art seine Gesundheit zu beobachten, immer in der Angst, eine Krankheit könnte ihm die für seine Forschungen notwendige Zeit stehlen [Antognazza 2009, S. 322], [Görlich 1987, S. 117f.].

Bis zum Tod von Christiaan Huygens 1695 geht der Briefwechsel mit seinem Lehrer über Themen der Mathematik, der Gravitationstheorie und der Planetenbewegungen weiter. In der ersten Hälfte der 1690er Jahren veröffentlichen Leibniz und die Bernoullis einige mathematische Arbeiten, um die Überlegenheit des Leibniz'schen Kalküls bei der Lösung konkreter Probleme zu beweisen, was gerade in Frankreich wichtig war, weil dort noch zahlreiche Cartesianer der neuen Infinitesimalrechnung kritisch gegenüberstanden.

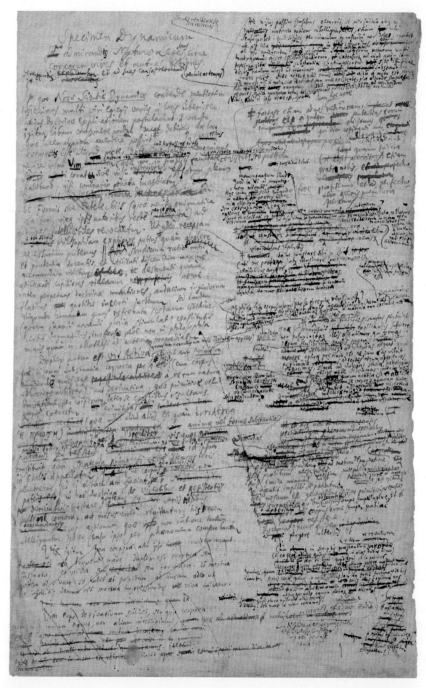

Abb. 7.5.4. Seite aus dem Manuscript *Specimen Dynamicum* (Gottfried Wilhelm Leibniz Bibliothek - Niedersächsische Landesbibliothek Hannover, LH XXXV IX 4 Bl 1r)

7.5.2 Die Bernoullis

Der wahre Siegeszug der Leibniz'schen Differenzial- und Integralrechnung auf dem Kontinent beginnt nicht zuletzt durch die Arbeiten dreier Gefolgsleute von Leibniz, der Brüder Jakob und Johann Bernoulli und des adligen Franzosen Guillaume François Antoine, Marquis de l'Hospital. Wie vorher bereits von Pascal praktiziert, wird es in dem Jahrzehnt ab 1690 wieder üblich, den Mathematikern Europas öffentlich Aufgaben zu stellen und die eingesandten Lösungen zu veröffentlichen, was zu einem unvorstellbaren Schub für den neuen Leibniz'schen Kalkül beitrug und eine neue mathematische Wissenschaft – die Variationsrechnung – schuf. Allerdings liegt auch der Keim von Streitigkeiten in dieser Art der Konkurrenz.

Jakob Bernoulli (1654–1705) stammte wie sein jüngerer Bruder Johann (1667–1748) aus einer Familie von Händlern. Der Großvater, auch ein Jakob, war ein Drogist und Gewürzhändler aus Amsterdam, der 1622 durch Heirat ein Bürger von Basel wurde.

Der Vater von Jakob und Johann, Nikolaus Bernoulli, übernahm das gutgehende Geschäft und wurde ein Mitglied des Großen Rates, die Mutter Margaretha Schönauer war die Tochter eines Bankiers und Mitglieds im Stadtrat [DSB 1971, Vol. II, S. 46f., J.O. Fleckenstein]. Die Familie war recht wohlhabend.

Jakob studierte an der Universität Basel, erhielt 1671 den Abschluss als Magister artium in Philosophie und 1676 das theologische Lizenziat *lic. theol.*, und folgte somit dem Wunsch seines Vaters. Ganz gegen dessen Wünsche studierte er jedoch nebenbei Mathematik und Astronomie, ging 1676 als Tutor nach Genf und verbrachte dann zwei Jahre in Frankreich, wo er sich mit den Methoden und der Wissenschaft Descartes' vertraut machte. Von 1681 bis 1682 unternahm er eine zweite Bildungsreise nach Holland und England. In Holland traf er Jan Hudde, in England Robert Boyle und Robert Hooke. Ergebnisse dieser Reise waren eine (mangelhafte) Theorie der Kometen (1682) und eine Theorie der Schwerkraft (1683), die von seinen Zeitgenossen hoch geschätzt wurde [DSB 1971, Vol. II, S. 46, J.O. Fleckenstein]. Jakob heiratete 1684 Judith Stupanus, die Tochter eines reichen Pharmazeuten; ihr Sohn Nikolaus wurde Stadtrat und Vorsteher der Künstlergilde in Basel.

Im Jahr 1685 gab Jakob in seiner Vaterstadt Vorlesungen über die Mechanik von Festkörpern und Fluiden, publizierte im Journal des Sçavans und den Acta Eruditorum, und arbeitete sich durch die *Geometria* von René Descartes. Er arbeitet auch zur Logik und schrieb 1685 eine Arbeit zur Wahrscheinlichkeitsrechnung. Durch das Studium der Arbeiten von Wallis und Barrow kam er schließlich auf die Infinitesimalmethoden. Jakob wurde zu einem Meister des Kalküls und trieb die Entwicklung der Leibniz'schen Differenzial- und Integralrechnung gemeinsam – und auch in einem bitteren Streit mit seinem Bruder Johann – voran. Er war ein langsamerer, aber auch tieferer Denker als sein jüngerer Bruder Johann.

Abb. 7.5.5. Relief des Jakob I Bernoulli (Medallion [Foto: Mattes 2012] Historisches Museum Basel) und sein Bruder Johann Bernoulli [Mezzotint von Johann J. Haid 1742, nach Gemälde von Johann Rudolf Huber]

Der um 12 Jahre jüngere Bruder Johann erwies sich in der Zwischenzeit als unbrauchbar für eine Karriere im Geschäft seines Vaters. Zähneknirschend erlaubte der Vater daher im Jahr 1683 die Immatrikulation an der Universität Basel und sein zehntes Kind erwarb nach einer Disputation mit seinem Bruder schließlich den Grad eines Magister artium.

Danach widmete sich Johann dem Studium der Medizin, studierte aber unter der Anleitung seines Bruders auch Mathematik. Im Jahr 1687 wurde Jakob an der Universität Basel Professor für Mathematik. Zu dieser Zeit arbeiteten sich die Brüder durch die Arbeiten von Leibniz und Tschirnhaus, die in den Acta Eruditorum erschienen waren. Obwohl gerade Leibnizens erste Arbeit zur Differenzialrechnung, *Nova methodus pro maximis et minimis*, erschienen 1684, sehr schwierig zu lesen war, bemerkte Johann später in seiner Autobiographie [Hall 1980, S. 81]: *„Es war für uns nur eine Sache von ein paar Tagen, um all seine Geheimnisse zu entschlüsseln"* (It was for us only a matter of a few days to unravel all its secrets). Den größten Teil des Jahres 1691 verbrachte Johann in Genf, wo er den Bruder von Fatio de Duillier, Jean Christoph, die Grundzüge der Differenzialrechnung lehrte und seine eigenen Mathematikkenntnisse erweiterte [DSB 1971, Vol. II, S. 52, E.A. Fellmann, J.O. Fleckenstein]. Im Herbst 1691 ging Johann nach Paris und gewann dort Aufnahme in den wissenschaftlichen Kreis um Nicolas Malebranche (1638–1715). Dort traf er auch auf den jungen Adligen Guillaume François Antoine, Marquis de l'Hospital (1661–1704), einen sehr begabten Mathematiker, der Johann als seinen Mathematiklehrer beschäftigte. Mit Pierre de Varignon (1654–1722) wurde Johann im Jahr 1692 bekannt und schloss eine lange andauernde Freundschaft. Im darauffolgenden Jahr nahm Johann die Korrespondenz mit Leibniz auf. Die Lösung des Problems der Kettenlinie aus dem Jahr 1691, das wir ab Seite 354 diskutieren, war Johanns erste selbständige Arbeit und katapultierte ihn gleich auf eine Stufe mit Huygens, Leibniz, Newton und Jakob Bernoulli.

Im Jahr 1695 wurde Johann Professor für Mathematik an der Universität Groningen. Es bestand auch das Angebot, auf eine Professur nach Halle zu gehen, aber Huygens sorgte dafür, dass er mit seiner Frau Dorothea Falkner und ihrem gemeinsamen, sieben Monate alten Sohn Nikolaus I[24], nach Groningen kam [DSB 1971, Vol. II, S. 53, E.A. Fellmann, J.O. Fleckenstein]. Zu dieser Zeit verschlechterte sich sein Verhältnis zu seinem Bruder Jakob. Jakob war empfindlich, leicht reizbar, kritisierte gerne andere und war süchtig nach Anerkennung. Auch Johann war – vielleicht in größerem Maße als sein Bruder – streit- und kampfeslustig und reizbar. Jakob sah Johann als seinen Schüler an, und der Schüler konnte doch nur das von sich geben, was er vom Lehrer erfahren hatte. Johann hingegen war ein unabhängiger Geist. Er war sicher der begabtere der beiden Brüder was die mathematische Intuition betrifft, und der schnellere Denker. Die Variationsrechnung[25] ist ganz wesentlich das Produkt des heftigen Streits der beiden Brüder.

Die Rivalität begann etwa im Jahr 1692, als Jakob seinen Bruder Johann mit dem Problem vertraut machte, in welcher Form sich ein Segel bläht, wenn der Wind hineinfährt. Jakob hatte das Problem gelöst und gezeigt, dass es sich um eine Zykloide handelt. Johann fand ebenfalls eine Lösung des Problems, die er vollmundig im Journal des Sçavans veröffentlichte, was seinen Bruder gegen ihn aufbrachte. Im Jahr 1696, nun seinem älteren Bruder ebenbürtig, stellte Johann das Problem der Brachistochrone, das wir uns noch etwas detaillierter ansehen werden. Jakob konnte das Problem lösen, stellte aber unter dem Titel *„Lösung der Aufgabe meines Bruders, dem ich dafür eine andere vorlege"* eine neue Aufgabe. Johann unterschätzte offenbar das Problem und veröffentlichte eine falsche Lösung [DSB 1971, Vol. II, S. 53, E.A. Fellmann, J.O. Fleckenstein], worauf ihn Jakob mit beißendem Spott überzog. Damit war der Streit eskaliert und endete erst mit dem Tod Jakobs.

Als Jakob im Jahr 1705 50-jährig starb, folgte ihm Johann auf den mathematischen Lehrstuhl in Basel. Nach Newtons Tod 1727 war Johann Bernoulli unangefochten der führende Mathematiker in Europa. Sein berühmtester Schüler, der große Leonhard Euler (1707–1783), baute dann die Leibniz'sche Analysis im 18. Jahrhundert wesentlich aus und durchdrang mit ihr die Mechanik fester und flüssiger Körper vollständig.

Die Brüder Jakob und Johann Bernoulli sind die Gründungsväter einer ganzen Dynastie von Naturwissenschaftlern und Mathematikern, die bis in unsere Tage reicht. Besondere Berühmtheit hat einer der Söhne Johanns, Daniel Bernoulli (1700–1782), erlangt.

---

[24]Die Wissenschaftler der Familie Bernoulli sind über Generationen hinweg so zahlreich, dass man die verschiedenen Familienmitglieder mit dem Namen Jakob, Johann und auch Nikolaus durchnummerieren muss.

[25]Der Name „Variationsrechnung" rührt daher, dass man eine Funktion in einer ganzen Schar zulässiger Funktionen so „variieren" muss, dass eine gewisse Extremaleigenschaft angenommen wird.

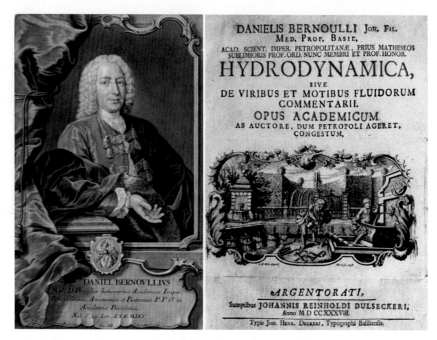

Abb. 7.5.6. Daniel Bernoulli [Gemälde von J. Haid nach R. Huber, 18. Jh.] und Titelblatt seiner *Hydrodynamica* von 1738

Daniel studierte Medizin in Basel und Heidelberg und wurde 1725 gemeinsam mit seinem Bruder Nikolaus I an die Russische Akademie der Wissenschaften nach Sankt Petersburg berufen, wo es ihm aber nicht gefiel. Zurück in Basel hatte er Lehrstühle für Anatomie und Medizin inne, aber da seine Liebe der Mathematik und den Naturwissenschaften galt und er auf diesen Gebieten bereits hervorragende Arbeiten geschrieben hatte, griff er 1750 zu, als man ihm den Lehrstuhl für Physik anbot. Sein Hauptwerk, die *Hydrodynamica*, wurde bereits 1738 veröffentlicht, und es wirft ein bezeichnendes Licht auf seinen Vater Johann, dass dieser das Buch seines Sohnes unter dem Titel *Hydraulica* plagiierte und um sieben Jahre vordatierte [Szabó 1996, S. 165ff.]. Daniel Bernoulli war ein enger Freund Leonhard Eulers.

7.5.3 Der Marquis de l'Hospital

De l'Hospital (1661–1704) entstammte einer angesehenen Familie des französischen Adels und seine mathematische Begabung wurde früh erkannt, denn er löste im Alter von 15 Jahren ein von Pascal stammendes Problem um die Zykloide. Allerdings verlangte es sein Stand, dass er die Offizierslaufbahn einschlagen musste, und so wurde er Kavallerieoffizier, ein Beruf, für den er wegen seiner starken Kurzsichtigkeit allerdings gar nicht geeignet war. So gab er die Militärkarriere auf, um sich mathematischen Studien zu widmen. Um 1690

Abb. 7.5.7. Guillaume François Antoine, Marquis de l'Hospital und Ludwig der
XIV. beim Besuch der Akademie der Wissenschaften 1671 [Stich: S. Le Clerc]

gehörte er in Paris zum Kreis um Nicolas Malebranche, wo er 1691 auch Johann Bernoulli traf. Fasziniert von der Leibniz'schen Differenzialrechung, die Bernoulli dem Pariser Kreis vorstellte, bezahlte er für Privatunterricht, den Johann Bernoulli ihm in Paris und auch auf de l'Hospitals Schloss Oucques im heutigen Kanton Marchenoir gab.

Danach standen de l'Hospital und Johann Bernoulli weiter im Briefwechsel und der Marquis zahlte Bernoulli dafür, dass dieser ihm neue mathematische Ergebnisse lieferte. So ist die nach ihm benannte Formel von de l'Hospital eigentlich von Johann Bernoulli. Im Jahr 1693 wurde de l'Hospital in die französische Académie des Sciences aufgenommen. Da er als Adliger nicht ohne weiteres in die Akademie aufgenommen werden konnte, erhielt er die Position eines Vizepräsidenten. Er korrespondierte mit Leibniz, Huygens und beiden Bernoulli-Brüdern und veröffentlichte 1696 das erste Lehrbuch[26] zur Leibniz'schen Differenzialrechnung, *Analyse des Infiniment Petits pour l'Intelligence des Lignes Courbes* (Analysis der unendlich Kleinen um Kurven zu verstehen).

Das Buch hatte etwa 200 Seiten Umfang, enthielt nur die Differenzialrechung, und wurde anonym publiziert, obwohl jeder wusste, dass der Marquis de l'Hospital der Autor war [Truesdell 1958, S. 59]. Das Buch enthielt Originalmaterial von Johann Bernoulli, erlebte etliche Auflagen und blieb bis zur Veröffentlichung der Werke von Euler der bestimmende Text. Johann Bernoulli schrieb an Leibniz, Varignon und andere, dass er der eigentliche Autor

---

[26]Diese Aussage ist historisch nicht ganz korrekt, denn Bernard Nieuwentijt hatte vorher ein solches Buch publiziert, das aber keine Wirkung entfaltete (vergl. S. 483).

Abb. 7.5.8. Titelblatt der *Analyse des Infiniment Petits* von Guillaume François Antoine, Marquis de l'Hospital, 1696 (mit freundlicher Genehmigung von Sophia Rare Books, Kopenhagen)

des Buches sei und dass de l'Hospital den ersten Teil seiner Einführung in die Differenzial- und Integralrechnung, die Bernoulli dem Marquis in Paris überliess, verwendet hatte. Das war Teil der finanziellen Abmachung zwischen Bernoulli und dem Marquis gewesen, aber in seiner Autobiographie schrieb Johann Bernoulli weniger positiv und mit wachsendem Anspruch auf die Inhalte des Buches. Im Jahr 1742 publizierte Johann Bernoulli dann Teil II, den Integralkalkül, aber keinen Teil I, weil, wie er bemerkte, dieser erste Teil bereits von de l'Hospital veröffentlicht wurde.

De l'Hospital drückte im Vorwort der *Analyse des Infiniment Petits* seine Verpflichtung gegenüber Johann Bernoulli aus und bemerkte, das Buch enthalte die Ergebnisse verschiedener Personen. Im Text wurden dann ein halbes Dutzend Personen genannt, aber nicht Johann Bernoulli [Truesdell 1958, S. 59].

Das Problem der Isochrone

Christiaan Huygens hatte bereits 1659 mit klassischen Mitteln gezeigt, dass die Zykloide die Tautochrone ist, d.h. diejenige Kurve, auf der sich eine reibungsfreie Masse von jedem Startpunkt in gleicher Zeit zu einem festen Endpunkt bewegt. Wie wir im Abschnitt 2.7 berichtet haben, hatte Huygens diese Eigenschaft der Zykloide für die Konstruktion einer ganggenauen Uhr verwendet. Im Herbst 1687 stellt Leibniz im Journal „Nouvelles de la République des lettres" das Problem: Finde eine Kurve $x \mapsto y(x)$, auf der eine Masse reibungsfrei mit konstanter Vertikalgeschwindigkeit $dy/dt = -b$ gleitet [Hairer/Wanner 2000, S. 134f.]. Das negative Vorzeichen benutzen wir hier, weil wir die y-Achse nach oben abtragen wie in Abbildung 7.5.9.

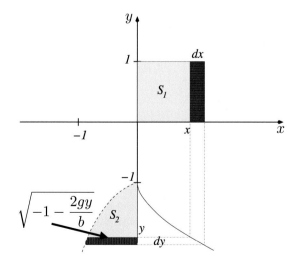

Abb. 7.5.9. Zur Konstruktion der Leibniz'schen Isochrone

Bereits nach einem Monat traf eine Lösung von Huygens ein, die aber un-
befriedigend war, da Huygens die Lösung erriet und dann nachwies, dass die
geratene Funktion tatsächlich das Problem löst [Hairer/Wanner 2000, S. 134].
Eine weitere Lösung, aber gewonnen durch ein ganz allgemein verwendbares
Lösungsverfahren, wurde 1690 durch Jakob Bernoulli in den Acta Eruditorum
publiziert: *Analysis problematis ante hac propositi, de inventione lineae descensus a corpore gravi percurrendae uniformiter, sic ut temporibus aequalibus
aequales altitudines emetiatur: & alterius cujusdam Problematis Propositio*
(Analyse eines früher gestellten Problems, die gleichförmig zu durchlaufen-
de Linie des Abstiegs von einem schweren Körper zu finden, so dass er in
gleichen Zeiten gleiche Höhen durchmisst, und Vorschlag eines bestimmten
anderen Problems). Wir folgen dem Bernoulli'schen Lösungsansatz.

Galilei hatte gezeigt, dass ein Körper im Schwerefeld entlang der y-Achse mit
der Geschwindigkeit

$$v = \sqrt{-2gy}$$

fällt, wobei $g = 9.81 \frac{m}{s^2}$ die Erdbeschleunigung bezeichnet. Ist s die Bogenlänge
der gesuchten Kurve, dann muss

$$\left(\frac{ds}{dt}\right)^2 = -2gy$$

gelten, und da nach dem Satz des Pythagoras $ds^2 = dx^2 + dy^2$ ist, folgt also

$$\frac{dx^2 + dy^2}{dt^2} = -2gy.$$

Es soll $dy/dt = -b$ sein, und dividiert man die obige Gleichung durch
$(dy/dt)^2 = b^2$, dann folgt

$$\frac{(dx^2 + dy^2)dt^2}{dy^2 \, dt^2} = \left(\frac{dx}{dy}\right)^2 + 1 = -\frac{2gy}{b^2},$$

also

$$dx = -\sqrt{-1 - \frac{2gy}{b^2}} \, dy.$$

Bernoulli interpretierte diese Gleichung als Gleichheit zweier Rechtecke. Der
Flächeninhalt $1 \cdot dx$ ist immer genau so groß wie der Flächeninhalt $-\sqrt{-1 - \frac{2gy}{b^2}} \cdot$
dy, und das ist die Flächengleichheit von S_1 und S_2 in Abbildung 7.5.9. Bernoulli hatte die Differenzialgleichung für die gesuchte Kurve durch die Methode der Trennung der Veränderlichen gelöst und brauchte nun nur noch die
Quadratur auszuführen. Er schrieb:

„Also werden auch deren Integrale gleich gemacht"

(Ergo & horum Integralia aequantur)

und dies ist das erste Mal, dass das Wort „Integral" in der Mathematik auftaucht. Die Lösung ist übrigens die Neil'sche Parabel

$$x = \frac{b^2}{3g} \left(-1 - \frac{2gy}{b^2} \right)^{\frac{3}{2}}.$$

Das Problem der Traktrix

Noch in seiner Zeit in Paris lernte Leibniz ein Problem des Anatomen, Arztes und Architekten Claude Perrault (1613–1688) kennen: Welche Kurve beschreibt eine Taschenuhr, wenn sie an der Uhrenkette mit konstanter Länge entlang der Horizontalen gezogen wird? Die gesuchte Kurve ist die sogenannte Schleppkurve oder Traktrix.

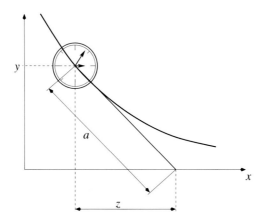

Abb. 7.5.10. Das Perrault'sche Problem

Mit den Bezeichnungen aus Abbildung 7.5.10 gilt

$$\frac{dy}{dx} = -\frac{y}{z},$$

und aus dem Satz des Pythagoras folgt

$$z^2 + y^2 = a^2.$$

Damit ergibt sich die Differenzialgleichung

$$y' = \frac{dy}{dx} = -\frac{y}{\sqrt{a^2 - y^2}},$$

die Leibniz im *Supplementum geometriae dimensioriae, seu generalissima omnium Tetragonismorum effectio per motum: Similiterque multiplex constructio lineae ex data tangentium conditione* (Eine Ergänzung der ausmessenden

Geometrie oder die allgemeinste Durchführung aller Tetragonismen mittels
Bewegung und die auf ähnliche Art bewirkte vielgestaltige Konstruktion einer Linie aus einer gegebenen Tangentenbedingung) in den Acta Eruditorum
des Jahres 1693 mit Hilfe der Trennung der Veränderlichen löst. Als Lösung
ergibt sich die Funktion

$$x = -\sqrt{a^2 - y^2} - a \ln \frac{a - \sqrt{a^2 - y^2}}{y}.$$

Das Problem der Kettenlinie

In der gleichen Arbeit aus dem Jahr 1690, in der Jakob Bernoulli das Problem
der Leibniz'schen Isochrone löste, stellte Bernoulli ein weiteres Problem:

Welche Form nimmt eine idealisiert gedachte Kette unter ihrem eigenen Gewicht an, wenn sie an zwei Enden auf gleicher Höhe befestigt wird?

Galileo Galilei hatte in seinen *Discorsi* das folgende Experiment beschrieben
[Galilei 1973, S. 123]:

> *„Die andere Art, Parabeln zu beschreiben [...], ist folgende: An einer
> Wand befestigt man in gleicher Höhe über dem Horizonte zwei Nägel,
> in einer Entfernung von einander, die gleich ist der doppelten Breite
> des Rechtecks, auf welchem die Halbparabel contruirt werden soll; von
> beiden Nägeln hängt eine feine Kette herab, die so lang ist, dass ihr
> tiefster Punkt sich um die Länge des gegebenen Rechteckes vom Hori-
> zonte der Nägel entfernt: Diese Kette hat die Gestalt einer Parabel, so
> dass, wenn man dieselbe durch Punktierung abmalt, man eine richtige
> Parabel erhält: das mittlere Loth teilt dieselbe in gleiche Theile.“*

Der Herausgeber der deutschen Übersetzung der *Discorsi* hat dem Ende des
letzten Satzes die Anmerkung mitgegeben [Galilei 1973, Anmerkung 23, S.
139]:

> *„Bekanntlich ist das ein Irrthum, da die Kette die Form der sogenann-
> ten Kettenlinie bildet, welche nur äussere Aehnlichkeit mit der Parabel
> hat.“*

Knobloch hat in seiner Arbeit zu Galilei und Leibniz [Knobloch 2012, S. 12] die
Qualität der Übersetzung von Arthur von Oettingen aus dem 19. Jahrhundert
kritisiert. Galileo schreibt nicht *„Diese Kette hat die Gestalt einer Parabel“*,
sondern *„Dieses Kettchen biegt sich in parabolischer Gestalt“* und Knobloch
hat zu Recht darauf hingewiesen, dass ein Mensch, der die Gestalt eines Kindes
hat, nicht notwendigerweise ein Kind ist. Leibniz hatte zwar in seiner Arbeit
*Communicatio suae pariter, duarumque alienarum ad edendum sibi primum
a Dn. Jo. Bernoullio, deinde a Dn. Marchione Hospitalio communicatarum*

Abb. 7.5.11. Der „Gateway Arch" in St. Louis, USA, das „Tor zum Westen", wurde
in der Form einer umgedrehten Kettenlinie ausgeführt
[Foto: Bev Sykes from Davis, CA, USA, 2005]

*solutionum problematis curvae celerrimi descensus a Dn. Jo. Bernoullio Geo-
metris publice propositi, una cum solutione sua problematis alterius ab eodem
postea propositi* (Mitteilung sowohl seiner eigenen als auch zweier fremder,
ihm zuerst von Herrn Joh. Bernoulli, dann vom Marquis de l'Hospital zur Veröffentlichung mitgeteilter Lösungen des Problems der Kurve des schnellsten
Abstiegs, das Herr Joh. Bernoulli den Geometern öffentlich vorgelegt hatte,
zusammen mit seiner Lösung eines zweiten, von demselben später vorgelegten
Problems) [Leibniz 2011, S. 297ff.] aus den Acta Eruditorum vom Mai 1697,
auf die wir noch zurückkommen werden, geschrieben [Knobloch 2012, S. 11]:

> *„Galilei war in der Tat ein höchst geistreicher und urteilsfähiger
> Mann. Aber da zu seiner Zeit die analytische Kunst noch nicht hinrei-
> chend fortentwickelt war, ihr höherer oder infinitesimaler Teil noch im
> Dunkeln lag, durfte er derartige Lösungen nicht erhoffen. Er vermutete
> freilich, dass die Kettenlinie eine Parabel und die Linie des kürzesten
> Abstiegs ein Kreis ist. Aber er ging im höchsten Maße fehl.",*

aber das konnte er so bei Galileo nicht herauslesen!

Bei der Diskussion der Wurfbewegung bzw. der Bahn einer geworfenen Masse
in einem reibungsfreien Medium kommt Galileo noch einmal auf die Kettenlinie zurück [Galilei 1973, S. 256]:

„Aber noch mehr: wir empfinden Staunen und Freude, wenn das stark oder schwach gespannte Seil sich der parabolischen Form nähert und die Aehnlichkeit so groß ist, dass, wenn Ihr auf einer Ebene eine Parabel zeichnet und sie dann umgekehrt betrachtet, d.h. mit dem Gipfel nach unten, die Basis parallel dem Horizonte, und wenn ihr eine kleine Kette mit ihren Enden an diese Basis der Parabel anlegt, dass alsdann die Kette mehr oder weniger sich krümmen und der genannten Parabel sich anschliessen wird; und zwar ist der Anschluss um so genauer, je weniger die Parabel gekrümmt, d.h. je mehr sie gestreckt ist, so dass in Parabeln von 45° Neigung die Kette fast ganz genau jene deckt."

Aber das steht da nicht! Die Übersetzung von Knobloch, die eng am Original bleibt, lautet [Knobloch 2012, S. 12]:

„Aber ich will Euch noch mehr sagen, indem ich Euch zugleich Staunen und Freude bereite, dass das so gespannte und weniger oder mehr gestreckte Seil sich in Linien biegt, die sich sehr den parabolischen annähern: Und die Ähnlichkeit ist so groß, ... dass in Parabeln, die mit Neigungen unter 45° beschrieben sind, das Kettchen sozusagen bis auf die Nagelprobe [aufs genaueste] auf der Parabel verläuft."

Galileo hatte also ganz und gar nicht behauptet, die Kettenlinie *sei* eine Parabel. István Szabó [Szabó 1996, S. 486] hat in diesen beiden Stellen bei Galileo einen Widerspruch gesehen und versucht, ihn dadurch zu lösen, dass der zuletzt zitierte Abschnitt wohl später geschrieben wurde als der erste, und dass eine Korrektur des ersten unterblieb. Wir müssen hier mit Knobloch klar festhalten, dass es einen solchen Widerspruch bei Galileo nicht gibt!

Den Beweis, dass die Kettenlinie keine Parabel sein kann, hatten schon der französische Jesuit Ignatius Gaston Pardies (1636–1673) (der Newton 1671/72 wegen seiner Kritik der Theorie des Lichts verärgerte) in den 1660er Jahren und der in Lübeck geborene Joachim Jungius (1587–1657) noch früher geliefert [Jahnke 2003a, S. 109]. Auch dem jungen Huygens war klar, dass die Lösung keine Parabel sein kann. Lösungen dieses Problems wurden von Huygens, Leibniz und Jakobs Bruder Johann Bernoulli in den Acta Eruditorum 1691 veröffentlicht. Die Kettenlinie oder Katenoide erweist sich als eine Hyperbelfunktion, nämlich der Cosinus Hyperbolicus, und ergibt sich als Lösung einer Differenzialgleichung.

Die Bernoulli'sche Lösung basiert auf einer Idee von Pardies, dass nämlich die Kräfte an zwei beliebigen Punkten A und B der Kette gleich sind zu denen eines leichten Fadens (d.h. das Gewicht kann vernachlässigt werden), tangential zur Kette in A und B und belastet mit dem Gewicht des Seiles D, wie in Abbildung 7.5.12 dargestellt.

Betrachtet man nur eine Hälfte der Kettenlinie und verschiebt den Punkt C in den Scheitelpunkt B, dann hängt das Gewicht der Kette wie in Abbildung 7.5.13 gezeigt am Punkt E. Mit den Bezeichnungen aus Abbildung 7.5.13 ist

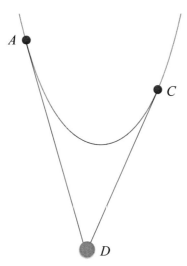

Abb. 7.5.12. Kettenlinie mit einem Faden tangential zur Kette an den Punkten A
und C

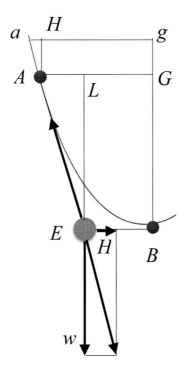

Abb. 7.5.13. Kettenlinie mit einem Faden tangential an den Punkten A und B

BA die gesuchte Kurve, deren Bogenlänge s sei. Weiterhin sei $Gg = dy$ und $Ha = dx$. Aus dem Kräfteparalleogramm folgt

$$w : H = EL : AL = AH : Ha = Gg : Ha = dy : dx,$$

und da w proportional zur Bogenlänge s ist und die Horizontalkraft H konstant sein muss, folgt

$$c\frac{dy}{dx} = s,$$

wobei in c die Proportionalitätskonstante in w und die Konstante der Horizontalkraft verarbeitet sind. Die Steigung der gesuchten Kurve muss also proportional zur Bogenlänge sein.

An dieser Stelle werden die Berechnungen Bernoullis unübersichtlich [Hairer/Wanner 2000, S. 137], denn er verwendet Differenziale zweiter Ordnung. Als Lösung ergibt sich

$$y = K + c\cosh\frac{x}{c}$$

mit einer Integrationskonstanten K.

Das Problem der Brachistochrone

Wir haben bereits auf Seite 355 Leibniz zitiert, der schrieb

> *„Galilei war in der Tat ein höchst geistreicher und urteilsfähiger Mann. [...] Er vermutete freilich, dass die Kettenlinie eine Parabel und die Linie des kürzesten Abstiegs ein Kreis ist. Aber er ging im höchsten Maße fehl."*

Dass Galileo keinesfalls die Kettenlinie für eine Parabel hielt, haben wir bereits dargelegt, aber Leibniz war auch zur Frage der Brachistochrone im Unrecht, worauf an dieser Stelle wenigstens hingewiesen werden soll. Galileo hatte nie das Problem der Brachistochrone gestellt, sondern vielmehr bewiesen, dass die Bewegung auf einem Viertelkreis schneller ist als auf jedem einbeschriebenen Polygonzug. Das ist ein ganz anderes Problem (das Galileo richtig löste!). Man vergleiche dazu die Ausführungen von Szabó [Szabó 1996, S. 490ff.] und Knobloch [Knobloch 2012, S. 14ff.].

Im Juni 1696 veröffentlicht Johann Bernoulli in den Acta Eruditorum seine Einladung *Problema novum ad cuius solutionem mathematici invitantur* (Neues Problem, zu dessen Lösung die Mathematiker eingeladen werden), die er in seiner Ankündigung *Programma, editum Groningae anno 1697* wiederholt. In der Einladung schreibt er [Stäckel 1976, S. 3]:

*„Wenn in einer verticalen Ebene zwei Punkte A und B gegeben sind,
soll man dem beweglichen Punkte M eine Bahn AMB anweisen, auf
welcher er von A ausgehend vermöge seiner eigenen Schwere in kürzester Zeit nach B gelangt.*

*[...] Um einem voreiligen Urtheile entgegenzutreten, möge noch be-
merkt werden, dass die gerade Linie AB zwar die kürzeste zwischen A
und B ist, jedoch nicht in kürzester Zeit durchlaufen wird. Wohl aber
ist die Curve AMB eine den Geometern sehr bekannte, die ich angeben werde, wenn sie nach Verlauf dieses Jahres kein anderer genannt
hat.“*

Es ist also die Brachistochrone (brachistos=kürzeste, chronos=Zeit) gesucht.
Im Januar 1697 erscheint dann in Groningen die Ankündigung [Stäckel 1976,
S. 3f.] als Flugblatt:

*„Die scharfsinnigsten Mathematiker des ganzen Erdkreises grüsst Jo-
hann Bernoulli, öffentlicher Professor der Mathematik.*

*Da die Erfahrung zeigt, dass edle Geister zur Arbeit an der Vermeh-
rung des Wissens durch nichts mehr angetrieben werden, als wenn
man ihnen schwierige und zugleich nützliche Aufgaben vorlegt, durch
deren Lösung sie einen berühmten Namen erlangen und sich der Nach-
welt ein ewiges Denkmal setzen, [...]*

*Nun habe ich vor einem halben Jahre im Junihefte der Leipziger Ac-
ta Eruditorum eine solche Aufgabe vorgelegt, [...]. Sechs Monate Frist
vom Tage der Veröffentlichung ab wurde den Geometern gewährt, und
wenn bis dahin keine Lösung eingelaufen wäre, versprach ich die mei-
nige mitzutheilen. Verflossen ist dieser Zeitraum, und keine Spur einer*

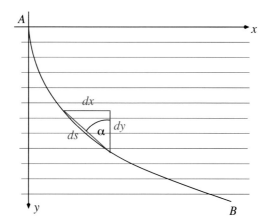

Abb. 7.5.14. Der Lösungsansatz Johann Bernoullis über das Brechungsgesetz für
Licht. Das charakteristische Dreieck ist sehr stark vergrößert

Abb. 7.5.15. Ein experimenteller Aufbau von vier Bahnen im Landesmuseum für Technik und Arbeit in Mannheim. Alle vier Kugeln können gleichzeitig entriegelt werden; die Kugel auf der Brachistochrone (dritte Bahn von oben) ist die schnellste

> *Lösung ist erschienen. Nur der berühmte, um die höhere Geometrie so verdiente Leibniz theilte mir brieflich mit, dass er den Knoten dieses, wie er sich ausdrückte, sehr schönen und bis jetzt unerhörten Problems glücklich aufgelöst habe, und bat mich freundlich, die Frist bis zum nächsten Osterfeste ausdehnen zu wollen, damit die Aufgabe inzwischen in Frankreich und Italien veröffentlicht werden könne, und Niemand Veranlassung hätte sich über eine zu enge Bemessung des Zeitraums zu beklagen."*

Johann Bernoulli verkündet dann die Verlängerung und wiederholt noch einmal die Aufgabenstellung für jene, *„in deren Hände die Leipziger Acta nicht gelangen"*. Er schickte die Ankündigung auch nach London an die Philosophical Transactions und an Wallis und Newton [Westfall 2006, S. 582].

Das Problem der Brachistochrone gilt als der eigentliche Beginn der Variationsrechnung[27], eine Anwendung des Differenzialkalküls auf Funktionen*scharen*, um Funktionen mit gewissen Extremaleigenschaften zu berechnen. Bevor wir auf die weiteren Umstände eingehen, wollen wir uns die sehr elegante Lösung Johann Bernoullis ansehen.

Bernoulli zerlegt ein gedachtes Medium in infinitesimale horizontale Streifen wie in Abbildung 7.5.14 und stellt sich vor, dass ein Lichstrahl mit der Ge-

---

[27]Zuvor hatte Newton in den *Principia* bereits den Rotationskörper kleinsten Widerstandes (unter falschen Modellannahmen für das Fluid) berechnet, diese Lösung hatte auf die Entwicklung der Variationsrechnung jedoch keinerlei Wirkung.

schwindigkeit $v = \sqrt{2gy}$ (Analogie zur Galilei'schen Fallgeschwindigkeit!) in jedem Streifen nach dem Fermat'schen Prinzip

$$\frac{v}{\sin \alpha} = K$$

gebrochen wird, wobei K eine Konstante bezeichnet. Nun gilt $\sin \alpha = dx/ds$, wenn s die Bogenlänge der gesuchten Kurve ist, die wir nach dem Satz des Pythagoras in der Form

$$ds = \sqrt{dx^2 + dy^2}$$

schreiben können. Also folgt

$$\frac{v}{\sin \alpha} = \frac{v\,ds}{dx} = \frac{v\sqrt{dx^2 + dy^2}}{dx} = \frac{v\,dx\sqrt{1 + \frac{dy^2}{dx^2}}}{dx} = v\sqrt{1 + \frac{dy^2}{dx^2}} = K,$$

d.h.

$$\sqrt{1 + \frac{dy^2}{dx^2}}\sqrt{2gy} = K.$$

Quadrieren liefert

$$y + y\frac{dy^2}{dx^2} = \frac{K^2}{2g} =: c,$$

woraus

$$dx = \sqrt{\frac{y}{c - y}}\,dy$$

folgt, wobei wieder getrennte Veränderliche vorliegen und direkt integriert werden kann. Als Lösung ergibt sich mit Hilfe der Substitution $y = c\sin^2 u = \frac{c}{2} - \frac{c}{2}\cos 2u$,

$$x - x_0 = cu - \frac{c}{2}\sin 2u,$$

und das ist die gewöhnliche Zykloide, wobei x_0 die Integrationskonstante bezeichnet. Die Brachistochrone ist also die Tautochrone, was die Zeitgenossen Bernoullis sicher entzückt haben wird.

Das Verhältnis der Brüder Bernoulli war zu diesem Zeitpunkt schon zerrüttet. Jakobs Lösung des Brachistochronenproblems war viel allgemeiner als die seines Bruders und trug schon mehr als den Keim der Verallgemeinerung auf andere Fragestellungen in sich. Symptomatisch ist der Titel der Jakob'schen Lösung, die in den Acta Eruditorum vom Mai 1697 erschien: *Solutio problematum fraternorum cum propositione reciproca aliorum* (Lösung der brüderlichen Probleme mit einem umgekehrten Vorschlag anderer) [Stäckel 1976, S. 14ff.]. Das neue Problem begründet eine ganze Klasse von Variationsproblemen, die sogenannten „isoperimetrischen Probleme" (isoperimetrisch=mit gleichem Umfang). Man fragt in der klassischen Version (Problem der Dido) danach, wie eine geschlossene Kurve mit gegebener Länge lautet, wenn der umschlossene Flächeninhalt maximal sein soll. Zahlreiche Verallgemeinerungen dieses Problems werden ebenfalls als isoperimetrische Probleme bezeichnet. Jakob gibt die folgende Problemstellung [Stäckel 1976, S. 19], vergl. Abbildung 7.5.16:

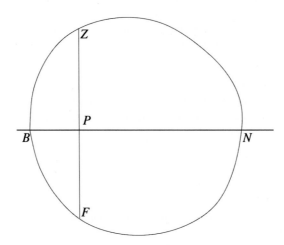

Abb. 7.5.16. Das isoperimetrische Problem, mit dem Jakob seinen Bruder Johann
herausforderte

*„Unter allen isoperimetrischen Figuren über der gemeinsamen Basis
BN soll die Curve BFN bestimmt werden, welche zwar nicht selbst den
grössten Flächeninhalt hat, aber bewirkt, dass es eine andere Curve
BZN thut, deren Ordinate PZ irgend einer Potenz oder Wurzel der
Strecke PF oder des Bogens BF proportional ist."*

7.6 Der Affe greift an

7.6.1 Wallis' Algebra von 1693

Im Jahr 1693 erscheint der zweite Band der Wallis'schen *Opera mathematica* (zwei Jahre *vor* dem ersten Band) mit der Neuauflage der *Algebra*. Die
Erstauflage *Treatise on Algebra. Both historical and practical* (Abhandlung
über Algebra. Sowohl historisch als auch praktisch) war 1685 in englischer
Sprache erschienen, nun sollte eine lateinische Neuauflage folgen. Alles, was
über Fluxionen dort zu lesen ist – und das ist wenig genug –, stammt aus
Newtons Feder [Hall 1980, S. 96]. Am Ende einiger weniger Seiten zu den
Fluxionen schreibt Wallis:

*„Analog zu dieser Methode ist die differenzielle Methode von Leibniz
und diese andere Methode, älter als beide, die Barrow in seinen 'Geometrical Lectures' dargelegt hat; und das ist anerkannt in den 'Leipzig
Transactions' (Januar 1691) von einem Schreiber, der eine Methode
ähnlich der von Leibniz gebraucht ..."*

(Analogous to this method is the differential method of Leibniz and

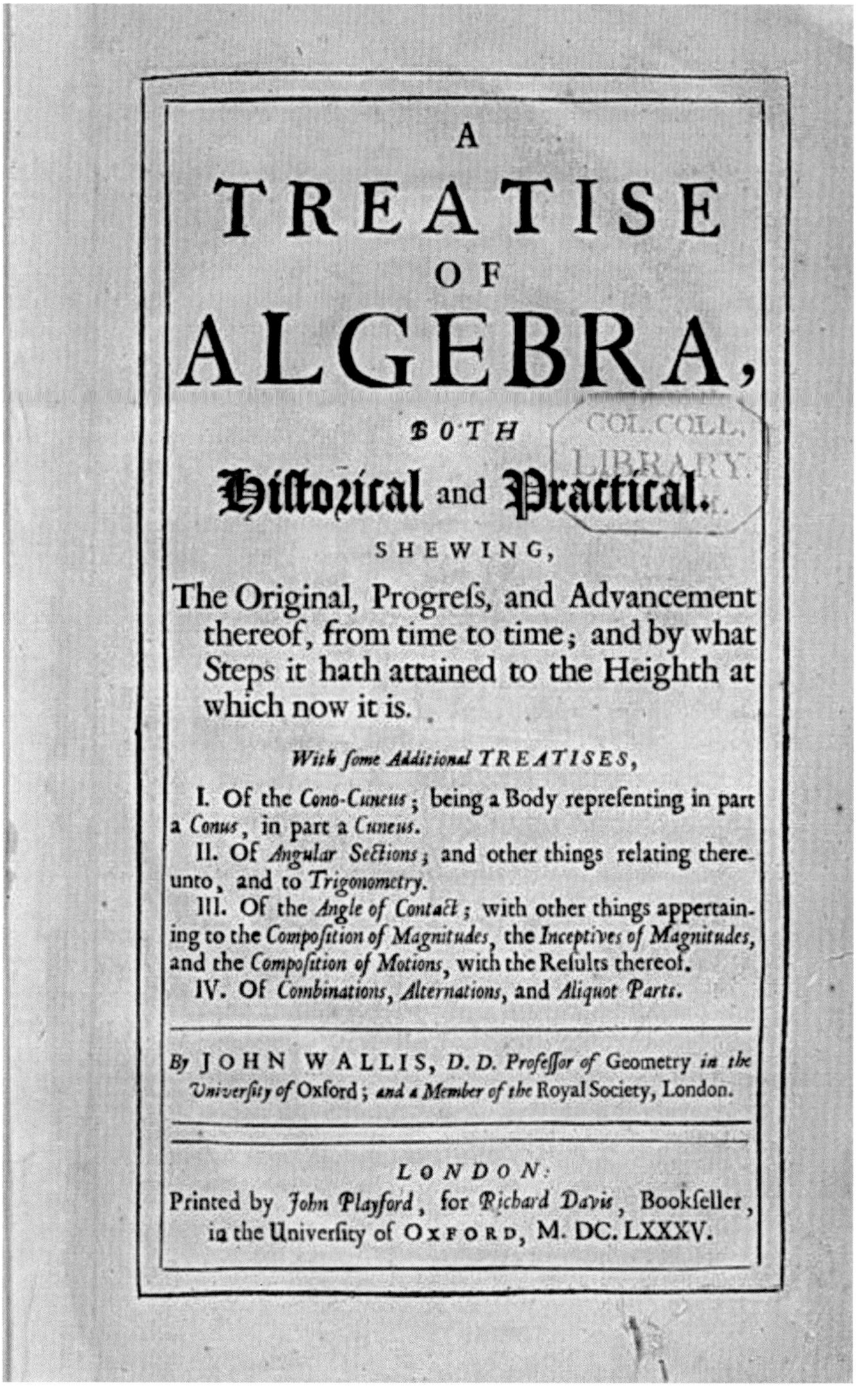

A

TREATISE

OF

ALGEBRA,

BOTH

Hiſtorical and **Practical.**

SHEWING,

The Original, Progreſs, and Advancement thereof, from time to time; and by what Steps it hath attained to the Heighth at which now it is.

With ſome Additional TREATISES,

I. Of the *Cono-Cuneus*; being a Body repreſenting in part a *Conus*, in part a *Cuneus*.
II. Of *Angular Sections*; and other things relating there-unto, and to *Trigonometry*.
III. Of the *Angle of Contact*; with other things appertain-ing to the *Compoſition of Magnitudes*, the *Inceptives of Magnitudes*, and the *Compoſition of Motions*, with the Reſults thereof.
IV. Of *Combinations, Alternations,* and *Aliquot Parts*.

By JOHN WALLIS, D. D. *Profeſſor of* Geometry *in the Univerſity of* Oxford; *and a Member of the* Royal Society, London.

LONDON:
Printed by *John Playford*, for *Richard Davis*, Bookſeller, in the Univerſity of OXFORD, M. DC. LXXXV.

Abb. 7.6.1. Titelblatt der englischsprachigen Algebra aus dem Jahr 1685 [John Wallis, 1685] (Oxford University Press, 2002)

that other method, older than either, which Barrow expounded in his *Geometrical Lectures*; and this is acknowledged in the *Leipzig Transactions* (January 1691) by a writer making use of a method similar to that of Leibniz ...)

Die „Leipzig Transactions" sind natürlich die Acta Eruditorum und der „Schreiber, der eine ähnliche Methode zu der von Leibniz gebraucht" ist Jakob Bernoulli mit seiner im Januar 1691 erschienenen Arbeit *Specimen calculi differentialis in dimensione Parabolae helicoidis, ubi de flexuris curvarum in genere; earundem evolutionibus* (Probestück des Differentialkalküls bei der Ausmessung der schraubenförmigen Parabel, wo es um Krümmungen von Kurven im allgemeinen geht, um deren Evoluten und anderes). Zur Theorie der unendlichen Reihen schreibt Wallis unfair und falsch, sie wäre [Hall 1980, S. 93]

> *„vor langer Zeit eingeführt von Herrn Newton und fortgesetzt von Nicolas Mercator, Herrn Leibniz und anderen."*

(long ago introduced by Mr. Isaac Newton and pursued by Nicolas Mercator, Mr. Leibniz and others.)

Die folgenden Vergleiche zwischen der Methode der Fluxionen und dem Differenzialkalkül stammen mit Sicherheit von Newton, denn sie enthalten identische Sätze wie ein Newton'sches Manuskript [Turnbull 1959–77, Vol. III, S. 222] vom Herbst 1692. Hier der Text aus der *Algebra* [Hall 1980, S. 94]:

> *„Unter Fluenten* [die gegebenen Funktionen] *versteht Newton unbestimmte Größen, die bei der Erzeugung einer Kurve durch lokale Bewegung* [eines Punktes] *fortwährend vergrößert oder verkleinert werden, und unter ihren Fluxionen versteht er die Schnelligkeit ihrer Vergrößerung oder Verkleinerung. Und obwohl Fluenten und ihre Fluxionen auf den ersten Blick schwer zu verstehen sind, weil es gewöhnlich eine harte Sache ist, neue Ideen zu verstehen; so denkt er doch, dass ihre Idee schnell vertrauter werden wird als die Idee der Momente oder kleinster Teile oder unendlich kleiner Differenzen; [...] Obwohl er den Gebrauch solcher* [kleinster] *Teile nicht vernachlässigt, benutzt er sie nur, wenn durch sie die Arbeit kürzer und klarer gemacht werden kann, oder zur Entdeckung des Verhältnisses der Fluxionen führt."*

(By fluents Newton understands indeterminate quantities which in the generation of a curve by the local motion are perpetually increased or diminished, and by their fluxions he understands the swiftness of their increase or decrease. And although at first glance fluents and their fluxions seem difficult to grasp, since it is usually a hard matter to understand new ideas; yet he thinks the notion of them quickly becomes more familiar than does the notion of moments or least parts or infinitely little differences; [...] Although he does not neglect the

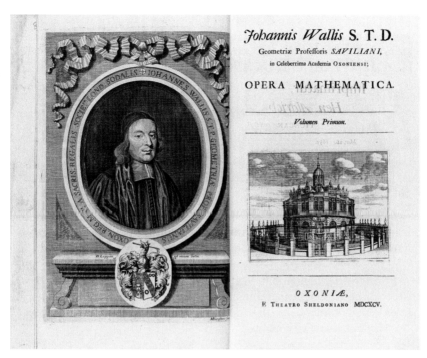

Abb. 7.6.2. Titelblatt des ersten Bandes der *Opera mathematica* von John Wallis, 1695. Der zweite Band enthält die 'lateinische' *Algebra* (Sotheby's Picture Library, London)

use of such parts but uses them only when by their means the work is to be done more briefly and clearly, or leads to the discovery of the ratios of the fluxions.)

Alles in allem ist Wallis' Schilderung in der lateinischen *Algebra* von 1693 jedoch sehr fair. Er verwendet zum ersten Mal Newtons Punktnotation $\dot{x}$ im Druck und macht klar, dass die Dinge um die Fluxionen zum ersten Mal bekannt gemacht werden. Es wird nirgendwo behauptet oder suggeriert, dass Leibniz im Oktober 1676 irgend etwas über die Fluxionenrechnung mitgeteilt wurde. Es gibt nicht einmal den Hauch eines Hinweises darauf, dass Leibniz etwas von Newton übernommen hatte oder dass Newton ihm in irgendeiner Weise geholfen hatte [Hall 1980, S. 94]. Im Vorwort zum ersten Band der *Opera mathematica*, der 1695 erschien, schrieb Wallis [Hall 1980, S. 95]:

> *„Hier* [im zweiten Band, d.h. in der lateinischen *Algebra*] *ist die Newton'sche Methode der Fluxionen erklärt, um seinen Namen dafür zu geben, die von ähnlicher Natur mit dem Differenzialkalkül von Leibniz ist, um seinen Namen dafür zu gebrauchen, wie jedermann, der die beiden Methoden vergleicht, gut erkennen wird, obwohl sie verschiedene Bezeichnungen verwenden ...“*

(Here is set out Newton's method of fluxions, to give it his name,
which is of a similar nature with the differential calculus of Leibniz,
to use his name for it, as anyone comparing the two methods will
observe well enough though they employ different notations ...)

Dann aber beginnt Wallis in diesem ersten Band, doch die Partei für Newton
zu ergreifen. Er schreibt, er habe Newtons Methode aus den beiden berühmten
Briefen des Jahres 1676 entnommen [Hall 1980, S. 95],

> *„die dann Leibniz in fast gleichen Worten mitgeteilt wurden, in denen
> er [Newton] diese Methode Leibniz erklärt, die er vor mehr als zehn
> Jahren ausgearbeitet hatte."*

(which were then communicated to Leibniz in almost the same words,
where he explains this method to Leibniz, having been worked out by
him more than ten years previously.)

Wie wir festgestellt haben, hat Newton Leibniz seine Methode *gar nicht* mitgeteilt – außer in den Anagrammen ist nicht die Rede von Fluxionen und
Fluenten – und Wallis hatte das Material für seine *Algebra* ganz sicher nicht
nur aus den Epistolae gewonnen.

Der wichtigste englische Korrespondenzpartner Leibnizens in diesen 1690er
Jahren war der Schotte Thomas Burnet (1656–1729), der Sohn des Königlichen
Arztes in Schottland[28], der im Jahr 1691 an der Universität Leiden einen
Abschluss machte. An Burnet schreibt Leibniz [Hall 1980, S. 95]:

> *„Ich bin sehr zufrieden mit Herrn Newton, aber nicht mit Herrn Wal-
> lis, der mich in seinen letzten Werken auf Latein durch eine amüsante
> Neigung, alles seiner eigenen Nation zuzuschreiben, ein wenig kühl be-
> handelt."*

(I am very satisfied with Mr. Newton, but not with Mr. Wallis who
treats me a little coldly in his last works in Latin, through an amusing
affectation of attributing everything to his own nation.)

Wallis war stets ein Kämpfer für die Belange der Engländer: er hatte Thomas Harriots Arbeiten gegen Descartes verteidigt und für die Priorität Neiles
gegenüber Heuraet gestritten; nun, da nach seinem Empfinden Newtons Errungenschaften Gefahr liefen, übersehen zu werden, kämpfte er für Newton.

---

[28]Bei diesem Namen ist große Vorsicht abgebracht, denn es gibt mindestens sieben schottische Linien mit dem Namen Burnet(t), die zahlreiche Männer mit Namen Thomas hervorbrachten. Der berühmteste ist wohl der Theologe Thomas Burnet (ca. 1635–1715), Unser Thomas ist ein „Burnett of Kemnay" (oder Kemney).
Eine kurze Genealogie der Burnets von Kemnay findet man unter der Adresse
http://www.burnett.uk.com/kemnay.htm.

Abb. 7.6.3. Die Stadt Groningen zu der Zeit Johann Bernoullis (Copperplate, collection RHC Groninger Archieven, 1536–3779)

Die Leibniz'sche Rezension der Bände I und II der Wallis'schen *Opera mathematica* erschien in den Acta Eruditorum VI des Jahres 1696 [Hofmann 1973, S. 259, Fußnote 86]. Zum zweiten Band schreibt Leibniz höflich, aber bestimmt, er sei bereits seit 20 Jahren im Besitz des Infinitesimalkalküls gewesen [Hofmann 1973, S. 260]. Als Antwort auf diese Rezension schreibt Wallis noch 1696, er wisse längst, dass zwischen Newton und Leibniz bezüglich der Infinitesimalmathematik Briefe gewechselt worden seien, aber er kenne keine Einzelheiten und erbitte von Leibniz Abschriften. Dieser Bitte konnte Leibniz nicht entsprechen, denn einige Abschriften waren verloren gegangen, andere konnte Leibniz in seinen Papieren nicht mehr finden. Wallis betont noch einmal, dass die Leibniz'sche Differenzialrechnung stark mit der Newton'schen Fluxionenrechnung übereinstimmt. Dagegen verwahrt sich Leibniz und schreibt, es gebe erhebliche Unterschiede [Hofmann 1973, S. 268].

Noch bevor Johann Bernoulli Leibnizens Rezension gesehen hatte, erwähnte er in einem Brief an Leibniz, dass dessen Kalkül bei Wallis nicht genug erwähnt wurde (vergl. Seite 324). Leibniz antwortet darauf ganz ruhig, und das muss den jüngeren Bernoulli nun ganz aufgebracht haben. In seinem Antwortbrief [Leibniz 2004, Vol. II, S. 295ff.] bricht es aus ihm heraus, dass doch die Fluxionenrechnung nichts anderes sei als der Differenzialkalkül. Leibnizens

Differenzial sei Newtons Fluxion[29], Leibnizens Summe war bei Newton der Fluent. Und er kommt zu einer ungeheuerlichen Anschuldigung [Hall 1980, S. 117][30]:

> *„... so dass ich nicht weiß, ob oder ob nicht Newton seine eigene Methode ersann, nachdem er Euren Kalkül gesehen hat, insbesondere als ich sehe, dass Ihr ihm Eure Methode mitgeteilt habt, bevor er seine Methode [in den Principia] veröffentlicht hatte."*

(so that I do not know whether or not Newton contrived his own method after having seen your calculus, especially as I see that you imparted your calculus to him, before he had published his method.)

Hier finden wir also einen Plagiatsvorwurf gegen Newton, dem sich Leibniz jedoch nicht anschloss. Solche Gedanken waren ihm offenbar vollständig fremd.

Noch immer waren die Newton'schen *Epistolae* nicht im Wortlaut gedruckt und Wallis plante nun einen dritten Band seiner *Opera mathematica*, in dem nicht nur diese, sondern auch Leibniz'sche Briefe abgedruckt werden sollten. Wallis bat von Leibniz und von Newton ausführlichere Darstellungen ihrer jeweiligen Methoden, um sie miteinander vergleichen zu können. Außerdem bat er darum, diese Texte ungekürzt veröffentlichen zu dürfen, und Leibniz stimmte zu [Hofmann 1973, S. 269].

Wallis und David Gregory gingen nun daran, die Korrespondenz zwischen Leibniz und Oldenburg der 1670er Jahre in der Royal Society zu untersuchen und sie wurden fündig. In einem undatierten Memorandum aus dem Nachlass David Gregorys, vermutlich geschrieben um den 22. September 1697, findet man die Information, Wallis habe im September 1697 von Newton vier Briefe erhalten, genau genommen waren es aber fünf [Scriba 1969, S. 74f.], darunter zwei von Leibniz. Am 24. September 1697 notiert David Gregory [Scriba 1969, S. 75]:

> *„Durch Leibnizens Brief an Herrn Oldenburg mit Datum vom 27. August 1676 [6. September 1676] ist es ganz klar, dass er damals nichts über die spätere Differenzialmethode wusste: Denn in diesem langen Brief sagt er nichts, was diesbezüglich interpretiert werden könnte, auch wenn dort große Gelegenheit dazu gegeben war.*
>
> *Was noch klarer ist durch Herrn Leibnizens Brief an Herrn Oldenburg vom 18. November 1676 [28. November 1676] aus Amsterdam, nachdem er im Oktober zuvor in London war, wovon Herr Collins einen Teil in seinen Brief aus London an Herrn Newton in Cambridge mit*

---

[29]Das ist ein technischer Fehler Bernoullis, denn die Fluxion $\dot{x}$ ist *nicht* identisch mit Leibnizens dx. Es ist vielmehr das *Moment* $x'(t)\,dt$, das dem Differential dx entspricht (Newton schreibt $\dot{x}o$, wobei o ein unendlich kleines Zeitintervall bezeichnet) [Guicciardini 1989, S. 3].

[30]Meine Übersetzung der englischen Übersetzung Halls des lateinischen Originals.

Datum vom 5. März 1676 [15. März 1677] *eingefügt hat, worin er die Berechnung der Tangenten von Kurven nach Herrn Bakers Tabellen*[31] *verspricht. Nun spricht er so dümmlich über dieses Vorhaben, dass es für jeden Leser seines Briefes klar ist, dass er damals überhaupt nichts von der Differenzialmethode oder der Methode der Fluxionen wusste."*

(By Libnitz's letter to Mr Oldenburg dated 27 August 1676 its plain that Libnitz then knew nothing of his after differential Methode: For in that long letter, tho there be great occasion given for it, he speaks nothing that can be interpreted that way.

Which is yet plainer by Monsr Leibnitz's letter to Mr Oldenburg of the 18 Novr 1676 from Amsterdam after he had been in London in Octr before, a part of which Mr Collins inserts in his letter from London to Mr Newton at Cambridge dated the 5. March 1676 wherein he proposes Calculating by Mr Bakers tables for the tangents of Curves. Now he speaks here so sillily on this purpose that it is plain to any body who reads his letter, that then he knew nothing at all of the differential methode or method of fluxions.)

Gregory fährt fort, dass Leibniz schließlich Newtons *Epistola posterior* vom 24. Oktober 1676 (jul., also 3. November greg.) erhalten habe. Aus Leibnizens Antwort daraus an Oldenburg vom 21. Juni (jul.) lasse sich entnehmen, dass er nun die *„differential Methode"* gelernt habe [Scriba 1969, S. 75]. Aus Collins' Brief an Newton vom 18. Juni 1673 (jul.) gehe hingegen hervor, dass Newton zu dieser Zeit seine Methode bereits besaß. Weiter heißt es bei David Gregory [Scriba 1969, S. 75]:

„Diese Briefe sollen in dem Buch gedruckt werden, das Dr. Wallis jetzt für den Druck vorbereitet, in der Reihenfolge ihrer Daten, ohne irgendwelche Anmerkungen oder Kommentare oder Betrachtungen: Aber lasst die Briefe selbst sprechen."

(These letters are to be printed in the folio that Dr Wallis is now aprinting, in the order of their dates, without any notes or Commentaries or reflections: But let the letters themselves speake.)

Wir können also nicht umhin zu konstatieren, dass David Gregory und John Wallis den Eindruck hatten, Leibniz sei ein Plagiator. Im Gegensatz dazu steht der Ton in den Briefen des Jahres 1698 zwischen Wallis und Leibniz [Hall 1980, S. 98f.]. Der inzwischen 82-jährige patriotische Wallis scheint die kontinentale Wertschätzung, die Leibniz genoss, akzeptiert zu haben.

Der dritte Band der Wallis'schen *Opera mathematica* trägt das Imprimatur vom 13. März 1699 (jul.), d.h. 23. März 1699, doch er war auf dem Kontinent

---

[31]Dieser Vorschlag von Leibniz konnte in der Tat einen merkwürdigen Eindruck erwecken, denn Leibniz hatte auch im Brief vom 28. November 1676 seinen Differenzialkalkül noch nicht erwähnt, obwohl dessen Entdeckung bereits ein Jahr zurücklag [Scriba 1969, S. 76].

Abb. 7.6.4. Die Brüder Jakob und Johann Bernoulli beim Bearbeiten mathematischer Probleme [Stich aus der *Encyclopedia Britannica Online*. Erschienen in: L. Figuier: Vie des savants illustres du XVIIIe siécle. Paris 1870]
(© Collection: Photos.com/Thinkstock)

nicht gleich zu haben. De l'Hospital erhielt ihn im Juli 1699 [Hofmann 1973, S. 270], wohl zusammen mit einer Schrift Fatios, über die wir gleich sprechen müssen. De l'Hospital erkannte die einseitige Auswahl der Briefe in diesem Band sofort und schrieb an Leibniz, dass die Engländer offenbar unbedingt die Erfindung der Infinitesimalmethoden für sich in Anspruch nehmen wollten [Antognazza 2009, S. 428][32]:

> *„Wallis hat einen dritten Band seiner mathematischen Werke veröffentlicht, in dem er einige Eurer Briefe an Herrn Newton und andere eingefügt hat, und das, glaube ich, mit der Absicht, dem letzteren die Erfindung Eures Differenzialkalküls zuzuschreiben, den Newton 'Fluxionen' nennt. Es scheint mir, dass die Engländer jedes mögliche Mittel nutzen, um den Ruhm dieser Entdeckung für ihre Nation in Anspruch zu nehmen."*

> (Wallis has published a third volume of his mathematical works in which he has inserted some of your letters to Mr Newton and others, and this, I believe, with the intention of attributing to the latter the invention of your differential calculus, which Newton calls 'fluxions'.

---

[32]Übersetzung der englischen Übersetzung Antognazzas des französischen Originals [Leibniz 2004, Vol. I, S. 336].

It seems to me that the English are using every means possible to attribute the glory of this invention to their nation.)

Leibniz antwortet [Leibniz 2004, Vol. I, S. 337f.], er habe der Veröffentlichung der seinerzeit von ihm an Oldenburg gegangenen Briefe zugestimmt und könne sich nicht vorstellen, dass Newton von den Angriffen Fatios wüsste, da dieser die Wahrheit kennen würde [Hofmann 1973, S. 270f., Fußnote 143]. Auch als Johann Bernoulli im Dezember 1699 an Leibniz schreibt, de l'Hospitals Beobachtung wiederholt und Wallis' Verhalten als das eines „wackeren Streiters für Englands Ruhm"[33] bezeichnet, antwortet Leibniz ihm gelassen [Antognazza 2009, S. 429][34]:

> *„Dass Wallis, wie Ihr sagtet, ein wackerer Streiter für Englands Ruhm ist, ist Grund für Lob eher denn für Tadel. Ich werfe manchmal meinen Landsmännern vor, dass sie nicht hinreichend wackere Streiter für deutschen Ruhm sind. Wettstreit unter Nationen, der uns nicht verleiten soll, schlecht von anderen zu sprechen, wird nichtsdestotrotz den Vorteil haben, dass wir uns bemühen, es anderen gleichzutun oder andere zu überbieten. Die Frucht solchen Wettstreits kommt zu jedermann; ihr Lob zu denen, die ihn verdienen."*

(That Wallis, as you have said, is a valient champion of English glory is grounds for praise rather than blame. I sometimes reproach my fellow countrymen that they are not sufficiently valiant champions of German glory. Competition amongst nations, while it should not lead us to speak ill of others, will nevertheless have the virtue of making us strive to equal or surpass others. The fruit of such competition comes to everyone; its praise to those who deserve it.)

Das Schlimmste aber sollte noch kommen. Newtons Affe Fatio betritt im Zusammenhang mit dem Brachistochronenproblem das Schlachtfeld und eröffnet eine neue Phase der Auseinandersetzung. Der Krieg wird heiß.

7.6.2 Die Folgen des Brachistochronenproblems: Der Affe ist beleidigt

In der Arbeit *Communicatio suae pariter, duarumque alienarum ad edendum sibi primum a Dn. Jo. Bernoullio, deinde a Dn. Marchione Hospitalio communicatarum solutionum problematis curvae celerrimi descensus a Dn. Jo. Bernoullio Geometris publice proposuti, una cum solutione sua problematis alterius ab eodem postea proposuti* (Mitteilung sowohl seiner eigenen als auch

---

[33]*„valient champion of English glory"* [Antognazza 2009, S. 429].

[34]Wieder meine Übersetzung der englischen Übersetzung Antognazzas des lateinischen Originals [Leibniz 2004, Vol. III, S. 620ff.].

zweier fremder, ihm zuerst von Herrn Joh. Bernoulli, dann vom Marquis de l'Hospital zur Veröffentlichung mitgeteilter Lösungen des Problems der Kurve des schnellsten Abstiegs, das Herr Joh. Bernoulli den Geometern öffentlich vorgelegt hatte, zusammen mit seiner Lösung eines zweiten, von demselben später vorgelegten Problems) [Leibniz 2011, S. 297ff.], die im Mai 1697 in den Acta Eruditorum erscheint, präsentiert Leibniz das Brachistochronenproblem und seine Lösung in Form einer Einführung. Daran anschließend folgen im Maiheft der Acta Eruditorum die fünf weiteren Lösungen, die überhaupt nur eingegangen waren, nämlich die von Johann Bernoulli, Jakob Bernoulli, de l'Hospital, Tschirnhaus und Newton.

Newton hatte seinen Beitrag anonym im Januar 1697 in Band XIX, S. 384-389, der Philosophical Transactions der Royal Society publiziert. John Conduitt (1688–1737), der Newton als „Master of the Mint" nachfolgte, Newtons Nichte Catherine Barton heiratete und sein erster Biograph wurde[35], schrieb [Iliffe 2006, Vol. I, S. 181]:

> *„Als das Problem 1697 durch Bernoulli geschickt wurde – Herr I. N. war mitten in der Hast der großen Neuprägung, kam sehr müde nicht vor vier* [nachmittags] *vom Tower nach Hause, aber schlief nicht, bis er es um 4 am Morgen gelöst hatte."*

(When the problem in 1697 was sent by Bernoulli – Sr I. N. was in the midst of the hurry of the great recoinage did not come home till four from the Tower very much tired, but did not sleep till he had solved it wch was by 4 in the morning.)

Newton sandte seine Lösung an seinen Freund und Mentor Charles Montague, den Präsidenten der Royal Society, der für die anonyme Publikation sorgte. Johann Bernoulli erkannte den Autor jedoch sofort *„tanquam ex ungue leonem"* (den Löwen an der Klaue). Offenbar war für Newton klar, dass die Aufgabe von Leibniz stammte und als Herausforderung an ihn gemeint war. Leibniz schrieb an die Royal Society und legte Wert darauf, *nicht* der Autor des Problems gewesen zu sein. Wie sehr Newton genervt gewesen sein muss, konnte der arme Flamsteed erfahren, dem Newton am 16. Januar 1699 im Zusammenhang mit der Mondtheorie schrieb [Turnbull 1959–77, Vol. IV, S. 296]:

> *„Ich mag es nicht bei jeder Gelegenheit gedruckt zu werden, noch weniger von Ausländern ermahnt und belästigt zu werden über mathematische Dinge, oder dass von unseren eigenen Leuten gedacht wird, ich vertändelte meine Zeit über sie, wenn ich doch bei dem Geschäft des*

---

[35]Die berühmte *Éloge de M. Neuton* auf Newton [Fontenelle 1989, S. 326-348] aus dem Jahr 1727 und der Feder des Sekretärs der Pariser Academie des Sciences, Bernard le Bovier de Fontenelle (1657–1757), geht ganz wesentlich auf Material zurück, dass Conduitt ihm geschickt hatte.

Königs sein sollte.[36]"

(I do not love to be printed upon every occasion much less to be
dunned & teezed by forreigners about Mathematical things or to be
thought by our own people to be trifling away my time about them
when I should be about ye Kings business.)

Die für den Ausbruch des Krieges entscheidende Bemerkung findet sich in
Leibnizens *Communicatio suae pariter* [Leibniz 2011, S. 302]:

> *„Und in der Tat ist es nicht unangemessen anzumerken, dass nur die-*
> *jenigen das Problem gelöst haben, von denen ich angenommen hatte,*
> *dass sie es lösen könnten, also nur jene, die in die Geheimnisse unse-*
> *res differentialen Kalküls ausreichend [weit] eingedrungen waren. Und*
> *als ich solches außer für den Herrn Bruder des Problemstellers für*
> *den Marquis de l'Hospital in Frankreich vorhergesagt hatte, hatte ich*
> *[noch] obendrein hinzugefügt, dass meines Erachtens Herr Huygens,*
> *wenn er denn [noch] lebte, Herr Hudde, wenn er diese Studien nicht*
> *längst aufgegeben hätte, und Herr Newton, wenn er diese Mühe auf*
> *sich nehmen sollte, der Aufgabe gewachsen wären; ..."*

Hier biss sich Newtons Affe fest, der seit 1698 wieder in England lebte! Da
stand doch schwarz auf weiß, dass Leibniz ihn, den großen Fatio, nicht in der
Lage sah, das Problem der Brachistochrone zu lösen! Fatio de Duillier schlug
nun offen zurück, und zwar in der Schrift *Lineae brevissimi descensus in-*
vestigatio geometrica duplex (Zweifache geometrische Untersuchung der Linie
des kürzesten Abstiegs). Auf Seite 18 der 20-seitigen Schrift lesen wir [Hess
2005, S. 65]:

> *„Ich bin durch die Evidenz der Sachlage gezwungen anzuerkennen,*
> *dass Newton der erste und – mit vielen Jahren Vorsprung – älteste*
> *Erfinder dieser Rechnungsart ist. Ob Leibniz, der zweite Erfinder, von*
> *ihm etwas übernommen hat, möchte ich weniger selbst entscheiden als*
> *dem Urteil derjenigen überlassen, die Newtons Briefe und seine an-*
> *deren Handschriften gesehen haben."*

Und weiter [Fleckenstein 1956, S. 23]:

> *„Niemanden, der durchstudiert, was ich selber an Dokumenten auf-*
> *gerollt habe, wird das Schweigen des allzu bescheidenen Newton oder*
> *Leibnizens vordringliche Geschäftigkeit täuschen."*

---

[36]Das „Geschäft des Königs" war der Auftrag an Newton, Detektive und Infor-
manten zu beschäftigen und zu überwachen, die Münzfälscher ans Messer liefern
sollten. Diese Episode aus dem Leben Newtons erschien einem Schriftsteller als so
spannend, dass er einen Kriminalroman darüber verfasste [Kerr 2003].

Otto Menckenius,
S. Theol. Lic. Moralium P.P. Collegii Maj.
Princip. Collegiat. Academia Decemvir.
Nat. A. 1644 d. 22 Mart. Den. A. 1707 d. 29 Jan.

S˙ Iehn Hoskins
Pub. Juried 1800 by Wechard den N. St freund

Abb. 7.6.5. Otto Mencke [Stich: Martin Bernigeroth vor 1712] und Sir John Hoskyns [unbekannter Künstler um 1800]

Damit war ein öffentlicher Schlag gegen die wissenschaftliche Integrität Leibnizens ausgeführt worden und Leibniz war tief getroffen. Die despektierlichen Bemerkungen Fatios in den privaten Briefen an Huygens waren eine Sache, aber *Lineae brevissimi* trug das Imprimatur der Royal Society, deren Mitglied Leibniz war.

Leibniz wendet sich mit einem Brief am 6. August 1699 an Wallis und gibt seinem Missfallen Ausdruck. Am 8. September antwortet Wallis. Er versichert Leibniz, dass die Attacke Fatios weder seine Zustimmung, noch die der Royal Society besitzen würde. Das Imprimatur der Royal Society wurde vom Vizepräsidenten Sir John Hoskyns (1634–1705) gewährt, der offenbar glaubte, er hätte eine rein mathematische Arbeit vor sich [Antognazza 2009, S. 429]. Offenbar hatte Fatio sich das Imprimatur erschlichen [Hofmann 1973, S. 271], was Leibniz in seinem Brief an Wallis bereits vermutete [Wahl 2012, S. 280]. Der Sekretär der Royal Society, Sir Hans Sloane (1660-1753), wurde von Wallis informiert und reagierte mit einem Entschuldigungsschreiben an Leibniz über Wallis [Antognazza 2009, S. 429].

Leibniz bereitete nun Otto Mencke darauf vor, dass in den Acta Eruditorum eine Erwiderung auf Fatios Veröffentlichung nötig sei. Mencke schrieb zurück [Wahl 2012, S. 282]:

„Was mein Hochgeehrtester Patron wieder ihn publiciren wil, wollen wir hertzlich gern, wen es nur nicht gar zu groß, denen Actis inserieren. Es wird aber nötig seyn, daß des H^n Fatio buch, damit wir nicht anstoßen, zugleich, aber doch priore loco gantz unparteyisch recensiert werde."

Er schlägt Leibniz vor, sich wegen der Rezension an Johann Bernoulli zu wenden und Leibniz schickt ein paar Tage später Fatios Veröffentlichung und einen Entwurf für eine Erwiderung an Bernoulli [Wahl 2012, S. 282]. Bernoulli hat einige verschärfende Änderungsvorschläge und berichtet Leibniz, er habe von einem Durchreisenden namens Manneville gehört, Fatio hätte Tag und Nacht an dem Problem der Brachistochrone ohne Erfolg gearbeitet und es anderthalb Jahre später noch einmal versucht. Leibniz schlägt vor, die Rezension mit einer Erwiderung und Auszügen aus Bernoullis Brief zu publizieren und die anonyme Besprechung der Fatio'schen Arbeit erschien in den Acta Eruditorum XI des Jahres 1699. Darauf folgte auch ein Auszug aus dem Brief Johann Bernoullis an Leibniz vom 17. August 1699 [Leibniz 2004, Vol. III, S. 602ff.], der – zu Bernoullis großem Ärger – vom Herausgeber Otto Mencke entschärft und damit gemildert wurde. Aber eine Erwiderung von Leibniz erschien nicht! Bernoulli musste nun Angst haben, dass sich der Zorn Fatios ganz auf ihn richten musste und verlangte von Leibniz, die angekündigte Erwiderung doch auch tatsächlich drucken zu lassen [Wahl 2012, S. 283].

Mencke erhielt auf die Briefauszüge Bernoullis eine so agressive Antwort von Fatio, dass er nur einen auf das Fachliche beschränkten Auszug in die Acta Eruditorum III von 1701 aufnahm, den Leibniz auch noch redigierte, und sich fortan weigerte, weitere Äußerungen in dieser Angelegenheit in die Acta aufzunehmen [Hofmann 1973, S. 271, Fußnote 145]. Leibniz publizierte seine Erwiderung auf die Beschuldigungen Fatios unter seinem Namen schließlich in den Acta Eruditorum im Mai 1700 unter dem Titel *Responsio ad Dn. Nic. Fatii Duillerii imputationes. Accessit nova Artis Analyticae promotio specimine indicata; dum Designatione per Numeros assumtitios loco literarum, Algebra ex Combinatoria Arte lucem capit* (Antwort auf die Beschuldigungen von Herrn Nicolas Fatio de Duillier. Es folgt eine neue, an einem Probestück aufgezeigte Beförderung der analytischen Kunst, wodurch die Algebra auf Grund der Bezeichnung mit fiktiven Zahlen statt mit Buchstaben aus der kombinatorischen Kunst Licht gewinnt) [Leibniz 2011, S. 508-343]. Weil Leibniz wusste, dass Mencke ganz sicher keine reine persönliche Äußerung zu einem Streitfall mehr in den Acta abdrucken würde, fügte er die Methode der Auflösung impliziter Funktionen durch formalen Potenzreihenansatz an.

Wir müssen festhalten, dass Leibniz im Fall Fatio nicht ehrlich gehandelt hat! Er hat Johann Bernoulli vorgeschickt, um eine Polemik gegen Fatio zu publizieren, und hat erst dann seine gemäßigte Erwiderung veröffentlicht. Ganz offenbar wollte Leibniz öffentlich als der nachsichtige Grandseigneur der Gelehrtenrepublik erscheinen und instrumentalisierte den aufbrausenden Bernoulli zu seiner polemischen Speerspitze.

Abb. 7.6.6. Johann Bernoullis vierbändiges Werk „*Opera Omnia, tam antea sparsim edita*" in der Erstausgabe von 1742. Unten der aufgeschlagene Innentitel mit einem Porträt von Johann Bernoulli. (Mit freundlicher Genehmigung von Sophia Rare Books, Kopenhagen)

Leibniz bleibt bei seiner Entgegnung noch sehr gemäßigt, denn er nimmt an, dass Fatio in England keinen wirklichen Rückhalt hat. Er schreibt [Leibniz 2011, S. 328f.]:

> *„Als mich die neulich in London veröffentlichte Abhandlung von Herrn Nicolas Fatio de Duillier über die Kurve des schnellsten Abstiegs und über den Körper mit geringstem Widerstand (in einem Medium) erreichte, war ich nicht wenig verwundert, dass dieser Mann, den ich niemals gekränkt hatte, sich mir gegenüber so negativ eingestellt zeigte. [...]*

[Leibniz berichtet, er habe überlegt, vielleicht gar nicht zu antworten, befürchtete dann jedoch, Fatio könne sein Schweigen als Nichtachtung werten. Er ermahnt alle Gelehrten, die Angewohnheit, sich mit bissigen Worten anzugreifen, allmählich abzulegen und er erwähnt auch den Brief des Sekretärs der Royal Society, Hans Sloane.]

> *[...] Vielleicht werden einige argwöhnen, ich hätte etwas getan, worüber Herr Duillier mit Recht erregt sein würde. Wenn solches freilich durch Unüberlegtheit vorgekommen sein sollte, hätte es lediglich einer Ermahnung bedurft; ich bin nämlich der Überzeugung, mich noch vervollkommnen zu können. Aber gerade die Worte des Mannes zeigen, dass seine vermeintliche Kränkung allein darin besteht, dass er nicht unter denen genannt wurde, die eine Lösung des von Herrn Johann Bernoulli aufgeworfenen Problems der Linie des schnellsten Abstiegs geliefert oder durch Proben ähnlicher Herleitungen erreicht hatten, dass man ihnen [die Lösung] leicht zutrauen könnte, wenn sie ihre Gedanken [nur] darauf gerichtet hätten. Aber wie hätte er genannt werden können, da er doch selbst in dieser Schrift daran festhält, dass er nicht* **gewillt** *war, etwas von dem herauszugeben, was er hierzu an Untersuchungen besaß.[...]*

[Leibniz zitiert aus *Lineae brevissimi* einen Satz Fatios, nach dem dieser niemals gewillt war, seine Lösungen von mathematischen Problemen jemals in öffentlichen Schriften vorzulegen.]

> *[...] Deshalb war uns unsere Unkenntnis über seine Fortschritte zu verzeihen.“*

Leibniz vermutet sodann, dass Fatio einen öffentlichen Prozess führen möchte und beginnt, auf zwei Vorwürfe Fatios besonders einzugehen: Die „zügellose" Art, Probleme vorzulegen, und „wie vom mathematischen Thron [herab] einzelnen Geometern Wertschätzung und Rangordnung zuzuteilen". Zum zweiten Vorwurf bemerkt er, dass er natürlich auch anderen hervorragenden Männern zugetraut hätte, das vorgelegte Problem zu lösen. Er nennt Wallis, Hooke, Halley, Craig, aber auch Ole Rømer aus Dänemark, Tschirnhaus, Pierre de Varignon und Philippe de La Hire aus Frankreich.

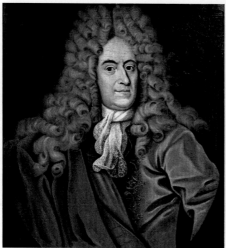

Abb. 7.6.7. Ole Rømer (1644-1710) war ein dänischer Astronom und erbrachte den ersten Nachweis der Endlichkeit der Lichtgeschwindigkeit. In seiner Pariser Zeit von 1672 bis 1681 machte er die Bekanntschaft Leibnizens, der ihn sehr schätzte. Ab 1681 als Professor für Mathematik an der Universität Kopenhagen führte er ein landesweit einheitliches Längen- und Gewichtssystem ein. Im Jahr 1705 wurde er Bürgermeister von Kopenhagen und machte sich verdient durch die Sanierung der Wasserversorgung und Kanalisation sowie bei der Einführung einer Straßenbeleuchtung. Hans Sloane (1660-1753), Sekretär der Royal Society ab 1693, ihr Präsident ab 1727. Sloane diente als königlicher Leibarzt gleich drei englischen Monarchen: Anne, Georg I. und Georg II. Die Stiftung seiner naturhistorischen Sammlung bei seinem Tod diente als Gründungsgeschenk für das British Museum, das mit einer Ausstellung der Sloan'schen Sammlung 1759 öffnete [Stich nach einem Porträt von T. Murray, vermutl. 18. Jh.]

Leibniz merkt an, dass es auch andere geistreiche Mathematiker gibt, die andere Probleme lösen könnten als die, die sich aus dem Infinitesimalkalkül ergeben. Im Verlaufe der Arbeit bekommt Fatio dann aber noch ein paar Hiebe. Leibniz schreibt [Leibniz 2011, S. 333f.]:

> *„Herr Duillier sagt, er hätte im Jahr 1687 aus eigenem Vermögen die allgemeinen Grundlagen und die meisten Regeln des Kalküls, den wir differential nennen, gefunden. Wir wollen glauben, dass dem so ist (wenigstens zum Teil, denn ich denke, dass ihm nicht einmal jetzt alle Grundlagen dieses Kalküls hinreichend bekannt sind ...)"*

Dann kommt Leibniz auf Newton zu sprechen [Leibniz 2011, S. 335]:

„Bisher betrieb Herr Duillier teils sein persönliches, teils, wie er glaub-
te, ein öffentliches Anliegen: nun aber, da er gleichsam auch die Inter-
essen des hervorragenden Geometers Isaac Newton und anderer gegen
mich vertritt, wird er mir nachsehen, wenn ich [so lange] nicht auf al-
les antworte, bis er sein Vertretungsmandat, sei es für die anderen, sei
es insbesondere für Herrn Newton vorweist, zu dem mein Verhältnis
nicht gespannt war. Jedenfalls hat der vortreffliche Herr in etlichen
Gesprächen mit meinen Freunden anscheinend immer eine gute Mei-
nung von mir gehabt und niemals, soweit ich weiß, Klagen vorgebracht;
öffentlich aber hat er mich so behandelt, dass ich ungerecht wäre, wenn
ich klagen würde. Ich aber habe bei sich bietender Gelegenheit gerne
seine außerordentlichen Verdienste gerühmt, und er selbst weiß das
von allen am besten. Auch hat er, als er im Jahr 1687 seine Mathematischen Prinzipien der Natur *publizierte, in aller Öffentlichkeit*
hinlänglich darauf hingewiesen , dass bei gewissen neuen geometri-
schen Entdeckungen, die er ebenso wie ich gemacht hat, keiner vom
anderen Erhellendes erhalten habe, sondern dass jeder [diese Entde-
ckungen] seinen eigenen Überlegungen verdanke, und dass ich [selbige]
bereits zehn Jahre zuvor mitgeteilt hätte[37]. *Jedenfalls war mir, als ich*
meinen Kalkül im Jahr 1684 herausgegeben habe, nicht einmal [vom
Hörensagen] mehr von seinen Erfindungen auf diesem Gebiet bekannt,
als was er selbst einst in Briefen mitgeteilt hatte, ...“

Und etwas weiter schreibt Leibniz [Leibniz 2011, S. 336]:

„Nur eine Sache steht aus, in der ich für mich [noch] etwas Rechtfer-
tigungsbedarf sehe. Als Herr Johann Bernoulli den Aufruf, mit dem
die Geometer eingeladen wurden, die Linie des schnellsten Abstiegs
zu suchen, insbesondere [auch] an Herrn Newton geschickt hatte, sind
etliche Stimmen in England laut geworden, die sagten, Newton sei von
mir herausgefordert worden[38]; *dieser Meinung scheint auch Herr Dui-*
lier zu sein, als ob ich angeregt, ja veranlasst hätte, [diesen Aufruf] zu
versenden. Dass [dies] jedoch völlig ohne mein Wissen geschehen ist,
wird Herr Bernoulli selbst bezeugen.“

Auch auf Leibnizens Erwiderung kam eine Reaktion in Form eines Briefes von
Fatio an Mencke. In diesem Brief gibt Fatio zu, dass Newton nicht mit seinem
Vorgehen einverstanden war [Wahl 2012, S. 285]. Das reichte Leibniz, um die
Auseinandersetzung für beendet zu erklären.

---

[37] Es handelt sich um das Scholium nach Buch II, Abschnitt II, Proposition VII.

[38] Thomas Burnett schrieb in einem Brief vom 14. Mai 1697, dass Newton das Brachistochronenproblem innerhalb von zwei Stunden gelöst hatte. Dort betont Burnett, dass Newton Leibniz sehr schätze.

7.7 Fatios Schicksal

Fatio de Duillier tritt nicht mehr in dieser Auseinandersetzung in Erscheinung. Er bleibt in London als Lehrer tätig und arbeitet mit den französischen Uhrmacherbrüdern Peter and Jacob de Beaufré an der Verwendung gelochter Rubine zur Lagerung in Uhren, wofür sie 1704 ein englisches Patent erhalten. Kurz danach stößt Fatio zu den Kamisarden, Hugenotten aus den Cevennen im südöstlichsten Teil des französischen Zentralmassivs. Diese Protestanten, die Abkömmlinge der Waldenser waren, wanderten wegen der andauernden Unterdrückung in Frankreich in großer Zahl in protestantische Länder ab. In London wurde eine Gemeinde der „French Prophets" gegründet und Fatio avancierte schnell zum Führer dieser Gruppe, die den Regierenden in London suspekt war. Fatio stand im Verdacht, mit seiner Gruppe eine politische Verschwörung zu planen und schließlich standen er und zwei seiner Gefolgsleute vor Gericht und wurden verurteilt.

Wie Domson vermutet, fällt die Hinwendung zu prophetischen religiösen Ideen bei Fatio bereits in die Zeit von 1692-93, also in eine Zeit, in der er die theologischen Ideen Newtons aufgenommen haben könnte [Domson 1981, Kapitel II]. Allerdings entwickelten sich die Anschauungen über religiösen Mystizismus zwischen Newton und Fatio auseinander [Domson 1981, S. 64ff.], so wie sich schon früher ihre Anschauungen in Bezug auf die Gravitation unterschieden. Dabei ist es durchaus möglich, dass sich Fatios Interesse für Alchemie, die Auslegung der Heiligen Schrift und die Kabbala auch auf seine mechanistische Interpretation auswirkten, so wie sich Newtons ähnliche gelagerte Interessen auch auf sein Werk ausgeübt haben [Heyd 1995, S. 257f.].

Am 2. Dezember 1707 steht Fatio am Charing Cross in London am Pranger, an seinem Hut eine Inschrift, die ihn als Verbreiter gefährlicher und falscher Prophezeihungen bezeichnet. Nur durch das Eingreifen des Herzogs von Ormonde, dessen Bruder von Fatio unterrichtet wurde, wird er vor dem Mob geschützt.

Danach will Fatio die Welt missionieren, zieht mit Elie Marion (1678–1713), einem aktiven Kamisarden der 1706 nach England emigrierte, durch Deutschland bis in die Türkei, wo Marion 35jährig stirbt. Fatio ist 1712 wieder zurück in England und lässt sich in Worcester nieder. Er ist noch wissenschaftlich aktiv und stolz auf seine Mitgliedschaft in der Royal Society. Im Frühjahr 1753 stirbt er und wird nahe der Kirche von St. Nicolas in Worcester begraben.

Bemerkenswert ist jedoch, wie Leibniz nach 1700 zu Fatio steht. Als Thomas Burnet zu seiner zweiten Reise auf den Kontinent aufbricht, weist ihn Leibniz auf die zwei Fatio-Brüder in Basel hin, die er als exzellente Mathematiker bezeichnet. Als er 1708 von Nicolas Fatio de Duilliers Beziehung zu den Kamisarden und den unangenehmen Folgen für ihn erfährt, schreibt Leibniz, er habe Kummer [Hall 1980, S. 100][39]

---

[39]Übersetzung der englischen Übersetzung von Hall.

> *„wegen meiner Liebe zu Herrn Fatio, denn er ist ein Mann, der ex-*
> *zellent in Mathematik ist, und ich verstehe nicht, wie er in solch eine*
> *Affäre verwickelt werden konnte."*

(because of my love for Mr. Fatio, for he is a man excellent in mathematics, and I do not understand how he could have got involved in
such an affair.)

Es ist ganz unzweifelhaft ein Zeichen der Menschlichkeit Leibnizens, in dieser
Art und Weise zu Fatio zu stehen, *nachdem* Fatio sich Leibniz gegenüber sehr
schäbig verhalten hatte.

7.8 Der „Fall Leibniz"

Wir haben bereits an ein paar wenigen Stellen berichtet, dass Leibnizens Verhalten nicht immer ganz einwandfrei war, so etwa bei seiner Behauptung, er
habe die *Principia* nicht gekannt, bevor er 1689 seine drei Arbeiten zur Physik
in den Acta Eruditorum publizierte (vergl. Seite 278), und beim Vorschieben
von Johann Bernoulli im Streit mit Fatio. Charlotte Wahl hat in ihrer Arbeit [Wahl 2012] eine genaue Analyse des Leibniz'schen Verhaltens in den
Affären der Gelehrtenrepublik vorgelegt, die wir an dieser Stelle zusammenfassend behandeln wollen.

Wir haben bereits immer wieder Täuschungsversuche und taktische Manöver
kennengelernt, die recht typisch für das 17. Jahrhundert sind. Dazu zählen die
Verwendung von Anagrammen, anonymes Publizieren und die öffentliche Herausforderung anderer Mathematiker durch das Stellen von Aufgaben. Warum
verwendeten auch die Besten ihrer Zeit solche Tricks? Die Verbreitung neuer
Resultate und Anwendungen von Methoden dauerte sehr lange. Weder die
Acta Eruditorum noch die Transactions der Royal Society noch die französischen Wissenschaftsjournale waren überall erhältlich, so dass es durchaus
möglich war, dass ein englischer Wissenschaftler eine Entdeckung machte, die
ein französischer bereits vor Jahren publiziert hatte. Es war gar nicht nachweisbar, ob der um Jahre verspätete Kollege wirklich eigenständig zu seiner
Entdeckung gekommen war, oder ob er nicht doch durch irgendeine Quelle von
der originalen Veröffentlichung Wind bekommen hatte. Unter diesen Bedingungen war das Stellen von Problemen an einen möglichst großen Kreis von
Wissenschaftlern eine Methode, die eigene Überlegung europaweit zu zeigen.
Versteckte man wissenschaftliche Kenntnisse in Anagrammen, machte man es
den potentiellen Konkurrenten sehr schwer (oder meistens unmöglich), die Ergebnisse als die eigenen ausgeben zu können. Kam dann doch ein Kollege auf
die gleiche Idee konnte man immer noch das Anagramm auflösen und die Priorität sichern. Anonym wurde immer dann publiziert, wenn es um heikle Dinge
wie Angriffe auf Kollegen ging. Leibniz war in allen Fragen des Taktierens ein
wahrer Meister.

Abb. 7.8.1. Briefmarke der Deutschen Bundespost zum 250. Todestag von Leibniz
1966 (links) und daneben eine Sondermarke des Jahres 1980

Öffentlich charakterisierte sich Leibniz gern als nachsichtiger und offener Wissenschaftler, der eigentlich durch andere Arbeiten immer abgelenkt war (was sicher stimmt). Dass er hinter den Kulissen anders agierte, haben wir im Zusammenhang mit Fatios Angriff auf ihn kennengelernt. Er sah sich selbst auch sicher nicht als „Gleicher unter Gleichen", sondern als den *spiritus rector* der neuen Infinitesimalmathematik, den „Doyen" der europäischen Mathematik.

So veröffentlichte Leibniz in seiner Schrift *Communicatio* zum Brachistochronenproblem im Mai 1697 *nicht* seine eigene Lösung, sondern reflektierte lediglich die Lösungen der anderen. Der Grund dafür ist darin zu sehen, dass Leibniz erkannte, dass das Brachistochronenproblem zu einer neuen Klasse von Problemen gehörte, für die sein Kalkül noch keinen allgemein nutzbaren Algorithmus lieferte [Leibniz 2011, S. 303]:

> *„Diese Art auf solche Weise vorgelegter Probleme über Maxima und Minima hat aber etwas Ungewöhnliches, das die gängigen Fragen nach den Maxima und Minima* [einer Kurve] *bei weitem übersteigt."*

Leibniz sah also klar den Unterschied, für *eine* gegebene Kurve die Extrema zu berechnen, oder aus einer ganzen Schar von Kurven eine mit einer Extremaleigenschaft auszuwählen. Den Schlüssel zur Lösung solcher Probleme wollte er nicht aus der Hand geben [Wahl 2012, S. 275]. Johann Bernoulli hatte Leibniz zwei verschiedene Lösungen des Brachistochronenproblems geschickt. Leibniz holte von Bernoulli die Erlaubnis ein, eine der beiden Lösungen zu streichen, damit die Spannung der anderen an der Lösung arbeitenden Wissenschaftlern erhalten bliebe, was Bernoulli jedoch nicht einsah, da die Lösungen ja noch nicht gleich publiziert werden würden. Nun argumentierte Leibniz [Wahl 2012, S. 276]:

> *„Jene zweite Methode würde ich noch etwas aufschieben, wenn ich an Ihrer Stelle wäre, auch deshalb, weil sie weiter reicht, damit nämlich*

Abb. 7.8.2. Briefmarke der Deutschen Demokratischen Republik aus dem Jahr 1950 zur Feier des 250jährigen Bestehens der Deutschen Akademie der Wissenschaften zu Berlin (links) und daneben eine Marke des Jahres 1927

die Quellen nicht gleich jenen angezeigt werden, die später die ange-zeigten [Quellen] *unterdrücken oder in ihre Bäche umlenken."*

Dieser Argumentation schloss sich Bernoulli an, allerdings bot er öffentlich an, seine zweite Lösung an jeden zu schicken, der sich dafür interessierte. Auch Johanns Bruder Jakob wurde von Leibniz aufgefordert, seine (Leibniz noch nicht bekannte) Lösung des Problems geheimzuhalten, offenbar unter dem Eindruck der Veröffentlichung der *Analysis Infinitorum* des Bernard Nieuwentijt (vergl. Abschnitt 10.1), der einen alternativen Infinitesimalkalkül entwickelt hatte und behauptete, der Leibniz'sche Kalkül lasse sich leicht aus seinem ableiten. So eine „kalte Übernahme" seiner neuen Mathematik wollte Leibniz in Zukunft verhindern. Allerdings hatte Jakob seine Lösung bereits an Otto Mencke abgeschickt, so dass der Plan der Geheimhaltung nicht realisiert werden konnte.

Auch bei der Lösung des isoperimetrischen Problems, das Jakob seinem Bruder Johann stellte, riet Leibniz zur Zurückhaltung. Bei einem Problem über Orthogonaltrajektorien, an dem Johann Bernoulli gescheitert war, dessen Lösung ihm Leibniz aber mitteilte, drängte Leibniz auf Geheimhaltung. Er bat Johann Bernoulli, keine öffentlichen Aufgaben zu stellen, die andere auf die Fährte bringen könnte [Wahl 2012, S. 277]. Auch solle Johann seinen Bruder mit anderen Aufgaben ablenken, damit dieser nicht auf die Lösung komme und damit an die Öffentlichkeit ginge. Im Briefwechsel mit Johann Bernoulli diskutierte Leibniz auch, was und wieviel man ihrem gemeinsamen Briefpartner de l'Hospital offenbaren sollte. Das Problem stammte eigentlich von Bernoulli, der im Jahr 1694 Leibniz auf die Frage brachte: Gegeben ist eine Schar von unendlich vielen Kurven; finde die Kurve, die alle gegebenen Kurven unter rechten Winkeln schneidet [Engelsman 1984, S. 60ff.]. Schneidet eine Trajektorie eine Kurve im rechten Winkel, dann muss

$$\left.\frac{dx}{dy}\right|_{\text{Kurve}} = -\left.\frac{dy}{dx}\right|_{\text{Trajektorie}}$$

gelten. Ist die Kurvenschar gegeben durch $S(x, y; a) = 0$, wobei a den Scharparameter bezeichnet, dann liefert das Differenzieren nach x

$$S_x(x, y; a) + S_y(x, y; a)y' = 0,$$

wobei die Subskripte die Variablen angeben, nach denen differenziert wird[40]. Also gilt

$$S_x(x, y; a)\,dx + S_y(x, y; a)\,dy = 0.$$

Am Schnittpunkt ist nach der ersten Gleichung $dx|_{\text{Kurve}} = -dy|_{\text{Trajektorie}}$ bzw. $dy|_{\text{Kurve}} = -dx|_{\text{Trajektorie}}$, also folgt schließlich

$$S_x(x, y; a)\,dy - S_y(x, y; a)\,dx = 0$$

und das ist eine Differenzialgleichung die man lösen kann, wenn man $S(x, y; a) = 0$ explizit nach dem Parameter a auflösen kann und dieses a dann einsetzt. Die Methode versagt sofort für „transzendente" Kurven, z.B. wenn die Kurvenschar gegegeben ist durch ein Integral der Form

$$y(x) = \int_{x_0}^{x} p(z; a)\,dz.$$

Die Auflösbarkeit nach dem Parameter a ist hier im Allgemeinen nicht gegeben. Leibniz arbeitete an einer „Differentiation über die Kurven einer Schar hinweg" und hatte schließlich Anfang 1697 Erfolg, als er die Vertauschbarkeit der Ableitung nach einem Parameter mit der Integration entdeckte [Engelsman 1984, S. 67], also die Regel

$$\frac{d}{da}\int_{x_0}^{x} p(z; a)\,dz = \int_{x_0}^{x} \frac{\partial}{\partial a}p(z; a)\,dz.$$

Damit gelang es Johann Bernoulli nun, Orthogonaltrajektorien auch für transzendente Funktion zu berechnen. Später nutzte Leibniz dieses Problem als Waffe, in dem er im Jahr 1700 Fatio herausforderte und 1715 alle englischen Analytiker [Wahl 2012, S. 278], weil er die Überlegenheit seines Kalküls zeigen wollte.

Letztlich machte sich Leibnizens Publikationspolitik nicht bezahlt. Die Variationsrechnung entwickelte sich nicht zu seinen Lebzeiten zu einer allgemeinen

---

[40]Es handelt sich um erste *partielle* Ableitungen, über die man zu dieser Zeit nichts wusste und für die man auch noch nicht unsere moderne Notation $\partial/\partial x$ benutzte. Wir sehen hier erste Schritte, den Differenzialkalkül auch auf Funktionen mehrerer Veränderlicher anzuwenden. Diese historische Entwicklung wurde detailliert von Engelsman [Engelsman 1984] untersucht.

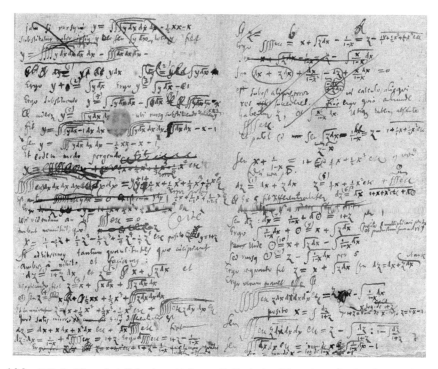

Abb. 7.8.3. Eine Art Schmierzettel von Leibniz ist Hinweis auf seine fortgeschrittene Mathematik (Gottfried Wilhelm Leibniz Bibliothek - Niedersächsische Landesbibliothek Hannover, LH XXXV VIII 9 Bl. bv 7r)

Theorie und die Engländer waren auch mit ihren eigenen Methoden in der Lage, das Problem der Orthogonaltrajektorien zu lösen [Wahl 2012, S. 278], [Engelsman 1984, S. 71ff.]. Ein schaler Beigeschmack bleibt und ein Schatten, der auf Leibniz durch sein Handeln hinter den Kulissen fällt. Auch im Konflikt der Brüder Bernoulli hat er nicht immer mit offenen Karten gespielt [Wahl 2012, S. 287ff.].

Zudem hat Leibniz sich durch die Arbeit *Animadversio ad Davidis Gregorii Schediasma de Catenaria, quod habetur in Actis Eruditorum A. 1698. p. 305. seqq.* (Bemerkung zum Beitrag von David Gregory über die Kettenlinie, der sich in den Acta Eruditorum des Jahres 1698 auf S. 305ff. befindet) [Leibniz 2011, S. 319ff.] in den Acta Eruditorum vom Februar 1699, die anonym erschien (!), bei den Engländern weiter unbeliebt gemacht, denn die Autorschaft war allen Beteiligten sofort klar. David Gregory hatte in den Philosophical Transactions vom August 1697 eine Lösung des Problems der Kettenlinie veröffentlicht, also eines Problems, dass von anderen sieben Jahre vorher gelöst wurde. Ein Nachdruck dieser Arbeit erschien in den Acta Eruditorum im Jahr 1698 und Leibniz schickte sofort kritische Bemerkungen dazu an Johann Bernoulli, der sich für eine Veröffentlichung in den Acta aussprach. Daraufhin bat Leibniz Bernoulli (!), seine Bemerkungen anonym an Mencke zu schicken. Die Bemerkungen kritisieren im Wesentlichen eine unsachgemäße Verwendung differentialer Größen und etwas vage Bezüge zu den physikalischen Grundlagen. Leibniz zerpflückt die Arbeit Gregorys, bemängelt falsche Rechnungen mit Fluxionen und die Verwendung unklarer mechanischer Prinzipien, und schreibt zum Schluss [Leibniz 2011, S. 325]:

> *„Es ist anzunehmen, dass der gelehrte Gregory selbst dies nach nochmaligem Überdenken offen zugeben wird, wenn er zumindest den Rat des berühmten Newton eingeholt hat, nach dessen Methode er erklärtermaßen vorgeht."*

Damit impliziert Leibniz, dass es an Newtons Fluxionenrechnung liegt, dass Gregory nicht sauber zum Ziel kam (obwohl das Ergebnis korrekt war. Leibniz spricht vom Aufheben von Fehlern). Herr Leibniz hat noch eine Zündschnur gelegt!

Zudem erschien im Jahr 1701 ein Anhang zu Johann Groenigs Buch *Historia cycloeidis* (Geschichte der Zykloide), der eine Liste von Fehlern in Newtons *Principia* enthielt, die als das Werk von Christiaan Huygens ausgegeben wurde. Das suggerierte natürlich, dass zahlreiche Fehler in Newtons großen Werk durch Huygens gefunden wurden, aber die Fehlerliste stammte von Newton selbst, und dieser hatte sie Fatio 1691 an Huygens mitgegeben. Unter Newtons Freunden stand es außer Frage, dass Leibniz bei der Publikation seine Finger im Spiel hatte. Hatte er?

7.9 Resümee und der Frontverlauf im Jahr 1699

Die Fronten verhärten sich mit dem Auftauchen Fatios in Newtons Leben. Fatios häßliche Bemerkungen über Leibniz in seinen Briefen an Huygens Ende 1691 und Anfang 1692 bringen klar einen Plagiatsvorwurf gegen Leibniz zum Ausdruck, aber noch bleibt der Vorwurf in der privaten Korrespondenz verschlossen. Wir haben keinerlei Anzeichen, dass Newton hinter den Behauptungen Fatios stand und dürfen wohl davon ausgehen, dass Fatio hier nicht Newtons Gefühlen Ausdruck verliehen hat.

Der Abdruck der beiden *Epistolae* Newtons an Leibniz aus dem Jahr 1676 sowie der einiger Briefe Leibnizens in Wallis' drittem Band seiner *Opera mathematica* verschärften die Lage deutlich, aber nun auf der kontinentaleuropäischen Seite. Johann Bernoulli, immer bereit zu einem heftigen und polemischen Streit, bemängelt in einem Brief an Leibniz aus dem Jahr 1696, der Leibniz'sche Kalkül sei in den Bänden I und II der *Opera mathematica* nicht genug gewürdigt worden, was Leibniz aber ungerührt lässt. Daraufhin macht Bernoulli gegenüber Leibniz einen Plagiatsvorwurf an Newton, aber diesem Gedanken konnte Leibniz sich nicht anschließen. Die Neigung Wallis' in Band

I, die Priorität seines Landsmanns Newton vor Leibniz zu wahren, entlockt
Leibniz nur die Bemerkung, er sei von Wallis ein wenig kühl behandelt worden. Während der Vorbereitungen zu Band III finden David Gregory und
John Wallis in den Briefbüchern der Royal Society die Abschriften von Leib-
niz-Briefen und schließen daraus, dass Leibniz seinen Kalkül erst entwickeln
konnte, nachdem er die *Epistolae* erhalten hatte. Wir haben schon früher berichtet, dass Oldenburg Briefe nicht vollständig ins Briefbuch übertrug und
die Handlungen Collins' eher zur Konfusion als zur Transparenz beitrugen. So
ist es vielleicht nicht verwunderlich, dass Wallis und Gregory auf diese Spur
geführt wurden.

Nach Erscheinen des dritten Bandes erhält Leibniz einen Brief von de
l'Hospital, der ihn nicht nur auf den für Newton günstigen Ton des Bandes
hinweist, sondern ihm auch die Schrift *Lineae brevissimi* Fatios mitsendet,
die scharfe Angriffe gegen Leibniz erhält und das Imprimatur der Royal Society trägt. Hier nun ist die öffentliche Kriegserklärung, und Leibniz reagiert
mit einem Brief an Wallis, der sich wirklich betroffen zeigt und für eine Entschuldigung der Royal Society bei Leibniz sorgt, da Fatio sich das Imprimatur
erschlichen hatte. Leibniz reagiert auch öffentlich mit seiner Schrift *Responsio ad Dn. Nic. Fatii Duillerii imputationes*, aber erst *nachdem* er Johann
Bernoulli instrumentalisiert hat, der dem Abdruck von Auszügen aus seinen
Briefen in den Acta Eruditorum zugestimmt hatte. Fatio muss nun zugeben,
dass auch Newton mit seinem Vorgehen nicht einverstanden war und Leibniz
erklärt daraufhin die Auseinandersetzung für beendet.

Wir haben keinerlei Anzeichen, dass Newton 1699 irgendwelche Zweifel an
Leibnizens Integrität hatte; bei Leibniz ist die Hochachtung für Newton klar
erkennbar. Aber Fatios Kriegserklärung an Leibniz hat auf beiden Seiten dafür
gesorgt, dass sich die Parteigänger Newtons und Leibnizens nun rüsten und
ihre Stellungen beziehen. David Gregory, John Wallis und natürlich Fatio, der
aber keine Rolle mehr spielen wird, sind überzeugt, dass Leibniz ein Plagiator
ist. Johann und Jakob Bernoulli und der Marquis de l'Hospital sind überzeugt,
dass „die Engländer" eine Entdeckung für sich beanspruchen, die eigentlich
Leibniz zuzuschreiben ist. Insbesondere Gregory ist verletzt durch Leibnizens
anonyme Bemerkungen in den Acta Eruditorum zu seiner Berechnung der
Kettenlinie, auf die er im Jahr 1700 in den Philosophical Transactions reagiert.
Auch Wallis springt seinem Landsmann bei und verteidigt ihn in einem Brief
an Leibniz aus dem September 1699.

Noch ist kein Newton'sches Manuskript zur Fluxionenrechnung gedruckt worden! Der Kontinent weiß über die Fluxionenrechnung lediglich etwas aus den
Wallis'schen *Opera mathematica*. Leibniz hat im Gegensatz dazu seit 1684
publiziert und der Siegeszug des Kalküls durch die Brüder Bernoulli und das
Lehrbuch von de l'Hospital haben Fakten geschaffen, die Newton vielleicht
zu spät wahrgenommen hat. Erst 1704, als Anhang zu seiner *Opticks*, wird
eine Arbeit (*De quadratura*) Newtons zu seiner Fluxionenrechnung öffentlich
bekannt.

Wallis' *Opera mathematica* zeigten überdeutlich, dass selbst der große alte
Mann der englischen Mathematik nichts von Newtons mathematischen Leistungen vor 1676 wusste – wie konnte Leibniz davon gewusst haben? Der na-
tionalstolze Wallis hatte sich in seinen *Opera* dazu hinreißen lassen, klar die
Partei Newtons zu ergreifen. Im Vorwort zu Band I schrieb Wallis, Newton
habe in den Briefen aus dem Jahr 1676 seine Methode Leibniz erklärt (*„methodum hanc Leibnitio exponit“*), was offensichtlich falsch war, aber Wallis schrieb
ja unter der Kontrolle Newtons [Hall 1980, S. 129]. Es gab keine Zeugen der
Entwicklung des Leibniz'schen Kalküls zwischen 1675 und 1684 mehr, ebenso-
wenig wie für die Newton'schen Entwicklungen zwischen 1666 und 1685. John
Collins hätte etwas dazu sagen können, aber der war im Jahr 1703 bereits seit
20 Jahren tot. Nun überschlugen sich die Ereignisse.

8.1 Die Stimmung kippt

8.1.1 George Cheyne und seine Wirkung auf Newton

Im Jahr 1703, ein Jahr vor Erscheinen von Newtons *Opticks*, veröffentlichte
der schottische Arzt George Cheyne (1671–1743) ein Buch mit dem Titel
Fluxionum methodus inversa (Die umgekehrte Methode der Fluxionen).

In einer Bemerkung [Newton 1979, S. cxxii] in seiner *Opticks* (vergl. Seite 329),
hat Newton geschrieben: *„Und einige Jahre später verlieh ich ein Manuskript
mit solchen Theoremen, und da ich seitdem einige daraus kopierte Dinge gesehen habe, habe ich es bei dieser Gelegenheit öffentlich gemacht, ...“*. Diese

Abb. 8.1.1. George Cheyne praktizierte als Arzt ab 1702 in Bath. Er entwickelte bahnbrechende Ideen zur Sozialpsychologie, Psychologie und zur vegetarischen
Ernährung [Gemälde von John Faber Jr., 1732]. Bath im Jahr 1772 [Stich eines
unbekannten Künstlers]

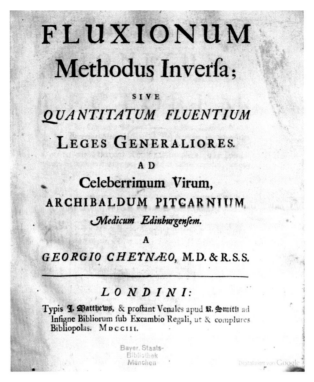

Abb. 8.1.2. Titelblatt von *Fluxionum methodus inversa* von George Cheyne
(Bayerische Staatsbibliothek München, Signatur: 845532 4 Math. p.75, Titelblatt)

Bemerkung bezog sich auf Cheynes Buch [Westfall 2006, S. 639]. Newtons
Reaktion auf das Erscheinen des Buches von Cheyne wird in einem Memorandum David Gregorys vom 11. März 1704 beschrieben [Westfall 2006, S.
639]:

> *„Herr Newton wurde durch das Buch Dr. Cheynes angetrieben, seine
> Quadraturen zu veröffentlichen und mit ihnen sein Licht und Farben,
> etc. [Die* Opticks*]"*

> (Mr. Newton was provoked by Dr. Cheyns book to publish his Qua-
> dratures, and with it, his Light & Colours, &c.)

In der Anekdotensammlung John Conduitts findet sich die Episode [Iliffe
2006, Vol. I, S. 177][1], dass als Cheyne aus Schottland nach England kam,
Dr. Arbuthnot ihn Newton vorstellte und er berichtete, er habe ein Buch geschrieben, aber kein Geld zum Druck. Newton bot ihm einen Sack voll Geld
(*„a bag of money"*), aber Cheyne lehnte ab und beide beide waren verlegen.
Newton wollte Cheyne danach nicht mehr sehen. Cheyne schrieb später, dass
das Manuskript, das er Newton zeigte, dieser nicht für untragbar (*„thought it
not intolerable"* [Westfall 2006, S. 639]) hielt.

---

[1]Vergl. auch [Iliffe 2006, Vol. I., S. 189].

Das Buch Cheynes ist kein Meisterwerk; Cheyne präsentiert keine neue Mathematik, sondern er will erläutern und darlegen, allerdings finden sich zahlreiche Fehler. Diese Fehler durchaus bemerkend schrieb Johann Bernoulli an Leibniz, es handelte sich [Hall 1980, S. 131][2]:

> *„um ein höchst bemerkenswertes kleines Buch, gefüllt mit sehr klugen Entdeckungen; ich kenne niemanden in Britannien, der seit Newton so weit in diese tieferen Stufen der Geometrie eingedrungen ist."*

> (a most remarkable little book, stuffed with very clever discoveries; I know of no one in Britain since Newton who has penetrated so far into these deeper levels of geometry.)

Nun war Cheyne ein in der Wolle gefärbter Newtonianer. Obwohl er in seinem Buch auch mathematische Entdeckungen der Kontinentalmathematiker diskutierte, wurde alles Newton zugeschrieben und er lobte Newton in den Himmel. Natürlich blieb auch das Bernoulli nicht verborgen. Er berichtete Leibniz, Cheyne machte aus ihnen *„Newton's apes, uselessly retracting his steps of long before"* (Newtons Affen, die nutzlos seine Schritte aus lang vergangener Zeit zurückholen) [Hall 1980, S. 132].

Als Leibniz Cheynes Buch erhielt reagierte er zum ersten Mal anglophober als Bernoulli und schrieb [Hall 1980, S. 132]: *„Jeder der einmal unsere Arbeit verstanden hat, kann leicht ein solches Buch zusammentragen; er legt weder eine neue Reihe vor, noch ein elegantes Theorem"* (Whoever has once understood our work can easily put together such a book; he furnishes no new series nor an elegant theorem). Im selben Brief an Bernoulli geht es weiter [Hall 1980, S. 132f.][3]:

> *„Er versucht plump für Newton die Methode der Reihen mit angenommenen beliebigen Koeffizienten zu vereinnahmen, die durch Vergleich der Terme bestimmt werden, denn ich veröffentlichte das* [im Jahr 1693] *als es noch nicht für mich und jeden anderen ersichtlich war (jedenfalls im öffentlichen Raum), dass Newton ebenfalls solch eine Sache besaß. Auch schrieb er es nicht sich zu, eher mir. Wer von uns es zuerst hatte, habe ich nicht erklärt. Ich habe es schon in meiner alten Abhandlung über die arithmetische Kreisquadratur gezeigt, die Huygens und Tschirnhaus in Paris* [im Jahr 1675] *lasen."*

> (He tries ineptly to claim for Newton the method of series employing assumed arbitrary coefficients, determined by comparison of the terms, for I published that [in 1693], when it was not apparent to me or to any one else (at least, in the public domain) that Newton too possessed such a thing. Nor did he attribute it to himself, rather than

---

[2]Lateinisches Original siehe [Leibniz 2004, Vol. III, S. 724].
[3]Lateinisches Original siehe [Leibniz 2004, Vol. III, S. 725ff.].

to me. Which of us two had it first, I have not declared. I already displayed it in my ancient treatise on the arithmetic circle-quadrature, which Huygens and Tschirnhaus read in Paris [in 1675].)

Dann wird Cheyne gerügt [Hall 1980, S. 133]:

> *„ [...] es mag der Fall sein, dass gerade so wie Herr Newton einige Dinge entdeckte, bevor ich es tat, ich andere vor ihm entdeckte. Sicherlich bin ich auf keinen Hinweis gestoßen, dass der Differenzialkalkül oder eine Entsprechung ihm bekannt war, bevor er mir bekannt war.“*

> ([...] it may be the case that just as Mr Newton discovered some things before I did, so I discovered others before him. Certainly I have encountered no indication that the differential calculus or an equivalent to it was known to him before it was known to me.)

Hier widerspricht Leibniz nun seinem Antwortbrief auf die *Epistola posterior*, in dem er sich zufrieden gab, dass Newton ebenfalls eine analoge Methode gefunden hatte! Es ist ganz offenbar etwas passiert mit Leibniz, der seit dem Angriff von Fatio auf ihn dünnhäutiger geworden zu sein scheint. Nun kommt der nächste Streiter für die Newton'sche Fluxionenrechnung und kassiert auch noch mit großer Geste die Errungenschaften von Leibniz und den Bernoullis für die englische Seite ein! Obwohl die Quellen, aus denen sich Cheynes Buch speiste, bis heute nicht klar zu Tage liegen [Hall 1980, S. 134], ist aus den Inhalten sicher, dass Cheyne auch die Arbeiten der Leibniz'schen Schule studiert hatte, die in den Acta Eruditorum erschienen waren. In einem Brief an seinen Mentor David Gregory schrieb Cheyne im Jahr 1702 [Hall 1980, S. 134]:

> *„all jene sind nur ein paar Beispiele von Herrn Newtons (ausgenommen die Ihrigen) Methoden, und [...] alle wurden in diesen 20 Jahren durch jene oder nicht unähnliche Methoden gefunden, die aber entweder Wiederholungen von, oder leichte Folgerungen aus diesen Dingen sind, die er [Newton] entweder seinen Freunden übermittelt hat oder der Öffentlichkeit [...] “*

> (all these are but a few examples of Mr Newton's (excepting yours) Methods, and [...] all found within these 20 years by these or not unlike Methods are but either repetitions of, or easie corollaries from these things which he [Newton] has either imparted to his friends or the publick [...])

Zu diesem Absatz schreibt Cheyne, dass Newton ihn sicherlich anders dargestellt hätte. Die Bemerkung „ausgenommen die Ihrigen [Methoden]" sollte Gregory sicher schmeicheln, allerdings hatte Gregory hier mindestens dasselbe Problem, das Leibniz unterstellt wurde: Seine Methoden waren nachweisbar auf Newtons Mist gewachsen.

Abb. 8.1.3. Matthew Stuart [Gemälde der Art Collection of the University of Edin-
burgh], Archibald Pitcairne [Stich von Rob Stranae] und Colin McLaurin [11e Comte
de Buchan nach einem Porträt von James Ferguson] und einige andere schottische
Gelehrte traten als Anhänger Newtons hervor

Hall ist aufgefallen [Hall 1980, S. 134], dass so wie sich das Gewicht der mathematischen Forschung auf dem Kontinent in der Zeit um 1700 und danach
von Frankreich nach den deutschen Landen verschob, es sich in Britannien
von England nach Schottland verschob. Und in der Tat sind alle begeisterten
Mathematiker auf Seiten Newtons zu dieser Zeit Schotten: David Gregory,
John Craig (oder Craige), Archibald Pitcairne, George Cheyne, John und James Keill, James Stirling, Matthew Stewart und Colin Maclaurin. Schotten
sind (nicht nur zu dieser Zeit) sehr stolz auf ihren Mut, ihre verbissene Kamp-
feslust und ihren ausgesprochenen Widerwillen zum Kompromiss; alle diese
ihnen zugeschriebenen Eigenschaften sind auf der Seite der Newtonianer deutlich erkennbar. Der einzige Mathematiker von Rang, der noch vernünftig mit
seinen Kollegen auf dem Kontinent umging, war Brook Taylor, aber er war
aus Sicht der Schotten ein „Sassenach", also ein Engländer [Hall 1980, S. 134],
auf den man eher herabblickte.

Es *kann* Newton nicht recht gewesen sein, seine Ideen durch einen Mann wie
Cheyne veröffentlicht zu sehen. Es scheint glaubhaft, dass er durch Cheynes
Buch den Anstoß erhielt, nun endlich selbst zu publizieren und nach dem Tod
Robert Hookes war die Gelegenheit gegeben, mit der *Opticks* an die Öffentlichkeit zu treten. Die beigebundene Arbeit[4] *De quadratura* war eine verkürzte
Version des Manuskripts, das Newton 1691 begonnen hatte, damals getrieben
von Gregorys Veröffentlichung zur Quadratur durch Reihen. Sicher, die Arbeit
war und ist ein Meisterwerk, aber sie war etwa 20 Jahre hinter ihrer Zeit zurück! Wenn wir akzeptieren, dass Newton spätestens um 1690 mathematisch
dort war, wo Leibniz, Bernoulli, de l'Hospital und andere durch ihre Publikationen belegt etwa 1700 standen, dann konnte *De quadratura* im Jahr 1704
doch einen Leibniz oder Bernoulli nicht mehr beeindrucken.

In der Einführung, die Newton *De quadratura* mitgab, finden wir den Absatz
[Whiteside 1967–81, Vol. VIII, S. 123]:

---

[4]Nur in der Erstauflage sind die beiden mathematischen Arbeiten beigegeben;
sie fehlen in allen weiteren Auflagen.

„Dann, in Anbetracht dass Größen wachsen und in die Welt kommen durch Wachstum in gleichen Zeiten, größer werden oder kleiner in Übereinstimmung mit der größeren oder kleineren Geschwindigkeit mit der sie wachsen und erzeugt werden, wurde ich zu einer Methode der Bestimmung von Größen aus den Geschwindigkeiten der Bewegung oder dem Inkrement, durch welches sie erzeugt werden, geleitet; und, diese Geschwindigkeiten der Bewegung oder des Inkrements 'Fluxionen' nennend und die so geborenen Größen 'Fluenten', kam ich im Jahr 1665 auf die Methode der Fluxionen, die ich hier angewendet habe in der Quadratur von Kurven."

(By considering, then, that quantities increasing and begotten by increase in equal times come to be greater or lesser in accord with the greater or less speed with which they grow and are generated, I was led to seek a method of determining quantities out of the speeds of motion or increment by which they are generated; and, naming these speeds of motion or increment 'fluxions' and the quantities so born 'fluents', I fell in the year 1665 upon the method of fluxions which I have here employed in the quadrature of curves.)

Newton wiederholt hier den Prioritätsanspruch, der sich schon in Wallis' *Opera mathematica* findet. Hall [Hall 1980, S. 137] bezeichnet diesen Absatz als „taktlos", aber kann man das wirklich so sehen?

8.1.2 Die Resonanz auf Newtons *Opticks*

Johann Bernoulli in Groningen erhielt die *Opticks* im Dezember 1704, ein paar Wochen später hatte Leibniz sie in Berlin in der Hand. Leibniz nannte die *Opticks* „tiefschürfend" (profundum), ließ aber an *De quadratura* kein gutes Haar. Die zweite beigebundene mathematische Arbeit *Enumeratio linearum tertii ordinis* (Aufzählung der Linien dritter Ordnung) sei korrekt und sicher eine Neuerung in der Geometrie, aber *De quadratura* enthalte nichts Neues oder Schwieriges, wie er am 25. Januar 1705 an Johann Bernoulli schrieb [Leibniz 2004, Vol. III, S. 760f.]. Offenbar hatte es Newton aufgegeben, mit den Quadraturmethoden den Stand der Technik, den Bernoulli und er selbst erreicht hatte, zu übertreffen, wie er an Johann Bernoulli aus Hannover am 28. Juli 1705 schrieb [Leibniz 2004, Vol. III, S. 771]:

„Um die Quadraturen über die Grenzen hinaus zu befördern, die wir bisher haben und Newton selbst [zurück-]gelassen hat, sind nach meiner Ansicht andere Künste erforderlich."

(Ad promovendas quadraturas ultra limites, quos hactenus habemus, ipseque reliquit Newtonus, aliis artibus opus putem.)

Aus diesem Satz ist deutlich der Respekt vor Newtons Leistungen erkennbar. Leibniz ging auf beide Arbeiten, die der *Opticks* beigebunden waren, in einer fünfseitigen anonymen Besprechung in den Acta Eruditorum aus dem

Januar 1705 ein. Obwohl diese Besprechung explizit großes Lob für Newton
enthält, legt Leibniz hier Feuer an eine neue Zündschnur: Er diskutiert in der
Besprechung von *De quadratura*, wie Differenzen aus dem momentanen Fluss
einen Punktes, der eine Kurve abfährt, entstehen, und schreibt, diese Idee,
wie auch die dazu inverse Idee, nämlich der Kalkül der Summation, seien die
Grundlage des Differenzialkalküls, wie sie in diesen Acta durch ihren Erfinder Herrn G.W. Leibniz vorgestellt wurden und seither von demselben und
anderen weiter entwickelt wurde. Leibniz schreibt weiter [Hall 1980, S. 138][5]:

> *„Dementsprechend verwendet Herr Newton statt der Leibniz'schen
> Differenzen, und hat das immer getan, Fluxionen, die beinahe dasselbe
> sind wie die Inkremente der Fluenten, die in den geringsten Teilen der
> Zeit erzeugt werden. Er hat eleganten Gebrauch dieser beiden in sei-
> nen Principia Mathematica und seither in anderen Veröffentlichungen
> gemacht, gerade so wie Honoré Fabri in seiner Synopsis Geometrica
> durch das Fortschreiten von Bewegungen die Methode des Cavalieri
> ersetzt hat.“*

(Accordingly instead of the Leibnizian differences Mr Newton employs,
and has always employed, *fluxions, which are almost the same as the
increments of the fluents generated in the least equal portions of time.*
He has made elegant use of these both in his *Principia Mathematica*
and in other publications since, just as Honoré Fabri in his *Synopsis
Geometrica* substituted the advance of movements for the method of
Cavalieri.)

Leibniz erklärt daraufhin die Operationen der Differenziation und Integration
unter Zuhilfenahme seiner Symbole dx, dy und $\int$. Herr Newton, so Leibniz
weiter, habe sowohl zur Differenziation als auch zur Quadratur sehr erfolgreich gearbeitet, aber für weitere Details solle der Leser sich an die neuen
Abhandlungen von Cheyne und Craig halten.

Dass Leibniz nun die interessierten Leser auf die Bücher von John Craig und
George Cheyne verweist muss Newton mehr als deutlich gezeigt haben, dass
sich für Leibniz nichts in *De quadratura* befand, was nicht schon durch andere
publiziert war. Aber las Newton diese Besprechung überhaupt? Wir dürfen
vermuten, dass er sie bestenfalls überflogen hat, denn 1711 wird Newton sagen,
dass er sie nicht kannte. Aufgeschreckt durch John Keill wird nun die eigentlich
doch harmlose Passage

> *Dementsprechend verwendet Herr Newton statt der Leibniz'schen Dif-
> ferenzen, und hat das immer getan, Fluxionen, [...]*

zum Stein des Anstoßes, über den wir gleich berichten werden.

---

[5]Die kursiv gesetzten Satzteile im englischsprachigen Teil sind auch im Original
kursiv gesetzt.

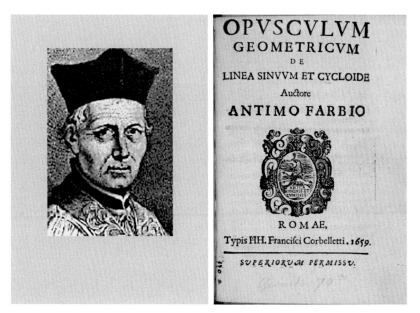

Abb. 8.1.4. Honoré Fabri (um 1608–1688). Der Jesuit unterrichtete Philosophie und Naturwissenschaft am Jesuitenkolleg in Arles, dann Logik in Aix-en-Provence und war ab 1640 als Professor für Logik und Mathematik an seiner alten Schule in Lyon. Er zählt zu den Pionieren der Infinitesimalmathematik und korrespondierte mit Leibniz. Italienische Titelseite seines Werkes „*Opusculum Geometricum*" von 1659 (aus: 8 MATH III, 1770 (2); SUB Göttingen)

Zum allgemeinen Ton der Besprechung ist zu sagen, dass er freundlich und anerkennend ist. Ob Leibniz gewisse Spitzen bedacht setzte oder aber unbedacht dahinschrieb, wissen wir nicht. War er bewusst taktlos? Der Vergleich von Newton und Leibniz mit Fabri und Cavalieri liest sich in der Tat als Angriff: So wie der (mathematisch zweitrangige) Fabri die Methode des (mathematisch erstrangigen) Cavalieri verändert hat, so hat Newton nur die Methode Leibnizens verändert? Ist es so gemeint? Ich muss es so lesen. Leibniz hatte die Eifersucht der Engländer kennengelernt (ich rechne in diesem Zusammenhang natürlich auch Fatio zur englischen Seite), aber nicht von Newton; er wurde durch Johann Bernoulli förmlich gedrängt, den Engländern unsaubere Machenschaften zu unterstellen. War er misstrauisch geworden oder war es so, wie Hall [Hall 1980, S. 140f.] zugunsten von Leibniz vermutet, dass die Besprechung in großer Hast geschrieben wurde und Leibniz seine Worte vorsichtiger gewählt hätte, hätte er sich nur mehr Zeit genommen? Wir haben keinen Grund, daran zu zweifeln, denn Leibniz war zu keiner Zeit seines Lebens streit- oder gar rachsüchtig. Der wackelige Waffenstillstand, den beide Seiten seit Fatios erstem schweren Angriff hielten, trug noch etwa weitere fünf Jahre *nach* Leibnizens Besprechung.

8.2 Der Krieg wird offiziell erklärt

8.2.1 Die letzten Friedensjahre

Entweder las Newton die Acta Eruditorum nicht, oder es war ihm beim flüchtigen Überfliegen nicht aufgefallen, welche Brisanz in der Leibniz'schen Buchbesprechung steckte. Immerhin hatten sich seine Lebensumstände vollständig verändert. Durch seine sehr erfolgreiche Arbeit als „Warden of the mint" war er 1699 zum „Master of the Mint" aufgestiegen. Im Jahr 1701 lies er Cambridge endgültig hinter sich und beendete die Zugehörigkeit zum Trinity College. Nach dem Tod seines verhassten Widersachers Robert Hooke im Jahr 1703, der nach dem Tod Henry Oldenburgs einer der beiden Sekretäre der Royal Society war, wurde Newton zum 11. Präsidenten der Royal Society gewählt. Im Jahr 1703 wurde Newton auch assoziierter Ausländer der französischen Académie des Sciences. Im April 1705 wurde er von Queen Anne sogar zum Ritter geschlagen. Newton hatte sich von einem akademischen Einsiedler in einen „man of the world", einen Mann von Welt, verwandelt und verkehrte mit der politischen Elite.

Newtons Vorlesung zur Algebra, die er vor langer Zeit in Cambridge gehalten hatte und deren Manuskript dort mehr als zwanzig Jahre lang deponiert war, kam nun ans Licht. Newtons Nachfolger auf dem Lucasischen Stuhl, William Whiston (1667–1752), gab die Vorlesungen unter dem Titel *Arithmetica universalis* schließlich 1707 heraus, aber Newton wollte seinen Namen nicht auf diesem Buch sehen. Im Jahr 1722 erschien dann eine überarbeitete Ausgabe von Newton selbst.

Natürlich wussten die Gelehrten der Zeit auch bei dieser anonymen Publikation sofort, dass es sich bei dem Autor um Newton handelte. Obwohl die Ergebnisse der *Arithmetica universalis* zu diesem Zeitpunkt etwa 30 Jahre alt waren, stießen sie bei Leibniz und Johann Bernoulli auf großes Interesse und Leibniz schrieb eine sehr positive Buchbesprechung in den Acta Eruditorum.

Nichts ist zu spüren von einer Abneigung Leibnizens Newton gegenüber. Dazu hatte Leibniz auch keinen Grund. Das gesamte wissenschaftliche Kontinentaleuropa war fest in der Hand von Leibnizianern, die englischen Newtonianer mit ihrer eher mystischen Größe der Gravitation im Gegensatz zu den Descartes'schen Wirbeln wurden eher als idiosynkratisch wahrgenommen. Ja, Newton war um 1710 ein großer Mathematiker, den Leibniz schätzte, aber eine irgendwie geartete Konkurrenz hatte Leibniz nicht zu befürchten. Daher ist es vielleicht auch natürlich und gar nicht merkwürdig, dass der Bruch des wackeligen Friedens von Seiten der Newtonianer kam, die in einem „Cartesischen Universum um Anerkennung kämpften" [Hall 1980, S. 143].

Abb. 8.2.1. Zwei Porträts von William Whiston, links in jüngeren Jahren ([Gemälde, frühes 18. Jh.], Original am Clare Collage Cambridge); im Bild rechts hält William Whiston ein Diagramm zu seiner Theorie der Planetenbahnen in der Hand [unbekannter Künstler des 18. Jh.]. Er folgte 1702 Newton auf dem Lucasischen Stuhl in Cambridge. Der Theologe, Historiker und Mathematiker bekannte sich offen zum Arianismus, verlor deshalb den Lucasischen Stuhl wieder im Jahr 1710 und musste die Universität verlassen. Whiston tat einiges zur Popularisierung Newton'scher Ideen, aber seine Beziehung zu Newton war nie wirklich eng

8.2.2 John Keill ernennt sich zum Heerführer

Wir hatten bereits berichtet, dass sich das Gros der Newtonianer ab 1700 aus Schotten zusammensetzte. Einer dieser kämpferischen Schotten war John Keill (1671–1721), der sich nun zum Heerführer der Newton'schen Truppen erhob, den ersten schweren Angriff startete und damit den Krieg eröffnete. Keill studierte bei David Gregory an der Universität von Edinburgh, seiner Geburtsstadt, und folgte seinem Lehrer im Jahr 1694 nach Oxford, als der (mit Newtons Unterstützung) Savilianischer Professor für Astronomie wurde. In Oxford wurde er schnell bekannt, denn er war ein „experimenteller Philosoph" und bereicherte seine Vorlesungen zur Newton'schen Physik (die ersten ihrer Art) mit Experimenten. Ein solcher Vorlesungsstil war zwar bereits zwanzig Jahre zuvor in den Niederlanden praktiziert worden, aber für England war das revolutionär. So wurde er „Lecturer" für experimentelle Philosophie und gab seine Vorlesungen 1694 in seinen Räumen im Balliol College und danach in Hart Hall[6]. Ab 1699 war er Assistent des Sedleian Professors für Naturphilosophie, Thomas Millington (1628–1704). Im Jahr 1701 veröffentlichte er seine Vorlesungen in lateinischer Sprache, 1720 folgte die englische Übersetzung unter dem Titel *An Introduction to Natural Philosophy, or Philosophical Lectures Read in the University of Oxford* (Eine Einführung in die Naturphilosophie, oder philosophische Vorlesungen, gelesen in der Universität von Oxford). Im Jahr 1703 wechselte Keill an das Christ Church College. Als Millington 1704 starb und sein Lehrstuhl vakant wurde, trat er die Professur nicht an. Er lehnte auch ab, als ihm nach dem Tod seines Lehrers Gregory 1708 der Savilianische Stuhl für Astronomie angeboten wurde und ging stattdessen in den Staatsdienst. Er reiste nach Neuengland, kehrte 1711 nach England zurück und arbeitete von 1712 bis 1716 als Kryptologe für die Regierung von Queen Anne. Im Jahr 1712 wurde er dann doch noch Savilianischer Professor für Astronomie. Seine Aufnahme in die Royal Society fand im Jahr 1700 statt.

Keill war ein sehr streitbarer Schotte, der bereits 1698 die spekulativen Kosmogonien[7] Thomas Burnets und William Whistons scharf kritisiert hatte und auch mit dem klassischen Philologen Richard Bentley (1662–1742) im Streit lag. Keill war ein in der Wolle gefärbter Newtonianer, aber über bedeutendes wissenschaftliches Talent verfügte er nicht [Hall 1980, S. 144]. Wir können nur vermuten, dass Gregory ihn mit Newton bekannt machte, aber Newton war Keills in die Öffentlichkeit drängende Agitation sicher nicht recht. Newton besaß in seiner Bibliothek nur ein Buch Keills aus dem Jahr 1702, was nicht auf eine größere Nähe der beiden Männer schließen lässt. Auch der spätere Briefwechsel zwischen Newton und Keill zeigt, dass Newton wohl immer misstrauisch blieb.

Wir dürfen mit hoher Wahrscheinlichkeit annehmen, dass es nicht Newton war, der Keill für seine Zwecke einspannte, sondern dass sich Keill von sich aus zum Diener Newtons machte. Es ist ebenso anzunehmen, dass wie im Fall Fatios der erste Angriff gegen Leibniz ohne das Wissen Newtons geschah [Hall 1980, S. 144].

Jedenfalls verfügte Keill offenbar über eine schärfere Wahrnehmung als Newton, als er die Besprechung Leibnizens der beiden mathematischen Beibindungen zur *Opticks* las (vergl. Seite 396). Hier sah Keill einen Vorwurf gegen Newton. In der Nummer 317 der Philosophical Transcations für den Herbst

---

[6]Hart Hall wurde in Oxford im Jahr 1282 gegründet. Im Mittelalter hatten die „Halls" nicht den gleichen Status wie die Colleges, da sie im wesentlichen als Wohnungen für Professoren und Studenten dienten, aber 1740 erhielt Hart Hall den offiziellen Titel eines College. Nach dem Gründer von Hart Hall, Elias de Hertford, erhielt es den Namen Hertford College. Die berühmte „Seufzerbrücke" gehört zu Hertford College.

[7]Theorien zur Weltentstehung.

Abb. 8.2.2. Die „Bridge of Sighs" (Seufzerbrücke) nahe der Catte Street, Oxford, wurde 1914 fertiggestellt und verbindet den alten Teil des Hertford College mit dem neuen Gebäude über die New College Lane
[Foto: Chensiyuan 2012, Ausschnitt]

1708 veröffentlichte Keill eine Arbeit zur Zentrifugalkraft, an deren Ende er den ersten Schlag ausführte [Westfall 2006, S. 715f.][8]:

> „*All diese* [Sätze] *folgen aus der jetzt sehr berühmten Arithmetik der Fluxionen, die Herr Newton ohne Zweifel zuerst erfand, wovon sich jeder, der seine von Wallis veröffentlichten Briefe liest, leicht überzeugen kann; dieselbe Arithmetik unter einem anderen Namen und eine andere Bezeichnung verwendend wurde jedoch später in den Acta Eruditorum von Herrn Leibniz veröffentlicht.* "

(All of these [propositions] follow from the now highly celebrated Arithmetic of Fluxions which Mr. Newton, beyond all doubt, First Invented, as anyone who reads his Letters published by Wallis can easily determine; the same Arithmetic under a different name and using a different notation was later published in the Acta Eruditorum, however, by Mr. Leibniz.)

---

[8]Original in Latein. Fleckenstein übersetzt in [Fleckenstein 1956, S. 24] so: *„Alle diese Dinge folgen aus der jetzt so berühmten Methode der Fluxionen, deren erster Erfinder ohne Zweifel Sir Isaac Newton war, wie das Jeder leicht feststellen kann, der jene Briefe von ihm liest, die Wallis zuerst veröffentlicht hat. Dieselbe Arithmetik wurde dann später von Leibniz in den Acta Eruditorum veröffentlicht, der dabei nur den Namen und die Art und Weise der Bezeichnung wechselte."*

Später wird Newton sagen, er habe nichts von diesem Angriff Keills gewusst und war nicht begeistert, jedenfalls bis ihm Keill die Leibniz'sche Besprechung von *De quadratura* aus dem Jahr 1705 zeigte. Allerdings wurde Keills Arbeit am 14. November 1708 der Royal Society vorgestellt – Newton war als Präsident zugegen – und die Mitglieder stimmten der Veröffentlichung in den Philosophical Transactions zu! Es ist daher äußerst unwahrscheinlich, dass Newton nicht informiert war [Westfall 2006, S. 716]. Da die 1708 vorgestellte Arbeit erst 1710 wirklich im Druck erschien, kann man aber auch annehmen, dass der Anschlag auf Leibniz eine spätere Hinzufügung ist [Hall 1980, S. 145]. In diesem Fall wäre Newton rehabilitiert. Wir können annehmen, dass Keill den Angriff ausführte um Newton zu gefallen, aber das ist sicher nicht alles. In Keills Arbeit ging es um Kräfte, auch um Anziehungskräfte, und die Kritik an Newtons Konzept der Gravitation, von der niemand wusste, wo ihre Ursachen lagen, wurde in den Acta Eruditorum immer beißender. Es ist daher wahrscheinlicher, dass Keill sich als Verteidiger der Newton'schen Ideen der Planetenbewegung verstand und den Kalkül als guten Angriffspunkt für eine Attacke auf die Gegenseite sah.

8.3 Leibniz reagiert und Keill schlägt zurück

Dass die Keill'sche Arbeit erst 1710 erschien und die Journale eine gewisse Zeit brauchten, um sich zu verbreiten, erklärt, warum Leibniz erst im März 1711 mit einem Brief an die Royal Society reagierte. Sicher hatte er noch die Erinnerung an Fatios Attacke aus dem Jahr 1699, als sein Protest Erfolg hatte und Fatio keinerlei Rückhalt aus England zu erwarten hatte. Nun lagen die Dinge anders.

8.3.1 Leibniz bittet die Royal Society um Hilfe

Leibniz schreibt am 11. März 1711 an Hans Sloane, den Sekretär der Royal Society und damit den Herausgeber der Transactions [Turnbull 1959–77, Vol. V, S. 97]:

> *„Ich wünschte, dass eine Prüfung der Arbeit[9] mich nicht zwingen müsste, zum zweiten Mal eine Beschwerde gegen Eure Landsmänner vorzubringen. Vor einiger Zeit griff mich Nicholas Fatio de Duillier in einer veröffentlichten Arbeit an, ich hätte die Entdeckung eines anderen für meine ausgegeben. Ich lehrte ihn eines besseren in den Acta Eruditorum aus Leipzig und Ihr* [Engländer] *selbst missbilligtet diesen*

---

[9]Leibniz hatte sich zuerst für die Zusendung des Bandes der Philosophical Transactions bedankt.

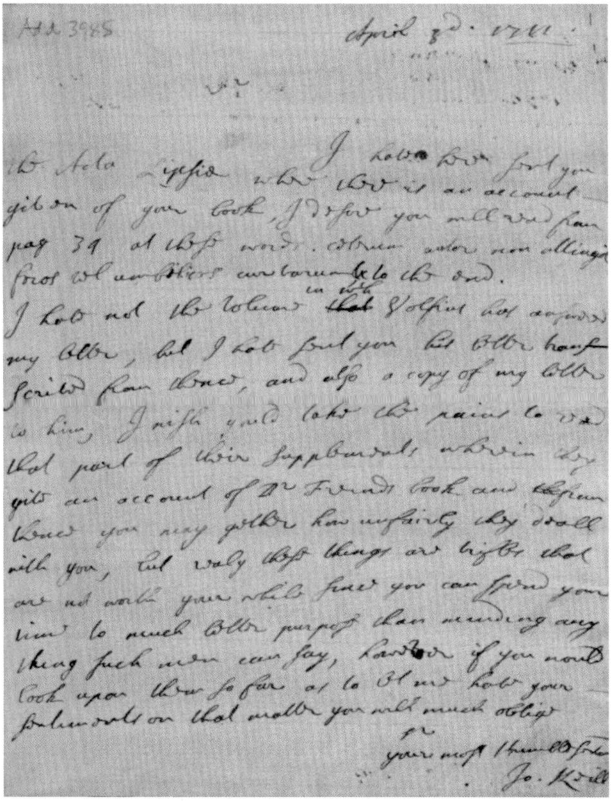

Abb. 8.2.3. Brief von Keill an Newton, etwa um 1711-1718 (Cambridge University, Digital Library, ADD.3985 page 1:1r)

[Angriff], *wie ich einem Brief, geschrieben vom Sekretär Eurer hervorragenden Gesellschaft, entnehmen konnte (das heißt, nach meiner Erinnerung, von Euch selbst). Newton selbst, eine wahrhaft ausgezeichnete Person, missbilligte, wie ich es mitbekommen habe, diesen deplazierten Eifer einiger Personen im Namen Eurer Nation und seines eigenen. Und doch hat Herr Keill in diesem Band, in den* [Transactions für] *September und Oktober 1708, Seite 185, nach eigenem Ermessen diese höchst impertinente Anschuldigung erneuert, wenn er schreibt, dass ich die von Newton erfundene Arithmetik der Fluxionen veröffentlicht habe, nachdem ich den Namen und die Art der Bezeichnungen geändert habe. Wer immer dies gelesen und geglaubt hat, konnte nicht anders als zu vermuten, dass ich die Entdeckung eines anderen gegeben habe, getarnt durch Ersatznamen und Symbole. Aber niemand weiß besser als Newton selbst wie falsch das ist; niemals hörte ich den Namen 'Kalkül der Fluxionen' ausgesprochen, noch sah ich mit diesen Augen den Symbolismus, den Herrn Newton verwendete, bevor er in Wallis' Opera erschien. Dieselben Briefe, die von Wallis veröffentlicht wurden, zeigen, dass ich die Sache viele Jahre vorher gemeistert hatte, bevor ich sie herausgab; wie dann hätte ich eines anderen Arbeit verändert veröffentlichen können, die ich doch nicht kannte? Dennoch, obwohl ich Herrn Keill nicht für einen Verleumder halte (weil ich denke, ihm ist eher seine Eilfertigkeit des Urteils vorzuwerfen als Böswilligkeit), kann ich jedoch diese Anschuldigung, die für mich verletzend ist, nur als Verleumdung ansehen. Und weil zu befürchten ist, dass sie häufig von unbedachten oder unehrlichen Personen wiederholt wird, bin ich gezwungen, eine Abhilfe von Eurer hervorragenden Royal Society zu ersuchen. Denn ich denke, dass Ihr selbst gerecht urteilen werdet, dass Herr Keill öffentlich bezeugen sollte, dass er mich nicht dessen anzuklagen meint, was seine Worte zu bedeuten scheinen, als hätte ich etwas gefunden, was von einer anderen Person erfunden wurde, und es als mein eigenes ausgegeben habe. Auf diesem Weg mag er mir Genugtuung für seine Verletzung meiner Person geben und zeigen, dass er keinen Vorsatz hatte, eine Verleumdung auszusprechen, damit andere Personen gezügelt werden, die zu irgendeiner Zeit ihre Stimme zu anderen ähnlichen [Vorwürfen] erheben möchten."*

(I could wish that an examination of the work did not compel me to make a complaint against your countrymen for the second time. Some time ago Nicholas Fatio de Duillier attacked me in a published paper for having attributed to myself another's discovery. I taught him to know better in the *Acta Eruditorum* of Leipzig, and you [English] yourselves disapproved of this [charge] as I learned from a letter written by the Secretary of your distinguished Society (that is, to the best of my recollection, by yourself). Newton himself, a truly excellent person, disapproved of this misplaced zeal of certain persons on behalf of your nation and himself, as I understand. And yet Mr. Keill in this very volume, in the [*Transactions* for] September and October 1708, page 185, has seen fit to renew this most impertinent accusation when he writes that I have published the arithmetic of fluxions invented by Newton, after altering the name and the style of notation. Whoever has read and believed this could not but suspect that I have given out another's discovery disguised by substitute names and symbolism. But no one knows better than Newton himself how false this is; never did I hear the name *calculus of fluxions* spoken nor see with these eyes the symbolism that Mr. Newton has employed before they appeared in Wallis's *Works*. The very letters published by Wallis prove that I had mastered the subject many years before I gave it out; how then could I have published another's work modified of which I was ignorant? However, although I do not take Mr. Keill to be a slanderer

Abb. 8.3.1. Büste von Hans Sloane in der British Library [Foto: Fæ 2011]

(for I think he is to be blamed rather for hastiness of judgement than for malice) yet I cannot but take that accusation which is injurious to myself as a slander. And because it is to be feared that it may be frequently repeated by imprudent or dishonest people I am driven to seek a remedy from your distinguished Royal Society. For I think you yourself will judge it equitable that Mr. Keill should testify publicly that he did not mean to charge me with that which his words seem to imply, as though I had found out something invented by another person and claimed it as my own. In this way he may give satisfaction for his injury to me, and show that he had no intention of uttering a slander, and a curb will be put on other persons who might at some time give voice to other similar [charges].

Offenbar konsultierte Sloane in dieser Sache zuerst Newton, der Kontakt mit Keill aufnahm [Hall 1980, S. 169]. Am 14. April 1711 schickt Keill in einem Brief an Newton die Besprechung von *De quadratura* aus den Acta Eruditorum und schreibt [Turnbull 1959–77, Vol. V, S. 115]:

„Mein Herr

ich habe Euch hier die Leipziger Acta geschickt, in der ein Bericht Eures Buches gegeben wird. Ich wünschte Ihr würdet ab Seite 39 von den Worten: 'Übrigens berührt der Autor nicht die Brennpunkte oder Nabelpunkte der Kurven' [10] *etc. bis zum Ende lesen."*

(Sr

I have here sent you the Acta Lipsiae where there is an account given of your book, I desire you will read from pag 39 at these words. ceterum autor non attingit focos vel umbilicos curvarum &c to the end.)

Daraufhin schreibt Newton an einem nicht bekannten Datum im April 1711 an Hans Sloane [Turnbull 1959–77, Vol. V, S. 117]:

„Mein Herr

auf mein Gespräch mit Herrn Keill über die Beschwerde von Herrn Leibniz betreffend hin, was er [Keill] in die Philosophical Transactions eingebracht hat, präsentierte er mir, was er dort sagte, sollte die Behandlung überflüssig machen, der ich und meine Freunde in den Leipziger Acta ausgesetzt waren, und zeigte mir einige Passagen in diesen Acta, um das, was er sagte, zu rechtfertigen. Ich hatte diese Passagen nicht zuvor gesehen, aber sie lesend fand ich, dass ich mehr Grund zur Beschwerde über die Sammler [Editoren] der mathematischen Arbeiten in diesen Acta habe, als Herr Leibniz hat, sich über Herrn Keill zu beschweren. Denn die Sammler [Editoren] dieser Arbeiten unterstellen überall an ihre Leser, dass die Methode der Fluxionen die differenzielle Methode von Herrn Leibniz ist und sie tun das in solcher Weise, als ob er der wahre Autor war und ich sie von ihm genommen hatte, und sie geben eine solche Beschreibung des Buches der Quadraturen als ob es nichts mehr wäre als eine Verbesserung dessen, was zuvor von Herrn Leibniz, Dr. Sheen[11] *und Herrn Craig herausgefunden wurde. Wohingegen derjenige, der dieses Buch mit den Briefen vergleicht, die zwischen mir und Herrn Leibniz über Herrn Oldenburg gewechselt wurden, bevor Herr Leibniz begann, seine Kenntnis von seiner differenziellen Methode zu entdecken, wird sehen, dass die Dinge, die in diesem Buch enthalten sind, erfunden wurden, bevor diese Briefe geschrieben wurden. Denn der erste Lehrsatz ist in diesen Briefen verschlüsselt niedergelegt."*

---

[10]Der ganze Satz in den Acta Eruditorum lautet: *Caeterum Autor non attingit focos vel umbilicos curvarum secundi generis, & multo minus generum altiorum* (Übrigens berührt der Autor nicht die Brennpunkte oder Nabelpunkte der Kurven vom Geschlecht zwei und noch viel weniger höherer Geschlechter).

[11]Cheyne

(Sr

Upon speaking wth Mr Keil about ye complaint of Mr Leibnitz concerning what he had inserted into the Ph. Transactions, he represented to me that what he there said was to obviate the usage which I & my friends met with in the Acta Leipsica, & shewed me some passages in those Acta, to justify what he said. I had not seen those passages before, but upon reading them I found that I have more reason to complain of the collectors of ye mathematical papers in those Acta then Mr Leibnitz hath to complain of Mr Keil. For the collectors of those papers everywhere insinuate to their readers that ye method of fluxions is the differential method of Mr Leibnitz & do it in such a manner as if he was the true author & I had taken it from him, & give such an account of the Booke of Quadratures as it it was nothing else than an improvement of what had been found out before by Mr Leibnitz Dr Sheen & Mr Craig. Whereas he that compares that book with the Letters wch passed between me & Mr Leibnitz by means of Mr Oldenburg before Mr Leibniz began to discover his Knowledge of his differential method will see yt the things contained in this book were invented before the writing of those Letters. For the first Proposition is set down in those Letters enigmatically.)

Ganz offenbar hatte Keill nicht lange benötigt, um Newton von der Unlauterbarkeit der Leibniz'schen Partei zu überzeugen. Auf beiden Seiten scheint es, als sei ein Fass zum Überlaufen gebracht worden, das sich bereits Jahre vorher zu füllen begonnen hatte.

8.3.2 Die Royal Society beauftragt Keill

Am 15. April 1711 verteidigte sich Keill vor der Royal Society und diese Verteidigung war sehr erfolgreich [Hall 1980, S. 169]. Man beauftragte Keill damit, eine Beschreibung der Vorwürfe und des Disputes schriftlich zu fixieren und sich insbesondere dafür zu rechtfertigen, dass er sich speziell auf Leibniz bezog, denn Leibniz war nun bereits seit fast 40 Jahren ein Mitglied der Royal Society [Turnbull 1959–77, Vol. V, S. 116f., Fußnote (7)]. Das Ergebnis war ein Brief an Sloane für Leibniz, dessen Inhalt im „Journal Book" der Royal Society zusammengefasst wurde und der am 11. Juli 1711 die Genehmigung erhielt, abgesandt zu werden [Turnbull 1959–77, Vol. V, S. 133ff.]. Offenbar hatte Keill einige Zeit gebraucht, um diesen langen Brief zu verfassen und die Vermutung liegt nahe, dass er sich dazu mit Newton abgesprochen haben mag. Das ist jedoch nicht sicher. Allerdings zeigt sich Keill in dem Brief als Kenner der Entwicklung Newton'scher Mathematik, was einen Kontakt mit Newton doch eher nahelegt. Sicher scheint mir nur, dass Newton froh war, dass nicht er selbst, sondern Keill für ihn in die Schlacht zog, denn das entsprach seinem

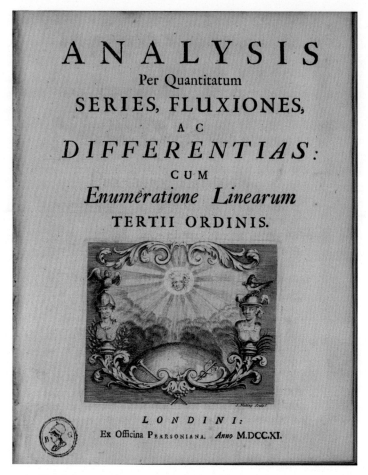

Abb. 8.3.2. Titelblatt des Buches von William Jones aus dem Jahr 1711, das zur
Dokumentation Newton'scher Errungenschaften diente
(Ghent University Library, BIB.MA.000248)

Naturell sicher besser als eine persönliche und öffentliche Auseinandersetzung.
Keill gibt als klarsten Beweis der Gewissheit für Newtons Beherrschung des
Kalküls noch *vor* 1676 einen Brief von Newton an Collins vom 20. Dezember
1672 [Turnbull 1959–77, Vol. I, S. 247ff.] an, der sich unter den Nachlasspa-
pieren Collins' fand.

Diese Papiere waren in den Besitz des Londoner Mathematiklehrers William
Jones gekommen, der Anfang 1711 ein Buch mit dem Titel *Analysis Per Quan-
titatum Series, Fluxiones, ac Differentias: cum Enumeratione Linearum Tertii
Ordinis* (Analysis mit Hilfe von Reihen, Fluxionen und Differenzen von Größen
zusammen mit einer Aufzählung der Linien dritter Ordnung) zur Dokumentation der Errungenschaften Newtons im Bereich der Mathematik veröffentlicht

hatte, denn es enthielt Newtons Arbeit *De analysi*, vergl. Seite 122. Keill konnte also auch durch Jones über Newtons mathematische Arbeiten informiert worden sein, ohne mit Newton darüber zu sprechen.

Der Brief Keills [Turnbull 1959–77, Vol. V, S. 142] beginnt konziliant. Er wollte Leibniz keinesfalls verunglimpfen, aber er schreibt:

> *„Ich gebe zu, dass ich sagte, dass die Arithmetik der Fluxionen von Herrn Newton entdeckt wurde, die unter einer Änderung von Namen und der Methode der Bezeichnung durch Leibniz veröffentlicht wurde, aber ich möchte diese Worte nicht verstanden wissen, als ob ich behaupten würde, dass entweder der Name, den Newton seiner Methode gab, oder die Form der Bezeichnung, die er entwickelte, Herrn Leibniz bekannt war; ich legte nur dies nahe, dass Herr Newton der erste Entdecker der Arithmetik der Fluxionen oder des Differenzialkalküls war; jedoch hatte er in zwei Briefen, die er an Oldenburg schrieb (die der Letztere an Leibniz weiterleitete) sehr klare Hinweise an diesen Mann von höchst scharfsinniger Intelligenz gegeben, woher Leibniz seine Prinzipien dieses Kalküls herleitete oder wenigstens hergeleitet haben könnte. Aber da dieser berühmte Mann für seine Schlußfolgerung die Form des Ausdrucks und der Bezeichnung, die Newton verwendet hatte, nicht benötigte, führte er seine eigene ein.“*

(I admit that I said that the Arithmetic of Fluxions was discovered by Mr. Newton, which was published with a change of name and method of notation by Leibniz but I do not mean these words to be understood as though I were arguing that either the name which Newton gave to his method or the form of notation that he developed were known to Mr. Leibniz; I suggested only this, that Mr. Newton was the first discoverer of the Arithmetic of Fluxions or Differential Calculus; however, as he had in two letters written to Oldenburg (which the latter transmitted to Leibniz) given pretty plain indications to that man of most perceptive intelligence, whence Leibniz derived the principles of that calculus or at least could have derived them; But as that illustrious man did not need for his reasoning the form of speaking and notation which Newton had used, he imposed his own.)

Die Passage, dass Newton einen „Ausdruck“ oder eine „Bezeichnung“ für die Arithmetik der Fluxionen hatte oder diese sogar an Leibniz übermittelt hatte, stellt einen strategischen Fehler Keills dar [Hall 1980, S. 171], denn dafür konnte er keine Belege liefern.

Dann bezeichnet Keill als eigentlichen Grund für seine Anschuldigungen die Buchbesprechung in den Acta Eruditorum des Jahres 1705, aus der er entnehmen konnte, dass Leibniz der eigentliche Erfinder des Newton'schen Kalküls gewesen sei, obwohl doch Newton seinen Kalkül mindestens 18 Jahre vor Leibniz gefunden habe. Schließlich zitiert Keill den Brief Newtons an Collins aus dem Jahr 1672 und schreibt [Turnbull 1959–77, Vol. V, S. 144]:

*„Es erscheint klar aus diesem Brief, dass Herr Newton die Methode
der Fluxionen vor dem Jahr 1670 hatte, das Jahr, in dem Barrows
Vorlesungen veröffentlicht wurden."*

(It clearly appears from this letter that Mr. Newton had the method
of fluxions before the year 1670, that in which Barrow's lectures were
published.)

Gegen Ende des Briefes [Turnbull 1959–77, Vol. V, S. 149] konstatiert Keill,

[...] *„dass die Hinweise und Beispiele Newtons hinreichend von Leibniz
verstanden wurden,* JEDENFALLS SOWEIT ES DIE ERSTEN DIFFEREN-
ZEN BETRIFFT; SOWEIT ES DIE ZWEITEN DIFFERENZEN BETRIFFT
WAR LEIBNIZ EHER LANGSAM IM BEGREIFEN DER NEWTON'SCHEN
METHODE, WAS ICH VIELLEICHT KLARER IN KURZER ZEIT ZEIGEN
WERDE.*"*

([...] that the hints and examples of Newton were sufficiently under-
stood by Leibniz, AT LEAST AS TO THE FIRST DIFFERENCES; FOR AS
TO THE SECOND DIFFERENCES IT SEEMS THAT LEIBNIZ WAS RATHER
SLOW TO COMPREHEND THE NEWTONIAN METHOD, AS PERHAPS I
WILL SHOW MORE CLEARLY IN A LITTLE WHILE.)

Der Zusatz in Kapitälchen stammen aus Newtons Feder in Newtons Kopie
des Briefes. Dieser Zusatz wird 1712 genau so im Commercium epistolicum
erscheinen.

Keills so konzilianter kurzer Beginn des Briefes wird also im weiteren Verlauf des Briefes zu einer Farce. Alles dreht sich letztlich um die Inhalte der
beiden *Epistolae,* aus denen Leibniz die Newton'sche Methode rekonstruiert
haben soll. Das ist aber auch die große Schwäche der Keill'schen Argumentation: Es macht keinen Sinn zu glauben, dass Leibniz auf genau dieselbe
Methode wie Newton gekommen wäre. Wäre Leibniz so klug gewesen, von
den Hinweisen und Beispielen (*„hints and examples"*) Newtons gelernt zu haben, wie hätte er dann Newtons Methode imitieren können. Wenn er Newtons
Methode imitierte, was hätten ihm dann die Hinweise und Beispiele nützen
können [Hall 1980, S. 174]? Keill argumentiert, Newton hätte in der *Epistola prior* die Methode der Reihenentwicklung erläutert, mit denen man die
Inkremente fließender Größen darstellen kann [Turnbull 1959–77, Vol. V, S.
146]:

*„Im ersten Brief, der durch Oldenburg an Leibniz geschickt wurde,
lehrte Herr Newton die Methode, durch die Größen zu unendlichen
Reihen reduziert werden können, das heißt, durch die die Inkremente
von fließenden Größen dargestellt werden können; [...]"*

(In the first Letter sent to Leibniz by Oldenburg Mr. Newton taught
the method by which quantities may be reduced to infinite series, that
is, by which the increments of flowing quantities may be displayed;
[...]),

aber das stimmte gar nicht! Newton hatte Leibniz die Binomialentwicklung
mitgeteilt, aber keineswegs ein Beispiel zu ihrem Gebrauch bei Differenzen
(Inkrementen) von Fluxionen. Bei der Diskussion der Inhalte der *Epistola
posterior* behauptet Keill [Turnbull 1959–77, Vol. V, S. 148]:

> „[...], *gab er Beispiele der Vorgehensweise von Differenzialen zu Inte-
> gralen.*"

([...], he gave examples of the procedure from differentials to integrals.)

Das entsprach ebenfalls nicht den Tatsachen. Newton gab zum Einen keine
Beispiele zu solchen Operationen, aber verwendete auch nirgendwo Wörter
wie „Differenzial", „Integral" oder „Fluxion".

Leibniz erhielt also statt einer Entschuldigung einen weiteren Angriff auf seine wissenschaftliche Lauterkeit, und auch der Begleitbrief Sloanes, der von
Newton veranlasst wurde [Hall 1980, S. 176], war kaum höflich. Leibniz muss
überrascht gewesen sein, zumindest dauerte es bis zum 29. Dezember, bis er
an Sloane einen weiteren Brief schrieb [Turnbull 1959–77, Vol. V, S. 207f.]:

> „*Gottfried Wilhelm Leibniz bietet einen großen
> Salut dar dem sehr berühmten Herrn Hans Sloane*

> *Was Herr John Keill Euch neulich schrieb greift meine Lauterkeit
> offener an als zuvor; keine aufrichtige oder vernünftige Person wird
> es richtig finden, dass ich in meinem Alter und mit solchen Belegen
> für mein Leben eine Verteidigung dafür geben sollte, dass ich erscheine
> wie ein Kläger vor einem Gerichtshof, gegen einen Mann der in der
> Tat gelehrt ist, aber ein Emporkömmling mit wenig tiefem Wissen über
> was zuvor war und ohne jede Vollmacht der Person, die hauptsächlich
> betroffen ist.*

> [...]

> *Auch ich und meine Freunde haben bei verschiedenen Gelegenheiten
> unsere Überzeugung dargelegt, dass der erlauchte Entdecker der Flu-
> xionen durch seine eigenen Bemühungen zu grundlegenden Prinzipi-
> en ähnlich den unsrigen gelangt ist. Noch habe ich einen geringeren
> Anspruch als den seinen an die Rechte des Entdeckers gestellt, wie
> Huygens (der ein höchst kluger und unbestechlicher Richter war) auch
> öffentlich anerkannt hat – Rechte, die ich nicht eilig für mich einge-
> fordert habe, sondern eher die Entdeckung neun Jahre lang verborgen
> hielt, so dass niemand behaupten kann, mir zuvorgekommen zu sein.*

Also unterwerfe ich mich Eurem Gerechtigkeitssinn [um festzustellen],
ob oder ob nicht solches leere und ungerechtfertigte Geschrei unter-
drückt werden sollte, von dem ich glaube, dass sogar Newton selbst
es ablehnen würde, der eine ausgezeichnete Person ist, die vollständig
mit den vergangenen Ereignissen vertraut ist; und ich bin sicher, dass
er freimütig Belege seiner Meinung zu dieser Sache geben wird."

(Gottfried Wilhelm Leibniz presents a grand
salute to the very celebrated Mr. Hans Sloane

What Mr. John Keill wrote to you recently attacks my sincerity more
openly than [he did] before; no fair-minded or sensible person will
think it right that I, at my age and with such a full testimony of my
life, should state an apologetic case for it, appearing like a suitor before
a court of law, against a man who is learned indeed, but an upstart
with little deep knowledge of what has gone before and without any
authority from the person chiefly concerned.

[...]

I, too, and my friends have on several occasions made obvious our
belief that the illustrious discoverer of fluxions arrived by his own
efforts at basic principles similar to our own. Nor do I lay a less claim
than his to the rights of the discoverer, as Huygens (who was a most
clever and incorruptible judge) also acknowledged before the public
– rights which I have not hastened to claim for myself but rather
concealed the discovery for nine years, so that no one can claim to
have forestalled me.

Thus I throw myself upon your sense of justice, [to determine] whether
or not such empty and unjust braying should not be suppressed, of
which I believe even Newton himself would disapprove, being a distinguished person who is thoroughly acquainted with past events; and
I am confident that he will freely give evidence of his opinion on this
[issue].)

8.4 Newton wird aktiv

Sloane erhielt den Leibniz'schen Brief im Januar 1712. Zu dieser Zeit hatte
Keill Newton durch unentwegtes Argumentieren endgültig davon überzeugt,
dass dessen Ehre angegriffen worden war. Wie in Newtons Charakter angelegt,
machte er keine halben Sachen: Er wollte nun nicht nur ganz klar beweisen,
dass er der erste Entdecker des Kalküls war, sondern dass Leibniz ihn von
ihm gestohlen hatte. Es konnte keine Rede mehr davon sein, die Ehre der
Entdeckung irgendwie zu teilen – Leibniz musste entehrt werden [Hall 1980, S.
177].

8.4.1 Der schnelle Pfad zum *Commercium epistolicum*

Der Leibniz'sche Brief wurde am 11. Februar 1712 „*dem Präsidenten vorgelegt um den Inhalt davon zu bedenken*" (delivr'd to the President to consider of the Contents thereof), wie es im Journal book der Royal Society vermerkt ist [Whiteside 1967–81, Vol. VIII, S. 480]. Wenige Tage später ging der Präsident – Sir Isaac Newton – daran, eine Verteidigung in eigener Sache abzufassen. Diese Verteidigung begann als Brief an Sloane [Turnbull 1959–77, Vol. V., S. 212ff.], wurde dann aber zu einer Ansprache an die „*Gentlemen*" der Society [Whiteside 1967–81, Vol. VIII, S. 539ff.], [Turnbull 1959–77, Vol. V, S. xxivf.]:

> „*Meine Herren*
>
> *den Brief von Herrn Leibniz, der vor Ihnen verlesen wurde als ich letztes Mal hier war und mich als auch Herrn Keill betrifft, habe ich erwogen und ich kann Ihnen bekannt geben, dass ich die Papiere in den Leipziger Acta nicht vor dem letzten Sommer*[12] *sah und daher am Beginn dieser Kontroverse nicht beteiligt war. Die Kontroverse besteht zwischen dem Autor dieser Papiere und Herrn Keill. Und ich habe so viel Grund mich über diesen Autor wegen meiner in Frage stehenden Aufrichtigkeit zu beschweren und zu wünschen, dass Herr Leibniz die Sache richtigstellt ohne mich in einen Disput mit diesem Autor hineinzuziehen, als Herr Leibniz hat, sich über Herrn Keill zu beschweren über die Infragestellung seiner Aufrichtigkeit, und sich zu wünschen, ich würde die Sache richtigstellen ohne ihn in eine Kontroverse mit Herrn Keill hineinzuziehen. Denn falls dieser Autor in dem Bericht über mein Buch der Quadraturen*[13] *jedem Mann das Seine gab, wie Herr Leibniz versicherte, hat er mich beschuldigt, ich würde von anderen Männern ausleihen und hat daher meine Aufrichtigkeit bestritten, wie Herr Keill die Aufrichtigkeit von Herrn Leibniz bestritten hat und somit der Angreifer war. Herr Leibniz und seine Freunde gestatten, dass ich der Erfinder der Methode der Fluxionen war, und beanspruchen, dass er der Erfinder der differenziellen Methode war. Beides kann richtig sein, weil dieselbe Sache oft von mehreren Männern erfunden wird. Denn die beiden Methoden sind ein und dieselbe Methode verschieden erklärt und kein Mann konnte die Methode der Fluxionen erfinden, ohne erst zu wissen, wie man mit den Zuwächsen der fließenden Größen innerhalb von Augenblicken*[14] *arbeitet, welche Zuwächse Herr Leibniz Differenzen nennt. Dr. Barrow und Herr Gregory*[15] *haben Tangenten mit Hilfe der differenziellen Methode vor dem*

---

[12]Es muss Frühjahr heißen.

[13]Gemeint ist die der *Opticks* beigebundene Arbeit *De quadratura*.

[14]Mit den „Zuwächsen innerhalb von Augenblicken" sind die infinitesimalen Änderungen der Zeit gemeint, mit denen Newtons Kalkül arbeitet.

[15]James Gregory.

Jahr 1669 berechnet. Ich wandte sie auf abstrakte Gleichungen vor die-
sem Jahr an und machte sie damit allgemein. Herr Leibniz mag das
Gleiche um die gleiche Zeit gemacht haben; aber ich hörte nichts da-
von, dass er die Methode vor dem Jahr 1677 hatte. Wann und wie er
sie gefunden hat muss von ihm selbst kommen. Durch Einsetzen der
Fluxionen von Größen in die ersten Verhältnisse der Zuwächse inner-
halb von Augenblicken bewies ich die Methode und nannte sie daher
die Methode der Fluxionen: Herr Leibniz benutzte sie ohne einen Be-
weis. Ich[16] *"*

(Gentlemen

The Letter of Mr Leibnitz wch was read before you when I was last
here relating to me as well as to Mr Kcill I have considered it, & can
acquaint you that I did not see the papers in the Acta Leipsica till the
last summer & therefore had no hand in beginning this controversy.
The controversy is between the author of those papers & Mr Keil.
And I have as much reason to complain of that author for questioning
my candor & to desire that Mr Leibnitz would set the matter right
without engaging me in a dispute wth that author as Mr Leibnitz has
to complain of Mr Keil for questioning his candor & to desire that
I would set the matter right without engaging him in a controversy
with Mr Keil. For if that author in giving an account of my book
of Quadratures gave every man his own, as Mr Leibnitz affirms, he
has taxed me with borrowing from other men & therebye opposed my
candor as much as Mr Keil has opposed the candor of Mr Leibnitz &
and so was the agressor. Mr Leibnitz & his friends allow that I was the
inventor of the method of fluxions: & claim that he was the inventor of
the differential method. Both may be true because the same thing is
often invented by several men. For the two methods are one & ye same method variously explained & no man could invent the method of
fluxions without knowing first how to work in the augmenta momentanea of fluent quantities wch augmenta Mr Leibnitz calls differences.
Dr Barrow & Mr Gregory drew tangents by the differential method
before the year 1669. I applied it to abstracted aequationes before that
year & therebye made it generall. Mr Leibnits might do the like about
the same time; but I heard nothing of his having the method before
the year 1677. When and how he found it must come from himself.
By putting the fluxions of quantities to be in the first ratios of ye
augmenta momentanea I demonstrated the method & thence called it
the method of fluxions: Mr Leibnitz uses it without a Demonstration.
I)

Diese Ansprache an die Royal Society klingt außerordentlich defensiv und fair.
Leibniz wird das Recht eingeräumt, ebenfalls einen Kalkül gefunden zu haben,

---

[16]Der Eintrag im Journal book der Royal Society bricht hier ab.

aber Newton legt (zu Recht) auch Wert darauf, dass er der erste Erfinder war. Im Entwurf, das heißt in dem geplanten Brief an Sloane, verwendet Newton noch eine stärkere Sprache und es ist auch von den *Epistolae* die Rede [Turnbull 1959–77, Vol. V, S. 213]:

> „[...] *der Autor ist der erste Autor und ich bin noch nicht überzeugt, dass er* [Leibniz] *der erste Autor dieser Methode war.*
>
> [...]
>
> *Denn durch die Briefe, die zwischen ihm und mir in den Jahren 1676 und 1677 gewechselt wurden, weiß er, dass ich eine Abhandlung über die Methode der konvergierenden Reihen und Fluxionen schrieb, sechs Jahre bevor ich von seiner differenziellen Methode hörte."*

> ([...] the author is the first author, & I am not yet convinced that he was the first author of that method.
>
> [...]
>
> For By the Letters wch passed between him & me in the years 1676 & 1677 he knows that I wrote a treatise of the methods of converging series & fluxions six years before I heard of his differential method.)

Wir wollen den weiteren Verlauf der Diskussionen im Journal book der Royal Society nicht verfolgen, aber am 17. März gibt es den Eintrag [Turnbull 1959–77, Vol. V, S. xxv]:

> „*Auf Grund von Herrn Leibnizens Brief an Dr. Sloane den vorgenannten Disput zwischen ihm und Herrn Keill betreffend wurde eine Kommission durch die Gesellschaft eingesetzt, um die betreffenden Briefe und Papiere zu untersuchen; nämlich Dr. Arbuthnot, Herr Hill, Dr. Halley, Herr Jones, Herr Machen und Herr Burnet, die ihren Bericht der Gesellschaft geben sollten."*

> (Upon account of Mr Leibnitz's Letter to Dr. Sloane concerning the Dispute formerly mentioned between him and Mr Keill, a Committee was appointed by the Society to inspect the Letters and Papers relating thereto; viz. Dr Arbuthnot, Mr Hill, Dr Halley, Mr Jones, Mr Machen, and Mr Burnet, who were to make their Report to the Society.)

Bereits am 31. März wurde Herr Robartes in die Kommission aufgenommen, am 7. April Herr Bonet, der Gesandte des preussischen Königs in London, und am 28. April noch Abraham de Moivre, Francis Ashton und Brook Taylor. Die letzten drei können nicht mehr viel zu dem Bericht der Kommission beigetragen haben, denn der offizielle Bericht wurde der Royal Society bereits eine Woche nach ihrer Zuwahl, am 5. Mai 1712, präsentiert [Turnbull 1959–77, Vol. V, S. xxv]. Von der Einsetzung der Kommission am 17. März bis zum endgültigen Bericht hatte es gerade einmal fünfzig Tage gedauert! Von einer genauen Untersuchung der Dokumente kann daher keinesfalls die Rede sein.

8.4.2 Das *Commercium epistolicum*

Das Urteil der Royal Society zum Prioritätsstreit ist als *Commercium epistolicum* bekannt geworden und trägt den vollen Titel *Commercium Epistolicum
D. Johannis Collins et aliorum de analysi promota: jussu Societatis Regiae
in lucem editum* (Briefwechsel des Herrn John Collins und anderer über den
Fortschritt der Analysis, herausgegeben im Auftrag der Royal Society). Es
handelt sich um 122 Druckseiten, die Auszüge aus Briefen und wissenschaftlichen Arbeiten enthalten. Das abschließende Urteil lautet[17]:

> *„Wir haben die Briefe und Briefbücher in der Obhut der Royal So-
> ciety hinzugezogen und die, die unter den Papieren von Herrn John
> Collins gefunden wurden, datiert zwischen 1669 und 1677 inklusive,
> und sie denen gezeigt, die die Handschriften von Herrn Barrow, Herrn
> Collins, Herrn Oldenburg und Herrn Leibniz kennen und sich dafür
> verbürgen können, und verglichen solche von Herrn Gregory miteinan-
> der, und mit Kopien einiger von ihnen in der Handschrift von Herrn
> Collins. Und haben aus ihnen entnommen, was mit der Sache zusam-
> menhängt, die uns übertragen wurde; alle diese Auszüge hiermit an
> Euch geliefert, glauben wir, wahrhaftig und authentisch zu sein: und
> durch diese Briefe und Papiere finden wir*
>
> *I. dass Herr Leibniz zu Beginn des Jahre 1673 in London war und
> dann in oder um den März nach Paris ging, wo er eine Korrespondenz
> mit Herrn Collins über Herrn Oldenburg aufrecht hielt, bis September
> 1676, und dass Herr Collins sehr freizügig war, fähigen Mathemati-
> kern das mitzuteilen, was er von Herrn Newton und Herrn Gregory
> erhalten hatte.*
>
> *II. dass, als Herr Leibniz das erste Mal in London war, er für die Er-
> findung einer anderen differenziellen Methode disputierte, die recht-
> mäßig so bezeichnet wurde; und gleichwohl dass ihm von Herrn Dr.
> Pell gezeigt wurde, dass es Moutons Methode war, bestand er wei-
> terhin darauf, dass es seine eigene Erfindung war, weil er sie selbst
> gefunden hatte, ohne zu wissen was Mouton zuvor gemacht hatte, und
> dasjenige sehr verbessert hätte. Und wir finden vor seinem Brief vom
> 21. Juni 1677 [18] keine Bemerkung, dass er eine andere als Moutons
> differenzielle Methode hatte, was ein Jahr nach der Kopie von Herrn
> Newtons Brief vom 10. Dezember 1672 zu seiner Information nach
> Paris geschickt wurde, und mehr als vier Jahre nachdem Herr Col-
> lins begonnen hatte, diesen Brief seinen Korrespondenten zu kommu-*

---

[17]Das *Commercium epistolicum* ist vollständig im Internet einsehbar, z.B. unter
`http://books.google.de/books/about/`
   `Commercium_epistolicum_D_Johannis_Collin.html?id=YDgPAAAAQAAJ`.

[18]Es handelt sich um den Antwortbrief Leibnizens auf die *Epistola posterior*, bei
dem es Unklarheiten in der Datierung gab (vergl. Seite 231).

nizieren. In diesem Brief wurde die Methode der Fluxionen für jede intelligente Person hinreichend beschrieben.

III. dass es durch Herrn Newtons Brief vom 13. Juni 1676[19] so scheint, dass er die Methode der Fluxionen mehr als fünf Jahre hatte, bevor er den Brief schrieb. Und durch seine [Arbeit] [Über] Analysis durch unendliche Gleichungen hinsichtlich der Zahl der Terme, von Dr. Barrow im Juli 1669 an Herrn Collins übermittelt, stellen wir fest, dass er die Methode vor dieser Zeit erfunden hat.

IV. dass die differenzielle Methode ein und dieselbe ist wie die Methode der Fluxionen, außer dem Namen und der Art der Bezeichnung; Herr Leibniz nennt jene Größen Differenzen, die Herr Newton Momente oder Fluxionen nennt, und bezeichnet sie mit dem Buchstaben d, eine Bezeichnung die nicht von Herrn Newton verwendet wurde. Und daher ist die richtige Frage nicht, wer diese oder jene Methode erfunden hat, sondern wer der erste Erfinder der Methode war. Und wir glauben, dass diejenigen, die mutmaßlich Herrn Leibniz für den ersten Erfinder halten, wenig oder gar nichts von seiner lange zuvor stattgefundenen Korrespondenz mit Herrn Collins und Herrn Oldenburg wussten, noch dass Herr Newton diese Methode seit ungefähr fünfzehn Jahre hatte, bevor Herr Leibniz begann, sie in den Leipziger Acta Eruditorum zu veröffentlichen.

Aus diesem Grund halten wir Herrn Newton für den ersten Erfinder und sind der Meinung, dass Herr Keill, als er dasselbe feststellte, in keiner Weise ungerecht zu Herrn Leibniz war. Und wir überlassen es dem Urteil der Society, ob die Auswahl von Briefen und Papieren, die Euch nun vorgelegt wurde, zusammen mit dem, was zu derselben Sache in Dr. Wallis' drittem Band erhalten ist, es nicht verdient, öffentlich gemacht zu werden."

(We have consulted the Letters and Letter-books in the Custody of the Royal Society, and those found among the Papers of Mr. John Collins, dated between the Years 1669 and 1677 inclusive; and shewed them to such as knew and avouched the Hands of Mr. Barrow, Mr. Collins, Mr. Oldenburg and Mr. Leibnitz; and compar'd those of Mr. Gregory with one another, and with Copies of some of them taken in the Hand of Mr. Collins; and have extracted from them what relates to the Matter referr'd to us; all which Extracts herewith deliver'd to you, we believe to be genuine and authentick: And by these Letters and Papers we find,

I. That Mr. Leibnitz was in London in the beginning of the Year 1673, and went thence in or about March to Paris, where he kept a Cor-

---

[19]Dies ist die *Epistola prior*, die nach gregorianischer Zeitrechnung am 23. Juni 1676 bei Oldenburg eintraf (vergl. Seite 210).

respondence with Mr. Collins by means of Mr. Oldenburg, till about September 1676, and that Mr. Collins was very free in communicating to able Mathematicians what he had receiv'd from Mr. Newton and Mr. Gregory.

II. That when Mr. Leibnitz was the first time in London, he contended for the Invention of another Differential Method properly so call'd; and notwithstanding that he was shewn by Dr. Pell that it was Mouton's Method, persisted in maintaining it to be his own Invention, by reason that he had found it by himself, without knowing what Mouton had done before, and had much improved it. And we find no mention of his having any other Differential Method than Mouton's, before his Letter of 21st of June 1677, which was a Year after a Copy of Mr. Newton's Letter, of 10th of December 1672, had been sent to Paris to be communicated to him; and above four Years after Mr. Collins began to communicate that Letter to his Correspondents; in which Letter the Method of Fluxions was sufficiently describ'd to any intelligent person.

III. That by Mr. Newton's Letter of the 13th of June 1676 it appears, that he had the Method of Fluxions above five Years before the writing of that Letter. And by his Analysis per Aequationes numero Terminorum Infinitas, communicated by Dr. Barrow to Mr. Collins in July 1669, we find that he had invented the Method before that time.

IV. That the Differential Method is one and the same with the Method of Fluxions, expecting the Name and Mode of Notation; Mr. Leibnitz calling those Quantities Differences, which Mr. Newton calls Moments or Fluxions; and marking them with the Letter d, a Mark not used by Mr. Newton. And therefore we take the proper Question to be, not who invented this or that Method, but who was the first Inventor of the Method. And we believe that those who have reputed Mr. Leibnitz the first Inventor, knew little or nothing of his Correspondence with Mr. Collins and Mr. Oldenburg long before; nor of Mr. Newton's having that Method about Fifteen Years before Mr. Leibnitz began to publish it in the Acta Eruditorum of Leipsick.

For which Reason, we reckon Mr. Newton the first Inventor; and are of Opinion, that Mr. Keill in asserting the same, has been no ways injurious to Mr. Leibniz. And we submit to the Judgment of the Society, whether the Extract of Letters and Papers now presented to you, together with what is extant to the same purpose in Dr. Wallis's third Volume, may not deserve to be made Publick.)

Es steht außer Frage, dass dieser Text direkt aus Newtons Feder floss, denn sein Entwurf mit seinen eigenen Anmerkungen exitsiert noch [Turnbull 1959–77, Vol. V, S. xxv]. Leibniz wurde nicht nur als Plagiator angeklagt, sondern auch als jemand, der sein Wissen um die Priorität anderer bewusst verschwieg.

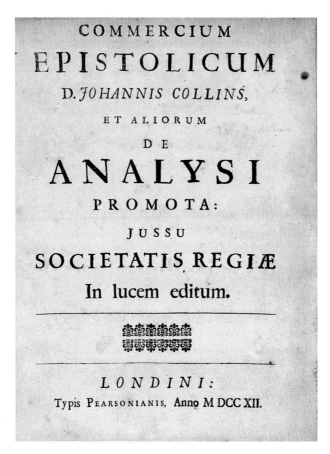

Abb. 8.4.1. Titelblatt vom *Commercium epistolicum*
(PBA Galleries/pbagalleries.com, San Francisco)

Hatte er nicht erst Newtons Recht als Erstentdecker verschwiegen und später dann sogar bestritten? Seit 1711 musste Newton sich wieder intensiv mit
Leibniz beschäftigt haben und den Sommer des Jahres 1712 benötigte er,
um das *Commercium epistolicum* zu entwerfen. In seiner Korrespondenz findet sich dazu sehr wenig, denn Newton war übertrieben vorsichtig [Turnbull
1959–77, Vol. V, S. xxvii].

Im Journal book der Royal Society findet sich dann [Turnbull 1959–77, Vol.
V, S. xxvif.]:

> *„Die Gesellschaft stimmte dem Bericht ohne Gegenstimme zu und ord-*
> *nete an, die ganze Sache von Anfang an mit den Auszügen aller Briefe,*
> *die damit in Zusammenhang stehen, und mit Herrn Keills und Herrn*
> *Leibnizens Briefen, mit der geeigneten Geschwindigkeit zusammen mit*
> *dem Bericht der genannten Kommission zu veröffentlichen.*

[Es wird] *verfügt, dass Dr. Halley, Herr Jones und Herr Machin gebeten werden, sich des genannten Drucks anzunehmen (was sie ver-
sprachen), und dass Herr Jones eine Bewertung der Anschuldigungen
zum nächsten Treffen geben soll.*

*Herr Keill sagte, er würde eine Antwort auf Herrn Leibnizens letz-
ten Brief entwerfen, der wesentlich ihn selbst betrifft, wozu er auch
ermuntert wurde, und dass sie bei einem Treffen der Royal Society
verlesen werden sollte."*

(To which Report the Society agreed nemine contradicente, and ordered that the whole Matter, from the Beginning, with the Extracts of
all the Letters relating thereto, and Mr Keill's and Mr Leibnitz's Letters, be published with all convenient speed may be, together withe
the Report of the said Committee.

Ordered that Dr Halley, Mr Jones, and Mr Machin, be desired to take
care of the said Impression (which they promised) and Mr Jones to
make an Estimate of the Charges against the next Meeting.

Mr Keill said he would draw up an Answer to Mr Leibnitz's last Letter,
it relating cheifly to himself; which he was also desired to do, and that
it should be read at a Meeting of the Royal Society.)

Das *Commercium epistolicum* wurde im Januar 1713[20] in London veröffentlicht. Leibniz hielt sich zu dieser Zeit wieder in Wien auf und wurde erst mehrere Monate später durch Johann Bernoulli informiert [Antognazza 2009, S.
488].

8.5 Die Eskalation

8.5.1 Ein Fehler in den *Principia*

In einem Brief vom 7. Juni 1713 an Leibniz schreibt Johann Bernoulli aus
Basel [Turnbull 1959–77, Vol. VI, S. 1], wo er inzwischen zum Nachfolger seines
Bruders Jakob geworden war [Turnbull 1959–77, Vol. VI, S. 3] [Antognazza
2009, S. 495]:

*„Mein Neffe brachte von Paris eine einzelne Kopie des Commerci-
um Epistolicum Collinsii et aliorum de analysi promota, die Abbé Bignon ihm gegeben hatte, der aus London eine Anzahl von Kopien zur
Verteilung an die Gebildeten bekommen hat. Ich habe es nicht ohne
eine gehörige Portion Aufmerksamkeit gelesen. Dieser schwerlich zi-
vilisierte Weg, Dinge zu machen, missfällt mir insbesondere; Ihr seid*

---

[20]Das Druckdatum auf dem Titelblatt ist wegen des Julianischen Kalenders 1712.

Abb. 8.5.1. Isaac Newton [Ölgemälde um 1715–1720, unbekannter Maler, der „English School" zugeschrieben], und Gottfried Wilhelm Leibniz [Gemälde von Johann Friedrich Wentzel d. Ä., um 1700]

auf einmal vor einem Gericht angeklagt, das, wie es scheint, aus den Beteiligten und Zeugen selbst besteht, so als ob des Plagiats angeklagt, dann werden Dokumente gegen Euch vorgebracht, der Richterspruch wird gefällt, Ihr verliert, Ihr seid verurteilt.

[...]

Aber ich bin gezwungen fürs Erste Schluss zu machen; ich bitte Euch jedoch das, was ich nun schreibe, angemessen zu verwenden und mich nicht mit Newton und seinen Leuten zu verwickeln, denn ich bin unwillig, in diese Dispute verwickelt zu werden, oder undankbar Newton gegenüber zu erscheinen, der mich mit vielen Bekundungen seines guten Willens überschüttet hat. Mehr zu anderer Zeit; für heute lebt wohl, etc."

(My nephew brought from Paris a single copy of the *Commercium Epistolicum Collinsii et aliorum de analysi promota*, which the Abbé Bignon had handed to him, having received a number of copies sent from London for distribution to the learned. I have read it, not without a fair amount of attention. This hardly civilized way of doing things displeases me particularly; you are at once accused before a tribunal consisting, as it seems, of the participants and witnesses themselves, as if charged of plagiary, then documents against you are produced, sentence is passed; you lose the case, you are condemned.

[...]

But I am driven to break off for the present; I do indeed beg you to use what I now write properly and not to involve me with Newton and his people, for I am reluctant to be involved in these disputes or to appear ungrateful to Newton who has heaped many testimonies of his goodwill upon me. More another time; for now, farewell, etc.)

Der Neffe war Nikolaus I Bernoulli (1687–1759), ein Sohn des Malers und Baseler Ratsherren Nikolaus Bernoulli. Er studierte Mathematik mit seinen Onkeln Jakob und Johann und erlangte 1704 bei Jakob einen Abschluss der Universität Basel. Im Jahr 1709 wurde er zum Doktor der Jurisprudenz promoviert; in seiner Doktorarbeit untersuchte er die Anwendung der Wahrscheinlichkeitsrechnung auf Probleme des Rechts. Er bereiste 1712 Holland, England und Frankreich, wurde 1713 Mitglied der Berlin-Brandenburgischen Akademie, 1714 Mitglied der Royal Society und 1724 Mitglied der Akademie von Bologna. Er wurde 1716 der Nachfolger Jakob Hermanns als Mathematikprofessor in Padua, verließ aber Italien 1722, um den Lehrstuhl für Logik an der Universität seiner Heimatstadt Basel zu übernehmen, den er 1731 gegen eine Rechtsprofessur tauschte. Im Prioritätsstreit stand er auf der Seite seines Onkels Johann und spielte in der Kritik an einigen Ergebnissen in den *Principia* eine wichtige Rolle [DSB 1971, Vol. II, S. 56f., J.O. Fleckenstein].

Interessant im obigen Brief ist auch der klare Rückzieher, den Johann Bernoulli gegenüber Leibniz vollzieht. Johann war 1712 in die Royal Society aufgenommen worden und hatte wohl Sorge, dass Leibniz ihn wieder als Rammbock in eigener Sache missbrauchen wollte, so wie er es im Streit mit Fatio 1699 getan hatte.

An Johann Bernoulli schreibt Leibniz am 17. Juni 1713 [Turnbull 1959–77, Vol. VI, S. 8]:

„Ich habe das kleine englische Buch [Commercium epistolicum] *noch nicht gesehen, das gegen mich gerichtet ist; diese idiotischen Argumente, die sie (wie ich Eurem Brief entnehme) gegen mich vorgebracht haben, gehören mit satirischem Witz gegeißelt. Sie wollen Newton im Besitz seines von ihm selbst erfundenen Kalküls belassen, und doch scheint es, dass er unseren Kalkül nicht besser kannte als Apollonius*[21] *den algebraischen Kalkül von Vieta*[22] *und Descartes. Er kannte Fluxionen, aber nicht den Kalkül der Fluxionen, den er (wie Ihr richtig urteilt) in einer späteren Etappe zusammensetzte, nachdem unser*

---

[21] Apollonios von Perge (ca. 262–ca. 190 v.Chr.) war ein griechischer Mathematiker, der für seine Arbeiten zu Kegelschnitten und zur Astronomie bekannt ist.

[22] François Viète oder Franciscus Vieta (1540–1603) war ein französischer Jurist und Mathematiker, der algebraische Symbole einführte und einer der Väter der Algebra war.

Abb. 8.5.2. Abbé Jean-Paul Bignon (1662–1743) von der Kongregation vom Oratorium des Heiligen Philippo Neri war ein französischer Geistlicher und Staatsmann und diente Ludwig XIV. Er war ein Mitglied der Académie française (li: [Gemälde von Hyacinthe Rigand, 1693 oder 1707] Palace of Versailles; re: [Stich von Edelinck, 1700])

eigener bereits veröffentlicht war. Also habe ich ihm mehr als Gerechtigkeit angedeihen lassen, und das ist der Preis, den ich für meine Freundlichkeit zahle."

(I have not yet seen the little English book directed against me; those idiotic arguments which (as I gather from your letter) they have brought forward deserve to be lashed by satirical wit. They would maintain Newton in the possession of his own invented calculus and yet it appears that he no more knew our calculus than Apollonius knew the algebraic calculus of Viète and Descartes. He knew fluxions, but not the calculus of fluxions which (as you rightly judge) he put together at a later stage after our own was already published. Thus I have myself done him more than justice, and this is the price I pay for my kindness.)

Nun kippt also auch bei Leibniz die Stimmung; auch er scheint jetzt (wie Johann Bernoulli) überzeugt, dass Newton der eigentliche Plagiator war. Wir müssen allerdings daran denken, dass dieser Brief in einer wohl sehr gereizten Stimmung geschrieben wurde. In einem Brief an Leibniz vom 18. Juli 1713 [Turnbull 1959–77, Vol. VI, S. 12f.] legt Johann Bernoulli gegen die Engländer nach. Johann und der Mathematiker, Philosoph und Leibnizianer Christian Wolff (1679–1754) fordern Leibniz auf, mit einer eigenen Darstellung zur Geschichte der Entwicklung des Kalküls an die Öffentlichkeit zu ge-

hen und Leibniz ist nicht abgeneigt [Hall 1980, S. 193]. Er trägt sich mit dem
Gedanken, ein eigenes *Commercium epistolicum* zu schreiben, lässt aber den
Gedanken schließlich fallen. Im Jahr 1714 wird er beginnen, seine Erinnerun-
gen an die Entwicklungen in der Arbeit *Historia et origo calculi differentialis*
(Geschichte und Ursprung der Differentialrechnung)[23] niederzulegen, aber das
Manuskript bleibt Fragment. Eine historisch gelagerte Antwort auf das *Com-
mercium epistolicum* wird nie erscheinen.

Es ist schwer zu sagen, ob die Lektüre des *Commercium epistolicum*s irgend
jemandes Meinung änderte – die Engländer hinter Newton hatten ihre klaren
Überzeugungen genau so wie die Kontinentaleuropäer auf Leibnizens Seite.
Der weitaus bedeutendste Effekt des *Commercium epistolicum*s war die Eskalation, die es hervorrief, denn nun weitete sich der Streit auch auf andere Gebiete aus. Man kann klar zwei Hauptlinien in der Entwicklung der Eskalation
ausmachen [Hall 1980, S. 193]. Die erste Hauptlinie zielte darauf ab, Newtons
Leistungen als Mathematiker in Frage zu stellen und ihn bei jedem Fehler, den
man in seinen Schriften fand, anzugreifen. So konnte man in Zweifel ziehen,
dass ein Wissenschaftler, der solche Fehler machte, der Erfinder des Kalküls
sein konnte. Generalissimus[24] für diese Richtung war Johann Bernoulli, der
heftige Attacken führte und sich dabei gerne hinter Leibniz verschanzte. Nach
Leibnizens Tod wird Johann Bernoulli offen den Kampf gegen die Engländer
weiterführen. Die zweite Hauptlinie entstand aus der Kritik Leibnizens (und
anderer, wie z.B. Hyugens') an der Gravitationstheorie Newtons in den *Principia*. Leibniz und Huygens suchten nach einer mechanischen Erklärung für
das Phänomen der Gravitation und waren immer der Descartes'schen mechanistischen Wirbeltheorie näher als der für sie „okkulten" Gravitationstheorie
Newtons. Selbst in seinen philosophischen Werken brachte Leibniz seine Abneigung gegen eine Kraft mit Fernwirkung zum Ausdruck, so etwa in seiner
Theodizee (Rechtfertigung Gottes), die 1710 erschienen war. Leibniz hatte die
Grundsätze seiner Dynamik kurz nach der Veröffentlichung der *Principia* dargelegt und nun wurde argumentiert, der eigentliche, wahre Fortschritt liege
in der Leibniz'schen Dynamik. Als Generalissimus dieser Hauptrichtung fungierte Leibniz selbst.

Johann Bernoulli eröffnete den Kampf bereits zu einer Zeit, als das *Commercium epistolicum* noch in Vorbereitung war. In den *Principia* hatte Newton in
Buch II, Proposition 10, folgendes Problem behandelt: Ein Körper bewegt sich
unter dem Einfluss einer konstanten Gravitation und einer Widerstandskraft,
die proportional zum Produkt aus der Dichte des Mediums und dem Quadrat
der Geschwindigkeit ist, auf einer Trajektorie. Bei gegebener Trajektorie finde
man die Dichte des Mediums und die Geschwindigkeit an jedem Punkt der

---

[23]Im Internet findet man deutsche Übersetzungen sowohl von *De quadratura
arithmetica*, als auch der *Historia et origo* von Otto Hamborg unter der Adresse
http://www.hamborg-berlin.de/a_persona/interessen/Leibniz_komplett.pdf.
    [24]Ich verwende hier bewusst die veraltete Bezeichnung für den „General der Ge-
neräle", die für Albrecht von Wallenstein im Jahr 1625 erfunden wurde.

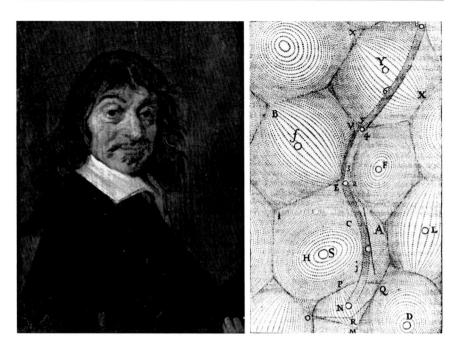

Abb. 8.5.3. René Descartes ([Gemälde von Frans Hals um 1649] als Studie zum Bild im Louvre angesehen, Statens Museum for Kunst, Kopenhagen); die Illustration der Descartes'schen Wirbel ([Descartes, Principia Philosophiae 1656, S. 72] Bayerische Landesbibliothek, München, Sign.: 858338 4 Ph.u. 44 858338 4 Ph.u. 44)

Bahn [Newton 1999a, S. 264]. Johann hatte ein großes Interesse an mechanischen Problemen dieser Art und war überrascht, als er bei der Betrachtung eines speziellen Falls auf ein anderes Ergebnis als Newton kam [Hall 1980, S. 194]. Er überprüfte Newtons Rechnungen und fand eine Konsequenz, die auf einen echten Fehler bei Newton hinwies. Johann informierte Leibniz im Jahr 1710 über diesen Fehler und schickte im folgenden Jahr eine entsprechende Arbeit an die französische Akademie, die jedoch erst 1714 erschien. Als Johanns Neffe Nikolaus I im September 1712 in London war, erfuhr Newton von der Aufdeckung seines Fehlers. Newton und Johann Bernoulli hatten immer eine freundliche Korrespondenz miteinander geführt, aber Newton wusste ganz genau, dass Johann ein leidenschaftlicher Parteigänger Leibnizens war. Von der an die Akademie zur Publikation geschickten Arbeit Johanns, die einige geringschätzige Bemerkungen zu Newton als Mathematiker enthielt, berichtete ihm Nikolaus I vermutlich nicht. Wie sich herausstellte, war der Fehler nicht so gravierend wie von Johann erhofft und Newton konnte ihn beheben, aber immerhin wurde Newton in diesem Punkt von Johann Bernoulli korrigiert. Eine detailierte Untersuchung der Proposition 10 findet man in [Guicciardini 1999, S. 233ff.]. Der Grund für Newtons Fehler wurde von Nikolaus I in einem Postskriptum zu der Arbeit seines Onkels Johann erläutert. Nikolaus I schreibt [Hall 1980, S. 197]:

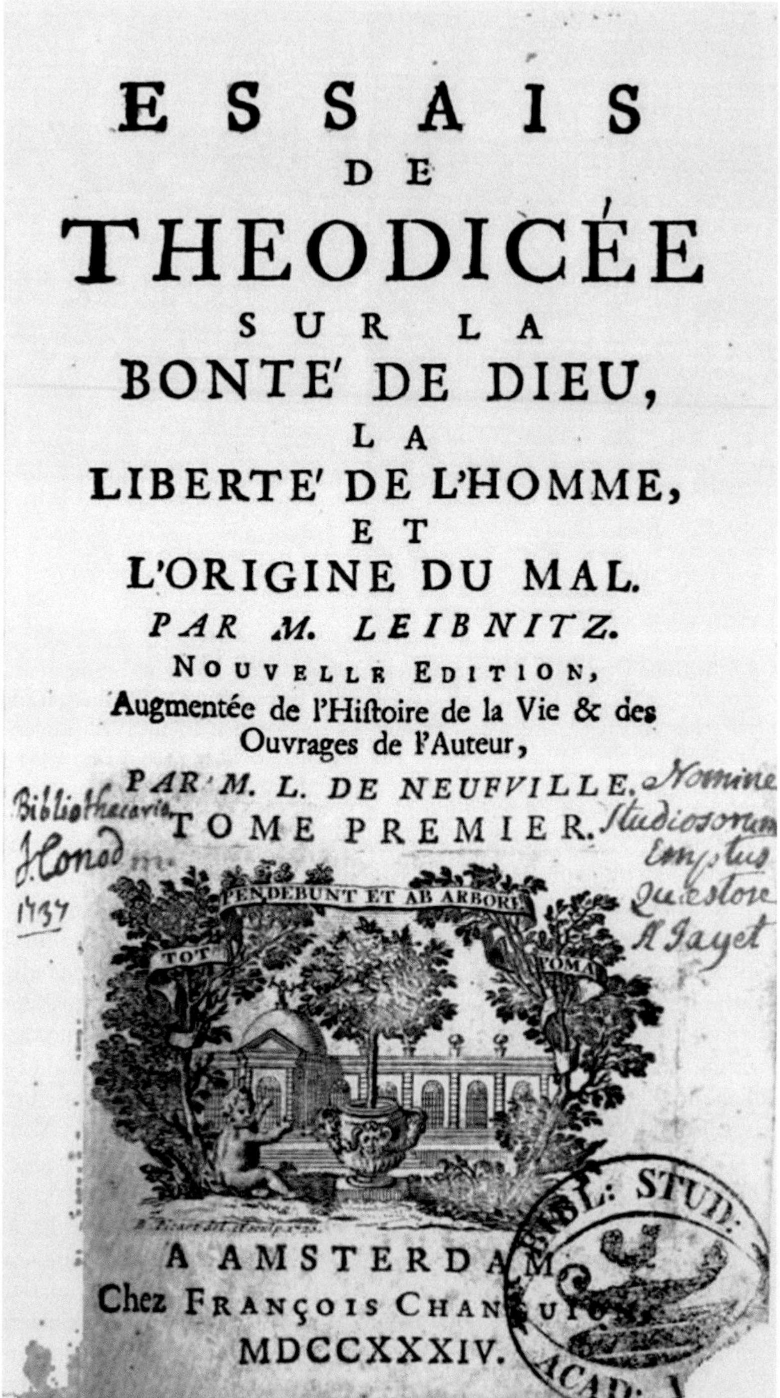

ESSAIS
DE
THEODICÉE
SUR LA
BONTE' DE DIEU,
LA
LIBERTE' DE L'HOMME,
ET
L'ORIGINE DU MAL.
PAR M. LEIBNITZ.
NOUVELLE EDITION,
Augmentée de l'Histoire de la Vie & des
Ouvrages de l'Auteur,
PAR M. L. DE NEUFVILLE.
TOME PREMIER.

PENDEBUNT ET AB ARBORE
TOT
POMA

A AMSTERDAM,
Chez FRANÇOIS CHANGUION.
MDCCXXXIV.

Abb. 8.5.4. Titelblatt einer Amsterdamer Ausgabe der *Theodizee* aus dem Jahr 1734 (UCB Lausanne)

[Es war Newtons] *„Methode der Änderung unbestimmter, variabler Größen in konvergierenden Reihen und dass er diese Terme als sukzessive Differenziale genommen hat, was Herrn Newton in Fehler geführt hat."*

([It was Newton's] method of changing indeterminate, variable quantities into converging series, and making the terms of these series serve as successive differentials, which has led Mr Newton into error.)

Im Gegensatz zu Newtons richtiger Erklärung sukzessiver Fluxionen (d.h. höherer Ableitungen), verfällt er im Beweis von Proposition 10 in einen Fehler: Ist z^n die Fluente, die in einem infinitesimalen Zeitraum o zu $(z+o)^n$ wird, dann folgt aus dem Binomialtheorem die Reihenentwicklung

$$z^n + noz^{n-1} + \frac{(n^2-n)o^2 z^{n-2}}{2} + \frac{(n^3 - 3n^2 + 2n)o^3 z^{n-3}}{6} + \dots$$

Newton schreibt nun ohne Begründung, der zweite Summand sei das erste Inkrement oder die Differenz der Fluente, die zur ersten Fluxion proportional ist. Der dritte Summand ist das Inkrement zweiter Ordnung oder die Differenz proportional zur zweiten Fluxion, und so weiter. Dies, so Nikolaus I, ist richtig nur für den ersten Summanden nach z^n, denn im zweiten Summanden ist das Inkrement nur $(n^2 - n)o^2 z^{n-2}$, im dritten $(n^3 - 3n^2 + 2n)o^3 z^{n-3}$, und so weiter. Nikolaus I weist darauf hin, dass, multipliziere man die Summanden mit 1,2,6, usw., und fahre man dann mit Newtons Argumentation fort, man auf das korrekte Ergebnisse käme. Das war für Generalissimus Johann Bernoulli ein klares Zeichen, dass Newton nicht einmal korrekt differenzieren konnte [Hall 1980, S. 198]!

Die Bernoulli'sche Korrektur hatte ganz praktische Auswirkungen, denn dieser Teil der *Principia* war in der zweiten Auflage bereits gedruckt. Wir sollten uns daher die Vorgänge bei der zweiten Auflage etwas genauer ansehen.

8.5.2 Die zweite Auflage der *Principia* wird fällig

Newton hatte sich bereits kurz nach dem Erscheinen der *Principia* Gedanken und Notizen für eine Neuauflage gemacht. Etwa im Jahr 1709 geht er ernsthaft an die Arbeit. In diese Zeit fällt auch ein ernster Zusammenstoß mit dem Astronomer Royal.

Flamsteed reloaded

Im Jahr 1711 waren die Ergebnisse Flamsteeds noch immer nicht in einem geplanten großen Werk *Historia coelestis* (Himmelsgeschichte) erschienen. Queen Anne hatte (unter Newtons Einfluss?) verfügt, die Sternwarte von Greenwich

Abb. 8.5.5. Leibärzte von Königin Anne, li: Richard Mead (1673–1754) betreute Königin Anne auf ihrem Sterbebett und wurde 1727 Leibarzt für König Georg II. Er war bei dem Treffen zwischen Newton und Flamsteed in Crane Court als Zeuge zugegen [Mezzotint von R. Houston nach A. Ramsey, 1. Hälfte 18. Jh.]; re: John Arbuthnot (1667–1735) wurde 1704 Mitglied der Royal Society [Gemälde von Godfrey Kneller 1723]

an die Leine der Royal Society zu legen und Flamsteed somit unter Aufsicht zu stellen. Wer hinter dieser Verfügung stand ist nicht sicher, Flamsteed hielt es für sicher, dass es Newton war. Auf Basis dieser Verfügung erhielt Flamsteed am 25. März 1711 ein Schreiben von John Arbuthnot, dem Leibarzt von Queen Anne, dass die Königin die Fertigstellung der *Historia coelestis* befohlen habe.

Obwohl Flamsteed zunächst nicht reagierte, befanden sich seine bisherigen Daten bereits bei der Royal Society. Am 5. April 1711 erfuhr der Astronomer Royal, dass der Druck der *Historia coelestis* bereits angelaufen war [Westfall 2006, S. 689]. Nun schrieb Flamsteed an Arbuthnot, er sei erfreut dass der Druck nun im Gange sei, habe aber neue Ergebnisse. Er brauche Hilfe bei der Auswertung und bitte Arbuthnot um ein Treffen, damit man das weitere Vorgehen besprechen könne. Nun platzte Newton der Kragen und er schrieb Flamsteed einen unmissverständlichen Brief, er solle endlich die noch fehlenden Daten schnellstens schicken [Turnbull 1959–77, Vol. V., S. 102]. Ob der Brief jedoch jemals abgeschickt wurde ist fraglich, denn Flamsteed bezieht sich nirgendwo darauf. Ein paar Tage später sieht er die ersten Blätter des Drucks und findet Änderungen und Fehler, die sein Erzfeind Halley eingefügt hat. Obwohl Arbuthnot unter Aufwendung aller diplomatischer Kunst die Wogen zu glätten versucht, ist Flamsteed jetzt rationalen Argumenten und Gesprächen nicht mehr zugänglich. Er sieht sein Lebenswerk in den Händen seiner Feinde, hat aber keinerlei Möglichkeit, seine Daten wieder zurückzuziehen. Newton und Halley besorgten nun die Publikation der *Historia coelestis* im Jahr 1712.

Abb. 8.5.6. Georg I. Ludwig (1660-1727), König von Großbritannien und Irland, um das Jahr 1715 ([Gemälde von Joachim Kayser] Residenzmuseum im Celler Schloss)

Im Vorwort wird berichtet, Flamsteed habe sich geweigert, seine Beobachtungen herauszugeben und dass erst ein Befehl von Prinz George dafür gesorgt hätte. Halley erscheint als derjenige, der Fehler von Flamsteed korrigiert habe und das Fehlen von Karten der Sternkonstellationen wird ebenfalls Flamsteed angelastet. Newton sorgte dafür, dass Halley £150 für seine Arbeit erhielt; £25 mehr, als man Flamsteed gezahlt hätte.

Damit war Newton aber nicht zufrieden. Er ging durch die Erstauflage der *Principia* und löschte Flamsteeds Namen an 15 Stellen [Westfall 2006, S. 693]. Damit nicht genug. Als Aufseher über die Sternwarte bestellte er Flamsteed zu einem Treffen nach Crane Court ein, wohin die Royal Society im Jahr 1710 gezogen war.

THE ROYAL SOCIETY'S HOUSE IN CRANE COURT (*see page* 104).

Abb. 8.5.7. Sitz der Royal Society in Crane Court. Newton hatte als Präsident dafür gesorgt, dass die Royal Society dieses Haus kaufte und im Jahr 1710 aus den Räumen des Gresham College dorthin umzog. Crane Court war der Sitz der Royal Society bis 1780 [Walter Thornbury, 1873]

Am 6. November fand das Treffen unter Beteiligung von Hans Sloane und Richard Mead statt. Nur mit Hilfe überwandt der von Gicht geplagte 64-jährige Flamsteed die Treppen. Newton wollte die Hand an Flamsteeds Instrumente legen und sicherstellen, dass man weiterhin mit ihnen Beobachtungen durchführen konnte.

Nun kam Flamsteed zu einem Triumph, denn er konnte zweifelsfrei nachweisen, dass die Instrumente im Royal Observatory von Greenwich sein Eigentum waren. Newton wurde wild. Wie Flamsteed an Abraham Sharp, der mit ihm im Observatorium arbeitete, schrieb [Westfall 2006, S. 693]:

*„Der Präsident brachte sich selbst in große Rage und sehr unanstän-
dige Leidenschaft."*

(Y^e P^r ran himself into a great heat & very indecent passion.)

Newton rief verägert: *„as good have no Observatory as no Instruments"* (kein
Observatorium zu haben ist so gut wie keine Instrumente zu haben). Flamsteed beschwerte sich über die Veröffentlichung seines Katalogs und dass man
ihn der Früchte seiner Arbeit beraubt hätte. An Sharp berichtete Flamsteed
weiter [Westfall 2006, S. 693]:

*„daraufhin entflammte er und bezeichnete mich mit all den bösen Na-
men, Schnösel und so weiter, die er sich nur ausdenken konnte. Alles
was ich erwiderte war, ihm seine Leidenschaft zu denken zu geben,
bat ihn, sie zu zügeln und sich zu beherrschen, was ihn noch wütender
machte, und er sagte mir, wie viel ich von der Regierung in den 36
Jahren, in denen ich diente, erhalten hatte."*

(at this he fired & cald me all the ill names Puppy &c. that he could
think of. All I returned was I put him in mind of his passion desired
him to govern it & keep his temper, this made him rage worse, & he
told me how much I had receaved from ye Goverm^t in 36 years I had
served.)

Das Treffen in Crane Court erwies sich also für Newton als Fehlschlag. Schließlich bekam Flamsteed sogar noch Oberwasser, als Königin Anne im Jahr 1714
starb und die Regierung der Tories durch eine der Whigs ersetzt wurde. Dieser
Wechsel wurde ausgelöst durch die Regierungsübernahme des Hauses Hannover. Im Jahr 1714 kam Leibnizens Hannoveraner Herzog Georg Ludwig, der
Sohn von Ernst August und Sophie, als Georg I. Ludwig auf den Thron von
Großbritannien und Irland.

Spätestens 1715 bestand zwischen Newton und der neuen Regierung kein enger Kontakt mehr, während Flamsteed über hervorragende Beziehungen durch
den Herzog von Bolton verfügte, der als Hofmarschall tätig war [Westfall
2006, S. 694]. Dieser Herzog bot Flamsteed an, ihm die noch vorhandenen
Exemplare der *Historia coelestis* zu schicken, um sie vom Markt zu nehmen
und Flamsteed zu ermöglichen, den Sternenkatalog so herauszugeben, wie er
ihn einst geplant hatte. Flamsteed stimmte zu und so erhielt Newton eine
Anweisung Boltons, Flamsteed die verbliebenen 300 Exemplare zuzustellen.
Nach weiteren Querelen erhielt Flamsteed die Exemplare schließlich am 8.
April 1716.

Flamsteed hatte seine Himmelsgeschichte fast vollendet, als er 1719 starb. Seine beiden früheren Assistenten Joseph Crothwait und Abraham Sharp sorgten
für die Vollendung des Werkes, das schließlich im Jahr 1725 als *Historia coelestis britannica* posthum erschien.

Abb. 8.5.8. Büste von Roger Cotes, die posthum durch Peter Scheemakers im Jahr 1758 angefertigt wurde; re: Richard Bentley (1662–1742), er war ein klassischer Altertumswissenschaftler, der im Jahr 1700 zum Master (Vorsteher) des Trinity College gewählt wurde; er machte einige Versuche, das College zu reformieren, aus dem er in seiner Geldgier gleichzeitig große Summen zog (Büste von Louis-François Roubiliac [Foto: Andrew Dunn 2004] in der Wren Library des Trinity College in Cambridge)

Principia **reloaded**

Newton begann im Jahr 1709 ernsthaft, die Arbeiten zu einer zweiten Auflage der *Principia* in Angriff zu nehme. Fast vom Erscheinungstag der Erstauflage im Jahr 1687 an hatte Newton den Plan, eine neue Auflage herauszubringen. Er hatte Listen von Fehlern und Auslassungen geschrieben und sich ein Exemplar mit zwischengeschossenen Leerseiten binden lassen, um darauf die Änderungen für eine neue Auflage zu notieren [Westfall 2006, S. 698], [Cohen 1971, S. 200ff.]. Schon Fatio wollte eine zweite Auflage besorgen, später dann David Gregory, aber das zerschlug sich, vermutlich weil Newton die Sache absichtlich verschleppte. Mit Newtons Weggang aus Cambridge und der zeitraubenden Tätigkeit in der Londoner Münze verging eine lange Zeit, bis Newton sich endlich aufmachte. Er wurde dazu vermutlich gedrängt, weil der Master von Trinity College, Richard Bentley, eine eigene Auflage durch die Universitätsdruckerei besorgen wollte. Mitte des Jahres 1708 sah Newton die ersten Blätter dieser Auflage, reagierte jedoch nicht. Erst mit dem Auftreten eines brillanten jungen Mannes im Jahr 1709 konnte es richtig losgehen. Dieser Mann war Roger Cotes (1682–1716) [Gowing 1983].

Cotes war in Cambridge ein Unterstützer Bentleys in dessen Bemühen, das College aus seiner wissenschaftlichen Lethargie zu befreien und ihm neues, junges Leben einzuhauchen. Cotes kam im Jahr 1699 an das Trinity College und Bentley wurde früh auf ihn aufmerksam, so dass er 1705 der erste Profes-

sor für Astronomie auf dem neu geschaffenen Plume'schen Lehrstuhl[25] wurde,
noch bevor er den Abschluss als Master of Arts erreicht hatte. Cotes hatte
Newton durch Bentley kennengelernt, und als Bentley im Trinity College ein
Observatorium für den Plume'schen Professor bauen ließ, reiste Cotes nach
London zu Newton, der versprach, eine Pendeluhr für das neue Observatorium zu konstruieren. Cotes erhielt diese Uhr – allerdings erst sieben Jahre
später [Westfall 2006, S. 703].

Offenbar kam der brillante junge Mann ins Spiel, weil Bentley sah, dass er
selbst weder die Zeit, noch die mathematischen Fähigkeiten hatte, eine zweite
Auflage der *Principia* zu besorgen. Zudem spürte Bentley, dass Cotes ihm
über alle Maßen verpflichtet war und weit gehen würde, um seinen Patron zu-
friedenzustellen. So begann im Herbst 1709 eine faszinierende Korrespondenz
zwischen dem 27-jährigen Cotes und dem 66-jährigen Newton. Am 22. Oktober 1709 – Cotes hatte Newton geschrieben, um die Kopien zur Korrektur
gebeten, und zwei Fehler in Newtons *De quadratura* korrigiert – antwortete
Newton [Gowing 1983, S. 15]:

> *„Ich verlange von Euch nicht die Mühe, alle Beweise in den Principia
> durchzusehen. Es ist unmöglich ein solches Buch ohne einige Fehler zu
> drucken, und wenn Ihr die Kopie druckt, die Euch geschickt wurde,
> und nur solche Fehler korrigiert, die im Überfliegen der Seiten auf-
> tauchen um sie während des Druckes zu korrigieren, werdet Ihr mehr
> Arbeit haben als vertretbar ist."*

(I would not have you be at the trouble of examining all the De-
monstrations in the Principia. Its impossible to print the book w'out
some Faults & if you print by the copy sent you, correcting only such
faults as appear in reading over the sheets to correct them as they are
printed off, you will have labour more than is fit to give you.)

Cotes hatte keinerlei Interesse, seine Arbeit nur auf die Korrektur offensichtli-
cher Fehler zu beschränken, und er erwies sich als Glücksfall für Newton. Nicht
nur war er ein brillanter Mathematiker, der die *Principia* auch tatsächlich verstand, er scheute sich auch nicht, neben unklaren Rechnungen und falschen
Formeln auch Vorschläge für Formulierungen zu machen, die er bei Newton
für nicht ganz gelungen hielt. Manche Änderungen Cotes' übernahm Newton,
manche nicht. Dabei blieb Cotes stets außerordentlich geduldig und hatte eine
so große Bewunderung für Newton, dass auch Newton seine Arbeit letztlich
anerkannte. Als die Druckerpresse angehalten werden musste, weil Cotes ein
Problem in Buch II im Abschnitt VI gefunden hatte, hatte Newton zunächst
unwillig reagiert, aber dann fand der alte Physiker nach und nach großen
Gefallen daran, mit Cotes in einen wissenschaftlichen Austausch zu treten.
Am 12. Juli 1710 schrieb Newton an Cotes [Westfall 2006, S. 707], [Turnbull
1959–77, Vol. V, S. 707]:

---

[25]Der Lehrstuhl wurde 1704 von Thomas Plume (1630–1704) gestiftet, der ein
Mitglied von Christ's College in Cambridge und Erzdiakon von Rochester war.

„Ich stehe mit meinen bescheidenen Diensten in der Schuld Eures Masters [Bentley] *und vielen Dank an Euch selbst für Eure Mühen beim Korrigieren dieser Ausgabe*

Mein Herr,
Euer höchst untertäniger Diener
Isaak Newton"

(I am wth my humble service to your Master & many thanks to your self for your trouble in correcting this edition

S^r

Your most humble servant

Is. Newton)

Das härteste Stück Arbeit war Abschnitt VII in Buch II. Hier ging es um den Widerstand, den bewegte Körper in einem Medium erfahren. Man sollte daran denken, dass eine zufriedenstellende Theorie der Reibung nicht vor der Mitte des 19. Jahrhunderts erreicht werden konnte; also kämpfte Newton eigentlich an einer verlorenen Front. Buch II war in der Tat das schwächste Buch der *Principia* und enthielt viele Fehler. István Szabó hat schonungslos geurteilt [Szabó 1996, S. 152]:

„Das zweite Buch, welches die Flüssigkeiten behandelt, ist hingegen fast vollkommen eigenständig und beinahe ganz falsch."

Schon Fatio hatte Newton auf einen Fehler in Proposition 36 hingewiesen, in der es um das Auslaufen einer Flüssigkeit aus einem Gefäß geht (vergl. Seite 308). Cotes gefiel Newtons neu überarbeiteter Abschnitt VII, den er im Herbst 1710 zugeschickt bekam, nicht. Insbesondere misstraute er Proposition 36, da er in einem Buch von Edme Mariotte (ca. 1620–1684) ein Experiment fand, dessen Ausgang sich mit Newtons Theorie nicht zur Deckung bringen ließ. Obwohl Newton abwiegelte, ließ Cotes ihm keine Ruhe, musste aber lange auf Antwort warten. Das Jahr 1711 markiert eine belastende Zeit für Newton. Er war nicht nur mit der zweiten Auflage der *Principia* befasst, sondern auch mit den Aktivitäten in der Münze, denn die Regierung wollte eine neue Silbermünze prägen lassen [Westfall 2006, S. 710f.]. Zu allem Überfluss kam 1711 dann noch der Leibniz'sche Beschwerdebrief über Keill.

Die Druckerpresse stand jedenfalls fast ein halbes Jahr lang still, dann war Cotes zufrieden mit den Änderungen, die Newton in Abschnitt VII gemacht hatte, fand aber neue Probleme in Abschnitt VIII [Westfall 2006, S. 729], und so ging es nur langsam weiter zu Buch III. Im Herbst 1712 ist Nikolaus I Bernoulli in London und berichtet Newton von dem Fehler, den sein Onkel Johann gefunden hatte. Am 25. Oktober schreibt Newton an Cotes [Turnbull 1959–77, Vol. V, S. 347]:

*„Da ist ein Fehler in der zehnten Proposition des zweiten Buches,
Problem III, der den Nachdruck von ungefähr eineinhalb Druckbogen
erfordern wird. Ich erfuhr davon seit ich Euch schrieb und berichtige
ihn. Ich werde die Kosten des Nachdrucks tragen und Euch zusenden,
sobald ich es fertigmachen kann."*

(There is an error in the tenth Proposition of the second Book, Prob.
III, wch will require the reprinting of about a sheet & an half. I was
told of it since I wrote to you & am correcting it. I will pay the charge
of reprinting it, & send it to you as soon as I can make it ready.)

Im Januar 1713 schickte Newton eine Warnung an Cotes, die *Principia* würden
mit einem *General Scholium* (Allgemeine Erklärung) schließen. Dieses Scholium beginnt mit der Aussage, dass die Theorie der Descartes'schen Wirbel
zahlreiche Probleme hat [Newton 1999a, S. 512]:

„Die Wirbelhypothese wird von vielen Schwierigkeiten bedrängt."

Dann folgen Bemerkungen zur Planetenbewegung, und dann – Gott! Newton
entwirft ein Konzept Gottes und folgert die Existenz von absolutem Raum
und absoluter Zeit als Konsequenz von Gottes unendlicher Ausdehnung und
seiner unendlichen Dauer. Und obwohl Gott nun als Ursache der Gravitation
dienen könnte, schreibt Newton [Newton 1999a, S. 515]:

*„Bisher habe ich die Erscheinungen am Himmel und in unseren Mee-
ren mit Hilfe der Kraft der Schwere erklärt, aber eine Ursache für die
Schwere habe ich noch nicht angegeben.*

[...]

*Den Grund für diese Eigenschaften der Schwere konnte ich aber aus
den Naturerscheinungen noch nicht ableiten, und Hypothesen erdichte
ich nicht[26]."*

Inzwischen grübelte Cotes über ein Vorwort nach, in dem er mit Leibniz und
seinem *Tentamen* – geschrieben kurz nach der Erstveröffentlichung der *Principia* – polemisch ins Gericht gehen konnte [Westfall 2006, S. 749]. Cotes wollte
Newton oder Bentley als Autoren für ein solches Vorwort gewinnen, aber beide wollten das nicht. Bentley meinte, dass der Name Leibnizens nicht genannt
werden solle und Newton weigerte sich sogar, Cotes' Vorwort überhaupt zu
lesen, weil er fürchtete, dass man ihn dafür verantwortlich machen würde. Es
gelang Cotes schließlich, Samuel Clarke zu gewinnen, der das Vorwort las und
Anmerkungen machte.

---

[26]Dies ist eine der meistzitierten Aussagen Newtons: *„Hypotheses non fingo"* -
Hypothesen erdichte ich nicht.

Abb. 8.5.9. Samuel Clarke (1675–1729), ([Stich von Nixon nach T. Gibson, nach 1702] Wellcome Images/Wellcome Trust, London) war ein englischer Philosoph und Theologe und ein Vertrauter Newtons. Bekannt wurde Clarke im wesentlichen durch die Korrespondenz mit Leibniz in den Jahren 1715 und 1716, in der er Newtons Philosophie gegen die Einwände Leibnizens und den Atheismus-Vorwurf zu verteidigen suchte. Die Korrespondenz brach mit dem Tod Leibnizens ab, aber Clarke veröffentlichte den Briefwechsel in London 1717

Wie von Bentley gewünscht wurde der Name Leibnizens nicht verwendet, aber das Vorwort enthält eine säuerliche Replik auf die Kritiker Newtons, so dass das Ziel dieses Vorworts – Leibniz – jedem eingeweihten Leser klar sein musste. Es versteht sich von selbst, dass Leibniz das Vorwort als erneute Provokation auffasste.

Die zweite Auflage der *Principia* wurde schließlich Anfang Juli 1713 fertiggestellt; Newton bekam sechs Exemplare, von denen er jeweils eines an Abbé Bignon, Fontenelle und Varignon schickte – offenbar wollte er die Akademiemitglieder umwerben. Johann Bernoulli erhielt kein Exemplar mit der Entschuldigung, Newton hätte nur wenige Exemplare bekommen. Gedruckt wur-

den insgesamt 700 Exemplare[27] zu Gesamtkosten von £117, von denen Ende
1715 nur noch 71 bei Bentley waren, der damit fast £200 Profit gemacht hatte. Die Nachfrage auf dem Kontinent war so groß, dass in Amsterdam schon
1714 ein Nachdruck erfolgte und ein zweiter 1723 [Westfall 2006, S. 750].

Cotes erhielt für seine vierjährige Arbeit keinen Lohn und kein Wort des Dan-
kes. In einem Entwurf des Vorwortes von Newton aus dem Herbst 1712 wird
Cotes gedankt, aber diesen Abschnitt hat Newton gestrichen, vermutlich weil
er wegen des Fehlers, den Johann Bernoulli gefunden hatte, ihm durch Nikolaus I mitgeteilt wurde und der den Nachdruck einiger Bögen erforderte, mit
Cotes unzufrieden war [Gowing 1983, S. 16]. Vielleicht war Newton enttäuscht,
dass Cotes diesen Fehler nicht entdeckt hatte. Cotes erhielt nun plötzlich von
Newton noch eine Liste von Fehlern, Änderungswünschen und Zusätzen, von
denen Newton wohl erwartete, dass Cotes sie dem fertigen Buch beibinden
sollte. Etwas kühl antwortet Cotes am 2. Januar 1714 [Gowing 1983, S. 17f.]:

> *„Ich sehe dass Ihr etwa 20 Druckfehler neben denen in meiner Ta-
> belle[28] niedergelegt habt. Ich bin froh dass ich sie nicht für bedeutend
> finde in dem Sinne, dass sie dem Leser irgendwelche Schwierigkeiten
> machen. Ich hatte selbst einige von Ihnen gesehen, aber ich gestehe
> Euch, dass ich mich schämte, sie in die Tabelle aufzunehmen, damit
> ich nicht zu emsig in Lappalien erscheine. Solche Druckfehler erwartet
> der Leser und sie können nicht gut vermieden werden. Nachdem Ihr
> nun selbst das Buch geprüft und diese 20 gefunden habt glaube ich,
> dass Ihr nicht überrascht sein werdet, wenn ich Euch berichte, dass
> ich Euch 20 mehr namhafte zusenden kann, die ich bei Gelegenheit
> gefunden habe, und die Euch entgangen zu sein scheinen: Und ich bin
> weit entfernt davon zu glauben, dass diese vierzig alle sind, die gefun-
> den werden können, gleichwohl ich die Ausgabe für sehr korrekt halte.
> Ich bin sicher dass sie viel genauer ist als die vorherige, die sorgfäl-
> tig genug gedruckt wurde; denn neben Euren eigenen Korrekturen und
> denen, mit denen ich Euch bekannt machte, während das Buch im
> Druck war, darf ich es wagen Euch zu sagen, dass ich einige hundert
> [Korrekturen] machte, mit denen ich Euch niemals bekannt machte."*

(I observe You have put down about 20 Errata besides those in my
Table. I am glad to find they are not of any moment, such I mean
as can give the reader any trouble. I had myself observ'd several of
them, but I confess to You I was asham'd to put 'em in the Table, lest
I should appear to be too diligent in trifles. Such Errata the Reader
expects to meet with, and they cannot well be avoided. After You have now Your self examined the Book & found these 20, I beleive You
will not be surpriz's if I tell You I can send You 20 more as conside-

---

[27]Gowing spricht von 750 Exemplaren [Gowing 1983, S. 16].

[28]Cotes hatte bereits eine Tabelle mit Druckfehlern, die er selbst gefunden hatte,
beigebunden.

rable, which I have casually observ'd, & which seem to have escap'd
You: & I am far from thinking these forty are all that may be found
out, notwithstanding that I think the Edition to be very correct. I am
sure it is much more so than the former, which was carefully enough
printed; for besides Your own corrections & those I acquainted You
with whilst the Book was printing, I may venture to say I made some
Hundreds, with which I never acquainted You.)

Die Korrespondenz der beiden Männer, die so warmherzig begann und zu einer
vierjährigen fruchtbaren Zusammenarbeit führte, endete hier. Cotes starb 33-
jährig zu Beginn des Jahres 1716 an einem heftigen Fieber. Sein Cousin Robert
Smith (1689–1768) gab 1722 die mathematischen Werke Cotes' heraus und
erhoffte sich dabei die Hilfe Newtons; der rührte aber keinen Finger [Westfall
2006, S. 751].

8.5.3 Ein Flugblatt erscheint

In der Absicht, dem *Commercium epistolicum* angemessen zu antworten, das
freizügig in Europa verteilt wurde, verfiel Leibniz auf die Idee eines anonymen
Flugblatts, das unter dem lateinischen Namen *Charta volans* (Flugblatt) bekannt wurde und das Datum des 29. Juli 1713 trägt [Turnbull 1959–77, Vol.
VI, S. 15ff.]. Leibniz verarbeitet hier den Brief Bernoullis vom 7. Juni (vergl.
Seite 420), in dem auch Newtons Fehler in den *Principia* behandelt wurde,
und da er nur wenig Zeit hatte, sich tiefer mit den englischen Vorwürfen aus-
einanderzusetzen, bezieht er sich auf einen „bedeutenden Mathematiker", ohne
Bernoullis Namen zu nennen. Dann schreibt Leibniz, dass aus diesen Ausführungen des Mathematikers folgen würde, dass Newton, als er die Entdeckung
des Differenzialkalküls für sich in Anspruch nahm [Turnbull 1959–77, Vol. VI,
S. 19],

> [...] *„er zu sehr beeinflusst war durch Schmeichler, die vom früheren
> Verlauf der Ereignisse nichts wissen, und durch ein Verlangen nach
> Ruhm; nachdem er durch die Freundlichkeit eines Fremden* [nämlich
> Leibniz] *unverdient einen Anteil an dieser Sache* [der Differenzialrech-
> nung] *erlangt hat, ersehnt er das Ganze verdient zu haben – ein Zei-
> chen für einen weder gerechten noch ehrlichen Geist. Darüber hat sich
> Hooke in Beziehung auf die Hypothese der Planeten* [das Gravitati-
> onsgesetz] *auch beschwert, und Flamsteed wegen des Gebrauchs von*
> [seinen] *Beobachtungen."*

(... he was too much influenced by flatterers ignorant of the earlier
course of events and by a desire for renown; having undeservedly ob-
tained a partial share in this, through the kindness of a stranger, he
longed to have deserved the whole – a sign of a mind neither fair nor
honest. Of this Hooke too has complained, in relation to the hypothesis
of the planets, and Flamsteed because of the use of [his] observations.)

Nun wirft also Leibniz offen den Fehdehandschuh und bezichtigt Newton des Plagiats. Er scheut auch nicht davor zurück, den Streit Newtons mit Hooke und Flamsteed, den er nur vom Hörensagen kennen konnte, gegen Newton zu verwenden. Leibniz schließt etwas versöhnlicher [Turnbull 1959–77, Vol. VI, S. 19]:

> *„Ferner gibt es keinen Zweifel, dass viele ausgezeichnete Personen in England diese Eitelkeit und Ungerechtigkeit unter Newtons Anhängern beklagen; und das schlechte Verhalten der wenigen sollte nicht der ganzen Nation zur Last gelegt werden."*

(Moreover, there is no doubt that in England many distinguished persons deplore this vanity and injustice among Newton's disciples; and the bad conduct of the few should not be imputed to the whole nation.)

Wir wissen aus Newtons eigener Feder, dass er die *Charta volans* bereits im Herbst 1713 von John Chamberlayne (1666–1723) bekam [Hall 1980, S. 202]. Chamberlayne war ein Schriftsteller, Übersetzer und Journalist, der 1702 in die Royal Society aufgenommen wurde und mit Leibniz seit 1710 in brieflichem Kontakt stand. Am 10. März 1714 schrieb Chamberlayne an Leibniz als hätte er gerade erst von dem Konflikt zwischen Leibniz und Newton erfahren und bot sich als Schlichter an [Turnbull 1959–77, Vol. VI, S. 71]. Newton reagierte jedenfalls nicht gleich auf die *Charta volans*; vielleicht maß er einem anonymen Flugblatt keine große Bedeutung zu. Die *Charta volans* wurde mit Leibnizens Bemerkungen zu dem Disput in einer französischen Übersetzung derweil in dem zweimonatlich erscheinenden „Journal Littéraire de la Haye" für November/Dezember nachgedruckt, in dem Keill bereits in der Ausgabe für Mai/Juni 1713 eine lange Geschichte des Differenzialkalküls aus Newton'scher Sicht publiziert hatte. Damit hatte er in französischer Sprache das *Commercium epistolicum* wirksam popularisiert. Es scheint sicher, dass Keill nicht ohne Newtons Rückendeckung diese Veröffentlichung betrieben hat, und es ist auch kein Wunder, dass Leibniz auch in diesem Journal antwortete. Die Bemerkungen Leibnizens waren – wie erwartet – für die Newtonianer wenig schmeichelhaft.

Vielleicht hatte Newton gehofft, mit dem *Commercium epistolicum* Leibniz zum Schweigen bringen zu können, aber diese Hoffnung war vergebens. Newton will reagieren und wendet sich in einem Brief vom 13. April 1714 an Keill [Turnbull 1959–77, Vol. Vi, S. 79f.]

> *„Im letzten August hat Herr Leibniz durch einen seiner Korrespondenten ein Papier in deutscher Sprache veröffentlicht [die Charta volans], das die Beurteilung eines namenlosen Mathematikers im Gegensatz zu der Beurteilung der Kommission der Royal Society enthält, mit zahlreichen angefügten Betrachtungen. [...] Und das Ganze ist im Journal*

Littéraire auf Seite 445 gedruckt. Und jetzt ist es so öffentlich gemacht worden, dass es, wie ich denke, eine Antwort erfordert.

[Newton fordert Keill auf, diese Antwort zu verfassen und will ihm mit späterer Post noch seine Gedanken dazu schicken.]

Ihr braucht Euren Namen nicht darunter zu setzen."

(Mr Leibnitz in August last, by one of his correspondents published a paper in German conteining the judgement of a nameless mathematician in opposition to the judgment of the Committee of the Royal Society, with many reflexions annexed. [...] And the whole is printed in the journal Littéraire pag. 445. And now it is made so publick I think it requires an Answer.

[...]

You need not set your name to it.)

Newton selbst kompilierte nun eine Antwort auf die *Charta volans* und die sie begleitenden Bemerkungen im Journal Littéraire und diese Antwort ist sowohl in einer englischen, als auch in einer französischen Fassung erhalten geblieben [Turnbull 1959–77, Vol. VI, S. 80ff.]. Diese Antwort, die zur Publikation im Journal Littéraire bestimmt war, ist niemals erschienen; vermutlich wurde sie auch nie an den Herausgeber des Journals abgeschickt. Keills Antwort wurde jedoch gedruckt, und zwar im Journal Littéraire de la Haye im Sommer 1714 [Hall 1980, S. 207f.]. Keill nimmt Bezug auf den angeblichen Fehler Newtons in den *Principia* und bemerkt, dass Newton auch Fehler in Leibnizens *Tentamen* gefunden habe. Die Bemerkungen Newtons zum *Tentamen* sind erhalten [Turnbull 1959–77, Vol. VI, S. 116f.]. Es scheint schon etwas seltsam, dass Keill sich hier die Waffen der Leibnizianer zu eigen machen und mit gleicher Münze zurückschlagen will.

Kaum war Keills Antwort auf die *Charta volans* erschienen, da grassierte auch schon die Vermutung, Newton hätte seine Hand im Spiel gehabt. Auf der anderen Seite des Kanals wurde nun Johann Bernoulli immer unruhiger. Dass Leibniz seinen Brief anonym in der *Charta volans* verwendet hatte, war eine Sache, aber er hatte Kritik an den *Principia* geübt und auf den Fehler hingewiesen, den Nikolaus I an Newton berichtet hatte. Im Frühjahr 1714 hatte er das ungute Gefühl, dass Newton schlecht über ihn dachte, denn er hatte auch keine Kopie der zweiten Auflage der *Principia* erhalten. Auch glaubte er, Newton wolle ihn aus der Royal Society ausschließen [Hall 1980, S. 211f.], obwohl ihn Abraham de Moivre diesbezüglich beruhigte. Nichtsdestotrotz forderte Bernoulli von Leibniz weiterhin einen Gegenangriff auf die Anschuldigungen der Engländer. Aber irgendwie war ein Zustand des Stillstands erreicht, eine Pattsituation, und Leibniz nutzte die Gelegenheit nicht, auf Keills Antwort im Journal Littéraire wiederum zu antworten. In den deutschen Landen waren die *Acta Eruditorum* ganz auf Leibnizens Seite, in Holland druckte man Beiträge sowohl der englischen, als auch der deutschen Seite, obwohl das Journal

Abb. 8.5.10. Willem Jacob 's Gravesande hatte an der Universität Leiden Rechtswissenschaften studiert und 1707 promoviert. Zur Krönung Georg I. besuchte er London und hielt sich dort ein Jahr lang auf, wurde Mitglied der Royal Society und machte die Bekanntschaft Newtons und Keills, bevor er 1717 Professor für Astronomie und Mathematik an der Universität Leiden wurde. Durch Experimente mit der Eindringtiefe von Messingkugeln in weichen Ton wies er nach, dass die Formel $E = mv^2$ für die kinetische Energie richtig sein musste und Newtons Formel $E = mv$ falsch. Er teilte seine Ergebnisse der Madame du Châtelet (1706–1749) mit, die Newtons *Principia* ins Französische übersetzte und gemeinsam mit Voltaire für eine Popularisierung der Newton'schen Physik in Frankreich sorgte [Gemälde Hendrik van Limborch, 18. Jh.]. Bernard le Bovier de Fontenelle (1657–1757) gilt als einer der bedeutendsten französischen Frühaufklärer. Er war seit 1697 Mitglied der Académie des Sciences und fungierte bis 1740 als deren Sekretär. Berühmt sind seine zahlreichen Laudationes auf Wissenschaftler, die er in einem außerordentlich eleganten Stil verfasste ([Gemälde von Louis Galloche], Palast von Versailles)

Littéraire de la Haye der englischen Seite zuneigte, da einer ihrer Herausgeber, Willem Jacob 's Gravesande (1688–1742), zu einem der größten Newtonianer auf dem Kontinent wurde.

In Frankreich schenkte man dem Prioritätsstreit wenig Aufmerksamkeit, vermutlich weil noch bis 1714 der Spanische Erbfolgekrieg tobte, in dem Deutschland, Holland und England gegen Frankreich verbündet waren [Hall 1980, S. 213f.]. Die Pariser Akademie neigte der Leibniz'schen Seite zu; ihr Mathematiker Pierre Varignon hatte bei Johann Bernoulli Mathematik gelernt und stand in eifriger Korrespondenz mit Leibniz. Der Sekretär der Akademie, Bernard le Bovier de Fontenelle, war ein Anhänger der Lehren des Descartes' und daher zunächst auch nicht Newtons Seite gewogen, aber das änderte sich mit dem Bekanntwerden von Newtons *Opticks* in Frankreich.

Nach Beendigung des Spanischen Erbfolgekrieges verbesserten sich auch die Beziehungen zwischen Frankreich und England. Einige Engländer zogen nach Paris, um dort zu leben, und einige Franzosen gingen nach London, um die Bekanntschaft Newtons zu suchen oder die seiner bemerkenswert schönen und charmanten Nichte (eigentlich Halbnichte) Catherine Barton, die Newtons Haushalt führte und eng mit Jonathan Swift befreundet war. Junge französische Wissenschaftler nahmen die Theorien Newtons begierig auf und wollten die Experimente mit Licht, Farben und dem Vakuum mit eigenen Augen sehen, über die sie bisher nur gelesen hatten [Hall 1980, S. 214f.]. Bei allem verdienten Respekt vor Johann Bernoulli und Gottfried Wilhelm Leibniz: „Die Musik" spielte in London und Paris, nicht aber in Basel und schon gar nicht in Hannover. Hatte Flamsteed vom Wechsel der Regierung durch die Machtübernahme des Hannoveraners Georg I. Ludwig noch profitiert, konnte man das von Leibniz nicht behaupten. Eine Zeitlang müssen die Kämpfer um Newton besorgt gewesen sein, dass mit Georg I. Ludwig, immerhin der Herzog, bei dem Leibniz angestellt war, die Leibniz'sche Seite im Prioritätsstreit bevorzugt werden würde, aber das stellte sich schnell als unbegründet heraus. Leibniz hatte schon unter Ernst August das Vertrauen des Hofes verspielt, da er mit der Welfengeschichte nicht wie gewünscht vorankam; unter Georg Ludwig sah es nicht besser aus. Die Londoner hatten Newton! Ja, das war jemand! Und was hatten die Hannoveraner? Einen alten Philosophen, der viel zu langsam arbeitete, sich zu viele Freiheiten herausnahm und die meiste Zeit auf Reisen war.

Johann Bernoulli versuchte weiter, Leibniz zu beeinflussen, um angemessen auf das *Commercium epistolicum* zu reagieren. In einem Brief vom 6. Februar 1715 schreibt er an Leibniz [Turnbull 1959–77, Vol. VI, S. 204]:

> *„Ihr würdet gut daran tun, einige* [Probleme] *zu veröffentlichen, bei denen sich Newton, wie Ihr wisst, in Schwierigkeiten befinden würde. Ohne Zweifel sind viele von ihnen zur Hand, die einst zwischen uns diskutiert wurden, und denen mit der gewöhnlichen differenziellen Methode nicht leicht beizukommen ist."*

> (You would do well to publicize some [problems] where Newton would, as you know, find himself in difficulties. Doubtless there are many of them to hand, which were once discussed between us, and which are not easily dealt with by the ordinary differential method: [...])

Bernoulli meint hier die neuen Probleme der Variationsrechnung vom Typ des Brachistochronenproblems. In der Tat machten die Engländer bei den Aufgaben, die nun von Leibniz und Bernoulli öffentlich gestellt wurden, keine gute Figur, aber den Verlauf des Prioritätsstreits konnten sie nicht verändern. Es wurden lediglich die Fronten verhärtet.

Ende des Jahres 1715 schrieb Leibniz an den Abbé Antonio Schinella Conti (1677–1749). Der Brief enthält auch eine Aufgabe zur Berechnung von Normalen an eine Familie von Kurven, auf die wir noch zu sprechen kommen müssen. Conti, bekannt als Abbé Conti, war ein italienischer Mathematiker, Philosoph und Arzt aus Padua, der im Prioritätsstreit eine etwas unglückliche Rolle spielte. Er hatte in Frankreich gelebt und war zu einem Bewunderer

Abb. 8.5.11. Caroline, Prinzessin von Wales, eine gebildete und schöne Frau, war als Wilhelmina Charlotte Caroline von Brandenburg-Ansbach im Jahr 1705 mit Georg August, dem Sohn Georg I. Ludwigs und seiner Frau Sophie Dorothea von Celle, verheiratet worden. Sie lebte als Prinzessin von Wales seit 1714 in England und wurde nach dem Tod Georg I. Ludwigs im Jahr 1727 als Gattin Georgs II. Königin von Großbritannien. Sie korrespondierte mit Leibniz und war eine große Förderin Händels, der ihr seine Wassermusik widmete. Sie unterstützte Voltaire in der Zeit seines englischen Exils von 1726 bis 1729, der ihr als Dank dafür seine *Henriade* widmete ([Gemälde von Michael Dahl, um 1730], Shire Hall, Warwick)

Malebranches geworden und wie dieser ein Mitglied der Kongregation vom Oratorium des Heiligen Philippo Neri, also ein Oratorianer. Da er durch die Bekanntheit mit großen Männern glänzen wollte, schrieb er im Frühjahr 1715 auch an Leibniz. Er berichtete, er würde nach England gehen, und dort Leibnizens Seite vertreten, wie er es auch schon in Paris getan hatte [Hall 1980, S. 217]. In London fühlte sich Conti aber offensichtlich sehr wohl. Leibnizens Bekannte Wilhelmina Charlotte Caroline von Brandenburg-Ansbach, die seit 1714 mit ihrem Ehemann Georg, einem Sohn Georg I. Ludwigs und späterem König Georg II., als Prinzessin von Wales in England lebte, empfing ihn freundlich.

Er machte auch die Bekanntschaft Newtons und fand ihn sehr vernünftig und herzlich. In der Tat behandelte Newton ihn wie einen berühmten Gast, was Conti ungemein schmeichelte. Conti gab den Brief Leibnizens über die Normalen an Familien von Kurven an Newton weiter, was Leibniz nicht behagte [Hall 1980, S. 216f]. Er schrieb an Caroline und beklagte sich über Contis Treulosigkeit.

8.6 Die Leibniz-Clarke-Kontroverse

Leibniz nutzte Conti und das Interesse von Caroline an seinem philosophischen Briefwechsel mit Samuel Clarke, um eine weitere Attacke gegen Newton zu starten. In dem Brief an Conti vom 6. Dezember 1715 griff er wesentliche Teile der Newton'schen Naturphilosophie an [Turnbull 1959–77, Vol. VI., S. 250ff.]: Wenn jeder Körper schwer sei, dann habe die Gravitation eine okkulte oder zumindest übernatürliche Qualität. Sage man, Gott habe dieses Naturgesetz geschaffen, mache man dieses Gesetz noch lange nicht selbstverständlich, wenn es gegen die Natur der Schöpfung verstoße. Gott sei keine „Weltseele" und habe es nicht nötig, die materielle Welt als ein Organ für Sinneseindrücke, sozusagen als Nervensystem, zu verwenden. Phänomene wie die universelle Gravitation, Atome und die Leere könnten durch Newton nicht bewiesen und auch nicht durch Beobachtungen der experimentellen Wissenschaften demonstriert werden. Newtons Methode der Induktion ausgehend von den Phänomenen, so Leibniz, sei exzellent, aber wenn die Ausgangsdaten fehlerhaft seien ist es erlaubt, Hypothesen zu formulieren und ihnen zu trauen, bevor bessere Fakten bekannt würden. Es sei schade, so Leibniz unfreundlich, dass Newton keine fähigen Schüler um sich habe, während er selbst doch so viel glücklicher sei.

Diese Gedanken haben lange in Leibniz gereift und seine *Theodizee* aus dem Jahr 1710 hat zumindest indirekt den Anstoß für die Kontroverse zwischen ihm und Samuel Clarke gegeben [Hall 1980, S. 218f.]. Caroline bat Clarke, die *Theodizee* ins Englische zu übersetzen, was dieser jedoch ablehnte, da die darin geäußerten Gedanken von seinen zu verschieden seien. Als Caroline Clarke einen Brief von Leibniz zeigte, in dem er sich besorgt über die Newton'sche Philosophie äußerte, antwortete Clarke darauf und es entspann sich ein Briefwechsel von insgesamt fünf Briefen von jeder Partei, der mit dem Tod Leibnizens im November 1716 endete [Clarke 1990].

Clarke selbst muss eine faszinierende Persönlichkeit gewesen sein. Obwohl ein brillanter Denker, haben seine arianischen Ansichten eine Karriere in der anglikanischen Kirche verhindert. Voltaire schrieb, dass Clarke den Sitz des Erzbischofs von Canterbury verdient hätte, wäre er nicht Arianer gewesen [Voltaire 2011, Letter VII, S. 32]. Trotzdem gelang es Clarke, nicht aus der Kirche ausgeschlossen zu werden und seine Stellung zu behalten. Clarke besorgte im Jahr 1706 eine lateinische Übersetzung von Newtons *Opticks*, bei der wohl auch Abraham de Moivre seine Hand im Spiel hatte. Einer Legende zufolge belohnte ihn Newton dafür mit der enormen Summe von £500 [Hall 1980, S. 219]. Ganz sicher kannten sich Newton und Clarke bereits lange vor 1715. Da sie Nachbarn waren, existiert kein Briefwechsel. Es gibt keinen Hinweis darauf, dass Newton irgendwie in der Leibniz-Clarke-Kontroverse eine aktive Rolle spielte in dem Sinne, dass er Teile der Korrespondenz selbst verfasste, aber es ist sicher, dass Clarke durch Newton gut informiert war, sich mit Newton besprach und die Briefe, die Leibniz an Caroline schrieb, Newton zugänglich machte. Dass letztlich Newton aus Clarke spricht erkennt man daran, dass

Abb. 8.6.1. Gottfried Wilhelm Leibniz [Gemälde: © Historisches Museum Hannover] und Samuel Clarke (1675–1729), ([Stich von J. Goldar nach T. Gibson], Wellcome Library London, Wellcome Images/Wellcome Trust)

die Clarke'schen Briefe die wohl ausführlichste Darstellung der Newton'schen Naturphilosophie gemeinsam mit ihren erkenntnistheoretischen, mathematischen, physikalischen und theologischen Grundlagen und Folgerungen enthalten, und zwar in einer Form, die man in keinem Werk Newtons in dieser Deutlichkeit wiederfindet [Clarke 1990, S. XVI].

Leibniz schrieb an Conti (und an Clarke) über die Prinzessin von Wales, so dass auch der Hof über die Inhalte der Briefe informiert war. Wir wissen, dass Newton aufgefordert wurde zu reagieren, denn er schrieb [Hall 1980, S. 220f.]:

> *„Als Herr Abbé Conti einen Brief von Herrn Leibniz mit einem langen Postskriptum gegen mich voll von unsachlichen Anschuldigungen erhielt, und das Postskriptum dem König gezeigt wurde, wurde ich zu einer Antwort gedrängt, die ebenfalls seiner Majestät gezeigt werden sollte [...] die selbige wurde danach an Herrn Leibniz geschickt [...] "*

> (When Mr l'Abbé Conti had received a letter from Mr Leibnitz with a large Postscript against me full of accusations forreign to the Question, & the Postscript was shewed to the King, & I was Pressed for an answer to be also shewed to his Majesty, [...] the same was afterwards sent to Mr Leibnitz [...])

Offenbar hatte Newton hier den Verdacht, Leibniz hätte seine Beziehungen zum Hof genutzt, um ihn unter Druck zu setzen. Der Brief, den Newton abzufassen hatte, liegt in einer offiziellen, von Newton später selbst in den Druck gegebenen Form, und einem Entwurf vor, der viel länger ist. Der Brief geht im Wesentlichen auf die mathematischen Entwicklungen der 1670er Jahre ein und wiederholt die Inhalte, die wir aus dem *Commercium epistolicum* schon

kennen. Nur am Rande geht er auf Leibnizens Kritik an der Newton'schen
Naturphilosophie ein, nur in dem Entwurf findet man eine deutlich längere
Diskussion [Hall 1980, S. 221], in der Newton seinerseits Leibnizens Vorstel-
lungen von Raum und Zeit angreift.

Der Zusammenhang zwischen Gott und dem unendlich ausgedehnten Raum,
den Newton in den *Principia*, aber mehr noch in der *Opticks* postuliert hatte,
ist nahe der Analogie von Körper und Seele beim Menschen, was Leibnizens
Kritik geradezu anziehen *musste*. In Leibnizens Metaphysik ist Gott notwendig, da er die Naturgesetze und das Universum einmal in Gang gesetzt hat,
aber vom Zeitpunkt der Schöpfung läuft dieses perfekte Uhrwerk von selbst
weiter. Newton neigt dazu, die Naturkräfte durch das Eingreifen Gottes zu
erklären. Nach Leibnizens Auffassung betrachtet Newton damit Gott als einen
schlechten oder unperfekten Uhrmacher, der immer mal wieder in den Gang
des Universums eingreifen müsse. Obwohl Clarke erklären wird, Leibniz hätte Newton falsch verstanden, sind Newtons diesbezügliche Äußerungen kaum
misszuverstehen. In den Fragen („Queries"), die Newton seiner *Opticks* beigegeben hat, sind die Nummern 28 und 31 besonders aufschlussreich. In Query
28 diskutiert Newton das Problem des Äthers, des Widerstandes in Flüssigkeiten und der Bewegung der Planeten. Er kommt dann auf den ersten Urgrund
(„*the first cause*") zu sprechen und fragt, wo die Ursache der Gravitation liegt,
wieso wir uns durch unseren Willen bewegen können und woher der Instinkt
der Tiere kommt. Dann schreibt er [Newton 1979, S. 370]:

> *„Und diese Dinge richtig dargelegt, erscheint es nicht aus den Phäno-
> menen, als sei da ein unkörperliches, lebendes, intelligentes, allgegen-
> wärtiges Wesen, das im unendlichen Raum, als wäre es in seinen Sin-
> nen, die Dinge selbst ganz genau sieht, und sie gründlich wahrnimmt,
> und sie ganz erfasst durch ihre unmittelbare Gegenwart zu ihm selbst."*

(And these things being rightly dispatch'd, does it not appear from
Phaenomena that there is a Being incorporeal, living, intelligent, om-
nipresent, who in infinite Space, as it were in his Sensory, sees the
things themselves intimately, and throughly perceives them, and com-
prehends them wholly by their immediate presence to himself: [...])

In Query 31 heißt es [Newton 1979, S. 403]:

> *„Auch die erste Erfindung solcher sehr kunstfertigen Teile von Tie-
> ren, die Augen, Ohren, Gehirn, Muskeln, Herz, Lungen, Zwerchfell,
> Drüsen, Kehlkopf, Hände, Flügel, Schwimmblasen, natürliche Brillen
> und andere Organe für Sinn und Bewegung und der Instinkt von Tie-
> ren und Insekten, kann die Wirkung von nichts anderem sein als der
> Weisheit und Fähigkeit eines machtvollen, unsterblichen Handelnden,
> der überall ist, fähiger durch seinen Willen die Körper in seinem un-
> beschränkten, gleichförmigen Sinnesapparat, und dabei die Teile des
> Universums formend und verbessernd, als wir durch unseren Willen,
> die Teile unserer eigenen Körper zu bewegen."*

(Also the first Contrivance of those very artificial Parts of Animals, the Eyes, Ears, Brain, Muscles, Heart, Lungs, Midriff, Glands, Larynx, Hands, Wings, swimming Bladders, natural Spectacles, and other Organs of Sense and Motion; and the Instinct of Brutes and Insects, can be the effect of nothing else than the Wisdom and Skill of a powerful ever-living Agent, who being in all Places, is more able by his Will to move the Bodies within his boundless uniform Sensorium, and thereby to form and reform the Parts of the Universe, than we are by our Will to move the Parts of our own Bodies.)

Das ist der Stoff, aus dem sich die Leibniz-Clarke-Kontroverse speiste. Um Leibnizens Reaktion auf die Äußerungen Newtons in der *Opticks* zu dokumentieren, zitieren wir aus einem Brief Leibnizens an Johann Bernoulli vom Frühjahr 1715 [Hall 1980, S. 222]:

> „*Als mir gesagt wurde, Newton sage etwas außergewöhnliches über Gott in der lateinischen Ausgabe seiner Opticks, die ich bis dahin nicht gesehen hatte, prüfte ich das, und lachte über die Idee, dass der Raum das Sensorium Gottes sei, als ob Gott, von dem jedes Ding kommt, ein Sensorium nötig hätte. [...] Und so hat dieser Mann wenig Erfolg mit Metaphysik.*"

(When I was told that Newton says something extraordinary about God in the Latin edition of his *Opticks*, which until then I had not seen, I examined it and laughed at the idea that space is the *sensorium* of God, as if God from whom every thing comes, should have need of a *sensorium*. [...] And so this man has little success with metaphysics.)

8.7 Newtons *Account* und Raphsons *History of Fluxions*

Die Leibniz-Clarke-Kontroverse nahm einen großen Teil des letzten Lebensjahres Leibnizens ein. Während dieser Zeit erschienen in England zwei Publikationen, darunter aus Newtons Feder *An Account of the Book entituled Commercium Epistolicum Collinii & aliorum* (Ein Bericht über das Buch betitelt Commercium Epistolicum Collinii & aliorum) [Hall 1980, S. 263ff.]. Der *Account* erschien anonym in den Philosophical Transactions für das Jahr 1715 und wurde später, in lateinischer Übersetzung, der Neuauflage des *Commercium epistolicum*s im Jahr 1722 beigegeben. Es handelt sich um die einzige lange, kohärente Geschichte des Prioritätsstreits von Newtons Hand. Hervorgegangen ist der *Account* aus der Entgegnung, die Newton 1714 im Journal Littéraire de la Haye veröffentlichen wollte, und die er mehrmals überarbeitete [Hall 1980, S. 226].

Der *Account* gliedert sich grob in fünf Abschnitte. Im ersten zeigt Newton, dass er die Fluxionenmethode bereits im Jahr 1669 fertig ausgearbeitet hatte, in dem er *De analysi* vorbringt sowie die Briefe, die um diese Zeit gewechselt wurden. Der zweite Abschnitt soll zeigen, dass Leibniz seinen Kalkül nicht vor 1677 entwickelt hatte und er sich erst nach Erhalt der *Epistola posterior* in dem Antwortbrief an Oldenburg vom 1. Juli 1677 (vergl. Seite 231) verriet, dass er aus der *Epistola posterior* gelernt hatte. Wie ein guter Historiker schließt Newton aus den Daten und Inhalten von Briefen, dass Leibniz stets mindestens einen Schritt hinter ihm war und dass alles, dessen Leibniz sich rühmte, von Newton oder Gregory stammte. Leibnizens Methode zur Bestimmung von Tangenten stamme eigentlich von Barrow. Newton schreibt [Hall 1980, S. 286]:

> „ [...] *ist er exakt dieser Tangentenmethode gefolgt, außer dass er die Buchstaben a und e von Dr. Barrow in dx und dy geändert hat.*“

([...] has followed this Method of Tangents exactly, excepting that he has changed the Letters a and e of Dr. Barrow into dx and dy.)

Der dritte Abschnitt im *Account* ist dem Unterschied zwischen den Fluxionen und den Differenzialen gewidmet. Newton spielt die Bedeutung einer Symbolik, auf die Leibniz immer großen Wert gelegt hat, herab. Er versucht zu zeigen, dass der Fluxionenkalkül dem Differenzialkalkül inhärent überlegen ist. Die Fluxionenrechnung basiere auf Geometrie, während Leibnizens unendlich kleine Differenziale weder in der Geometrie, noch in der Natur existierten. Leibnizens Methode eigne sich daher nur für die Analysis, Newtons jedoch ermögliche auch Beweise (Synthese) [Hall 1980, S. 296]:

> „*Herrn Newtons Methode ist auch von größerer Brauchbarkeit und Gewissheit, in dem sie angepasst ist entweder an das Herausfinden einer Proposition durch solche Näherungen, was keinen Fehler im Schluss erzeugt, oder an das exakte Beweisen: Herrn Leibnizens ist nur* [gut, um] *es herauszufinden.*“

(Mr. Newton's Method is also of greater Use and Certainty, being adapted either to the ready finding out of a Proposition by such Approximations as will create no Error in the Conclusion, or to the demonstrating it exactly: Mr. Leibnitz's is only for finding it out.)

In einem vierten Abschnitt beschreibt Newton, dass er schon von Beginn der Entwicklung der Fluxionenrechnung Fluxionen zweiter und höherer Ordnung behandelt hatte. Diese Ausführungen sind sicher als Reaktion gegen die Kritik Johann Bernoullis zu verstehen. Dann folgt eine interessante und berühmte Passage über die Rolle der Fluxionenrechnung bei der Abfassung der *Principia* [Hall 1980, S. 296]:

„Mit der Hilfe der neuen Analysis fand Herr Newton die meisten der Propositionen in seinen Principia Philosophiae: aber weil die Alten, um Dinge sicher zu machen, nichts in der Geometrie zuließen, bevor es synthetisch bewiesen war, bewies er [Newton] *die Propositionen synthetisch, damit das System der Himmel auf gute Geometrie gegründet sein möge. Und das macht es jetzt für unbeholfene Männer schwer, die Analysis zu sehen, durch die diese Propositionen herausgefunden wurden.“*

(By the help of the new Analysis Mr. Newton found out most of the Propositions in his *Principia Philosophiae*: but because the Ancients for making things certain admitted nothing into Geometry before it was demonstrated synthetically, he demonstrated the Propositions synthetically, that the Systeme of the Heavens might be founded upon good Geometry. And this makes it now difficult for unskilful Men to see the Analysis by which those Propositions were found out.)

Dieser Abschnitt kann nicht der Wahrheit entsprechen, denn es gibt unter Newtons Manuskripten keinen Hinweis auf eine „fluxionale" Entwicklung der *Principia*.

Im fünften und letzten Teil verteidigt Newton seine Naturphilosophie gegen die „mechanische Philosophie" Leibnizens.

Der *Account* wurde vermutlich nur in England gelesen und die Engländer waren ja schon auf Newtons Seite. Im November 1715 erschien eine französische Übersetzung im Journal Littéraire de la Haye mit Unterstützung von John Keill. Newtons Hoffnung, der *Account* würde auf dem Kontinent einschlagen wie eine Bombe, erfüllte sich auch mit der französischen Version nicht. Leibniz antwortete mit ein paar geringschätzigen Sätzen in den Nouvelles Littéraires, der Kontinent wisse seit 1684, dass Leibniz der eigentliche Erfinder des Kalküls sei, bis die Engländer die Welt mit einer gegenteiligen Behauptung überraschten. Dann zitiert Leibniz erneut das Urteil Johann Bernoullis [Hall 1980, S. 231]. Der *Account* änderte nichts; auch er verhärtete die Fronten nur weiter.

Ebenfalls im Jahr 1715 erschien posthum Joseph Raphsons Buch *De historia fluxionum. The history of fluxions, shewing in a compendious manner the first rise of, and various improvements made in that incomparable method* (Über die Geschichte der Fluxionen. Die Geschichte der Fluxionen, den Aufstieg und verschiedene Verbesserungen, die in der unvergleichbaren Methode gemacht wurden, in einer zusammengefassten Art gezeigt). Über Raphson (1648–1715)[29] ist sehr wenig bekannt; er besuchte das Jesus College in Cambridge und ging mit einem MA-Titel im Jahr 1692 ab. Bereits im Jahr 1689 wurde er Mitglied der Royal Society, ein Jahr später veröffentlichte er das Buch *Analysis aequationum universalis, seu ad aequationes algebraicas resolvendas methodus generalis, et expedita, ex nova infinitarum serierum doctrina,*

---

[29]Geburts- und Sterbejahr sind unsicher! Vergl. [Thomas/Smith 1990, S. 159].

deducta ac demonstrata (Universelle Analyse von Gleichungen oder allgemeine und leichte Methode zur Lösung algebraischer Gleichungen auf Grund der neuen Lehre unendlicher Reihen abgeleitet und bewiesen), das die heute nach Newton und Raphson benannte Näherungsmethode für Wurzeln enthielt [Thomas/Smith 1990, S. 151]. Raphson traf Newton in Cambridge im Jahr 1691; Roger Cotes kannte ihn und wusste bereits 1711, dass Raphson über Fluxionen schreiben wollte. *The history of fluxions* ist viel weniger eine Geschichte der Fluxionen als vielmehr eine Verteidigungsrede für Newton [Hall 1980, S. 224]. Einige der Behauptungen in Raphsons Buch, das im Jahr 1715 auch noch in einer lateinischen Übersetzung erschien, sind schlichtweg falsch, und auch bei der Darstellung der Fluxionenrechnung gibt es Mängel [Cajori 1919, S. 49f.]. Newton hat immer behauptet, er hätte vor der Publikation des Buches nichts davon gewusst und die Publikation sogar drei oder vier Jahre lang verhindert, aber das scheint unglaubhaft [Hall 1980, S. 225]. Nachdem Leibniz im Jahr 1716 verstorben war, sorgte Newton 1717 oder 1718 dafür, dass Raphsons Buch mit einer Fehlerliste, der alten Titelseite und einem zugefügten letzten Kapitel über das *Commercium epistolicum* neu aufgelegt wurde. dw

9 Über den Tod hinaus

Der Prioritätsstreit hätte mit dem Tod von Gottfried Wilhelm Leibniz im November 1716 ein Ende finden können, aber weder auf englischer, noch auf kontinentaleuropäischer Seite war man geneigt, Pietät oder gar Nachsicht zu üben.

9.1 Der arme Abbé Conti

9.1.1 Ein Addendum zum Brief vom 6. Dezember 1715

Johann Bernoulli hatte Leibniz aufgefordert, die Engländer mit neuen mathematischen Aufgaben zum Differenzialkalkül unter Druck zu setzen. Der Brief an Conti vom 6. Dezember 1715 enthielt eine solche Aufgabe [Westfall 2006, S. 773]: *„To test the pulse of our English Analysts ..."* (Um den Puls unserer englischen Analytiker zu testen ...). Hier stellte Leibniz das Problem, eine Kurve zu finden, die eine gegebene ganze Familie von Kurven unter rechtem Winkel schneidet. Das Problem stammte von Johann Bernoulli, und um es zu illustrieren, gab Leibniz als Beispiel für die Famile von Funktionen eine Familie von Hyperbeln an. Das hatte Folgen, denn die Engländer lasen die Aufgabe so, als sollten sie das Problem für Hyperbeln lösen. Schnell trafen Lösungen ein, von Halley, Keill, Pemberton, Taylor und sogar von einem Studenten aus Oxford mit Namen James Stirling. Auch Newton versuchte sich an einer Lösung, die anonym in den Philosophical Transactions veröffentlicht wurde.

Newton ging nun auf seinen 75. Geburtstag zu und er war nicht mehr in der Lage, das eigentliche Problem zu lösen. Leibniz schrieb vier Mal nach England um das Problem zu erklären und klarzustellen, dass es um Familien ganz allgemeiner Kurven gehen solle, und nicht nur um Familien von Hyperbeln. Er wandte sich auch an Johann Bernoulli um Hilfe, der ihn mit einer allgemeineren Formulierung der Aufgabe versorgte, die Leibniz an Conti schickte und dabei Bernoulli als den Autor des Problems nannte. In England wurde nun geringschätzig erwidert, dass Leibniz einfach ein neues Problem stellte, nachdem man das vorherige erfolgreich gelöst hatte. Es wurde auch bemerkt, dass Johann Bernoulli ein weiteres Mal gegen Newton aufgetreten war [Westfall 2006, S. 774].

9.1.2 Newton wird wieder aktiv

Einer der Freunde und Unterstützer Leibnizens in England war ein John Arnold. Im Februar 1716 schrieb Arnold an Leibniz, um ihn über einige denkwürdige Vorfälle zu informieren [Turnbull 1959–77, Vol. VI, S. 274f.]. Arnold traf bei einem Besuch Contis auch Newton vor und die sich entwickelnde Unterhaltung drehte sich um den Prioritätsstreit. Auf Nachfrage Newtons bekannte

Abb. 9.1.1. Grabplatte des Grabes von James Stirling (1692–1770) in Greyfriar's Kirkyard, Edinburgh. Der Schotte Stirling ging im Alter von 18 Jahren zum Studium an das Balliol College nach Oxford, wurde aber 1715 von der Universität wegen seiner Kontakte zu den Jakobiten verwiesen. In Venedig verdingte er sich als Professor für Mathematik und publizierte über Newton in England. Mit Newtons Hilfe kehrte er 1725 nach London zurück. Er veröffentlichte wichtige Werke zur Mathematik und zu der Frage nach der wahren Gestalt der Erde [Foto: Roegel 2012]

Arnold, dass er eine Kopie der *Charta volans* besaß und sie Newton zu Gesicht bringen wollte. So machten sich Conti und Arnold zu einem Besuch Newtons auf. Newton schob die ganze Schuld des Prioritätsstreits auf Leibniz und Keill. Er habe Keill davon abgehalten zu schreiben, bis Leibniz ihn schließlich des Plagiats beschuldigt hatte. Keill habe zu schroff geschrieben, ärgere sich aber über das gestellte Problem, das er als Herausforderung einer ganzen Nation sehe. Dann umwarb Newton Arnold und lud Conti und ihn ein, zum Abendessen zu bleiben. Arnold erhielt von Newton die französische Fassung des *Accounts* zu seiner Erbauung. Arnold bemerkte, dass ähnliche Höflichkeiten Newtons dafür gesorgt hätten, Conti auf Newtons Seite zu ziehen. Newton habe nun begonnen, die Aufmerksamkeit des Hannoverschen Hofes zu erlangen. So habe er arrangiert, dass er der Mätresse des Königs, Baronesse von Kielmansegg (1675–1725), optische Versuche vorführen könne. Arnold informierte Leibniz außerdem darüber, dass Newton auch das diplomatische Corps in den Prioritätsstreit einbinden wolle.

In der Tat wissen wir aus einem Brief, den Conti fünf Jahre nach den Ereignissen an Taylor schrieb, dass Newton Ende Februar oder Anfang März 1716

einen Empfang für Botschafter in den Räumen der Royal Society in Crane
Court organisierte. Den Botschaftern sollten die Originale der Briefe, die im
Commercium epistolicum zitiert waren, vorgelegt werden. Sicher hatte sich
Newton davon versprochen, dass die Botschafter die Überzeugung von der
Richtigkeit der Behauptungen im *Commercium epistolicum* in ihre Länder
tragen würden, aber der Plan ging gehörig daneben [Westfall 2006, S. 775].
Der Baron Johann Adolf von Kielmansegg, Ehemann der Baronesse von Kiel-
mansegg, hielt die Vorgehensweise für nicht hinreichend. Er postulierte, der
Prioritässtreit könne nur aus der Welt geschafft werden durch eine direkte
Korrespondenz zwischen Newton und Leibniz. Alle anwesenden Botschafter
stimmten zu und später zeigte auch der König seine Sympathie für eine solche
Lösung. Newton war sicherlich unglücklich über diesen Lauf der Dinge. Er
hatte vermutlich nicht vor, auf Leibnizens Brief an Conti zu antworten, aber
durch das Eingreifen des Königs konnte er nicht anders. Innerhalb von ein
paar Tagen im Februar 1716 brachte Newton einen Brief zu Papier, der auch
König Georg I. gefiel. Wir finden nichts Neues in diesem Brief; es handelt sich
um eine kondensierte Version des *Accounts* [Hall 1980, S. 233]. Der Brief an
Leibniz über Conti wurde am 8. März 1716 geschrieben und zeigt einen unver-
söhnlichen Newton, der Leibniz vorwirft, er hätte nicht auf das *Commercium
epistolicum* geantwortet, sondern einen „bedeutenden Mathematiker" vorge-
schoben [Turnbull 1959–77, Vol. VI, S. 285]:

> *„Herr Leibniz hat es bisher vermieden, eine Antwort auf dasselbe zu
> senden; weil das Buch* [es ist das *Commercium epistolicum*] *Tatsache
> ist und sich einer Antwort entzieht. Um die Beantwortung zu ver-
> meiden schob er vor, er hätte das Buch im ersten Jahr weder ge-
> sehen, noch hätte er die Muße gehabt es zu untersuchen, aber er bat
> einen bedeutenden Mathematiker, es zu untersuchen. Und die Antwort
> des Mathematikers (oder vermeintlichen Mathematikers), datiert vom
> 7. Juni 1713, war in den verleumderischen Brief vom folgenden 29.
> Juli eingefügt und in Deutschland ohne den Namen des Autors oder
> Druckers oder der Stadt, in der es gedruckt wurde, veröffentlicht* [das
> ist die *Charta volans*]*."*

(Mr Leibnitz has hitherto avoiding returning an Answer to the same;
for the Book is matter of fact & uncapable of an Answer. To avoid
answering it he pretended the first year that he had not seen this Book
nor had leasure to examin it, but had desired an eminent Mathematician to examin it. And the Answer of the Mathematician (or pretended
Mathematician) dated 7 June 1713, was inserted into a defamatory
Letter dated 29 July following & published in Germany without the
name of the Author or Printer or City where it was printed.)

Newton war die Identität des „bedeutenden Mathematikers" durchaus klar, also fügte er die kleine, häßliche Bemerkung „oder vermeintlichen Mathematikers" ganz bewusst ein als Stachel gegen Johann Bernoulli, den Newton inzwischen für einen Verräter hielt. Kein Wunder also, dass Leibniz den Brief direkt an Bernoulli weiterschickte, um ihn noch mehr anzustacheln [Westfall 2006, S. 776].

Der Abbé Conti behandelte den Brief so, als sei er vollständig öffentlich. Einen Monat lang kreiste der Brief am Hof, bevor er abgeschickt wurde. Ein französischer Flüchtling, der Theologe und Buchdrucker Pierre Coste (1668–1747), übersetzte den Brief ins Französische, denn der englische König war der englischen Sprache nicht mächtig. Coste übersetzte später die *Opticks* ins Französische, stand aber auch mit Leibniz in einem Briefwechsel.

Contis Rolle war mehr als unglücklich. In seinem Bemühen, durch den Kontakt zu großen Männern zu glänzen, wirkte er sehr armselig und hat den Prioritätsstreit unbewusst noch einmal angefacht. Einen kleinen Einblick in Leibnizens Charakter gibt ein Brief, den er an die Baronesse von Kielmansegg schrieb [Hall 1980, S.]. Dort erzählt er die Geschichte eines Schuhmachers aus Leiden, der sich an der Universität lateinische Disputationen anhörte, obwohl er gar kein Latein verstand. Auf die Frage, wie er dann beurteilen könne, wer bei den Disputen der Sieger bliebe, antwortete er, dass demjenigen, der ärgerlich würde, offenbar die Argumente ausgegangen seien. Diese kleine Geschichte zeigt, dass Leibniz seinen Humor noch nicht verloren hatte, denn Newton war offensichtlich derjenige, der zuerst sehr ärgerlich geworden war.

Der Newton'sche Brief an Leibniz über Conti war deutlich länger als der, den Leibniz an Conti geschrieben hatte. Nun schrieb Leibniz eine Entgegnung, die doppelt so lang war, woraufhin Newton mit einem ebensolangen Brief antwortete. Vermutlich hätte sich dieser Briefwechsel weiter aufgeschaukelt, wenn Leibniz nicht gestorben wäre.

9.2 Leibniz stirbt

Die letzten Lebensjahre des Gottfried Wilhelm Leibniz waren von Ärger und Krankheit überschattet. Aus Sicht des Hannoverschen Hofes kam er mit der Welfengeschichte nicht voran, weil er eigene Interessen verfolgte. Als der Hannoveraner Herrscher als Georg I. im Jahr 1714 den Thron Englands bestieg, musste Leibniz sich Hoffnungen gemacht haben, mit nach London gehen zu können. Stattdessen erhielt er striktes Reiseverbot mit dem Hinweis auf die Fertigstellung der Welfengeschichte. Sein Gehalt wurde nicht mehr ausgezahlt und sein Sekretär Eckhart wurde vom Hannoverschen Minister Andreas Gottlieb von Bernstorff (1649–1726) beauftragt, Bericht über den Fortgang der Leibniz'schen Arbeiten zu geben.

Abb. 9.2.1. Andreas Gottlieb von Bernstorff (1649–1726) war Kanzler in den Diensten des Fürstentums Lüneburg und später erster Minister des Kurfürstentums Braunschweig-Lüneburg. Er ging mit Georg Ludwig von Hannover nach London, blieb aber führender Minister in Hannover [unbekannter Maler, 18. Jh.]. Georg I. als Ritter des Hosenbandordens 1701 ([Ausschnitt, nach einem Gemälde von Godfrey Kneller], Residenzmuseum im Celler Schloss)

Im Jahr 1716 war Leibniz ein 70 Jahre alter Mann, der den größten Teil seines Lebens in sitzender Tätigkeit zugebracht hatte, entweder am Schreibtisch oder aber auf weiten Reisen in Kutschen. Er litt an Gicht und es hatte sich ein offenes Bein entwickelt, das er mit kuriosen Methoden selbst zu heilen versuchte. Eckhart schreibt, er [Eckhart 1982, S. 197f.]:

> *„glaube, daß es daher* [vom Sitzen] *kam, dass sich am rechten Beine eine Fluxion oder offener Schaden formierte. Dieses incommodirte ihn im Gehen, er suchte es also zuzuheilen, und zwar mit nichts anders, als darauf gelegtem Löschpapier;* [...] *Die Schmerzen aber zu verhindern, und die Nerven unfühlbar zu machen, ließ er hölzerne Schraubstöcke machen, und dieselbe überall, wo er Schmerzen fühlte, anschrauben.“*

Am 3. November gesellt sich zum „Podagra“, der Gicht an den Füßen, noch das „Chiragra“, die Gicht an den Händen, und Leibniz muss am 6. November das Schreiben einstellen. Magenkoliken kommen dazu. Eckhart berichtet [Eckhart 1982, S. 190f.]:

> [...] *„wurde er von der Gicht, so ihm in die Schultern trat, heftig angegriffen.* [...] *es kamen große Steinschmerzen darzu, welche ihm Convulsionen und den Tod in einer Stunde Zeit verursachten. Er meinte nicht, daß er schon sterben müßte, und discourirte noch kurz vor seinem Ende, wie der bekannte Furtenbach einen eisernen Nagel halb in Gold verwandelt. Wie er so schwach war, und ihm seine Diener*

erinnert, ob er nicht das heil. Abendmahl nehmen wolte, hat er geant-
wortet: sie sollen ihn zufrieden lassen; er habe niemand etwas zu leyde
getan; habe nichts zu beichten. Er starb den 14. Novemb. 1716. und
habe ich alle Sorge getragen, ihn ehrlich zur Erde zu bestatten."

Wir haben allen Grund, Eckhart, der missgünstig war, nicht zu trauen. Auch
andere Schilderungen, wie etwa die Beschreibung des Sterbens von Leibniz
bei Ludovici [Ludovici 1966, Band I, S. 242f.], sind mit großer Vorsicht zu
behandeln, da sie stark romantisieren. Im wesentlichen basieren sie auf Fon-
tenelles *Eloge* [Fontenelle 1989, S. 289ff.], die wiederum von den Mitteilungen
Eckharts abhängig war. In Wahrheit war Leibnizens Tod ein äußerst schmerz-
und leidensvoller. Die Umstände des Todes und des Begräbnisses sind detailliert in [Sonar 2008] untersucht worden, wobei den Schilderungen von Leibnizens Amanuensis Johann Hermann Vogler und seines Kutschers Henrich die
mit Abstand größte Glaubwürdigkeit zukommt.

In seinen letzten Stunden wurde Leibniz von dem Arzt Johann Philipp Seip
besucht, nach dem Leibniz geschickt hatte. Seip hat später versucht die Geschichte in die Welt zu setzen, Leibniz habe die von ihm verordnete Arznei
nicht mehr nehmen können, was nach den Angaben Voglers nicht der Wahrheit
entspricht.

Der Termin der Beerdigung in der Neustädter Hof- und Stadtkirche in Hannover war der 14. Dezember 1716, also genau einen Monat nach Leibnizens
Tod. Graeven schreibt dazu [Graeven 1902, S. 569]:

Die lange Frist ist nicht verwunderlich, denn es bedurfte einige Zeit,
um die zur Ruhestätte bestimmte Gruft in der Neustädter Kirche aus-
zumauern.

Vogler schreibt, dass Leibnizens Leichnam einen Monat lang in einem Gewölbe
der Neustädter Kirche gelagert wurde [Ritter 1916, S. 251f.]:

Der H. Rath Eckhart muste am Sonntag Mittag [es ist der Tag nach
dem Tod Leibnizens] *in die Geh. Raths Stube kommen, da man Ihm*
befohlen, den Cörper des seel. H. Geh. Raths nur in ein Tannen Sarg
zu legen, damit er noch den Abend nach der Neustädter Kirche könte
gebracht werden, weil schon Befehl gegeben, daß gegen die Zeit des
Königs Pferde und Rüstwagen Ihn abholen sollten, welches auch ge-
schehen. H. Erythropels Diener und H. Hennings Johann gingen forn
mit Laternen; Ich und Henrich neben dem Wagen, auf welchem der
Sarg; H. Rath Eckharts und Mons. Göbels Diener hinter dem Sarg:
worauf H. Rath Eckharts Wagen folgete, darinn er mit Mons. Göbeln
saß. 4. Königl. Stall-Knechte haben die Leiche auf und abgehoben; wel-
che nur so lange in ein Gewölbe ins Sand gesetzet, biß weitere Ordre
vom König kömmt, oder die Erben selber hie sind.

Abb. 9.2.2. Der Kupferstich „Leibniz stirbt", der das Sterben Leibnizens romanti-
sierend darstellt, war der Lebensbeschreibung von Eberhard beigegeben
[Eberhard/Eckhart 1982]

Abb. 9.2.3. Die aufrecht gestellte Grabplatte in der Neustädter Hof- und Stadtkirche Hannover mit dem Steinsarkophag, der die Gebeine Leibnizens enthält
[Foto: Anne Gottwald 2007]

Es war eine Ehre, in der Hofkirche bestattet zu werden, aber ein Staatsbegräbnis, wie es später Newton erhielt, wurde verweigert. Eine kirchliche Feier hat aber jedenfalls stattgefunden, bei der der Oberhofprediger Erythropel die Kollekte sang. Auch die Glocken haben geläutet, nur vom Hof selbst war niemand zugegen – zu unbequem war der Hofrat Leibniz den Hannoveranern gewesen. Die Grabplatte erhielt keine Kennzeichnung, so dass Besucher der Kirche im 18. Jahrhundert das Grab nicht finden konnten. Erst 1790 wurde mit den wachsenden Besucherzahlen eine bronzene Aufschrift „Ossa Leibnitii" (Gebeine Leibnizens) angebracht, aber es war lange nicht sicher, ob sie sich auch auf dem richtigen Grab befand. Erst eine Untersuchung des Grabes und der in ihm enthaltenen Gebeine durch den Berliner Pathologen Krause zu Anfang des 20. Jahrhunderts brachten eine gewisse Sicherheit, dass es sich tatsächlich um das Grab Leibnizens handelte. Nach weiteren Umbauarbeiten befinden sich die Ossa Leibnitii in einer steinernen Kiste in einer Seitennische des Altarraumes.

9.3 Die Hunde des Krieges

Bevor wir uns den letzten Jahren Newtons zuwenden, müssen wir noch die beiden Krieger, die Hall als *„dogs of war"* (Hunde des Krieges) [Hall 1980, S. 235] bezeichnet hat, und ihr Verhalten kurz vor und dann nach dem Tod Leibnizens betrachten: Johann Bernoulli und John Keill.

9.3.1 Bernoulli gegen Keill, aber für Newton

Als Leibniz das Problem des Auffindens einer Kurve normal zu einer gegebenen Familie von Kurven noch einmal allgemeiner formulierte, waren die Engländer geschlagen. Bernoulli kam nun auf den Angriff Keills auf ihn in den Philosophical Transactions des Sommers 1714 zurück. Bernoulli hatte bereits 1710 behauptet, Newton hätte in seinen *Principia* keinen hinreichenden Grund dafür geliefert, dass nur Kegelschnitte als Umlaufbahnen der Planeten möglich seien, wenn man das inverse Abstandsquadratgesetz der Gravitation voraussetzte. Keill hatte 1714 zurückgeschlagen und behauptet, Bernoullis Rechnungen dazu seien nur eine überarbeitete Version der Newton'schen Rechnungen zu Proposition 41 im Buch I der *Principia* [Hall 1980, S. 236]. Vielleicht war Bernoulli zu stolz, um direkt auf Keill zu antworten, er tat das in einem Brief an Christian Wolff, der diesen prompt anonym in den Acta Eruditorum für Juli 1716 veröffentlichte. Die Anonymität war sinnlos – der giftige Federkiel Bernoullis war für alle Beteiligten klar erkennbar. Keill erwiderte scharf, Bernoulli rüstete einen seiner Schüler, unter dessen Namen zu antworten. So ging es hin und her.

Weitere Mathematiker wurden nach Leibnizens Tod in den Streit hineingezogen, auf englischer Seite Brook Taylor, auf französischer Pierre Rémond de Monmort (1678–1719). Nun wurde auch bekannt, dass Bernoulli der „bedeutende Mathematiker" war, auf den in der *Charta volans* Bezug genommen wurde. Leibniz hatte die französische Übersetzung der *Charta volans* nämlich in den Nouvelles Literaires unter dem Titel *Lettre de M. Jean Bernoulli de Bâle, du 7 de Juin 1713* (Brief des Herrn Johann Bernoulli von Basel, den 7. Juni 1713) publiziert, und das gegen den Willen Bernoullis. Interessanterweise wird Bernoulli bis zum Tod von Newton felsenfest behaupten, er sei *nicht* dieser „bedeutende Mathematiker".

Nach dem Tod Leibnizens war Johann Bernoulli unangefochten der bedeutendste Mathematiker des Kontinents, aber er war auch isoliert. Er führte den bissigen Kampf mit Keill fort bis zum Tod von Keill im Jahr 1721, aber er wollte mit Newton Frieden schließen. Das gelang ihm allerdings nie; zu sehr haftete ihm in Newtons Gedanken der Geruch eines Verräters an. Im Frühjahr nach Leibnizens Tod kam er auf Rémond de Montmort zu, von dem er wusste, dass er Kontakte zu Newtonianern unterhielt. Montmort sollte Newton davon überzeugen, dass er im „Testen des Pulses unserer englischen Analytiker" nur eine passive Rolle hatte (vergl. Seite 452). Er bekannte [Hall 1980, S. 238]:

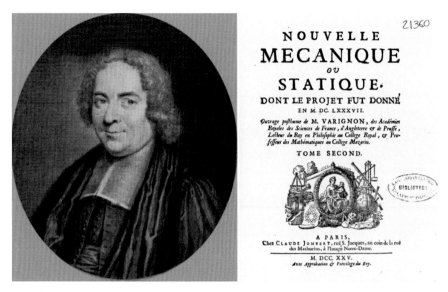

Abb. 9.3.1. Pierre Varignon (1654–1722) war ein französischer Mathematiker und Physiker, der von 1712 bis 1719 als Direktor der Pariser Akademie fungierte. Er war mit Leibniz, Newton und den Bernoullis gut befreundet und gilt als großer Unterstützer des Leibniz'schen Kalküls in Frankreich, das er erfolgreich auf Probleme der Mechanik in Newtons *Principia* anwandte; Titel des zweiten Bandes zur Mechanik von Varignon, der erste Band ist 1725 erschienen (Biblioteca Histórica. Universidad Complutense de Madrid. BH FLL 21360)

„Ich begehre nichts so sehr als in guter Freundschaft mit ihm zu leben und eine Gelegenheit zu finden ihm zu zeigen, wie sehr ich seine seltenen Verdienste schätze. In der Tat habe ich nie über ihn gesprochen außer mit großem Lob [...] "

(I desire nothing so much as to live in good fellowship with him, and to find an opportunity of showing him how much I value his rare merits, indeed I never speak of him save with much praise [...])

Die Situation zwischen Bernoulli und Newton besserte sich erst, als Pierre Varignon sich einschaltete. Als im Jahr 1717 die zweite englische Auflage der *Opticks* erschien und Newton 1718 drei Exemplare an die Akademie schickte, sandte Varignon ein Exemplar an Johann Bernoulli. Darüber unterrichtete Varignon im November 1718 Newton [Hall 1980, S. 239], [Turnbull 1959–77, Vol. VII, S. 16]:

„Ich füge zu dem gerade gebotenen Dank frische Dankbarkeit hinzu, weil Ihr mich richtigerweise für unschuldig hieltet, in der Leibniz'schen Kontroverse gegen Euch gehandelt zu haben: ganz im Ge-

genteil habe ich so wenig daran teilgehabt, dass ich eher zu dieser Kontroverse in meinen Briefen an Herrn Leibniz und Herrn Bernoulli geschwiegen habe. Nur zu mir selbst und im Privaten habe ich bedauert, dass solch große Männer dadurch mit Problemen belastet sind, die ich, wenn ich irgendeinen Einfluss gehabt hätte, zu ihrer früheren Herzlichkeit zurückgebracht hätte; und das war der alleinige Grund den ich im Kopf hatte, als ich Johann Bernoulli von Euch selbst die neue Auflage Eures Buches über die Farben schickte."

(I add fresh gratitude to the thanks just offered because you have correctly judged me wholly innocent of acting against you in the Leibnizian controversy: quite the contrary, I have taken so little part in it that I have rather always kept silent about that controversy in my letters to Mr Leibniz and Mr Bernoulli, only lamenting to myself and in private that such great men are troubled by it, whom, if I had any influence, I would have restored to their former cordiality; and this was the sole object that I had in mind when I sent to Johann Bernoulli from yourself the new edition of your book on colours.)

Newton begrüßte Varignons Handeln und Bernoulli nutzte die Gelegenheit, seinerseits einen Brief an Newton zu schreiben [Turnbull 1959–77, Vol. VII, S. 42ff.] und ihm für „sein" Geschenk zu danken. Natürlich ist der Brief auch nicht frei von Anwürfen gegen die Newtonianer, die gegen jeden Ausländer – schuldig oder nicht – pöbeln würden. Leibniz sei bei der Nennung seines, Bernoullis, Namens als der „bedeutende Mathematiker" offenbar fehlgeleitet worden, denn er – Bernoulli – sei keinesfalls diese Person. Newton antwortete Bernoulli mit einem außerordentlich freundlichen Brief vom 10. Oktober 1719 [Turnbull 1959–77, Vol. VII, S. 69f.], obwohl wir davon ausgehen dürfen, dass Bernoulli in Newtons Kopf weiterhin der Verräter blieb. Newton schrieb [Turnbull 1959–77, Vol. VII, S. 70]:

„Nun, da ich alt bin, habe ich wenig Freude in mathematischen Studien, noch habe ich mir jemals die Mühe gemacht, Meinungen durch die Welt zu streuen, sondern habe aufgepasst Ihnen nicht zu erlauben, mich in Streitigkeiten zu verwickeln. Denn ich habe Dispute immer gehasst."

(Now that I am old I take very little pleasure in mathematical studies, nor have I ever taken the trouble of spreading opinions through the world, but rather I take care not to allow them to involve me in wrangles. For I have always hated disputes.)

9.3.2 Pierre des Maizeaux und sein *Recueil*

Der französische Flüchtling Pierre des Maizeaux (auch Desmaizeaux) (1672 oder 1673–1745), ein Hugenotte und bekannt als Übersetzer und Biograph von Pierre Bayle[1], bereitete derweil ein Buch über den mathematischen wie auch den philosophischen Streit zwischen Leibniz und Newton vor. Dazu hatte er bereits im August 1716 die ersten vier Briefe der Leibniz-Clarke-Kontroverse von Leibniz erhalten [Hall 1980, S. 242]. Im Hintergrund wirkte der Abbé Conti [Whiteside 1967–81, Vol. VIII, S. 520]. Des Maizeaux hatte sich seit 1716 mit der Idee getragen, ein Buch zum Briefwechsel zwischen Leibniz und Clarke zu schreiben[2], nun kam der Prioritätsstreit hinzu und es wurde beschlossen, den Briefwechsel im zweiten Band von des Maizeauxs *Recueil de Diverses Pièces sur la Philosophie ...* (Sammlung verschiedener Stücke über die Philosophie ...) zu veröffentlichen. Des Maizeaux fragte nun Newton um Erlaubnis, auch dessen Dokumente und Briefe an Conti verwenden zu dürfen, und Newton belieferte ihn mit ungedruckten Manuskripten und Entwürfen. Als des Maizeaux die Druckfahnen erhielt, leitete er sie gleich an Newton weiter, damit dieser noch einmal darübersehen konnte. Newton war unzufrieden und entwarf einen ganz anderen Aufbau des Buches, damit die Dokumente in eine verständlichere Reihenfolge gebracht werden konnten. Des Maizeaux akzeptierte klaglos, aber das war lange nicht alles! Nun schickte Newton seitenlange *Corrigenda*, unter anderen eine lange Passage zur Geschichte seiner Entdeckungen, aber mit teilweise falschen Jahresangaben [Whiteside 1967–81, Vol. VIII, S. 522f.]. Newton vermerkt dazu [Whiteside 1967–81, Vol. VIII, S. 523]:

> *„Und seitdem ich dieses Buch* [die *Principia*] *schrieb, habe ich die Methoden vergessen, mit denen ich es schrieb."*

(And ever since I wrote that Book I have been forgetting the Methods by which I wrote it.)

Reine Ironie? Im Begleitbrief an des Maizeaux fällt er von ganz harmlosen Bemerkungen dann plötzlich in einen scharfen Ton und konstatiert [Whiteside 1967–81, Vol. VIII, S. 523]:

> *„In all dieser Kontroverse ist die wahre Frage, ob Herr Leibniz oder ich der erste Erfinder war* [und] *nicht, wer diese oder jene Methode erfunden hat."*

---

[1]Pierre Bayle (1647–1706) war ein französischer Schriftsteller und Philosoph, der gemeinsam mit Fontenelle als zentrale Figur der französischen Aufklärung gilt. Im Jahr 1675 wurde er Philosophieprofessor an der protestantischen Akademie Sedan im Herzogtum Lothringen, ging aber nach deren Schließung 1681 als Gymnasialprofessor nach Rotterdam. Von 1684-87 war er Herausgeber der *Nouvelles de la République des Lettres*. Im Jahr 1691 verlor er seine Professur und arbeitete an seinem *Dictionnaire historique et critique*, das bis 1760 mehr als 10 Auflagen erreichte.

[2]Clarke war ihm dabei 1717 zuvorgekommen [Clarke 1990].

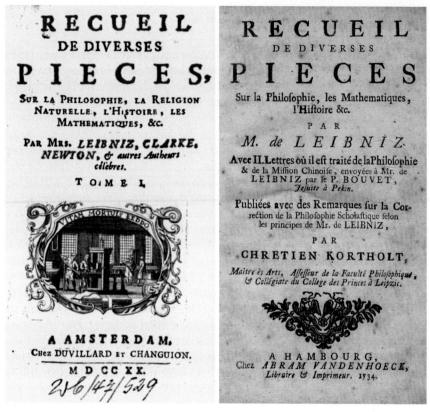

Abb. 9.3.2. Titelseite der *Recueil De Diverses Pieces* von 1720 (Amsterdam, Ausschnitt; Bayerische Staatsbibliothek, München, Sign.: 5901843 Var. 250-1 5901843 Var. 250-1) und von 1734 (A Hambourg, Vandenhoeck, Ausschnitt; ULB Sachsen Anhalt, VD18 10779299)

(In all this controversy the true Question has been whether Mr Leibnitz or I were the first inventor [&] not who invented this or that method.)

Varignon gegenüber hat Newton steif und fest behauptet, er hätte von des Maizeauxs *Recueil* gar nichts gewusst.

Die Herausgabe von des Maizeauxs *Recueil* markiert die letzte Veröffentlichung zum Prioritätsstreit, an der Newton direkt beteiligt war, wenn wir die Neuauflage des *Commercium epistolicums* außer acht lassen. Der *Recueil* erschien 1720 und blieb lange die brauchbarste Quelle zum Streit der Philosophen. Er erlebte Nachdrucke in den Jahren 1740 und 1749 und wurde eigentlich erst in neuerer Zeit durch die Edition der mathematischen Werke [Whiteside 1967–81] und der Briefe Newtons [Turnbull 1959–77] obsolet gemacht [Hall 1980, S. 242].

Johann Bernoulli war nicht erfreut über des Maizeauxs *Recueil*, von dem er
1719 Wind bekam und über dessen Ton er sich beschwerte. Newton hatte
ihn über die bevorstehende Publikation informiert und Bernoulli mitgeteilt,
dass dort behauptet werde, er sei der „bedeutende Mathematiker" der *Charta
volans*. Der Protest Bernoullis brachte Newton dazu, durch eine Zahlung an
den holländischen Buchhändler, der den Druck übernommen hatte, die Veröffentlichung bis zum Frühjahr 1720 zu verzögern. Offenbar wollte Newton
die nun eingetretene Waffenruhe mit Bernoulli nicht gefährden. Wir wissen
auch, dass Newton plante, die gesamte Auflage aufzukaufen und des Maizeaux
auszuzahlen, so sehr war er an der Erhaltung des Friedens mit Bernoulli interessiert [Westfall 2006, S. 788]. Im Jahr 1719 hatte sich auch Brook Taylor
in die englische Front eingereiht und auf Initiative Newtons eine Schrift *Apologia contra Bernoullium* (Verteidigung gegen Bernoulli) in den Philosophical
Transactions veröffentlicht. Der „bedeutende Mathematiker" der *Charta volans* hatte Taylor des Plagiats bezichtet und die *Apologia* war ganz klar eine
Reaktion. Unter dem Eindruck von des Maizeauxs *Recueil* bat Bernoulli am
21. Dezember 1719 Newton nun auch darum, die Angriffe Taylors und Keills
auf ihn zu unterbinden, was er gleich mit einer Drohung verband [Turnbull
1959–77, Vol. VII, S. 78]:

> *„Es gibt Briefe an mich von bestimmten gelehrten Männern aus Na-*
> *tionen, die keinen Anteil in diesem Streit haben; legte ich diese der*
> *Öffentlichkeit vor, wüsste ich nicht, ob diejenigen Eurer Landsleute,*
> *die so warm mit mir gestritten haben, bis es beleidigend wurde, aus*
> *ihnen große Gelegenheit zur Prahlerei erlangen würden. Ich habe un-*
> *ter anderen authentischen Dokumenten eine Kopie* [eines Briefes] *von*
> *Herrn Montmort, ein noch nicht lange verstorbener Mathematiker,*
> *der, wie Ihr wisst, gelehrt und keiner Partei zugehörig war als er leb-*
> *te, denn er war Franzose; ich habe, wie gesagt, eine Kopie (von ihm*
> *an mich geschickt) eines bestimmten Briefes, den er am 18. Dezember*
> *1718 an Herrn Taylor geschrieben hatte, und der allein einen Groß-*
> *teil des Disputes ausräumen würde; aber nicht nach dem Geschmack*
> *von Taylor und dem Rest seiner Gefolgschaft. Wie dem auch sei wer-*
> *de ich bereitwillig davon absehen, diese Dinge öffentlich zu machen,*
> *wenn nur Eure Partei aufhören wird, unsere Geduld auf die Probe zu*
> *stellen, was ich dem Frieden zuliebe wünsche."*

(There are letters to me from certain learned men of nations having no
part in this national strife; if I laid these before the public I know not
whether those of your countrymen who quarreled so warmly with me
as to become insulting would gain from them great reason for boas-
ting. I have amongst other authentic documents a copy [of a letter]
from Mr Montmort, a mathematician not long dead who was, as you
know, learned and attached to neither party while he lived, since he
was French; I have, I say, a copy (sent from him to me) of a certain
letter which he had written to Mr Taylor on 18 December 1718, and

which alone would certainly dispel a large part of the dispute; but not
to the taste of Taylor and the rest of his following. However, I will
willingly refrain from making these things public, if only your party
will cease to try our patience, which I desire for the sake of peace.)

Newton nahm den Brief als Angriff und forderte nun Keill auf, seine Entgegnung auf Bernoulli loszulassen, die er schon lange vorbereitet hatte, aber
von Newton bisher an der Veröffentlichung gehindert worden war. Newton
selbst schrieb an Bernoulli eine kühle Antwort [Turnbull 1959–77, Vol. VII,
S. 80], die aber vermutlich nie abgeschickt wurde [Westfall 2006, S. 789]. Die
Waffenruhe, durch Varignon vermittelt, hielt also nicht lange.

Varignon versuchte aber weiter Frieden zu stiften, bis er schließlich 1722 starb.
Briefe zwischen Newton und Varignon auf der einen, und Bernoulli und Varignon auf der anderen Seite gingen hin und her. In des Maizeauxs *Receuil*
fanden sich Briefe Newtons, in denen der „bedeutende Mathematiker" der
Charta volans als „vorgeblicher Mathematiker", „Novize" und „fahrender Ritter" bezeichnet wurde. Bernoulli war beleidigt. Varignon beschloss, die Briefe
Bernoullis an ihn nun Newton vorzulegen, aber über de Moivre, der die Antworten Newtons wieder an Varignon übermittelte. Der Tod erlöste Varignon
von seiner undankbaren Aufgabe und de Moivre lehnte es ab, weiter in den
Streit verwickelt zu werden. Newton war aber noch nicht am Ende.

9.3.3 Das *Commercium epistolicum* reloaded

Mit endlosen Beschwerden und Forderungen Bernoullis konfrontiert, publizierte Newton im Jahr 1722 eine Neuauflage des *Commercium epistolicums*.
Dazu kam der anonyme Brief des „bedeutenden Mathematikers" aus der *Charta volans* und eine sehr detaillierte Erläuterung aus Newtons Feder. Bernoullis
Name erschien nicht. Während die erste Auflage des *Commercium epistolicums* von der Royal Society verteilt wurde, wurde die zweite Auflage zum
Kauf angeboten.

Aber auch Bernoulli war noch nicht am Ende. In einem Brief an Newton vom
6. Februar 1723 [Turnbull 1959–77, Vol. VII, S. 218ff.] berichtete er entrüs-
tet über ein Buch des Holländers Nicolas Hartsoeker (1656–1725), in dem
Newton des Plagiats in den *Opticks* beschuldigt wurde. Hartsoeker war ein
Mathematiker und Physiker, der ein überzeugter Cartesianer war und mit
Leibniz korrespondierte. In seinem Buch *Recueil de Plusieurs Pièces de Phy-
sique où l'on fait principalement voir l'Invalidité du Système de Mr. Newton*
(Sammlung von verschiedenen Stücken zur Physik, wo man hauptsächlich die
Ungültigkeit des Systems von Herrn Newton sichtbar macht), das in Utrecht
1722 erschien, griff er Newton heftig an und behauptete, er, Hartsoeker, habe
die Theorie des Lichts bereits 1694 publiziert. Das hätte Bernoulli vielleicht
noch nicht aus der Ruhe gebracht, aber Hartsoeker hatte auch ihn angegriffen,

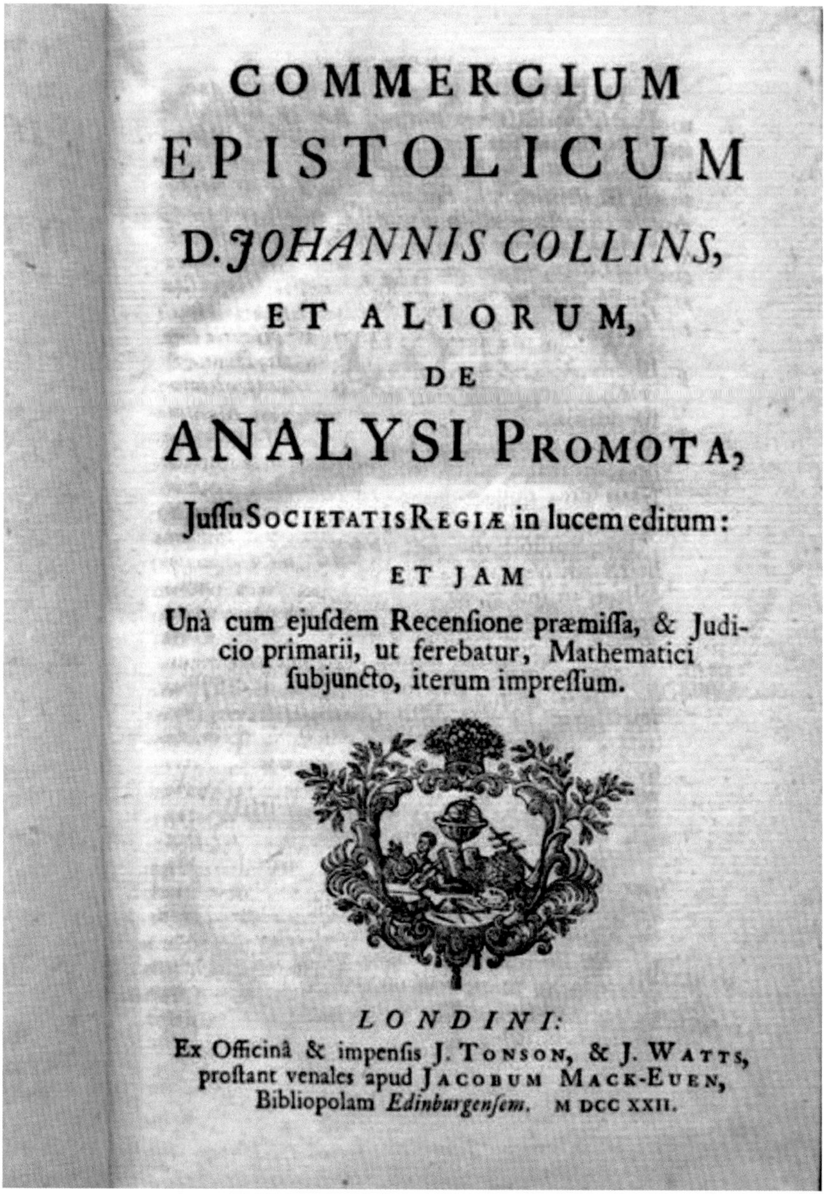

COMMERCIUM
EPISTOLICUM
D. *JOHANNIS COLLINS,*
ET ALIORUM,
DE
ANALYSI PROMOTA,
JuſſuSOCIETATISREGIÆ in lucem editum:
ET JAM
Unà cum ejuſdem Recenſione præmiſſa, & Judi-
cio primarii, ut ferebatur, Mathematici
ſubjuncto, iterum impreſſum.

LONDINI:
Ex Officinâ & impenſis J. TONSON, & J. WATTS,
proſtant venales apud JACOBUM MACK-EUEN,
Bibliopolam *Edinburgenſem.* M DCC XXII.

Abb. 9.3.3. Titel der Neuauflage *Commercium epistolicum* von 1722 (Courtesy of
the Trusties of the Edward Worth Library, Dublin, Online Exhibition)

in dem er Newtons Bemerkungen zur *Charta volans* in des Maizeauxs *Recueil*
verdrehte. Newton nahm den Brief Bernoullis nur noch zur Kenntnis, antwortete aber nicht mehr. Damit schlief der Prioritätsstreit endgültig ein [Westfall
2006, S. 792].

9.4 Newtons letzte Jahre

Vielleicht durch den Prioritätsstreit beeinflusst kümmerte sich Newton in seinen letzten Lebensjahren um die Neuauflage seiner Werke. Die zweite lateinische Ausgabe seiner *Opticks* erschien 1719, die dritte englische Ausgabe 1721. Auf dem Kontinent hatte die erste Auflage der *Opticks* keine große Wirkung entfaltet, was auch an Edme Mariotte lag. Mariotte hatte – wie auch andere – Newtons optische Experimente aus der *Opticks* wiederholt, aber ohne Erfolg. Im Jahr 1715 kam eine französische Delegation, angeführt von Montmort, nach England, um eine Sonnenfinsternis zu beobachten. Newton nutzte die Gelegenheit, um der Delegation seine optischen Experimente vorzuführen und diese Vorführung half der Popularisierung außerhalb Englands, wie auch die zweite lateinische Auflage der *Opticks*. Durch diese Auflage wurde der französische Dominikaner Sébastien Truchet[3] (1657–1729) angeregt, die Experimente zu wiederholen, und nun gelangen sie auch. Das Interesse an der *Opticks* wuchs nun stark an. Pierre Coste (1668–1747) gab im Jahr 1720 in Amsterdam eine französische Übersetzung der *Opticks* heraus, die von Varignon besprochen wurde, der 1721 eine zweite Auflage in Paris besorgte [Westfall 2006, S. 795].

Auch die *Principia* sollten noch eine dritte Auflage erfahren [Cohen 1971, S. 265ff.]. Vielleicht gab ein Nachdruck der zweiten Auflage in Amsterdam im Jahr 1723 den Anstoß, vielleicht aber auch eine ernste Erkrankung Newtons im Jahr 1722, die ihm klarmachte, dass er nicht mehr viel Zeit hatte. Newton versicherte sich der Hilfe des jungen Henry Pemberton (1694–1771), der 1715 von einem Medizinstudium aus Leiden zurückgekehrt war, wo er auch Vorlesungen zur Mathematik gehört hatte. Zur weiteren Ausbildung arbeitete er im St. Thomas Hospital und promovierte 1719 in Leiden bei Herman Boerhaave. Weil er von schwacher Gesundheit war, praktizierte er wenig, sondern schrieb als Fellow der Royal Society medizinische Fachartikel und wurde 1728 Medizinprofessor am Gresham College in London. Eine Schrift Pembertons, in der er Leibnizens Kraftmaß kritisierte und vom „großen Isaac Newton" sprach, wurde durch Richard Mead Newton gezeigt, der sie in den Philosophical Transactions drucken ließ. Da Pemberton auch ein guter Mathematiker war und sich bereits in der Popularisierung der Newton'schen Naturphilosophie hervorgetan hatte, wählte Newton den jungen Mann aus, um die dritte Auflage der *Prinipia* zu besorgen. Zu einem kritischen Exkurs, wie er mit Roger Cotes bei der Vorbereitung der zweiten Auflage stattgefunden hatte, war der nun über 80-jährige Newton nicht mehr im Stande, obwohl Pemberton versuchte, mit Newton wissenschaftliche Fragen in den *Principia* zu diskutieren.

Schon 1719 hatte Newton durch James Stirling von der Kritik Nikolaus I Bernoullis an der Theorie der Bewegung von Pendeln in widerstrebenden Medien erfahren, worauf Newton nicht antwortete. Die Theorie blieb wie sie war.

---

[3]Truchet war ein Typograph, Mathematiker, Erfinder und Physiker und ein Experte für Hydraulik. Er hatte auch Erfolg als Uhrmacher und als Erfinder von Mechanismen zur Versetzung von Bäumen in den Gärten von Versailles.

Abb. 9.4.1. Dritte Auflage der *Principia* aus dem Jahr 1726 ([Foto: Paul Hermans 2009] John Ryland Library, Manchester)

Brook Taylor wies Pemberton darauf hin, dass die Berechnung der Präzession einen Fehler enthielt – auch diese Berechnung blieb unverändert [Westfall 2006, S. 799]. Molyneux teilte John Conduitt, dem Ehemann von Newtons Nichte, mit, dass eine Nutation der Erdachse beobachtet wurde, die unter Umständen die gesamte Naturphilosophie unterminieren würde. Molyneux schrieb sehr vorsichtig an Newton, erhielt aber nur die trockene Antwort, dies möge wohl so sein. Dies alles zeigt eine gewisse Gleichgültigkeit Newtons. Pemberton schrieb an Newton – Newton schrieb nicht zurück, wir wissen aber, dass Pemberton mit Newton bei Besuchen in seinem Haus sprach. So ist die dritte Auflage, die schließlich 1726 erschien, nicht wesentlich verschieden von der zweiten. Es wurden 1250 Exemplare gedruckt, 50 davon auf feinstem Papier. Pemberton erhielt im Gegensatz zu Cotes wenigstens einen Dank im Vorwort.

Pemberton hatte noch vor, eine englische Übersetzung der *Principia* herauszubringen, aber da kam ihm Andrew Motte, dessen Übersetzung [Newton 1995] 1729 erschien, zuvor. Im Jahr 1728 veröffentlichte Pemberton noch das Buch *View of Sir Isaac Newtons philosophy* (Blick auf Sir Isaac Newtons Philosophie).

Auch um Neuauflagen seiner mathematischen Werke kümmerte sich Newton noch; vermutlich auch im Rückblick auf den Prioritätsstreit. Im Jahr 1720 erschien Raphsons englische Übersetzung der *Universal Arithmetick* und zwei

Jahre später eine zweite Auflage der lateinischen Version. Das Buch von William Jones aus dem Jahr 1711 (vergl. Seite 408), das Newtons *De quadratura* enthielt, erschien 1723 als Nachdruck in den Niederlanden.

Hatte sich Newtons aktives Interesse an wissenschaftlichen Fragen im Alter verflüchtigt, so war er weiterhin intensiv an theologischen Fragen interessiert. Die Theologie wurde zu Newtons Hauptbeschäftigung in seinen letzten Jahren, und dabei standen die Chronologie und die Prophezeihungen im Mittelpunkt seines Interesses. Seit 1690 hatte Newton sich mit theologischer Chronologie beschäftigt und als der Abbé Conti mit Newton in engeren Kontakt kam und 1716 über Newtons neue Prinzipien der Chronologie mit der Prinzessin von Wales sprach, wollte sie eine Kopie dieser Arbeit haben. Newton, wie immer nicht gewillt, seine Arbeiten leichtfertig aus der Hand zu geben[4], kondensierte einen „Abstract" und lieferte ihn innerhalb weniger Tage an die Prinzessin. Auch Conti besorgte sich eine Kopie und der „Abstract" verbreitete sich schnell. Mit Contis Rückkehr nach Paris kam der „Abstract" 1716 nach Paris und erregte auch dort Interesse, obwohl er kaum mehr als eine Tafel von Datierungen biblischer Ereignisse enthielt. Pariser Gelehrte und Buchdrucker nervten Newton, endlich mehr zu schicken, und Newton gab Conti die volle Schuld an diesen Störungen [Westfall 2006, S. 811]. Erst nach Newtons Tod publizierte Conduitt im Jahr 1728 das Gesamtwerk unter dem Titel *The Chronology of Ancient Kingdoms Amended* (Die Chronologie der antiken Königreiche berichtigt). Offenbar hatte Newton neben theologischer Spekulation auch astronomische Beobachtungen genutzt, um seine Chronologie zu erstellen. Auch Newtons *Observations upon the Prophecies of Daniel, and the Apocalypse of St. John* (Beobachtungen über die Prophezeihungen von Daniel und der Offenbarung des Johannes), die auf die frühen Jahre des 18. Jahrhunderts zurückgehen, wurden posthum 1733 veröffentlicht. Dort „beweist" Newton, dass der Tag des jüngsten Gerichts nicht vor dem Jahr 2060 kommen wird [Westfall 2006, S. 816]. Andere theologische Manuskripte aus Newtons letzten Jahren wurden nicht publiziert. Sie wurden am 13. Juli 1936 von dem Ökonomen John Maynard Keynes bei einer Auktion von Sothebys in London erworben. Die detaillierte Geschichte der Manuskripte ist in [Dry 2014] beschrieben und ist so spannend wie ein Kriminalfall.

9.5 Newton stirbt

Bis zum Schluss hat Newton seine Präsidentschaft der Royal Society ausgefüllt. Seit 1713 war die Society vollständig unter Newtons Kontrolle. Als die Society £600 Verlust durch Wertpapiere in der Südseeblase von 1720 machte, bot Newton an, diese £600 aus eigener Tasche zu ersetzen. Er selbst soll £20000 an privatem Investment verloren haben [Westfall 2006, S. 861].

---

[4]Westfall vermutet, dass die Originalarbeit so viel Häretisches enthielt, dass Newton aus seiner Position an der Münze entfernt worden wäre [Westfall 2006, S. 805].

Abb. 9.5.1. Die „South Sea Bubble" in einem Gemälde von Edward Matthew Ward (1816-1879) im Stil von Hogarth (Tate Britain, London)

Im Jahr 1711 wurde die „South Sea Company" als Handesgesellschaft gegründet, die das Monopol zum Handel mit Südamerika und den noch nicht entdeckten Gebieten erhielt. Als die Company englische Staatsschulden übernahm, erhielt sie das Recht, zusätzliche Aktien auszugeben. Nach und nach übernahm die Company immer mehr Staatsschulden und erhöhte die Anzahl der ausgegebenen Aktien immer weiter. Im Jahr 1720 platzte dann diese Spekulationsblase, parallel zum Mississippischwindel in Frankreich. Die Schulden wurden von der East India Company und der Bank of England übernommen, wodurch der Schatzkanzler Robert Walpole (1676–1745) in erheblichem Umfang seine Macht ausbauen konnte. Er wurde unter König Georg II. Premierminister. Die South Sea Company existierte aber weiter, bis sie 1850 aufgelöst wurde.

Im Jahr 1722 schenkte Newton der Royal Society ein Originalmanuskript Tycho Brahes. Er war nun auch im großen Maßstab ein Unterstützer der jungen Generation von Wissenschaftlern. James Stirling, Colin Maclaurin und der Astronom James Pound wurden unter anderen von ihm finanziell oder durch Empfehlungen auf Professuren unterstützt. Der berühmte Präsident der Royal Society war auch zu einer Art Touristenattraktion geworden und empfing zahlreiche Besucher. Von dem Abbé Alari, dem Erzieher von Ludwig XV., haben wir eine detaillierte Beschreibung eines solchen Besuches im Sommer 1725 [Westfall 2006, S. 833]. Die beiden Männer sprachen über antike Geschichte und als der Abbé zeigen konnte, dass er ein gelehrter Mann war, lud Newton ihn zum Essen ein, was erbärmlich gewesen sein soll und zu dem es

Abb. 9.5.2. William Stukely (1687–1765) war ein Antiquar und Mediziner aus Lincolnshire (wie Newton), der 1717 in die Royal Society aufgenommen wurde. Im Jahr 1752 veröffentlichte er eine Biographie Newtons unter dem Titel *Memoirs of Sir Isaac Newton's life*. Er untersuchte auch die Anlage in Stonehenge, die er für eine römische Wagenrennbahn hielt (li: Wellcome Images/Wellcome Trust, London [Mezzotint von J. Smith, 1721, nach Gemälde von Godfrey Kneller]), re: [Gemälde, English School, 1740]

billigen Wein gab. Am Nachmittag nahm Newton den Abbé mit zu einer Sitzung der Royal Society, wo er zur Rechten des Präsidenten sitzen durfte und Newton bald einschlief. Nach der Sitzung nahm Newton Alari wieder mit zu sich nach Hause und unterhielt ihn bis 21 Uhr.

Im Jahr 1718 lernte Newton William Stukeley kennen, der in London als Arzt praktizierte. Die beiden Männer, Stukeley 31, Newton 76 Jahre alt, freundeten sich an und als Stukeley nach Grantham zog, begann er wie Conduitt, Informationen über Newtons Leben zu sammeln. Die Erinnerungen Stukeleys und Conduitts sind die authentischsten Belege zum Leben des alten Newton, die aber Züge von Heldenverehrung tragen. Beide Männer berichten sehr vorsichtig über Newtons nachlassendes Gedächtnis und Zeichen von Senilität.

Die letzten Jahre waren von Krankheit gezeichnet. Über gesundheitliche Probleme im Jahr 1722 haben wir schon berichtet; 1723 war er so ernsthaft krank, dass er sich in die Obhut der Ärzte Richard Mead und William Cheselden begab. Ein Nierenstein ging ohne große Schmerzen ab [Westfall 2006, S. 866], aber ein großes Problem war eine Schwäche seiner Blase. Inkontinenz stellte sich ein, Newton verzichtete auf Fahrten in seiner Kutsche, da die Bewegungen sein Problem verschlimmerten, ging nicht mehr zum Essen aus und verzichtete

Abb. 9.5.3. Zachary Pearce war Student und später Fellow von Trinity College, Cambridge. Er wurde der private Kaplan des Lordkanzlers Thomas Parker, 1. Graf von Macclesfield. Nach einer Karriere als Geistlicher in verschiedenen Gemeinden wurde er 1748 Bischof von Bangor, 1756 Bischof von Rochester, lehnte den Bischofssitz von London ab und war von 1756 bis 1768 Dekan von Westminster [Künstler: John Faber jr. nach Thomas Hudson]; der Haupteingang zum Trinity College Cambridge [Foto: Andrew Dunn 2004]

in seiner Ernährung völlig auf Fleisch. Im Januar 1725 bekam Newton einen heftigen Husten, zu dem sich eine Lungenentzündung gesellte. Die Conduitts überredeten ihn, in ein Haus in Kensington zu ziehen, und die Luft dort tat ihm gut. Da Newton nun selbst spürte, dass das Ende nicht fern lag, begann er, seine Grundstücke zu verkaufen. Sehr generös unterstützte er die große Familie seiner Verwandten. Conduitt berichtet, dass er auch Schriftstücke verbrannte. Nach der Sommerpause 1726 nahm Newton nur noch vier Mal an Sitzungen der Royal Society teil. Am 13. März 1727 saß er der Society zum letzten Mal als Präsident vor. Ein paar Tage vor seinem Tod erhielt Newton Besuch von Zachary Pearce (1690–1774), dem Vikar von St. Martin-in-the-Fields in London.

Pearce berichtete über den Besuch [Westfall 2006, S. 869]:

„Ich fand ihn über dem Schreiben seiner Chronologie der antiken Königreiche ohne Hilfe einer Brille im größten Abstand im Raum von den Fenstern und mit einem Paket von Büchern auf dem Tisch, der einen Schatten auf das Papier warf. Als ich das beim Betreten des Raumes sah, sagte ich zu ihm: „Mein Herr, Ihr scheint an einem Platz zu

schreiben, an dem Ihr nicht so gut sehen könnt." Seine Antwort war,
„Ein bißchen Licht reicht mir." Er erzählte mir dann, dass er seine
Chronologie zum Druck vorbereitet, und dass er den größten Teil noch
einmal zu diesem Zweck umgeschrieben hätte. Er las mir zwei oder
drei Blätter dessen vor, was er bei dieser Gelegenheit geschrieben hat-
te (um die Mitte des Manuskripts, glaube ich) über ein paar Punkte
in der Chronologie, die in unseren Gespächen erwähnt worden waren.
Ich glaube, dass er für fast eine Stunde fortfuhr mir vorzulesen und
darüber zu sprechen, was er las, bevor das Abendessen serviert wurde.

(I found him writing over his *Chronology of Ancient Kingdoms*, without the help of spectacles, at the greatest distance of the room from
the windows, and with a parcel of books on the table, casting a shade
upon the paper. Seeing this, on my entering the room, I said to him,
„Sir, you seem to be writing in a place where you cannot so well see."
His answer was, „A little light serves me." He then told me that he
was preparing his Chronology for the press, and that he had written
the greatest part of it over again for that purpose. He read to me two
or three sheets of what he had written, (about the middle, I think, of
the work) on occasion of some points in Chronology, which had been
mentioned in our conversation. I believe, that he Continued reading
to me, and talking about what he had read, for near an hour, before
the dinner was brought up.)

Die Besuche und die Sitzung vom 13. März hatten Newton angestrengt und
der heftige Husten kam zurück. John Conduitt schickte nach Mead und Cheselden, die einen Blasenstein diagnostizierten. Newton litt große Schmerzen
und Schweiß rann ihm über das Gesicht [Westfall 2006, S. 869]. Stukeley berichtete in seinen *Memoirs* [Iliffe 2006, Vol. I, S. 302]:

„es [sein Leiden] *stieg auf solche Höhe, dass das Bett unter ihm und*
der ganze Raum sich mit seinen Qualen schüttelten zum Erstaunen
derjenigen, die anwesend waren, solch' ein Kampf hatte seine große
Seele, ihr weltliches Tabernakel zu verlassen."

(it rose to such a height, that the bed under him, & the very room,
shook with his agonys, to the wonder of those that were present, such
a struggle had his great soul to quit its earthly tabernacle!)

Wie Leibniz weigerte sich auch Newton, die Sakramente zu empfangen, was
im Hinblick auf seine fast lebenslange arianische Überzeugung nur konsequent
war. Am 26. März ging es Newton wieder besser, aber kurz darauf ging es
wieder bergab. Am Sonntag den 30. März verlor er das Bewusstsein und starb
am folgenden Morgen um ein Uhr ohne weiteres Leiden.

Ein häßliches Gezerre um sein nicht unerhebliches Erbe begann nun zwischen
seinen Verwandten [Westfall 2006, S. 870ff.]. John Conduitt konnte sich den

Abb. 9.5.4. Die Jerusalem-Kammer in der Westminster Abbey auf einem Foto, das zwischen 1870 und 1900 entstand [Fotograf unbekannt, 1914]

nun frei gewordenen Posten als Münzmeister sichern. Catherine Conduitt, geborene Barton, starb 1739, zwei Jahre nach ihrem Mann. Ihre Tochter, auch mit Namen Catherine, heiratete John Wallop, Viscount Lymington im Jahr 1740 und deren Sohn wurde der zweite Graf von Portsmouth. Durch die Tochter Catherine kamen die Papiere und Manuskripte Newtons in die Portsmouth-Familie und von dort in die Universitätsbibliothek von Cambridge.

Newtons Leichnam wurde am 8. April 1727 in der Jerusalem-Kammer in Westminster Abbey aufgebahrt.

Ein Grabmonument in der Westminster Abbey wurde 1731 errichtet, das Westfall als *„baroque monstrosity"* (barocke Monstrosität) bezeichnet hat [Westfall 2006, S. 874]. Newton ist in entspannter, liegender Pose zu sehen, von Engeln umspielt. Oben ist die Astronomie in Form einer Frau gezeigt, die über einer Weltkugel weint. Die Grabinschrift lautet übersetzt [Wußing 1984, S. 120]:

> *„Hier ruht Sir Isaac Newton, welcher als Erster mit nahezu göttlicher Geisteskraft die Bewegungen und Gestalten der Planeten, die Bahnen der Kometen und die Fluten des Meeres durch die von ihm entwickelten mathematischen Methoden erklärte, die Verschiedenheit der Lichtstrahlen sowie die daraus hervorgehenden Eigentümlichkeiten der Farben, welche vor ihm niemand auch nur geahnt hatte, erforschte, die Natur, die Geschichte und die Heilige Schrift fleißig, scharfsinnig und zuverlässig deutete, die Majestät des höchsten Gottes durch seine Philosophie darlegte und in evangelischer Einfachheit der Sitten sein*

Abb. 9.5.5. Der von Boullée geplante Kenotaph für Isaac Newton [E.-Louis Boullée:
Cénotaphe à Newton, 1784]

*Leben vollbrachte. Es dürfen sich alle Sterblichen beglückwünschen,
daß diese Zierde des menschlichen Geschlechts ihnen geworden ist. Er
wurde am 25. Dezember 1642 geboren und starb am 20. März 1727.[5]"*

(H. S. E. ISAACUS NEWTON Eques Auratus, / Qui, animi vi prope
divinâ, / Planetarum Motus, Figuras, / Cometarum semitas, Ocea-
nique Aestus. Suâ Mathesi facem praeferente / Primus demonstravit:
/ Radiorum Lucis dissimilitudines, / Colorumque inde nascentium
proprietates, / Quas nemo antea vel suspicatus erat, pervestigavit. /
Naturae, Antiquitatis, S. Scripturae, / Sedulus, sagax, fidus Interpres
/ Dei O. M. Majestatem Philosophiâ asseruit, / Evangelij Simplicita-
tem Moribus expressit. / Sibi gratulentur Mortales, / Tale tantumque
exstitisse / HUMANI GENERIS DECUS. / NAT. XXV DEC. A.D.
MDCXLII. OBIIT. XX. MAR. MDCCXXVI)

Im 18. Jahrhundert war Newton auch in Frankreich zu einer Berühmtheit
ersten Ranges geworden. Die Bewunderung der Franzosen war so groß, dass
der Revolutionsarchitekt Étienne-Louis Boullée (1728–1799) im Jahr 1784 ein
Kenotaph (Scheingrab) zur Ehre Newtons entwarf, das aus einer 150 Meter
durchmessenden Kugel bestehen sollte, die auf einem ringförmigen Sockel ruh-
te, der mit Zypressen bepflanzt werden sollte. Das Innere der Kugel, die die
Sphäre des Universums symbolisieren sollte, zeigte den Sternenhimmel, indem
Licht von außen durch Perforierungen der Kugelschale fiel.

---

[5]Die Daten folgen dem julianischen Kalender. Allerdings fand der Jahreswechsel
1626/27 am 25. März statt, so dass das Todesdatum 20. März 1727 bei Wußing
falsch ist. Richtig ist der 20. März 1726.

Abb. 9.5.6. Das Grabmonument für Newton in der Westminster Abbey
[Foto: Klaus-Dieter Keller 2006]

Kaum waren die Newton'sche Fluxionenrechnung und der Leibniz'sche Kalkül in der Welt, da wurde bereits Kritik laut. Diese Kritik konnte den Siegeszug der Infinitesimalmathematik nicht aufhalten; zu groß waren die Erfolge, die man durch konsequente Anwendung dieser Mathematik auf Probleme der Physik erzielte. Wie wir gesehen haben, begründeten in Kontinentaleuropa die Brüder Jakob und Johann Bernoulli die Variationsrechnung, mit deren Hilfe man neben vielen weiteren Optimierungsproblemen das Problem der Brachistochrone, also die Frage nach derjenigen Kurve, auf der ein Massenpunkt unter dem Einfluss der Schwerkraft reibungsfrei zwischen einem Anfangs- und einem Endpunkt gleitet, lösen konnte. Johanns Sohn Daniel Bernoulli (1700–1782) begründete die Hydrodynamik und Johanns großer Schüler Leonhard Euler (1707–1783) wurde bereits von seinen Zeitgenossen als „fleischgewordene Analysis" bezeichnet. Er gründete die gesamte Mechanik auf die Leibniz'sche Differenzial- und Integralrechnung und baute diese noch wesentlich aus.

In England arbeitete der Franzose Abraham de Moivre (1667–1754) erfolgreich mit Fluxionen, verallgemeinerte Newtons Binomialtheorem zum Multinomialtheorem, fand 1707 die nach ihm benannte Formel $(\cos x + i \sin x)^n = \cos(nx) + i \sin(nx)$ und machte große Fortschritte in der Wahrscheinlichkeitsrechnung und Astronomie. Brook Taylor (1685–1731) schrieb 1715 sein Hauptwerk *Methodus incrementorum directa et inversa* (Methode der direkten und inversen Inkrementierung), in dem der Kalkül der finiten Differenzen in Relation zu den Fluxionen untersucht wird. Auch die nach ihm benannte Potenzreihe der Entwicklung einer differenzierbaren Funktion findet man dort. Roger Cotes (1682–1716) arbeitete eng mit Newton bei der Neuauflage der *Principia* zusammen und präzisierte die nach Newton und Cotes benannten Quadraturformeln. Colin Maclaurin (1698–1746) verfasste 1742 sein Werk *A treatise of fluxions* (Eine Abhandlung über Fluxionen) als eine der ersten systematischen Darstellungen der Newton'schen Infinitesimalmathematik. Nach ihm ist eine Potenzreihe benannt und die Euler-Maclaurin-Formel. Weitere englische Mathematiker des 18. Jahrhunderts sind Thomas Bayes (um 1701–1761), Thomas Simpson (1710–1761), Matthew Stewart (1717–1785), John Landen (1719–1790), Robert Woodhouse (1773–1827) und Edward Waring (1736–1798).

Wie kam es überhaupt zu einer Kritik, wenn doch die Infinitesimalmathematik die erfolgreiche Behandlung bisher unlösbarer Probleme ermöglichte? Es war natürlich die Verwendung des „unendlich Kleinen", das die Kritiker auf den Plan rief. Carl Benjamin Boyer hat in seiner klassischen Darstellung der Geschichte der Differenzial- und Integralrechnung vermutet [Boyer 1959, S. 224], auf dem Kontinent sei es die Vernachlässigung des metaphysischen Rationalismus, also des philosophischen Überbaus der unendlich kleinen Größen, durch Leibnizens Nachfolger gewesen, die die Kritiker auf den Plan rief. Infinitesimale wurden sehr frei als echte unendlich kleine Größen aufgefasst oder einfach als Null, wie es zum Beispiel Euler tat. In England war es nach Boyer die mangelnde Klarheit bei der Diskussion unendlich kleiner Größen in Newtons Schriften und seine inkonsistente Notation, die zur Gegenrede ermutigte. Boyer nennt daher das gesamte 18. Jahrhundert die „Periode der Unentschlossenheit" (period of indecision), eine Bezeichnung, der wir uns keinesfalls anschließen sollten. Ja, es gab erste Kritik an der Infinitesimalrechnung, aber: nein, eine Periode der Unentschlossenheit war das 18. Jahrhundert auf gar keinen Fall. Es ist eher das Sturm-und-Drang-Jahrhundert für die neue Infinitesimalmathematik.

Wir wollen in diesem Kapitel zwei frühe Anfechtungen näher untersuchen, da zumindest eine davon einige Wirkungen gehabt hat. Der Archetyp des frühen Kritikers an Newtons Fluxionenrechnung ist der Ire George Berkeley (1685–1753), ein Theologe und Philosoph, der ab 1734 Bischof von Cloyne wurde. Noch früher als Berkeley hat allerdings Bernard Nieuwentijt (1654–1718) die Grundlagen des Leibniz'schen Kalküls kritisiert.

10.1 Bernard Nieuwentijt und der Leibniz'sche Kalkül

10.1.1 Ein Leben in Nordholland

Bernard Nieuwentijt (1654–1718) war ein niederländischer Philosoph und Mathematiker, der die Leibniz'sche Infinitesimalrechnung als Erster überhaupt kritisierte.

Abb. 10.1.1. George Berkely ([Stich von W. Holl], Wellcome Images/Wellcome Trust, London) und Bernard Nieuwentijt [unbekannter Graveur]

Der in West-Graftdijk im Norden Hollands geborene Bernard war der Sohn des Geistlichen Emmanuel Nieuwentijt und Sara d'Imbleville [DSB 1971, Vol. X, S. 120f., H. Freudenthal]. Obwohl von ihm erwartet wurde, dass er in ein geistliches Amt eintreten würde, studierte er Naturwissenschaften. In Leiden wurde er früh im Jahr 1675 für Medizin immatrikuliert, später im Jahr 1675 immatrikulierte er sich an der Universität Utrecht, wo er Medizin und Rechtswissenschaft studierte. In Utrecht verteidigte er auch im Jahr 1676 seine medizinische Doktorarbeit und öffnete eine Praxis in Purmerend, das etwa 14 Kilometer östlich von West-Graftdijk liegt. Im November 1684 heiratete er die Witwe eines Kapitäns, Eva Moens. Nieuwentijt wurde in den Rat der Stadt Purmerend gewählt und dann ihr Bürgermeister. Nach dem Tod seiner Frau heiratete er im März 1699 zum zweiten Mal; die Ehefrau war Elisabeth Lams, die Tochter des Bürgermeisters der Stadt Wormer, einer Nachbargemeinde von Purmerend und West-Graftdijkt.

10.1.2 Nieuwentijts kurzer philosophischer Ruhm

Er schrieb zwei umfangreiche Werke, für die er in seinem Heimatland berühmt wurde. Das erste erschien 1714 in niederländischer Sprache in Amsterdam und wurde in mehrere weitere Sprachen übersetzt. In der von Johann Andreas von Segner 1747 besorgten deutschen Übersetzung heißt das Werk *Rechter Gebrauch der Weltbetrachtung zur Erkenntnis der Macht, Weisheit und Güte Gottes, auch Überzeugung der Atheisten und Ungläubigen*, in der englischen Übersetzung von Chamberlayne aus dem Jahr 1718 lautet der Titel *The Religious Philosopher, or the Right Use of Contemplating the Works of the Creator: (I) In the Wonderful Structure of Animal Bodies, (II) In the Formation of the Elements, (III) In the Structure of the Heavens, Designed for the Conviction of Atheists*. Das zweite größere Werk erschien erst posthum 1720 ebenfalls in niederländischer Sprache. In diesem Werk unternahm Nieuwentijt einen methodischen Angriff auf den Rationalismus, der seiner Meinung nach auf den „Spinozismus" führt und auf andere Arten von Atheismus. Der Begriff Spinozismus wurde im 18. Jahrhundert als philosophischer Kampfbegriff verwendet, mit dem die Philosophie des Baruch de Spinoza abgewertet werden sollte, in der Gott lediglich eine Substanz war. Geist und Materie sind keine getrennten Substanzen, wie die Cartesianer lehrten, sondern zwei Attribute der Substanz Gott. Trotz des Ruhms in seiner Zeit war der Einfluss Nieuwentijts auf die Entwicklung der Philosophie vernachlässigbar [DSB 1971, Vol. X, S. 121, H. Freudenthal], wenn er auch als Methodiker mit seinen Argumentationen in großer Nähe zur Mathematik und zu den Naturwissenschaften bis in die moderne Zeit einzigartig war.

10.1.3 Der Kampf gegen Leibnizens Infinitesimale höherer Ordnung

Nieuwentijt nahm als junger Mann die Mathematik und Naturphilosophie seiner Zeit auf und muss als gebildeter Mathematiker angesehen werden. Der Mode der Zeit entsprechend wurde er Cartesianer, denn gerade in den Niederlanden standen die Lehren des René Descartes hoch im Kurs. Die uns interessierende Periode, in der sich Nieuwentijt auf einen Disput mit Leibniz einließ, liegt in den Jahren 1695-1700 [DSB 1971, Vol. X, S. 120, H. Freudenthal].

Nieuwentijts Schriften zur Infinitesimalmathematik erschienen sämtlich in den zwei Jahren 1694 und 1695 und wurden nach Meinung von Rienk H. Vermij zu wenig um ihrer eigenen Bedeutung wegen studiert [Vermij 1989, S. 69]. Über die mathematische Ausbildung des jungen Nieuwentijts wissen wir eigentlich nichts. Vermij zitiert dazu Nieuwentijt aus einer im Jahr 1694 erschienenen Abhandlung *Considerationes circa analyseos ad quantitates infinite parvas applicatae principia, et calculi differentialis usum in resolvendis problematibus geometricis* (Betrachtungen über die Prinzipien der auf unendlich kleine Größen angewandten Analysis und über den Gebrauch des Differenzialkalküls beim Lösen geometrischer Probleme) [Vermij 1989, S. 70][1]:

> *„bis ich mich endlich entschied, meine verstreuten Anmerkungen in eine elementare Abhandlung einzuarbeiten, weil ich den infinitesimalen Kalkül für den Gebrauch eines jungen Mannes darzulegen hatte, mit dem ich durch Heirat verwandt war."*

> (until I finally decided, because I was to exhibit the infinitesimal calculus for the use of a young man to whom I was related by marriage, to work over my dispersed annotations into an elementary treatise)

Dieser „junge Mann" kann nur der Stiefsohn Nieuwentijts, Hendrik Munnik, gewesen sein, den seine erste Frau Eva Moens mit in die Ehe brachte. Damit muss die Zeit dieser Arbeit nach 1684 gelegen haben. Bei der elementaren Abhandlung handelt es sich um *Analysis infinitorum seu curvilineorum proprietates ex polygonorum natura deductae* (Analysis des Unendlichen oder die Eigenschaften krummliniger Gebilde, abgeleitet aus der Natur der Polygone), die in Amsterdam 1695 erschien. Das Buch hat wesentlich didaktischen Charakter und ist, wie Nieuwentijt im Vorwort schreibt, „Ein kleines Werk, geschrieben von einem Anfänger für Anfänger" (A little work, written by a beginner for beginners) [Vermij 1989, S. 70]. Es handelt sich dabei in der Tat um das erste elementare Lehrbuch der Infinitesimalmathematik, denn die *Analyse des infiniments petits* (Analysis der unendlich Kleinen) des Marquis de l'Hospital erscheint erst ein Jahr später.

Im Vorwort berichtet Nieuwentijt, dass er alle Resultate aus nur einem Prinzip herleiten werde, nämlich der Interpretation von Kurven als Polygonzüge, und

---

[1]Englische Übersetzung von Vermij.

tatsächlich handelt es sich bei der *Analysis infinitorum* um ein diesbezüglich durchaus sehr systematisches Werk. Dabei umgeht Nieuwentijt unendlich kleine Größen in keiner Weise. Wie Barrow berechnet er die Tangente an Kurven, aber wo Barrow infinitesimale Größen einfach weglässt („for these terms have no value", siehe Abschnitt 2.4), da erklärt Nieuwentijt, *warum* er diese Terme vernachlässigt. Eine infinitesimale Größe a ist, geometrisch gesprochen, der infinitesimale Teil einer gegebenen Größe h. Mit anderen Worten: Wird die Größe h durch ein unendlich großes m dividiert, dann erhält man die Infinitesimale a, also $a = h/m$. Multipliziert man die infinitesimale Größe a mit der unendlich großen Größe m, dann ergibt sich wieder die gegebene endliche Größe h. Infinitesimale Größen wie a dürfen *nicht* einfach weggelassen werden. Ist aber auch $e = k/m$ eine infinitesimale Größe und betrachtet man das Produkt $a \cdot e$, dann ist das ja nichts anderes als $(h/m) \cdot (k/m) = hk/m^2$. Multipliziert man nun mit m, dann bleibt aber noch hk/m, und da m unendlich groß ist, darf man solche Terme weglassen, denn sie *sind* Null.

Die wichtigste Konsequenz dieser mehr als fragwürdigen Argumentation Nieuwentijts ist die Nichtexistenz höherer Differenziale, und das ist auch genau der Grund für die Kontroverse mit Leibniz.

Die Grundlage für Nieuwentijts *Analysis infinitorum* lieferten sicher englische Mathematiker wie Barrow, Wallis, Gregory und Newton [Vermij 1989, S. 75]. Natürlich werden auch die in den Niederlanden zu dieser Zeit bekannten Mathematiker zitiert, Huygens, Descartes, de Sluse, Hudde und Gerhard Mercator. Obwohl Leibniz seinen Kalkül 1684 veröffentlicht hatte, hat Nieuwentijt ihn zur Zeit der Publikation seiner *Analysis infinitorum* offenbar sehr spät gelesen. Leibniz taucht erst auf der Seite 274 auf, und das im Zusammenhang mit der Bestimmung von Maxima und Minima. In der 1694 publizierten Schrift *Considerationes circa analyseos* beschreibt Nieuwentijt seine Arbeit an der *Analysis infinitorum* wie folgt [Vermij 1989, S. 75][2]:

> *„bis ich endlich vor etwa vier Jahren, nachdem ich mich mit der höchst brauchbaren Arbeit der Acta Eruditorum versorgt hatte, nicht nur lernte, dass große Männer gerade dieses Thema behandelt hatten, sondern dass Leibniz lange zuvor einen Algorithmus des differentiellen Kalküls behandelt und dargestellt hatte, gerade so, wie ich es gemacht habe, die Summen, Produkte und Quotienten von unendlich kleinen Größen und von Differenzialen (die ich aus einem anderen Algorithmus hergeleitet habe, der fundamentaler ist als der von Leibniz). Also vermutete ich, nicht ohne einige Freude, dass ich dieselben Prinzipien gefunden hatte wie ein so großer Mann."*

---

[2]Meine Übersetzung der englischen Übersetzung von Vermij.

(until finally I learned, about four years ago, after I had provided myself with that most useful work of the *Acta eruditorum*, not only that great men considered this very subject, but also that Leibniz had treated long before an algorithm of the differential calculus and exhibited, just as I have done, the sums, products and quotients of infinitely small quantities and of differentials (which I had deduced from another algorithm, more fundamental than Leibniz's). So I conjectured, not without some joy, that I had found the same principle as so great a man.)

Wir dürfen also annehmen, dass Nieuwentijt erst im Lauf des Jahres 1690 auf die Leibniz'sche Infinitesimalrechung gestoßen ist, als er bereits die ersten sechs Kapitel der *Analysis infinitorum* geschrieben hatte. Ab Kapitel sieben nimmt Nieuwentijt dann Bezug auf Leibniz. Im achten Kapitel hält er fest, dass Leibniz'sche höhere Differenziale $(dx)^2, dx\,dy$, etc. nicht existieren können, da sie ja nach seiner Argumentation einfach Null sind und das Rechnen mit Nullen sinnlos sei.

In den *Considerationes* wird Nieuwentijt noch expliziter. Diese Publikation, nach der *Analysis infinitorum* geschrieben, aber vorher publiziert, wurde durch Nieuwentijts Lektüre eines Artikels von Johann Bernoulli in den Acta Eruditorum des Jahres 1694 angestoßen. Leibniz erhielt beide Werke Nieuwentijts im Jahr 1695, aber er nahm die Kritik offenbar auf die leichte Schulter [Vermij 1989, S. 77]. Noch 1695 publizierte Leibniz in den Acta Eruditorum die Schrift *Responsio ad nonnullas difficultates a Dn. Bernardo Niewentijt circa methodum differentialem seu infinitesimalem motas* (Entgegnung auf einige von Herrn Bernard Nieuwentijt gegen die differenziale oder infinitesimale Methode vorgebrachte Einwände) [Leibniz 2011, S. 271 ff.]. Hier konzentrierte er sich auf drei Fragen:
1. Wann dürfen infinitesimale Größen vernachlässigt werden?
2. Können infinitesimale Größen auf Exponentialgleichungen angewendet werden?
3. Genügen höhere Differentiale denselben Definitionen wie „Größen"?
Die zweite Frage, die ebenfalls durch Nieuwentijt aufgeworfen wurde, bezieht sich auf dessen Behauptung, dass der Differenzialquotient einer Exponentialfunktion

$$y^x = z$$

nicht zu berechnen sei. Dabei argumentierte Nieuwentijt wie folgt [Nagel 2008, S. 202]. Die Größe dz ist die infinitesimale Differenz

$$dz = (y + dy)^{x+dx} - y^x = y^{x+dx} + xy^{x+dx-1}dy - y^x,$$

wenn alle Terme weggelassen werden, die Produkte von infinitesimal kleinen Größen enthalten. Werden jetzt alle immer noch vorhandenen infinitesimalen Größen vernachlässigt, dann steht da

$$0 = y^x - y^x,$$

BERNHARDI NIEUWENTIIT

ANALYSIS

INFINITORUM,

Seu

Curvilineorum Proprietates

E X

POLYGONORUM NATURA

DEDUCTÆ.

A M S T E L Æ D A M I,

Apud JOANNEM WOLTERS,

Anno 1695.

Abb. 10.1.2. Titelblatt von Nieuwentijts *Analysis Infinitorum* von 1695 (ETH-Bibliothek Zürich, Alte und Seltene Drucke, Rar 5204:1)

was offenbar korrekt, aber nicht hilfreich ist. Leibniz gab zu, dass auch er Probleme bei solchen Funktionen hatte, verwies jedoch auf Jakob Bernoulli und gab das folgende Beispiel [Nagel 2008, S. 204f.]. Ist $x^v = y$, dann folgt

$$v \log x = \log y.$$

Wegen

$$\log x = \int \frac{dx}{x} \quad \text{und} \quad \log y = \int \frac{dy}{y}$$

folgt

$$v \int \frac{dx}{x} = \int \frac{dy}{y},$$

was nach Differenziation auf

$$\frac{dy}{y} = dv \log x + v \frac{dx}{x}$$

führt. Also bekommt man wegen $y = x^v$

$$dy = d(x^v) = x^v dv \log x + v x^{v-1} dx.$$

Unglücklicherweise befanden sich in der *Responsio* Fehler, so dass Leibnizens Herleitung falsch war. Da er jedoch später eine Probe machte und auf ein richtiges Ergebnis kam, konnten die Fehler nur Druckfehler sein, die von Leibniz übersehen wurden.

Die erste Frage versucht Leibniz mit Hinweis auf seinen Gleichheitsbegriff zu beantworten: zwei Größen sind nicht nur dann gleich, wenn ihre Differenz Null ist, sondern auch, wenn ihre Differenz unendlich klein ist. Zu Frage 3 gibt Leibniz wiederum ein Beispiel, an dem er den Gebrauch höherer Differenziale klarstellen will. Einen Monat nach der Entgegnung auf Nieuwentijts Einwände erscheint in den Acta Eruditorum noch eine Ergänzung Leibnizens mit dem Titel *Addenda ad schediasma Responsio* (Zu ergänzende Antwort auf den kurzen Bericht *Responsio*),

Das alles reichte Nieuwentijt nicht. Im Jahr 1696 erschien Nieuwentijts Entgegnung *Considerationes secundae circa calculi differentialis principia et responsio ad Virum Nobilissimum G. G. Leibnitium* (Zweite Betrachtungen über die Prinzipien des Differenzialkalküls und Antwort auf den höchst edlen Herrn G. W. Leibniz). Hier betont Nieuwentijt noch einmal, dass es ihm nicht darum gehe, gegen den Infinitesimalkalkül zu kämpfen, sondern lediglich darum, die Grundlagen des Kalküls von Fehlern zu befreien [Nagel 2008, S. 205]. Leibniz mochte offenbar nicht mehr auf diese zweite Entgegnung antworten, aber das brauchte er auch gar nicht. In Jakob Hermann (1678–1733), einem Schüler Jakob Bernoullis, fand er einen würdigen Vertreter in diesem Meinungsstreit.

Abb. 10.1.3. Der schweizer Mathematiker Jakob Hermann in zwei Bildern [Maler unbekannt, vermutl. 18. Jh.]

Im Jahr 1700 erschien Hermanns 62-seitiges Büchlein mit dem Titel *Responsio ad Clarissimi Viri Bernh. Nieuwentiit Considerationes Secundas circa calculi differentialis principia* (Antwort auf die zweiten Betrachtungen des hochberühmten Herrn Bernhard Nieuwentijt über die Prinzipien des Differenzialkalküls). Die ersten fünf von sechs Kapiteln sind Nieuwentijts Einwänden gegen die Infinitesimalrechnung gewidmet, im sechsten Kapitel gibt Hermann die wesentlichen Propositionen des Differenzialkalküls [Nagel 2008, S. 206ff.]. Die Argumentation verläuft ganz im Sinne von Leibniz und den Bernoullis. Eine Größe wie b/m^2, so Hermann im vierten Kapitel, darf nicht nur mit m, sondern muss mit mm multipliziert werden. So erhält man ohne Widerspruch wieder die endliche gegebene Größe b und man hat damit die Existenz höherer Differenziale gesichert. Im fünften Kapitel weist Hermann auf die Fehler in Leibnizens *Responsio* hin und korrigiert die Rechnungen zur Ableitung von $x^v = y$. Hermann empfiehlt das Studium von Newtons *Principia*, aber auch die Arbeiten seines Lehrers Jakob Bernoulli in den Acta Eruditorum, sowie der von de l'Hospitals *Analyse des infiniments petit*. Für Hermann erwies sich diese Entgegnung als Schlüsselpublikation seiner Karriere. Empfohlen von Jakob und Johann Bernoulli sorgte Leibniz für seine Wahl in die Brandenburger Akademie und verschaffte ihm die Professur in Padua, die einst Galileo Galilei innegehabt hatte. Im Jahr 1725 wechselte Hermann auf die Professur für höhere Mathematik an die Akademie der Wissenschaften in St. Petersburg und übernahm 1731 den Lehrstuhl für Ethik, Natur- und Völkerrecht an der Universität Basel. Mit Hermanns *Responsio ad Clarissimi Viri Bernh. Nieuwentiit* endete die Leibniz-Nieuwentijt Kontroverse endgültig.

10.2 Bischof Berkeley und die Newton'schen Fluxionen

George Berkeley hat hierzulande lange ein Schattendasein geführt. Erst im Jahr 1987 erschien mit Arend Kulenkampffs Buch [Kulenkampff 1987] eine erste Biographie in deutscher Sprache und 1989 erschien Wolfgang Breiderts Biographie [Breidert 1989], die sich auch intensiv dem mathematischen Schaffen Berkeleys widmete. Breidert ist auch der Übersetzer und Herausgeber der Berkeley'schen Schriften [Berkeley 1985].

10.2.1 Ein Leben zwischen Theologie, Wissenschaft und Teerwasser

George Berkeley wurde am 12. März 1685 in Kilcrene im südlichen Irland geboren. Erst der Großvater väterlicherseits war aus England gekommen, aber George sah sich bereits als echten Iren. Sein Vater William Berkeley war wohlhabend und konnte drei seiner Söhne auf eine Universität schicken, so auch George, der seine schulische Ausbildung am Kilkenny College bekam, das als „Eton Irlands" einen hervorragenden Ruf besaß [Breidert 1989, S. 13].

Es war das College, dass auch von Jonathan Swift (1667–1745), dem großen irischen Satiriker, Schriftsteller und von *Gullivers Reisen*, besucht wurde. Hier

Abb. 10.2.1. Zwei Porträts von George Berkeley, links als Bischof ([Gemälde von John Smybert um 1727], National Portrait Gallery Washington, NPG.89.25) und rechts als „Reverend" ([Stich, um 1760], Wellcome Images/Wellcome Trust, London)

am Kilkenny College schloss Berkeley eine lebenslange Freundschaft mit Thomas Prior (1680–1751), der 1731 die „Dublin Society for the Promotion of Agriculture, Manufactures, Arts, and Sciences" gründete.

Im Alter von 15 Jahren, also im Jahr 1700, bezieht Berkeley als Student das Trinity College in Dublin und studiert Mathematik, Logik, Sprachen, Philosophie und Theologie. Im Jahr 1704 erwirbt er den Grad eines Baccalaureus Artium und wartet nun darauf, dass ein Fellowship am Trinity College frei wird, was aber erst im Herbst 1706 der Fall ist. Offenbar hat er die freie Zeit genutzt, um als Privatlehrer tätig zu sein, aber auch, um sich im Selbststudium weiterzubilden. Im Frühjahr 1707 erscheint seine erste Schrift *Arithmetica absque Algebra aut Euclide demonstrata cui accesserunt cogitata nonnulla de radicibus surdis, de aestu aeris, de cono aequilatero et cylindro eidem sphaerae circumscriptis, de ludo algebraico et paranetica quaedam ad studium matheseos, praesertim algebrae* (Arithmetik ohne Algebra oder Euklid [=Geometrie] bewiesen. Beigefügt sind einige Gedanken über irrationale Wurzeln, über die Hitze der Luft, über Zylinder und gleichseitigen Kegel, die derselben Kugel umschrieben sind, über ein algebraisches Spiel und gewisse Ermahnungen zum Studium der Mathematik, besonders der Algebra).

Mit hoher Wahrscheinlichkeit wurde die Schrift verfasst, um Eindruck im Hinblick auf die Kandidatur für das Fellowship zu schinden. Die Schrift zeigt Berkeleys jugendliche Begeisterung für die Mathematik, aber keinerlei Belege für eine Ablehnung der Infinitesimalmathematik, die in der Tat in der Publikation auch gar nicht vorkommt. Zur Zeit der Veröffentlichung führt Berkeley jedoch ein *Philosophisches Tagebuch* (Philosophical Commentaries) [Berkeley 1979], in dem er sich schon recht kritisch über die Infinitesimalmathematiker äußert [Breidert 1989, S. 15].

Interessant für uns sind die großen Denker, auf die Berkeley sich in seiner ersten Schrift bezieht.

Das sind Isaac Newton in der Physik, John Locke in der Erkenntnistheorie und die Mathematiker André Tacquet (1612–1660), John Wallis und Bernard Lamy (1640–1715). Tacquet war ein Jesuit und brillanter Mathematiker aus Brabant, der zu den Vorbereitern der Differenzial- und Integralrechnung zu zählen ist. Sein im Jahr 1651 veröffentlichtes Werk *Cylindricorum et annularium liber quintus; una cum dissertatione physico-mathematica de circularium volutatione per planum* (Fünftes Buch über Zylindrisches und Ringförmiges zusammen mit einer physikalisch-mathematischen Dissertation über die Umwälzung von Kreisförmigem durch eine Ebene) beeinflusste Blaise Pascal wie vielleicht auch einige seiner Zeitgenossen [Boyer 1959, S. 140]. Bernard Lamy gehörte der Kongregation vom Oratorium des Heiligen Philippo Neri an und war ein Theologe und Mathematiker. Im Jahr 1679 schrieb er die *Traité de Mécanique* (Abhandlung über Mechanik), in der das Kräfteparalleogramm auftaucht, und im Jahr 1685 *Les éléments de géométrie* (Die Elemente der Geometrie).

Abb. 10.2.2. Bernard Lamy ([Stich, 18. Jh., Künstler unbekannt] Revue historique et archéologique du Maine, 1894) und George Berkeley ([Stich], Wellcome Images/Wellcome Trust, London)

Die *Arithmetica* blieb weitgehend unbeachtet, aber Berkeley wurde vermutlich mit ihrer Hilfe und nach einer Prüfung am 9. Juni 1707 ein Fellow des Trinity Colleges [Berkeley 1985, S. 12]. Am 19. November 1707 hielt Berkeley vor der gerade gegründeten Dublin Philosophical Society einen Vortrag zu dem Thema *Von Unendlichen* (Of Infinities). Schon hier kritisierte der junge Berkeley die Schwächen der Infinitesimalmathematik und wir müssen uns diesen Vortrag später genauer ansehen.

Im Januar 1713 reiste Berkeley nach London und kam in den folgenden Jahren nur für kurze Zeit nach Irland zurück. Die Reise verfolgte mehrere Ziele. Zum einen war es eine Bildungsreise, dann wollte Berkeley seinen Gesundheitszustand verbessern, und zu guter Letzt war es eine Missionierungsreise, denn Berkeley wollte seine Gedanken den englischen Gelehrten nahebringen [Breidert 1989, S. 31]. Berkeley kam bei den englischen Zeitgenossen durch seine freundliche Art sehr gut an; er hatte bereits vier Bücher publiziert und trug das Manuskript des fünften mit sich. Sein Freund Jonathan Swift (1667–1745) öffnete ihm die Tür zu kulturell interessierten Kreisen in London. Berkeley war ein überzeugter Immaterialist, d.h. er gestand der räumlichen Außenwelt kein objektives Sein zu, sondern ihre Existenz ist nur mittelbar dadurch, wie sie uns erscheint. Wir können uns gut vorstellen, dass eine solche ontologische Inklination Berkeleys interessante Diskussionen in London hervorgerufen hat. Berkeley blieb in solchen Diskussionen stets standhaft und verteidigte seine Philosophie, blieb aber auch immer umgänglich und freundlich [Breidert 1989, S. 34]. In Berkeleys Notizbuch *Philosophisches Tagebuch* findet sich unter der Nummer 429 das berühmte ontologische Prinzip

*„Sein ist Wahrgenommenwerden oder Wahrnehmen oder Wollen, d.h.
Handeln."*

In London lernte Berkeley den Verleger Richard Steele (1672–1729) kennen,
der eine neue Zeitschrift, den „Guardian" plante, und Steele konnte Berkeley
zur Mitarbeit gewinnen. Durch Steele wurde Berkeley auch mit dem Dichter Alexander Pope (1688–1744) bekannt, dessen berühmter Zweizeiler über
Newton:

*Nature and nature's law lay hid in night;
God said „Let Newton be!" and all was light.*

(Die Natur und ihr Gesetz lagen verborgen in der Nacht;
Gott sagte: „Newton sei!" und alles war Licht.)

sogar noch in der Hollywood-Produktion *The Da Vinci Code* (deutsch: Sakri-
leg) mit Tom Hanks in der Hauptrolle eine entscheidende Rolle spielt.

Noch fehlte Berkeley die „Grand Tour", die unter Gebildeten übliche Reise
durch den Kontinent bis nach Italien. Diese Gelegenheit bot sich im Herbst
1713, als Berkeley als geistlicher Begleiter von Lord Peterborough nach Italien reisen konnte. Im Jahr 1714 reiste Berkeley auf der Landroute wieder
zurück nach London, wo er um den Todestag von Queen Anne am 1. August
1714 eintraf [Breidert 1989, S. 36]. Im Herbst 1716 ergab sich erneut die Gelegenheit einer Reise nach Italien, diesmal als Reisebegleiter und Tutor des
kränkelnden Sohnes von George Ashe, Bischof von Clogher, den Berkeley seit
seiner Studentenzeit am Trinity College kannte, dem Ashe damals als Direktor
vorstand. Vier Jahre sollte diese zweite Italienreise dauern, bei der Berkeley
auch einen Ausbruch des Vesuvs miterlebte.

Wo Berkeley sich nach seiner Rückkehr aus Italien vom Herbst 1720 bis zum
Herbst des folgenden Jahres aufhielt, ist nicht bekannt. Breidert vermutet,
er sei in London gewesen [Breidert 1989, S. 46]. Dann kehrte Berkeley an
das Trinity College nach Dublin zurück, wo er im November 1721 Doktor der
Theologie wurde. Um seinen Lebensunterhalt neben den spärlichen Einkünften, die er vom College bezog, aufzubessern, suchte Berkeley eine Stelle als
Dekan ohne Amtsgeschäfte. Tatsächlich gab es eine solche Stelle in Dromore,
aber über die Besetzung brach ein Streit mit dem Bischof der Diözese aus,
der in einem Vergleich endete. Berkeley erhielt schließlich nur den Titel eines
Dekans, aber keine Einkünfte. Eine neue Stelle musste her.

Im frühen Winter 1722 unternimmt Berkeley eine Reise nach London, um sich
auf Rat eines Freundes bei dem Herzog von Grafton in Erinnerung zu bringen,
der ihn schon bei der Bewerbung um die Stelle in Dromore unterstützt hatte.
In Berkeley war inzwischen der Plan eines „Bermuda-Projekts" gereift. Er will
auf Bermuda *„Gutes für die Menschheit"* [Breidert 1989, S. 48] tun, indem er
für die Bildung und religiöse Erziehung der jungen Menschen in einem College oder Seminar sorgen will, auch für eine *„Anzahl junger amerikanischer*

Wilder". Bevor sich die Idee des Bermuda-Projektes manifestiert, erhält Berkeley im Mai 1724 mit Unterstützung seines Trinity Colleges das Dekanat von Londonderry, woraufhin er aus dem College ausscheidet.

Es war die Zeit des schwärmerischen missionarischen Aufbruchs und einer Expansionspolitik gen Westen [Breidert 1989, S. 53]. Vielleicht wäre das Bermuda-Projekt nie gestartet, wenn nicht Berkeley eine überraschende Erbschaft erhalten hätte. Sein Freund Jonathan Swift hatte ein Verhältnis mit zwei Frauen [Breidert 1989, S. 50f.]. Swift lebte mit seiner Haushälterin Esther Johnson in wilder Ehe und tändelte seit 1708 mit einer sehr viel jüngeren Frau, Esther van Homrigh, die Swifts Verhältnis mit Esther Johnson eifersüchtig beobachtete. Als Gerüchte über eine heimliche Eheschließung Swifts mit Esther Johnson die Runde machen, will Esther van Homrigh Klarheit, aber Swift bricht mit ihr, woraufhin sie kurze Zeit später stirbt. Kurz vor ihrem Tod hat sie noch ihr Testament geändert; nicht Swift erbt, sondern George Berkeley und ein Robert Marshall. Berkeley deutet das Erbe als göttliche Fügung und als Unterstützung für das Bermuda-Projekt.

Berkeley warf sich nun ganz auf die Planung des Projekts, wobei er auch Unterstützer fand, so seinen Freund Thomas Prior und weitere Personen aus dem Umkreis des Trinity Colleges. Als Financiers konnten bekannte Persönlichkeiten gewonnen werden, der Erzbischof von Canterbury und der Bischof von London, womit das Bermuda-Projekt zu einer öffentlichen Sache wurde. Schließlich stimmte auch der König der Gründung eines Colleges mit dem Namen St. Paul's College zu, und Berkeley sollte der erste Präsident werden. Allerdings reichte das Geld immer noch nicht und Berkeley beantragte erfolgreich den Verkauf von Ländereien auf einer der Kleinen Antillen. Allerdings musste Berkeley lange auf das Geld warten und fuhr heimlich in der ersten Septemberwoche 1728 mit einer kleinen Gruppe nach Amerika. Mit auf dem Schiff war seine junge Ehefrau, Anne Berkeley, die Tochter des Hauptrichters John Forster aus Dublin, die Berkeley einen Monat vor der Abreise geheiratet hatte. Er schrieb [Breidert 1989, S. 56]:

> *„Ich wählte sie ihrer Geistesqualitäten wegen und wegen ihrer natürlichen Neigung zu Büchern. Sie ist gerne bereit, das Leben einer einfachen Bauersfrau zu führen und selbstgewebte Stoffe zu tragen."*

Seltsamerweise ging diese heimliche Reise nicht auf die Bermudas, sondern nach Newport, Rhode Island. Dort kaufte Berkeley ein Haus in Middletown und wartete nun auf das Geld aus England. Vermutlich war ihm aufgegangen, dass Rhode Island doch der bessere Standort für das geplante College war, aber der Landerwerb dort verunsicherte sicher einige Befürworter des Projektes in England. Auch seine heimliche Abreise stieß bei einigen auf Unverständnis und in kirchlichen Kreisen war man mit einigem Recht verärgert, dass Berkeley so lange sein Dekanat ruhen ließ, ohne die Stelle freizugeben.

Abb. 10.2.3. Bischof Berkeley Haus, Newport/Rhode Island ([Foto: Joshua Appleby Williams, 1859–1885], New York Public Library). Hier handelt es sich um ein stereoskopisches Foto, welches einen räumlichen Eindruck beim Betrachten mit einem speziellen optischen Gerät hervorruft (und das in der 2. Hälfte des 19. Jhs.)

Das versprochene Geld aus England kam jedenfalls nie an, der Premierminister Walpole wollte das Geld nicht auszahlen und das Bermuda-Projekt musste als gescheitert angesehen werden.

Im Oktober 1731 war Berkeley nach jahrelangem Warten wieder in England. Sein Haus in Amerika, das Land und acht Kisten mit Büchern hatte er dem Seminar von Yale geschenkt; der Trinity Church, in der er gepredigt hatte, stiftete er eine neue Orgel und der Bibliothek von Harvard schickte er von England aus noch eine Kiste mit lateinischen Klassikern. Berkeley blieb vorerst in London; nach Londonderry zurückzukehren wäre politisch unklug gewesen. Er interessierte sich für das Dekanat von Down, aber der Erzbischof von Dublin griff ein und verhinderte die Berufung, weil Berkeley ein *„Wahnsinniger"* sei [Breidert 1989, S. 64]. Immerhin wurde Berkeley das nächste freie Bischofsamt versprochen und er kehrte nach Irland zurück. Anfang 1734 bot man ihm eine Stelle in Cloyne an – weit genug entfernt von Dublin – und Berkeley wurde am 19. Mai 1734 in Dublin zum Bischof von Cloyne geweiht.

Für Berkeley war klar, dass das Scheitern des Bermuda-Projektes die „Freidenker" zu verschulden hatten, also diejenigen, die sich mit atheistischem Gedankengut befassten und der anglikanischen Kirche fern standen. Diese Überzeugung ließ Berkeley den philosophisch-theologischen Dialog *Alciphron oder der Kleine Philosoph* [Berkeley 1996] verfassen, der kurz nach seiner Rückkehr aus Amerika 1732 in London erschien und sich gegen die Freidenker richtete. Aber damit war Berkeley noch nicht zufrieden. Zu den Freidenkern rechnete er nämlich automatisch einige Mathematiker, die sich mit infinitesimalen Me-

Abb. 10.2.4. 20 Autoren [Stich von J. W. Cool, 1825]. George Berkeley als einer von 20 Autoren in Grabb's Historical Dictonary. Berkeley befindet sich in der vorletzten Reihe links (Wellcome Images/Wellcome Trust, London)

thoden beschäftigten. In einem Brief vom 7. Januar 1734 schrieb Berkeley an seinen Freund Thomas Prior, er beschäftige sich jetzt in den Morgenstunden mit einigen mathematischen Dingen [Breidert 1989, S. 69]. Frucht dieser Be-

Abb. 10.2.5. Die Reisegesellschaft Berkeleys ([Ausschnitt aus einem Gemälde von John Smybert], Yale University Art Gallery)

schäftigung war das Buch *The Analyst* (Der Analytiker), das in den letzten Märztagen 1734 erschien. Ein bekannter gebildeter Mann soll als Grund seiner Ungläubigkeit einen bekannten Mathematiker als Vorbild angeführt haben. Es soll sich bei diesem Mann um den Arzt Dr. Samuel Garth gehandelt haben und der ungläubige Mathematiker soll niemand anderes als Edmond Halley gewesen sein [Breidert 1989, S. 69].

Als Bischof von Cloyne, etwa 40 km von der ost-irischen Hafenstadt Cork entfernt, hatte Berkeley weit verstreute Gemeinden zu betreuen, wobei die Protestanten in der Minderheit waren und etwa acht mal mehr Katholiken die Diözese bevölkerten [Breidert 1989, S. 71]. Berkeley war ständig bemüht, die Lebensverhältnisse der armen Bevölkerung zu verbessern. Er schrieb über Nationalökonomie und Geldwirtschaft, er richtete eine Spinnschule für die Kinder ein und für die Landstreicher ein Arbeitshaus. Mit seiner Frau hatte er sieben Kinder, von denen vier das Säuglingsalter überlebten. Griechisch und Latein lehrte Berkeley seine Kindern selbst, für die Musik beschäftigte er einen italienischen Musiker.

Eine Episode aus Berkeleys späterem Leben hat ihm in jüngerer Zeit viel Hohn und Spott eingebracht, und wurde als die Teerwasserepisode bekannt. Der Stand der Medizin im 18. Jahrhundert war noch bedauernswert, eine öffentliche Gesundheitsvorsorge gab es nicht. Nach dem äußerst harten Winter 1739/40 brach im darauffolgenden Winter eine Ruhr-Epidemie aus und Berkeley begann, mit Medikamenten zu experimentieren, die der Bevölkerung helfen könnten. Mit fein geriebenem Harz in Fleischbrühe hatte er einige Erfolge, aber er kannte aus Amerika auch schon das Teerwasser, mit dem die Indianer einer Pocken-Epidemie vorbeugen wollten. Nach dem Studium chemischer Werke gelang es Berkeley, einen klaren Auszug eines Teeraufgusses herzustellen, den er erst bei sich selbst anwandte, dann an seiner Familie ausprobierte und schließlich an den Bewohnern von Cloyne. Im Jahr 1744 schrieb Berkeley ein Buch über sein Teerwasser mit dem Titel *Siris*. Das Buch wurde ein voller Erfolg, erlebte schnell mehrere Auflagen und wurde in Auszügen in andere Sprachen übersetzt [Breidert 1989, S. 76]. Es kam zu einer Teerwassersucht; Apotheker in London verkauften nichts anderes mehr und ein Zeitgenosse bemerkte, man könne noch nicht einmal einen Brief schreiben, ohne Teerwasser in der Tinte zu haben. Natürlich gab es Widerstand der lizensierten Schulmediziner, gegen die Berkeley sich mit sarkastischen Gedichten wehrte. Er hielt schließlich sein Teerwasser für ein Allheilmittel, was es sicher nicht war. Wässrige Teerauszüge haben durch die in ihnen erhaltenen Phenole sicher eine leicht antiseptische Wirkung, aber wir wissen heute, dass sie nicht nur Nebenwirkungen wie Nierenreizungen haben, sondern auch krebserregend sind.

Im Alter lebte Berkeley zurückgezogen auf seinem ländlichen Bischofssitz. Im März 1751 stirbt sein 14-jähriger Sohn William, der ihm sehr ans Herz gewachsen war; im Oktober desselben Jahres stirbt der Freund Thomas Prior. Als Berkeleys ältester Sohn George zum Studium nach Oxford geht, folgt ihm Berkeley mit Frau und Tochter Julia, um den etwas zum luxuriösen Leben neigenden Sohn zu beaufsichtigen. Kurz vor der Abreise macht er sein Testament. Man soll ihn da begraben, wo er stirbt. Die Begräbniskosten sind auf maximal 20 Pfund zu beschränken, dafür sollen die Armen reichlich beschenkt werden. Seine Frau soll Erbin vor den Kindern werden. Ganz in der Urangst der Zeit, er könne lebendig begraben werden, gefangen, verfügt Berkeley, sein Leichnam solle fünf Tage lang unberührt liegen, bevor man ihn beerdigt. Am Sonntag, den 14. Januar 1753, trinkt die Familie Tee und liest in der Bibel. Als Berkeleys Tochter Julia dem Vater eine Tasse Tee reichen möchte, bemerkt sie, dass er tot ist. Ein Schlaganfall hat ihn in aller Stille schnell getötet.

10.2.2 Zur Berkeley'schen Philosophie der Mathematik

Bevor wir uns mit Berkeleys Kritik an der Infinitesimalmathematik auseinandersetzen, müssen wir einen Blick auf die allgemeine Einstellung Berkeleys in Hinsicht auf die Mathematik werfen.

Wir dürfen sicher davon ausgehen, dass Berkeley – wie alle anderen Gebildeten seiner Zeit – einen guten Hintergrund in klassischer antiker Philosophie besaß. Platon hatte mathematische Objekte im Ideenhimmel angesiedelt; den

Abb. 10.2.6. Platon (428 oder 427 v.Chr.-348 oder 347 v.Chr.) (Kopf des Platon, römische Kopie einer griechischen Plastik aus der Glyptothek München) und Aristoteles (Büste von Aristoteles, Marmor, römische Kopie nach dem griechischen Bronze-Original von Lysippos, um 330 v. Chr. aus dem National Museum Rom - Palazzo Altemps; Ludovisi Collection [Foto: Jastrow 2006])

idealen Kreis, die ideale Gerade, etc., und hatte die realen Objekte unserer Welt, den gezeichneten Kreis, die gezeichnete Gerade, etc., als Abbilder oder Approximationen der idealen Formen angesehen.

Platons Schüler Aristoteles (384–322 v.Chr.) wollte nicht an den Ideenhimmel seines Lehrers glauben. Nun durften einerseits die mathematischen Objekte nicht von der Struktur der realen Welt abhängig sein, denn mathematisch exakte Kreise findet man in dieser Welt einfach nicht, andererseits durften diese Objekte auch nicht mehr aus einem metaphysischen Ideen- oder Formenhimmel stammen. Aristoteles löste dieses philosophische Dilemma sehr elegant: Ja, mathematische Objekte werden aus unserer Erfahrung in der realen Welt geboren, aber ihre mathematische Präzisierung geschieht in unserem Geist durch *Abstraktion* [Jesseph 1993, S. 10]. Im 17. Jahrhundert war die Abstraktion als Grundlage der Mathematik vollständig anerkannt. Selbst in ihren mathematischen Vorlieben so verschiedene Mathematiker wie John Barrow und John Wallis – der eine ein klassischer Geometer, der andere begeistert von der algebraischen Behandlung der neuen analytischen Geometrie – schätzten die Bedeutung der Abstraktion sehr hoch ein.

Es ist klar, dass Berkeley die abstraktionistische Philosophie der Mathematik bekannt war; er las ja auch Bücher von Wallis und Barrow, und die zeitgenössischen Lexika, wie etwa Joseph Raphsons *Mathematical Dictionary* aus dem Jahr 1702, definierten Mathematik als abstrakte Wissenschaft [Jesseph

1993, S. 17]. Die Idee der Abstraktion war auch in die Schriften der allgemeinen Philosophie eingedrungen, so etwa in die Schriften John Lockes. Berkeley hingegen lehnte die Abstraktion in der allgemeinen Philosophie sowie in der Philosophie der Mathematik ab.

Für Berkeley hatte die Abstraktion nichts als ein Durcheinander in der Philosophie und den Wissenschaften angerichtet. In der Einführung zu seiner Schrift *A Treatise concerning the Principles of Human Knowledge* (Eine Abhandlung über die Prinzipien der menschlichen Erkenntnis) aus dem Jahr 1710 führt er das Fehlen des Fortschritts in der Philosophie auf falsche Prinzipien zurück [Jesseph 1993, S. 21],

> *„unter denen* [den Prinzipien der Philosophie], *wie ich denke, keine ist, die größeren Einfluß auf die Gedanken von grüblerischen Männern hatte als die der abstrakten Ideen."*

(amongst all which there is none, methinks, hath a more wider influence over the thoughts of speculative men, than this of abstract general ideas.)

Berkeleys Argument gegen die Absurdität der abstrakten Idee wird auch „Argument aus Unmöglichkeit" genannt. Wir wollen nicht zu weit abschweifen, sondern nur bemerken, dass es darum geht, mit Hilfe der Abstraktion eine Idee von einem unmöglichen Objekt zu bekommen, dass sich nicht in konsistenter Weise beschreiben lässt. Zusammen mit dem Prinzip, dass etwas logisch Unmögliches nicht begriffen werden kann, reichte das zur Ablehnung der Abstraktion [Jesseph 1993, S. 21f.]. Zeitgenössische Philosophen wie Locke machten es Berkeley leicht, mit dem Argument aus Unmöglichkeit zu arbeiten, man lese nur die inkonsistente Beschreibung eines idealen Dreiecks bei Locke [Locke 1995, Book IV, Chapter VII, 9, S. 509], dem Berkeley philosophisch ansonsten sehr verbunden war.

Was ist aber nun Berkeleys Alternative zur Abstraktion? Es ist die *spezielle* Idee, die auf andere Problemstellungen verallgemeinert werden kann; Jesseph nennt diese Alternative „Theorie der repräsentativen Verallgemeinerung" (theory of representative generalization) [Jesseph 1993, S. 33]. Geleitet von der Intuition kann man sich die speziellen Ideen in Äquivalenzklassen aufgeteilt denken. Jede Klasse enthält dann Ideen, die sich bezüglich eines Gesichtspunkts ähneln. So können wir aus der Menge aller Dreiecke ein beliebiges Dreieck zeichnen. Dieses Dreieck ist anders als alle anderen Dreiecke aus seiner Klasse, aber allen gemein sind drei Kanten, drei Winkel und drei Eckpunkte. Verwenden wir im Beweis der Winkelsumme nur diejenigen Größen, die allen Dreiecken gemein sind, dann haben wir für unser herausgegriffenes Dreieck etwas bewiesen, was sich auf alle anderen Dreiecke verallgemeinern lässt [Jesseph 1993, S. 34].

Wir wollen nicht untersuchen, wo die Quellen für Berkeleys Ablehnung des Abstrahierens liegen und verweisen dafür auf die Darstellung in [Jesseph 1993, S. 38ff.]. Dass diese Ablehnung jedoch in großem Maße in ihm vorhanden war, spielt auch bei seiner Ablehnung der Infinitesimalmathematik eine nicht unbedeutende Rolle.

10.2.3 Von Unendlichen

Der kurze Aufsatz *Of Infinities* (Von Unendlichen) [Berkeley 1985, S. 75-80] wurde bereits am 19. November 1707, Berkeley war 22 Jahre alt, der Dublin Philosophical Society vorgelegt.

Es sind drei wichtige Punkte, auf die Berkeley hier abhebt. Von Locke hatte Berkeley den Unterschied zwischen „Unendlichkeit" und „unendlich" übernommen [Locke 1995, Book II, Chapter XVII, S. 145ff.], sowie das semantische Argument, dass man ein Wort nur dann benutzen sollte, wenn man auch eine Idee davon hätte, die zu dem korrespondiert, was das Wort ausdrückt. Allein auf Grundlage dieses Arguments ist die Rede von unendlich kleinen Größen für Berkeley schon Beweis der Unmöglichkeit ihrer Existenz. Er schreibt [Berkeley 1985, S. 75f.]:

> *„Denn wer mit Herrn Locke den Unterschied, der zwischen der Unendlichkeit des Raumes und dem unendlich großen oder kleinen Raum besteht, sorgfältig erwägt und bedenkt, daß wir von der ersten eine Idee haben, aber von dem letzten überhaupt keine, wird kaum über seine Vorstellungen hinausgehen, um von unendlich kleinen Größen oder infinitesimalen Teilen (partes infinitesimae) einer unendlichen Größe zu sprechen und noch weniger von infinitesimalen Teilen der infinitesimalen Teile (infinitesimae infinitesimarum) usw. Trotzdem ist bei Verfassern über Fluxionen oder den Differentialkalkül usw. das gerade üblich."*

Die Vorstellung: „zu einer gegebenen Größe können wir uns eine kleinere vorstellen" ist völlig in Ordnung, aber: „wir können uns eine Größe vorstellen, die kleiner ist als irgendeine gegebene Größe" ist Unsinn. Infinitesimale werden abgelehnt, nicht einfach nur weil wir sie nicht sehen können, sondern weil wir keinerlei Vorstellung von ihnen haben [Jesseph 1993, S. 165f.]. Berkeley schreibt weiter [Berkeley 1985, S. 76]:

> *„Sie* [die Infinitesimalmathematiker] *stellen – auf dem Papier – infinitesimale Größen verschiedener Ordnungen dar, als hätten sie in ihrem Geist Ideen, die diesen Wörtern oder Zeichen entsprechen, oder als enthielte es keinen Widerspruch, daß es eine unendlich kleine Linie und noch eine unendlich kleinere als sie geben soll. Für mich ist klar, daß wir kein Zeichen ohne eine ihm entsprechende Idee verwenden sollten, und es ist ebenso klar, daß wir keine Idee von einer unendlich kleinen Linie haben, im Gegenteil, ..."*

Dann greift Berkeley die Nieuwentijt-Leibniz-Kontroverse auf und schreibt [Berkeley 1985, S. 77]:

> *„Herr Nieuwentijt räumt ein, infinitesimale Größen der ersten Ord-*
> *nung seien wirkliche Größen, aber die Differenzen von Differenzen*
> *(differentiae differentiarum) oder infinitesimale Größen der folgenden*
> *Ordnung beseitigt er, indem er sie zu ebensovielen Nullen macht. Das*
> *ist dasselbe wie zu sagen, das Quadrat, der Kubus oder eine ande-*
> *re Potenz einer wirklich positiven Größe sei gleich Null, was augen-*
> *scheinlich absurd ist."*

Aber nicht nur Nieuwentijt bekommt hier eine Abfuhr, sondern natürlich auch Leibniz. Berkeley stört sich an Leibnizens Definition, zwei Größen seien nicht nur dann gleich, wenn ihre Differenz Null ist, sondern auch wenn ihre Differenz infinitesimal klein ist. Er argumentiert durchaus aristotelisch [Berkeley 1985, S. 78]:

> *„» Wenn du«, so sagt er, »einer Linie einen Punkt einer anderen Linie*
> *hinzufügst, vermehrst du ihre Größe nicht.« Wenn aber Linien unend-*
> *lich teilbar sind, frage ich, wie es so etwas wie einen Punkt geben*
> *kann."*

10.2.4 Der Analytiker

The Analyst; or A Discourse addressed to an Infidel Mathematician; Wherein It is examined whether the Object, Principles, and Inferences of the Modern Analysis are more distinctly conceived or more evidently deduced, than Religious Mysteries and Points of Faith (Der Analytiker oder Eine an einen ungläubigen Mathematiker gerichtete Abhandlung, in der geprüft wird, ob der Gegenstand, die Prinzipien und die Folgerungen der modernen Analysis deutlicher erfasst und klarer hergeleitet sind als religiöse Geheimnisse und Glaubenssätze) erschien 1734 und verfolgte zwei Ziele, ein theologisches und ein mathematisches. Theologisch wollte Berkeley seinen Angriff auf die Freidenker fortsetzen und zeigen, dass ihre Kritik an der Offenbarungsreligion ungerechtfertigt war [Jesseph 1993, S. 178]. Die gleichen Freidenker, die die Religion wegen ihrer Mysterien verspotteten, glaubten andererseits fest an den Infinitesimalkalkül, der nach Berkeley mindestens so mysteriös war wie die Religion.

Die im Titel als „ungläubiger Mathematiker" bezeichnete Person kann nicht mit Sicherheit bestimmt werden; man hat Edmond Halley vermutet, aber das ist für uns auch nicht wichtig. Berkeley stellt die Religion mit ihren Mysterien auf die eine Seite, die Mathematik mit ihrer rigorosen Strenge auf die ande-re, und er will nun zeigen, dass die Infinitesimalmathematik diese geforderte Strenge *nicht* erfüllt, und er tut dies in 50 Abschnitten.

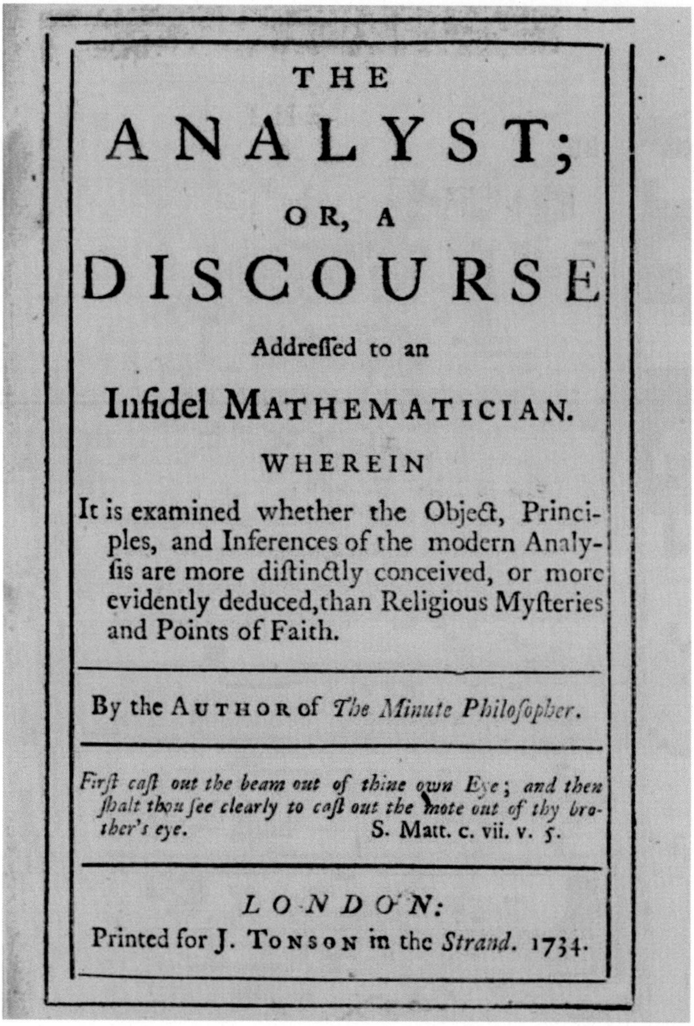

Abb. 10.2.7. Titelblatt des *Analyst* (Image Courtesy of the John M. Kelly Library,
University of St. Michael's College, Toronto)

Im Abschnitt 9, „Die Methode zur Auffindung der Fluxion eines Rechtecks
aus zwei unbestimmten Größen wird als illegitim und falsch erwiesen", greift
Berkeley auf Lemma II in Buch II von Newtons *Principia* zurück [Newton
1999, S. 646ff.], [Newton 1963, S. 243f.]. In der Übersetzung von [Newton
1999][3] lautet Lemma II:

---

[3]Englische Übersetzung von Cohen und Whitman. Dort findet man im Apparat
eine sehr interessante Diskussion der von Newton gebrauchten Ausdrücke und die
Gründe für die gewählte englische Übersetzung.

„Das Moment einer erzeugten Größe ist gleich dem Moment jedes der erzeugenden Wurzeln stetig multipliziert mit den Exponenten der Potenzen dieser Wurzeln und mit ihren Koeffizienten."[4]

(The moment of a generated quantity is equal to the moment of each of the generating roots multiplied continually by the exponents of the powers of these roots and by their coefficients.)

Das Lemma ist nicht leicht verständlich, aber es geht um die Produktregel

$$(f(x)g(x))' = f'(x)g(x) + f(x)g'(x).$$

Das wird klar im Newton'schen Beweis [Newton 1999, S. 648]. Ist AB ein Rechteck, das unter stetiger Bewegung vergrößert wird, so dass aus den Seiten $A - \frac{1}{2}a$, $B - \frac{1}{2}b$ die Seiten $A + \frac{1}{2}a$, $B + \frac{1}{2}b$ werden, wobei a und b Momente sind, also unendlich kleine Größen, dann gilt für die Anfangsfläche

$$\left(A - \frac{1}{2}a\right) \cdot \left(B - \frac{1}{2}b\right) = AB - \frac{1}{2}Ab - \frac{1}{2}Ba + \frac{1}{4}ab,$$

während für die nach der Bewegung resultierende Fläche

$$\left(A + \frac{1}{2}a\right) \cdot \left(B + \frac{1}{2}b\right) = AB + \frac{1}{2}Ab + \frac{1}{2}Ba + \frac{1}{4}ab$$

folgt. Subtraktion der Flächen liefert offenbar

$$\left(A + \frac{1}{2}a\right) \cdot \left(B + \frac{1}{2}b\right) - \left(A - \frac{1}{2}a\right) \cdot \left(B - \frac{1}{2}b\right) = Ab + Ba.$$

Die einzelnen Inkremente a und b der Seiten haben für die Fläche das Inkrement $Ab + Ba$ zur Folge. Berkeley widerspricht [Berkeley 1985, S. 93f.]:

„Doch ist offenbar, daß die unmittelbare und wahre Methode für die Berechnung des Moments oder Inkrements des Rechtecks AB darin besteht, daß man sich die Seiten als um ihre ganzen Inkremente angewachsen vorstellt und sie dann miteinander multipliziert, nämlich $A + a$ mit $B + b$. Dieses Produkt, nämlich $AB + aB + bA + ab$ ist das vermehrte Rechteck. Wenn wir AB subtrahieren, wird also der Rest $aB + bA + ab$ das wahre Inkrement des Rechtecks sein. Es ist um ab größer als das, was man nach der ersten unrechtmäßigen und krummen Methode erhielt. [...] Es hilft auch nichts zu sagen, $a \cdot b$ sei eine äußerst kleine Größe, denn man erklärte uns: »In mathematischen Dingen darf man auch über noch so kleine Fehler nicht hinweggehen.«"

---

[4]Schüller übersetzt in [Newton 1999a, S. 256] aus dem Lateinischen: *„Das Moment einer erzeugten [Größe] ist gleich [der Summe aus] den zu den einzelnen erzeugenden Seiten gehörenden Momenten, die man fortlaufend mit den Exponenten der Potenzen dieser Seiten und den Koeffizienten multipliziert hat."*

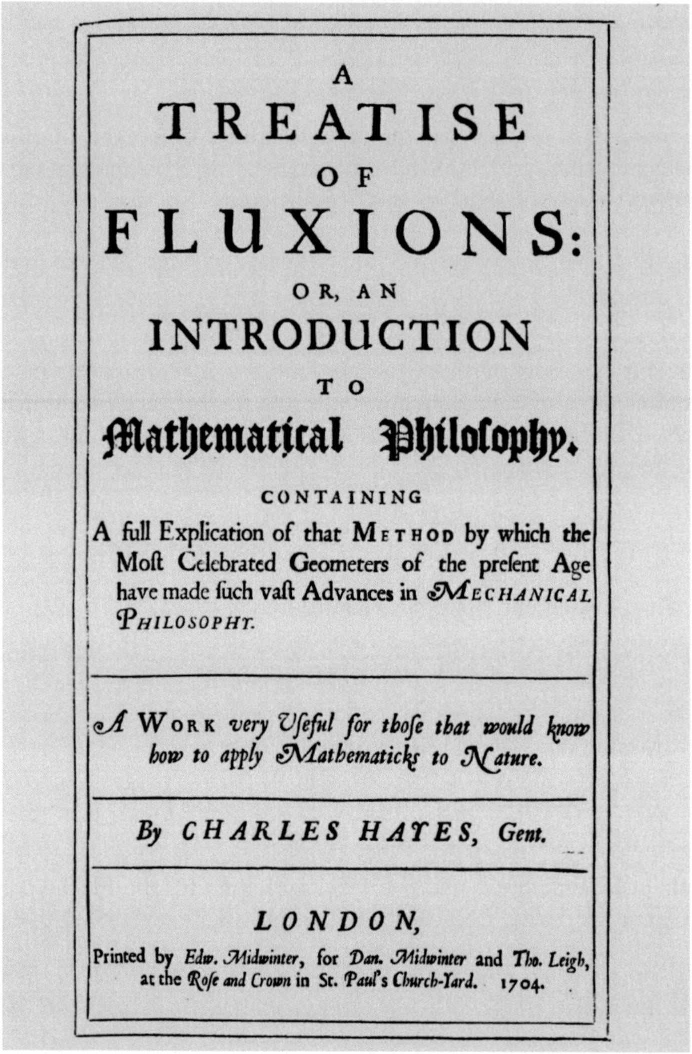

A
TREATISE
OF
FLUXIONS:
OR, AN
INTRODUCTION
TO
Mathematical Philosophy.
CONTAINING
A full Explication of that METHOD by which the Most Celebrated Geometers of the present Age have made such vast Advances in MECHANICAL PHILOSOPHY.

A WORK very Useful for those that would know how to apply Mathematicks to Nature.

By CHARLES HAYES, Gent.

LONDON,
Printed by *Edw. Midwinter*, for *Dan. Midwinter* and *Tho. Leigh*, at the *Rose and Crown* in St. *Paul's Church-Yard*. 1704.

Abb. 10.2.8. *A Treatise of Fluxions* [Ausschnitt aus: Charles Hayes, London 1704]

Pikanterweise ist das verwendete Zitat »*In mathematischen Dingen darf man …*« aus einer Newton'schen Schrift [Berkeley 1985, S. 94, Fußnote ∗∗]. Berkeley war mit seiner Kritik dieses Newton'schen Lemmas nicht allein. Auch Charles Hayes (1678–1760), der mit *Treatise on Fluxions, or an Introduction to Mathematical Philosophy* (Abhandlung über Fluxionen oder eine Einführung in mathematische Philosophie) im Jahr 1704 das erste englischsprachige Werk zu Newtons Infinitesimalrechnung veröffentlichte, war damit nicht zufrieden.

Hayes schreibt „*There is yet another way to find the Fluxion of any Rectangle* [...]" (Da ist noch ein anderer Weg um die Fluxion eines Rechtecks zu finden ...) und gibt dann die Herleitung an, die wir auch bei Berkeley finden. Den Term ab, den Hayes mit $\dot{x}\dot{z}$ bezeichnet[5], vernachlässigt er dann aber, weil dieses Produkt „*infinitely little*" (unendlich klein) sei [Jesseph 1993, S. 192].

Im Abschnitt 13 des *Analyst*, „Die Regel für die Fluxionen von Potenzen wird durch eine unlautere Beweisführung erlangt", zeigt Berkeley Newtons Herleitung der Regel $\frac{d}{dx}x^n = nx^{n-1}$ mit Hilfe des Binomialtheorems [Berkeley 1985, S. 96]. Fließt die Größe x gleichförmig und wird zu $x + o$, dann wird x^n zu $(x + o)^n$, wobei o eine unendlich kleine Größe bezeichnet. Mit dem Binomialtheorem folgt

$$(x + o)^n = x^n + nox^{n-1} + \frac{nn - n}{2}oox^{n-2} + \dots$$

und das Verhältnis der Inkremente o und $nox^{n-1} + \frac{nn-n}{2}oox^{n-2} + \dots$ ist dasselbe wie Eins zu $nx^{n-1} + \frac{nn-n}{2}ox^{n-2} + \dots$. Verschwinden nun die Inkremente o, oo, etc., dann folgt für das Verhältnis offenbar

$$1 : nx^{n-1}.$$

Warum, so fragt Berkeley mit Recht, lässt man ein Inkrement o, das zu Beginn der Rechnung als positive Größe eingeführt wurde, nach Abschluss der Rechnung einfach weg?

In Abschnitt 14, „Die vorerwähnte Beweisführung wird weiter enthüllt, und es wird gezeigt, daß sie unlogisch ist", wird Berkeleys Kritik schonungslos [Berkeley 1985, S. 98]:

> „*Bisher habe ich vorausgesetzt, daß x fließt, daß x ein wirkliches Inkrement hat, daß o etwas ist, und ich bin immer an Hand dieser Voraussetzung, ohne die ich nicht einmal einen einzigen Schritt hätte machen können, vorgegangen. Aus dieser Voraussetzung erhielt ich das Inkrement von x^n, durch sie konnte ich es mit dem Inkrement von x vergleichen und das Verhältnis der beiden Inkremente finden. Nun aber bitte ich darum, eine neue Annahme machen zu dürfen, die der ersten entgegengesetzt ist, d.h. ich werde annehmen, daß es kein Inkrement von x gibt, oder daß o nichts ist. Diese zweite Annahme vernichtet meine erste, sie ist mit ihr unverträglich und also auch mit allem, was sie voraussetzt. Ich bitte trotzdem darum, nx^{n-1} beibehalten zu dürfen, obwohl es ein Ausdruck ist, der mit Hilfe meiner ersten Annahme gewonnen wurde, der notwendig diese Annahme voraussetzt, und der ohne sie nicht gewonnen werden könnte. All das scheint eine höchst widerspruchsvolle Art der Beweisführung und eine solche, die man in der Theologie nicht erlauben würde.*"

---

[5]Hayes schreibt „fluxion" für eine unendlich kleine Größe und gibt der Fluxion damit eine ganz andere Bedeutung als diejenige, die sie bei Newton hat. Man lese „moment", wenn bei Hayes das Wort „fluxion" auftaucht.

Wir müssen festhalten, dass die hier geäußerte Berkeley'sche Kritik den Finger in die offene Wunde der frühen Infinitesimalmathematik legt, die erst durch die Arithmetisierung der Analysis im 19. Jahrhundert rigoros beseitigt werden konnte.

In Abschnitt 17 lesen wir über Newton [Berkeley 1985, S. 101]:

> *„Man betrachte die verschiedenen Kniffe und Kunstgriffe, die der große der Fluxionsmethode verwendet! Unter wieviel Gesichtspunkten er seine Fluxionen beleuchtet! Auf wieviel verschiedene Arten versucht er dieselbe Sache zu beweisen! Man wird dann zu dem Gedanken neigen, daß er selbst kein Vertrauen in die Richtigkeit seiner eigenen Beweise hatte, und daß es ihm nicht recht gefiel, an einer einzigen Auffassung beständig festzuhalten. [...] Was auch immer hinsichtlich des s der Fall sein mag, bei seinen Nachfolgern scheint jedenfalls die Sucht nach der Anwendung seiner Methoden größer gewesen zu sein als die Exaktheit bei der Prüfung seiner Prinzipien."*

Aber auch Leibniz kommt nicht besser davon als Newton, wie man in Abschnitt 18 lesen kann [Berkeley 1985, S. 102]:

> *„Leibniz und seine Nachfolger machen sich bei ihrem »Differentialkalkül«(calculus differentialis) keinerlei Sorge, unendlich kleine Größen erst vorauszusetzen und dann wieder zu beseitigen. [...] Wie bei den Fluxionen die Auffindung der Fluxion eines Produkts aus zwei unbestimmten Größen das Problem von höchster Wichtigkeit ist, das den Weg für das Übrige bahnt, so ist es im Differentialkalkül (von dem man annimmt, daß er mit einigen kleinen Veränderungen von der obigen Methode entlehnt worden ist[6]) die Berechnung der Differenz eines solchen Produkts das Hauptproblem."*

Berkeley stellt nun die These auf, dass der Infinitesimalkalkül nur funktioniert, weil eine Kompensation von mehreren Fehlern auftritt und er unterstreicht diese These durch einige Beispiele [Jesseph 1993, S. 199ff.]. Am Ende des *Analyst* verknüpft Berkeley seine anti-abstraktionistische Philosophie mit seinen Aussagen zur Infinitesimalmathematik.

Unter der Nummer 471 schrieb Berkeley in sein Notizheft *Philosophisches Tagebuch* [Berkeley 1979, S. 61]:

> *„Wäre die Intelligenz und der Arbeitseifer der Nihilarianer in der nützlichen, praktischen Mathematik angewandt worden, welchen Vorteil hätte es der Menschheit gebracht!",*

und setzte damit nicht nur die Praxis über die Theorie, sondern prägte auch den englischen Begriff des „Nihilarians" für den Infinitesimalmathematiker, der

---

[6]Dies ist als vorsichtige Bemerkung zum Prioritätsstreit zu verstehen.

eigentlich mit „Nichtsen" operiert. Ebenso berühmt wie diese Wortschöpfung ist Berkeleys Rede von den Infinitesimalen als „ghosts of departed quantities" im Abschnitt 35 des *Analysts* [Berkeley 1985, S. 121]:

> *„Und was sind diese Fluxionen? Die Geschwindigkeiten verschiedener Inkremente? Und was sind eben diese verschwindenden Inkremente? Sie sind weder endliche Größen noch unendlich kleine und doch auch nicht nichts. Dürfen wir sie nicht die Geister verstorbener Größen nennen?"*

10.3 Die Reaktionen auf Berkeleys Kritik

Im Gegensatz zu Nieuwentijts Kritik an Leibnizens höheren Differentialen löste Berkeleys *Analyst* zumindest in der englischen Mathematik eine lange andauernde Kontroverse aus. Jesseph zählte für die Jahre 1734-1750 mehr als ein Dutzend mathematischer Schriften, die auf Berkeley eingingen, und es fand sich wohl kein Text zur Fluxionenrechnung, in dem nicht mehr oder weniger verschleiert auf Berkeleys Kritik Bezug genommen wurde [Jesseph 1993, S. 231]. Auf dem Kontinent wurde Berkeley übrigens kaum rezipiert.

Die erste Gegenrede zu Berkeley kam fast sofort nach der Veröffentlichung des *Analyst* von James Jurin (1684–1750), einem Arzt und Wissenschaftler des Guy's Hospital in London.

Abb. 10.3.1. James Jurin ([Gemälde vermutl. von Joseph Highmore, 18. Jh.], Trinity College, University of Cambridge) und der Glockenturm vom Great Court, Trinity College der Universität Cambridge, hier studierte Jurin [Foto: Hans Wolff]

Jurin hatte eine große satirische Begabung, die er als begeisterter Anhänger
Newtons für dessen Verteidigung zu nutzen verstandt. Er hatte bei den Ma-
thematikern Roger Cotes (1682–1716) und William Whiston (1667–1752) in
Cambridge studiert und wurde später Sekretär der Royal Society, als Newtons
Zeit der Präsidentschaft dem Ende entgegenging. Schon im Publikationsjahr
des *Analyst*, 1734, veröffentlichte Jurin das Pamphlet *Geometry no Friend to
Infidelity* (Geometrie keine Freundin des Unglaubens) unter dem Pseudonym
„Philaletes Cantabrigiensis" (Wahrheitsfreund aus Cambrdige). Berkeley ant-
wortete 1735 mit der Schrift *Defence of Free-thinking in Mathematics* (Eine
Verteidigung des freien Denkens in der Mathematik) [Berkeley 1985, S. 142ff.].
Darin findet sich ein Anhang gegen die *Vindication of Sir Isaac Newton's
Principles of Fluxions* eines gewissen John Walton (Ein Anhang über Herrn
Waltons Rechtfertigung von Sir Isaac Newtons Prinzipien der Fluxionen).

Jurins Entgegnung war außerordentlich polemisch, denn er verstand die be-
rechtigten Einwände Berkeleys offenbar nicht. Es ging ihm vielmehr um den
Prioritätsstreit zwischen den britischen Mathematikern und denen des Kontinents, was für Berkeleys Kritik allerdings gar keine Rolle spielte [Breidert
1989, S. 109]. In der Sache konnte Jurin keines der Berkeley'schen Argumente entkräften. Im Gegenteil, er ging Berkeley sogar in gewisser Weise auf den
Leim, denn er benutzte unbewusst die gleichen Argumente, gegen die Berkeley
zu Felde zog. Lediglich in einer Richtung hatte Jurin den Standpunkt Berkeleys verstanden, und das war dessen Antiabstraktionismus. So ist es nicht verwunderlich, dass Jurin auch einen Angriff auf Berkeleys empiristischen Lehrer
Locke führt.

John Walton aus Dublin fühlte sich ebenfalls berufen, ein Pamphlet gegen
Berkley zu richten, das unter dem Titel *A Vindication of Sir Isaac Newton's
Principles of Fluxions, against the objections contained in the Analyst* (Eine Rechtfertigung von Sir Isaac Newtons Prinzipien der Fluxionen gegen die
im *Analyst* enthaltenen Einwände) im Jahr 1735 erschien. Auch Walton argumentierte, indem er sich auf Begriffe bezog, die Berkeley gerade ablehnte,
und seine Entgegnung ging damit ebenfalls an der Sache vorbei. Im Gegensatz
zu seiner Erwiderung auf Jurin ereiferte sich Berkeley in seiner Verteidigung
des freien Denkens in der Mathematik sehr gegen Walton und schreckte auch
vor persönlichen Angriffen nicht zurück. Daraus schließt Breidert [Breidert
1989, S. 112], dass Berkeley Walton kannte und dass Walton vermutlich zu
dem Dubliner Kreis um den dortigen Erzbischof gehörte, der sich bei dem
Kampf um das Dekanat von Down abfällig über Berkeley geäußert hatte.

Mit der Berkeley'schen Entgegnung auf Jurin und Walton kehrte keine Ruhe ein. Noch 1735 erschienen ihre Erwiderungen. Jurin publizierte 112 Seiten unter dem Titel *The Minute Mathematician: or, The Free-Thinker no
Just-Thinker* ... (Der Kleine Mathematiker oder Der Freidenker ist kein Rich-
tigdenker). Der Titel persifliert Berkeleys 1732 erschienenes Buch gegen die
Freidenker, *Alciphron or the Minute Philosopher* (Alciphron oder der kleine
Philosoph). Der Inhalt des „Kleinen Mathematikers" ist sachlich gesehen nicht

der Rede wert, da Jurin sich in Polemik der untersten Schublade verliert, und so erscheint es folgerichtig, dass Berkeley darauf nicht mehr antwortet. Anders verhielt es sich mit Waltons kürzerer Erwiderung *The Catechism of the Author of the Minute Philosopher Fully Answer'd* (Vollständige Antwort auf den Katechismus vom des Kleinen Philosophen). Am Ende von *Ein Anhang über Herrn Waltons Rechtfertigung von Sir Isaac Newtons Prinzipien der Fluxionen* hatte Berkeley den Schülern Waltons geraten, ihrem Lehrer ein paar Fragen zu stellen [Breidert 1989, S. 112f.]. Nun kommt Walton dieser Aufforderung nach und beantwortet die Fragen Berkeleys. Walton schreibt deutlich nüchterner als Jurin und Berkeley widmet ihm noch eine kleine Schrift *Reasons for not replying* (Gründe gegen eine Erwiderung) [Berkeley 1985, S. 192-207][7]. Die kleine Schrift ist in sarkastischem Ton abgefasst, und damit zieht sich Berkeley endgültig aus der Kontroverse zurück.

10.4 Die Wirkungen der Berkley'schen Kritik

Nach dem Ende der Auseinandersetzung Berkeleys mit Jurin und Walton begann erst die eigentliche Nachwirkung der Kritik in Form von denen, die die Fluxionenrechnung Newtons besser begründen wollten. Zu nennen ist hier Benjamin Robins (1707–1751), ein englischer Ingenieur und Mathematiker, der als Begründer der wissenschaftlichen Balistik gilt und dessen Werk *Principles of Gunnery* (Prinzipien des Schießwesens) aus dem Jahr 1742 von Leonhard Euler (1707–1783) übersetzt und stark erweitert als *Neue Grundsätze der Artillerie* 1745 in Berlin publiziert wurde. Direkt durch die Kontroverse um den *Analyst* angeregt, legte er mit *A Discourse Concerning the Nature and Certainty of Sir Isaac Newton's Methods of Fluxions, and of Prime and Ultimate Ratios* (Ein Diskurs die Natur und Sicherheit von Sir Isaac Newtons Methode der Fluxionen betreffend und von ersten und letzten Verhältnissen) ein Buch vor, in dem der Versuch gemacht werden sollte, Newtons Fluxionenrechung zu rechtfertigen.

Robins geht von der Newton'schen Definition der Fluxionen als Geschwindigkeiten von sich ändernden geometrischen Größen aus. Der Schlüssel zum Verständnis der Fluxionen liege im Verhältnis, das Fluxionen zueinander haben, wie Robins auf Seite 6 schreibt [Jesseph 1993, S. 260]:

> *„Und wie unterschiedliche Fluenten verstanden werden können in solcher Art, dass sie beständig eine bekannte Beziehung zueinander erhalten; die Doktrin der Fluxionen lehrt, wie zu jeder Zeit das Verhältnis zwischen den Geschwindigkeiten zugeordnet werden kann, womit homogene Größen, die gemeinsam variieren, zunehmen oder sich verringern."*

---

[7]Vollständiger Titel: *Gründe gegen eine Erwiderung auf Herrn Waltons 'Vollständige Antwort' in einem Brief an P.T.P.* Wer mit P.T.P. gemeint ist, ist nicht bekannt [Breidert 1989, S. 115, Fußnote 143].

Abb. 10.4.1. Benjamin Robins erhielt im Jahr 1746 die Copley-Medaille, die höchst dotierte Auszeichnung der Royal Society, London (hier die Medaille des Jahres 2005 [Foto: Serge Lachinov 2009]). Die Copley-Medaille wird seit 1731 an herausragende Wissenschaftler vergeben. Zu den Preisträgern gehören (Auswahl): Benjamin Franklin, James Cook, Edward Waring, David Brewster, Antoine César Becquerel, Michael Faradey, Carl Friedrich Gauß, Justus von Liebig, Georg Simon Ohm, John Herschel, Alexander von Humboldt, Léon Foucault, Charles Darwin, Hermann von Hemholtz, Louis Pasteur, James Joseph Sylvester, Arthur Cayley, Thomas Henry Huxley, George Gabriel Stokes, Karl Weierstraß, Felix Klein, Albert Einstein, Max Planck, Niels Bohr, Stephen Hawking, Roger Penrose sowie viele, viele andere. Im Jahr 2015 wurde Peter Higgs ausgezeichnet

(And as different fluents may be understood to be described together in such manner, as constantly to preserve some one known relation to each other; the doctrine of fluxions teaches, how to assign at all times the proportion between the velocities, wherewith homogeneous magnitudes, varying thus together, augment or diminish.)

Direkt anschließend beweist Robins den Satz, dass die Fluxion von x^n gerade nx^{n-1} ist. Wir folgen dabei den etwas vereinfachten Ausführungen von Jesseph [Jesseph 1993, S. 260f.], weisen aber darauf hin, dass Robins' Buch in unterschiedlichen Formen (Fotokopien oder Transkriptionen) im Internet zugänglich ist.

Gegeben sind zwei Strecken AB und CD wie in Abbildung 10.4.2, die von zwei sich jeweils bewegenden Punkten erzeugt werden. Die Geschwindigkeiten der beiden Punkte sollen ein gewisses Verhältnis zueinander haben. Bezeichnen wir AE mit x, dann soll $CF = x^n$ sein. Robins will zeigen, dass das Verhältnis der Fluxionen von CD und AB überall gleich ist, wozu er Inkremente betrachtet, und zwar das Inkrement EG in AB, und das Inkrement FH in CD. Er bezeichnet EG mit dem Buchstaben e, womit sich die Voraussetzung in der Form

$$CH = (x + e)^n$$

schreibt. Die Entwicklung nach dem Binomialtheorem ist dann

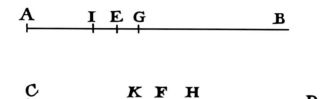

Abb. 10.4.2. Abbildung aus Robins' *A Discourse Concerning the Nature and Certainty of Sir Isaac Newton's Methods of Fluxions, and of Prime and Ultimate Ratios*

$$CH = x^n + nx^{n-1}e + \frac{n(n-1)}{2}x^{n-2}e^2 + \dots,$$

Subtrahiert man nun CF von der linken und x^n von der rechten Seite (die Größen sind identisch), dann folgt

$$CH - CF = FH = nx^{n-1}e + \frac{n(n-1)}{2}x^{n-2}e^2 + \dots.$$

Wir nehmen $n > 1$ an. Auf Seite 9 schreibt Robins [Jesseph 1993, S. 261]:

„*... keine Linie, egal welche, die größer oder kleiner ist als die Linie, die durch den zweiten Term der vorhergehenden Reihe (also $nx^{n-1}e$) dargestellt wird, wird zu der mit e bezeichneten Linie dasselbe Verhältnis haben wie die Geschwindigkeit, womit sich der Punkt bei F bewegt, zur Geschwindigkeit des Punktes, der sich in in der Linie AB bewegt; aber dass die Geschwindigkeit bei F zu der bei E sich verhält wie $nx^{n-1}e$ zu e, oder wie nx^{n-1} zu 1.*"*

(... no line whatever, that shall be greater or less than the line represented by the second term of the foregoing series (*viz.* $nx^{n-1}e$) will bear to the line denoted by e the same proportion, as the velocity, wherewith the point moves at F, bears to the velocity of the point moving in the line AB; but that the velocity at F is to that at E as $nx^{n-1}e$ to e, or as nx^{n-1} to 1.)

Nun verläuft der Beweis weiter in einer klassichen *reductio ad absurdum* [Sonar 2011, S. 31] mit einem klassischen Exhaustionsargument [Jesseph 1993, S. 262f.].

Der Beweis zeigt klar, dass Robins die Bedenken und Einwände Berkeleys wirklich verstanden hat; er zeigt aber auch, dass man Newtons Fluxionenrechnung in der Tat auf klassische Argumente gründen kann.

In seinem Essay *A Review of some of the Principal Objections that have been made to the Doctrine of Fluxions and Ultimate Proportions; with some Remarks on the different Methods that have been taken to obviate them* (Eine Kritik einiger der hauptsächlichen Einwände, die zur Doktrin der Fluxionen

Abb. 10.4.3. li: Thomas Bayes. Es ist unklar, ob es sich bei dem Gezeigten tatsächlich um Thomas Bayes handelt. Das Bild stammt aus dem Werk *History of Life Insurance* von Terence O'Donnell aus dem Jahr 1936, wo es ohne Quellenangabe erschien und re: John Colson [unbekannter Maler, vermutl. 18. Jh]

und letzten Verhältnissen gemacht wurden; mit einigen Bemerkungen über die verschiedenen Methoden, die zu ihrer Vermeidung benutzt wurden), das im Jahr 1735 in Ausgabe 16 der „The Present State of the Republick of Letters" erschien, nimmt Robins auch Bezug zu den vergeblichen Versuchen Jurins, Berkeleys Kritik zu entschärfen, und stellt Jurins Methoden seinen eigenen gegenüber. Hierbei geriet er in Konflikt mit Jurin. Während Robins klar war, dass letzte Verhältnisse von Variablen nie aktuell angenommen werden können, war Jurin anderer Ansicht. Diese Kontroverse hat zu ausschweifenden Auseinandersetzungen zwischen Robins und Jurin geführt [Jesseph 1993, S. 268]. Nichts zeigte so sehr die Berechtigung der Berkeley'schen Kritik an den Grundlagen der neuen Analysis wie diese verbale Schlacht, die sich in mehreren hundert Seiten in zwei englischen Zeitschriften niederschlug.

Auch John Colson (1680–1760), ab 1713 Fellow der Royal Society und ab 1739 als einer der Nachfolger Newtons auf dem Lucasischen Stuhl in Cambridge versuchte sich an einer Begründung der Fluxionenrechnung. Er übersetzte Newtons *Methodus Fluxionum et Serierum Infinitarum* als *Method of Fluxions and Infinite Series* im Jahr 1736 ins Englische und fügte eine Einleitung und Kommentare hinzu. Leider war Colson ein mediokrer Mathematiker und gar nicht in der Lage, auf Berkeleys Kritik zu antworten. So bestätigt er in seiner Einleitung eher die Berkeley'sche Kritik, als sie zurückweisen zu können [Jesseph 1993, S. 269]. Es ist bezeichnend für den Zustand des britischen Wissenschaftssystems im 18. Jahrhundert, dass Colson überhaupt als Lucasischer Professor für Mathematik in Betracht kam.

Man kennt den Geistlichen Thomas Bayes (1702–1761) in der Wahscheinlichkeitsrechnung durch den Satz von Bayes, der die Berechnung bedingter Wahrscheinlichkeiten erlaubt. Weniger bekannt dürfte allerdings sein, dass Bayes eine anonyme Erwiderung auf Berkeleys *Analyst* verfasst hat.

Im Jahr 1736 erschien seine *Introduction to the Doctrin of Fluxions* (Einführung in die Doktrin der Fluxionen), in der er versuchte, die Fluxionenrechnung auf eine axiomatische Grundlage zu stellen. Jesseph hat die *Introduction* im Detail untersucht und kommt zu der Feststellung [Jesseph 1993, S. 277]:

> *„Wir können versichern, dass Bayes' 'Einführung' ein ernstzunehmendes Werk eines wichtigen Mathematikers ist, aber es ist schwerlich eine überzeugende Antwort auf Berkeley.“*

(We can grant that Bayes's *Introduction* is a serious work by an important mathematician, but it is hardly a conclusive answer to Berkeley)

Ein weiterer , der in die Debatte eingriff, aber Berkeleys Kritik nicht entschärfen konnte, war James Smith mit seinem Buch *New Treatise of Fluxions* (Neue Abhandlung über Fluxionen) aus dem Jahr 1737 [Jesseph 1993, S. 277ff.], das Jesseph als „obskur“ bezeichnet und das keinen Einfluss auf den Fortgang der Debatte hatte.

Wirklichen Einfluss hatte der Schotte Colin Maclaurin (1698–1746) [Guicciardini 1989, S. 47ff.], [Jesseph 1993, S. 279ff.] mit seinem zweibändigen Werk *Treatise of Fluxions* (Abhandlung über Fluxionen) aus dem Jahr 1742.

Maclaurin wurde 1717 bereits im Alter von 19 Jahren Professor in Aberdeen, besuchte 1719 London, wo er Newton traf und in die Royal Society aufgenommen wurde. Auf Grund einer Empfehlung Newtons wurde er 1726 Professor in Edinburgh. Ohne Zweifel war Maclaurin ein hervorragender Mathematiker seiner Zeit, aber auch ein begabter Geodät und Geophysiker. Während früher die Ansicht vorherrschte, Maclaurins *Treatise* hätte zwar großen Einfluss auf die Entwicklung der Infinitesimalmathematik in England und Schottland, aber nicht auf dem Kontinent gehabt, gibt es nach der Arbeit [Grabiner 1997] keine Zweifel mehr, dass das Werk auch auf dem Kontinent rezipiert wurde und ein Bindeglied zwischen der Newton'schen Fluxionenrechnung und der kontinentalen Analysis darstellt.

Anstelle einer einfachen Entgegnung auf Berkeleys Einwände legte Maclaurin mit dem voluminösen *Treatise* ein Werk vor, dass sich nicht nur anspruchsvoller Methoden bediente, sondern die Infinitesimalrechnung auch auf neue Probleme anwandte und damit alles in den Schatten stellte, was bisher die britische Mathematik hervorgebracht hatte. Dass das Werk als Reaktion auf Berkeleys *Analyst* entstand, hob Maclaurin schon im Vorwort hervor.

Der erste Band enthält eine sehr umfangreiche Einführung in die klassische Exhaustionsmethode [Sonar 2011, S. 33f.], denn Maclaurin will zeigen, dass das Newton'sche Fluxionenkalkül vollständig auf die Geometrie der Griechen

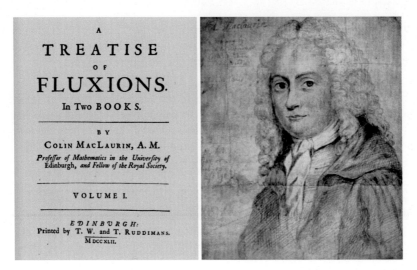

Abb. 10.4.4. Titel des 1. Bandes *A Treatise of Fluxions* (Bayerische Staatsbibliothek München), 1742 und Colin MacLaurin [Zeichnung des 11. Comte de Buchan, 18. Jh., nach einem Gemälde von James Ferguson]

zurückgeführt werden kann [Guicciardini 1989, S. 47]. Dabei wendet er sich weitschweifig gegen die Geometer mit ihrer Methode der Infinitesimalen, die sich in den „Labyrinthen der Unendlichkeit" verstrickt haben, und auch ein Seitenhieb auf die Descartes'sche Wirbeltheorie wird nicht ausgespart. Allerdings hat Guicciardini darauf hingewiesen, dass auch Maclaurin sich in früheren Schriften infinitesimaler Methoden bedient hat, so in seinem Buch *Geometria Organica: sive descriptio linearum curvarum universalis* (Organische Geometrie: universelle Beschreibung linearer Kurven) aus dem Jahr 1720.

Im *Treatise* folgt Maclaurin einer kinematischen Definition der Fluxion als Geschwindigkeit einer Änderung. Ein Axiomensystem erlaubt ihm, Ungleichungen zwischen den kinematischen Größen zu formulieren [Guicciardini 1989, S. 50]. Im zweiten Band wird dann die „Geometrie der Fluxionen" zu Gunsten des „Kalküls der Fluxionen" aufgegeben, denn durch den ersten Band ist klar, wie man die Resultate in der Sprache der kinematischen Größen ausdrücken kann. Infinitesimale Größen werden durch diesen Zugang verbannt, allerdings werden die Beweise auch ausgesprochen mühsam. Der *Treatise* wurde in England sofort positiv aufgenommen. Dazu trugen mehrere Faktoren bei [Guicciardini 1989, S. 51]. Der Zugang über klassische geometrische Methoden der Kinematik entsprach dem Zeitgeist, der die Mathematik der Antike wieder schätzte. So sprach man häufig davon, dass die neue Analysis eine Verallgemeinerung der Archimedischen Methoden sei. Außerdem war nun gezeigt, dass der neue Kalkül nicht etwa mit Geistern verschwindender Größen arbeitete, sondern mit Größen, die eine klare kinematische Bedeutung hatten. Das „unendlich Kleine" war aus dem Kalkül verschwunden und die britischen Mathematiker sollten sich schwertun, den Anschluss an den Kontinent zu erlangen.

Durch das gesamte 18. Jahrhundert galt Newton in Großbritannien als der unbefleckte Sieger des Prioritätsstreits, während Leibniz als verschlagener Plagiator betrachtet wurde [Rice 2012, S. 89f.]. Einer der ersten Autoren, die das Bild wieder zurechtrückten, war der Mathematiker Augustus De Morgan (1806–1871).

11.1 De Morgans Arbeiten zum Prioritätsstreit

Augustus De Morgan wurde als Sohn eines Soldaten geboren, der in Indien stationiert war, aber bald nach der Geburt seines Sohnes nach England zurückkehrte. Einen oder zwei Monate nach seiner Geburt erblindete der kleine Augustus auf einem Auge. Als der Junge 10 Jahre alt war, starb der Vater, und die Mutter zog mit ihrem Sohn an verschiedene Orte im Südwesten Englands, wo Augustus verschiedene Schulen besuchte, von denen keine einen guten Ruf aufwies.

Seine mathematische Begabung wurde im Alter von 14 Jahren erkannt, und so bezog er als Sechzehnjähriger das Trinity College in Cambridge. Dem Wunsch der Mutter entsprechend sollte er Geistlicher werden, aber er entwickelte sich früh zu einem „Nonkonformisten", d.h. er erkannte die Lehren und Dogmen der anglikanischen Kirche nicht an. In Cambridge lernte er die Mathematiker William Whewell (1794–1866) und George Peacock (1791–1858) kennen, die zu seinen lebenslangen Freunden wurden und von denen er das Interesse an Algebra und Logik übernahm. Seine Interessen waren aber weiter gespannt. Er liebte die Wissenschaften und eignete sich in zahlreichen anderen Gebieten als der der Mathematik großes Wissen an; er spielte auch Flöte in verschiedenen Musikvereinen, so dass er schließlich das Examen am Trinity College nur als Viertbester bestand. Damit konnte er in Cambridge nur dann einen Master-Abschluss anstreben, wenn er sich vorher einem theologischen Test

Abb. 11.1.1. Augustus De Morgan [Foto: Sophia Elizabeth De Morgan, 1882]

unterzog, was er ablehnte. So ging er nach London, um am Gericht zu arbeiten. Da die strikten religiösen Regeln in Oxford und Cambridge Katholiken, Juden und Nonkonformisten nicht zuließen, planten zu dieser Zeit einige freier denkende Männer die Gründung einer neuen Universität in London, und De Morgan konnte nach einigen Turbulenzen eine Professur für Mathematik dort besetzen, die er dreißig Jahre lang behielt. Stets stand für De Morgan der Wissenserwerb um des Wissens und der Wahrheit willen im Vordergrund. So ist es vielleicht nicht erstaunlich, dass er sich um eine Klarstellung des Prioritätsstreites bemühte.

11.1.1 Auf der Suche nach dem „wahren" Newton

De Morgan schrieb über die Stimmung in Großbritannien [Rice 2012, S. 96]:

> *„es war in Großbritannien die Stimmung der Zeit [...] es als erwiesen anzunehmen, dass Newton der perfekte Mensch war."*

(it was in Britain the temper of the age [...] to take for granted that Newton was human perfection.)

Im Jahr 1831 erschien die Newton-Biographie *Life of Sir Isaac Newton* (Das Leben von Sir Isaac Newton) des schottischen Physikers David Brewster (1781–1868), in der Newtons Genie über alle Maßen gepriesen wurde, während Leibniz in scharfem Ton wieder als Plagiator bezeichnet wurde.

So lesen wir [Brewster 1831, S. 199]:

> *„Dass er [Leibniz] der Agressor war ist allgemein zugestanden. Dass er zuerst wagte, die Anschuldigung des Plagiarismus gegen Newton auszusprechen und dass er sich oft auf sie bezog, ist hinreichend offensichtlich; und als ihm Argumente ausgingen nahm er Zuflucht zu Drohungen – er erklärte, er würde ein anderes Commercium Epistolicum veröffentlichen, doch hatte er keine entsprechenden Briefe vorzuweisen."*

(That he [Leibniz] he was the aggressor is universally allowed. That he first dared to breathe the charge of plagiarism against Newton and that he often referred to it, has been sufficiently apparent; and when arguments failed him he had recourse to threats – declaring that he would publish another Commercium Epistolicum, though he had no appropriate letters to produce.)

Aber bereits vier Jahre nach Brewsters Biographie erschien die erste Veröffentlichung, die am Newton-Bild der Zeit kratzte. Es handelte sich dabei um die Flamsteed-Biographie *An account of the Rev. John Flamsteed* (Eine Beschreibung des Hochwürden John Flamsteed) des Astronomen Francis Baily (1774–1844), die in London im Jahr 1835 publiziert wurde.

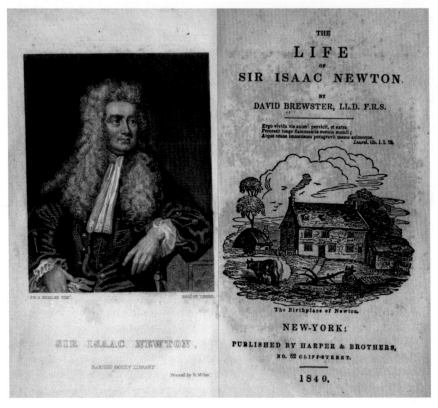

Abb. 11.1.2. David Brewster's Werk *The Life of Sir Isaac Newton* aus dem Jahr 1840 enthält auch ein Porträt des Sir Isaac Newton. Innentitel des Buches *The life of Sir Isaac Newton* von David Brewster; es erschien 1831, hier eine Ausgabe von 1840 (Collection: California Digital Library, americana)

Flamsteed hatte wichtige Beobachtungsdaten für Newton geliefert, auf Grund derer Newton die Theorien seiner *Principia* überprüft hatte. Baily hatte nun unveröffentlichte Briefe und Manuskripte entdeckt, die Newtons schäbiges Verhalten Flamsteed gegenüber dokumentierten. Unter dem Titel *John Flamsteed, MS material on Newton's character and actions* (John Flamsteed, Manuskriptmaterial über Newtons Charakter und Handlungen) findet man einschlägige Zitate in [Iliffe 2006, Vol. I, S. 15-22]. Bailys Buch verstörte die britischen Wissenschaftler nachdrücklich [Rice 2012, S. 97]. Nicht nur wurde an Newtons untadeligem Verhalten gekratzt, es lagen auch zahlreiche Dokumente vor, die dessen Fehlverhalten dokumentierten.

Neben Brewster waren es insbesondere der Oxforder Astronom Stephen Peter Rigaud (1774–1839) und William Whewell aus Cambridge, die durch Bailys Flamsteed-Biographie aufgeschreckt wurden. Die Vorstellung von Newton als einem untadeligen Heroen der Wissenschaft gehörte längst zu einem Bild

Abb. 11.1.3. David Brewster in Gesellschaft berühmter Gelehrter, v. li. n. re: Michael Faraday, Thomas H. Huxley, Charles Wheatstone, David Brewster, John Tyndall. David Brewster [unbekannter Fotograf, vermutl. um 1850]

des nationalen Selbstverständnisses der herrschenden Schicht des britischen Volkes, wie auch zur Vorstellung einer zutiefst religiös-moralischen Viktorianischen Gesellschaft. Baily rüttelte also nicht nur am Newton-Bild, sondern an gesellschaftlichen Konventionen, auf die die Briten sehr stolz waren. Um Newtons Reputation zu verteidigen, veröffentlichte Rigaud die Schrift *Historical essay on the first publication of Sir Isaac Newton's Principia* (Historisches Essay über die erste Veröffentlichung von Sir Isaac Newtons *Principia*) im Jahr 1838, die neue Informationen zu Edmond Halley lieferte. Die Zeitläufte überdauert hat aber nur Rigauds zweites Werk zur Ehrenrettung Newtons, die *Correspondence of scientific men of the seventeenth century* (Korrespondenz von Wissenschaftlern des siebzehnten Jahrhunderts) aus dem Jahr 1841 [Rigaud 1965], das von seinem Sohn Stephen Jordan Rigaud (1816–1859) herausgegeben wurde. Die beiden Bände enthielten Briefe aus den Jahren 1606 bis 1742 von (unter anderen) Newton, Flamsteed, Wallis, Collins und Halley. Whewell antwortete auf Bailys Biographie mit einem dreibändigen Werk *History of the inductive sciences* (Geschichte der induktiven Wissenschaften) im Jahr 1837, das sich ganz wesentlich mit moralischen und intellektuellen Fähigkeiten von Wissenschaftlern auseinandersetzt und das Verhältnis zwischen Moral und Intellekt beleuchtet. Nach Whewell war Newton ein größeres Genie als Flamsteed, verdiente also mehr Sympathie als dieser.

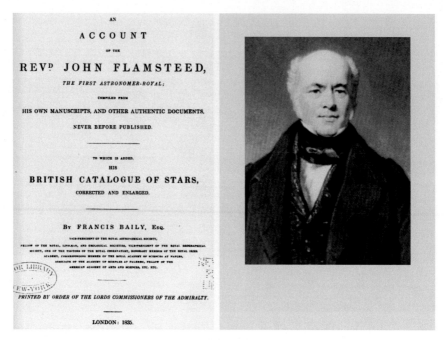

Abb. 11.1.4. Titel von Baily's *Account of the Rev. John Flamsteed* von 1835 (Bayerische Staatsbibliothek München, Sign: 874072 4 Biogr. 101m, scan S. 7) und Porträt des Autors Francis Baily [Foto: vor 1844]

De Morgans erster Beitrag zum Prioritätsstreit war eine 40-seitige Biographie Newtons, veröffentlicht 1846, in der nach Bailys Flamsteed-Biographie erstmals wieder Newtons Charakterschwächen bekannt gemacht wurden. Er schreibt [Rice 2012, S. 101]:

> *„Der große Mangel, oder besser das Unglück von Newtons Charakter, war eines des Temperaments [... das] sich in Angst vor Widerspruch zeigte: Als er König der Welt der Wissenschaft wurde, wollte er ein absoluter Herrscher sein; und niemals fand ein Herrscher unterwürfigere Untertanen. Sein Umgang mit Leibniz, Flamsteed und (wie wir glauben) mit Whiston ist in jedem Fall ein Fleck auf seinem Andenken.“*

> ([t]he great fault, or rather misfortune, of Newton's character was one of temperament [... which] showed itself in fear of opposition: when he became king of the world of science it made him desire to be an absolute monarch; and never did monarch find more obsequious subjects. His treatment of Leibnitz, of Flamsteed, and (we believe) of Whiston is, in each case, a stain upon his memory.)

Durch die Arbeit an dieser Biographie und Newtons Verhalten gegenüber Flamsteed wurde offenbar De Morgans Interesse an Newtons Verhalten Leib-

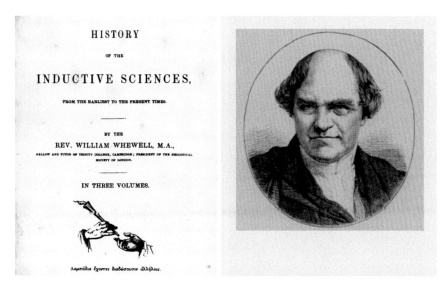

Abb. 11.1.5. Ausschnitt aus dem Titel des ersten Bandes vom dreibändigen Werk „*History of the Inductive Sciences*" von 1837, rechts dessen Autor William Whewell

niz gegenüber geweckt [Rice 2012, S. 102]. Alle Quellen der Zeit waren überzeugt, dass die Kommission, die das *Commercium epistolicum* verfasst hatte, nur aus sechs Briten bestand. In einem Brief, der in Joseph Raphsons Buch *History of fluxions* (Geschichte der Fluxionen) aus dem Jahr 1715 veröffentlicht wurde, schrieb Newton, dass die Kommission sich aus Männern verschiedener Nationen zusammengesetzt hätte. Nun entdeckte De Morgan in einer etwas obskuren französischen Quelle, dass Abraham de Moivre (1667–1754), ein in London lebender Franzose, einer von zwei ausländischen Mitgliedern der Kommission war. Newton hatte also recht, aber De Morgan fand in der Quelle auch die Bemerkung, dass de Moivre durch die Mitarbeit in der Kommission seine immer gepflegte Neutralität aufgeben musste. So kam De Morgan zu dem Schluss, [Rice 2012, S. 102]:

> „*dass das fragliche Komitee zu seiner Zeit nicht als unparteiisches Gremium gedacht war, sondern als eines von erklärten Parteigängern.*"

> (that the Committee in question was thought at the time not to be a judicial body, but one of avowed partizans.)

De Morgan publizierte seine Entdeckung als *On a point connected with the dispute between Keill and Leibnitz about the invention of fluxions* (Über einen Punkt zusammenhängend mit dem Disput zwischen Keill und Leibniz die Erfindung der Fluxionen betreffend) in den Philosophical Transactions der Royal Society im Jahr 1846. Obwohl er mit Widerständen gerechnet hatte, wurde seine Arbeit ohne Verzögerung publiziert, so dass er gleich an eine zweite Arbeit mit dem Titel *A comparison of the first and second editions of*

Abb. 11.1.6. Abraham de Moivre ([unbek. Künstler 1736] University of York) und Augustus De Morgan [unbek. Fotograf, ca. 1860]

the Commercium Epistolicum (Ein Vergleich der ersten und zweiten Auflage des Commercium epistolicum) ging, in dem er einen Punkt zu Gunsten von Leibniz klärte [Rice 2012, S. 103]. De Morgan fand mehr als zwanzig nicht gekennzeichnete Hinzufügungen und Änderungen in der zweiten Auflage, vermutete aber wohl nicht Newton dahinter [Whiteside 1967–81, Vol. VIII, S. 486, Fußnote 57]. Jedenfalls wurde De Morgans Arbeit nicht zur Publikation angenommen, was ihm heftig zusetzte [Rice 2012, S. 104]. Obwohl De Morgan mit zahlreichen Mitgliedern der Royal Society auf freundschaftlichem Fuß stand, lehnte er alle Versuche ab, ihn selbst zum Fellow zu machen.

De Morgan kehrte erst wieder 1852 zum Prioritätsstreit zurück, wohl unter dem Eindruck der von Edlestone 1850 herausgegebenen Korrespondenz zwischen Newton und Roger Cotes und den mathematischen Schriften von Leibniz, die von Carl Immanuel Gerhardt ediert und in sieben Bänden ab 1849 publiziert wurden [Leibniz 2004]. Im Jahr 1852 erschien De Morgans Arbeit *A short account of some recent discoveries in England and Germany relative to the controversy on the invention of fluxions* (Ein kurzer Bericht über einige neue Entdeckungen in England und Deutschland bezüglich der Kontroverse über die Erfindung der Fluxionen) im „Companion to the almanac for 1852". Gerhardts Edition der Leibniz'schen mathematischen Schriften hatte eindeutig gezeigt, dass Leibniz seinen Kalkül eigenständig und unabhängig von Newton gefunden hatte. Noch glaubte man, dass die Plagiatsvorwürfe gegen Leibniz nur von Newtons Gefolgsleuten geäußert worden waren, aber nicht von Newton selbst. In einer weiteren Arbeit aus dem Jahr 1852 bezweifelte De Morgan das und vermutete, dass der anonym gebliebene Autor der Rezension des *Commercium epistolicums*, *An Account of the Book entituled Commercium Epistolicum Collinii & aliorum, ...*, wohl Isaac Newton war. Auch für das lateinische Vorwort zur zweiten Auflage des *Commercium epistolicums* machte De Morgan Newton verantwortlich, aber es sollte noch bis 1855 dauern, bis man diese Urheberschaft beweisen konnte. Dieser Beweis kam von ganz unerwarteter Seite.

11.1.2 Die Auseinandersetzung mit David Brewster

Als David Brewsters großes, zweibändiges Werk *Memoirs of the life, writings, and discoveries of Sir Isaac Newton* (Denkschrift über das Leben, die Schriften und Entdeckungen von Sir Isaac Newton) im Jahr 1855 erschien, hatte der Autor etwa zwanzig Jahre lang daran gearbeitet [Rice 2012, S. 105]. Nach der Kritik von Baily in Bezug auf Newtons Behandlung von Flamsteed war aus Brewsters Sicht eine Verteidigungsschrift notwendig geworden. Brewster hatte auch De Morgan zu einigen Punkten herangezogen, was offenbar auch die Meinung Brewsters in einigen Punkten änderte [Brewster 1855, Vol. I, S. xiif.]:

> *„Professor De Morgan, dem die Öffentlichkeit einen kurzen, aber interessanten biographischen Abriß von Newton verdankt, und der sorgfältig verschiedene Punkte in der Fluxionenkontroverse untersucht hat, bin ich für viele Hinweise dankbar, und für seine freundliche Überarbeitung des Entwurfs, den ich über die frühe Geschichte des Infinitesimalkalküls gegeben habe. Über ein paar Fragen im Leben von Newton, und die Geschichte seiner Entdeckungen, unterscheidet meine Auffassung sich ein wenig von seiner; aber ich konnte durch die Dokumente in meinem Besitz viele seiner Anschauungen über wichtige Punkte, die er erstmals untersucht und veröffentlicht hat, bestätigen."*

(To Professor De Morgan, to whom the public owes a brief but interesting biographical sketch of Newton, and who has carefully investigated various points in the Fluxionary controversy, I have been indebted for much information, and for his kind revision of the sketch I had given of the early history of the Infinitesimal Calculus. On a few questions in the life of Newton, and the history of his discoveries, my opinion differs somewhat from his; but I have been able to confirm, from the documents in my possession, many of his views on important points which he was the first to investigate and to publish.)

Durch die „Dokumente in meinem Besitz" war nun auch Brewster davon überzeugt, dass der Autor der Einleitung zur zweiten Auflage des *Commercium epistolicums* sowie der Besprechung *An Account of the Book entituled Commercium Epistolicum Collinii & aliorum, ...* Newton war [Brewster 1855, Vol. II, S. 75]:

*„Im Jahr 1725 wurde eine neue Auflage des Commercium Epistoli-
cums veröffentlicht, mit Bemerkungen, einer allgemeinen Besprechung
und einem Vorwort von einiger Länge. Eine Frage war bezüglich der
Autorenschaft der Besprechung und des Vorworts aufgetaucht, einige
schrieben sie Keill zu, andere Newton. ..., Professor De Morgan hatte
es sehr wahrscheinlich erscheinen lassen, dass beides, die Besprechung
und das Vorwort, von Newton geschrieben wurden. Über die Richtigkeit dieser Meinung habe ich reichlich Anhaltspunkte in den Manuskripten aus Hurtsbourne Park gefunden[1]; und so ist es historische
Wahrheit zu sagen, dass Newton all die Materialien für das Commercium epistolicum beisteuerte, und dass, obwohl Keill der Editor
war und die Kommission der Royal Society der Autor dieses Berichts,
Newton praktisch verantwortlich für seinen Inhalt war."*

(In the year 1725, a new edition of the *Commercium Epistolicum* was
published, with notes, a general review of it, and a preface of some
length. A question has arisen respecting the autorship of the review
and the preface, some ascribing them to Keill, and others to Newton.
..., Professor De Morgan had made it highly probable that both the
review and the preface were written by Newton. Of the correctness of
this opinion I have found ample evidence in the manuscripts at Hurtsbourne Park; and it is due to historical truth to state, that Newton
supplied all the materials for the *Commercium Epistolicum*, and that,
though Keill was its editor, and the committee of the Royal Society
the authors of the Report, Newton was virtually responsible for its
contents.)

Ungeachtet dieser Passagen blieb Brewsters *Memoirs* ein Dokument der Heldenverehrung für Newton. Besonders deutlich wird das in Brewsters Behandlung des Prioritätsstreits zu Beginn des zweiten Bandes. Obwohl er einige von
De Morgans Entdeckungen zur Kenntnis nimmt, lehnt er die für Leibniz spre-
chenden ab. Rice hat sogar vermutet [Rice 2012, S. 106f.], dass Brewster die
Arbeiten von De Morgan gar nicht gelesen hat, denn seine Beurteilung Leibnizens liest sich noch Wort für Wort genau so wie in seiner 1831 erschienenen
Newton-Biographie.

De Morgan war bereits kurz vor Erscheinen von Brewsters Buch von „The
North British Review" aufgefordert worden, eine Buchbesprechung zu schrei-
ben. Das Resultat war eine 30-seitige Rezension, die im Rahmen des Newton-
Projekts nun auch im Internet zur Verfügung steht [De Morgan 1855]. Zur
Einschätzung von Leibniz durch Brewster schreibt De Morgan [De Morgan
1855, S. 321f.], [Iliffe 2006, Vol. II, S. 227]:

---

[1]Nach Newtons Tod kamen seine Manuskripte in den Besitz von John Conduitt,
der Newtons Nichte Catherine Barton geheiratet hatte. Im Jahr 1740 heiratete die
Tochter der Conduitts, Kitty, den Viscount Lymington aus der Portsmouth Familie.
Mit ihr kamen die Newton'schen Manuskripte nach Hurstbourne Park, dem Sitz der
Portsmouth Familie [Dry 2014, S. 28f.].

„Ein kurzes Wort zu Leibniz. Wir werden nicht aufhören, die zahlrei-
chen neuen Formen zu untersuchen, in denen Sir D. Brewster ihn als
betrügend und erbärmlich ausmacht. Wir sind durch alle Phasen ge-
gangen, die ein Leser englischer Werke nur gehen kann. Uns wurde
gelehrt, selbst in der Jugend, dass die Royal Society klargestellt hatte,
dass Leibniz seine Methode von Newton stahl. Durch unsere eigene,
ohne fremde Hilfe durchgeführte Forschung in Originaldokumenten,
sind wir zu dem Schluß gekommen, dass er [Leibniz] ehrenvoll, auf-
richtig, nichts erwartend und wohlwollend war. Sein Leben verlief in
Juristerei, Diplomatie und öffentlichen Angelegenheiten; seine Freizeit
war hauptsächlich durch Psychologie[2], und in kleinerem Grad durch
Mathematik, ausgefüllt. In dieser letztgenannten Wissenschaft mach-
te er einige Durchbrüche, brachte eine der großten ihrer Erfindungen
hervor, fast gleichzeitig mit einem ihrer größten Namen, und machte
sich zu dem, was Sir D. Brewster den 'großen Rivalen' Newtons nennt,
in Newtons bemerkenswertester mathematischer Leistung."

(A passing word on Leibnitz. We shall not stop to investigate the
various new forms in which Sir D. Brewster tries to make him out
tricking and paltry. We have gone through all the stages which a reader of English works can go through. We were taught, even in boy-
hood, that the Royal Society had made it clear that Leibnitz stole his
method from Newton. By our own unassisted research into original documents we have arrived at the conclusion that he was honest, candid,
unsuspecting, and benevolent. His life was passed in law, diplomacy,
and public business; his leisure was occupied mostly by psychology,
and in a less degree by mathematics. Into this last science he made
some incursions, produced one of the greatest of its inventions, almost
simultaneously with one of its greatest names, and made himself what
Sir D. Brewster calls the 'great rival' of Newton, in Newton's most
remarkable mathematical achievement.)

Wir wissen, dass De Morgans Einschätzung von Leibnizens Charakter nicht
weniger falsch ist als die Einschätzung Brewsters, denn auch Leibnizens Verhalten war nicht immer frei von Eifersüchteleien und der Jagd nach Ruhm,
aber sicher griff De Morgan hier bewusst zu polemischen Mitteln. Es ist Augustus De Morgan zu verdanken, dass die Einschätzung Newtons im England
des 19. Jahrhunderts zurechtgerückt wurde. Im Jahr 1925 konnte David Eugene Smith jedenfalls schreiben [Smith 1958, Vol. II, S. 698]:

„Was die Priorität der Entdeckung betrifft, war der Streit zwischen
den Freunden Newtons und denen von Leibniz bitter und eher oh-
ne Gewinn. Er war Gegenstand vieler Artikel und eines Berichts ei-
ner speziellen Kommission der Royal Society. Englische Leser des 18.

---

[2]Ich konnte nicht ermitteln, ob es sich hier um einen Druckfehler (Psychologie
statt Philosophie) handelt, aber es sieht ganz danach aus.

Jahrhunderts waren so gefüttert mit Argumenten über die Kontroverse wie sie im Commercium epistolicum (1712) und in Raphsons „History of Fluxions" (1715) fortgeführt wurde, dass sie Leibniz nur wenig Verdienste für seine Arbeit zugestanden. Nicht bevor De Morgan (1846) den Fall erneut betrachtete begannen sie zu erkennen, dass sie nicht ihren sonst üblichen Sportsgeist gezeigt hatten. Andererseits war Leibniz so angestochen durch die Vorwürfe seiner englischen Kritiker, dass er ebenfalls einen Geist zeigte, der nicht immer empfehlenswert war."

(The dispute between the friends of Newton and those of Leibniz as to the priority of discovery was bitter and rather profitless. It was the subject of many articles and of a report by a special committee of the Royal Society. English readers of the 18th century were so filled with the arguments respecting the controversy as set forth in the *Commercium Epistolicum* (1712) and Raphson's *History of Fluxions* (1715), that they gave Leibniz little credit for his work. It was not until De Morgan (1846) reviewed the case that they began generally to recognize that they had not shown their usual spirit of fairness. On the other hand, Leibniz was so stung by the accusations of his English critics that he too showed a spirit that cannot always be commended.)

11.2 Englands langer Weg zur Analysis

Wir haben bereits in Kapitel 10 aufgezeigt, dass in Großbritannien die unendlich kleinen Größen schließlich aus der neuen Analysis verdrängt wurden,

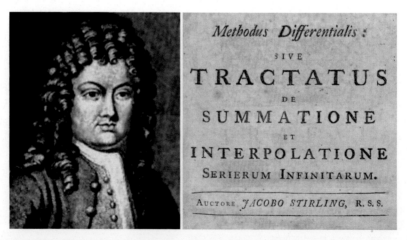

Abb. 11.2.1. Brook Taylor und Ausschnitt aus der italienischen Übersetzung vom Titel von James Stirling „*Methodus differentialis sive tractatus de summatione et interpolatione...*" aus dem Jahr 1764 (Bayerische Staatsbibliothek München, Sign: 1099397 4 Math.p. 352m)

Abb. 11.2.2. Pierre-Simon Laplace ([Gemälde von Sophie Feytaud] courtesy of the Academic des Sciences Paris, 1842) und Leonhard Euler ([Gemälde von Jakob Emanuel Handmann 1753] Kunstmuseum Basel)

insbesondere durch Colin Maclaurins *Treatise of Fluxions*. Niccoló Guicciardini hat in [Guicciardini 1989] detailliert untersucht, wie sich das Verständnis und die Methoden der Newton'schen Fluxionenrechnung im 18. Jahrhundert in Großbritannien im Spiegel verschiedener Lehrbücher änderten. Seine Forschungen haben gezeigt, dass die britischen Mathematiker – James Stirling, Colin Maclaurin, Brook Taylor und Roger Cotes müssen hier genannt werden – bis etwa 1740 mit den kontinentaleuropäischen mithalten konnten. Ab 1740 gab es jedoch einen Niedergang, der in eine Krise führte und schließlich zu einer Reform. Standen die britischen Mathematiker in der ersten Hälfte des 18. Jahrhunderts noch in Kontakt und in Konkurrenz mit den Mathematikern auf dem Festland, so waren sie in der zweiten Hälfte dieses Jahrhunderts isoliert und konnten schließlich die mathematischen Arbeiten auf dem Kontinent nicht mehr verstehen. Das 18. Jahrhundert ist in der Analysis geprägt durch Persönlichkeiten wie Leonhard Euler (1707–1783), Joseph-Louis Lagrange (1736–1813) und Pierre-Simon Laplace (1749–1827). Der Infinitesimalkalkül für Funktionen in mehreren Veränderlichen wird entwickelt – eine Entwicklung, die den britischen Mathematikern verschlossen blieb. Euler wurde von seinen Zeitgenossen als „fleischgewordene Analysis" bezeichnet, aber ontologisch fiel er hinter Leibniz zurück, denn er hielt das Rechnen mit unendlich kleinen Größen für eine (sehr erfolgreiche) Rechnung mit „Nullen". Ein Anstoß zur Reform der Analysis in Großbritannien kam nicht durch die Arbeiten Eulers, sondern durch die von Laplace.

Im Jahr 1799 erschien Pierre-Simon Laplaces erster Band des *Traité de Mécanique Céleste* (Abhandlung über Himmelsmechanik), der einen großen Ein-

Abb. 11.2.3. John Herschel ([Foto: Julia Margaret Cameron 1867] The Metropolitan Museum of Art), George Peacock [Foto: unbekannt, 19. Jh.] und Charles Babbage [Stich um 1860, The Illustrated London News, 1871]

druck in Großbritannien machte. Hier hatte ein Franzose mit Hilfe der neuen Analysis in eindrucksvoller Weise Probleme gelöst, die in den *Principia* Newtons nicht behandelt wurden. Laplaces Werk zu lesen und zu verstehen wurde nun zwingende Notwendigkeit. Zentren der dafür notwendig werdenden Reform der britischen Analysis waren in Schottland, in den Militärschulen von Woolwich und Sandhurst, in Dublin und in Cambridge [Guicciardini 1989, S. 141f.]. Während eine Gruppe in Dublin sich den Anwendungen der Analysis widmete, brach die „Analytical Society" (Analytische Gesellschaft) die puristisch geprägte algebraische Szene auf und wandte sich der Analysis zu, die von Lagrange entwickelt wurde, wodurch man sich nun aber wieder isolierte. Die „Analytical Society" war eine Gründung einiger „junger Wilder", namentlich Charles Babbage (1791–1871), George Peacock (1791–1858) und John Herschel (1792–1871), die sich zu Beginn des 19. Jahrhunderts zum Studium in Cambridge trafen.

Man wollte „pure d-ism against the Dot-age of the University" [Guicciardini 1989, S. 135] durchsetzen, also das Leibniz'sche *d* gegen die Punktschreibweise Newtons. Ausgangspunkt waren die Erfahrungen, die Babbage bei Reisen auf dem Kontinent gemacht hatte. Insbesondere war ihm dort ein französisches Lehrbuch *Traité du calcul différentiel et du calcul intégral* von Sylvestre François Lacroix empfohlen worden [Domingues 2008], das Babbage zu einem enormen Preis in England kaufte. Die Gruppe kannte daher den Leibniz'schen Kalkül und wusste damit mehr als die Tutoren in Cambridge, was zur Unzufriedenheit wesentlich beitrug. Dennoch „gewann" auch in der „Analytical Society" erst einmal der Lagrange'sche Kalkül.

Wir können hier nur einen kleinen Abriß geben und folgen dabei dem Aufsatz [Grattan-Guinness 2011]. In der zweiten Dekade des 19. Jahrhunderts waren drei Ausformungen der neuen Analysis anzutreffen: die Newton'sche Fluxionenrechnung war dominant, wurde aber seit einiger Zeit nicht mehr weiterentwickelt, ferner die Infinitesimalmathematik nach Leibniz und Euler, und schließlich der Differenzialkalkül nach Lagrange. Zwischen 1799 und 1805

Abb. 11.2.4. Augustin-Louis Cauchy [Lithographie: Gregoire et Deneux, 19. Jh.] und Joseph-Louis Lagrange

waren die ersten vier Bände von Laplaces *Mécanique Céleste* erschienen und wirkten als Stimulans für eine Reform in der britischen Analysis [Grattan-Guinness 2011, S. 303f.]. Die Himmelsmechanik hatte schließlich einen hohen Status in britischen Wissenschaftskreisen. Für mathematische Anwendungen stand die Differenzial- und Integralrechnung nach Leibniz und Euler hoch im Kurs; die Variationsrechnung hatte sich in einer eher algebraischen Form entwickelt, zu der Lagrange mit seinem δ-Operator maßgeblich beigetragen hatte. In Kreisen reiner Mathematiker bestanden aber Vorbehalte gegen die Verwendung des Differenzialquotienten, wie er von Euler eingeführt wurde, denn immer noch handelte es sich um einen Quotienten zweier unendlich kleiner Größen. Robert Woodhouse in Cambridge und die „Analytical Society" liebäugelten daher mit der Version des Kalküls, die Lagrange vorgeschlagen hatte, und die im wesentlichen algebraische Züge trug [Sonar 2011, S. 472f.]. Lagrange gründete seinen Kalkül auf unendliche (Taylor-)Reihen, deren Konvergenz er aber weder bewies, noch deren Existenz er für alle Funktionen zeigen konnte. Um bei dem formalen Umgang mit diesen Reihen jede Referenz auf unendlich kleine Größen zu vermeiden, führte Lagrange für Funktionen $f = y(x)$ sogar die Bezeichnung

$$f' := \frac{dy}{dx}$$

ein. In der Tat beseitigte der Lagrange'sche Kalkül die Probleme der Grundlagen der Analysis nicht, sondern verdrängte sie nur in andere Bereiche. Erst mit der rigorosen Definition des Grenzwerts durch Augustin-Louis Cauchy (1789–1857) in seinem Buch *Cours d'Analyse* (Kurs der Analysis) aus dem Jahr 1821 kam ein neues, modernes Verständnis der Grundlagen zum Tragen. Cauchy gab auch ein Beispiel einer beliebig oft differenzierbaren Funktion, die nicht in eine Taylor-Reihe entwickelbar ist, und damit hatte die algebraische Analysis Lagranges keine Chance zum Überleben.

Aus der Rezeption der Lagrange'schen algebraischen Analysis entwickelten sich in Großbritannien zwei algebraische Disziplinen, die Disziplin der Funktionalgleichungen und die der Operatorenrechnung. Definiert man einen „Operator"

$$D := \frac{d}{dx},$$

dann sind höhere Ableitungen durch Potenzen dieses Operators gegeben. Da die Integration als Umkehrung der Differenziation erkannt war, sollte die Operation $1/D$ die Integration realisieren. Man schreibt eine Differenzialgleichung

$$\frac{d^2y}{dx^2} - 2\frac{dy}{dx} - 3y = 0$$

in der Operatorform

$$D^2y - 2Dy - 3y = 0,$$

die sich nun wie eine algebraische Gleichung faktorisieren lässt,

$$(D^2 - 2D - 3)y = (D + 1)(D - 3)y = 0.$$

Diese faktorisierte Gleichung kann man lösen, wenn man weiß, dass die Funktion $y_1 = c_1e^{-x}$ die Gleichung $(D+1)y = 0$ löst. Man erhält als Lösung insgesamt $y = c_1e^{-x} + c_2e^{3x}$. Ein bekannter Protagonist solcher Methoden wurde George Boole (1815–1864), der 1848 Professor für Mathematik am Queen's College in Cork, Irland, wurde und durch seine Arbeiten zur Logik berühmt geworden ist. In seinem Buch *Treatise on Differential Equations* (Abhandlung über Differenzialgleichungen), das 1859 erschien, findet man die Theorie der Operatoren zur Lösung von Differenzialgleichungen in den Kapiteln XVI und XVII.

Andere wichtige Persönlichkeiten, die den Operatorkalkül am Leben hielten, waren Robert Murphy (1806–1843), Duncan Farquharson Gregory (1813–1844), und nicht zuletzt Arthur Cayley (1821–1895) [Grattan-Guinness 2011, S. 306]. Der Operatorkalkül hat insbesondere durch die intuitiven Arbeiten zu elektrotechnischen Grundlagen von Oliver Heaviside (1850–1925) („Heaviside-Kalkül") im 20. Jahrhundert neuen Aufschwung erhalten und steht heute durch Arbeiten von Jan Mikusiński und anderen auf sauberen mathematischen Grundlagen.

Mit dem Interesse an Operatorenrechnung kam auch das Interesse an Differenzengleichungen im 19. Jahrhundert wieder zum Tragen. Auch hier ist George Boole zu nennen, dessen Buch *A Treatise on the Calculus of Finite Differences* (Eine Abhandlung über den Kalkül der finiten Differenzen) aus dem Jahr 1860 noch heute als mathematischer Klassiker nachgedruckt wird [Boole 2003].

Als Beispiel der Popularität der Operatormethode mag der Titel eines zeitgenössischen englischen Lehrbuchs dienen [Grattan-Guinness 2011, S. 307], Robert Daniel Carmichaels *A Treatise on the Calculus of Operations, Designed to Facilitate the Process of the Differential and Integral Calculus and the*

Abb. 11.2.5. Arthur Cayley und George Boole

Calculus of Finite Differences (Eine Abhandlung über den Kalkül der Operationen, entworfen um den Prozess des Differenzial- und Integralkalküls und den Kalkül der finiten Differenzen zu erleichtern) aus dem Jahr 1855. Diese Popularität ist leicht erklärbar, denn die Briten hatten nicht nur eine Vorliebe für alles Algebraische, sondern sie waren auch von ihrer Ausbildung her nicht in der Lage, den modernen Entwicklungen eines Cauchy zu folgen [Guicciardini 1989, S. 138]:

> *„Der Hauptgrund für den Erfolg dieser Techniken ist, dass sie leicht zu erlernen waren und enorme Möglichkeiten uninteressanter Fruchtbarkeit boten. Weiterhin betrachteten die Anhänger von Babbage, Herschel und Peacock (die übrigens sehr bald die Unfruchtbarkeit ihrer Vernarrtheit in die Lagrange'schen Analytik erkannten) den Operatorkalkül als eine 'neue kontinentale Methode' und sie waren offenbar begeistert, an dieser Renaissance teilzunehmen.“*

(The main reason for the success of these techniques is that they were easy to learn and offered immense possibilities of dull proliferation. Furthermore, the followers of Babbage, Herschel and Peacock (who, by the way, very soon realized the sterility of their infatuation with Lagrangian analytics), considered the calculus of operators as a 'new continental method', and they were clearly excited to participate in this Renaissance.)

Und weiter [Guicciardini 1989, S. 138]:

> *„Aber die Vorherrschaft des algebraischen Zugangs zum Kalkül hatte ihren eigenen Nachteil: sie erlaubte vielen britischen Mathematikern,*

die von der Analytischen Gesellschaft beeinflusst waren, nicht, die Be-
deutung von Cauchys Präzisierung des Kalküls zu schätzen, die ja mo-
tiviert war durch das Verlangen, die 'Allgemeinheiten der Algebra' zu
vermeiden. Die Verlagerung vom fluxionalen Kalkül der Newton'schen
Tradition ließ die Briten nochmals isoliert zurück."

(But the predominance of the algebraic approach to the calculus had
its own drawback: it did not allow many British mathematicians influenced by the Analytical Society to appreciate the importance of
Cauchy's rigorization of the calculus, which was motivated by the desire to avoid the 'generalities of algebra'. The shift from the fluxional
calculus of the Newtonian tradition, once again left the British isola-
ted.)

Grattan-Guinness zählt im 19. Jahrhundert 33 Lehrbücher über die neue
Analysis, zehn zu Differenzialgleichungen und zehn zur Variationsrechnung
[Grattan-Guinness 2011, S. 309]. Ihre Autoren gehörten zumeist nicht zu den
herausragenden Mathematikern. Grenzwerte tauchen nicht in moderner Form
und oftmals falsch auf, so wenn William Whewell in seinem 1838 erschienenen
Buch *The Doctrine of Limits* (Die Doktrin der Grenzwerte) schreibt, dass das,
was bis zum Grenzwert gilt, auch im Grenzwert gilt.

Der Pionier auf dem Gebiet der Grenzwerte war Augustus De Morgan. In
seinem Buch *Elements of Algebra* (Elemente der Algebra) aus dem Jahr 1835
findet man eine formal halbwegs rigorose Definition des Grenzwertes [Grattan-
Guinness 2011, S. 309]:

„*Wenn wir, unter Umständen oder durch bestimmte Voraussetzungen,*
A so nahe an P machen können wie wir wollen, ... dann heißt P der
Grenzwert von A."

(When, under circumstances, or by certain suppositions, we can make
A as near as we please to *P*, ... then *P* is called the limit of *A*.)

In seinem Buch *The Differential and Integral Calculus* (Der Differenzial- und
Integralkalkül) aus dem Jahr 1842 folgte De Morgan dann bereits Cauchy. Das
in der viktorianischen Epoche wohl einflussreichste Lehrbuch war *A Treatise*
on the Differential Calculus and the Elements of the Integral Calculus (Eine
Abhandlung über den Differenzialkalkül und die Elemente des Integralkalküls)
aus dem Jahr 1852 von Isaac Todhunter (1820–1884), das bis 1878 insgesamt
acht Auflagen erlebte [Grattan-Guinness 2011, S. 310]. Allerdings gab Todhunter selbst keine Grenzwerttheorie, sondern folgte De Morgan.

In den folgenden 40 Jahren schrieb kein britischer Autor irgendein Werk, das
die Inhalte der Bücher von De Morgan und Todhunter in irgend einer Weise
modernisierte. Grattan-Guinness zitiert aus einem Nachruf auf den Mathematiker Andrew Russell Forsyth (1858–1942) aus dem Jahr 1942 [Grattan-
Guinness 2011, S. 311]:

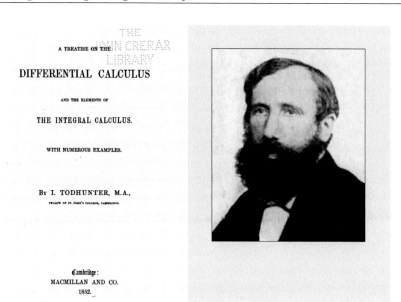

Abb. 11.2.6. Titel *A Treatise on the Differential Calculus and the Elements of the Integral Calculus* von Isaac Todhunter aus dem Jahr 1852 (University of Chicago, The John Crerar Library) sowie ein Porträt von Isaac Todhunter [A. Mcfarlane 1916]

> *„Die Universitätsdozenten konnten kein Deutsch lesen und sie lasen kein Französisch. Einer der bedeutendsten von ihnen in den 1890ern sprach von dem Entdecker der Gammafunktion als „Yewler" [Euler] und vom Begründer der Theorie der Funktionen als „Corky" [Cauchy]."*

> (The college lecturers could not read German, and did not read French. One of the most eminent of them in the eighteen-nineties used to speak of the discoverer of the Gamma-function as „Yewler", and the founder of the theory of functions as „Corky".)

Erst am Ende des 19. Jahrhunderts fassten die Briten wieder Fuß. Andrew Russell Forsyth machte großen Fortschritt mit seinem Buch *Treatise on Differential Equations* (Abhandlung über Differenzialgleichungen) [Forsyth 1996] aus dem Jahr 1885 und den von 1890 bis 1906 nachfolgenden sechs Bänden *Theory of Differential Equations* (Theorie der Differenzialgleichungen). Im Vorwort gibt Forsyth klar zu erkennen, dass er mit den mathematischen Entwicklungen auf dem Kontinent vertraut ist [Forsyth 1996, S. v]. Im Gegensatz zu Boole gibt Forsyth der Operatormethode nur einige wenige Seiten, dafür legt er Wert auf die Arbeiten über partielle Differenzialgleichungen erster und zweiter Ordnung, die zwischen 1780 und 1810 in Frankreich entstanden sind, und in den 1830ern durch Carl Gustav Jacob Jacobi (1804–1851) in Deutschland. Heute wird Forsyths *Treatise* sehr kritisch gesehen, da er von der Stoffauswahl falsche Schwerpunkte gesetzt hatte. So schreibt Leonard Roth über Forsyths Buch *Treatise on Differential Equations* [Roth 1971, S. 230]:

„Ich würde die Meinung äußern, dass dieses Werk mehr als alles an-
dere getan hat, um die wahre Entwicklung des Gebiets zu verzögern;
denn über mehr als zwei Generationen hat es falsche Ideen, die Natur
und die Reichweite der Theorie betreffend, in die Köpfe der Leute ge-
setzt und war darin, bedingt durch den kraftvollen und gebieterischen
Stil des Autors, überwältigend erfolgreich.“

(I would venture the opinion that this work has done more than anything else to retard the true development of the subject; for over two
generations it has continued to put wrong ideas into people's heads
concerning the nature and scope of the theory and, thanks to the
author's forceful and authoritative style, in this it has been overwhel-
mingly successfull.)

Und über die sechsbändige *Theory of Differential Equations* [Roth 1971, S.
230f.]:

„Sein Hauptwerk über die Theorie der Differenzialgleichungen, eine
riesige Leistung in sechs Bänden, ist noch heute die einzige Abhand-
lung in ihrer Klasse, die aus einer Hand stammt; aber ein bloßer Blick
auf das Inhaltsverzeichnis reicht um zu zeigen, dass Forsyth, alles in
allem, zurück auf Lagrange blickt anstatt forwärts auf Cauchy.“

(His major work on the theory of differential equations, a colossal
achievement in six volumes, is still today the only treatise in its class
which is by a single hand; but a mere glance at the list of contents suf-
fices to reveal that, on the whole, Forsyth looks backward to Lagrange
rather than forward to Cauchy.)

Mit dem Erscheinen der Bücher von Forsyth kamen nun auch weitere Bücher
auf den Markt, so etwa Horace Lambs *Elementary Course of Infinitesimal
Calculus* (Elementarer Kurs über den Infinitesimalkalkül) 1897, und George
Gibsons *Elementary Treatise on the Calculus with Illustrations from Geome-
try, Mechanics and Physics* (Elementare Abhandlung über den Kalkül[3] mit
Illustrationen aus Geometrie, Mechanik und Physik) 1901.

Und endlich schließt sich für uns hier ein Kreis, dessen Konstruktion wir im
ersten Kapitel begonnen haben: Im Jahr 1910 erscheint das Buch *Calculus Made Easy* (Den Kalkül einfach gemacht) von Silvanus Phillips Thompson, das
eine Euler'sche Version des Kalküls in leicht verständlicher Form präsentiert.
Der Prioritätsstreit zwischen Leibniz und Newton, der sich um die Wende vom

---

[3]Es gehört zur Tradition der angelsächsischen Länder, bis heute zwischen „Calculus“ und „Analysis“ zu unterscheiden. Calculus-Kurse behandeln meist elementare
Techniken des Differenzierens und Integrierens, während Analysis-Kurse die Kon-
vergenzfragen thematisieren und den theoretischen Unterbau des Calculus liefern.
Ich habe in Buchtiteln daher das Wort „Calculus“ stets als „Kalkül“ übersetzt, und
nicht als „Analysis“.

CALCULUS MADE EASY:

BEING A VERY-SIMPLEST INTRODUCTION TO
THOSE BEAUTIFUL METHODS OF RECKONING
WHICH ARE GENERALLY CALLED BY THE
TERRIFYING NAMES OF THE

DIFFERENTIAL CALCULUS

AND THE

INTEGRAL CALCULUS.

BY

Abb. 11.2.7. Titel *Calculus made easy* in der zweiten Auflage von 1914 (Erstausgabe 1910, Projekt Gutenberg) und nachträglich eingefügt das Porträt des Autors Silvanus P. Thompson aus: [Silvanus Thompson, His Life and Letters, Thompson and Thompson, 1920]

17. zum 18. Jahrhundert zugetragen hat, hatte für die Mathematik in Großbritannien eine 300-jährige, tragische Nachwirkung. Erst im 20. Jahrhundert ist es den Briten wieder gelungen, Anschluss an die neue Analysis zu finden, die Newton und Leibniz unabhängig voneinander erschaffen haben, und die eine wesentliche Grundlage unserer Hochtechnologiegesellschaft darstellt.

Epilog

Die Herren Leibniz und Newton spielten bereits sehr früh in meinem Leben eine gewisse Rolle, etwa ab 1975, dem Jahr, in dem ich die Differenzialrechnung kennenlernte. Da ich kurz darauf auch ein Interesse an Mechanik entwickelte, tauchten die Namen Leibniz und Newton auch in diesem Zusammenhang auf, und bereits 1977 erwarb ich die erste Auflage des wirklich hervorragenden Buches [Szabó 1996] von Istvan Szabó. Kurz vorher bestellte ich auch Newtons *Principia* in der veralteten deutschen Übersetzung von Wolfers (was ich damals aber nicht wusste) aus dem Jahr 1872, die ab 1963 von der Wissenschaftlichen Buchgesellschaft nachgedruckt wurde. Ich erinnere mich genau, dass ich aus den *Principia* lernen wollte, wie Newton seine Fluxionenrechnung angewendet hatte, um die Welt zu erklären, und wie enttäuscht ich war, als ich keine Fluxionenrechnung finden konnte! Es gab damals noch kein Internet; man konnte nicht einfach Wikipedia und all die anderen Errungenschaften des World Wide Webs mit einem Mausklick aufrufen, sondern war auf den Besuch von Bibliotheken oder den Kauf eigener Bücher angewiesen. Da ich damals in Hannover studierte, lag mir Leibniz naturgemäß näher als Newton und so las ich alles, was mit Leibniz zusammenhing, insbesondere mit seiner Mathematik. Die Biographie [Guhrauer 1966] beeindruckte mich nachhaltig und schnell wurde ich ein „Leibnizianer" und bin das noch heute. Es schien mir sicher, dass Leibniz der offen agierende und arglose Polyhistor war, der von einem hinterhältigen und rachsüchtigen Newton zu Unrecht angegriffen wurde. In Vorlesungen zur Geschichte der Mathematik ließ ich später kein gutes Haar an Newton, und als ich Manuels psychoanalytisch angelegte Biographie [Manuel 1968] las, schienen mir zumindest die Gründe klar, warum Newton ein solches Ekel wurde.

In dieser Einschätzung Newtons war ich sicher nicht allein. Im Jahr 2006 kaufte ich in Oxford Westfalls Newton-Biographie [Westfall 2006] aus dem Jahr 1980, die ich inzwischen mehrmals gelesen habe. Westfall legte sehr viel Wert auf das wissenschaftliche Werk Newtons und stellte dessen Genie – völlig zu recht – klar heraus. Wenn es aber um die persönliche, charakterliche Seite des Genies ging, wurde Westfall im Verlauf des Buches immer kritischer, bis er kaum noch von meiner eigenen Meinung über Newton entfernt war. Das ist nicht nur mir aufgefallen. Rob Iliffe schreibt gleich zu Beginn seiner kurzen Einführung [Iliffe 2007, S. 7]:

> *„In seiner eher orthodoxen* [Biographie] *'Never at Rest: A Scientific Biography of Isaac Newton' aus dem Jahr 1980 betrachtete Richard S. Westfall Newtons Arbeit als zentralen Aspekt seines Lebens. Ausgehend von der vollen Breite der Newton'schen Manuskripte, die nun den Wissenschaftlern zur Verfügung stand, beschäftigte sich seine 'wissenschaftliche Biographie' mit jedem Aspekt von Newtons intellektuellen Interessen, obwohl seine wissenschaftliche Karriere 'das zentrale Thema darstellt'. Während er sehr fähig mit Newtons intellektuellen Errungenschaften umgeht, ist es doch deutlich, dass Westfalls große*

Bewunderung für diesen Teil von Newtons Leben sich nicht auf sein persönlichens Verhalten überträgt.

Schließlich kam Westfall dazu, den Mann zu verabscheuen, dessen Werke er seit mehr als 2 Jahrzehnten studiert hatte. Er war nicht der erste, der so über den großen Mann empfand."

(In his more orthodox *Never at Rest: A Scientific Biography of Isaac Newton* of 1980, Richard S. Westfall took Newton's work as the central aspect of his life. Drawing from the full range of Newton's manuscripts that were now available to scholars, his 'scientific biography' engaged with every aspect of Newton's intellectual interests, although his scientific career 'furnishes the central theme'. While he deals ably with Newton's intellectual accomplishments, it is apparent that Westfall's great admiration for this part of Newton's life does not extend to his personal conduct.

Ultimately Westfall came to loathe the man whose works he had studied for over 2 decades. He was not the first to feel this way about the Great Man.)

Auch als ich die Arbeiten zu diesem Buch begann, hatte sich meine durchweg negative Einstellung gegenüber Newton – und die durchweg positive gegenüber Leibniz – nicht geändert. Ich musste daher sehr vorsichtig sein, Leibniz nicht von vornherein zu sehr zu verehren und Newton nicht von vornherein zu sehr zu verdammen. Aber mein Weltbild veränderte sich etwas, als ich Melis Studie [Meli 1993] über das Leibniz'sche Verhalten in Verbindung mit der Publikation von Newtons *Principia* intensiver las. Das war jedoch nicht der einzige Anstoß. Die Jahresgabe der Gottfried-Wilhelm-Leibniz-Gesellschaft bestand 2013 aus einem Buch mit dem etwas ominösen Titel *Komma und Kathedrale* [Li 2012]. In diesem Buch befindet sich der Aufsatz *Diplomat in der Gelehrtenrepublik – Leibniz' politische Fähigkeiten im Dienste der Mathematik* [Wahl 2012] von Charlotte Wahl, und hier wird Leibniz nun von einer anderen Seite beleuchtet, nämlich der als Agent in eigener Sache.

So bin ich nun, nach Beendigung der Arbeiten an diesem Buch über den Prioritätsstreit, Leibnizens menschlicher Seite etwas näher gekommen. Ja, unbestreitbar war Newton im Alter rachsüchtig und hinterhältig. Er agierte und agitierte hinter den Kulissen bei der Abfassung des *Commercium epistolicums*, das Leibniz offiziell zum Plagiator verdammte, in feiger Art und Weise. In der Entwicklung hin zu diesem finalen Vernichtungskrieg hat aber auch Leibniz nicht immer mit offenen Karten gespielt. Der Newton vor 1700 war sicher ein komischer Kauz, reizbar, verschlossen und unfähig, auf die Kritik anderer an seiner Arbeit vernünftig zu reagieren. Der Streit mit Hooke über die Farben war ihm höchst unwillkommen, aber wusste er es nicht wirklich besser? Dass Hooke dann noch die Newton'sche Gravitationstheorie für sich beanspruchte, muss Newton tief getroffen haben. Leibniz hatte den Vorteil, durch seine frühen Publikationen hochintelligente Mitstreiter um sich zu scharen –

wir haben die Bernoulli-Brüder und den Marquis de l'Hospital kennengelernt. Newton war viel zu verschlossen, um eine solche Klasse von Mitstreitern um sich zu scharen; für ihn kämpften doch eher jene, die nicht zur ersten Garde der Mathematiker gehörten. Die englischen Krieger handelten aus nationalen Motiven und aus Gründen der Verehrung für Newton; nicht etwa aus einem tiefen mathematischen Verständnis heraus. Außerdem kam er mit seinen Veröffentlichungen viel zu spät. Die *Epistolae* haben Leibniz keine Feinheiten der Newton'schen Mathematik verraten, aber immerhin schrieb Newton sehr offen, wenn man bedenkt, dass er an einen ihm völlig Fremden schrieb.

Viel problematischer als Newton und Leibniz sehe ich nun die Rolle der verschiedenen „Berater" auf beiden Seiten, die letztlich nicht mehr, aber auch nicht weniger, als Kriegshetzer waren. Fatio war es noch nicht gelungen, Newton von der „Schuld" Leibnizens zu überzeugen, aber schließlich gelang das Keill. Auf der kontinentaleuropäischen Seite war es Johann Bernoulli, der Leibniz schließlich zu der Überzeugung brachte, Newton habe plagiiert. Leibniz war *wirklich* unschuldig – von menschlichen Eitelkeiten, die uns allen eigen sind, abgesehen.

Leibnizens Kalkül hatte klar die herausragend einfache und geniale Bezeichnungsweise als Vorteil gegenüber der Newton'schen Fluxionen- und Fluentenrechnung, aber im Prinzip hatten die beiden Männer doch dieselbe Mathematik geschaffen und Newton erkannte das in seinem berühmten Scholium in den *Principia* vor aller Welt an. Die von Leibniz verfasste und in den Acta Eruditorum im Jahr 1705 anonym erschienene Besprechung der beiden Anhänge zur *Opticks*, insbesondere von *De quadratura*, kann man durchaus als Provokation lesen, obwohl ich davon überzeugt bin, dass sie nicht so gemeint war. Vielleicht lag es wirklich an der Eile, in der Leibniz einige Dinge niederschrieb. Aber obwohl Newton 1711 schrieb, er habe diese Besprechung nie gelesen, ist das doch unwahrscheinlich. Vermutlich hat er sie nur flüchtig angesehen, und da gab es von seiner Seite noch keine Reaktion. Erst der übereifrige John Keill, der den eigentlichen Krieg eröffnete, hat Newton schlecht beraten.

Wenn wir ein wenig in Richtung kontrafaktischer Geschichte im Sinne des Historikers Alexander Demandt [Demandt 2011] denken, dann können wir versuchen uns vorzustellen, was geschehen wäre, hätten Newton und Leibniz gemeinsam in Freundschaft an der neuen Mathematik (und der Physik) gearbeitet. Hätten dann noch Männer wie Johann Bernoulli und Brook Taylor gemeinsam dazu beigetragen, wie schnell wären wir dann auf einen Stand gekommen, den erst Euler in der zweiten Hälfte des 18. Jahrhunderts erreichen konnte? In diesem Sinne hat der Prioritätsstreit eine durchaus moderne Moral und reicht über mehr als 300 Jahre bis in unsere Zeit hinein: Wissenschaft soll frei sein und in guter und offener Zusammenarbeit von Wissenschaftlern erschaffen werden. Geheimniskrämerei, Vorurteile und Eifersüchteleien hemmen den Fortschritt, den wir doch in allen Bereichen der Wissenschaften so dringend benötigen.

Thomas Sonar

Nachwort von Eberhard Knobloch

Isaac Newton und der knapp dreieinhalb Jahre jüngere Gottfried Wilhelm Leibniz sind sich persönlich nie begegnet, auch wenn Leibniz zweimal – 1673 und 1676 – London besucht hat. Viele Jahrzehnte hindurch gab es zwischen den beiden Gelehrten nur einen mittelbaren Briefwechsel. Newton schickte zwei Sendungen an den Sekretär der Royal Society, Henry Oldenburg, die für Leibniz bestimmt waren: die *epistola prior* und *epistola posterior*. Leibniz erhielt sie im August 1676 bzw. Juli 1677. Umgekehrt schickte Oldenburg Auszüge aus Briefen, die er von Leibniz erhielt, an Newton. Newton wie Leibniz redeten in ihren Briefen Oldenburg an und sprachen vom jeweils anderen in der dritten Person.

Der unmittelbare Briefwechsel zwischen den beiden Mathematikern ist leicht zu überschauen. Es gibt nur je einen einzigen Brief von Leibniz an Newton und umgekehrt. Am 17. März 1693 schrieb Leibniz dem englischen Partner einen freundlichen und verbindlichen Brief. Er habe öffentlich bei sich bietender Gelegenheit bekannt, wie viel seiner Ansicht nach die Mathematik und Naturwissenschaft Newton verdanke. Newton habe die Geometrie durch seine unendlichen Reihen auf wunderbare Weise erweitert. Leibniz sparte nicht mit Lob für Newtons Himmelsmechanik, obwohl er dessen unerklärt gelassene Gravitation als nicht mechanische Einwirkung ablehnte.

Über ein halbes Jahr später antwortete ihm Newton am 26. Oktober 1693 und betonte, wie sehr er diese Verspätung seiner Antwort bedaure, da er die Freundschaft mit Leibniz im höchsten Maße schätze und diesen seit vielen Jahren zu den bedeutendsten Geometern des Jahrhunderts zähle. Er sei besorgt, dass ihre Freundschaft wegen seines Schweigens Schaden nehme. Denn er schätze seine Freunde höher als seine mathematischen Erfindungen ein. Er schloss mit der Versicherung, er habe mit seinem Brief bezeugen wollen, dass er Leibnizens unwandelbarster Freund sei und seine Freundschaft am höchsten schätze.

Liest man diese Briefe, die die gegenseitige Hochachtung, ja Freundschaft beider Männer bezeugen, so hält man es kaum für möglich, dass zwischen diesen wenige Jahre später eine der erbittertsten Streitereien der Wissenschaftsgeschichte ausbrach. Wie konnte es dazu kommen?

Um auf diese Frage eine ausgewogene Antwort geben zu können, nimmt Thomas Sonar den wissenschaftsgeschichtlichen Hintergrund und die persönlichen Lebensumstände der beiden Kontrahenten ebenso umfassend wie sorgfältig in den Blick. Und in der Tat: Erst die mühsam zu erschließenden historischen Details lassen den Leser verstehen, wie es schließlich zur unerquicklichen, von falschen Behauptungen, Unterstellungen und Verdächtigungen geprägten Gegnerschaft zwischen beiden Parteien kommen konnte. Eine für Newton negative Momentaufnahme vom Höhepunkt der Auseinandersetzung, wie sie Carl Djerassi mit seinem Theaterstück *Kalkül* geliefert hat, wird dem historischen

Geschehen nicht gerecht, auch wenn es natürlich nicht zulässig war, dass der Engländer mit dem *Commercium epistolicum* von 1712 Ankläger und Richter in eigener Sache war. Was aber war vorausgegangen?

Sonar rekonstruiert die persönlichen Erfahrungen und Aktivitäten der beiden Hauptakteure seiner Geschichte. Schon die verschiedenen, wenn auch vergleichbaren Kindheitserlebnisse prägten auf verschiedene Weise die beiden Gelehrten. Der Vater des Siebenmonatskindes Isaac Newton starb vor dessen Geburt. Leibnizens Vater starb, als der Knabe Gottfried Wilhelm sechs Jahre alt war. Beide Männer haben ihre Väter nicht oder kaum gekannt. Aber der dreijährige Isaac wird sogar auf Drängen seines Stiefvaters von seiner Mutter getrennt, eine traumatische Erfahrung für das kleine Kind. Leibniz verlor seine Mutter erst mit siebzehn Jahren durch deren Tod.

Zurückliegende Ereignisse wurden im Lichte neuer tatsächlicher oder vermeintlicher Erkenntnisse interpretiert. Der sechsundzwanzigjährige Leibniz verriet bei seinem ersten Besuch in London 1673 unfreiwillig seine geringe Kenntnis der mathematischen Literatur und schrieb am 26. April 1673 an Oldenburg die viel zu selbstbewusste Mitteilung: „Meine Rechenmaschine wird ihre Aufgabe vollständig erfüllen und kommt nun zum Abschluss, so wie sie in meiner Abwesenheit begonnen wurde." In Wirklichkeit kam die Arbeit an der Maschine bis an sein Lebensende zu keinem endgültigen Ergebnis. Als Leibniz Jahrzehnte später des Plagiats an Newtons Entdeckungen beschuldigt wurde, waren diese Dinge nicht vergessen und schienen die nunmehr schlechte Ansicht über Leibniz zu bestätigen.

Falsche Daten wurden versehentlich, aber auch vorsätzlich verwendet. Die *epistola prior* wurde am 26. Juli 1676 (nach dem alten, in England noch gültigen Stil), am 5. August nach dem neuen Stil an Leibniz abgeschickt. John Wallis – national, um nicht zu sagen nationalistisch eingestellt – veröffentlichte 1699 den Brief mit Wissen Leibnizens im dritten Band seiner Werke auf Grund eines Druckfehlers mit dem falschen Absende-Datum „26. Juni" (6. Juli n. St.). Newton übernahm 1715 und öfter wider besseren Wissens das falsche Datum. Danach hätte Leibniz, der erst am 27. August antwortete, viele Wochen für seine Antwort gebraucht, weil er sich offenbar erst in die mathematische Materie einarbeiten musste. In Wahrheit erhielt er den Brief erst am 24. August 1676, antwortete also innerhalb von drei Tagen. Freilich behauptete er – unzutreffender Weise – den Brief am Vortag erhalten zu haben.

Ähnlich verwirrend steht es mit Text und Absendedatum der *epistola posterior*, deren abgesandte Abschrift nicht einmal alle Newton'schen Veränderungen der Originalfassung enthielt.

Welche neuen Erkenntnisse konnte Leibniz aus den Sendungen gewinnen? Seine Erfindung des *calculus* stammte ja vom Herbst 1675. Wer Leibnizens Aufzeichnungen nicht kannte – und dies galt für die englische Seite – konnte hier zu falschen Annahmen kommen.

Sonar verschweigt zu Recht auch nicht Leibniz'sche Ungeschicklichkeiten bzw. provozierende Bemerkungen. 1697 schrieb Leibniz zu den eingesandten Lösungen des Brachystochronen-Problems: „Und in der Tat ist es nicht unwert zu bemerken, dass alle diejenigen dieses Problem gelöst haben, von denen ich angenommen hatte, dass sie es lösen können, und zwar nur jene, die in die Geheimnisse unseres Differentialkalküls hinreichend eingedrungen waren." Ausdrücklich nannte er Newton unter denjenigen, denen er die Lösung zugetraut hatte. Wie aber sollte Newton den Satz verstehen „nur jene, die in die Geheimnisse unseres Differentialkalküls eingedrungen waren"?

Nicht voraussehen konnte Leibniz freilich die verletzte Eitelkeit von Nicolas Fatio de Duillier, der nicht genannt war, sich 1699 als Newtons Anhänger offen gegen Leibniz stellte und damit die heiße Phase des Streites auslöste, Newton sei der erste Erfinder des *calculus*. Fast unverblümt bezichtigte er Leibniz des Plagiats. Er wolle es den Kennern der Newton'schen Briefe und handgeschriebenen Aufzeichnungen überlassen zu entscheiden, ob Leibniz als zweiter Erfinder etwas von Newton entlehnt habe.

So nahm das Unheil seinen Lauf, zumal John Keill bald in dasselbe Horn stieß. Rede zog Widerrede nach sich, so dass schließlich Leibniz den Spieß umdrehte und wider besseres Wissen Newton anklagte. Es ging menschlich, allzu menschlich zu.

Thomas Sonar hat das Entstehen und die Eskalation dieses Streites, die durch Leibnizens Ablehnung der Newton'schen Gravitationstheorie zusätzlich an Schärfe gewann, in einer grandiosen, spannend geschriebenen Monographie nachgezeichnet. Mit souveräner Kompetenz erläutert er zugleich den mathematischen Kontext, so dass auch der Nichtmathematiker das Buch mit Gewinn lesen wird. Quod erat demonstrandum!

Prof. Dr. Eberhard Knobloch   Berlin, im Juni 2015

Literatur

[Aiton 1972] Aiton, E. J.: Leibniz on Motion in a Resisting Medium. (Archive for History of Exact Sciences Vol. 9, 1972, S. 257-274).

[Aiton 1972a] Aiton, E. J.: The Vortex Theory of Planetary Motions. London, New York 1972.

[Aiton 1991] Aiton, E. J.: Gottfried Wilhelm Leibniz. Eine Biographie. Aus dem Englischen übertragen von Christiana Goldmann und Christa Krüger. Frankfurt am Main, Leipzig 1991.

[Andersen 1985] Andersen, K.: Cavalieri's Method of Indivisibles. (Archive for History of Exact Sciences, Vol. 31, 1985, No.4, S. 291–367).

[Andriesse 2005] Andriesse, C. D.: Huygens. The Man Behind the Principle. Cambridge, New York, Melbourne, etc. 2005.

[Antognazza 2009] Antognazza, M. R.: Leibniz. An Intellectual Biography. Cambridge, New York, etc. 2009.

[Archimedes 1972] Archimedes: Werke. Übersetzt und mit Anmerkungen versehen von Arthur Czwalina. Sonderausgabe. 3., unveränderter reprographischer Nachdruck. Darmstadt, 1972.

[Aristoteles 1995] Aristoteles: Werke in deutscher Übersetzung, Bd. 11: Physikvorlesung. Hrsg. von E. Grumach. Übersetzt von Hans Wagner. 5., durchgesehene Auflage. Nachdruck. Berlin, 1995.

[Attali 2007] Attali, J.: Blaise Pascal. Biographie eines Genies. Aus dem Französischen von Hans Peter Schmidt. 2. Auflage. Stuttgart 2007.

[Aubrey 1982] Aubrey, J.: Brief Lives. A modern English version. Edited by Richard Barber. Woodbridge 1982.

[Bardi 2006] Bardi, J. S.: The Calculus Wars. Newton, Leibniz, and the Greatest Mathematical Clash of All Time. New York 2006.

[Barrow 1973] Barrow, I.: The Mathematical Works. Edited by W. Whewell. Reprog. Nachdr. der Ausg. Cambridge 1860. 2 Bände in einem Band, Hildesheim, New York 1973.

[Béguin 1998] Béguin, A.: Blaise Pascal. Mit Selbstzeugnissen und Bilddokumenten. 13. Auflage, Reinbek bei Hamburg 1998.

[Bell 1947] Bell, A. E.: Christian Huygens and the Development of Science in the Seventeenth Century. London 1947.

[Berkeley 1979] Berkeley, G.: Philosophisches Tagebuch. Philosophical Commentaries. Übers. u. hrsg. von Wolfgang Breidert. Hamburg 1979.

[Berkeley 1985] Berkeley, G.: Schriften über die Grundlagen der Mathematik und Physik. Eingeleitet und übersetzt von Wolfgang Breidert. 1. Auflage 1969. Nachdruck. Frankfurt am Main 1985.

[Berkeley 1996] Berkeley, G.: Alciphron oder der kleine Philosoph. Übers. von Luise und Friedrich Raab. Mit einer Einleitung versehen und hrsg. von Wolfgang Breidert. Hamburg 1996.

[Blanton 2000] Blanton, J. D. (Übers.): Euler - Foundations of Differential Calculus. New York 2000. Die Übersetzung beinhaltet den ersten Teil des Werkes *Institutiones calculi differentialis cum eius usu in analysi finitorum ac doctrina serierum*, Eneström Index E212, publiziert 1755.

[Boas Hall 2002] Boas Hall, M.: Henry Oldenburg. Shaping the Royal Society. Oxford, New York, etc. 2002.

[Boole 2003] Boole, G.: A Treatise on the Calculus of Finite Differences. Nachdruck der 2. ed. London 1872. Mineola, N.Y. 2003.

[Bos 1980] Bos, H. J. M.: Newton, Leibniz and the Leibnizian tradition. in: [Grattan-Guinness 1980], S. 49-93.

[Bourbaki 1971] Bourbaki, N.: Elemente der Mathematikgeschichte. Göttingen 1971.

[Boyer 1959] Boyer, C. B.: The History of the Calculus and its Conceptual Development. Nachdruck der Erstausgabe 1949. New York 1959.

[Breger 1987] Breger, H.: Buchbesprechung. Sudhoffs Archiv, Band 71, 1987. Heft 1, S. 120f.

[Breger/Niewöhner 1999] Breger, H.; Niewöhner, F. (Hrsg.): Leibniz und Niedersachsen. Tagung anlässlich des 350. Geburtstages von G.W. Leibniz, Wolfenbüttel 1996. Stuttgart 1999.

[Breidert 1989] Breidert, W.: George Berkeley 1685–1753. Basel, Boston, Berlin 1989.

[Brewster 1831] Brewster, D.: The Life of Sir Isaac Newton. London 1831.

[Brewster 1855] Brewster, D.: Memoirs of the life, writings, and discoveries of Sir Isaac Newton. 2 Vols. Edinburgh 1855.

[Cajori 1919] Cajori, F.: A History of the Conceptions of Limits and Fluxions in Great Britain from Newton to Woodhouse. Chicago, London 1919.

[Chapman 2004] Chapman, A.: England's Leonardo. Robert Hooke and the Seventeenth-Century Scientific Revolution. London 2004.

[Child 1916] Child, J. M.: Geometrical Lectures of Isaac Barrow. Transl., with notes and proofs, and a discussion on the advance made therein on the work of his predecessors in the infinitesimal calculus by J.M.C., Chicago, London 1916.

[Child 2005] Child, J. M. (Übers.): The Early Mathematical Manuscripts of Leibniz. Transl. and with an introduction by J.M.C. Nachdruck der Originalausgabe 1920. Mineola, N. Y. 2005.

[Clark/Clark 2000] Clark, D. H., Clark; S. P. H.: Newton's Tyranny. The Suppressed Scientific Discoveries of Stephen Gray and John Flamsteed. New York 2000.

[Clarke 1990] Clarke, S.: Der Briefwechsel mit G. W. Leibniz von 1715/1716. Übersetzt und mit einer Einführung, Erläuterungen und einem Anhang herausgegeben von Ed Dellian. Hamburg 1990.

[Cohen 1971] Cohen, I.B.: Introduction to Newton's 'Principia'. Harvard 1971.

[Cohen/Smith 2002] Cohen, I. B.; Smith, G. E. (edts.): The Cambridge Companion to Newton. Cambridge, New York, etc. 2002.

[De Morgan 1855] De Morgan, A.: Review of Memoirs of the Life, Writings, and Discoveries of Sir Isaac Newton by Sir David Brewster. The North British Review, 1855, No. 23, S. 307-338.
(http://www.newtonproject.sussex.ac.uk/view/texts/normalized/OTHE00094)

[Demandt 2011] Demandt, A.: Ungeschehende Geschichte. Ein Traktat über die Frage: Was wäre geschehen, wenn ...?. Göttingen 2011.

[Descartes 1969] Descartes, R.: Geometrie. Dt. hrsg. von Ludwig Schlesinger. Unveränd. reprogr. Nachdruck der 2., durchges. Aufl., Leipzig 1923. Darmstadt, 1969.

[Descartes 2005] Descartes, R.: Die Prinzipien der Philosophie. Lateinisch-deutsch. Übers. u. hrsg. von Christian Wohlers. Hamburg 2005.

[Dobbs 1991] Dobbs, B. J. T.: The Janus Faces of Genius. The Role of Alchemy in Newton's Thought. Cambridge 1991.

[Domingues 2008] Domingues, J. C.: Lacroix and the Calculus. Basel, Boston, Berlin 2008.

[Domson 1981] Domson, Ch. A.: Nicolas Fatio de Duillier and the Prophets of London. New York 1981.

[Dry 2014] Dry, S.: The Newton Papers. The Strange & True Odyssey of Isaac Newton's Manuscripts. Oxford, New York, Auckland, etc. 2014.

[DSB 1971] Dictionary of Scientific Biographies, 16 Vols. New York 1971.

[Eberhard/Eckhart 1982] Eberhard, J. A.; Eckhart, J. G.: Leibniz-Biographien. Hildesheim, Zürich, New York 1982.

[Eckhart 1982] Eckhart, J. G.: Lebensbeschreibung des Freyherrn von Leibniz. in: [Eberhard/Eckhart 1982], S. 125-231.

[Edleston 1850] Edleston, J.: Correspondence of Sir Isaac Newton and Professor Cotes, including letters of other eminent men, now first published from the originals in the library of Trinity College, Cambridge; together with an appendix containing other unpublished letters and papers by Newton; with notes, synoptical view of the philosopher's life, and a variety of details illustrative of his history. London und Cambridge 1850.

[Edwards 1979] Edwards Jr., C. H.: The Historical Development of the Calculus. New York, Heidelberg, Berlin 1979.

[Engelsman 1984] Engelsman, S.V.: Families of Curves and the Origins of Partial Differentation. Amsterdam, New York 1984.

[Euchner] Euchner, W.: John Locke zur Einführung. Hamburg 1996.

[Euklid 1980] Euklid: Die Elemente. Buch I-XIII. Nach Heibergs Text aus dem Griechischen übersetzt und herausgegeben von Clemens Thaer. Sonderausgabe der 7. unveränd. Auflage. Darmstadt 1980.

[Feingold 1990] Feingold, M. (edt.): Before Newton. The life and times of Isaac Barrow. Cambridge, New York, etc. 1990.

[Feingold 1990a] Feingold, M.: Isaac Barrow – divine, scholar, mathematician. in: [Feingold 1990], S. 1-104.

[Finster/van den Heuvel 1990] Finster, R.; Heuvel, G. van den: Gottfried Wilhelm Leibniz. Mit Selbstzeugnissen und Bilddokumenten. Reinbek bei Hamburg 1990.

[Flasch 2004] Flasch, K.: Nikolaus von Kues in seiner Zeit. Ein Essay. Stuttgart 2004.

[Flasch 2005] Flasch, K.: Nicolaus Cusanus. 2. Auflage. München 2005.

[Flasch 2008] Flasch, K.: Nikolaus von Kues. Geschichte einer Entwicklung. 3. Auflage, Frankfurt/Main 2008.

[Fleckenstein 1956] Fleckenstein, J. O.: Der Prioritätsstreit zwischen Leibniz und Newton. Isaac Newton. Basel 1956. 2. Auflage 1977.

[Flood/Rice/Wilson 2011] Flood, R.; Rice, A.; Wilson, R. (edts.): Mathematics in Victorian Britain. Oxford, New York, Auckland, etc. 2011.

[Folkerts/Knobloch/Reich 2001] Folkerts, M.; Knobloch, E.; Reich, K.: Maß, Zahl und Gewicht. Mathematik als Schlüssel zu Weltverständnis und Weltbeherrschung. Katalog der Herzog August Bibliothek Wolfenbüttel. 2. Auflage, Wiesbaden 2001.

[Fontenelle 1989] Fontenelle, B. L. B. de: Philosophische Neuigkeiten für Leute von Welt und für Gelehrte. Ausgewählte Schriften. Leipzig 1989.

[Forsyth 1996] Forsyth, A. R.: A Treatise on Differential Equations. Nachdruck der 6. Auflage 1929, Mineola, N. Y. 1996.

[Galilei 1973] Galilei, G.: Unterredungen und mathematische Demonstrationen über zwei neue Wissenszweige, die Mechanik und die Fallgesetze betreffend. Herausgeber Arthur von Oettingen. Sonderausgabe. Nachdruck. Darmstadt 1973.

[Galilei 1982] Galilei, G.: Dialog über die beiden hauptsächlichsten Weltsysteme, das ptolemäische und das kopernikanische. Aus dem Ital. übers. u. erl. v. Emil Strauss. Mit einem Beitrag von Albert Einstein sowie ein Vorw. zur Neuausgabe u. weiteren Erl. von Stillman Drake. Hrsg. von Roman Sexl und Karl von Meyenn. Reprogr. Nachdruck der Ausgabe Leipzig 1891. Sonderausgabe. Nachdruck. Darmstadt 1982.

[Gerhardt 1846] Gerhardt, C. I.: Historia et origo calculi differentialis a G. G. Leibnitio conscripta. Zur 2. Säcularfeier des Leibnizschen Geburtstages aus den Handschriften der Königlichen Bibliothek zu Hannover hrsg. von C. I. G. Hannover 1846.

[Görlich 1987] Görlich, E.: Leibniz als Mensch und Kranker. Dissertation. Medizinische Hochschule. Hannover 1987.

[Goldenbaum/Jesseph 2008] Goldenbaum, U.; Jesseph, D.: Infinitesimal Differences. Controversies between Leibniz and his Contemporaries. Berlin, New York 2008.

[Gowing 1983] Gowing, R.: Ronald Cotes – natural philosopher. Cambridge, London, New York, etc. 1983.

[Grabiner 1997] Grabiner, J. V.: Was Newton's Calculus a Dead End? The Continental Influence of Maclaurin's Treatise of Fluxions. (The American Mathematical Monthly, vol. 104, 1997, S. 393-410).

[Graef 1973] Graef, M. (Hrsg.): 350 Jahre Rechenmaschinen. Vorträge eines Festkolloquiums, veranstaltet vom Zentrum für Datenverarbeitung der Universität Tübingen. München 1973.

[Graeven 1902] Graeven, H.: Leibnizens irdische Überreste. (Hannoversche Geschichtsblätter, Jahrgang 5, 1902, Heft 8, S. 568-571).

[Grattan-Guinness 1980] Grattan-Guinness, I. (edt.): From the Calculus to Set Theory 630-1910. An Introductory History. Princeton and Oxford 1980.

[Grattan-Guinness 2011] Grattan-Guinness, I.: Instruction in the calculus and differential equations in Victorian and Edwardian Britain. in: [Flood/Rice/Wilson 2011] S. 303-319.

[Guhrauer 1966] Guhrauer, G. E.: Gottfried Wilhelm Freiherr von Leibniz – Eine Biographie. 2 Bände. Nachdruck der Originalausgabe von 1846. Hildesheim 1966.

[Guicciardini 1989] Guicciardini, N.: The development of Newtonian calculus in Britain 1700-1800. Cambridge, New York, Port Chester, etc. 1989.

[Guicciardini 1999] Guicciardini, N.: Reading the Principia, Cambridge, New York, etc. 1999.

[Guicciardini 2002] Guicciardini, N.: Analysis and synthesis in Newton's mathematical work. in: [Cohen/Smith 2002] S. 308-328.

[Guicciardini 2009] Guicciardini, N.: Isaac Newton on mathematical certainty and method. Cambridge, Mass., London 2009.

[Haan/Niedhart 2002] Haan, H.; Niedhart, G.: Geschichte Englands vom 16. bis zum 18. Jahrhundert. 2., durchgesehene Auflage. München 2002.

[Hairer/Wanner 2000] Hairer, E.; Wanner, G.: Analysis by Its History. 3. corrected printing, New York, Berlin, Heidelberg, etc. 2000.

[Hall 1980] Hall, A. R.: Philosophers at war - The quarrel between Newton and Leibniz. Cambridge, London, New York, etc. 1980.

[Hall 1993] Hall, A. R.: Newton, his Friends and his Foes. Aldershot, Brookfield 1993.

[Hall 1993a] Hall, A. R.: Horology and Criticism: Robert Hooke. in: [Hall 1993] S. 261-281.

[Hall 1993b] Hall, A. R.: Two Unpublished Lectures of Robert Hooke. in: [Hall 1993] S. 219-230.

[Hall 2002] Hall, A.R.: Newton versus Leibniz. From geometry to metaphysics. in: [Cohen/Smith 2002] S. 431-454.

[Harrison 1978] Harrison, J.: The Library of Isaac Newton. Cambridge, New York, etc. 1978.

[Haupt et al. 2008] Haupt, H. G.; Hinrichs, E.; Martens, S.; Müller, H.; Schneid-müller, B.; Tacke, Ch.: Kleine Geschichte Frankreichs. Hrsg. von Ernst Hinrichs. Ditzingen 2008.

[Hawking 1988] Hawking, S. W.: A Brief History of Time. From the Big Bang to Black Holes. Toronto, New York, London, etc. 1988.

[Hellman 2006] Hellman, H.: Great Feuds in Mathematics. Ten of the Liveliest Disputes Ever. Hoboken, N. J. 2006.

[Hess 1986] Hess, H.-J.: Zur Vorgeschichte der „Nova Methodus" (1676-1684). (Studia Leibnitiana, Sonderheft 14: 300 Jahre „Nova Methodus" von G. W. Leibniz (1684-1984), Hrsg.: Albert Heinekamp, 1986, S. 64-102).

[Hess 2005] Hess, H.-J.: Leibniz auf dem Höhepunkt seines mathematischen Ruhms. (Studia Leibnitiana, Band 37, 2005, Heft 1, 2005, S. 48-67).

[Heyd 1995] Heyd, M.: „Be Sober and Reasonable". The Critique of Enthusiasm in the Seventeenth and Early Eighteenth Centuries. Leiden, New York, Köln 1995.

[Hill 1991] Hill, Ch.: The World Turned Upside Down. Radical Ideas During the English Revolution. London 1991.

[Hofmann 1939] Hofmann, J. E.: On the Discovery of the Logarithmic Series and Its Development in England up to Cotes. (National Mathematics Magazine, Vol.14, 1939, No.1., S. 37–45).

[Hofmann 1949a] Hofmann, J. E.: Nicolaus Mercator (Kauffman) - sein Leben und Wirken, vorzugsweise als Mathematiker. (Akademie der Wissenschaften und der Literatur zu Mainz. Abhandlungen der Math.-Naturwiss. Klasse, 3. 1950, S. 43-103).

[Hofmann 1949b] Hofmann, J. E.: Die Entwicklungsgeschichte der Leibnizschen Mathematik während des Aufenthaltes in Paris (1672–1676). München 1949.

[Hofmann 1966] Hofmann, J. E.: Vom öffentlichen Bekanntwerden der Leibniz-schen Infinitesimalmathematik. (Sitzungsberichte der Österreichischen Akademie der Wissenschaften, Math.-naturwiss. Klasse, Abt. 2, Band 175, 1966, S. 209-254).

[Hofmann 1973] Hofmann, J. E.: Leibniz und Wallis. (Studia Leibnitiana, 5. 1973, S. 245-281).

[Hofmann 1974] Hofmann, J. E.: Leibniz in Paris 1672-1676. His Growth to Mathematical Maturity. Cambridge, New York, etc. 1974.

[Hogrebe/Bromand 2004] Hogrebe, W.; Bromand, J. (Hrsg.): Grenzen und Grenz-überschreitungen. XIX. Deutscher Kongress für Philosophie. Vorträge und Kollo-quien. Berlin 2004.

[Hooke 2007] Hooke, R.: Micrographia or some physiological descriptions of minute bodies made by magnifying glasses. With observations and inquiries thereupon. New York 2007.

[Hyman 1987] Hyman, A.: Charles Baggage 1791-1871. Philosoph, Mathematiker, Computerpionier. Stuttgart 1987.

[Iliffe 2006] Iliffe, R. (edt.): Early Biographies of Isaac Newton 1660-1885. 2 Vols., London 2006.

[Iliffe 2007] Iliffe, R.: Newton. A Very Short Introduction. Oxford, New York, etc. 2007.

[Inwood 2002] Inwood, S.: The Man Who Knew Too Much. The Strange and Inventive Life of Robert Hooke 1635-1703. London 2002.

[Jahnke 2003] Jahnke, H. N. (edt.): A History of Analysis. Providence, R. I. 2003.

[Jahnke 2003a] Jahnke, H. N.: Algebraic Analysis in the 18th Century. in: [Jahnke 2003] S. 105-136.

[Jardine 2003] Jardine, L.: The Curious Life of Robert Hooke. The Man who Measured London. London 2003.

[Jesseph 1993] Jesseph, D. M.: Berkeley's Philosophy of Mathematics. Chicago, London 1993.

[Jesseph 1999] Jesseph, D. M.: Squaring the Circle. The War between Hobbes and Wallis. Chicago, London 1999.

[Johnson/Wolbarsht 1979] Johnson, L.W.; Wolbarsht, M.L.: Mercury poisoning: A probable cause of Isaac Newton's physical and mental ills. (Notes and Records of the Royal Society of London, 34, 1979, 1, S. 1-9).

[Kant 2005] Kant, I.: Allgemeine Naturgeschichte und Theorie des Himmels oder Versuch von der Verfassung und dem mechanischen Ursprunge des ganzen Weltgebäudes nach Newtonischen Grundsätzen abgehandelt. Nachwort von Jürgen Hamel. 4., erweiterte Auflage. Nachdruck der ersten Auflage Königsberg, Leipzig 1755. Frankfurt am Main, 2005.

[Kerr 2003] Kerr, P.: Newtons Schatten. Roman. Dt. von Cornelia Holfelder von der Tann. Reinbek bei Hamburg 2003.

[Klein 1987] Klein, J.: Francis Bacon oder die Modernisierung Englands. Hildesheim, Zürich, New York 1987.

[Knobloch 1993] Knobloch, E. (Hrsg.): Gottfried Wilhelm Leibniz – De quadratura arithmetica circuli ellipseos et hyperbolae cujus corollarium est trigonometria sine tabulis. Göttingen 1993.

[Knobloch 2002] Knobloch, E.: Leibniz's rigorous foundation of infinitesimal geometry by means of Riemannian sums. (Synthese, Vol. 133, 2002, S. 59-73).

[Knobloch 2004] Knobloch, E.: Von Nicolaus von Kues über Galilei zu Leibniz. Vom mathematischen Umgang mit dem Unendlichen. in: [Hogrebe/Bromand 2004], S. 490–503.

[Knobloch 2008] Knobloch, E.: Generality and Infinitely Small Quantities in Leibniz's Mathematics. The Case of his Arithmetical Quadrature of Conic Sections and Related Curves. in: [Goldenbaum/Jesseph 2008], S. 171–184.

[Knobloch 2012] Knobloch, E.: Galilei und Leibniz. Hannover 2012.

[Knobloch/Schulenburg 2000] Knobloch, E.; Schulenburg, J.-M. Graf von der (Hrsg.): Gottfried Wilhelm Leibniz. Hauptschriften zur Versicherungs- und Finanzmathematik. Berlin 2000.

[Koyré 1965] Koyré, A.: Newtonian Studies. London 1965.

[Krohn 2006] Krohn, W.: Francis Bacon. Orig.-Ausg. 2., überarbeitete Auflage. München 2006.

[Kulenkampff 1987] Kulenkampff, A.: George Berkeley. Orig.-Ausg. München 1987.

[Lasswitz 1984] Lasswitz, K.: Geschichte der Atomistik vom Mittelalter bis Newton, 2 Bde. Unveränd. fotomech. Nachdr. der Ausgabe Hamburg, Leipzig 1890. Hildesheim 1984.

[Leibniz 1985–1992] Leibniz, G. W.: Philosophische Schriften. 3 Bde. in 5 Bdn. 2., unveränd. Aufl. Darmstadt, 1985. Bd. 4. 1. Aufl. 1992.

[Leibniz 1949] Leibniz, G. W.: Werke. Hrsg. von W. E. Peuckert, Bd. 1: Protogaea. Übers. von Wolf von Engelhardt. Stuttgart 1949.

[Leibniz 2004] Leibniz, G. W.: Mathematische Schriften. Hrsg. v. C. I. Gerhardt. Nachdruck. Faks.-Ausg. 1971-2004. 7 Bde. Hildesheim, Zürich, New York 2004.

[Leibniz 2005] Leibniz, G. W.: Monadologie. Französisch-deutsch. Übers. u. hrsg. von Hartmut Hecht. Stuttgart 2005.

[Leibniz 2008] Leibniz, G. W.: Sämtliche Schriften und Briefe, Reihe 7: Mathematische Schriften. Mathematische Schriften, Bd. 5: 1674-1676: Infinitesimalmathematik. Berlin 2008.

[Leibniz 2008a] Leibniz, G. W.: Sämtliche Schriften und Briefe, Reihe 7: Mathematische Schriften. Mathematische Schriften, Bd. 4: 1670-1673: Infinitesimalmathematik. Berlin 2008.

[Leibniz 2011] Leibniz, G. W.: Die mathematischen Zeitschriftenartikel. Mit einer CD: Die originalsprachlichen Fassungen. Übersetzt und kommentiert von Heinz-Jürgen Hess und Malte-Ludolf Babin. Hildesheim, Zürich, New York 2011.

[Leibniz/Newton 1998] Leibniz, G. W.; Newton, Sir I.: Über die Analysis des Unendlichen. Abhandlung über die Quadratur der Kurven. Aus dem Lateinischen übers. u. hrsg. von G. Kowalewski. Reprint der Ausg. Leipzig. [Kein Jahr angegeben]. Thun, Frankfurt am Main 1998.

[Leonhardi 1799] Leonhardi, F. G.: Geschichte und Beschreibung der Kreis- und Handelsstadt Leipzig nebst der umliegenden Gegend. Leipzig 1799.

[Levenson 2009] Levenson, T.: Newton and the Counterfeiter. The Unknown Detective Career of the World's Greatest Scientist. Boston, New York 2009.

[Li 2012] Li, W. (Hrsg.): Komma und Kathedrale. Tradition, Bedeutung und Herausforderung der Leibniz-Edition. Berlin 2012.

[Lieb/Hershman 1983] Lieb, J.; Hershman, D.: Isaac Newton: Mercury poisoning or manic depression? (The Lancet, Vol. 322. 1983, Issue 8365. S. 1479-80).

[Locke 1995] Locke, J.: An Essay Concerning Human Understanding. Amherst, N. Y. 1995.

[Loeffel 1987] Loeffel, H.: Blaise Pascal 1623–1662. Basel, Boston, Stuttgart 1987.

[Ludovici 1966] Ludovici, C. G.: Entwurf einer vollständigen Historie der Leibnizschen Philosophie zum Gebrauch seiner Zuhörer herausgegeben, 2 Tle. Reprint der Ausgabe Leipzig 1737, Hildesheim, 1966.

[Mackensen 1973] Mackensen, L. von: Von Pascal zu Hahn. Die Entwicklung der Rechenmaschinen im 17. und 18. Jahrhundert. in: [Graef 1973] S. 21-33.

[Mahoney 1990] Mahoney, M. S.: Barrow's mathematics: between ancients and moderns. in: [Feingold 1990] S. 179ff.

[Malcolm/Stedall 2005] Malcolm, N.; Stedall, J.: John Pell (1611-1685) and his Correspondence with Sir Charles Cavendish. The mental world of an early modern mathematician. Oxford, New York, etc. 2005.

[Mancosu 1996] Mancosu, P.: Philosophy of Mathematics & Mathematical Practice in the Seventeenth Century. New York, Oxford 1996.

[Manuel 1968] Manuel, F. E.: A Portrait of Isaac Newton. Cambridge, Mass. 1968.

[Maurer 2002] Maurer, M.: Kleine Geschichte Englands. Durchges., aktualisierte u. bibliogr. erg. Ausg. Stuttgart 2002.

[McKie 1948] McKie, D.: The Arrest and Imprisonment of Henry Oldenburg. (Notes and Records of the Royal Society of London, Vol. 6, 1948, No. 1, S. 28-47).

[Meli 1993] Meli, D. B.: Equivalence and Priority. Newton versus Leibniz. Including Leibniz's unpubl. manuscripts on the Principia. Oxford, New York, etc. 1993.

[Mercator 1975] Mercator, N.: Logarithmotechnia. Nachdruck der Ausgabe London 1668 u. Rom 1666, Hildesheim, New York 1975.

[Morris 1978] Morris, J. (edt.): The Oxford Book of Oxford. Oxford, London, New York 1978.

[Müller/Krönert 1969] Müller, K.; Krönert, G.: Leben und Werk von Gottfried Wilhelm Leibniz. Eine Chronik. Frankfurt am Main 1969.

[Nagel 2008] Nagel, F.: Nieuwentijt, Leibniz, and Jacob Hermann on Infinitesimals. in: [Goldenbaum/Jesseph 2008] S. 199-214.

[Newton 1963] Newton, I.: Mathematische Prinzipien der Naturlehre. Mit Bemerkungen und Erläuterungen herausgegeben von J. Ph. Wolfers. Unveränd. fotomech. Nachdruck der Ausgabe Berlin 1872. Darmstadt 1963.

[Newton 1979] Newton, Sir I.: Opticks. Or a treatise of the reflections, refractions, inflections and colours of light. With a foreword by Albert Einstein, an introd. by Edmund Whittaker. Unabridged an unaltered republ. of the work orig. publ. in 1931. Based on the 4th ed. London 1730. New York 1979.

[Newton 1995] Newton, I.; The Principia. Translated by Andrew Motte. Nachdruck der Übersetzung der dritten Auflage der *Principia* 1729, Amherst, New York 1995.

[Newton 1999] Newton, I.: The Principia. Mathematical Principles of Natural Philosophy. Translation by I. Bernard Cohen and Anne Whitman. Berkeley, Calif., Los Angeles, London 1999.

[Newton 1999a] Newton, I.: Die mathematischen Prinzipien der Physik. Übersetzt und herausgegeben von Volkmar Schüller. Berlin, New York 1999.

[Nikolaus 1952] Nikolaus von Kues: Schriften, 11: Die mathematischen Schriften. Übersetzt von Josepha Hofmann. Mit einer Einf. u. Anm. vers. von Joseph Ehrenfried Hofmann. Hamburg 1952.

[Pascal 1997] Pascal, B.: Gedanken über die Religion und einige andere Themen. Hrsg. von Jean-Robert Armogathe. Aus d. Franz. übers. v. Ulrich Kunzmann. Stuttgart 1997.

[Pask 2013] Pask, C.: Magnificient Principia. Exploring Isaac Newton's Masterpiece. Amherst, New York 2013.

[Pepys 1997] Pepys, S.: Tagebuch. Aus dem Leben des 17. Jahrhunderts. Übers. u. hrsg. v. Helmut Winter. Bibliogr. erg. Ausgabe. Stuttgart 1997.

[Ploetz 2008] Der große Ploetz. Die Enzyklopädie der Weltgeschichte. Göttingen 2008.

[Purrington 2009] Purrington, R. D.: The First Professional Scientist. Robert Hooke and the Royal Society of London. Basel, Boston, Berlin 2009.

[Rice 2012] Rice, A.: Vindicating Leibniz in the calculus priority dispute: The role of Augustus De Morgan. in: [Wardhaugh 2012] S. 98-114.

[Rigaud 1965] Rigaud, S. J.: Correspondence of Scientific Men of the Seventeenth Century. 2 Vols. Reprint Hildesheim 1965.

[Ritter 1916] Ritter, P.: Bericht eines Augenzeugen über Leibnizens Tod und Begräbnis. (Zeitschrift des Historischen Vereins für Niedersachsen, 81. Jahrgang 1916, Heft 3, S. 247-252).

[Robinson/Adams 1955] Robinson, H.W.; Adams, W.: The Diary of Robert Hooke M.A., M.D., F.R.S, 1672-1680. Transcibed from the orig. in the possession of the Corporation of the City of London. With a foreword by Sir Frederick Gowland Hopkins. London 1935.

[Rosenberger 1987] Rosenberger, F.: Isaac Newton und seine Physikalischen Prinzipien. Ein Hauptstück aus der Entwickelungsgeschichte der modernen Physik. Unveränd. reprogr. Nachdruck der Ausg. Leipzig 1895. Darmstadt 1987.

[Roth 1971] Roth, L.: Old Cambridge Days. (The American Mathematical Monthly, Vol. 78, No. 3. S. 223-236, 1971)

[Rouse Ball 1960] Rouse Ball, W.W.: A Short Account of the History of Mathematics. Reprogr. Nachdruck der 4. Auflage 1908. New York 1960.

[Schmidt-Biggemann 1999] Schmidt-Biggemann, W.: Blaise Pascal. Orig.-Ausg. München 1999.

[Scott 1981] Scott, J. F.: The Mathematical Work of John Wallis, D. D., F. R. S (1616–1703). 2. ed., reprod. of the 1983 ed. With a foreword by E. N. da C. Andrade. New York 1981.

[Scriba 1969] Scriba, Chr. J.: Neue Dokumente zur Entstehungsgeschichte des Prioritätsstreites zwischen Leibniz und Newton um die Erfindung der Infinitesimalrechnung. (Studia Leibnitiana, Supplementa: Akten des internationalen Leibniz-Kongresses Hannover, 14.-19. November 1966, Band II: Mathematik, Naturwissenschaften. 1969).

[Scriba 1970] Scriba, Chr. J.: The Autobiography of John Wallis, F. R. S. (Notes and Records of the Royal Society of London Vol. 25, 1970, S. 17–46).

[Shapiro 1990] Shapiro, A. E.: The *Optical Lectures* and the foundations of the theory of optical imagery. in: [Feingold 1990] S. 250-290.

[Smith 1958] Smith, D. E.: History of Mathematics. 2 vols., Nachdruck der Erstauflage Vol. 1: 1923, Vol. 2: 1925. New York 1958.

[Sonar 2008] Sonar, Th.: Der Tod des Gottfried Wilhelm Leibniz. Wahrheit und Legende im Licht der Quellen. in: Abhandlungen der Braunschweigischen Wissenschaftlichen Gesellschaft, Band LIX, 203-230, 2008.

[Sonar 2011] Sonar, Th.: 3000 Jahre Analysis. Geschichte, Kulturen, Menschen. Berlin, Heidelberg, New York 2011.

[Spargo/Pounds 1979] Spargo, P. E., Pounds, C. A.: Newton's 'Derangement of the Intellect'. New Light on an Old Problem. (Notes and Records of the Royal Society of London, Vol. 34, 1979, Nr. 1, S. 11-32)

[Stäckel 1976] Stäckel, P. (Hrsg.): Variationsrechnung. Abhandlungen von Johann Bernoulli, Jacob Bernoulli, Leonhard Euler, Joseph Louis Lagrange, Adrien Marie Legendre, Carl Gustav Jacobi. Sonderausg. Nachdruck der Ausg. Leipzig 1894. Darmstadt 1976.

[Stedall 2002] Stedall, J. A.: A Discourse Concerning Algebra. English Algebra to 1685. Oxford, New York, etc. 2002.

[Stedall 2004] Stedall, J. A.: The Arithmetic of Infinitesimals: John Wallis 1656. New York: Springer, 2004.

[Szabó 1996] Szabó, I.: Geschichte der mechanischen Prinzipien und ihrer wichtigsten Anwendungen. Hrsg. v. Peter Zimmermann u. Emil A. Fellmann. Korrigierter Nachdruck der 3. korr. u. erw. Aufl. Basel, Boston, Berlin 1996.

[Thiel 1990] Thiel, U.: John Locke. Mit Selbstzeugnissen und Bilddokumenten. Reinbek bei Hamburg 1990.

[Thomas/Smith 1990] Thomas, D. J.; Smith, J. M.: Joseph Raphson, F.R.S. (Notes and Records of the Royal Society of London Vol. 44, 1990, Nr. 2, S. 151-167).

[Thompson 1998a] Thompson, S. P.; Gardner, M.: Calculus Made Easy. Being a very-simplest Introduction to those Beautiful Methods of Reckoning which are Generally Called by the Terrifying Names of the Differential Calculus and the Integral Calculus. Newly Revised, Updated, Expanded, and Annotated for its 1998 edition. New York 1998.

[Thompson 1998b] Thompson, S.P.: Analysis leicht gemacht. Differenzieren und Integrieren verstehen durch Üben. 12. Auflage, unveränd. Nachdruck. Thun, Frankfurt/Main 1998.

[Truesdell 1958] Truesdell, C.: The New Bernoulli Edition. (Isis, Vol. 49, 1958, No. 1, S. 54-62).

[Truesdell 1984] Truesdell, C.: An Idiot's Fugitive Essays on Science. Methods, criticism, training, circumstances. New York, Berlin, Heidelberg, etc. 1984.

[Turnbull 1959–77] Turnbull, H. W. et al. (edts): The Correspondence of Isaac Newton. 7 Vols. Cambridge 1959-1977.

[Verdun 2015] Verdun, A.: Leonhard Eulers Arbeiten zur Himmelsmechanik, Band 1. Berlin, Heidelberg, etc. 2015.

[Vergil 2001] Vergilius Maro, Publius: Bucolica – Hirtengedichte. Lateinisch/-deutsch. Übers., Anm., interpretierender Kommentar u. Nachwort v. Michael von Albrecht. Studienausg. Stuttgart 2001.

[Vermij 1989] Vermij, R. H.: Bernard Nieuwentijt and the Leibnizian Calculus. (Studia Leibnitiana, Band 21, 1989, Heft 1, S. 69-86).

[Volkert 1988] Volkert, K.: Geschichte der Analysis. Mannheim, Wien, Zürich 1988.

[Voltaire 2011] Voltaire: Letters concerning the English Nation. Edited with an Introduction and Notes by Nicholas Cronk. Oxford, New York, etc. 2009.

[Wahl 2012] Wahl, Ch.: Diplomat in der Gelehrtenrepublik – Leibniz' politische Fähigkeiten im Dienste der Mathematik. in [Li 2012] S. 273-291.

[Walsdorf 2014] Walsdorf, A.; Badur, K.; Stein, E.; Kopp, F. O.: Das letzte Original. Die Leibniz-Rechenmaschine der Gottfried Wilhelm Leibniz Bibliothek. Hannover 2014.

[Wardhaugh 2012] Wardhaugh, B.: The History of the History of Mathematics. Case studies for the seventeenth, eighteenth and nineteenth centuries. Oxford, Bern, Berlin, etc. 2012.

[Waschkies 1999] Waschkies, H.-J.: Leibniz' geologische Forschungen im Harz. in [Breger/Niewöhner 1999] S. 187-210.

[Westfall 2006] Westfall, R. S.: Never at Rest. A Biography of Isaac Newton. 18. printing. Cambridge 2006.

[Whiteside 1967–81] Whiteside, D. T. (edt.): The Mathematical Papers of Isaac Newton. 8 Vols. Cambridge 1967–1981.

[Wiegandt/Tille 1988] Wiegandt, P.; Tille, P.: Ein Apfel und Sir Isaak. 2. Auflage. Halle 1988.

[Wielenga 2012] Wielenga, F.: Geschichte der Niederlande. Stuttgart 2012.

[Wußing 1984] Wußing, H.: Isaac Newton. 3., durchges. Aufl. Leipzig 1984.

[Yoder 1988] Yoder, J.G.: Unrolling Time. Christiaan Huygens and the Mathematization of Nature. Cambridge, New York, etc. 1988.

Abbildungsverzeichnis

Die Abkürzung PD bei der Quellenangabe besagt, dass diese Bilder im Internet zum Zeitpunkt der Erstellung des Bandes als „gemeinfrei", „public domain" bzw. anderweitig lizenzfrei zur weiteren Verwendung gekennzeichnet waren. Die Abkürzung HWK steht für den Mitherausgeber Heiko Wesemüller-Kock.

Personenregister

Bei den Lebensdaten bedeutet *ca.* grob geschätzt, *um 370* +(-) kleine Fehler, *370?* wahrscheinlich 370, aber es ist nicht ganz sicher. Im Fall noch lebender Personen wurde auf die Angabe des Geburtsjahres verzichtet.

Sachwortregister

Willkommen zu den Springer Alerts

Jetzt anmelden!

- Unser Neuerscheinungs-Service für Sie:
  aktuell *** kostenlos *** passgenau *** flexibel

Springer veröffentlicht mehr als 5.500 wissenschaftliche Bücher jährlich in gedruckter Form. Mehr als 2.200 englischsprachige Zeitschriften und mehr als 120.000 eBooks und Referenzwerke sind auf unserer Online Plattform SpringerLink verfügbar. Seit seiner Gründung 1842 arbeitet Springer weltweit mit den hervorragendsten und anerkanntesten Wissenschaftlern zusammen, eine Partnerschaft, die auf Offenheit und gegenseitigem Vertrauen beruht.

Die SpringerAlerts sind der beste Weg, um über Neuentwicklungen im eigenen Fachgebiet auf dem Laufenden zu sein. Sie sind der/die Erste, der/die über neu erschienene Bücher informiert ist oder das Inhaltsverzeichnis des neuesten Zeitschriftenheftes erhält. Unser Service ist kostenlos, schnell und vor allem flexibel. Passen Sie die SpringerAlerts genau an Ihre Interessen und Ihren Bedarf an, um nur diejenigen Information zu erhalten, die Sie wirklich benötigen.

Mehr Infos unter: springer.com/alert